Die Grundlehren der mathematischen Wissenschaften

in Einzeldarstellungen
mit besonderer Berücksichtigung
der Anwendungsgebiete

Band 96

Friedrich Bachmann

Aufbau der Geometrie aus dem Spiegelungsbegriff

Mit 160 Abbildungen

Zweite ergänzte Auflage

Springer-Verlag
Berlin Heidelberg New York 1973

Friedrich Bachmann
Mathematisches Seminar der Universität Kiel

AMS Subject Classification (1970)
15A63, 20G15, 50A05, 50A10, 50A15, 50A20,
50A25, 50B10, 50B25, 50B35, 50C05, 50C15, 50C25,
50D05, 50D10, 50D20, 50D25, 50D30

ISBN 3-540-06136-3 Springer-Verlag Berlin Heidelberg New York

ISBN 0-387-06136-3 Springer-Verlag New York Heidelberg Berlin

---

KURT REIDEMEISTER

GEWIDMET

Vorwort zur ersten Auflage

In dieser Vorlesung wird ein Aufbau der *ebenen metrischen Geometrie* entwickelt, bei dem von den *Spiegelungen* und der von den Spiegelungen erzeugten *Bewegungsgruppe* systematisch Gebrauch gemacht wird.

Für die gewohnte euklidische Ebene und auch für die klassischen nichteuklidischen Ebenen kann man leicht die folgenden Tatsachen feststellen: Den Punkten und den Geraden entsprechen eineindeutig die Spiegelungen an den Punkten und die Spiegelungen an den Geraden, also involutorische Elemente der Bewegungsgruppe[1]. Geometrische Beziehungen wie die Inzidenz von Punkten und Geraden und die Orthogonalität von Geraden lassen sich durch gruppentheoretische Relationen zwischen den zugehörigen Spiegelungen wiedergeben. Daher kann man geometrische Sätze in Sätze über Spiegelungen und Spiegelungsprodukte übersetzen.

Man wird so dazu geführt, die Spiegelungen zum Gegenstand geometrischer Betrachtung zu machen, und in der Bewegungsgruppe „*Geometrie der Spiegelungen*" zu betreiben. Faßt man die Spiegelungen selbst als geometrische Gegenstände, nämlich als neue „Punkte" und „Geraden" auf, so kann man für sie geometrische Beziehungen wie „Inzidenz" und „Orthogonalität" durch gruppentheoretische Relationen so definieren, daß der neue Bereich ein treues Abbild der ursprünglich gegebenen Punkte und Geraden mit ihrer Inzidenz, Orthogonalität usw. ist. Durch den gruppentheoretischen Kalkül der Spiegelungen hat man aber in dem neuen Bereich die Möglichkeit, *mit den geometrischen Gegenständen zu rechnen*, und gewinnt damit ein methodisches Hilfsmittel für das Beweisen geometrischer Sätze[2].

Von diesem Gedanken wollen wir beim Aufbau der ebenen metrischen Geometrie Gebrauch machen. Wir werden den axiomatischen Aufbau abstrakt gruppentheoretisch beginnen und folgendermaßen verfahren: Als *Axiome* postulieren wir einige Gesetze über involutorische Gruppenelemente, und betrachten die aus involutorischen Elementen erzeugten Gruppen, in denen diese Gesetze gelten. Wir führen dann definitorisch *metrische Ebenen* ein, deren Punkte und Geraden die involu-

---

[1] Ein Gruppenelement wird *involutorisch* genannt, wenn es seinem Inversen gleich, aber vom Einselement verschieden ist.

[2] In diesem Rechnen mit den geometrischen Gegenständen, welches vom Begriff eines Zahlensystems und auch von Bezugssystemen unabhängig ist, mag man einen Schritt zur Realisierung von Forderungen sehen, die LEIBNIZ gegenüber der analytischen Geometrie von DESCARTES erhoben hat.

torischen Gruppenelemente sind und in denen wir geometrische Beziehungen wie Inzidenz und Orthogonalität durch gruppentheoretische Relationen erklären. Die rein gruppentheoretisch formulierten Axiome, die wir wählen, stellen einfache geometrische Aussagen für die Punkte und Geraden der metrischen Ebenen dar. Dementsprechend kann man beim Beweisen aus den Axiomen die Vorteile des gruppentheoretischen Kalküls ausnutzen, ohne den Leitfaden der Anschauung aus der Hand zu geben.

Bemerkenswert ist, wie wenige Axiome nötig sind. Die metrischen Ebenen, die mit den axiomatisch gegebenen Gruppen definiert sind, sind daher von recht allgemeiner Natur. Eine metrische Ebene braucht nicht anordenbar (erst recht nicht stetig) zu sein. In einer metrischen Ebene braucht nicht freie Beweglichkeit zu bestehen. Es gibt auch metrische Ebenen mit nur endlich vielen Punkten und Geraden. Der Begriff der metrischen Ebene enthält keine Entscheidung über die Parallelenfrage, d.h. über die Frage nach dem Schneiden oder Nichtschneiden der Geraden. Die ebene metrische Geometrie, die wir entwickeln, enthält ebene euklidische, hyperbolische und elliptische Geometrie als Spezialfälle, und wird daher, mit einem Ausdruck von J. BOLYAI, auch *ebene absolute Geometrie* genannt.

Das erste, einführende Kapitel soll, von elementaren geometrischen Kenntnissen ausgehend, an den im Hauptteil der Vorlesung eingenommenen Standpunkt heranführen, der im Augenblick nur roh skizziert werden konnte. § 1 dient dazu, in der vertrauten euklidischen Ebene einige Erfahrungen im Umgang mit Spiegelungen zu sammeln. Diese Betrachtungen haben ebenso, wie die referierenden Mitteilungen über nichteuklidische Ebenen am Anfang von § 2, propädeutischen Charakter, und können von unterrichteten Lesern übergangen werden. Jedoch dürften die „elementare" Beschreibung der metrischen Ebenen im zweiten Teil des § 2 und der dort geführte Nachweis, daß man die Theorie der metrischen Ebenen — indem man zu den Spiegelungen übergeht — vollständig in den Bewegungsgruppen formulieren kann, auch systematisches Interesse beanspruchen.

Im zweiten Kapitel beginnt dann mit § 3, der für alles folgende grundlegend ist, der *axiomatische Aufbau*. In § 4 werden Sätze der ebenen metrischen Geometrie (Höhensatz usw.) durch Spiegelungsrechnen bewiesen. Die Begründung der ebenen metrischen Geometrie erhält einen Abschluß durch das in § 6 bewiesene *Haupt-Theorem*, welches besagt, daß sich die metrischen Ebenen zu projektiv-metrischen Ebenen und die Bewegungsgruppen metrischer Ebenen zu Bewegungsgruppen projektiv-metrischer Ebenen erweitern lassen. In § 5 sind dabei verwendete Begriffe und Sätze der ebenen projektiven Geometrie zusammengestellt.

Auf Grund des Haupt-Theorems kann man die allgemeine, auf CAYLEY und KLEIN zurückgehende Idee der *projektiven Metrik* ausnutzen, um die metrischen Ebenen einzuteilen und zu studieren. Insbesondere ergibt sich nun die Möglichkeit, die metrischen Ebenen mit den algebraischen Methoden der analytischen Geometrie zu untersuchen. Im dritten Kapitel werden die Bewegungsgruppen der projektiv-metrischen Ebenen in algebraischer Darstellung, als orthogonale Gruppen metrischer Vektorräume, behandelt. Außerdem werden diese „klassischen Gruppen", dem Standpunkt der Vorlesung entsprechend, als abstrakte, aus involutorischen Elementen erzeugbare Gruppen durch Gesetze, denen die involutorischen Erzeugenden genügen, gekennzeichnet.

Im vierten, fünften und sechsten Kapitel werden die *ebene euklidische, hyperbolische* und *elliptische Geometrie,* die im Rahmen der ebenen absoluten Geometrie durch Zusatzaxiome definiert werden, nochmals je für sich behandelt, da ihr Aufbau jeweils besondere Vereinfachungen zuläßt. Im vierten Kapitel steht das Interesse an der Besonderheit des Spiegelungsrechnens im euklidischen Falle im Vordergrund. Im fünften Kapitel wird eine eigene Begründung der hyperbolischen Geometrie gegeben, deren Hauptgedanke die Verwendung einer Endenrechnung ist. Das sechste Kapitel ist der elliptischen Geometrie gewidmet, die von allen Spezialfällen der ebenen metrischen Geometrie bei dem hier eingenommenen Standpunkt der einfachste ist. Als zusätzliches Hilfsmittel wird in diesem Kapitel der Gruppenraum eingeführt, und damit die Geometrie der Spiegelungen zur Geometrie der Bewegungen vervollständigt.

Die euklidischen, hyperbolischen und elliptischen Ebenen erschöpfen keineswegs die Mannigfaltigkeit der metrischen Ebenen. Durch das Haupt-Theorem wird die Umkehrfrage aufgeworfen, wie man, um einen Überblick über alle metrischen Ebenen zu gewinnen, in den (etwa algebraisch beschriebenen) projektiv-metrischen Ebenen die *Teilebenen* bestimmen kann, welche metrische Ebenen sind. Diese Frage kann bislang nicht allgemein beantwortet werden. Im Anhang werden einige hierbei auftretende Probleme besprochen, und spezielle Resultate und Beispiele angegeben.

Grundlegende Ideen und Methoden für einen Aufbau der ebenen metrischen Geometrie verdankt man J. HJELMSLEV[1]. Er hat die Spiegelungen systematisch verwendet.

Die Anregung zu meiner eigenen Beschäftigung mit den Problemen verdanke ich K. REIDEMEISTER, der in den dreißiger Jahren dem Studium der ebenen metrischen Geometrie einen neuen Impuls gegeben hat. Der Grad der Allgemeinheit des axiomatischen Ansatzes sowie der im

[1] Weitere historische Bemerkungen findet man in § 2, 3.

sechsten Kapitel für den elliptischen Fall dargestellte Gedanke, den Gruppenraum für den axiomatischen Aufbau der ebenen metrischen Geometrie auszunutzen, stammen von K. REIDEMEISTER. Ich widme ihm dieses Buch im Gedenken an viele Gespräche, in denen er mir, nachdem ich 1935 nach Marburg gekommen war, Gedanken über die Grundlagen der euklidischen und nichteuklidischen Geometrie entwickelt hat, und an die Fragestellungen und Anregungen, durch die er in den gemeinsamen Marburger Jahren meine Untersuchungen gefördert hat.

Persönlich fühle ich mich ferner ARNOLD SCHMIDT verpflichtet. Er hat zuerst Axiome für die ebene absolute Geometrie rein gruppentheoretisch formuliert. Durch sein Axiomensystem (das ich in einer reduzierten Fassung verwende) wurde der Begriff der Spiegelung zum Grundbegriff der absoluten Geometrie. Hervorgehoben sei ferner, daß er den *Satz von den drei Spiegelungen* unter die Axiome aufgenommen hat, der einerseits eine unmittelbar verständliche geometrische Aussage macht und andererseits, wie bereits durch Untersuchungen von HESSENBERG und HJELMSLEV deutlich geworden war, von grundlegender Bedeutung für das Operieren mit Spiegelungen ist.

Von den Hörern meiner Vorlesung, die ich in den vergangenen Jahren mehrfach an der Universität Kiel gehalten habe, haben eine Reihe zur Weiterentwicklung der Gedanken beigetragen. Von ihnen haben sich J. AHRENS, K. BECKER-BERKE, P. BERGAU, J. BOCZECK, R. LINGENBERG, der eine Ausarbeitung der Vorlesung vom Winter 1952/53 verfaßt hat, und H. WOLFF auch an der Durchsicht der Korrekturen beteiligt. Bei der Herstellung des Buch-Manuskriptes hat mir H. WOLFF mit zahlreichen kritischen Bemerkungen und Verbesserungsvorschlägen geholfen.

Ferner haben R. BAER, U. DIETER, H. KARZEL und K. SCHÜTTE die Korrekturen gelesen und wertvolle Verbesserungen vorgeschlagen. Insbesondere hat R. BAER eine Fülle von Bemerkungen und Vorschlägen gemacht.

Die Aufgaben haben U. DIETER und H. WOLFF geprüft; sie haben es auch übernommen, den Index anzufertigen. An dem Entwerfen und Zeichnen der Figuren haben I. DIBBERN, K. BECKER-BERKE und H. WOLFF mitgewirkt.

Allen Genannten, den Herausgebern der Sammlung und dem Springer-Verlag möchte ich meinen Dank aussprechen.

Ich hoffe, daß die nun als Buch vorgelegte Vorlesung dem Ziel dienen wird, das die Untersuchungen auf diesem Gebiet in den letzten Jahrzehnten geleitet hat: die metrische Geometrie auszubauen und in den Zusammenhang anderer Disziplinen der modernen Mathematik einzufügen.

Les Diablerets, Oktober 1958. F. BACHMANN

Vorwort zur zweiten Auflage

Von Spiegelungen erzeugte Gruppen und die Geometrie der Spiegelungen haben, seit dies Buch geschrieben wurde, an Interesse gewonnen.

Die vorliegende zweite Auflage ist ein Neudruck der seit einer Reihe von Jahren vergriffenen ersten Auflage mit folgenden Zusätzen:

Anmerkungen,
Supplement: § 20. Ergänzungen und Hinweise auf die Literatur,
Ein Verzeichnis „Neuere Literatur" (1959—1972).

Die Anmerkungen beziehen sich auf Einzelstellen des Textes der ersten Auflage. Mit dem Supplement versuche ich, dem Leser im Stil eines Ergebnisberichts einen Überblick über neuere Entwicklungen in unserem Gebiet zu geben. Um den Umfang des Buches nicht zu sehr anschwellen zu lassen und eine gewisse Übersichtlichkeit zu wahren, mußte bei allen Zusätzen eine Auswahl getroffen werden.

Von den im Supplement behandelten Themen möchte ich zwei, nämlich die Themen „Hilbert-Ebenen" und „Hjelmslev-Gruppen" hervorheben und die Probleme, um die es dabei geht, mit einigen Worten in ihren historischen Zusammenhang einordnen.

In der Vorgeschichte unseres Buches nimmt

(1) die HILBERTsche ebene absolute Geometrie

einen wichtigen Platz ein. Sie wird definiert durch das Axiomensystem, das aus den Axiomen der Inzidenz in der Ebene, der Anordnung und der Kongruenz aus HILBERTS klassischem Werk „Grundlagen der Geometrie" (1899) besteht. Ihre Begründung durch HJELMSLEV (1907) bezeichnete DEHN 1926 als den höchsten Punkt, den die moderne Mathematik über EUKLID hinausgehend in der Begründung der Elementargeometrie erreicht hat. Man besaß aber damals keinen Überblick über die Modelle des Axiomensystems der HILBERTschen ebenen absoluten Geometrie, die sogenannten Hilbert-Ebenen. Im Jahre 1960 ist es W. PEJAS gelungen, alle Hilbert-Ebenen algebraisch zu beschreiben. Damit wurde die klassische Theorie (1) zu einem gewissen Abschluß gebracht.

Eine Hauptquelle für die Geometrie der Spiegelungen ist

(2) HJELMSLEVs Allgemeine Kongruenzlehre (1929—1949),

mit der HJELMSLEV seine Untersuchungen aus dem Jahre 1907 in allgemeinerer Form aufgriff. Er verzichtete auf die Anordnung und — was zunächst befremdlich erscheinen mag — in wesentlichen Teilen auf die Eindeutigkeit, teilweise auch auf die Existenz von Verbindungsgeraden.

(3) Die ebene metrische (absolute) Geometrie im Sinne unseres Buches,

die gleichfalls auf die Anordnung verzichtet, hält an der Existenz und Eindeutigkeit der Verbindungsgeraden fest, ist aber in anderer Hinsicht (durch Verzicht auf Beweglichkeitsaxiome und Einbeziehung der elliptischen Geometrie) allgemeiner als HJELMSLEVs Allgemeine Kongruenzlehre.

Nachdem die spiegelungsgeometrischen Methoden im Aufbau von (3) und in anderen Gebieten erprobt waren, stellte sich die Frage nach einer natürlichen Allgemeinheit dieser Methoden; damit gewannen auch geometrische Strukturen, in denen mehrfach verbundene oder unverbundene Punkte auftreten, neues Interesse. Es wurde der Begriff der Hjelmslev-Gruppe eingeführt und es entstand

(4) die Theorie der Hjelmslev-Gruppen

und der durch diese Gruppen definierten Hjelmslev-Ebenen, von der (1), (2), (3) Spezialfälle sind. Sie ist noch eine sehr junge Disziplin. Beweise durch Spiegelungsrechnen, die sich nur auf Axiome stützen, die in den Hjelmslev-Gruppen gelten, haben einen besonderen Reiz. Die Theorie der Hjelmslev-Gruppen eröffnet einen Zugang zum Studium „metrischer Ebenen" über kommutativen Ringen und bedeutet gegenüber der Geometrie der Spiegelungen, wie sie in der ersten Auflage dieses Buches behandelt ist, eine wesentliche Bereicherung. Mit ihr treten neue geometrische Strukturen und neuartige geometrische Phänomene in das Blickfeld, und die spiegelungsgeometrischen Methoden verbinden sich enger und vielfältiger mit der Betrachtung von Untergruppen und Homomorphismen; die Verbindung zur Gruppentheorie ist enger geworden, und Liebhabern von endlichen geometrischen Strukturen bieten die endlichen Hjelmslev-Ebenen ein neues Feld der Untersuchung[1].

Bei der Abfassung der zweiten Auflage haben mich L. BRÖCKER, M. GÖTZKY, H. KINDER, P. KLOPSCH, R. LINGENBERG, W. PEJAS, E. SALOW, R. SCHNABEL, U. SPENGLER, K. STRAMBACH und H. WOLFF unterstützt. Für Hilfe bei den Korrekturen habe ich besonders P. KLOPSCH und E. SALOW, für die Herstellung des Namen- und Sachverzeichnisses F. KNÜPPEL und M. KUNZE zu danken.

Kiel, Mai 1973 F. B.

---

[1] Während der Drucklegung ist es E. SALOW gelungen, die am Ende von § 20,5 formulierte Frage nach der Algebraisierung von Hjelmslev-Gruppen, die gewissen Zusatzaxiomen genügen, zu beantworten. Damit ist, und zwar in allgemeinerer Form, ein Problem gelöst, das man seit dem Tode von HJELMSLEV als Hauptproblem der HJELMSLEVschen Geometrie (2) angesehen hat.

Inhaltsverzeichnis

Kapitel I

Einführung

§ 1. Spiegelungen in der euklidischen Ebene

Wir betrachten eine euklidische Ebene, im üblichen Sinne, und ihre *Bewegungen*, d.h. die eineindeutigen Abbildungen der Gesamtheit der Punkte und der Geraden auf sich, bei denen die Inzidenz und die Anordnung erhalten bleiben und Strecken und Winkel in kongruente übergehen. Die Bewegungen bilden hinsichtlich des Hintereinanderausführens als Verknüpfung eine Gruppe, mit der identischen Abbildung 1 als Einselement.

Daß eine gegebene Bewegung α den Punkt A in den Punkt B bzw. die Gerade a in die Gerade b überführt, drücken wir durch die Gleichungen $A\alpha = B$ bzw. $a\alpha = b$ aus. Einen Punkt A, für welchen $A\alpha = A$ ist, nennt man einen *Fixpunkt*, und eine Gerade a, für welche $a\alpha = a$ ist, eine *Fixgerade* der Bewegung α.

Eine Bewegung α wird *involutorisch* genannt, wenn sie mit ihrer Umkehr-Abbildung α^{-1} übereinstimmt, aber von der identischen Abbildung verschieden ist, wenn also $\alpha = \alpha^{-1}$ und $\alpha \neq 1$ ist. Eine involutorische Bewegung α vertauscht jeden Punkt A mit seinem Bildpunkt, und jede Gerade a mit ihrer Bildgeraden: aus $A\alpha = B$ folgt $B\alpha = A$, und aus $a\alpha = b$ folgt $b\alpha = a$.

Für die Überlegungen dieses einführenden Paragraphen knüpfen wir an geläufige Schulkenntnisse der ebenen euklidischen Geometrie an[1]; insbesondere seien die folgenden einfachen Tatsachen über die Existenz und Eindeutigkeit von Bewegungen bekannt:

1. Zu jeder Geraden g gibt es eine *Spiegelung an der Geraden* g, d.h. eine involutorische Bewegung, bei welcher alle Punkte der Geraden g Fixpunkte sind.

2. Zu jedem Punkt P gibt es eine *Spiegelung an dem Punkt* P, d.h. eine involutorische Bewegung, bei welcher alle Geraden durch den Punkt P Fixgeraden sind.

---

[1] Wir verzichten darauf, die Betrachtungen dieses Paragraphen axiomatisch zu entwickeln. Wollte man axiomatisch verfahren, so könnte man etwa von den HILBERTschen Axiomen der ebenen Verknüpfung, der Anordnung, der Kongruenz und dem euklidischen Parallelenaxiom ausgehen. Die Tatsachen 1 bis 3 sind Folgerungen der drei ersten Axiomgruppen, also vom Parallelenaxiom unabhängig.

3. (Starrheit). Ist h eine von einem Punkt A ausgehende Halbgerade und S eine Seite von h, und ist ferner h' eine von einem Punkt A' ausgehende Halbgerade und S' eine Seite von h', so gibt es höchstens eine Bewegung, welche A in A', h in h' und S in S' überführt.

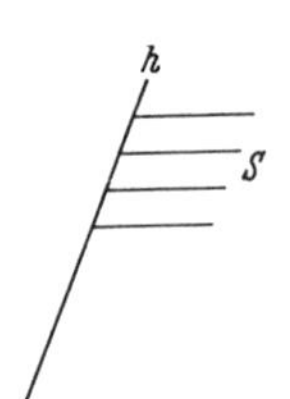

Mit den Seiten einer Halbgeraden sind die Seiten der Geraden gemeint, welche die Halbgerade trägt, also die Halbebenen, in welche die Gerade die Ebene zerlegt.

1. Involutorische Bewegungen. Wegen der Starrheit kann es nur zwei Bewegungen geben, welche eine Halbgerade h einer Geraden g in sich überführen: eine, die die Seiten von g je in sich überführt, und eine, die die Seiten vertauscht. Da die Identität und eine Spiegelung an der Geraden g existieren und beide die Gerade g punktweise in sich überführen, muß die erste Bewegung die Identität und die zweite eine Spiegelung an g sein; insbesondere kann es nur eine Spiegelung an der Geraden g geben.

Die Spiegelung an der Geraden g bezeichnen wir mit σ_g. Fixpunkte von σ_g sind nur die Punkte von g, da die Seiten von g vertauscht werden. Da eine zu g Senkrechte die Gerade g in einem Fixpunkt schneidet, und orthogonale Geraden in orthogonale Geraden übergehen, sind die zu g senkrechten Geraden Fixgeraden von σ_g. Durch einen nicht auf g gelegenen Punkt kann, weil er nicht Fixpunkt ist, nur eine Fixgerade gehen; daher besitzt σ_g außer den zu g Senkrechten und g selbst keine Fixgerade.

Es sei nun α eine beliebige involutorische Bewegung.

Da die Bewegung α jeden Punkt A mit seinem Bildpunkt $A^* = A\alpha$ vertauscht, geht, wenn $A \neq A^*$ ist, die Verbindungsgerade (A, A^*) bei der Bewegung in sich über, und ist also eine Fixgerade von α. Da die Eigenschaft, Mittelpunkt zu sein, bei Bewegungen erhalten bleibt, muß der Mittelpunkt von A und A^* ein Fixpunkt F von α sein. α bildet dann die von F ausgehende, A enthaltende Halbgerade $F(A)$ auf die entgegengesetzte Halbgerade $F(A^*)$ ab.

Entweder gibt es nun unter den Mittelpunkten aller Paare A, A^* wenigstens zwei verschiedene, etwa F_1 und F_2. Dann führt die Bewegung α die Halbgerade $F_1(F_2)$ in sich über, und ist daher nach dem oben Gesagten die Spiegelung an der Geraden (F_1, F_2); diese Gerade ist die gemeinsame Mittelsenkrechte aller Paare A, A^*.

Oder es gibt einen gemeinsamen Mittelpunkt F aller Paare A, A^*. Dann ist die Bewegung α eine Spiegelung an dem Punkt F. Man erkennt auch, daß es an einem Punkt nur eine Spiegelung geben kann.

Diese Alternative lehrt:

Satz 1. *Jede involutorische Bewegung ist entweder eine Geraden- oder eine Punktspiegelung.*

Die Spiegelung an dem Punkte P bezeichnen wir mit σ_P. Fixpunkt von σ_P ist nur der Punkt P. Fixgeraden von σ_P sind nur die Geraden durch P, da durch einen von P verschiedenen Punkt nur eine Fixgerade gehen kann.

Jede Punktspiegelung läßt sich als Produkt von zwei Geradenspiegelungen darstellen:

Satz 2. *Sind a, b senkrechte Geraden durch P, so ist $\sigma_a\sigma_b = \sigma_P$.*

Beweis. Es seien $h, \bar{h}$ die beiden von P ausgehenden Halbgeraden von a, und $S, \bar{S}$ die Seiten von a. Sowohl $\sigma_a\sigma_b$ als σ_P führt P in P, h in $\bar{h}$, und S in $\bar{S}$ über. Daher folgt aus der Starrheit die Behauptung.

Sind a, b zueinander senkrechte Geraden, so ist $\sigma_a\sigma_b = \sigma_b\sigma_a$: Spiegelungen an senkrechten Geraden kommutieren.

2. Darstellung der Bewegungen durch Spiegelungsprodukte. Die Bewegungsgruppe einer euklidischen Ebene läßt sich aus den Geradenspiegelungen erzeugen:

Satz 3. *Jede Bewegung ist als Produkt von höchstens drei Geradenspiegelungen darstellbar.*

Beweis. Es sei h eine von einem Punkt A ausgehende Halbgerade einer Geraden a. Die gegebene Bewegung α führe A in A^*, h in h^*, a in a^* über. Es sei zunächst $A = A^*$, und w die Winkelhalbierende von h, h^*. Je nachdem wie α die Seiten von a auf die Seiten von a^* abbildet, ist wegen der Starrheit $\alpha = \sigma_w$ oder $\alpha = \sigma_w\sigma_{a^*}$. Ist $A \neq A^*$ und l die Mittelsenkrechte von A, A^*, so führt die Spiegelung σ_l A in A^* und h in eine von A^* ausgehende Halbgerade h' über. Analog wie eben ist dann wegen der Starrheit $\alpha = \sigma_l\sigma_w$ oder $\alpha = \sigma_l\sigma_w\sigma_{a^*}$, wenn w die Winkelhalbierende von h' und h^* ist.

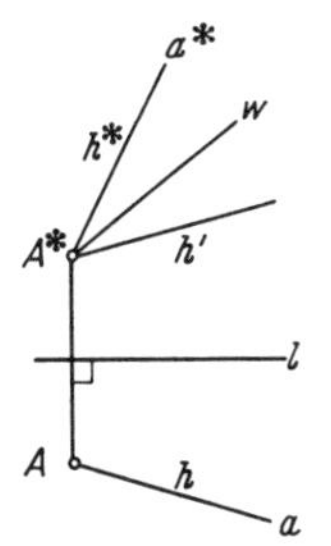

Jede Bewegung läßt sich somit als ein Produkt von zwei oder drei Geradenspiegelungen darstellen, da man ja eine einzelne Geradenspiegelung σ_g auch in der Form $\sigma_g\sigma_g\sigma_g$ schreiben kann.

Wir fragen zunächst nach den Fixelementen der Bewegungen, welche als Produkt $\sigma_a\sigma_b$ von zwei Geradenspiegelungen darstellbar sind. Zu diesen Bewegungen gehören die Identität und nach Satz 2 die Punktspiegelungen, deren Fixelemente wir kennen. Haben die Geraden a und b einen Punkt gemein, so ist er ein Fixpunkt der Bewegung $\sigma_a\sigma_b$; haben die Geraden a und b gemeinsame Lote, so sind diese Fixgeraden der Bewegung $\sigma_a\sigma_b$. Damit kennen wir bereits die Fixelemente der Bewegungen $\sigma_a\sigma_b$, wie der folgende Satz lehrt:

Satz 4. a) *Fixpunkt einer Bewegung $\sigma_a\sigma_b$ kann, wenn die Geraden a und b verschieden sind, nur ein gemeinsamer Punkt von a und b sein.* b) *Fixgerade einer Bewegung $\sigma_a\sigma_b$ kann, wenn die Geraden a und b verschieden und nicht orthogonal sind, nur ein gemeinsames Lot von a und b sein.*

Beweis. a) Es sei F ein Fixpunkt von $\sigma_a\sigma_b$. Dann ist $F\sigma_a = F\sigma_b$. Bezeichnen wir diesen Punkt mit F', so ist sowohl a als b eine Mittelsenkrechte von F, F'; aus der Voraussetzung $a \neq b$ folgt daher $F = F'$. Der Punkt F ist also Fixpunkt von σ_a und von σ_b, und liegt mithin auf a und auf b.

b) Man schließt entsprechend, und benutzt, daß die verschiedenen, nicht orthogonalen Geraden a und b nicht beide Mittellinien von zwei verschiedenen Geraden sein können.

Aus Satz 4a entnimmt man, daß die Fixpunkte einer Bewegung $\sigma_a\sigma_b$ und einer Geradenspiegelung σ_c niemals übereinstimmen. Daher ist eine Gleichung $\sigma_a\sigma_b = \sigma_c$ unmöglich, und es gilt:

Folgerung. *Eine Gleichung $\sigma_a\sigma_b\sigma_c = 1$ ist nicht möglich.*

Eine Bewegung, welche sich als Produkt von zwei Spiegelungen an Geraden durch einen Punkt P darstellen läßt, nennen wir eine *Drehung um den Punkt P*. Eine Bewegung, welche sich als Produkt von zwei Spiegelungen an Geraden darstellen läßt, die auf einer Geraden g senkrecht stehen, nennen wir eine *Translation längs der Geraden g*. Bei einer Drehung $\sigma_a\sigma_b$ wird jeder Punkt um das Doppelte des durch die Geraden a, b bestimmten gerichteten Winkels gedreht. Das Entsprechende gilt für eine Translation $\sigma_a\sigma_b$.

Die Darstellung einer Drehung um einen Punkt P als Produkt $\sigma_a\sigma_b$ von Geradenspiegelungen ist nicht eindeutig. Man kann vielmehr eine beliebige Gerade c durch P als Achse der zweiten Geradenspiegelung wählen und dann eine Gerade d durch P so bestimmen, daß $\sigma_a\sigma_b = \sigma_d\sigma_c$

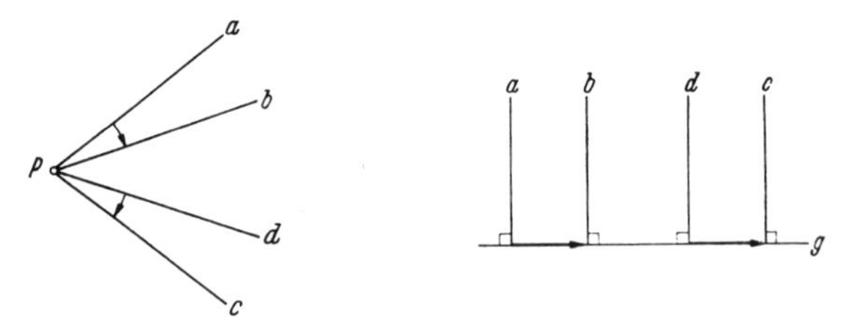

ist; ebenso kann man die Achse der ersten Geradenspiegelung wählen und die der zweiten bestimmen. Das Analoge gilt für die Darstellung einer Translation längs einer Geraden g als Produkt von zwei Geradenspiegelungen. Hier kann man eine beliebige zu g senkrechte Gerade als

Achse der zweiten oder auch der ersten Geradenspiegelung wählen, und dann die andere bestimmen. Dies ist die Aussage des fundamentalen

Satz 5 (Satz von den drei Spiegelungen). a) *Sind a, b, c Geraden, welche mit einem Punkt P inzidieren, so gibt es eine mit P inzidierende Gerade d, so daß $\sigma_a \sigma_b \sigma_c = \sigma_d$ ist.* b) *Sind a, b, c Geraden, welche auf einer Geraden g senkrecht stehen, so gibt es eine zu g senkrechte Gerade d, so daß $\sigma_a \sigma_b \sigma_c = \sigma_d$ ist.*

Beweis. a) Es seien h eine von dem Punkt P ausgehende Halbgerade der Geraden a, und S und $\bar{S}$ die Seiten von a. Die Bewegung $\sigma_a \sigma_b \sigma_c$ führt h in eine von P ausgehende Halbgerade h^*, und S in eine Seite S^* von h^* über. Die Spiegelung an der Winkelhalbierenden d von h und h^* führt P in P, h in h^*, und entweder S oder $\bar{S}$ in S^* über. Wegen der Starrheit ist daher entweder $\sigma_a \sigma_b \sigma_c = \sigma_d$ oder $\sigma_a \sigma_b \sigma_c = \sigma_a \sigma_d$ Im zweiten Fall wäre $\sigma_b \sigma_c = \sigma_d$, und das ist nach Satz 4, Folgerung, nicht möglich.

b) Man schließt entsprechend, indem man h als eine von dem Schnittpunkt A der Geraden a und g ausgehende Halbgerade von a einführt, und d als eine zu g senkrechte Gerade durch den Mittelpunkt der Punkte A und $A\sigma_a \sigma_b \sigma_c$ wählt.

Von diesem Satz gilt die folgende Umkehrung:

Satz 6 (Umkehrung des Satzes von den drei Spiegelungen). a) *Gilt $\sigma_a \sigma_b \sigma_c = \sigma_d$ und sind a und b verschiedene Geraden, welche mit einem Punkt P inzidieren, so inzidieren auch die Geraden c und d mit P.* b) *Gilt $\sigma_a \sigma_b \sigma_c = \sigma_d$ und sind a und b verschiedene Geraden, welche auf einer Geraden g senkrecht stehen, so stehen auch die Geraden c und d auf g senkrecht.*

Beweis. Nach Voraussetzung ist $\sigma_a \sigma_b = \sigma_d \sigma_c$ und $a \neq b$, also auch $c \neq d$.

a) Da a und b mit P inzidieren, ist P ein Fixpunkt von $\sigma_a \sigma_b$, also auch von $\sigma_d \sigma_c$. Nach Satz 4a inzidiert daher P mit c und d.

b) Da a und b auf g senkrecht stehen, ist g eine Fixgerade der Bewegung $\sigma_a \sigma_b$, welche nach Satz 4a keinen Fixpunkt besitzt. Also ist g auch Fixgerade von $\sigma_d \sigma_c$. Nach Satz 4b stehen daher c und d auf g senkrecht.

Aus den Sätzen 5 und 6 folgt

Satz 7. *Ein Produkt von drei Geradenspiegelungen ist dann und nur dann einer Geradenspiegelung gleich, wenn die drei Geraden im Büschel liegen, d.h. durch einen Punkt gehen oder zueinander parallel sind.*

Wir betrachten nun allgemein die Bewegungen, die sich als Produkt von drei Geradenspiegelungen darstellen lassen. Eine Bewegung, die sich in der Form

(1) $\sigma_a \sigma_b \sigma_g$ mit a und b senkrecht zu g

darstellen läßt, wird eine *Gleitspiegelung* genannt. Eine Gleitspiegelung besteht aus einer Translation längs einer Geraden g mit nachfolgender Spiegelung an g. Für $a=b$ ist sie die Spiegelung σ_g. Ist $a \neq b$, so hat die Bewegung keinen Fixpunkt und die Gerade g als einzige Fixgerade.

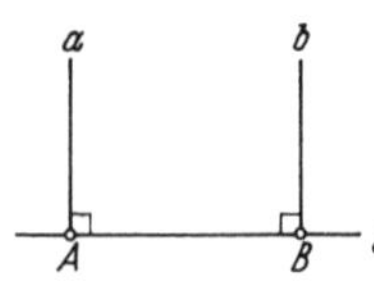

In dem Produkt (1) kommutiert σ_g mit σ_a und σ_b; es ist also gleich $\sigma_a \sigma_g \sigma_b$. Sind A und B die Schnittpunkte von a und b mit g, so ist daher das Produkt (1) nach Satz 2 gleich $\sigma_a \sigma_B$ und auch gleich $\sigma_A \sigma_b$. Ist umgekehrt ein beliebiges Produkt $\sigma_a \sigma_B$ gegeben, und ist g das von dem Punkt B auf die Gerade a gefällte Lot und b die in B auf g errichtete Senkrechte, so ist $\sigma_a \sigma_B$ nach Satz 2 gleich dem Produkt (1). Entsprechend erkennt man, daß jedes Produkt $\sigma_A \sigma_b$ einem Produkt (1) gleich ist. Daher gilt

Satz 8. *Die Gleitspiegelungen sind die Bewegungen, die sich in der Form $\sigma_a \sigma_B$ (und auch in der Form $\sigma_A \sigma_b$) darstellen lassen.*

Wir zeigen nun

Satz 9. *Jedes Produkt von drei Geradenspiegelungen ist eine Gleitspiegelung.*

Beweis. Es sei ein Produkt $\sigma_u \sigma_v \sigma_w$ gegeben. Ist die Gerade v zu den beiden Geraden u, w parallel, so folgt die Behauptung aus Satz 5b.

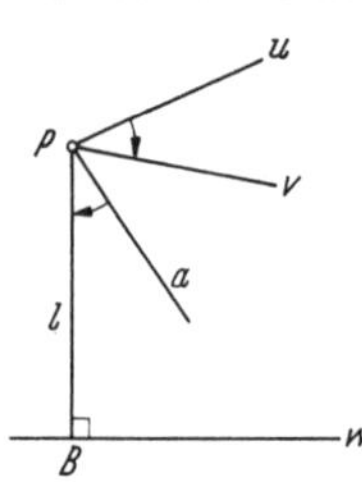

Sei nun v zu u oder zu w nicht parallel. Im ersten Fall fälle man von dem Schnittpunkt P der Geraden u und v das Lot l auf die Gerade w; der Fußpunkt sei B. Nach Satz 5a gibt es eine Gerade a, so daß $\sigma_u \sigma_v \sigma_l = \sigma_a$ ist. Dann ist $\sigma_u \sigma_v \sigma_w = \sigma_a \sigma_l \sigma_w = \sigma_a \sigma_B$. Also gilt nach Satz 8 die Behauptung. Im zweiten Fall, in dem v nicht zu w parallel ist, lehrt die entsprechende Überlegung, daß $\sigma_w \sigma_v \sigma_u$ eine Gleitspiegelung ist. Das Inverse einer Gleitspiegelung ist aber offenbar auch eine Gleitspiegelung.

Aus den Sätzen 3, 8, 9 folgt, daß die Bewegungsgruppe einer euklidischen Ebene „zweispiegelig" ist:

Satz 10. *Jede Bewegung ist in der Form $\sigma_a \sigma_b$ oder in der Form $\sigma_a \sigma_B$ darstellbar.*

Und unsere Überlegungen zeigen, daß die Bewegungen einer euklidischen Ebene sich in Drehungen, Translationen und Gleitspiegelungen einteilen lassen. Die Bewegungen dieser drei Typen unterscheiden sich durch ihre Fixelemente; nur die Identität ist sowohl Drehung als Translation.

Welche Bewegungen erhält man nun, indem man Produkte von Punktspiegelungen bildet?

Satz 11. *Die Bewegungen, welche sich als Produkt von zwei Punktspiegelungen darstellen lassen, sind die Translationen.*

Beweis. Ist v eine Gerade, welche mit den Punkten A und B inzidiert, und sind a und b die Senkrechten auf v in A und B, so ist nach Satz 2 $\sigma_A\sigma_B = \sigma_a\sigma_v\sigma_v\sigma_b = \sigma_a\sigma_b$, also eine Translation. Der Schluß ist umkehrbar.

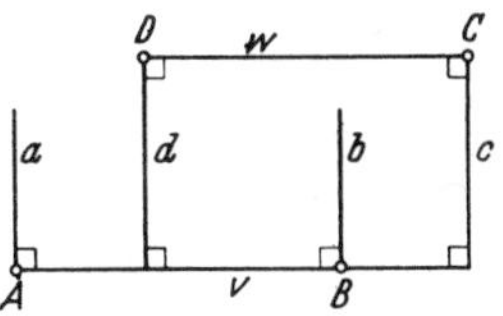

Satz 12. *Jedes Produkt von drei Punktspiegelungen ist gleich einer Punktspiegelung.*

Beweis. Sind A, B, C die gegebenen Punkte, so ziehe man eine Gerade v durch A und B, und durch C die Parallele w zu v. Sind dann a und b die Senkrechten auf v in A und B, und ist c die Senkrechte auf w in C, so ist c auch zu v senkrecht, und es gibt nach Satz 5b eine auf v, also auch auf w senkrechte Gerade d, so daß $\sigma_a\sigma_b\sigma_c = \sigma_d$ ist. Dann ist $\sigma_a\sigma_v\sigma_v\sigma_b\sigma_c\sigma_w = \sigma_d\sigma_w$, also nach Satz 2 $\sigma_A\sigma_B\sigma_C = \sigma_D$, wenn D der Schnittpunkt von d und w ist.

Aus den Sätzen 11 und 12 ergibt sich, daß die von den Punktspiegelungen erzeugte Untergruppe der Bewegungsgruppe aus den Punktspiegelungen und den Translationen besteht. Die Punktspiegelungen erzeugen also nicht, wie die Geradenspiegelungen, die volle Bewegungsgruppe. Punktspiegelungen und Translationen führen jede Gerade in eine zu ihr parallele über; bei allen anderen Bewegungen gibt es Geraden, welche von ihren Bildgeraden geschnitten werden.

Ein wichtiger Prozeß ist das *Zusammensetzen von Drehungen und von Translationen:* Zu zwei Produkten $\sigma_a\sigma_b$ und $\sigma_c\sigma_d$ gibt es stets Geraden e und f, so daß

(2) $$\sigma_a\sigma_b\sigma_c\sigma_d = \sigma_e\sigma_f \quad \text{ist.}$$

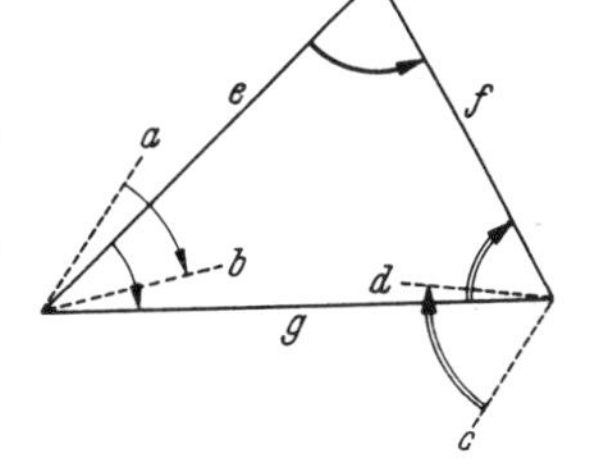

a) Sind beide Produkte Drehungen $\neq 1$, und ist g eine Gerade durch die beiden Drehzentren, so gibt es nach Satz 5a Geraden e und f, so daß

(3) $$\sigma_a\sigma_b = \sigma_e\sigma_g \quad \text{und} \quad \sigma_c\sigma_d = \sigma_g\sigma_f$$

ist. Und dann gilt (2).

b) Sei etwa $\sigma_a\sigma_b$ eine Drehung $\neq 1$ und $\sigma_c\sigma_d$ eine Translation. Ist g die Parallele zu c und d durch das Drehzentrum von $\sigma_a\sigma_b$, so gibt es nach Satz 5 Geraden e und f, für die (3), und damit (2) gilt.

c) Sind die gegebenen Produkte beide Translationen, so schreibe man sie nach Satz 11 zunächst als Produkte von Punktspiegelungen: $\sigma_a\sigma_b = \sigma_A\sigma_B$, $\sigma_c\sigma_d = \sigma_C\sigma_D$. Sodann wähle man einen beliebigen Punkt G

und bestimme nach Satz 12 Punkte E und F so, daß

$$(4) \qquad \sigma_A\sigma_B = \sigma_E\sigma_G \quad \text{und} \quad \sigma_C\sigma_D = \sigma_G\sigma_F$$

ist. Dann gilt $\sigma_a\sigma_b\sigma_c\sigma_d = \sigma_E\sigma_F$, und da man $\sigma_E\sigma_F$ wieder als ein Produkt $\sigma_e\sigma_f$ schreiben kann, die Behauptung (2). Hiermit ist zugleich gezeigt, daß das Produkt von zwei Translationen wieder eine Translation ist.

Es ist klar, daß in der von den Geradenspiegelungen erzeugten Gruppe die Produkte einer geraden Anzahl von Geradenspiegelungen eine Untergruppe bilden, die vom Index 2 ist, sofern sie nur eine echte Untergruppe ist. Nach dem eben Gezeigten läßt sich jedes Produkt einer geraden Anzahl von Geradenspiegelungen auf ein Produkt von zwei Geradenspiegelungen, und jedes Produkt einer ungeraden Anzahl von Geradenspiegelungen auf ein Produkt von drei Geradenspiegelungen reduzieren. Man entnimmt daher aus Satz 4, Folgerung, daß ein Produkt einer ungeraden Anzahl von Geradenspiegelungen niemals gleich 1 ist; daher ist ein Produkt einer geraden Anzahl von Geradenspiegelungen niemals einem Produkt einer ungeraden Anzahl von Geradenspiegelungen gleich. Also gilt

Satz 13. *Die Bewegungen, die sich als Produkt von zwei Geradenspiegelungen darstellen lassen, also die Drehungen und Translationen, bilden eine Untergruppe der Bewegungsgruppe vom Index* 2; *ihre Nebenklasse besteht aus den Gleitspiegelungen.*

Wir betrachten nun folgende Mengen von Spiegelungen:

1) Die Spiegelungen an den Geraden durch einen festen Punkt P;

2) die Spiegelungen an den zu einer festen Geraden g senkrechten Geraden;

3) die Spiegelungen an den Punkten einer festen Geraden g;

4) die Spiegelungen an allen Punkten.

Jede dieser Mengen hat die Eigenschaft, daß das Produkt von je drei Spiegelungen aus der Menge wieder eine Spiegelung aus der Menge ist. Die von diesen Mengen erzeugten Untergruppen der Bewegungsgruppe haben eine gemeinsame Eigenschaft, die auf dem folgenden gruppentheoretischen Satz beruht:

Lemma. *Ist in einer Gruppe ein Erzeugendensystem gegeben, welches aus involutorischen Elementen besteht, und ist jedes Produkt von drei Erzeugenden wieder eine Erzeugende, so bilden die Produkte von zwei Erzeugenden eine kommutative Untergruppe vom Index* 2, *deren Nebenklasse das Erzeugendensystem ist.*

Beweis. In einer solchen Gruppe ist jedes Element entweder eine Erzeugende oder ein Produkt von zwei Erzeugenden. Hieraus ergeben sich alle Behauptungen bis auf die Kommutativität unmittelbar. Die

Kommutativität der Untergruppe erhält man durch den folgenden Schluß: Sind $\sigma_1, \sigma_2, \sigma_3, \sigma_4$ Erzeugende, so gilt:

$$\sigma_1\sigma_2 \cdot \sigma_3\sigma_4 = \sigma_1\sigma_2\sigma_3 \cdot \sigma_4 = \sigma_3\sigma_2\sigma_1 \cdot \sigma_4 = \sigma_3 \cdot \sigma_2\sigma_1\sigma_4 = \sigma_3 \cdot \sigma_4\sigma_1\sigma_2 = \sigma_3\sigma_4 \cdot \sigma_1\sigma_2 .$$

Man kann die Kommutativität der Untergruppe mit Hilfe des Begriffs des Transformierens, welcher in 3 besprochen wird, durch einen allgemeineren, auch in anderen Zusammenhängen nützlichen Gedanken erkennen: Ist σ eine feste Erzeugende, so gilt $\alpha^\sigma = \alpha^{-1}$ für alle Elemente α der Untergruppe. Da die Abbildung von α auf α^σ ein Automorphismus, und die Abbildung von α auf α^{-1} ein Antiautomorphismus ist, besagt diese Gleichung, daß es einen Automorphismus der Untergruppe gibt, welcher einem Antiautomorphismus gleich ist; das bedeutet, daß die Untergruppe kommutativ ist.

In den von den oben genannten Spiegelungen erzeugten Gruppen sind die Produkte von zwei Erzeugenden im Fall 1) die Drehungen um P, im Fall 2) und 3) die Translationen längs der Geraden g, und im Fall 4) alle Translationen. Daher gilt nach dem Lemma:

Satz 14. *Die Drehungen um einen festen Punkt P, die Translationen längs einer festen Geraden g, alle Translationen bilden je für sich eine kommutative Untergruppe der Bewegungsgruppe.*

Zu dem Lemma kann man ergänzend bemerken: Enthält die Untergruppe involutorische Elemente, so liegen sie im Zentrum der Gruppe (sind mit allen Elementen der Gruppe vertauschbar). Unter den Drehungen um einen Punkt P gibt es genau eine involutorische Drehung, die Spiegelung an dem Punkt P; sie ist mit allen Spiegelungen an Geraden durch den Punkt P vertauschbar. Involutorische Translationen gibt es nicht (man erschließt dies etwa so: Eine involutorische Translation müßte als Translation $\neq 1$ nach Satz 4a fixpunktfrei sein, aber als involutorische Bewegung nach Satz 1 wenigstens einen Fixpunkt haben).

Aufgaben. 1. Eine Menge von Elementen einer Gruppe ist dann und nur dann Restklasse einer Untergruppe, wenn die Menge mit drei Elementen α, β, γ stets auch das Element $\alpha\beta^{-1}\gamma$ enthält.

2. Eine Gruppe, in der jedes vom Einselement verschiedene Element involutorisch ist, ist abelsch. Ist eine aus involutorischen Elementen erzeugbare Gruppe abelsch, so ist in ihr jedes vom Einselement verschiedene Element involutorisch.

3. Unter den Voraussetzungen des Lemmas gilt: Enthält das Zentrum der Gruppe vom Einselement verschiedene Elemente, so sind sie involutorisch.

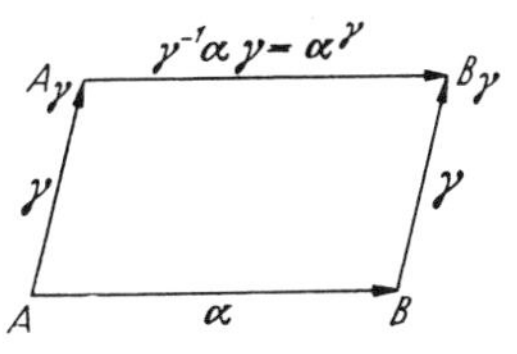

3. Das Bewegen von Bewegungen (Transformieren).

Man kann nicht nur Punkte und Geraden, sondern auch Bewegungen einer Bewegung unterwerfen. Ist α eine Bewegung, so ordnet α jedem Punkt A einen Bildpunkt $A\alpha = B$ zu. Man kann nun die Paare A, B, also die Paare Punkt-Bildpunkt hinsichtlich α, einer Bewegung γ unterwerfen, und die

Zuordnung betrachten, welche zwischen den Punkten $A\gamma$ und $B\gamma$ besteht. Diese Zuordnung ist wieder eine Bewegung, und zwar die Bewegung $\gamma^{-1}\alpha\gamma$; denn offenbar gilt

(5) $A\alpha = B$ dann und nur dann, wenn $A\gamma(\gamma^{-1}\alpha\gamma) = B\gamma$

ist. Mit den Geraden verfährt man entsprechend, und es gilt

(6) $a\alpha = b$ dann und nur dann, wenn $a\gamma(\gamma^{-1}\alpha\gamma) = b\gamma$

ist. *Es ist also $\gamma^{-1}\alpha\gamma$ die Bewegung, welche entsteht, wenn man die Bewegung α der Bewegung γ unterwirft.*

Man sagt in einer Gruppe: $\gamma^{-1}\alpha\gamma$ ist das Element, welches aus α durch *Transformation mit* γ hervorgeht. Für $\gamma^{-1}\alpha\gamma$ schreiben wir kürzer α^{γ}. Für das Transformieren gelten die folgenden Regeln:

(7) $(\alpha^{\gamma_1})^{\gamma_2} = \alpha^{\gamma_1\gamma_2}, \quad (\alpha_1\alpha_2)^{\gamma} = \alpha_1^{\gamma}\alpha_2^{\gamma}, \quad (\alpha^{-1})^{\gamma} = (\alpha^{\gamma})^{-1},$

und die Beziehung „α_1 ist in α_2 transformierbar" ist reflexiv, symmetrisch und transitiv.

Aus einer involutorischen Bewegung entsteht durch Transformieren stets wieder eine involutorische Bewegung: Aus $\alpha^2 = 1$ und $\alpha \neq 1$ folgt $(\alpha^{\gamma})^2 = 1$ und $\alpha^{\gamma} \neq 1$.

Aus (5) ergibt sich: Ist A ein Fixpunkt der Bewegung α, so ist $A\gamma$ ein Fixpunkt der Bewegung α^{γ}, und umgekehrt. So entsprechen sich eineindeutig die Fixpunkte der Bewegung α und die Fixpunkte der Bewegung α^{γ}. Das gleiche gilt für die Fixgeraden von α und α^{γ}.

Man erkennt so, daß aus einer Punktspiegelung durch Transformieren mit einer Bewegung stets wieder eine Punktspiegelung, und zwar aus der Spiegelung an dem Punkte A durch Transformation mit γ die Spiegelung an dem Punkte $A\gamma$ entsteht. Ebenso entsteht aus einer Geradenspiegelung durch Transformieren mit einer Bewegung stets eine Geradenspiegelung, und zwar aus der Spiegelung an der Geraden a durch Transformation mit γ die Spiegelung an der Geraden $a\gamma$. Es ist also

(8) $\sigma_A^{\gamma} = \sigma_{A\gamma}$, (9) $\sigma_a^{\gamma} = \sigma_{a\gamma}$.

Aus einer Drehung entsteht durch Transformieren eine Drehung um einen kongruenten Winkel, aus einer Translation eine Translation um eine kongruente Strecke, aus einer Gleitspiegelung eine Gleitspiegelung mit kongruentem translatorischen Bestandteil.

Man nennt in einer Gruppe einen Komplex, d.h. eine Menge von Gruppenelementen, *invariant*, wenn bei Transformation mit beliebigen Gruppenelementen die Elemente des Komplexes stets wieder in Elemente des Komplexes übergehen. Invariante Komplexe der Bewegungsgruppe sind z.B. die Identität, die Gesamtheit der Punktspiegelungen, die Gesamtheit der Geradenspiegelungen, die Gesamtheit der involutorischen

Bewegungen, die Gesamtheit der Drehungen um kongruente Winkel. Ein invarianter Komplex, welcher eine Untergruppe ist, heißt *Normalteiler*. Die Translationen bilden einen Normalteiler der Bewegungsgruppe, und ebenfalls die Drehungen und Translationen zusammen (Untergruppen vom Index 2 sind stets Normalteiler).

Aufgabe. In einer Gruppe ist die von einem invarianten Komplex erzeugte Untergruppe stets Normalteiler. Aus welchen Bewegungen besteht bei gegebener natürlicher Zahl k der Normalteiler $\mathfrak{N}_k$ der Bewegungsgruppe, welcher von dem invarianten Komplex aller Drehungen um $\pm 360/k$ Grad erzeugt wird? Aus welchen Bewegungen besteht der von allen Normalteilern $\mathfrak{N}_k$ erzeugte Normalteiler?

4. Formulierung geometrischer Beziehungen in der Bewegungsgruppe. Nach den Gleichungen (8) und (9) ist

$$A\gamma = B \quad \text{gleichwertig mit} \quad \sigma_A^\gamma = \sigma_B, \tag{10}$$

$$a\gamma = b \quad \text{gleichwertig mit} \quad \sigma_a^\gamma = \sigma_b. \tag{11}$$

Die Aussage, daß die Bewegung γ den Punkt A in den Punkt B überführt, können wir also durch die gruppentheoretische Aussage ersetzen, daß die Bewegung γ die Spiegelung σ_A in die Spiegelung σ_B transformiert. Und bei den Geraden können wir ebenso verfahren. Man kann nun geometrische Aussagen in der Bewegungsgruppe formulieren, indem man die geometrischen Objekte, die Punkte und Geraden, durch die ihnen eineindeutig entsprechenden Punkt- und Geradenspiegelungen, also durch involutorische Elemente der Bewegungsgruppe, ersetzt. Wir führen dazu eine *neue Bezeichnungsweise* ein: Wir lassen den Buchstaben σ fort und bezeichnen die Spiegelung an dem Punkt P einfach mit P, und die Spiegelung an der Geraden g einfach mit g. Es ist dann

in alter Bezeichnungsweise		in neuer Bezeichnungsweise
$A\gamma = B$	gleichwertig mit	$A^\gamma = B$
$a\gamma = b$	gleichwertig mit	$a^\gamma = b$.

Für die Möglichkeit, geometrische Aussagen in der Bewegungsgruppe zu formulieren, ist es wesentlich, daß grundlegende geometrische Beziehungen zwischen Punkten und Geraden durch gruppentheoretische Relationen zwischen den Spiegelungen dargestellt werden können. So ist z.B. die Aussage, daß der Punkt A mit der Geraden b inzidiert, gleichwertig damit, daß die Spiegelung an der Geraden b die Spiegelung an dem Punkt A in sich transformiert, also in unserer neuen Bezeichnungsweise mit der Gleichung $A^b = A$. Diese Gleichung kann auch in der Form $Ab = bA$ oder auch in der Form $b^A = b$ geschrieben werden. Weitere Beispiele stellen wir in der folgenden Tabelle zusammen:

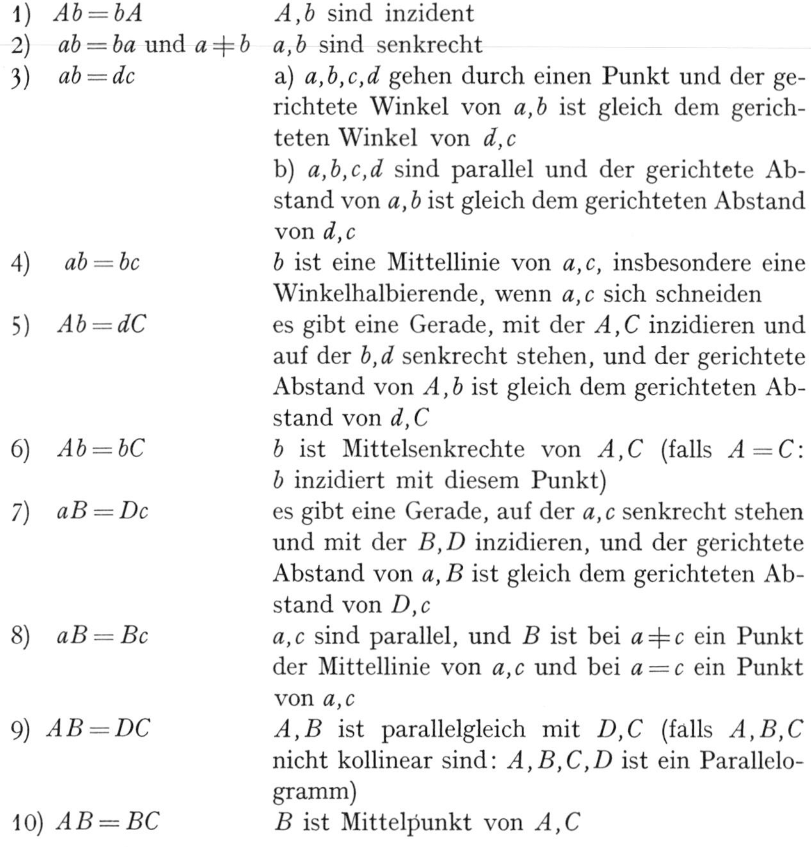

1) $Ab = bA$	A, b sind inzident
2) $ab = ba$ und $a \neq b$	a, b sind senkrecht
3) $ab = dc$	a) a, b, c, d gehen durch einen Punkt und der gerichtete Winkel von a, b ist gleich dem gerichteten Winkel von d, c b) a, b, c, d sind parallel und der gerichtete Abstand von a, b ist gleich dem gerichteten Abstand von d, c
4) $ab = bc$	b ist eine Mittellinie von a, c, insbesondere eine Winkelhalbierende, wenn a, c sich schneiden
5) $Ab = dC$	es gibt eine Gerade, mit der A, C inzidieren und auf der b, d senkrecht stehen, und der gerichtete Abstand von A, b ist gleich dem gerichteten Abstand von d, C
6) $Ab = bC$	b ist Mittelsenkrechte von A, C (falls $A = C$: b inzidiert mit diesem Punkt)
7) $aB = Dc$	es gibt eine Gerade, auf der a, c senkrecht stehen und mit der B, D inzidieren, und der gerichtete Abstand von a, B ist gleich dem gerichteten Abstand von D, c
8) $aB = Bc$	a, c sind parallel, und B ist bei $a \neq c$ ein Punkt der Mittellinie von a, c und bei $a = c$ ein Punkt von a, c
9) $AB = DC$	A, B ist parallelgleich mit D, C (falls A, B, C nicht kollinear sind: A, B, C, D ist ein Parallelogramm)
10) $AB = BC$	B ist Mittelpunkt von A, C

Für den unter 3) angegebenen geometrischen Sachverhalt sagt man nach HJELMSLEV auch: *die Geraden b, d liegen spiegelbildlich in bezug auf die Geraden a, c.*

Von besonderem Interesse ist die Frage, wann ein Produkt von Punkt- und Geradenspiegelungen involutorisch, also selbst eine Punkt- oder Geradenspiegelung ist; dem Produkt kommt dann wieder eine einfache geometrische Bedeutung zu. Für die Produkte von zwei und drei Spiegelungen beantworten wir die Frage durch den folgenden Katalog:

ab ist involutorisch: a, b sind senkrecht; ab ist dann die Spiegelung an dem Schnittpunkt von a, b.

Ab ist involutorisch: A, b sind inzident; Ab ist dann die Spiegelung an der in A auf b errichteten Senkrechten.

abc ist involutorisch: a, b, c liegen im Büschel; abc ist dann die Spiegelung an der in 3) beschriebenen Geraden d, die wir auch die vierte Spiegelungsgerade zu a, b, c nennen.

AbC ist involutorisch: es gibt eine Gerade, mit der A, C inzidieren und auf der b senkrecht steht; AbC ist dann die Spiegelung an der in 5) beschriebenen Geraden d.

aBc ist involutorisch: es gibt eine Gerade, auf der a, c senkrecht stehen und mit der B inzidiert; aBc ist dann die Spiegelung an dem in 7) beschriebenen Punkt D.

ABC ist involutorisch: Diese Bedingung ist nach Satz 12 stets erfüllt; ABC ist die Spiegelung an dem in 9) beschriebenen Punkt D.

Außer den Spiegelungsgleichungen, welche geometrische Beziehungen zwischen Punkten und Geraden ausdrücken, gibt es solche, die für alle Punktspiegelungen oder für alle Geradenspiegelungen gelten. Triviale Gleichungen dieser Art sind: Es gilt $AA = 1$ für alle A; es gilt $aa = 1$ für alle a. Ein nicht triviales Beispiel für Punktspiegelungen ist: Es gilt $ABCABC = 1$ für alle A, B, C. Eine nicht triviale identische Relation für Geradenspiegelungen hat G. THOMSEN angegeben:

Sind a, b, c drei beliebige Geradenspiegelungen, so ist nach Satz 9 abc eine Gleitspiegelung, also $(abc)^2$ eine Translation. Durch Transformation mit a entsteht wieder eine Translation, und zwar $(bca)^2$. Da Translationen stets vertauschbar sind, ist $(abc)^2(bca)^2 = (bca)^2(abc)^2$, d.h.:

Es gilt $abcabcbcabcacbacbcbacb = 1$ *für alle* a, b, c,

oder anders geschrieben: Es gilt $a^{(bcabc)^2} = a$ für alle a, b, c.

5. Beweis einiger Sätze durch Rechnen mit Spiegelungen. Wie die vorangehenden Überlegungen zeigen, lassen sich geometrische Sätze in der Bewegungsgruppe als Aussagen über Spiegelungen formulieren. Damit eröffnet sich die Möglichkeit, geometrische Sätze durch gruppentheoretisches Rechnen mit Spiegelungen zu beweisen. Um diese Möglichkeit systematisch zu entwickeln, wird man gewisse Aussagen über Spiegelungen als Axiome an den Anfang stellen. Dies soll später geschehen. Jetzt wollen wir nur einige besonders einfache gruppentheoretische Sätze über Punkt- und Geradenspiegelungen durch Gruppenrechnen beweisen und zeigen, wie sie sich als Sätze über die geometrischen Objekte interpretieren lassen.

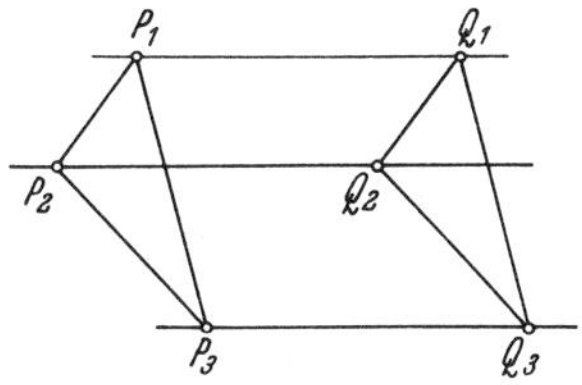

1) *Aus* $P_1P_2 = Q_1Q_2$ *und* $P_2P_3 = Q_2Q_3$ *folgt* $P_1P_3 = Q_1Q_3$.

Beweis. Man multipliziere die beiden gegebenen Gleichungen.

Satz 1) besagt: Ist P_1, P_2 parallelgleich zu Q_1, Q_2, und P_2, P_3 parallelgleich zu Q_2, Q_3, so ist P_1, P_3 parallelgleich zu Q_1, Q_3. Diese Aussage enthält den *kleinen affinen Satz von* DESARGUES.

2) *Aus* $P_1P_2 = Q_2Q_1$ *und* $P_2P_3 = Q_3Q_2$ *folgt* $P_1P_3 = Q_3Q_1$.

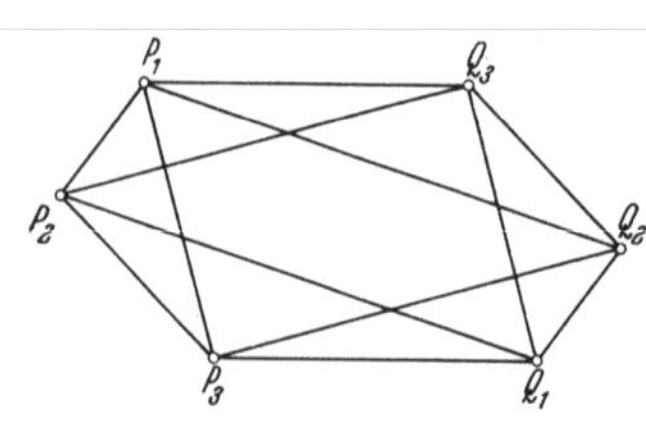

Beweis. Durch Multiplikation der gegebenen Gleichungen erhält man $P_1P_3 = Q_2Q_1Q_3Q_2$. Die rechte Seite ist gleich Q_3Q_1, da nach Satz 12 $Q_2Q_1Q_3 = Q_3Q_1Q_2$ ist.

Sind speziell P_1, P_2, P_3 und Q_1, Q_2, Q_3 je kollinear, so hat man hiermit den *kleinen affinen Satz von* PAPPUS-PASCAL.

3) *Aus* $(abc)^2 = 1$ *und* $P_1^a = P_2$, $P_2^b = P_3$, $P_3^c = P_4$, $P_4^a = P_5$, $P_5^b = P_6$ *folgt* $P_6^c = P_1$.

Beweis. Wegen $(abc)^2 = 1$ ist $P_1^{abcabc} = P_1$; andererseits ist nach Voraussetzung $P_1^{abcabc} = P_2^{bcabc} = P_3^{cabc} = P_4^{abc} = P_5^{bc} = P_6^c$.

Satz 3) besagt: Sind drei Geraden a, b, c eines Büschels und sechs Punkte $P_1, \ldots, P_6$ gegeben, und ist a Mittelsenkrechte von P_1, P_2 und von P_4, P_5, b Mittelsenkrechte von P_2, P_3 und P_5, P_6, c Mittelsenkrechte von P_3, P_4, so ist c auch Mittelsenkrechte von P_6, P_1. In diesem Satz ist der Satz von PASCAL für ein einem Kreise einbeschriebenes Sechseck mit parallelen Gegenseiten enthalten. (Bestehen zwei Paare von Gegenseiten aus Parallelen, so auch das dritte.)

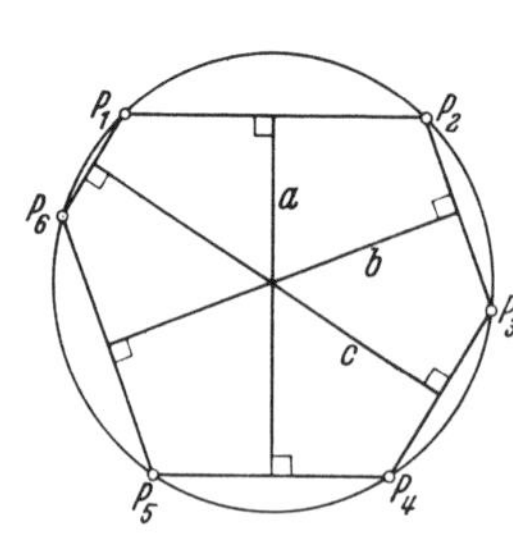

4) *Aus* $P_1^A = P_2$, $P_2^B = P_3$, $P_3^C = P_4$, $P_4^A = P_5$, $P_5^B = P_6$ *folgt* $P_6^C = P_1$.

Beweis. Wie bei 3); nach Satz 12 ist $(ABC)^2 = 1$.

Satz 4) besagt: Ist A Mittelpunkt von P_1, P_2 und von P_4, P_5, B Mittelpunkt von P_2, P_3 und von P_5, P_6, C Mittelpunkt von P_3, P_4, so ist C auch Mittelpunkt von P_6, P_1. Auch dieser Satz besagt, daß gewisse Sechsecke sich schließen.

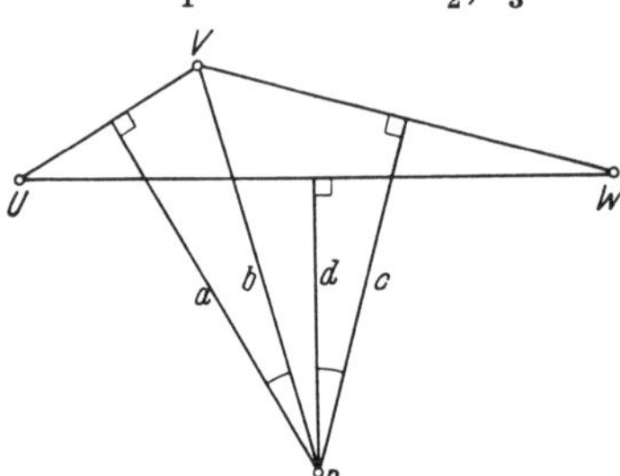

5) *Ist* $U^a = V$, $V^b = V$, $V^c = W$ *und ist* $abc = d$, *so ist* $U^d = W$.

Beweis. Trivial.

Satz 5) besagt: Ist a Mittelsenkrechte von U, V, b eine Gerade durch V, c Mittelsenkrechte von V, W, und liegen a, b, c im Büschel, so ist die vierte Spiegelungsgerade zu a, b, c Mittelsenkrechte von U, W. Hiermit gewinnt man den *Satz vom Schnittpunkt der Mittelsenkrechten* eines Dreiecks U, V, W: Ist P der Schnittpunkt der Mittelsenkrechten a von U, V und c von V, W, und wählt man b als Verbindungsgerade von P, V, so ist die vierte Spiegelungsgerade zu a, b, c, welche nach Satz 5 gleichfalls durch den Punkt P geht, die Mittelsenkrechte von U, W.

Hieraus ergibt sich zugleich eine Konstruktion der vierten Spiegelungsgeraden zu drei gegebenen Geraden a, b, c $(a \neq c)$, welche durch einen Punkt P gehen.

6) *Ist* $u^a = v$, $v^b = v$, $v^c = w$ *und ist* $abc = d$, *so ist* $u^d = w$.

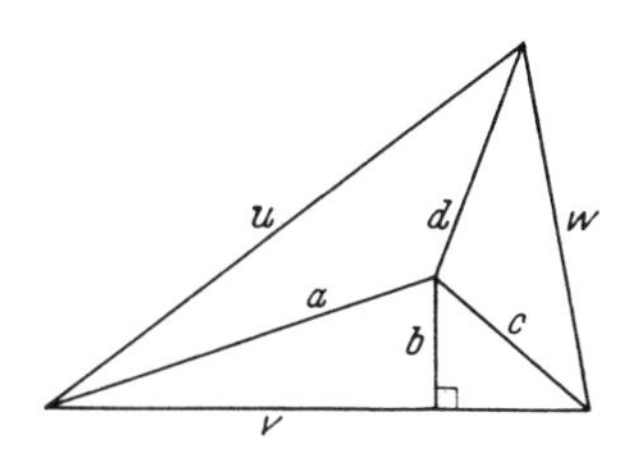

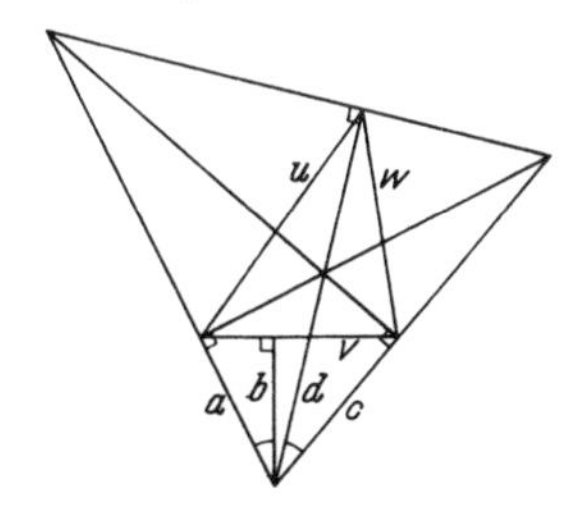

Mit diesem Satz gewinnt man entsprechend den *Winkelhalbierendensatz* für ein Dreiseit u, v, w: Durch einen Punkt, durch den Halbierungslinien von zwei Winkeln des Dreiseits gehen, geht auch eine Halbierungslinie des dritten Winkels.

Sind drei Punktspiegelungen A, B, C gegeben, so sind nach Satz 12 auch die drei Produkte CAB, ABC, BCA Punktspiegelungen, und daher ist $CAB = BAC$, $ABC = CBA$, $BCA = ACB$. Hieraus folgt unmittelbar:

7) *Wird* $CAB = U$, $ABC = V$, $BCA = W$ *gesetzt, so ist* $UC = CV = BA$, $VA = AW = CB$, $WB = BU = AC$.

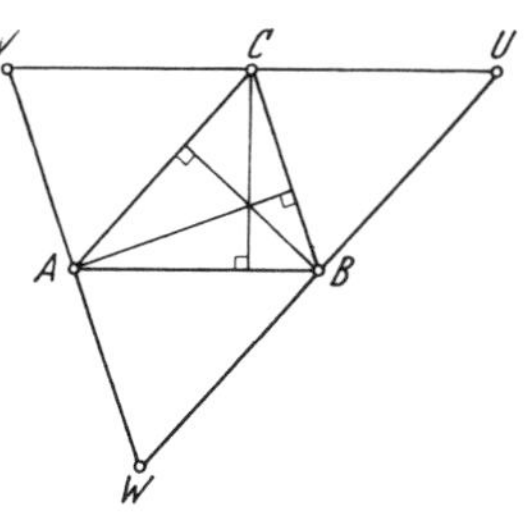

Hiernach sind U, C und C, V und B, A untereinander parallelgleich, usf. Ist also A, B, C ein Dreieck, so bilden U, V, W ein Dreieck, in dem die Punkte A, B, C die Seiten-Mittelpunkte sind und dessen Seiten zu den Seiten des Dreiecks A, B, C parallel sind. Mit der Existenz des umbeschriebenen Dreiecks U, V, W kann man den *Höhensatz* für ein gegebenes Dreieck A, B, C erschließen: Die Höhen des Dreiecks A, B, C sind die Mittelsenkrechten des umbeschriebenen Dreiecks, und diese gehen nach einer Bemerkung unter 5) durch einen Punkt.

Als Umkehrung von 7) gilt:

8) *Ist* $U^C = V$, $V^A = W$, $W^B = U$, *so ist* $U = CAB$, $V = ABC$, $W = BCA$.

Beweis. Nach Voraussetzung ist $U^{CAB} = U$. Für die Punktspiegelung $CAB = U'$ gilt also $UU' = U'U$. Hieraus schließen wir auf $U = U'$, etwa folgendermaßen: Wäre $U \neq U'$, so wäre UU' involutorisch; nun ist UU' nach Satz 11 eine Translation, es gibt aber keine involutorischen Translationen. Die anderen behaupteten Gleichungen erhält man entsprechend.

Satz 8) lehrt in Verbindung mit Satz 7), daß in einem Dreieck die Verbindungsgerade von zwei Seiten-Mittelpunkten zu der dritten Seite parallel ist. Auf Grund dieser Tatsache kann man die unter 5) genannte Konstruktion der vierten Spiegelungsgeraden zu drei Geraden a,b,c $(a \neq c)$, welche durch einen Punkt P gehen, etwas vereinfachen: Wählt man einen von P verschiedenen Punkt auf b, fällt von ihm die Lote auf a und c, so ist das von P auf die Verbindungsgerade der Fußpunkte gefällte Lot die vierte Spiegelungsgerade zu a,b,c (Lotensatz-Figur).

9) *Ist* $ba'c = a''$, $cb'a = b''$, $ac'b = c''$, *und ist* $a'b'c'$ *involutorisch, so ist auch* $a''b''c''$ *involutorisch.*

Beweis. Es ist $a''b''c'' = ba'c \cdot cb'a \cdot ac'b = (a'b'c')^b$.

Geometrisch interpretiert ist Satz 9) ein Satz über spiegelbildliche Lage in einem Dreiseit a,b,c. Sind a,b,c die Seiten eines Dreiecks, so besagt er: Ist durch jede Ecke eines Dreiecks eine Gerade, und zu ihr die vierte Spiegelungsgerade in bezug auf die Seiten gezogen, so gilt: Liegen die drei Geraden im Büschel, so liegen auch die vierten Spiegelungsgeraden im Büschel.

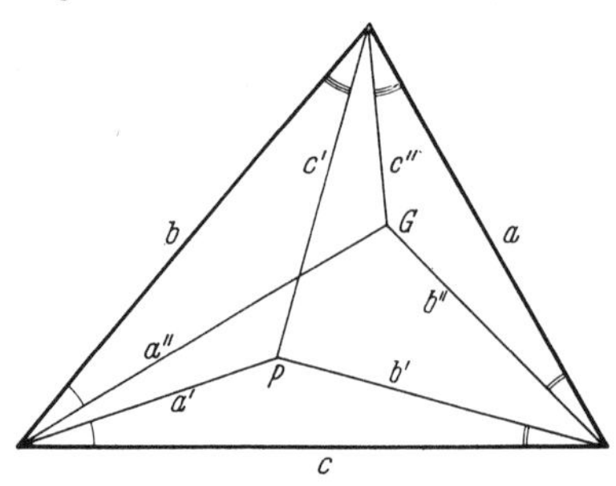

Ist also allgemein A,B,C ein Dreieck und P ein Punkt, welcher nicht auf einer der Seiten liegt, verbindet man ferner den Punkt P mit den Ecken A,B,C durch Geraden a',b',c' und zieht in jedem Eckpunkt, wie geschildert, die vierte Spiegelungsgerade, so gehen die entstehenden Geraden a'',b'',c'' entweder durch einen Punkt oder sind zueinander parallel. Der zweite Fall ist von eigener geometrischer Bedeutung, wie wir noch sehen werden.

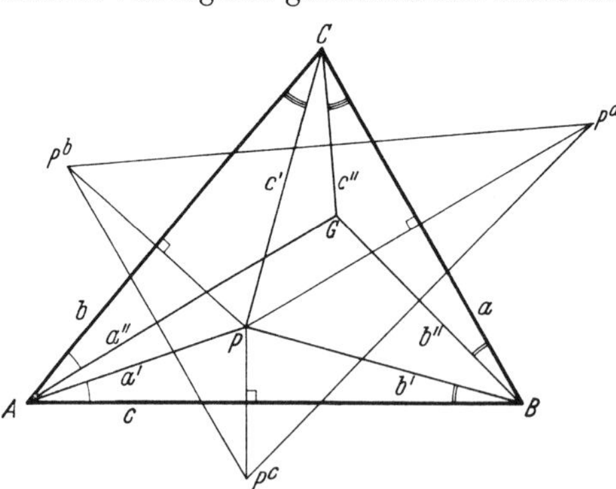

Durch unseren Satz wird somit jedem nicht auf einer Seite des Dreiecks gelegenen Punkt P ein — eigentlicher oder unendlichferner — „Gegenpunkt" G zugeordnet. Diese Beziehung zwischen P und G nennt man die *isogonale Punktverwandtschaft* in bezug auf das gegebene Dreieck.

Bildet man die Spiegelpunkte P^a, P^b, P^c von P in bezug auf die Seiten a,b,c des Dreiecks, so ist, wie unter 5), A der Schnittpunkt der Mittelsenkrechten des Dreiecks P^b, P, P^c, also die vierte Spiegelungsgerade a'' die Mittelsenkrechte von P^b, P^c. Ebenso ist b'' die Mittelsenkrechte von P^c, P^a, und c'' die Mittelsenkrechte von P^a, P^b. Sind also a'', b'', c'' nicht zueinander parallel, so ist ihr Schnittpunkt, der Gegenpunkt G zu dem Punkt P, der Schnittpunkt der Mittelsenkrechten des Dreiecks P^a, P^b, P^c.

Der Spezialfall eines unendlichfernen isogonalen Gegenpunktes führt zu dem Satz vom Kreisviereck. Um ihn zu formulieren, definieren wir für Paare a,b und d,c von Geraden, welche je einen Punkt gemein haben: a,b und d,c bestimmen den gleichen gerichteten *Winkel*, geschrieben

$$ab \equiv dc,$$

wenn für die durch einen Punkt O gezogenen Parallelen $\bar{a}, \bar{b}, \bar{c}, \bar{d}$ die Spiegelungsgleichung $\bar{a}\bar{b} = \bar{d}\bar{c}$ gilt. Die Definition ist von der Wahl des Punktes O unabhängig. Die eingeführte Relation ist reflexiv, symmetrisch und transitiv, und aus $ab \equiv dc$ folgt $ba \equiv cd$.

Satz vom Kreisviereck. *Es sei A, B, C, P ein vollständiges Viereck; es inzidiere A mit a', b, c, B mit a, b', c, C mit a, b, c', P mit a', b', c'. Die Geraden a', c, c', a mögen nicht alle durch einen Punkt gehen. Ist dann $a'c \equiv c'a$, so ist $a'b \equiv b'a$ (und auch $b'c \equiv c'b$).*

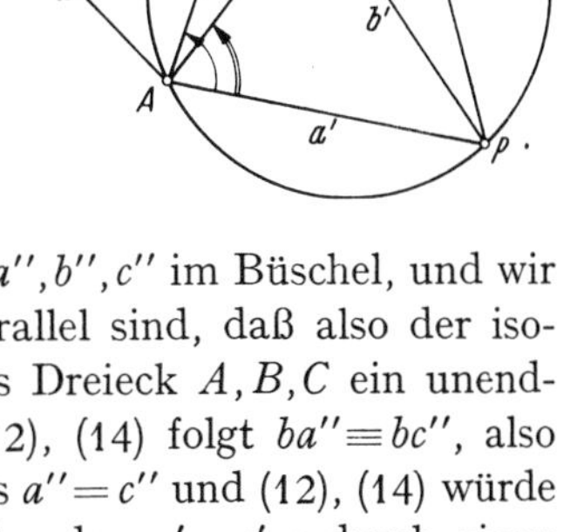

Beweis. Wir führen die vierten Spiegelungsgeraden a'', b'', c'' durch die Spiegelungsgleichungen

$$a'c = ba'', \tag{12}$$

$$b'a = cb'', \tag{13}$$

$$c'a = bc'' \tag{14}$$

ein. Nach dem Satz 9) liegen die Geraden a'', b'', c'' im Büschel, und wir wollen nun zeigen, daß sie zueinander parallel sind, daß also der isogonale Gegenpunkt zu P in bezug auf das Dreieck A, B, C ein unendlichferner Punkt ist. Aus $a'c \equiv c'a$ und (12), (14) folgt $ba'' \equiv bc''$, also a'' parallel c''. Ferner ist $a'' \neq c''$; denn aus $a'' = c''$ und (12), (14) würde $a'c = c'a$ folgen, und hierzu müßten die Geraden a', c, c', a durch einen Punkt gehen. Da die Geraden a'', b'', c'' im Büschel liegen und da $a'' \neq c''$ und a'' parallel c'' ist, ist auch a'' parallel b''. Daher ist $ca'' \equiv cb''$, und hieraus folgt mit (12) und (13) die Behauptung.

Durch dreimalige Anwendung des Satzes vom Kreisviereck kann man den affinen Satz von Pappus-Pascal beweisen. Da der Beweisgedanke von grundsätzlichem Interesse ist, sei dieser Beweis aus Hilberts „Grundlagen der Geometrie" hier dargestellt:

Affiner Satz von Pappus-Pascal. *Es sei $A_1, B_2, A_3, B_1, A_2, B_3$ ein Sechseck, dessen Ecken abwechselnd auf zwei Geraden a, b liegen: es liege A_i auf a, aber nicht auf b, und B_i auf b, aber nicht auf a $(i = 1, 2, 3)$. Sind in zwei Gegenseitenpaaren des Sechsecks die Geraden je zueinander parallel, so sind auch die Geraden des dritten Gegenseitenpaares zueinander parallel.*

Beweis. Wir bezeichnen für $i \neq k$ die Verbindungsgerade (A_i, B_k) mit p_{ik}, und formulieren die Parallelitäts-Voraussetzungen und die Behauptung wie folgt:

Es sei $p_{21}a \equiv p_{12}a$ und $p_{31}a \equiv p_{13}a$. Dann ist $p_{32}a \equiv p_{23}a$.

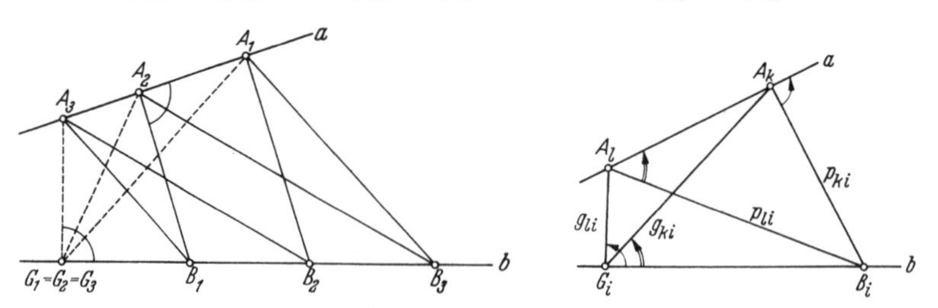

Für jede zyklische Permutation i, k, l von $1, 2, 3$ wählt man zu B_i, A_k, A_l auf b einen Punkt G_i so, daß das Viereck G_i, A_l, A_k, B_i den Voraussetzungen des Kreisvierecksatzes genügt; man bestimmt hierzu G_i auf b so, daß für die Verbindungsgerade $(A_l, G_i) = g_{li}$ die Winkelgleichheit $bg_{li} \equiv p_{ki}a$ gilt. Die Nebenvoraussetzung des Kreisvierecksatzes, daß b, g_{li}, p_{ki}, a nicht alle durch einen Punkt gehen, ist erfüllt, da b nicht durch den Schnittpunkt A_k der beiden verschiedenen Geraden p_{ki}, a geht. Nach dem Kreisvierecksatz gilt für die Verbindungsgerade $(A_k, G_i) = g_{ki}$ die Winkelgleichheit $bg_{ki} \equiv p_{li}a$.

Es ist dann also:

(15a)	$bg_{31} \equiv p_{21}a,$	(15b)	$bg_{21} \equiv p_{31}a,$
(16a)	$bg_{12} \equiv p_{32}a,$	(16b)	$bg_{32} \equiv p_{12}a,$
(17a)	$bg_{23} \equiv p_{13}a,$	(17b)	$bg_{13} \equiv p_{23}a.$

Man zieht nun die Parallelitäts-Voraussetzungen heran. Aus $p_{21}a \equiv p_{12}a$ und (15a), (16b) folgt, daß die beiden Geraden g_{31}, g_{32} parallel sind; da sie den Punkt A_3 gemein haben, fallen sie zusammen. Da also nicht nur die Gerade b, sondern auch die von b verschiedene Gerade $g_{31} = g_{32}$ mit den beiden Punkten G_1, G_2 inzidiert, ist $G_1 = G_2$. Entsprechend ergibt sich aus $p_{31}a \equiv p_{13}a$ und (15b), (17a), daß $g_{21} = g_{23}$, also $G_1 = G_3$ ist. Daher ist auch $G_2 = G_3$, also $g_{12} = g_{13}$, und wegen (16a), (17b) dann $p_{32}a \equiv p_{23}a$.

Dem Beweis entnimmt man: Die Umkreise der drei in dem PAPPUS-PASCALschen Sechseck enthaltenen Dreiecke, welche die eine Trägergerade als gemeinsame Basis besitzen, schneiden sich in einem Punkt auf der anderen Trägergeraden.

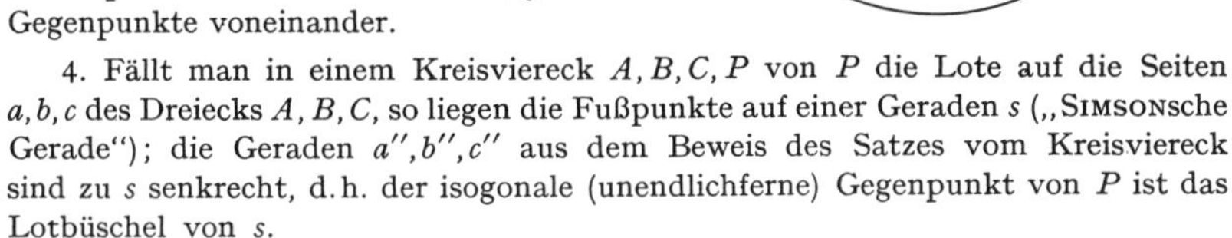

Aufgaben. 1. $ASBSCS=1$ bedeutet, daß S der Schwerpunkt von A, B, C ist.

2. Ist A, B, C, P ein Viereck mit rechten Winkeln in A und C, so ist der Mittelpunkt von P^A, P^C Höhenschnittpunkt des Dreiecks A, B, C. Dies liefert einen Beweis des Höhensatzes.

3. Höhen- und Mittelsenkrechtenschnittpunkt eines Dreiecks sind isogonale Gegenpunkte voneinander.

4. Fällt man in einem Kreisviereck A, B, C, P von P die Lote auf die Seiten a, b, c des Dreiecks A, B, C, so liegen die Fußpunkte auf einer Geraden s („SIMSONsche Gerade"); die Geraden a'', b'', c'' aus dem Beweis des Satzes vom Kreisviereck sind zu s senkrecht, d.h. der isogonale (unendlichferne) Gegenpunkt von P ist das Lotbüschel von s.

Literatur zu § 1. H. WIENER [1], CASEY [1], HILBERT [1], HESSENBERG [1], [3], HJELMSLEV [1], [2], F. SCHUR [1], SCHWAN [2], THOMSEN [3], V. D. WAERDEN [3], V. IJZEREN [1], GUSE [1], KERÉKJÁRTÓ [1].

§ 2. Der Begriff der metrischen Ebene

Der Begriff der metrischen Ebene, welcher den Gegenstand unserer Vorlesung bildet, umfaßt nicht nur die euklidische, sondern auch die nichteuklidischen Ebenen. Um eine Anschauung von den nichteuklidischen Ebenen zu vermitteln, gehen wir kurz auf klassische Modelle solcher Ebenen ein. Wir verzichten dabei auf Beweise, da wir später im Rahmen unseres Aufbaus elliptische und hyperbolische Ebenen allgemeiner definieren und dann alle notwendigen Beweise durchführen werden.

Im zweiten Teil dieses Paragraphen führen wir den allgemeinen Begriff der metrischen Ebene ein.

1. Modelle der stetigen elliptischen Ebene. Wir legen den dreidimensionalen „stetigen" euklidischen Raum zugrunde, der axiomatisch durch die HILBERTschen Axiome der euklidischen Geometrie, einschließlich der Stetigkeitsaxiome, definiert werden kann. Ein Modell der stetigen elliptischen Ebene ist die Kugel des stetigen euklidischen Raumes, wenn Gegenpunkte der Kugel (Antipoden wie Nordpol-Südpol) identifiziert werden. Ein *Punkt P des Modells* ist ein Paar von Gegenpunkten der Kugel, eine *Gerade g des Modells* ist ein Großkreis der Kugel, mit identifizierten Gegenpunkten.

Zwei verschiedene Geraden des Modells haben genau einen Punkt des Modells gemein. Das Inzidenzverhalten der elliptischen Ebene ist das einer projektiven Ebene. Die Anordnung der Ebene läßt sich durch die Trennbeziehung für vier Punkte einer Geraden beschreiben.

Zwei Geraden des Modells heißen zueinander *senkrecht*, wenn die zugehörigen Großkreise zueinander senkrecht sind. In der elliptischen Ebene gehen alle Geraden, welche auf einer festen Geraden g senkrecht stehen, durch einen Punkt P, den man den *Pol* von g nennt. Und zu jedem Punkt P gibt es eine Gerade g, so daß alle Geraden durch P zu g senkrecht sind; g heißt dann die *Polare* von P. Diese Pol-Polaren-Beziehung vermittelt eine eineindeutige inzidenztreue Abbildung der Gesamtheit der Punkte und Geraden auf die Gesamtheit der Geraden und Punkte, also eine Korrelation. Ist P der Pol von g, so ist g die Polare von P, d.h. die Korrelation ist involutorisch. Die Punkte der Polaren von P werden auch zu P *polar* genannt. Je zwei verschiedene Geraden haben genau ein gemeinsames Lot, die Polare ihres Schnittpunktes.

Die *Bewegungen der elliptischen Ebene* werden durch die euklidischen Bewegungen der Kugel in sich gegeben.

Jede euklidische Bewegung der Kugel in sich, bei der die Orientierung im euklidischen Raum erhalten bleibt, ist eine Drehung der Kugel um eine Achse durch den Kugelmittelpunkt. Die euklidische Spiegelung am Kugelmittelpunkt vertauscht die Gegenpunkte der Kugel und bewirkt daher in der elliptischen Ebene die identische Abbildung. Hieraus ergibt sich, daß die euklidischen Bewegungen der Kugel in sich, welche die Orientierung im euklidischen Raum umkehren, in der elliptischen Ebene dieselben Bewegungen bewirken wie die Kugeldrehungen. Insbesondere bewirkt die euklidische Spiegelung an einer Ebene durch den Kugelmittelpunkt dieselbe elliptische Bewegung wie die euklidische Drehung der Kugel um den zu der Ebene senkrechten Durchmesser um den Winkel π; denn die beiden euklidischen Bewegungen unterscheiden sich nur um die euklidische Spiegelung am Kugelmittelpunkt.

Jede Bewegung der elliptischen Ebene wird daher durch eine euklidische Drehung der Kugel um eine Achse durch den Kugelmittelpunkt bewirkt. Ist die euklidische Drehung von der Identität verschieden, so ist die Achse eindeutig bestimmt; sie trifft die Kugel in einem Punkt P des Modells. Jede von der Identität verschiedene Bewegung der elliptischen Ebene ist daher eine Drehung um einen eindeutig bestimmten Punkt. Die Drehung um den Punkt P um den Winkel π ist die *Spiegelung* der elliptischen Ebene an dem Punkt P. Sie stimmt, nach einer oben gemachten Bemerkung, mit der Spiegelung der elliptischen Ebene an der Polaren g des Punktes P überein. *In der elliptischen Ebene ist also jede Punktspiegelung gleich einer Geradenspiegelung, und umgekehrt;*

eine Spiegelung der elliptischen Ebene ist also eine Spiegelung an einem Paar Pol-Polare als „Zentrum" und „Achse". Jede Drehung der elliptischen Ebene um einen Punkt P läßt sich als Produkt von zwei Spiegelungen der elliptischen Ebene darstellen, deren Achsen Geraden der elliptischen Ebene durch den Punkt P und deren Zentren zu P polare Punkte sind.

Beim Studium der elliptischen Geometrie ist es oft von Vorteil, ein Paar Pol-Polare als Einheit zu denken. Von Wichtigkeit ist dann eine Beziehung zwischen zwei Pol-Polare-Paaren A, a und B, b, die man als *Verknüpftsein der Paare* bezeichnen könnte und die darin besteht, daß 1) A und b inzident, 2) a und B inzident, 3) a und b senkrecht, 4) A und B polar sind. Von diesen vier Bedingungen hat jede die drei anderen zur Folge. Zu je zwei verschiedenen Pol-Polare-Paaren A, a und B, b gibt es stets genau ein Pol-Polare-Paar C, c, welches mit beiden verknüpft ist; es ist dabei c die Verbindungsgerade von A, B und das gemeinsame Lot von a, b, und C der Schnittpunkt von a, b und der zu A, B polare Punkt. Sind insbesondere bereits A, a und B, b verknüpft, so bilden die drei Paare ein Polardreieck. Jede nicht-involutorische, von der Identität verschiedene Bewegung der elliptischen Ebene besitzt ein eindeutig bestimmtes Pol-Polaren-Paar P, g als Fixgebilde; bei der Spiegelung an P, g sind auch alle mit P, g verknüpften Pol-Polaren-Paare Fixgebilde.

Ein anderes Modell der elliptischen Ebene, welches mit dem Kugel-Modell in evidenter Weise zusammenhängt, erhält man folgendermaßen:

Man betrachte, wiederum im dreidimensionalen stetigen euklidischen Raum, die Geraden und die Ebenen durch einen festen Punkt O, und bezeichne die Geraden durch O als Punkte des Modells, und die Ebenen durch O als Geraden des Modells. In dem Modell heiße ein Punkt mit einer Geraden inzident, wenn sie als euklidische Elemente inzidieren. Das Senkrechtstehen von Geraden des Modells werde durch die euklidische Orthogonalität von Ebenen, und die Polarität in dem Modell durch die euklidische Orthogonalität von Geraden und Ebenen erklärt. Es sei dem Leser überlassen, sich die an dem Kugel-Modell durchgeführten Überlegungen an diesem „*Bündel-Modell*" zu vergegenwärtigen.

Aus dem Bündel-Modell erhält man ein drittes Modell der elliptischen Ebene, indem man die Geraden und Ebenen des euklidischen Bündels mit der *unendlichfernen Ebene* des euklidischen Raumes schneidet. Die Punkte und Geraden dieses neuen Modells sind die Punkte und Geraden der unendlichfernen Ebene, welche ja eine projektive Ebene ist. Die euklidische Orthogonalität der Geraden und Ebenen des Bündels definiert eine Polarität (involutorische Korrelation) in dieser projektiven Ebene; dabei inzidiert kein Punkt mit seiner Polaren. In diesem projektiven Modell sind die involutorischen Bewegungen die *harmonischen*

Homologien mit einem Punkt P als Zentrum und seiner Polaren g als Achse: P und die Punkte von g sind Fixpunkte, und jeder andere Punkt A des Modells wird auf einen Punkt A^* der Verbindungsgeraden v von P und A so abgebildet, daß A, A^* in bezug auf P und den Schnittpunkt S von v und g harmonisch liegen.

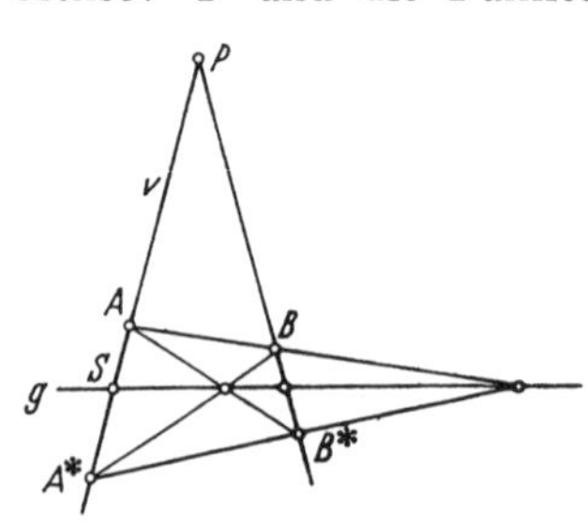

So tritt uns im stetigen dreidimensionalen euklidischen Raum die stetige ebene elliptische Geometrie als die Geometrie der Kugel mit identifizierten Gegenpunkten, als die Geometrie des Bündels und als die Geometrie der unendlichfernen Ebene des euklidischen Raumes entgegen.

2. Das KLEINsche Modell der stetigen hyperbolischen Ebene. Ein Modell der stetigen hyperbolischen Ebene erhält man in folgender Weise:

In der stetigen euklidischen Ebene betrachte man einen festen Kreis. Als *Punkte des Modells* wähle man die Punkte, welche im Inneren des Kreises liegen, und als *Geraden des Modells* die euklidischen Geradenstücke, welche im Inneren des Kreises verlaufen. In dem Modell besitzen je zwei verschiedene Punkte eine eindeutige Verbindungsgerade, und es gelten die HILBERTschen Axiome der Anordnung wie in der euklidischen Ebene. Über das Schneiden der Geraden gilt in dem Modell das *hyperbolische Parallelenaxiom*, in der Formulierung von HILBERT:

Ist g eine Gerade und P ein nicht auf ihr liegender Punkt, so gibt es stets zwei von P ausgehende Halbgeraden h_1 und h_2, welche nicht derselben Geraden angehören und g nicht schneiden, während jede in dem durch h_1, h_2 gebildeten Winkelraum gelegene, von P ausgehende Halbgerade die Gerade g schneidet.

h_1 und h_2 sind die Halbgeraden, die den Punkt P mit den Punkten verbinden, in denen die Gerade g den Kreis trifft (diese Schnittpunkte gehören als Punkte des Kreises der hyperbolischen Ebene nicht an). Die beiden „Grenzgeraden", welche die Halbgeraden h_1 und h_2 tragen, werden die hyperbolischen *Parallelen* zu der Geraden g durch den Punkt P genannt. In der hyperbolischen Ebene schneiden auch die Geraden durch P, welche außerhalb des von h_1, h_2 gebildeten Winkelraums verlaufen, die Gerade g nicht; es gibt also unendlich viele Geraden durch P, welche g nicht schneiden.

Der gegebene Kreis definiert in der durch die unendlichfernen Elemente abgeschlossenen euklidischen Ebene in wohlbekannter Weise eine Polarität. Die Polare eines auf dem Kreise gelegenen Punktes ist dabei die durch ihn gehende Tangente. Zwei Geraden des Modells heißen zueinander *senkrecht*, wenn in der abgeschlossenen Ebene die eine durch den Pol der anderen geht. Für zwei verschiedene Geraden a, b des Modells bestehen die drei folgenden, sich ausschließenden Möglichkeiten: 1) a, b schneiden sich in einem Punkt des Modells, 2) a, b sind hyperbolische Parallelen (treffen sich in einem Punkt des Kreises), 3) a, b haben ein gemeinsames Lot; das gemeinsame Lot ist eindeutig bestimmt.

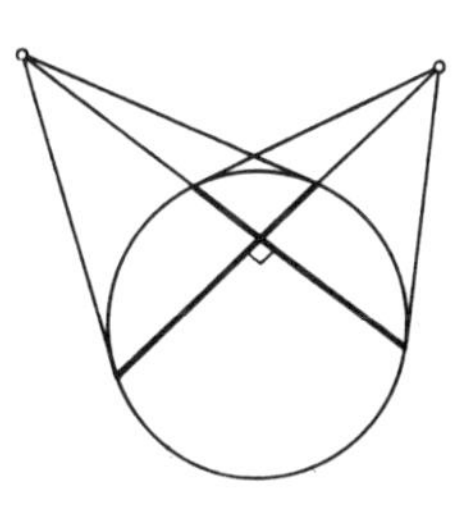

Die *Bewegungen* des Modells werden durch die projektiven Kollineationen der abgeschlossenen Ebene gegeben, welche den Kreis in sich überführen. Bei den Bewegungen bleibt die Polarität erhalten, und das Innere des Kreises wird in sich übergeführt. Die involutorischen Bewegungen werden durch die harmonischen Homologien gegeben, welche einen nicht auf dem Kreise gelegenen Punkt als Zentrum und seine Polare als Achse haben. Eine solche harmonische Homologie heißt eine *Punktspiegelung* der hyperbolischen Ebene, wenn ihr Zentrum ein Punkt des Modells ist, und eine *Geradenspiegelung*, wenn ihre Achse eine Gerade des Modells ist. Jede Bewegung der hyperbolischen Ebene ist als Produkt von Geradenspiegelungen darstellbar.

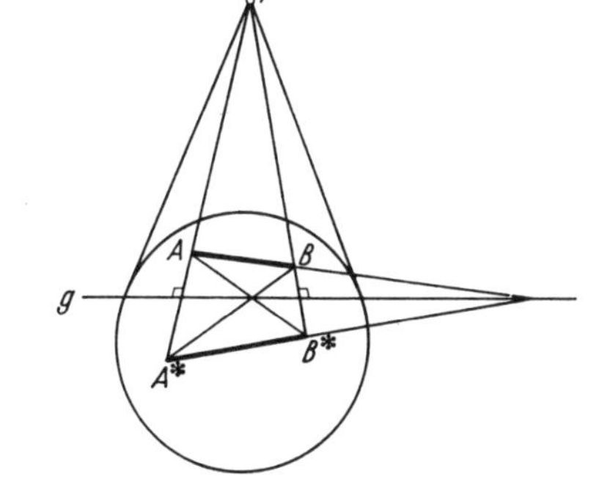

Es sei hervorgehoben, daß die Orthogonalität für die Geraden durch den Kreismittelpunkt mit der euklidischen Orthogonalität übereinstimmt. Diese Tatsache bringt zum Ausdruck, daß sich in einem Punkt die hyperbolische und die euklidische Geometrie nicht unterscheiden.

Sowohl die elliptische als die hyperbolische Ebene kann man also in der stetigen projektiven Ebene veranschaulichen, in welcher eine Polarität gegeben zu denken ist. Für die Polarität gibt es zwei Möglichkeiten: 1) Kein Punkt inzidiert mit seiner Polaren, 2) die Gesamtheit der Punkte, welche mit ihrer Polaren inzidieren, bilden einen Kegelschnitt, die Fundamentalkurve der Polarität. Im ersten Fall liefert die projektive Ebene ein Modell der elliptischen Ebene, im zweiten Fall liefert das Innere des Kegelschnitts ein Modell der hyperbolischen Ebene. In beiden Fällen sind die Bewegungen die projektiven Kollineationen, bei welchen die Polarität erhalten bleibt, und die involutorischen

Bewegungen die harmonischen Homologien mit einem nicht inzidierenden Paar Pol-Polare als Zentrum und Achse.

Es liegt auf der Hand, daß diese Begriffsbildungen nicht an die Stetigkeit gebunden sind, und daß man auch unter Verzicht auf Stetigkeit in projektiven Ebenen allgemeinere elliptische und hyperbolische Ebenen erklären kann.

Für die stetigen nichteuklidischen Ebenen gibt es andere Modelle, die von Interesse sind, da sie die nichteuklidischen Ebenen mit weiteren mathematischen Gegenstandsbereichen in Beziehung setzen. Es sei hier auf die Lehrbücher der nichteuklidischen Geometrie verwiesen.

3. Metrische Ebenen. Wir beschreiben nun axiomatisch, was wir allgemein unter einer metrischen Ebene verstehen wollen.

Gegeben seien zwei Mengen von Dingen, welche *Punkte* bzw. *Geraden* genannt werden, und zwei Relationen: *der Punkt A und die Gerade b sind inzident, die Gerade a ist zu der Geraden b senkrecht*[1].

Wir definieren: Eine eineindeutige Abbildung der Gesamtheit der Punkte und der Geraden je auf sich, bei welcher die Inzidenz und das Senkrechtstehen erhalten bleiben, werde eine *orthogonale Kollineation* genannt. Eine involutorische orthogonale Kollineation, welche eine Gerade g punktweise festläßt, werde eine *Spiegelung an der Geraden g* genannt.

Die Gesamtheit der Punkte und Geraden nennen wir eine *metrische Ebene*, wenn die folgenden Axiome gelten:

1. Inzidenzaxiome. *Es gibt wenigstens eine Gerade, und mit jeder Geraden inzidieren wenigstens drei Punkte*[2]. *Zu zwei verschiedenen Punkten gibt es genau eine Gerade, welche mit beiden Punkten inzidiert.*

2. Orthogonalitätsaxiome. *Ist a senkrecht zu b, so ist b senkrecht zu a. Senkrechte Geraden haben einen Punkt gemein. Durch jeden Punkt gibt es zu jeder Geraden eine Senkrechte, und wenn der Punkt mit der Geraden inzidiert, nur eine.*

3. *An jeder Geraden gibt es wenigstens eine Spiegelung* („Spiegelungsaxiom"). *Die Aufeinanderfolge von Spiegelungen an drei Geraden a,b,c, welche einen Punkt oder ein Lot gemein haben, stimmt mit einer Spiegelung an einer Geraden d überein*[3] (Satz von den drei Spiegelungen; vgl. § 1,2).

---

[1] Statt „der Punkt A und die Gerade b sind inzident" sagen wir, wie üblich, auch „der Punkt A liegt auf der Geraden b", „A ist ein Punkt der Geraden b" „die Gerade b geht durch den Punkt A", usw. Statt „a ist senkrecht zu b" sagen wir auch „a ist orthogonal zu b", „a ist ein Lot von b", usw.

[2] Vgl. hierzu S. 305.

[3] Für einige Spezialfälle ist der Satz von den drei Spiegelungen aus den vorangehenden Axiomen beweisbar; so für den Fall, daß die Geraden a,b,c nicht alle verschieden sind (s. unten 4), und für den Fall, daß a,b,c mit einem Punkt inzidieren und zwei von diesen Geraden zueinander senkrecht sind [s. unten 5, (iv), (v)].

Die Abbildungen einer metrischen Ebene auf sich, welche durch Hintereinanderausführen von Spiegelungen an Geraden entstehen, nennen wir *Bewegungen* der metrischen Ebene. Die Bewegungen bilden eine Gruppe, die Bewegungsgruppe der metrischen Ebene.

Wir bemerken, daß die Inzidenz- und Orthogonalitätsaxiome zusammen mit dem Spiegelungsaxiom das Auftreten von Geraden, welche zu sich selbst senkrecht sind, ausschließen. Eine zu sich selbst senkrechte Gerade g wäre nämlich nur zu sich senkrecht, da jede zu g senkrechte Gerade mit g einen Punkt gemein hat und da es nach dem letzten Orthogonalitätsaxiom durch einen Punkt von g nur eine Senkrechte zu g gibt. Da es andererseits durch jeden Punkt der Ebene eine Senkrechte zu g geben muß, bliebe nur die Möglichkeit, daß alle Punkte der Ebene mit g inzidieren; wegen der Inzidenzaxiome wäre g dann die einzige Gerade der Ebene. Es gäbe keine Spiegelung an g.

Während etwa durch das HILBERTsche Axiomensystem der euklidischen Geometrie die axiomatische Fundierung einer seit langem erforschten Theorie vollzogen wurde, gibt es nicht eine so fest umrissene Theorie, deren Axiomatisierung durch unser Axiomensystem geleistet werden soll. Das Axiomensystem besteht aus einigen elementaren Gesetzen, welche jedenfalls in den klassischen euklidischen und nichteuklidischen Ebenen gültig sind. Der weitere Aufbau muß die Tragweite dieser Gesetze aufklären und die Theorie der metrischen Ebenen als sinnvoll erweisen.

Um die Allgemeinheit des Begriffs der metrischen Ebene zu beleuchten, heben wir folgende Tatsachen hervor: Unser Axiomensystem enthält keine Anordnungsbegriffe und -axiome (und erst recht keine Stetigkeitsaxiome). Damit ist die Einbeziehung elliptischer Ebenen möglich geworden. Ferner braucht es zu zwei gegebenen Geraden nicht eine Bewegung zu geben, welche die eine in die andere überführt; das Entsprechende gilt für Punkte. In einer metrischen Ebene hat man also im allgemeinen nicht freie Beweglichkeit. Was die Existenz eines Schnittpunktes zweier Geraden anlangt, so haben zwar senkrechte Geraden stets einen Punkt gemein. Es gibt jedoch keine Annahme über das Schneiden von Geraden etwa im Sinne eines euklidischen oder nichteuklidischen „Parallelenaxioms". Das Axiomensystem umreißt einen Kern metrischer Geometrie, welcher von Anordnung, freier Beweglichkeit, von der Parallelenfrage und auch von räumlichen Annahmen unabhängig ist. Wir werden die Theorie der metrischen Ebenen als die ebene metrische Geometrie bezeichnen.

Von den axiomatischen Beschreibungen metrischer Ebenen mit Anordnung und freier Beweglichkeit, bei denen jedoch auf ein Parallelenaxiom und auf Stetigkeitsaxiome verzichtet ist, ist die Beschreibung durch die Axiome der Verknüpfung in der Ebene, die Axiome der Anordnung und die Axiome der Kongruenz aus

Hilberts „Grundlagen der Geometrie" wohl die bekannteste; elliptische Ebenen sind hier ausgeschlossen. Die Begründung der Geometrie aus diesen Axiomen hat Hjelmslev 1907 in einer grundlegenden Arbeit durchgeführt. Er verwendete, wie schon vorher Hessenberg in seiner stetigkeitsfreien Begründung der ebenen elliptischen Geometrie als wesentliches Hilfsmittel die Spiegelungen und machte von Anordnungstatsachen nur wenig Gebrauch. Im Jahre 1929 begann Hjelmslev seine Untersuchungen über die „Allgemeine Kongruenzlehre", in der er auf Anordnung und freie Beweglichkeit verzichtete. Angeregt durch seine Studien über die „Geometrie der Wirklichkeit" verzichtete er in wesentlichen Teilen seiner Allgemeinen Kongruenzlehre auch auf die Eindeutigkeit, zum Teil auch auf die Existenz einer Verbindungsgeraden. Dieses Bestreben von Hjelmslev, welches neuerdings von W. Klingenberg in seinen Arbeiten über „Ebenen mit Nachbarelementen" aufgegriffen wurde, soll in unserer Vorlesung unberücksichtigt bleiben. Betrachtet man nur den „einfachen Fall" des Hjelmslevschen Axiomensystems, in dem die Existenz und Eindeutigkeit der Verbindungsgeraden gegeben ist, so ist das Hjelmslevsche Axiomensystem weniger allgemein als das unsere: Hjelmslev fordert die Beweglichkeit aller Punkte ineinander und die ausnahmslose Eindeutigkeit des Lotes, welche elliptische Ebenen ausschließt.

Ein anordnungsfreies Axiomensystem, welches im Verzicht auf Beweglichkeit dem unseren entspricht, wurde 1934 von E. Podehl und K. Reidemeister für den elliptischen Fall angegeben. Ihm wurde bald darauf ein Axiomensystem für den nicht-elliptischen Fall an die Seite gestellt. In diesen Axiomensystemen trat neben der Inzidenz und dem Senkrechtstehen auch die Kongruenz als Grundbegriff auf. An Stelle der Kongruenz, die nur in eingeschränkter Form verwendet wurde, konnte man auch den Begriff der Geradenspiegelung als Grundbegriff wählen, und Arnold Schmidt hat 1943 zuerst neben der Existenz der Spiegelungen den Satz von den drei Spiegelungen, dessen Bedeutung in den Arbeiten von Hessenberg und Hjelmslev deutlich geworden war, unter die Axiome aufgenommen. So wurde der Standpunkt zur Geltung gebracht, daß der Begriff der Geradenspiegelung ein Begriff von grundlegender geometrischer Bedeutung ist und daß weitere Bewegungen durch Hintereinanderausführen von Geradenspiegelungen entstehend gedacht werden sollen. K. Schütte bemerkte nun 1956, daß unter Voraussetzung der Inzidenz- und Orthogonalitätsaxiome aus der Existenz wenigstens einer Spiegelung an jeder Geraden die Eindeutigkeit der Geradenspiegelungen gefolgert werden kann. Damit ergab sich die Möglichkeit, die metrischen Ebenen wie oben angegeben, allein mit Punkt, Gerade, Inzidenz und Senkrechtstehen als undefinierten Grundbegriffen axiomatisch zu beschreiben.

4. Formulierung der ebenen metrischen Geometrie in der Bewegungsgruppe. Wir wollen nun zeigen, daß man die Theorie der metrischen Ebenen vollständig in ihren Bewegungsgruppen formulieren kann. Diese Tatsache ist sogar, wie Schütte bemerkt hat, von der Voraussetzung, daß der Satz von den drei Spiegelungen gilt, unabhängig, und für jede Ebene gültig, in der die oben angeführten Inzidenz- und Orthogonalitätsaxiome und das Spiegelungsaxiom erfüllt sind. Diese allgemeineren Ebenen, die in der Weiterentwicklung der in unserer Vorlesung dargestellten Gedanken Bedeutung erlangen mögen, seien als *verallgemeinerte metrische Ebenen* bezeichnet. Wir stellen einige Sätze zusammen, die für eine solche Ebene gelten und zu dem genannten Ziel führen; die fehlenden Beweise werden wir in 5 nachholen.

Durch die Axiome einer verallgemeinerten metrischen Ebene (und auch einer metrischen Ebene) ist zugelassen, daß es — wie in der klassischen elliptischen Ebene — vorkommt, daß zwei verschiedene Geraden sowohl mit einem Punkt P inzidieren als auch auf einer Geraden g senkrecht stehen. Dann sollen P und g *polar*, und der Punkt P ein *Pol* der Geraden g, die Gerade g eine *Polare* des Punktes P genannt werden.

Satz 1. *Sind P, g polar, so sind P, g nicht inzident, und es geht jede Senkrechte zu g durch P, und es ist jede Gerade durch P senkrecht zu g.*

Satz 2. *Zu einer Geraden gibt es höchstens einen Pol, zu einem Punkt gibt es höchstens eine Polare.*

Freilich braucht es in einer verallgemeinerten metrischen Ebene keine polaren Elemente zu geben[1].

Von entscheidender Bedeutung ist

Satz 3 (SCHÜTTE). *An jeder Geraden gibt es höchstens eine Spiegelung. Die Zuordnung der Geradenspiegelungen zu den Geraden ist eineindeutig.*

Eine involutorische orthogonale Kollineation, welche einen Punkt P geradenweise festläßt, werde eine *Spiegelung an dem Punkt P* genannt.

Satz 4. *An jedem Punkt gibt es genau eine Spiegelung. Die Spiegelung an P kann als Produkt der Spiegelungen an zwei beliebigen orthogonalen Geraden durch P dargestellt werden. Die Zuordnung der Punktspiegelungen zu den Punkten ist eineindeutig.*

Satz 5. *Die Spiegelung an einer Geraden und die Spiegelung an einem Punkt stimmen dann und nur dann überein, wenn der Punkt und die Gerade polar sind.*

Bezeichnen wir eine Spiegelung an einer Geraden g mit σ_g, und eine Spiegelung an einem Punkt P mit σ_P, so ergeben sich auf Grund der Eindeutigkeitssätze 3 und 4 die Gleichungen:

(1) $\sigma_a^{\sigma_g} = \sigma_{a\sigma_g}$, (2) $\sigma_A^{\sigma_g} = \sigma_{A\sigma_g}$.

[1] Es gilt der Satz: *Gibt es in einer verallgemeinerten metrischen Ebene ein Paar Pol-Polare, so besitzt jeder Punkt eine Polare und jede Gerade einen Pol.*

Beweis. Man erkennt zunächst mit Hilfe von Satz 1: (*) *Sind A, b inzident, so gilt: Besitzt A eine Polare, so besitzt b einen Pol, und umgekehrt.* Ist nämlich a eine Polare von A, so steht sowohl b als auch die in A auf b errichtete Senkrechte c senkrecht auf a; der Schnittpunkt von a, c ist dann ein Pol von b. Ist umgekehrt B ein Pol von b, so ist die in B auf der Verbindungsgeraden (B, A) errichtete Senkrechte eine Polare von A.

Der Voraussetzung des Satzes entsprechend sei nun P ein Punkt, welcher eine Polare besitzt. Hieraus schließt man nacheinander, indem man (*) anwendet: Jede durch P gehende Gerade besitzt einen Pol; da jeder Punkt auf einer dieser Geraden liegt, besitzt dann jeder Punkt eine Polare; da jede Gerade mit einem Punkt inzidiert, besitzt dann jede Gerade einen Pol.

Zusammen mit Satz 2 lehrt dann der Beweis von (*): *Sind A, b inzident, so sind auch die Polare von A und der Pol von b inzident.*

Es ist nämlich $\sigma_a^{\sigma_g}$ eine orthogonale Kollineation, welche die Gerade $a\sigma_g$ punktweise festläßt und welche als Transformierte einer involutorischen Kollineation involutorisch ist; sie ist also die nach Satz 3 eindeutig bestimmte Spiegelung an der Geraden $a\sigma_g$. Ebenso ergibt sich (2) mit Hilfe von Satz 4.

Die Aussagen (1) und (2) zeigen, daß aus einer Geraden- bzw. Punktspiegelung durch Transformieren mit einer Geradenspiegelung wieder eine Geraden- bzw. Punktspiegelung entsteht; sie lassen sich auch folgendermaßen formulieren: *Es ist*

(3) $a\sigma_g = b$ *gleichwertig mit* $\sigma_a^{\sigma_g} = \sigma_b$,

(4) $A\sigma_g = B$ *gleichwertig mit* $\sigma_A^{\sigma_g} = \sigma_B$.

Mit Hilfe dieser Äquivalenzen erhält man die weiteren: *Es ist*

(5) *a senkrecht zu b gleichwertig mit: $\sigma_a\sigma_b$ ist involutorisch,*

(6) *A inzident mit b gleichwertig mit: $\sigma_A\sigma_b$ ist involutorisch.*

Beweis von (5). a,b sind dann und nur dann zueinander senkrecht, wenn a eine von b verschiedene Fixgerade von σ_b ist [s. unten 5,(i)], wenn also $a\sigma_b = a$ und $a \neq b$ ist. Dies ist wegen (3) und der Eineindeutigkeit der Zuordnung von Geraden zu Geradenspiegelungen gleichwertig mit: Es ist $\sigma_a^{\sigma_b} = \sigma_a$ und $\sigma_a \neq \sigma_b$; und dies bedeutet: $\sigma_a\sigma_b$ ist involutorisch.

Beweis von (6). A,b sind dann und nur dann inzident, wenn A ein Fixpunkt von σ_b und nicht polar zu b ist [s. unten 5,(ii)]. Dies ist wegen (4) und Satz 5 gleichwertig mit: Es ist $\sigma_A^{\sigma_b} = \sigma_A$ und $\sigma_A \neq \sigma_b$; und dies bedeutet: $\sigma_A\sigma_b$ ist involutorisch.

Insgesamt ergibt sich also: Den Punkten und Geraden einer verallgemeinerten metrischen Ebene (insbesondere einer metrischen Ebene) entsprechen je eineindeutig die Spiegelungen an den Geraden und Punkten, also (involutorische) Elemente der — von den Geradenspiegelungen erzeugten — Bewegungsgruppe. Ersetzt man die Geraden und Punkte durch die Spiegelungen an ihnen, und die axiomatisch gegebenen Grundrelationen Inzidenz und Senkrechtstehen durch die auf den rechten Seiten der Äquivalenzen (6) und (5) stehenden gruppentheoretischen Relationen zwischen den Spiegelungen, so erhält man in der Bewegungsgruppe ein treues Abbild der gegebenen verallgemeinerten metrischen Ebene; dem Anwenden einer Geradenspiegelung entspricht dabei gemäß den Äquivalenzen (3) und (4) das gruppentheoretische Transformieren der Geraden- und Punktspiegelungen mit der gegebenen Geradenspiegelung. Damit erkennt man, daß sich die Theorie der verallgemeinerten metrischen Ebenen in den Bewegungsgruppen formulieren läßt.

5. Beweise. Wir beweisen nun für eine verallgemeinerte metrische Ebene die Sätze 1—5 aus 4; wir verwenden dabei Gedanken von R. LINGENBERG.

(i) *Die Fixgeraden einer orthogonalen Kollineation* $\alpha \neq 1$, *welche eine Gerade g punktweise festläßt, sind die Gerade g und die Senkrechten von g.*

Beweis. Es ist zu zeigen, daß es außer den genannten keine weiteren Fixgeraden gibt. Ist u eine Fixgerade von α, welche nicht zu g senkrecht ist, so ist jeder Punkt U von u Fixpunkt von α; denn ist u' ein Lot von U auf g, so ist u' eine von u verschiedene Fixgerade von α, und U als Schnittpunkt von zwei verschiedenen Fixgeraden Fixpunkt.

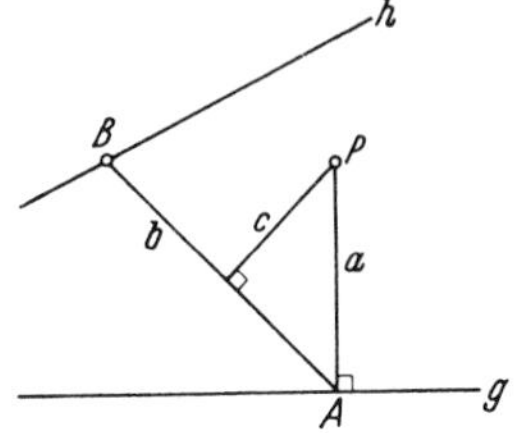

Wir nehmen nun an, es gäbe eine Fixgerade h von α, welche von g verschieden und nicht zu g senkrecht ist. Wir betrachten einen beliebigen Punkt P. Von P fällen wir ein Lot a auf g; der Fußpunkt sei A. Auf h wählen wir einen Punkt B, welcher weder auf g noch auf a liegt, und ziehen die eindeutige Verbindungsgerade b von A und B. Es ist $b \neq g, a$. Da A, B Fixpunkte von α sind, ist b eine Fixgerade von α, und da b nicht zu g senkrecht ist, ist jeder Punkt von b Fixpunkt von α, also jede zu b senkrechte Gerade Fixgerade von α. Fällt man nun von P ein Lot c auf b, so ist $c \neq a$, und P als Schnittpunkt der beiden verschiedenen Fixgeraden a, c Fixpunkt von α. Unsere Annahme hat also zur Folge, daß jeder Punkt Fixpunkt von α, also $\alpha = 1$ wäre.

Beweis von Satz 1. Die erste Aussage folgt aus der Eindeutigkeit des errichteten Lotes. Ist P ein Pol von g und c eine Senkrechte von g, welche g in einem Punkte C schneide, so bleiben bei einer Spiegelung an g der Punkt P als Schnittpunkt von zwei Fixgeraden und der Punkt C, also die Verbindungsgerade (P, C) fest. (P, C) ist daher nach (i) zu g senkrecht, und wegen der Eindeutigkeit des errichteten Lotes gleich c; daher ist c eine Gerade durch P. Ist andererseits d eine Gerade durch P, so wähle man einen Punkt $D \neq P$ auf d, und fälle von ihm ein Lot d' auf g; d' geht nach dem Bewiesenen durch P, und daher ist $d' = d$, also d senkrecht zu g.

Beweis von Satz 2. Da durch einen Pol von g nach Satz 1 alle zu g senkrechten Geraden hindurchgehen, gibt es höchstens einen Pol von g. Sind g, g' zwei Polaren eines Punktes P, so betrachte man zwei zueinander senkrechte Geraden a, b durch P; sie sind dann beide sowohl zu g als zu g' senkrecht. Sind A, A' bzw. B, B' die Schnittpunkte von g, g' mit a bzw. b, so sind A, A' Pole von b, und B, B' Pole von a; wegen der bereits bewiesenen Eindeutigkeit eines Poles ist $A = A'$ und $B = B'$, also $g = (A, B) = (A', B') = g'$.

Wenn in den folgenden Sätzen und Beweisen von dem Pol einer Geraden oder der Polaren eines Punktes gesprochen wird, füge man stets in Gedanken hinzu: „sofern er bzw. sie existiert".

(ii) *Die Fixpunkte einer orthogonalen Kollineation* $\alpha \neq 1$, *welche eine Gerade g punktweise festläßt, sind die Punkte von g und der Pol von g.*

Beweis. Ist nämlich P ein nicht auf g gelegener Fixpunkt von α, so sind die Verbindungsgeraden von P mit allen Punkten von g Fixgeraden von α, also nach (i) Senkrechte zu g; daher ist P Pol von g.

(iii) *Eine orthogonale Kollineation* $\alpha \neq 1$, *welche einen Punkt P geradenweise festläßt, läßt die Polare von P punktweise fest. Sie besitzt außer P und den Punkten der Polaren keinen Fixpunkt, und außer den Geraden durch P und der Polaren keine Fixgerade.*

Beweis. Als gemeinsame Senkrechte aller Geraden durch P ist die Polare von P wegen Satz 2 Fixgerade von α; ein Punkt Q der Polaren liegt außerdem auf der Fixgeraden (Q, P), und ist daher Fixpunkt. Gäbe es einen von P verschiedenen Fixpunkt von α, welcher nicht auf der Polaren von P liegt, so müßte er geradenweise festbleiben, da jede Gerade durch ihn eindeutig bestimmtes Lot einer Geraden durch P, also einer Fixgeraden ist; hieraus würde folgen, daß jeder Punkt Fixpunkt, also $\alpha = 1$ wäre. Gäbe es eine nicht durch P gehende, nicht zu P polare Fixgerade h, so wäre der Fußpunkt des von P auf h gefällten Lotes ein von P verschiedener, nicht auf der Polaren von P gelegener Fixpunkt.

(iv) *Sind* σ_a, σ_b *Spiegelungen an zwei senkrechten Geraden* a, b *durch einen Punkt* P, *so ist* $\sigma_a \sigma_b$ *eine Spiegelung an* P.

Den Beweis führen wir in drei Schritten:

a) *Der einzige Fixpunkt von* $\sigma_a \sigma_b$, *welcher nicht auf der Polaren von* P *liegt, ist der Punkt* P.

Beweis. Es sei Q ein Fixpunkt von $\sigma_a \sigma_b$, also $Q\sigma_a = Q\sigma_b$. Wir nehmen an, daß Q nicht auf der Polaren von P liegt. Dann gibt es durch Q eindeutig bestimmte Senkrechten a' und b' zu a bzw. b, und es ist $a' \neq b'$. Da $Q\sigma_a$ auf a' und $Q\sigma_b$ auf b' liegt, muß der Punkt $Q\sigma_a = Q\sigma_b$ gleich Q sein. Q ist also gemeinsamer Fixpunkt von σ_a und σ_b, und damit, da er nach unserer Annahme nicht Pol von a oder b sein kann, nach (ii) der Schnittpunkt von a und b, also der Punkt P.

b) $\sigma_a \sigma_b$ *ist involutorisch.*

Beweis. $(\sigma_a \sigma_b)^2$ läßt a und b punktweise fest, und ist daher nach (ii) die Identität. $\sigma_a \sigma_b$ ist nach a) nicht die Identität.

c) $\sigma_a \sigma_b$ *läßt alle Geraden durch* P *fest.*

Beweis. Es sei c eine Gerade durch P, und Q ein Punkt von c, welcher von P verschieden ist und nicht auf der Polaren von P liegt. Nach a) ist Q von seinem Bildpunkt $Q^* = Q\sigma_a \sigma_b$ verschieden, und wegen b) ist die Gerade (Q, Q^*) Fixgerade. Das Lot von P auf diese Gerade ist eindeutig bestimmt, und der Fußpunkt ein Fixpunkt, welcher nicht der Polaren von P angehört. Daher ist der Fußpunkt nach a) gleich P, und die Fixgerade (Q, Q^*) gleich c.

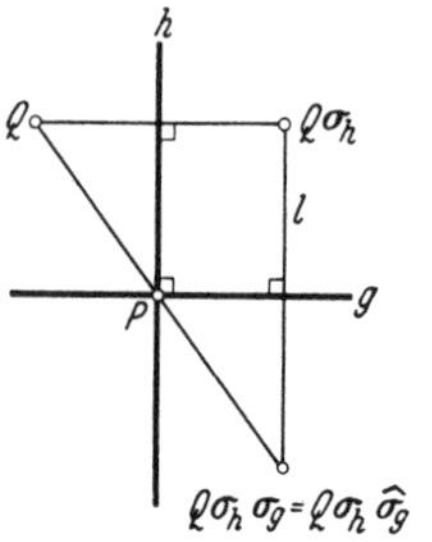

Beweis von Satz 3. Es seien σ_g und $\hat{\sigma}_g$ Spiegelungen an derselben Geraden g. Man wähle einen Punkt P auf g und errichte in ihm die Senkrechte h. Es sei σ_h eine feste Spiegelung an h. Dann sind $\sigma_h \sigma_g$ und $\sigma_h \hat{\sigma}_g$ nach (iv) Spiegelungen an dem Punkt P. Nun wähle man einen Punkt Q, welcher weder auf g noch auf h liegt. Die Punkte $Q\sigma_h \sigma_g$ und $Q\sigma_h \hat{\sigma}_g$ liegen beide erstens auf dem eindeutig bestimmten Lot l von $Q\sigma_h$ auf g und zweitens auf der Geraden (Q,P). Es ist $l \neq (Q,P)$, und daher $Q\sigma_h \sigma_g = Q\sigma_h \hat{\sigma}_g$. Damit ist nach b) auch $Q\sigma_g \sigma_h = Q\hat{\sigma}_g \sigma_h$, also $Q\sigma_g = Q\hat{\sigma}_g$, also Q Fixpunkt von $\sigma_g \hat{\sigma}_g$; hieraus folgt nach (ii) $\sigma_g \hat{\sigma}_g = 1$, also $\sigma_g = \hat{\sigma}_g$. Daß Spiegelungen an verschiedenen Geraden nicht übereinstimmen, folgt bereits aus (ii).

(v) *Ist* σ_P *eine Spiegelung an einem Punkt* P, *und sind* σ_a, σ_b *Spiegelungen an zwei senkrechten Geraden* a, b *durch* P, *so ist* $\sigma_a \sigma_P = \sigma_b$, *also* $\sigma_P = \sigma_a \sigma_b$.

Den Beweis von (v) führen wir in Analogie zu dem Beweis von (iv) in drei Schritten:

a') *Fixpunkte von* $\sigma_a \sigma_P$ *können höchstens die Fixpunkte von* σ_b *sein.*

Beweis. Es sei Q ein Fixpunkt von $\sigma_a \sigma_P$, also $Q\sigma_a = Q\sigma_P$. Wir nehmen an, daß Q nicht auf b liegt. Dann gibt es eine eindeutig bestimmte Senkrechte a' von Q auf a. Da $Q\sigma_a$ auf a' und $Q\sigma_P$ auf der Geraden (Q, P) liegt und da $a' \neq (Q, P)$ ist, muß der Punkt $Q\sigma_a = Q\sigma_P$ gleich Q sein. Q ist also gemeinsamer Fixpunkt von σ_a und σ_P, und kann, da er nach unserer Annahme nicht auf b liegt, wegen (ii) und (iii) nur der Pol von b sein.

b′) *$\sigma_a \sigma_P$ ist involutorisch.*

Beweis. $(\sigma_a \sigma_P)^2$ läßt die Gerade a punktweise und den Punkt P geradenweise fest, und ist daher nach (i) die Identität. $\sigma_a \sigma_P$ ist nach a′) nicht die Identität.

c′) *$\sigma_a \sigma_P$ läßt alle Senkrechten von b fest.*

Beweis. Es sei c eine Senkrechte von b. Da a und die Polare von P Fixgeraden sowohl von σ_a als von σ_P, und daher von $\sigma_a \sigma_P$ sind, dürfen wir annehmen, daß c von a und von der Polaren von P verschieden ist. Man wähle einen Punkt Q auf c, welcher nicht auf b und auch nicht auf der Polaren von P liegt. Nach a′) ist Q von seinem Bildpunkt $Q^* = Q\sigma_a \sigma_P$ verschieden, und wegen b′) ist die Gerade (Q, Q^*) eine Fixgerade; sie geht nicht durch P. Das Lot l von P auf (Q, Q^*) ist eindeutig bestimmt, und der Fußpunkt F ist ein Fixpunkt, welcher ungleich P und nicht der Pol von b ist. Nach a′) ist daher F ein Punkt von b, also $l = (P, F) = b$, also (Q, Q^*) zu b senkrecht. Da Q nicht der Pol von b ist, ist $(Q, Q^*) = c$, und damit c Fixgerade.

Da die orthogonale Kollineation $\sigma_a \sigma_P$ nach b′) involutorisch ist und wegen c′) die Gerade b punktweise festläßt, ist sie die nach Satz 3 eindeutig bestimmte Spiegelung an der Geraden b. Damit ist (v) bewiesen.

Beweis von Satz 4. Nach (iv) ist das Produkt der Spiegelungen an zwei zueinander senkrechten Geraden durch einen Punkt P eine Spiegelung an P. Wählt man andererseits Spiegelungen σ_a, σ_b an zwei festen, zueinander senkrechten Geraden a, b durch P, so gilt für jede Spiegelung σ_P an P nach (v), daß $\sigma_P = \sigma_a \sigma_b$ ist; daher gibt es nur eine Spiegelung an P. Daß Spiegelungen an verschiedenen Punkten nicht übereinstimmen, folgt aus (iii).

Beweis von Satz 5. Sind P, g polar, so läßt die Spiegelung an P nach (iii) die Gerade g punktweise fest, und ist daher nach Satz 3 gleich der Spiegelung an g. Umgekehrt können die Spiegelung an einer Geraden g und die Spiegelung an einem Punkt P wegen (i) nur übereinstimmen, wenn P und g polar sind.

Nun sind alle Sätze aus 4 bewiesen. Die dort besprochenen Tatsachen geben uns die Möglichkeit, die axiomatischen Grundlagen der Theorie der metrischen Ebenen und ihre Folgerungen in der Bewegungsgruppe zu formulieren, und Beweise durch Schließen in der Bewegungsgruppe, also mit Verwendung des Gruppenkalküls zu führen. Obwohl man die ebene metrische Geometrie unmittelbar aus dem in 3 angegebenen Axiomensystem entwickeln kann, werden wir, ARNOLD SCHMIDT folgend, die methodisch geschlossenere, zuerst von THOMSEN in anderer Weise für die euklidische Geometrie verfolgte Möglichkeit, sie in der Bewegungsgruppe selbst zu entwickeln, vorziehen. Das Axiomensystem kann dann noch prägnanter formuliert werden.

Literatur zu § 2. Zu 1—2: F. KLEIN [1], [2], HILBERT [1], [2], BALDUS-LÖBELL [1], COXETER [1]. Zu 3—5: HILBERT [1], HESSENBERG [1], [3], HJELMSLEV [1], [2], THOMSEN [3], PODEHL-REIDEMEISTER [1], BACHMANN [1], ARNOLD SCHMIDT [1], KLINGENBERG [4], SCHÜTTE [2], [3]. (Einen Beweis des Satzes 3 hat SCHÜTTE nur für den euklidischen Fall veröffentlicht [2].)

Einen Aufbau der räumlichen metrischen Geometrie mit Anordnung und freier Beweglichkeit, jedoch ohne ein Parallelenaxiom und ohne Stetigkeitsaxiome, hat F. SCHUR in [1] durchgeführt.

Kapitel II

Metrische (absolute) Geometrie

§ 3. Das Axiomensystem der metrischen (absoluten) Geometrie

Für den systematischen Aufbau der ebenen metrischen Geometrie formulieren wir jetzt ein Axiomensystem, welches nur von einer aus involutorischen Elementen erzeugten Gruppe handelt und aus Gesetzen besteht, denen die involutorischen Erzeugenden genügen sollen. Das Axiomensystem charakterisiert die Bewegungsgruppen der metrischen Ebenen und ist insofern gleichwertig mit dem Axiomensystem aus § 2, 3. Es ist eine reduzierte Fassung eines von ARNOLD SCHMIDT angegebenen Axiomensystems.

Zunächst machen wir einige Vorbemerkungen über involutorische Elemente einer Gruppe.

1. Involutorische Elemente einer Gruppe. Grundrelationen. In einer Gruppe nennen wir die Elemente von der Ordnung 2 *involutorisch.* Ein Element σ heißt also involutorisch, wenn $\sigma^2=1$ und $\sigma\neq 1$ ist. Hiermit ist gleichwertig: Es ist $\sigma=\sigma^{-1}$ und $\sigma\neq 1$. Mit $\alpha,\beta,\gamma,\ldots$ bezeichnen wir beliebige Gruppenelemente, mit $\varrho,\sigma,\tau,\ldots$ involutorische Gruppenelemente. Ständig verwendete Regeln sind: Das Inverse eines Produktes von involutorischen Elementen erhält man, indem man die Reihenfolge der Faktoren umkehrt: $(\sigma_1\sigma_2\ldots\sigma_n)^{-1}=\sigma_n\ldots\sigma_2\sigma_1$; transformiert man ein involutorisches Element mit einem beliebigen Gruppenelement, so entsteht wieder ein involutorisches Element: $\sigma^\alpha=\alpha^{-1}\sigma\alpha$ ist stets involutorisch.

Beim Studium aus involutorischen Elementen erzeugbarer Gruppen werden wir unser Augenmerk auf die Frage richten, wann ein Produkt involutorischer Elemente selbst involutorisch ist, insbesondere wann ein Produkt von zwei oder drei involutorischen Elementen involutorisch ist. Daher werden die Relationen

$$\varrho\sigma \quad \text{ist involutorisch} \tag{1}$$

und

$$\varrho\sigma\tau \quad \text{ist involutorisch} \tag{2}$$

eine wichtige Rolle spielen.

Für die Relation (1) *schreiben wir abkürzend* $\varrho\,|\,\sigma$. Die Aussage „$\varrho_1\,|\,\sigma$ und $\varrho_2\,|\,\sigma$" kürzen wir durch $\varrho_1,\varrho_2\,|\,\sigma$ ab, die Aussage „$\varrho_1\,|\,\sigma_1$ und $\varrho_2\,|\,\sigma_1$ und $\varrho_1\,|\,\sigma_2$ und $\varrho_2\,|\,\sigma_2$" durch $\varrho_1,\varrho_2\,|\,\sigma_1,\sigma_2$, usf.

Einige einfache formale Eigenschaften der Relationen (1) und (2) sind: (1) ist mit jeder der folgenden Bedingungen gleichwertig

$$(1') \qquad \varrho\sigma = \sigma\varrho \quad \text{und} \quad \varrho \neq \sigma,$$

$$(1'') \qquad \varrho^\sigma = \varrho \quad \text{und} \quad \varrho \neq \sigma,$$

$$(1''') \qquad \sigma^\varrho = \sigma \quad \text{und} \quad \varrho \neq \sigma.$$

Die Relation (1) ist demnach symmetrisch und irreflexiv. Die dreistellige Relation (2) ist *reflexiv* in dem Sinne, daß sie stets gilt, wenn ϱ, σ, τ nicht alle verschieden sind; ist z.B. $\tau = \varrho$, so ist $\varrho\sigma\tau = \sigma^\varrho$ involutorisch. Ferner ist sie *symmetrisch* in folgendem Sinne: Gilt die Relation (2) für ϱ, σ, τ, so gilt sie auch für jede Permutation von ϱ, σ, τ. Denn ist $\varrho\sigma\tau$ involutorisch, so sind auch die Transformierten $(\varrho\sigma\tau)^\varrho = \sigma\tau\varrho$ und $(\varrho\sigma\tau)^\tau = \tau\varrho\sigma$ involutorisch; da jedes involutorische Produkt seinem Inversen gleich ist, sind dann auch $\tau\sigma\varrho$, $\varrho\tau\sigma$, $\sigma\varrho\tau$ involutorisch.

Besteht für drei involutorische Elemente $\varrho_1, \varrho_2, \sigma$ die Relation

$$(3) \qquad \varrho_1, \varrho_2 | \sigma,$$

so nennen wir σ eine *Verbindung* von ϱ_1, ϱ_2. Wenn es zu zwei involutorischen Elementen ϱ_1, ϱ_2 ein involutorisches Element σ gibt, so daß (3) gilt, so nennen wir ϱ_1, ϱ_2 *verbindbar*; andernfalls *unverbindbar*. Gilt $\varrho_1, \varrho_2, \varrho_3 | \sigma$, so nennen wir σ eine Verbindung von $\varrho_1, \varrho_2, \varrho_3$; usf.

Ein spezielles Beispiel für das Bestehen der Relation (3) ist: Gilt $\varrho_1 | \varrho_2$, so ist das Produkt $\varrho_1\varrho_2$ eine Verbindung von ϱ_1, ϱ_2.

2. Axiomensystem.

Grundannahme. *Es sei ein aus involutorischen Elementen bestehendes, invariantes Erzeugendensystem $\mathfrak{S}$ einer Gruppe $\mathfrak{G}$ gegeben.*

Die Elemente von $\mathfrak{S}$ seien mit kleinen lateinischen Buchstaben bezeichnet. Die involutorischen Elemente aus $\mathfrak{G}$, welche als Produkt von zwei Elementen aus $\mathfrak{S}$ darstellbar sind, — also die in der Form ab mit $a|b$ darstellbaren Elemente aus $\mathfrak{G}$ — seien mit großen lateinischen Buchstaben bezeichnet.

Axiom 1. *Zu P, Q gibt es stets ein g mit $P, Q | g$.*

Axiom 2. *Aus $P, Q | g, h$ folgt $P = Q$ oder $g = h$.*

Axiom 3. *Gilt $a, b, c | P$, so gibt es ein d, so daß $abc = d$ ist.*

Axiom 4. *Gilt $a, b, c | g$, so gibt es ein d, so daß $abc = d$ ist.*

Axiom D. *Es gibt g, h, j derart, daß $g | h$ und weder $j | g$ noch $j | h$ noch $j | gh$ gilt.*

Diesem Axiomensystem genügen die Bewegungsgruppen der in §2, 3 erklärten metrischen Ebenen (insbesondere die Bewegungsgruppen der klassischen euklidischen und nichteuklidischen Ebenen), wenn für $\mathfrak{S}$ die

Gesamtheit der Geradenspiegelungen genommen wird; die involutorischen Gruppenelemente, welche als Produkt von zwei Elementen aus $\mathfrak{S}$ darstellbar sind, sind dabei die Punktspiegelungen.

Nach der Grundannahme soll sowohl eine Gruppe $\mathfrak{G}$ als ein aus involutorischen Elementen bestehendes Erzeugendensystem $\mathfrak{S}$ von $\mathfrak{G}$, also ein Paar $\mathfrak{G}, \mathfrak{S}$, eine „erzeugte Gruppe" gegeben sein. (In einer Gruppe kann es durchaus mehrere wesentlich verschiedene invariante Systeme von involutorischen Erzeugenden geben, so daß alle Axiome erfüllt sind.) Jedes Paar $\mathfrak{G}, \mathfrak{S}$, welches dem Axiomensystem genügt, nennen wir eine *Bewegungsgruppe;* ferner nennen wir die Elemente von $\mathfrak{S}$ *Geradenspiegelungen,* die als Produkt von zwei Elementen aus $\mathfrak{S}$ darstellbaren involutorischen Elemente aus $\mathfrak{G}$ *Punktspiegelungen,* und alle Elemente von $\mathfrak{G}$ *Bewegungen.* Geraden- und Punktspiegelungen und Bewegungen sind hierbei zunächst Elemente einer abstrakten Gruppe (und nicht Abbildungen eines Gegenstandsbereiches). Die durch das Axiomensystem gegebene Theorie nennen wir die *ebene metrische Geometrie.* Um zu betonen, daß sie gemeinsames Fundament der speziellen ebenen metrischen Geometrien ist, in denen besondere Annahmen über die Parallelenfrage gemacht werden, bezeichnen wir sie mit einem Ausdruck von J. BOLYAI auch als die *ebene absolute Geometrie.*

Die Axiome sind spezielle Aussagen über die Grundrelationen (1), (2), (3). Die Axiome 1 und 2 sind Aussagen über die Relation (3); sie besagen, daß zwei Elemente P, Q stets durch ein Element aus $\mathfrak{S}$ verbindbar sind, und zwar durch genau eines, falls $P \neq Q$ ist. Die Axiome 3, 4 setzen die Relationen (3) und (2) in Beziehung: Sind drei Elemente aus $\mathfrak{S}$ durch ein Element P oder durch ein Element aus $\mathfrak{S}$ verbindbar, so gilt für sie die Relation (2), mit der Verschärfung, daß das Produkt in $\mathfrak{S}$ liegt.

3. Gruppenebene. Bewegungen der Gruppenebene. Jede Bewegungsgruppe $\mathfrak{G}, \mathfrak{S}$, welche dem Axiomensystem genügt, läßt sich als Bewegungsgruppe einer metrischen Ebene darstellen. Hierzu ordnen wir der abstrakten Gruppe $\mathfrak{G}$ und dem Erzeugendensystem $\mathfrak{S}$ durch die folgende kanonische Konstruktion eine geometrische Struktur zu, die *Gruppenebene* zu $\mathfrak{G}, \mathfrak{S}$:

Die Elemente von $\mathfrak{S}$ nennen wir die *Geraden* der Gruppenebene, und die involutorischen Gruppenelemente, welche als Produkt von zwei Elementen aus $\mathfrak{S}$ darstellbar sind, die *Punkte* der Gruppenebene. Zwei Geraden a und b der Gruppenebene nennen wir zueinander *senkrecht,* wenn $a|b$ gilt, und schreiben hierfür auch $a \perp b$. Die Punkte sind also die Gruppenelemente, welche sich als Produkt von zwei senkrechten Geraden darstellen lassen. Ferner nennen wir einen Punkt A und eine Gerade b der Gruppenebene *inzident,* wenn $A|b$ gilt, und schreiben hierfür auch $A\,\mathrm{I}\,b$ oder $b\,\mathrm{I}\,A$. Gilt $ab = dc$, so sagen wir mit HJELMSLEV: *die Geraden b,d liegen in bezug auf die Geraden a,c spiegelbildlich zueinander;* es liegen dann auch a,c in bezug auf b,d spiegelbildlich zueinander. Ist insbesondere $a = c$, also $ab = da$, so sagen wir, daß b,d in bezug auf die Gerade a spiegelbildlich zueinander liegen[1].

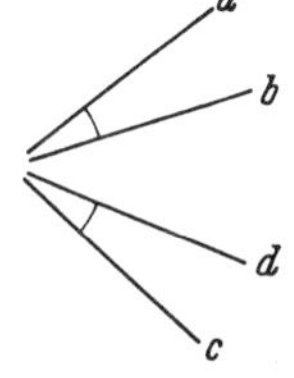

In der Gruppenebene gilt über Senkrecht, Inzident, spiegelbildliche Lage auf Grund der Axiome: 1,2. *Zu zwei Punkten gibt es stets eine Gerade, mit der sie inzidieren, und auch nur eine, falls die beiden Punkte verschieden sind.* 3,4. *Wenn drei Geraden a,b,c mit einem Punkt inzidieren oder auf einer Geraden senkrecht stehen, gibt es eine Gerade d, welche in bezug auf a,c spiegelbildlich zu b liegt.* D. *Es gibt zwei senkrechte Geraden g,h und eine Gerade j, welche weder zu g noch zu h senkrecht ist und nicht mit dem Punkt gh inzidiert* („Axiom vom Dreiseit").

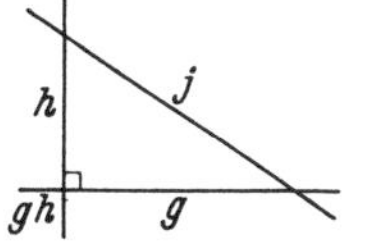

Die Verbindungsgerade von zwei verschiedenen Punkten P,Q bezeichnen wir mit (P,Q).

Durch das Axiomensystem ist zugelassen, daß es in $\mathfrak{S}$ Elemente a,b,c gibt, für die $abc = 1$ ist. Das Produkt von je zweien der Elemente a,b,c ist dann gleich dem dritten, also involutorisch. In der Gruppenebene sind daher die Geraden a,b,c paarweise zueinander senkrecht; sie bilden ein „Polardreiseit", wie es in einer elliptischen Ebene vorkommt. Überdies ist z.B. ab als involutorisches Produkt von zwei Elementen aus $\mathfrak{S}$ ein Element C, und $C = c$; es ist also dasselbe Gruppenelement sowohl Punkt als Gerade der Gruppenebene. Allgemein nennen wir, wenn $C = c$ ist, den Punkt C und die Gerade c der Gruppenebene zueinander *polar*, und bezeichnen den Punkt C als *Pol* der Geraden c und die Gerade c als *Polare* des Punktes C. Die Gruppenebenen, in denen zueinander polare Punkte und Geraden existieren, werden in 8 genauer untersucht.

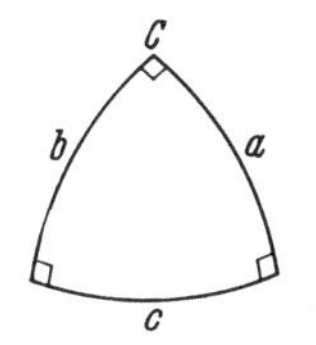

Da das Erzeugendensystem $\mathfrak{S}$ nach der Grundannahme invariant ist, wird $\mathfrak{S}$ bei Transformation mit einem Element c auf sich abgebildet. Bei der Transformation mit c geht auch jedes involutorische Produkt von zwei Elementen aus $\mathfrak{S}$ in ein involutorisches Produkt von zwei Elementen aus $\mathfrak{S}$ über. Es ist also

$$x^* = x^c, \qquad X^* = X^c \tag{4}$$

eine eineindeutige Abbildung der Menge der Geraden und der Menge der Punkte der Gruppenebene je auf sich. Bei dieser Abbildung bleiben

[1] Aus unseren Axiomen folgt nicht, daß es zu zwei gegebenen Geraden stets eine „Mittellinie" gibt, d.h. eine Gerade, in bezug auf die sie spiegelbildlich liegen.

das Senkrechtstehen von Geraden, die Inzidenz von Punkt und Gerade und die spiegelbildliche Lage von Geradenpaaren erhalten; die Geraden x, x^* liegen spiegelbildlich in bezug auf die Gerade c. Zweimalige Anwendung der Abbildung ergibt die Identität. Wir nennen die Abbildung (4) die *Spiegelung der Gruppenebene an der Geraden c*. Eine Gerade x ist dann und nur dann Fixgerade der Spiegelung, wenn $x = c$ oder $x \perp c$ ist; ein Punkt ist dann und nur dann Fixpunkt, wenn $X = c$, also X polar zu c ist (ein solcher Punkt braucht nicht zu existieren), oder wenn $X \mathrm{I} c$ ist. Die Axiome 3,4 besagen, daß für die Spiegelungen (4) der *Satz von den drei Spiegelungen* gilt: Das Produkt der Spiegelungen an drei Geraden a, b, c, welche mit einem Punkt inzidieren oder auf einer Geraden senkrecht stehen, ist gleich der Spiegelung an einer Geraden, und zwar an der oben genannten Geraden d, welche in bezug auf a, c spiegelbildlich zu b liegt; wir bezeichnen diese Gerade d daher auch als *vierte Spiegelungsgerade* zu a, b, c.

Allgemein ist für jedes γ aus $\mathfrak{G}$

$$x^* = x^\gamma, \qquad X^* = X^\gamma \tag{5}$$

eine eineindeutige Abbildung der Menge der Geraden und der Menge der Punkte der Gruppenebene je auf sich, bei der die in der Gruppenebene erklärten geometrischen Relationen erhalten bleiben. Wir nennen sie eine *Bewegung der Gruppenebene*, und für $\gamma = C$ die *Spiegelung der Gruppenebene an dem Punkt C*. Sind ein Punkt C und eine Gerade c der Gruppenebene zueinander polar, so ist die Spiegelung an C gleich der Spiegelung an c.

Die Bewegungen (5) der Gruppenebene bilden eine Gruppe $\mathfrak{G}^*$, welche von dem System $\mathfrak{S}^*$ der Spiegelungen (4) an den Geraden der Gruppenebene erzeugt wird. Ordnet man dem Element γ aus $\mathfrak{G}$ die Bewegung (5) der Gruppenebene zu, so ist das eine homomorphe Abbildung von $\mathfrak{G}, \mathfrak{S}$ auf $\mathfrak{G}^*, \mathfrak{S}^*$; etwas später wird gezeigt (Satz 19), daß die Zuordnung sogar eine isomorphe Abbildung ist. Jede Bewegungsgruppe $\mathfrak{G}, \mathfrak{S}$, welche dem Axiomensystem genügt, läßt sich also als die Gruppe $\mathfrak{G}^*, \mathfrak{S}^*$ der Bewegungen ihrer Gruppenebene darstellen. Die Gruppenebene ist eine metrische Ebene im Sinne von § 2,3. (Der Nachweis dieser Tatsache wird alsbald vervollständigt; vgl. 4.)

Die ebene metrische Geometrie, also die Theorie der durch das Axiomensystem gegebenen Bewegungsgruppen, welche wir im folgenden zu entwickeln haben, ist zugleich die Geometrie der Gruppenebenen dieser Bewegungsgruppen. Um diesen Zusammenhang zu betonen, verwenden wir die geometrischen Ausdrucksweisen der Gruppenebene auch in der abstrakten Gruppe $\mathfrak{G}, \mathfrak{S}$ für involutorische Elemente und Beziehungen zwischen ihnen. So bezeichnen wir die Elemente aus $\mathfrak{S}$ kurz als Geraden, und schreiben für $a|b$ auch $a \perp b$. Die involutorischen Elemente aus $\mathfrak{G}$, welche als Produkt von zwei Elementen aus $\mathfrak{S}$ darstellbar sind, bezeichnen wir kurz als Punkte, und schreiben für $A|b$ auch $A \,\mathrm{I}\, b$ oder $b \,\mathrm{I}\, A$. Man mag auch in den Axiomen das Zeichen | durch $\perp$ und I ersetzen, und z.B. die Axiome 1 und D in folgender Form schreiben:

Axiom 1. *Zu P, Q gibt es stets ein g mit $P, Q \,\mathrm{I}\, g$.*

Axiom D. *Es gibt g, h, j derart, daß $g \perp h$ und weder $j \perp g$ noch $j \perp h$ noch $j \,\mathrm{I}\, gh$ gilt.*

Durch die Verwendung der beiden Zeichen $\perp$ und I wird für viele Aussagen unserer Theorie, wie hier für die Axiome, zugleich eine geometrische Interpretation in der Gruppenebene angegeben. Wir verwenden die beiden Zeichen, um Aussagen unserer Theorie leichter lesbar zu machen. Die Zeichen $\perp$ und I können stets durch das Zeichen | ersetzt werden; im Prinzip ist die Beschränkung auf dieses Zeichen vorzuziehen.

4. Erste Folgerungen aus dem Axiomensystem. Wir leiten zunächst aus dem Axiomensystem einige Sätze ab, die ebenso einfach und grundlegend wie die Axiome selbst sind, die wir aber der axiomatischen Ökonomie halber nicht unter die Axiome aufgenommen haben. Es handelt sich vor allem um die *Existenz und „Eindeutigkeit" der Senkrechten* und die *Umkehrung des Satzes von den drei Spiegelungen* (der Axiome 3 und 4).

Satz 1 (Orthogonalenschnitt). *Aus $a \perp b$ und $P \,\mathrm{I}\, a, b$ folgt $P = ab$, und umgekehrt.*

Beweis. Wegen $a \perp b$ ist ab nach Definition ein Punkt, und offenbar gilt $ab \,\mathrm{I}\, a, b$. Da nach Voraussetzung auch $P \,\mathrm{I}\, a, b$ gilt und $a \neq b$ ist, ist nach Axiom 2 $P = ab$. Die Umkehrung ergibt sich allein aus den Definitionen von Orthogonalität und Inzidenz. Denn aus der Gleichung $P = ab$ folgt, daß das Produkt von je zweien der Elemente P, a, b gleich dem dritten, und damit involutorisch ist.

Satz 1 besagt: Ist $a \perp b$, so ist ab der eindeutig bestimmte Schnittpunkt von a und b.

Satz 2 (Existenz der Senkrechten). *Zu P, g gibt es stets ein l mit $l \,\mathrm{I}\, P$ und $l \perp g$.*

Beweis. Fall 1: $P \,\mathrm{I}\, g$. Ist $P = ab$, so gilt $a, b, g \,\mathrm{I}\, P$. Nach Axiom 3 gibt es ein l, so daß $abg = l$, also $Pg = l$ ist. Wie bei der Umkehrung von Satz 1 gilt dann $l \,\mathrm{I}\, P$ und $l \perp g$.

Gilt $P \,\not\mathrm{I}\, g$, so ist entweder $P \neq P^g$ oder $P = g$. Wir unterscheiden daher die beiden weiteren Fälle:

Fall 2: $P \neq P^g$. Nach Axiom 1 gibt es ein l mit $l \mathrm{I} P, P^g$. Da man mit g transformieren darf, gilt $l^g \mathrm{I} P^g, P$. Nach Axiom 2 ist daher $l = l^g$. Ferner ist $l \neq g$, da $P \mathrm{I} l$, aber $P \not\mathrm{I} g$ gilt. Also ist $l \perp g$.

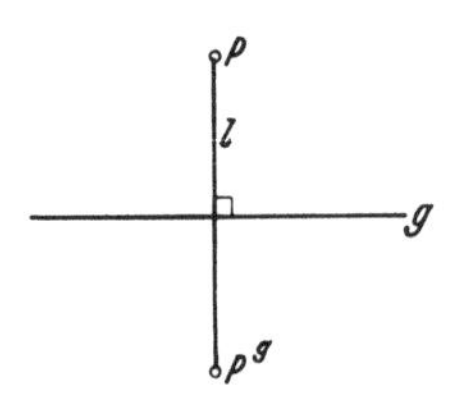

Fall 3: $P = g$, d.h. P, g *polar*. Dann gilt für beliebiges c: Wenn $c \mathrm{I} P$, so $c \perp g$ (und umgekehrt). Ist nun $P = ab$, so gilt $a, b \mathrm{I} P$ und also auch $a, b \perp g$. *In diesem Falle gibt es also mehrere Senkrechten zu g durch P.*

Satz 3 (Eindeutigkeit der Senkrechten). *Aus $P \neq g$ und $a, b \mathrm{I} P$ und $a, b \perp g$ folgt $a = b$.*

Beweis. Fall 1: $P \mathrm{I} g$. Aus $a, g \mathrm{I} P$ und $a \perp g$ folgt nach Satz 1 $P = ag$. Entsprechend ergibt sich $P = bg$. Also ist $ag = bg$, mithin $a = b$.

Fall 2: $P \neq P^g$. Aus $a, b \mathrm{I} P$ folgt $a^g, b^g \mathrm{I} P^g$. Aus $a, b \perp g$ folgt $a^g = a$, $b^g = b$. Also gilt $a, b \mathrm{I} P, P^g$, und daher nach Axiom 2 $a = b$.

Nach Satz 2 sind ein Punkt und eine Gerade stets durch eine Gerade verbindbar. Ist $P \neq g$, so ist diese Gerade nach Satz 3 eindeutig bestimmt, und wir bezeichnen sie mit (P, g), oder auch mit (g, P).

Wir formulieren nochmals den in Satz 2 und 3 als Fall 1 enthaltenen

Satz 4. *Ist $P \mathrm{I} g$, so ist Pg eine Gerade, nämlich die Senkrechte auf g in P.*

Für ein *Polardreiseit*, d.h. drei paarweise senkrechte Geraden, gilt auf Grund von Satz 3:

Satz 5 (Polardreiseit). *Sind a, b, c paarweise senkrechte Geraden, so ist $abc = 1$, und umgekehrt.*

Beweis. Es seien a, b, c paarweise senkrecht. Wegen $a \perp b$ ist ab ein Punkt, und es gilt: $a, b \mathrm{I} ab$ und $a, b \perp c$ und $a \neq b$. Daher ist nach Satz 3 $ab = c$, also $abc = 1$. Daß die Umkehrung gilt, wurde bereits in 3 bemerkt.

Man erkennt nun: *Keine Gerade ist zu allen anderen Geraden senkrecht*, oder anders gesagt: Keine Gerade kommutiert mit allen Geraden. Genauer gilt sogar, daß keine Gerade mit jeder von den Geraden g, h, j des Axioms D kommutiert. Gäbe es nämlich eine mit g, h, j kommutierende Gerade c, so wäre $c \neq g, h, j$ (denn g, j sowie h, j kommutieren nicht) und daher $c \mid g, h, j$. Aus $c \mid g, h$ und $g \mid h$ würde nach Satz 5 $c = gh$, und damit $gh \mid j$ folgen, im Widerspruch zu Axiom D.

Hieraus ergibt sich, als Ergänzung zu ihrer Definition, daß die Spiegelungen (4) an den Geraden der Gruppenebene von der Identität verschieden sind. Sie sind also in der Tat Geradenspiegelungen im Sinne von § 2,3. Abgesehen von der erst in Satz 31 bewiesenen Existenz von drei Punkten auf jeder Geraden (der dortige Beweis läßt sich aber bereits an dieser Stelle durchführen) ist nun gezeigt, daß die Gruppenebene eine metrische Ebene ist.

Wie eben erkennt man, indem man Satz 1 statt Satz 5 benutzt, daß kein Punkt mit allen Geraden kommutiert. Daher sind auch die Spiegelungen an den Punkten der Gruppenebene von der Identität verschieden. Sie sind Punktspiegelungen im Sinne von § 2,4.

Satz 6. *Zu a gibt es ein A mit $A \mathrm{I} a$.*

Beweis. Nach Axiom D gibt es mindestens einen Punkt P (gh ist ein solcher). Zu P, a gibt es nach Satz 2 ein l mit $l \mathrm{I} P$ und $l \perp a$. Dann ist la ein Punkt A mit $A \mathrm{I} a$.

Satz 7 (Ergänzung zu Axiom 3). *Aus $a, b, c \mathrm{I} P$ und $abc = d$ folgt $d \mathrm{I} P$.*

Beweis. Die behauptete Inzidenz besagt, daß $abcP = Pabc$ und $abc \neq P$ gilt. Das erste ergibt sich unmittelbar daraus, daß nach Voraussetzung a, b, c mit P kommutieren. Wäre nun $abc = P$, also $ab = Pc$, so wäre, da Pc involutorisch ist, $a \perp b$. Nach Satz 1 wäre daher $P = ab$. Es müßte also $Pc = P$, also $c = 1$ sein; das ist nicht möglich.

Satz 8 (Umkehrung von Axiom 3). *Aus $a \neq b$ und $a, b \mathrm{I} P$ und $abc = d$ folgt $c \mathrm{I} P$.*

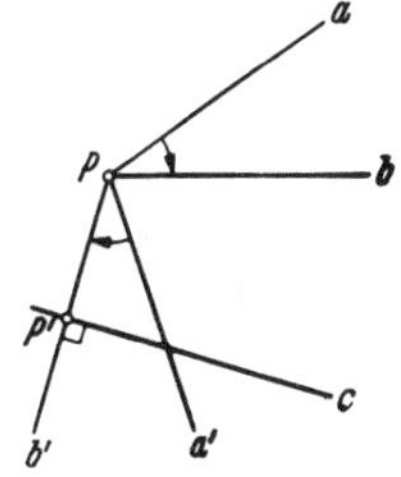

Beweis. Es gibt nach Satz 2 eine Gerade b' derart, daß $b' \mathrm{I} P$ und $b' \perp c$ ist. Dann ist $b'c$ ein Punkt P' und $b', c \mathrm{I} P'$. Nun ist nach Axiom 3 das Produkt abb' eine Gerade a', die wegen $a \neq b$ nicht gleich b' ist und nach Satz 7 mit P inzidiert. Wegen $a'b'c = abc = d$ ist $a'd = b'c = P'$, und daher $a' \mathrm{I} P'$. Zusammengenommen ergibt sich $a', b' \mathrm{I} P, P'$ und $a' \neq b'$; daher ist nach Axiom 2 $P = P'$, mithin $c \mathrm{I} P$.

Satz 9 (Ergänzung zu Axiom 4). *Aus $a, b, c \perp g$ und $abc = d$ folgt $d \perp g$.*

Beweis. Die behauptete Orthogonalität besagt, daß $abcg = gabc$ und $abc \neq g$ ist. Das erste ergibt sich wieder unmittelbar aus den Voraussetzungen. Wäre nun $abc = g$, also $ab = gc$, so wäre, da gc involutorisch ist, $a \perp b$. Nach Satz 5 wäre daher $abg = 1$, also $ab = g$. Es müßte also $gc = g$, also $c = 1$ sein.

Satz 10 (Umkehrung von Axiom 4). *Aus $a \neq b$ und $a, b \perp g$ und $abc = d$ folgt $c \perp g$.*

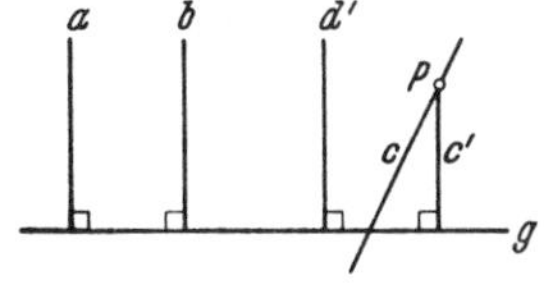

Beweis. Nach Satz 6 gibt es einen Punkt P mit $P \mathrm{I} c$. Ist $P = g$, so ist $c \perp g$. Ist $P \neq g$, so fälle man von P das Lot c' auf g (Satz 2,3). Wir zeigen, daß $c \neq c'$ unmöglich ist.

Da $a, b, c' \perp g$, ist abc' nach Axiom 4 eine Gerade d', für die nach Satz 9 $d' \perp g$ gilt. Es ist dann $dc = d'c'$, und falls $c \neq c'$ ist, nach Satz 8

$d' \mathrm{I} P$. Insgesamt gilt somit $P \neq g$ und $d', c' \mathrm{I} P$ und $d', c' \perp g$, also nach Satz 3 $d' = c'$, also $d = c$, also $a = b$, — im Widerspruch zur Voraussetzung.

Aufgaben. 1. Man kann das Axiomensystem aus § 3,2 in folgender Weise äquivalent variieren: Man streiche in der Grundannahme das Wort „invariant" und füge Satz 2 als Axiom hinzu.

2. Die Spiegelungen a, b, c an drei paarweise senkrechten Ebenen des dreidimensionalen euklidischen Raumes, die Spiegelungen an den drei Schnittgeraden und die Spiegelung d an dem Schnittpunkt der Ebenen bilden zusammen mit der Identität eine abelsche Gruppe $\mathfrak{G}$; a, b, c, d bilden ein invariantes Erzeugendensystem $\mathfrak{S}$. Es ist $abcd = 1$. Welche von unseren Axiomen und welche von den Sätzen 1—10 gelten in $\mathfrak{G}, \mathfrak{S}$, welche nicht?

3. Es werde die Grundannahme, ohne die Forderung der Invarianz des Erzeugendensystems, vorausgesetzt.

Satz 4*. *Gilt $P | g$, so gibt es ein l, so daß $Pg = l$ ist,*
ist, wie im Beweis von Satz 2 bemerkt, eine Folgerung aus Axiom 3.

a) Aus Axiom 3 folgt die Ergänzung zu Axiom 3 (Satz 7).

b) Aus dem Satz vom Orthogonalenschnitt (Satz 1) folgt der Satz vom Polardreiseit (Satz 5); aus dem Satz vom Polardreiseit folgt die Ergänzung zu Axiom 4 (Satz 9). Unter Voraussetzung von Satz 4* sind diese drei Sätze paarweise äquivalent.

c) Aus Satz 4* und der Umkehrung von Axiom 4 (Satz 10) folgt Axiom 2.

Das Axiomensystem aus § 3,2 wird, wie c) lehrt, äquivalent variiert, wenn Axiom 2 gestrichen und die Umkehrung von Axiom 4 hinzugefügt wird.

4 (Zur Äquivalenz des Axiomensystems der metrischen Ebenen aus § 2,3 und des gruppentheoretischen Axiomensystems aus § 3,2). Für jede metrische Ebene E ist die *Bewegungsgruppe von E*, geschrieben $\mathbf{G}(E)$, $\mathbf{S}(E)$, definiert [$\mathbf{G}(E)$ ist die von dem System $\mathbf{S}(E)$ der Geradenspiegelungen erzeugte Gruppe]; sie genügt dem gruppentheoretischen Axiomensystem. Für jedes Paar $\mathfrak{G}, \mathfrak{S}$, welches dem gruppentheoretischen Axiomensystem genügt, ist die *Gruppenebene zu* $\mathfrak{G}, \mathfrak{S}$, geschrieben $\mathbf{E}(\mathfrak{G}, \mathfrak{S})$, definiert; sie genügt dem Axiomensystem aus § 2,3. Dabei gelten die Isomorphien:

$$\mathbf{E}(\mathbf{G}(E), \mathbf{S}(E)) \cong E \quad \text{und} \quad \mathbf{G}(\mathbf{E}(\mathfrak{G}, \mathfrak{S})), \mathbf{S}(\mathbf{E}(\mathfrak{G}, \mathfrak{S})) \cong \mathfrak{G}, \mathfrak{S}.$$

Wird Isomorphes identifiziert, so bildet daher die Funktion „die Bewegungsgruppe von E" die metrischen Ebenen eineindeutig auf die Paare ab, welche dem gruppentheoretischen Axiomensystem genügen. Die Funktion „die Gruppenebene zu $\mathfrak{G}, \mathfrak{S}$" bewirkt die Umkehrabbildung.

5. Das Im-Büschel-Liegen. Der wichtigste Spezialfall der Relation (2) ist die Relation „das Produkt der Erzeugenden a, b, c ist eine Erzeugende", oder wie wir kurz sagen,

$$abc \text{ ist eine Gerade.} \tag{6}$$

Wir definieren: Drei Geraden *a, b, c liegen im Büschel*, wenn (6) gilt.

Über das Im-Büschel-Liegen gilt auf Grund der Axiome 3 und 4 und ihrer Umkehrungen: Ist $a \neq b$ und haben a, b einen Punkt oder ein Lot gemein, d.h. gibt es einen Punkt V mit $a, b \mathrm{I} V$ oder eine

Gerade v mit $a, b \perp v$, so ist die Gesamtheit der Geraden, welche mit a, b im Büschel liegen, die Gesamtheit der Geraden durch den Punkt V bzw. die Gesamtheit der zu der Geraden v senkrechten Geraden.

Zwei verschiedene Geraden haben aber nicht notwendig einen Punkt oder ein Lot gemein (vgl. § 2,2); aus dem Bestehen der Relation (6) folgt nicht, daß die drei Geraden durch einen Punkt V oder eine Gerade v verbindbar sind.

Wir betrachten nun solche Spezialfälle der Relation (2), in denen gemischte Produkte aus Geraden und Punkten auftreten, und zwar zunächst die Relation

(7) AbC ist eine Gerade.

Sie besteht genau dann, wenn A, b, C durch eine Gerade v verbindbar sind:

Satz 11. *AbC ist dann und nur dann eine Gerade, wenn es eine Gerade v gibt, für die $A, C \, \mathrm{I} \, v$ und $b \perp v$ gilt.*

Beweis. a) Es sei v eine Gerade mit $A, C \, \mathrm{I} \, v$ und $b \perp v$. Wird $Av = a$, $Cv = c$ gesetzt (Satz 4), so gilt $AbC = (abc)^v$ und $a, b, c \perp v$. Nach Axiom 4 ist abc eine Gerade d, und nach Satz 9 $d \perp v$. Dann ist $AbC = d^v = d$.

b) Es sei AbC eine Gerade. Ist $A = C$, so wähle man auf Grund von Satz 2 als v eine Gerade mit $A \, \mathrm{I} v$ und $b \perp v$. Ist $A \neq C$, so wähle man $v = (A, C)$ und setze wieder $Av = a$, $Cv = c$. Dann ist $(abc)^v = AbC$, also abc eine Gerade. Wegen $a \neq c$ und $a, c \perp v$ gilt nach Satz 10 $b \perp v$.

Ergänzung zu Satz 11. *Aus $A, C \, \mathrm{I} \, v$ und $b \perp v$ und $AbC = d$ folgt $d \perp v$.*

Beweis. Aus den Voraussetzungen, daß $A, C \, \mathrm{I} \, v$ und $b \perp v$ gilt, ergibt sich nach a), daß AbC eine zu v senkrechte Gerade ist. Diese Gerade ist wegen der Voraussetzung $AbC = d$ gleich d.

Ist $A \neq C$, so besagt Satz 11: AbC ist dann und nur dann eine Gerade, wenn $b \perp (A, C)$ ist. Ist etwa $A \neq b$, so besagt Satz 11: AbC ist dann und nur dann eine Gerade, wenn $C \, \mathrm{I} \, (A, b)$ gilt.

Für die Relation

(8) aBc ist ein Punkt

gilt in Analogie zu Satz 11:

Satz 12. *aBc ist dann und nur dann ein Punkt, wenn es eine Gerade v gibt, für die $a, c \perp v$ und $B \mathrm{I} v$ gilt.*

Beweis. a) Es sei v eine Gerade mit $a, c \perp v$ und $B \mathrm{I} v$. Wird $Bv = b$ gesetzt, so gilt $a, b, c \perp v$. Nach Axiom 4 ist abc eine Gerade d, und nach Satz 9 $d \perp v$. Dann ist $aBc = abvc = abcv = dv$ ein Punkt D mit $D \mathrm{I} v$.

b) Es sei aBc ein Punkt D. Dann ist $BcD = a$, und nach Satz 11 und der Ergänzung gibt es eine Gerade v, für die $B, D \mathrm{I}\, v$ und $c, a \perp v$ gilt.

Aus a) ergibt sich wie bei Satz 11 die

Ergänzung zu Satz 12. *Aus* $a, c \perp v$ *und* $B \mathrm{I} v$ *und* $aBc = D$ *folgt* $D \mathrm{I} v$.

Die dreistelligen Relationen (6), (7), (8) sind in dem in 1 angegebenen Sinne symmetrisch. Daher ist z.B. die Relation (7) mit den Relationen „ACb ist eine Gerade" und „bAC ist eine Gerade" gleichwertig.

Die Sätze 11 und 12 erweitern den Satz von den drei Spiegelungen.

6. Lotensatz. Wir wenden uns nun dem Lotensatz zu, den HJELMSLEV auch als *Fundamentalsatz* der ebenen metrischen Geometrie bezeichnet hat. Er eröffnet insbesondere den Zugang zu dem weiteren Studium der Relation (6).

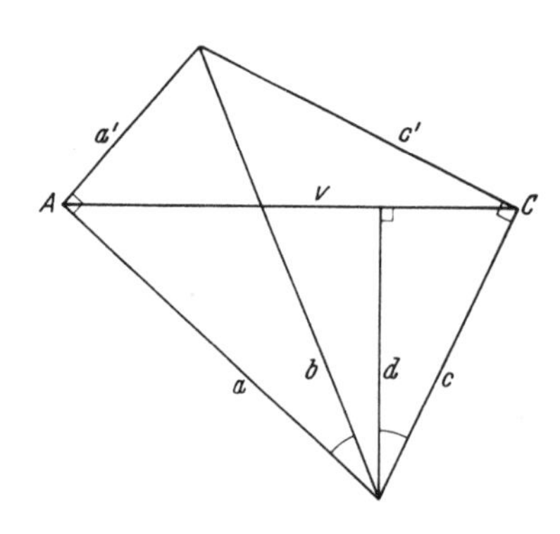

Der Lotensatz handelt von Geraden a, a', c, c' mit $a \perp a'$ und $c \perp c'$ und gibt ein Kriterium dafür, daß eine Gerade, welche mit a, c im Büschel liegt, auch mit a', c' im Büschel liegt:

Satz 13 (Lotensatz). *Ist* $aa' = A$, $cc' = C$, *und* abc *eine Gerade* d, *so gilt:*

$a'bc'$ ist dann und nur dann eine Gerade, wenn es eine Gerade v gibt, für die $A, C \mathrm{I}\, v$ und $d \perp v$ gilt.

Beweis. Es ist $a'bc' = a'a \cdot abc \cdot cc' = AdC$. $a'bc'$ ist also dann und nur dann eine Gerade, wenn AdC eine Gerade ist, und daher folgt die Behauptung aus Satz 11.

Ist $A \neq C$, so ist unter den Voraussetzungen des Lotensatzes $a'bc'$ dann und nur dann eine Gerade, wenn $d \perp (A, C)$ gilt.

Wie man sieht, ergibt sich der Lotensatz aus Satz 11. Bei den Anwendungen ist es oftmals zweckmäßig, statt mit dem Lotensatz unmittelbar mit Satz 11 zu schließen. (Man vgl. z.B. den ersten Beweis des Höhensatzes in §4.)

Die Figur des Lotensatzes läßt sich durch Hinzufügen einer Geraden d' zu einer symmetrischen Konfiguration vervollständigen; es gilt:

Satz 14 (Satz von der Lotenkonfiguration). *Aus je vier der Gleichungen*

$$aa' = A, \quad cc' = C, \quad abc = d, \quad a'bc' = d', \quad AdC = d'$$

folgt die fünfte.

Beweis. Die fünfte Gleichung folgt aus den vier ersten:

$$AdC = a'a \cdot abc \cdot cc' = a'bc' = d'.$$

Entsprechend folgt die dritte Gleichung aus den übrigen. Für die vierte gilt das gleiche, da der Satz in sich übergeht, wenn a, c, d mit a', c', d' vertauscht werden.

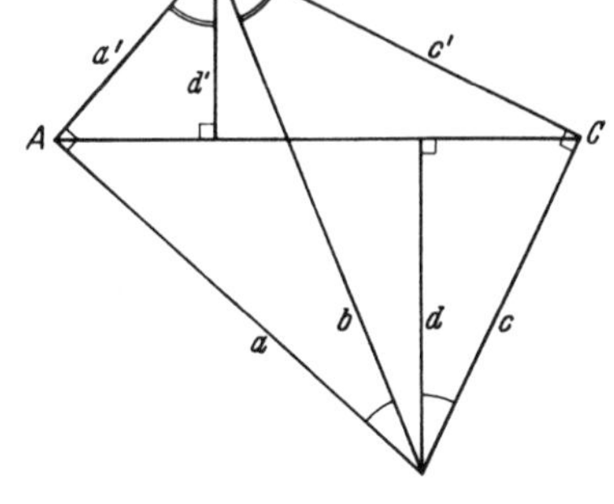

Die erste Gleichung folgt aus den vier letzten:

$$aa' = dcb \cdot bc'd' = dCd' = A.$$

Ebenso folgt die zweite Gleichung aus den übrigen, da der Satz in sich übergeht, wenn a, a', A mit c, c', C vertauscht werden.

Der Satz von der Lotenkonfiguration hat die bemerkenswerte Eigenschaft, daß er „axiomfrei", d.h. für beliebige involutorische Elemente einer beliebigen Gruppe gültig ist.

Auch wenn in der Lotenkonfiguration Elemente zusammenfallen, können sich noch geometrisch nicht triviale Aussagen ergeben. Ist z.B. $a = c$, $a' = c'$, $A = C$, so besagt Satz 14, daß aus der ersten und je zwei der weiteren Gleichungen $aa' = A$, $b^a = d$, $b^{a'} = d'$, $d^A = d'$ die vierte folgt. Der Schluß auf die letzte kann z.B. geometrisch so interpretiert werden: Spiegelt man die Hypotenuse eines bei A rechtwinkligen Dreiecks an den Katheten, so liegen die entstehenden Geraden spiegelbildlich zu A.

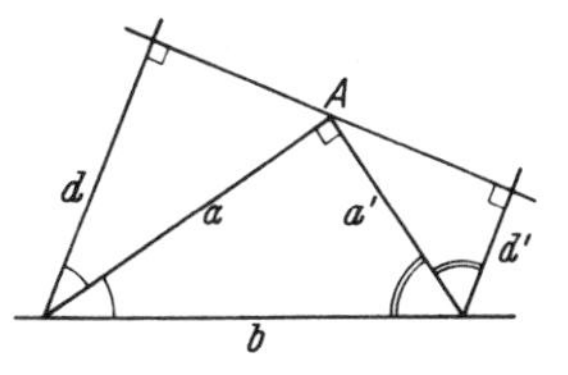

Eine Folgerung des Lotensatzes ist die wichtige Verbindbarkeits-Aussage:

Satz 15. *Sind Geraden a', c' und ein Punkt B gegeben, so gibt es eine Gerade, welche mit B inzidiert und mit a', c' im Büschel liegt; ist $a' \neq c'$ und inzidiert B nicht sowohl mit a' als mit c', so gibt es nur eine solche Gerade.*

Beweis. Man fälle von B Lote a und c auf a' und c', mit den Fußpunkten $aa' = A$ und $cc' = C$.

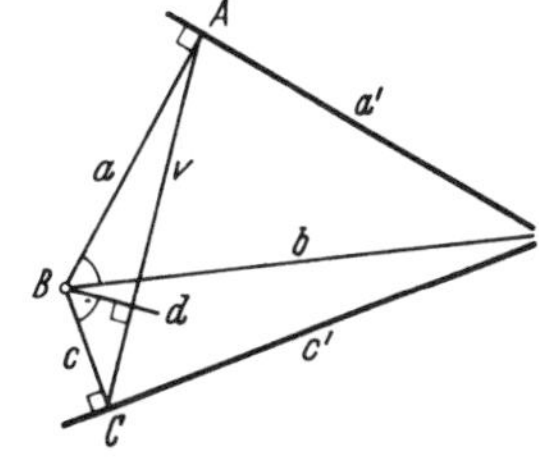

Für den Beweis der Existenz-Behauptung ziehe man eine Gerade, welche mit A und C inzidiert, und fälle auf sie von B ein Lot d. Dann ist adc nach Axiom 3 eine Gerade, welche nach Satz 7 mit B inzidiert und nach dem Lotensatz mit a', c' im Büschel liegt.

Zum Beweis der Eindeutigkeit nehmen wir an, daß $a' \neq c'$ ist und daß B nicht sowohl mit a' als mit c' inzidiert. Dann ist $A \neq C$. Denn aus $aa' = cc'$ und $a' \neq c'$, also $a \neq c$, und $B \mathrm{I} a, c$ würde nach Satz 8 $B \mathrm{I} a', c'$ folgen. Die Verbindungsgerade v von A und C ist also eindeutig bestimmt. Es ist $B \neq v$. Denn aus $B = v$ würde $a, c \perp v$ und daher wegen der Eindeutigkeit des errichteten Lotes $v = a' = c'$ folgen.

Sind nun b, b' zwei Geraden durch B, welche beide mit a', c' im Büschel liegen, so sind abc und $ab'c$ Geraden durch B, welche nach dem Lotensatz zu v senkrecht sind. Da es wegen $B \neq v$ durch B nur eine Senkrechte zu v gibt, ist $abc = ab'c$, also $b = b'$.

Aufgabe. Es seien a_i, b_i, c_i zwei rechtwinklige Dreiseite mit den Eckpunkten $A_i \mathrm{I} b_i, c_i$ und $B_i \mathrm{I} c_i, a_i$ und $C_i = a_i b_i$ $(i = 1, 2)$; ferner sei $A_1 = A_2 = A$ und $b_1 c_1 = b_2 c_2$ und $b_1 \not\perp c_1$. Ist b eine Gerade durch B_1 und B_2, und l Lot von A auf b, so sind die Punkte C_1, C_2, lb kollinear.

7. Darstellung einer Bewegung. Nach der Grundannahme ist jedes Element unserer Gruppe als ein Produkt von Geraden darstellbar. Wir beweisen nun

Satz 16 (Reduktionssatz). *Jedes Produkt einer geraden Anzahl von Geraden ist gleich einem Produkt ab, jedes Produkt einer ungeraden Anzahl von Geraden ist gleich einem Produkt aB (und auch gleich einem Produkt Ab).*

Beweis. a) *Jedes Produkt uvW ist gleich einem Produkt ab.*

Denn nach Satz 15 gibt es eine Gerade l mit $l \mathrm{I} W$ derart, daß uvl eine Gerade a ist. Nach Satz 4 ist lW eine Gerade b, und es ist $uvW = uvl \cdot lW = ab$.

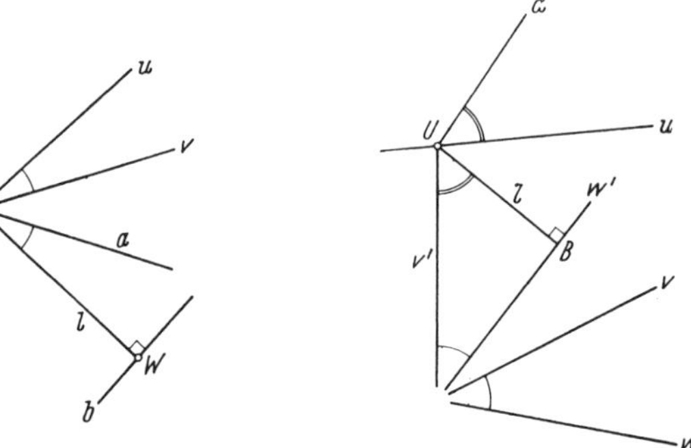

b) *Jedes Produkt uvw ist gleich einem Produkt aB.*

Nach Satz 6 gibt es einen Punkt U mit $U \mathrm{I} u$. Nach Satz 15 gibt es dann eine Gerade v' mit $v' \mathrm{I} U$ derart, daß $v'vw$ eine Gerade w' ist. Fällt man nun von U ein Lot l auf w', so ist $uv'l$ nach Axiom 3 eine Gerade a und lw' ein Punkt B, und es gilt $uvw = uv'w' = uv'l \cdot lw' = aB$.

Mit a) und b) kann man ein gegebenes Produkt von Geraden reduzieren: Jedes Produkt von vier Geraden ist nach b) und a) gleich einem Produkt von zwei Geraden. Daher ist jedes Produkt einer geraden Anzahl von Geraden gleich einem Produkt von zwei, jedes

Produkt einer ungeraden Anzahl von Geraden gleich einem Produkt von drei Geraden (für ein Produkt aus einem Faktor ist dies trivialerweise auch richtig), und mit b) ergibt sich die Behauptung.

Nach Satz 16 läßt sich insbesondere jedes involutorische Gruppenelement in der Form ab oder in der Form aB darstellen. Ein involutorisches Element ab ist nach Definition ein Punkt, und ein involutorisches Element aB nach Satz 4 eine Gerade. Daher gilt

Satz 17. *Jedes involutorische Gruppenelement ist ein Punkt oder eine Gerade.*

Mit Hilfe von Satz 16 und 17 beweisen wir nun für jede Bewegungsgruppe $\mathfrak{G}, \mathfrak{S}$, welche dem Axiomensystem genügt:

Satz 18. *Das Zentrum von $\mathfrak{G}$ besteht nur aus dem Einselement.*

Bemerkung. Wir nennen allgemein mit H. WIENER eine Gruppe *zweispiegelig*, wenn in ihr jedes Element als Produkt von zwei involutorischen Elementen darstellbar ist. Es gilt:

Enthält das Zentrum einer zweispiegeligen Gruppe kein involutorisches Element, so besteht es nur aus dem Einselement.

Beweis. In einer zweispiegeligen Gruppe ist das Quadrat jedes Zentrumselementes gleich 1. Denn ein Zentrumselement $\varrho\varrho'$, mit involutorischen ϱ, ϱ', ist insbesondere mit ϱ vertauschbar, und daher ist $\varrho\varrho' \cdot \varrho = \varrho \cdot \varrho\varrho' = \varrho'$, also $(\varrho\varrho')^2 = 1$.

Beweis von Satz 18. Da die axiomatisch gegebene Gruppe $\mathfrak{G}$ nach Satz 16 zweispiegelig ist, bleibt nur zu zeigen: *Das Zentrum von $\mathfrak{G}$ enthält kein involutorisches Element.* Dies ergibt sich aus Satz 17 und der bereits in 4 bewiesenen Tatsache, daß keine Gerade und kein Punkt mit allen Geraden kommutiert.

Die Gruppe $\mathfrak{G}$ ist zu der Gruppe ihrer inneren Automorphismen isomorph, da nach Satz 18 die Transformation mit einem Element $\gamma \neq 1$ nicht jedes Element aus $\mathfrak{G}$ in sich überführen kann. Eine solche Transformation kann nun auch nicht jedes Element des Erzeugendensystems $\mathfrak{S}$ in sich überführen, und daher gilt:

Satz 19. *Die axiomatisch gegebene Bewegungsgruppe ist zu der Gruppe der Bewegungen ihrer Gruppenebene isomorph.*

Jede Aussage über Elemente der axiomatisch gegebenen Gruppe kann also auch als Aussage über Bewegungen der Gruppenebene gedeutet werden, und umgekehrt.

Als Ergänzung zu Satz 16 bemerken wir:

Satz 20. a) *Jedes Produkt aB ist gleich einem Produkt*

$$abc \quad \text{mit } a, b \perp c, \tag{9}$$

und umgekehrt. Dasselbe gilt für die Produkte Ab.

b) *Jedes Produkt AB ist gleich einem Produkt*

(10) ab *mit der Bedingung: es gibt ein* c *mit* $a, b \perp c$,

und umgekehrt.

Beweis. a) Ist c eine Senkrechte zu a durch B, und wird $Bc = b$ gesetzt, so ist aB gleich (9). Die Umkehrung ist trivial.

b) Ist c eine Gerade durch A und B, und wird $Ac = a$ und $Bc = b$ gesetzt, so ist $AB = ac \cdot cb$ gleich (10). Umgekehrt ist jedes Produkt (10) gleich $ac \cdot cb$, wobei ac und cb Punkte sind.

Eine Bewegung, welche als ein Produkt aB dargestellt werden kann, nennen wir auch eine *Gleitspiegelung*. Wird eine von der Identität verschiedene Gleitspiegelung durch ein Produkt aB dargestellt, so nennen wir das Lot (a, B) die *Achse der Gleitspiegelung*. Die Achse ist unabhängig davon, wie die gegebene Gleitspiegelung als Produkt aB dargestellt wird; denn aus $aB = a'B' \neq 1$ folgt $(a, B) = (a', B')$, auf Grund von Satz 11. Wird die Gleitspiegelung als ein Produkt Ab dargestellt, so ist (A, b) die Achse. Für involutorisches aB ist nach Satz 4 $aB = (a, B)$; ist eine Gleitspiegelung involutorisch, so ist sie also die Spiegelung an der Gleitspiegelungsachse.

Es kann Produkte aB geben, welche gleich 1 sind (dies ist der Fall, wenn das unten eingeführte Axiom P gilt); dann ist die Identität eine Gleitspiegelung. Es soll dann jede Gerade als Achse dieser speziellen Gleitspiegelung bezeichnet werden.

Aufgabe. Es sei a, b, c ein Dreiseit mit $abc \neq 1$, in dem Höhen u, w existieren: $u \perp a$ und ubc eine Gerade; $w \perp c$ und abw eine Gerade. Die Achse der Gleitspiegelung abc inzidiert mit den Höhenfußpunkten au und cw.

8. Gerade und ungerade Bewegungen. Axiom vom Polardreiseit. In jeder Gruppe, welche von involutorischen Elementen erzeugt wird, bilden die Elemente, welche als Produkt einer geraden Anzahl von Erzeugenden darstellbar sind, eine Untergruppe $\mathfrak{U}$. Es besteht dann die Alternative:

1) Kein Produkt einer ungeraden Anzahl von Erzeugenden ist gleich 1. Dann ist kein Produkt einer geraden Anzahl von Erzeugenden einem Produkt einer ungeraden Anzahl von Erzeugenden gleich, und $\mathfrak{U}$ ist eine Untergruppe vom Index 2.

2) Es gibt ein Produkt einer ungeraden Anzahl von Erzeugenden, welches gleich 1 ist. Da man dann jedes Produkt von Erzeugenden mit diesem speziellen Produkt multiplizieren kann, ohne daß das dargestellte Gruppenelement sich ändert, gilt: Jedes Produkt einer geraden Anzahl von Erzeugenden ist einem Produkt einer ungeraden Anzahl von Erzeugenden gleich, und umgekehrt. In diesem Fall ist $\mathfrak{U}$ die volle Gruppe.

Durch unser Axiomensystem sind beide Möglichkeiten zugelassen. Wir können nun das Axiomensystem an den folgenden Zusatzaxiomen gabeln:

Axiom $\sim$P. *Es ist stets* $abc \neq 1$.

Axiom P. *Es gibt* a, b, c *mit* $abc = 1$.

Nach Satz 5 besagt Axiom $\sim$P: *Es gibt kein Polardreiseit*; Axiom P besagt: *Es gibt ein Polardreiseit.*

Gilt für das Erzeugendensystem der axiomatisch gegebenen Gruppe das Axiom $\sim$P, so liegt wegen Satz 16 der Fall 1) vor, und man erkennt:

Satz 21. *Gilt Axiom* $\sim$P, *so bilden die in der Form* ab *darstellbaren Gruppenelemente eine Untergruppe vom Index 2; die Nebenklasse besteht aus allen Elementen, die in der Form* aB *darstellbar sind. Die involutorischen Elemente der Untergruppe sind die Punkte, die involutorischen Elemente der Nebenklasse sind die Geraden. Kein Punkt ist einer Geraden gleich.*

Gilt dagegen Axiom P, so liegt der Fall 2) vor, und man erkennt:

Satz 22. *Gilt Axiom* P, *so ist jedes Gruppenelement in der Form* ab *darstellbar; jeder Punkt ist einer Geraden gleich, und umgekehrt; jedes involutorische Gruppenelement ist ein Element des Erzeugendensystems.*

Ein Gruppenelement, welches als Produkt einer geraden bzw. einer ungeraden Anzahl von Erzeugenden darstellbar ist, nennen wir eine *gerade* bzw. eine *ungerade Bewegung*. Gilt Axiom $\sim$P, so sind gerade und ungerade Bewegungen voneinander verschieden. Gilt Axiom P, so ist jedes Gruppenelement sowohl eine gerade als auch eine ungerade Bewegung.

Über die Relation (1), von der die Relationen Senkrecht und Inzident Spezialfälle waren, beweisen wir nun:

Satz 23. *Gilt Axiom* $\sim$P, *so ist ein Produkt* AB *niemals involutorisch.*

Beweis. Ist AB involutorisch, so ist AB nach Satz 20b gleich einem involutorischen Produkt (10). Dann sind a, b, c paarweise senkrecht, und nach Satz 5 ist $abc = 1$.

Wir nennen zwei Punkte A und B zueinander *polar*, wenn $A|B$ gilt. Die Existenz polarer Punkte ist mit Axiom P gleichwertig.

Wir nennen eine Gruppe, welche unserem Axiomensystem und dem Axiom P genügt, eine *elliptische Bewegungsgruppe*, die zugehörige Gruppenebene eine *elliptische Ebene*, und die durch das Axiomensystem und Axiom P gegebene Theorie die *(ebene) elliptische Geometrie.*

Da in einer elliptischen Bewegungsgruppe jeder Punkt einer Geraden gleich ist, und umgekehrt, besitzt in einer elliptischen Ebene jeder Punkt eine eindeutig bestimmte Polare, und jede Gerade einen eindeutig bestimmten Pol.

Ist $a = A$ und $b = B$, so läßt sich die Relation $a \mid b$ in vierfacher Weise deuten:

(i) Die Geraden a und b sind senkrecht;

(ii) die Gerade a und der Punkt B sind inzident;

(iii) der Punkt A und die Gerade b sind inzident;

(iv) die Punkte A und B sind polar.

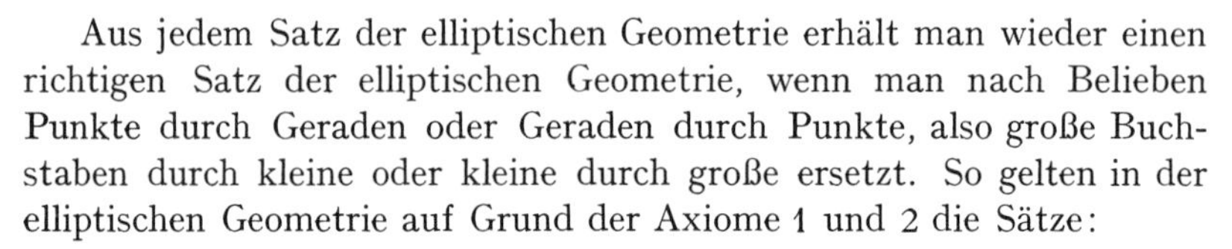

Aus jedem Satz der elliptischen Geometrie erhält man wieder einen richtigen Satz der elliptischen Geometrie, wenn man nach Belieben Punkte durch Geraden oder Geraden durch Punkte, also große Buchstaben durch kleine oder kleine durch große ersetzt. So gelten in der elliptischen Geometrie auf Grund der Axiome 1 und 2 die Sätze:

1) *Zu* a, b *gibt es stets ein* c *mit* $a, b \mid c$.

2) *Aus* $a, b \mid c, d$ *folgt* $a = b$ *oder* $c = d$.

Der Satz 1) enthält in der elliptischen Geometrie z. B. die folgenden Aussagen: Zwei Geraden haben stets ein gemeinsames Lot; je zwei Geraden haben einen Punkt gemein; durch jeden Punkt gibt es zu jeder Geraden eine Senkrechte; zu zwei Punkten gibt es stets einen zu beiden polaren Punkt. Der Satz 2) enthält unter anderem folgende Aussagen: Zwei verschiedene Geraden haben höchstens ein gemeinsames Lot; zwei verschiedene Geraden haben höchstens einen Punkt gemein; durch einen Punkt gibt es zu einer Geraden, die nicht die Polare des Punktes ist, höchstens eine Senkrechte; zwei verschiedene Punkte haben höchstens eine Verbindungsgerade.

9. Punkt-Geraden-Analogie. Ersetzungen von Punkten durch Geraden und Geraden durch Punkte, die man in den Sätzen der elliptischen Geometrie nach Belieben vornehmen darf, sind auch in der allgemeinen ebenen metrischen Geometrie in gewissem Umfang möglich. Beispiele für diese „*Punkt-Geraden-Analogie*" sind:

Zu A, B *gibt es stets ein* c *mit* $A \mathrm{I} c$ *und* $B \mathrm{I} c$ (Axiom 1).	*Zu* A, b *gibt es stets ein* c *mit* $A \mathrm{I} c$ *und* $b \perp c$ (Satz 2).
Aus $A \mathrm{I} c, d$ *und* $B \mathrm{I} c, d$ *folgt* $A = B$ *oder* $c = d$ (Axiom 2).	*Aus* $A \mathrm{I} c, d$ *und* $b \perp c, d$ *folgt* $A = b$ *oder* $c = d$ (Satz 3).

[Ersetzt man in den rechts stehenden Sätzen den Punkt A durch eine Gerade a, so erhält man aber nicht wieder Sätze der absoluten Geometrie. Vielmehr ist von den entstehenden Aussagen „*Zu* a, b *gibt es stets ein* c *mit* $a, b \perp c$" und „*Aus* $a, b \perp c, d$ *folgt* $a = b$ *oder* $c = d$" die erste äquivalent zu Axiom P und die zweite das Axiom $\sim$R der nichteuklidischen Metrik, welches in § 6,7 eingeführt wird.]

Weitere Beispiele zueinander analoger Sätze sind: Axiom 3 und 4, ihre Ergänzungen, ihre Umkehrungen, Satz 1 (Orthogonalenschnitt) und Satz 5 (Polardreiseit), Satz 11 und Satz 12.

Auf die Punkt-Geraden-Analogie hat ARNOLD SCHMIDT aufmerksam gemacht; er hat ihr die präzise Form gegeben, indem er die geometrische Analyse bis zur gruppentheoretischen Formulierung der axiomatischen Basis führte. Die Punkt-Geraden-Analogie ist trotz ihres bruchstückhaften Charakters ein fruchtbares Prinzip, das man sich beim Studium der ebenen metrischen Geometrie stets gegenwärtig halten muß. Sie gestattet, Sätze als verwandt zu erkennen, im günstigen Fall sogar analog zu beweisen, und zu bekannten Sätzen neue zu finden. Ein allgemeines Theorem, welches den vollen Umfang der erlaubten Analogisierungen beschreibt, ist allerdings nicht, bekannt.

Auch unter den Sätzen der allgemeinen ebenen metrischen Geometrie gibt es solche, die für beliebige involutorische Elemente der axiomatisch gegebenen Gruppe gelten, und in die man also nach Belieben Punkte oder Geraden einsetzen darf. Beispiele hierfür gibt der

Satz 24. *Sind* $\sigma_1, \sigma_2, \sigma_3, \sigma$ *involutorisch, so gilt:*

a) *Aus* $\sigma_1 | \sigma_2$ *und* $\sigma_2 | \sigma_3$ *und* $\sigma_3 | \sigma_1$ *folgt* $\sigma_1\sigma_2\sigma_3 = 1$, *und umgekehrt.*

b) *Gilt* $\sigma_1, \sigma_2, \sigma_3 | \sigma$, *so ist* $\sigma_1\sigma_2\sigma_3$ *involutorisch, und es gilt* $\sigma_1\sigma_2\sigma_3 | \sigma$.

Satz 24b ist der *Satz von den drei Spiegelungen für beliebige involutorische Elemente, mit seiner Ergänzung.*

Beweis. a) Sind $\sigma_1, \sigma_2, \sigma_3$ Geraden, so gilt a) nach Satz 5, und damit gilt a) unter Voraussetzung von Axiom P wegen Satz 22 allgemein. Unter Voraussetzung von Axiom $\sim$P sind die Voraussetzungen von a) nach Satz 23 nur erfüllbar, wenn von den Elementen $\sigma_1, \sigma_2, \sigma_3$ eines ein Punkt und zwei Geraden sind. Dann gilt a) nach Satz 1. Die Umkehrung ist trivial.

b) Sind $\sigma_1, \sigma_2, \sigma_3, \sigma$ Geraden, so gilt b) nach Axiom 4 und Satz 9, und damit gilt b) unter Voraussetzung von Axiom P allgemein. Unter Voraussetzung von Axiom $\sim$P sind nach Satz 23 nur noch folgende Fälle möglich:

σ ist ein Punkt und $\sigma_1, \sigma_2, \sigma_3$ sind Geraden; dann gilt b) nach Axiom 3 und Satz 7.

σ ist eine Gerade und die Elemente $\sigma_1, \sigma_2, \sigma_3$ sind
zwei Geraden und ein Punkt; dann gilt b) nach Satz 12.
eine Gerade und zwei Punkte; dann gilt b) nach Satz 11.
drei Punkte; dann wird behauptet:

Gilt $A, B, C \, \mathrm{I} \, g$, *so ist* ABC *ein Punkt* D *und* $D \, \mathrm{I} \, g$.

Man setze $Ag = a$, $Bg = b$, $Cg = c$. Dann gilt $a, b, c \perp g$. abc ist nach Axiom 4 eine Gerade d, und nach Satz 9 ist $d \perp g$. Also ist $ABC = ag \cdot gb \cdot cg = dg$ ein Punkt D mit $D \, \mathrm{I} \, g$.

Zu Satz 24b bemerken wir, daß die Umkehrung des Satzes von den drei Spiegelungen nicht in der gleichen Allgemeinheit gültig ist; z.B. sind die Aussagen

(11) *Gilt* $A \neq B$ *und* $A, B \,\mathrm{I}\, g$ *und ist* $ABC = D$, *so ist* $C \,\mathrm{I}\, g$,

(12) *Gilt* $a \neq b$ *und* $a, b \perp g$ *und ist* $abC = D$, *so ist* $C \,\mathrm{I}\, g$,

nur wenn die Metrik nichteuklidisch ist, d.h. unter Voraussetzung des später einzuführenden Axioms $\sim$R (vgl. § 6, 7) allgemein gültig. Nach dem Schema des Beweises von Satz 24b erkennt man aber die Gültigkeit des folgenden Satzes:

Satz 24. $\sigma_1, \sigma_2, \sigma_3, \sigma$ *seien involutorisch;*

c) *Gilt* $\sigma_1 \neq \sigma_2$ *und* $\sigma_1, \sigma_2 | \sigma$ *und ist* $\sigma_1\sigma_2\sigma_3$ *eine Gerade, so gilt* $\sigma_3 | \sigma$.

Zu den Sätzen, welche für beliebige involutorische Elemente unserer Gruppe gelten, gehören insbesondere die Sätze, welche für beliebige involutorische Elemente einer beliebigen Gruppe, also axiomfrei gültig sind. Ein solcher Satz ist der Satz 14 von der Lotenkonfiguration. Ersetzt man in ihm etwa die Gerade d' durch einen Punkt D' und vertauscht C und c', so erhält man:

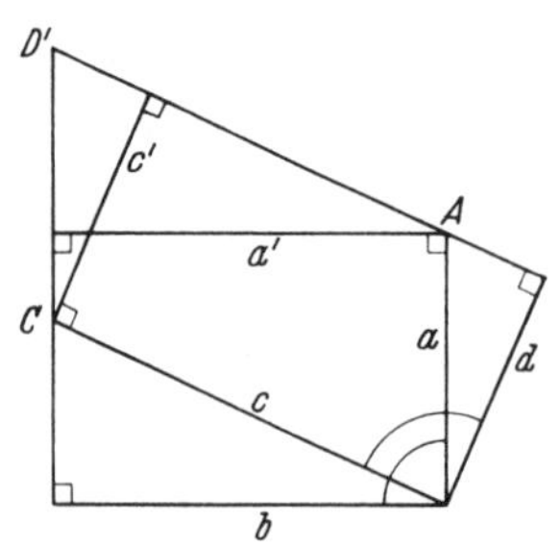

Satz 14'. *Aus je vier der Gleichungen*

$$aa' = A, \quad cc' = C,$$

$$abc = d, \quad a'bC = D', \quad Adc' = D'$$

folgt die fünfte.

Betrachtet man die Figur, die sich aus diesem Analogon der Lotenkonfiguration ergibt, wenn man den Punkt D' wegläßt, so wird man z.B. zu dem folgenden Satz geführt, welcher später eine Rolle spielen wird:

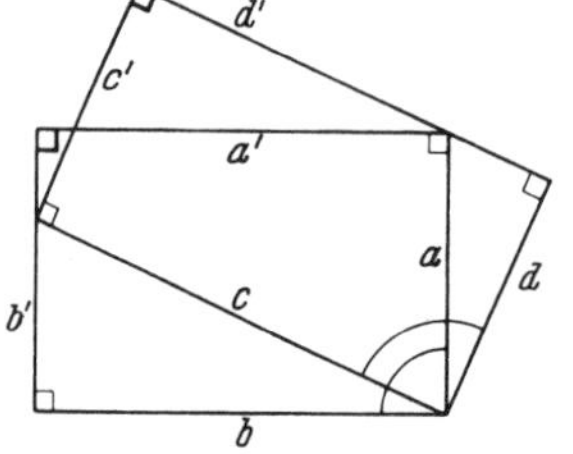

Satz 25. *Es sei* $ab = dc$ *und* $a \not\perp d$. *Ferner sei* $a' \perp a$; $b' \perp b$; $c' \perp c$; $d' \perp d$; $aa' \,\mathrm{I}\, d'$; $cc' \,\mathrm{I}\, b'$. *Dann gilt: Aus* $a' \perp b'$ *folgt* $c' \perp d'$, *und umgekehrt.*

Beweis. Setze $aa' = A$, $cc' = C$. Dann ist $a'bC = a'a \cdot abc \cdot c' = Adc'$. Ist nun $a' \perp b'$, so ist, da auch $b \perp b'$ und $C \,\mathrm{I}\, b'$ gilt, nach Satz 12 $a'bC$ ein Punkt. Da somit auch Adc' ein Punkt ist, und ferner $A \,\mathrm{I}\, d'$ und $d \perp d'$ und $A \neq d$ (wegen $a \,\mathrm{I}\, A$; $a \not\perp d$) gilt, ist nach Satz 12 $c' \perp d'$. Die Umkehrung ergibt sich entsprechend; man beachte nur, daß wegen der beiden ersten Voraussetzungen auch $b \not\perp c$ ist.

Unter Voraussetzung von Axiom $\sim$P gilt Satz 25 ohne die Voraussetzung $a \not\perp d$.

Aufgabe. Man bilde alle Analoga des Satzes von der Lotenkonfiguration und vergegenwärtige sich ihre geometrische Bedeutung.

10. Fixgeraden und Fixpunkte einer Bewegung. Wir fragen nun nach den Fixgeraden und Fixpunkten einer Bewegung (5) der Gruppenebene, also nach den involutorischen Elementen σ, für die

$$\sigma^{\gamma} = \sigma \tag{13}$$

gilt. Wir nennen diese Elemente σ kurz die *involutorischen Fixelemente der Bewegung* γ.

Ist γ selbst involutorisch, so ist die Antwort auf unsere Frage klar: Es muß $\sigma = \gamma$ oder $\sigma \mid \gamma$ gelten. Allgemein schreiben wir γ nach Satz 16 in der „*Normalform*" $\gamma = \alpha\beta$, wobei α, β involutorische Elemente sind, von denen wenigstens eines eine Gerade ist.

Lemma von den Fixelementen. *Es seien α, β involutorische Elemente, von denen wenigstens eines eine Gerade ist, und es sei $(\alpha\beta)^2 \neq 1$. Ferner sei σ involutorisch. Dann ist $\sigma^{\alpha\beta} = \sigma$ dann und nur dann, wenn $\sigma \mid \alpha, \beta$ gilt.*

Eine nicht-involutorische, von der Identität verschiedene Bewegung, welche in der Normalform $\alpha\beta$ geschrieben ist, besitzt also als involutorische Fixelemente nur die Verbindungen von α und β, d.h. die gemeinsamen involutorischen Fixelemente der beiden involutorischen Faktoren α und β [ein solches gemeinsames Fixelement ist notwendig von α und β verschieden; denn wäre etwa $\alpha^{\beta} = \alpha$, so wäre ja $(\alpha\beta)^2 = 1$].

Beweis des „nur dann". Ohne Beschränkung der Allgemeinheit kann vorausgesetzt werden, daß α eine Gerade a ist. Wir nehmen an, die Behauptung sei falsch. Dann gäbe es ein σ mit $\sigma^a = \sigma^{\beta} \neq \sigma$.

Wir dürfen annehmen, daß β, σ eine Verbindung besitzen, daß es also ein involutorisches Element ϱ mit $\beta, \sigma \mid \varrho$ gibt. Sind nämlich β, σ unverbindbar, so sind sie notwendig Geraden. Dann kann man auf der Geraden σ einen beliebigen Punkt ϱ wählen, und nach Satz 15 eine Gerade β' mit $\beta' \mid \varrho$ so bestimmen, daß $a\beta\beta'$ eine Gerade a' ist. Da $a\beta = a'\beta' \neq 1$ und nicht involutorisch ist, folgt aus $\sigma^a = \sigma^{\beta} \neq \sigma$ nach der Umkehrung von Axiom 4 $\sigma^{a'} = \sigma^{\beta'} \neq \sigma$. Man kann daher $a\beta$ durch $a'\beta'$ ersetzen.

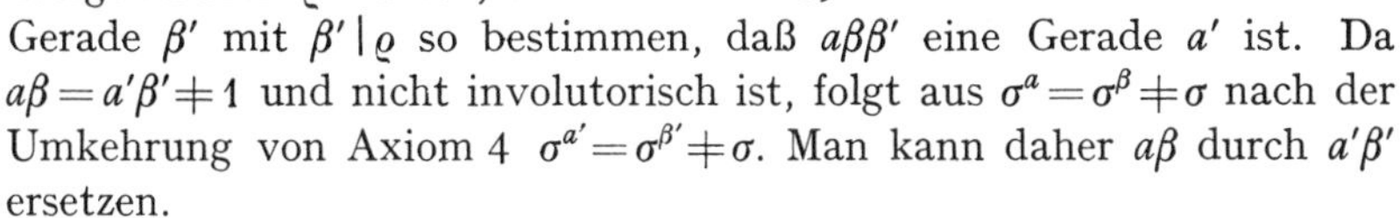

Aus $\beta, \sigma \mid \varrho$ folgt $\beta^{\sigma} \mid \varrho^{\sigma} = \varrho$. Da die Voraussetzung $\sigma^{a\beta} = \sigma$ mit $(a\beta)^{\sigma} = a\beta$ gleichwertig ist, ist $a\beta\beta^{\sigma} = (a\beta)^{\sigma}\beta^{\sigma} = a^{\sigma}$ eine Gerade. Aus $\sigma^{\beta} \neq \sigma$, d.h. $\beta \neq \beta^{\sigma}$, würde daher wegen $\beta, \beta^{\sigma} \mid \varrho$ nach Satz 24c $a \mid \varrho$ folgen. Wegen $a, \beta, \sigma \mid \varrho$ wäre nach Satz 24b $a\beta\sigma$ involutorisch, also $a\beta = (a\beta)^{\sigma} = \sigma \cdot a\beta\sigma = \sigma \cdot \sigma\beta a = \beta a$, also $(a\beta)^2 = 1$, im Widerspruch zur Voraussetzung.

Besteht zwischen involutorischen Elementen ϱ,σ,τ die Gleichung $\sigma^\varrho=\tau$, so nennen wir ϱ ein *Mittelelement* von σ,τ, und zwar eine *Mittellinie* oder einen *Mittelpunkt*, je nachdem ϱ eine Gerade oder ein Punkt ist. Ist etwa R ein Mittelpunkt von S,T und $S\neq T$, so ist $(S,T)^R=(S^R,T^R)=(T,S)=(S,T)$ und $(S,T)\neq R$ [eine Verbindung von zwei verschiedenen Elementen kann nicht Mittelelement von ihnen sein], also $R\,\mathrm{I}(S,T)$: *Ein Mittelpunkt von zwei verschiedenen Punkten liegt stets auf der Verbindungsgeraden.* Mit dem gleichen einfachen Schluß erkennt man z.B.: *Eine Mittellinie von zwei verschiedenen Punkten steht stets auf der Verbindungsgeraden senkrecht*, und ist daher eine „*Mittelsenkrechte*“, und: *Eine Mittellinie von zwei verschiedenen, sich schneidenden Geraden geht stets durch den Schnittpunkt*, und ist daher eine „*Winkelhalbierende*“.

Eine rein gruppentheoretische Konsequenz des Lemmas von den Fixelementen ist die

Folgerung über Mittelelemente. *Es seien α,β involutorische Elemente, von denen wenigstens eines eine Gerade ist. Ferner seien σ,τ involutorisch. Ist $\sigma^\alpha=\tau$, $\sigma^\beta=\tau$ und $\sigma\neq\tau$, so ist entweder $\alpha=\beta$, oder $\alpha\beta$ ein involutorisches Element mit $\alpha\beta\,|\,\sigma,\tau$.*

Besitzen zwei verschiedene involutorische Elemente σ,τ zwei verschiedene Mittelelemente, von denen wenigstens eines eine Gerade ist, so ist also das Produkt der Mittelelemente involutorisch und eine Verbindung von σ,τ.

Beweis. Nach Voraussetzung ist $\sigma^{\alpha\beta}=\sigma$, aber weder $\sigma\,|\,\alpha$ (aus $\sigma\,|\,\alpha$ würde $\sigma=\sigma^\alpha=\tau$ folgen) noch $\sigma\,|\,\beta$. Nach dem Lemma ist daher $(\alpha\beta)^2=1$, d.h. entweder $\alpha=\beta$ oder $\alpha\beta$ involutorisch. Im zweiten Fall besagen $\sigma^{\alpha\beta}=\sigma$ und $\alpha\beta\neq\sigma$ (aus $\alpha\beta=\sigma$ würde $\sigma\,|\,\alpha$ folgen), daß $\alpha\beta\,|\,\sigma$ gilt; ebenso gilt $\alpha\beta\,|\,\tau$.

Wir fragen weiter nach den Bewegungen, welche einen Punkt S und eine mit ihm inzidierende Gerade t in sich überführen. Die einzigen involutorischen Bewegungen, die dies leisten, sind offenbar die Spiegelungen an S, an t, und an der in S auf t errichteten Senkrechten St. Eine nicht-involutorische Bewegung, welche S und t festläßt, muß notwendig die Identität sein; denn denken wir uns die Bewegung in der Normalform $\alpha\beta$ geschrieben und nehmen wir an, daß sie ungleich 1 sei, so gilt nach dem Lemma $S,t\,|\,\alpha,\beta$, also wegen $S\,\mathrm{I}\,t$ nach Satz 24a $St\alpha=1$ und $St\beta=1$, also $\alpha=\beta$, also $\alpha\beta=1$, im Widerspruch zu unserer Annahme. Die Bewegungen, welche ein inzidentes Paar Punkt, Gerade festlassen, bilden also eine KLEINsche Vierergruppe, die aus der Identität und den drei genannten Spiegelungen besteht. Hieraus ergibt sich

Satz 26 (Starrheit der Bewegungen). *Es seien ein inzidentes Paar: Punkt S, Gerade t, und ein zweites solches Paar gegeben. Wenn es eine*

Bewegung γ gibt, welche das erste Paar in das zweite überführt, so gibt es genau vier Bewegungen, die dies leisten. Man erhält sie, indem man die Elemente $1, S, t, St$, welche eine KLEIN*sche Vierergruppe bilden, mit γ multipliziert.*

Denn ist δ eine Bewegung, welche das erste Paar in das zweite überführt, so ist $\delta\gamma^{-1}$ eine Bewegung, die S und t festläßt.

Die Starrheit der Bewegungen kann man analog als Aussage über orthogonale Geradenpaare s,t aussprechen.

Wir setzen nun Axiom $\sim$P *voraus* (bis Satz 28). Das Lemma lehrt:

Satz 27. *Unter Voraussetzung von Axiom* $\sim$P *gilt:*

a) *Es sei $ab \neq 1$ und nicht involutorisch. Es ist $s^{ab} = s$ dann und nur dann, wenn $s \perp a,b$ ist; es ist $S^{ab} = S$ dann und nur dann, wenn $S \mathrm{I}\, a,b$ ist;*

b) *Es sei aB nicht involutorisch. Es ist $s^{aB} = s$ dann und nur dann, wenn $s = (a,B)$ ist; $S^{aB} = S$ ist unmöglich.*

Fixgeraden einer nicht-involutorischen geraden Bewegung $ab \neq 1$ können also nur gemeinsame Lote von a,b sein; Fixpunkt einer solchen Bewegung kann nur ein gemeinsamer Punkt von a,b sein; sofern gemeinsame Lote oder ein gemeinsamer Punkt existieren, sind sie Fixelemente. Die einzige Fixgerade einer nicht-involutorischen ungeraden Bewegung aB ist die Gleitspiegelungsachse (a, B); eine solche Bewegung besitzt keinen Fixpunkt.

Für die involutorischen Bewegungen ist hinzuzufügen: Eine involutorische gerade Bewegung $ab = C$ hat als Fixgeraden die Geraden s mit $s \mathrm{I} C$ und als einzigen Fixpunkt den Punkt C. Eine involutorische ungerade Bewegung $aB = c$ hat als involutorische Fixelemente außer der Gleitspiegelungsachse $(a, B) = c$ die Geraden s mit $s \perp c$ und die Punkte S mit $S \mathrm{I} c$.

Aus diesen Tatsachen ergeben sich Sätze wie: Besitzt eine von der Identität verschiedene Bewegung zwei verschiedene Fixpunkte, so ist sie die Spiegelung an der Verbindungsgeraden dieser Punkte; besitzt sie einen Fixpunkt und eine Fixgerade, so ist sie involutorisch.

Aus der Folgerung über Mittelelemente ergeben sich eine Reihe von Aussagen, von denen wir als Beispiele die folgenden nennen:

1) *Ist $s^a = t$, $s^b = t$ und $s \neq t$, $a \neq b$, so ist $a \perp b$ und $ab \mathrm{I}\, s,t$,*

d.h. haben zwei verschiedene Geraden zwei verschiedene Mittellinien, so haben die beiden Geraden einen Punkt gemein, und die beiden Mittellinien (Winkelhalbierenden) stehen in diesem Punkt aufeinander senkrecht.

2) *Ist $s^A = t$, $s^b = t$ und $s \neq t$, so ist $A \mathrm{I} b$ und $Ab \perp s,t$,*

d.h. haben zwei verschiedene Geraden einen Mittelpunkt und eine

Mittellinie, so inzidiert der Mittelpunkt mit der Mittellinie, und die in dem Mittelpunkt auf der Mittellinie errichtete Senkrechte ist ein gemeinsames Lot der beiden Geraden.

3) *Ist* $S^a = T$, $S^b = T$ *und* $S \neq T$, *so ist* $a = b$,

d.h. zwei verschiedene Punkte haben höchstens eine Mittelsenkrechte.

4) *Aus* $S^A = T$, $S^B = T$ *folgt* $A = B$,

d.h. zwei Punkte haben höchstens einen Mittelpunkt.

Beweis von 4). Ist $S = T$, so folgt die Behauptung unmittelbar aus Satz 23. Ist $S \neq T$ und wird $(S, T) = v$ gesetzt, so gilt $A, B \,\mathrm{I}\, v$. Die Senkrechten $Av = a$, $Bv = b$ sind dann nach 3) gleich; also ist auch $A = B$.

Eine Anwendung des Begriffs der Gleitspiegelungsachse ist der

Satz 28 (Mittelpunktsliniensatz von Hjelmslev). *Bei einer Bewegung* γ *besitzt jedes Punktepaar* P, P^γ *einen Mittelpunkt*[1]. *Durchläuft* P *die Punkte einer Geraden* g, *also* P^γ *die Punkte der Geraden* g^γ, *so liegen die Mittelpunkte der Paare* P, P^γ *auf einer Geraden oder fallen in einen Punkt zusammen.* (~P)

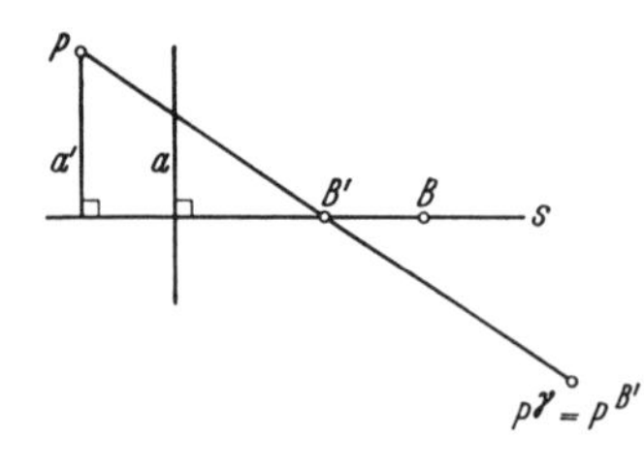

Beweis. Wir zeigen zunächst: Ist γ eine ungerade Bewegung, also eine Gleitspiegelung, so besitzt jedes Punktepaar P, P^γ einen Mittelpunkt, und dieser liegt auf der Achse der Gleitspiegelung. Es sei $\gamma = aB$ und $s = (a, B)$ die Achse. Man fälle von P das Lot a' auf s. Nach Satz 12 ist $a'aB$ ein Punkt B' auf s, und es ist $P^\gamma = P^{a'\gamma} = P^{B'}$, also B' Mittelpunkt von P, P^γ. Insbesondere liegen, wenn P die Punkte einer Geraden g durchläuft, die Mittelpunkte der Paare P, P^γ auf s; ist $g \perp s$, so fallen die Mittelpunkte in einen Punkt zusammen.

Es sei nun γ eine gerade Bewegung. Ist g eine Gerade durch den Punkt P, so ist $P^{g\gamma} = P^\gamma$, d.h. die ungerade Bewegung $g\gamma$ bildet den Punkt P ebenso ab wie die gerade Bewegung γ, und somit ist der Mittelpunkt von $P, P^{g\gamma}$ auch Mittelpunkt von P, P^γ. Durchläuft P die Punkte der Geraden g, so liegen also wieder die Mittelpunkte der Paare P, P^γ auf einer Geraden oder fallen in einen Punkt zusammen. Es ist auch $g^{g\gamma} = g^\gamma$.

Wir setzen nun Axiom P *voraus*, und fragen nach den involutorischen Fixelementen einer Bewegung einer elliptischen Ebene. Hier haben je zwei verschiedene Geraden a, b stets genau ein gemeinsames Lot, das wir mit (a, b) bezeichnen. Das Lemma lehrt:

[1] Diese Aussage gilt auch unter Voraussetzung von Axiom P.

Satz 29. *Unter Voraussetzung von Axiom* P *gilt:*

Ist $ab \neq 1$ *und nicht involutorisch, so ist* $s^{ab} = s$ *dann und nur dann, wenn* $s = (a,b)$ *ist.*

Die einzige Fixgerade einer nicht-involutorischen Bewegung $ab \neq 1$ ist also das gemeinsame Lot von a, b. Fixgeraden einer involutorischen Bewegung $ab = c$ sind außer dem gemeinsamen Lot $(a,b) = c$ die Senkrechten von c.

Die Folgerung über Mittelelemente läßt sich hier schärfer fassen:

Satz 30. *Unter Voraussetzung von Axiom* P *gilt:*

Es sei $s^a = t$ *und* $s \neq t$. *Dann gibt es genau ein* $b \neq a$, *so daß* $s^b = t$ *gilt, und es ist* $ab = (s,t)$.

Haben zwei verschiedene Geraden eine Mittellinie, so haben sie also genau eine weitere Mittellinie; die beiden Mittellinien bilden zusammen mit dem gemeinsamen Lot der gegebenen Geraden ein Polardreiseit.

Mit den Sätzen 29 und 30 gelten sämtliche Analoga, die man erhält, indem man in ihnen in beliebiger Weise Geraden durch Punkte ersetzt.

11. Existenz von Punkten und Geraden.

Satz 31. a) *Mit jeder Geraden inzidieren mindestens drei verschiedene Punkte.* b) *Mit jedem Punkt inzidieren mindestens vier verschiedene Geraden.*

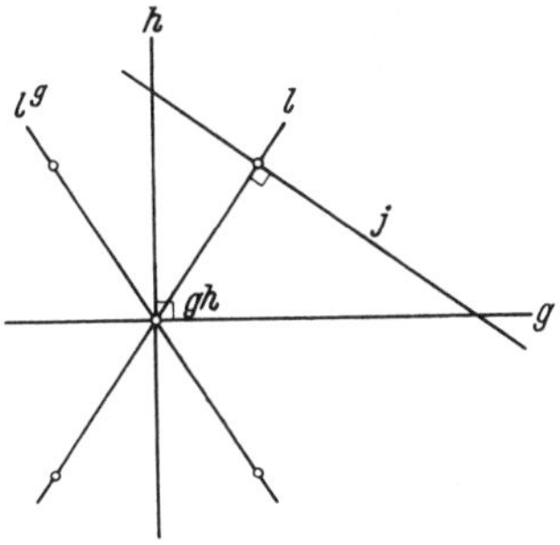

Beweis. Es sei g, h, j das Dreiseit des Axioms D. Der Punkt gh ist nicht zu der Geraden j polar: $gh \neq j$ (sonst wären $g, h \perp j$); daher ist das Lot $(gh, j) = l$ eindeutig bestimmt, und es ist $l \neq g, h$ (wegen $j \not\perp g$ und $j \not\perp h$). Man betrachte den Fußpunkt lj dieses Lotes, welcher von dem Punkt gh verschieden ist (wegen $gh \not\mathrm{I}\, j$), und spiegele ihn an gh; der gespiegelte Punkt $(lj)^{gh} = lj^{gh}$ ist wieder von gh, aber auch von lj verschieden (sonst wäre $j^{gh} = j$, also $gh = j$ oder $gh \,\mathrm{I}\, j$). gh, lj, lj^{gh} sind also drei verschiedene Punkte der Geraden l. Durch Spiegelung an g erhält man drei verschiedene Punkte der Geraden l^g, welche von l verschieden ist (aus $l = l^g$ würde $l = g$, oder $l \perp g$ und damit $l = h$ folgen); der Punkt gh geht bei dieser Spiegelung in sich über.

Es sei nun a eine beliebige Gerade. Falls $a \perp l, l^g$ ist, ist nach Satz 3 $gh = a$, also auch $a \perp g, h$; al, al^g, ag, ah sind dann vier verschiedene Punkte der Geraden a. Ist $a \not\perp l$ oder $a \not\perp l^g$, so fälle man von den drei konstruierten Punkten der Geraden l bzw. l^g Lote auf a; ihre Fußpunkte sind drei verschiedene Punkte der Geraden a. (Werden von zwei verschiedenen Punkten auf eine Gerade, welche nicht zu der

Verbindungsgeraden der beiden Punkte senkrecht ist, Lote gefällt, so sind die Fußpunkte verschieden.) Daher gilt a).

Es sei A ein beliebiger Punkt. Ist $A \mathrm{I}\, l, l^g$, so ist $A = gh$, und l, l^g, g, h sind vier verschiedene Geraden durch A. Ist $A \not\mathrm{I}\, l$ oder $A \not\mathrm{I}\, l^g$, so sind die Verbindungsgeraden von A mit den drei konstruierten Punkten der Geraden l bzw. l^g drei verschiedene Geraden durch A. Da in einem Punkt auf jeder durch ihn gehenden Geraden die Senkrechte errichtet werden kann, gibt es noch mindestens eine vierte Gerade durch A. Daher gilt b).

Wir kehren zu der Konstruktion von Punkten und Geraden aus dem Dreiseit des Axioms D zurück: Der Punkt $lj = P$ ist ein Punkt, welcher weder mit dem Punkt gh zusammenfällt, noch zu ihm polar ist, und weder auf g noch auf h liegt. Die bereits verwendeten Punkte P, P^g, P^{gh}, P^h sind vier verschiedene Punkte, von denen nicht drei kollinear sind; sie bilden ein Viereck mit g, h als Mittellinien und mit gh als Mittelpunkt. Außer diesen fünf Punkten gibt es, da jede der Geraden g, h auf zwei Gegenseiten des Vierecks senkrecht steht, die vier Schnittpunkte der Geraden g bzw. h mit den Gegenseiten. Diese insgesamt neun Punkte sind voneinander verschieden, und es sind nicht vier von ihnen kollinear. Ferner gibt es zwölf verschiedene Geraden: Die Geraden g, h, l, l^g, die vier Seiten des Vierecks, und die Geraden j, j^g, j^{gh}, j^h.

Die Existenz weiterer Punkte und Geraden kann nicht bewiesen werden: Das minimale Modell für unser Axiomensystem ist eine metrische Ebene mit neun Punkten und zwölf Geraden, in der auf jeder Geraden genau drei Punkte liegen und durch jeden Punkt genau vier Geraden gehen (vgl. § 13,2).

Aufgabe. Gibt es Bewegungsgruppen, welche dem Axiomensystem aus § 3,2 genügen und welche aus Elementen g, h, j, die dem Axiom D genügen, erzeugbar sind?

Literatur zu § 3. Hjelmslev [1], [2], Arnold Schmidt [1], Bachmann [3]. Axiomensysteme, die dem in 2 angegebenen verwandt sind, verwenden Sperner [4], Karzel [1], [2], [3], [5], Schütte [3], [5], Lingenberg [4], und für die räumliche Geometrie Ahrens [1].

§ 4. Sätze der metrischen Geometrie

1. Mittelsenkrechtensatz.

Satz 1 (Mittelsenkrechtensatz). *Ist $C^u = B$ und $B^w = A$, so gibt es eine Gerade v derart, daß uvw eine Gerade und $C^v = A$ ist.*

Satz 1 besagt: Sind Mittelsenkrechten von zwei Eckenpaaren eines Dreiecks gegeben, so gibt es eine Mittelsenkrechte des dritten Eckenpaares, welche mit ihnen im Büschel liegt.

Beweis. Nach § 3, Satz 15 gibt es eine Gerade v', welche mit B inzidiert und mit u, w im Büschel liegt. Es ist also $uv'w$ eine Gerade v, für die $C^v = C^{uv'w} = B^{v'w} = B^w = A$ gilt.

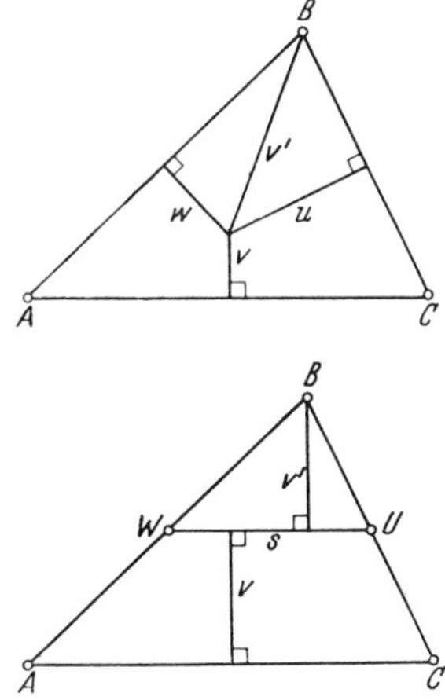

Satz 2 (Satz von der Mittenlinie). *Ist $C^U = B$ und $B^W = A$, so gibt es eine Gerade v derart, daß UvW eine Gerade und $C^v = A$ ist.*

Ist $A \neq C$, so ist $U \neq W$; man kann dann Satz 2 auf Grund von § 3, Satz 11 folgendermaßen aussprechen: Die Verbindungsgerade von Mittelpunkten zweier Eckenpaare eines Dreiecks besitzt eine Senkrechte, welche Mittelsenkrechte des dritten Eckenpaares ist.

Beweis. Es sei s eine Gerade, welche mit U und W inzidiert, und v' ein Lot von B auf s. Nach § 3, Satz 11 ist $Uv'W$ eine zu s senkrechte Gerade v, für die $C^v = C^{Uv'W} = B^{v'W} = B^W = A$ gilt.

Satz 1 und 2 sind ein Beispiel für eine Punkt-Geraden-Analogie. Ein weiteres Analogon zu Satz 2 ist

Satz 2'. *Ist $C^u = B$ und $B^W = A$, so gibt es einen Punkt V derart, daß uVW eine Gerade und $C^V = A$ ist.*

Ist $A \neq C$, so ist $u \neq W$; dann besagt Satz 2': Das Lot von einem Mittelpunkt eines Eckenpaares eines Dreiecks auf eine Mittelsenkrechte eines anderen Eckenpaares enthält einen Mittelpunkt des dritten Eckenpaares.

Beweis. Es sei s ein Lot von W auf u, und v' ein Lot von B auf s. Nach § 3, Satz 12 ist $uv'W$ ein Punkt V auf s, für den $C^V = C^{uv'W} = B^{v'W} = B^W = A$ ist.

Aufgabe. Man bestimme unter Voraussetzung von Axiom P alle zu Satz 1 analogen Sätze.

2. Höhensatz. [Vgl. hierzu S. 305.]

Satz 3 (Höhensatz). *Ist $abc \neq 1$ und gilt:*

(1) $$u \perp a, \quad v \perp b, \quad w \perp c,$$

(2) $$buc, \quad cva, \quad awb \quad \textit{sind Geraden},$$

so ist uvw eine Gerade.

Der Satz besagt: Ist in einem Dreiseit, welches kein Polardreiseit ist, zu jeder Seite eine Senkrechte gezogen, welche mit den beiden anderen Seiten im Büschel liegt, so liegen diese drei „Höhen" im Büschel. Es wird nicht vorausgesetzt, daß die Seiten Schnittpunkte besitzen.

Beweis. Auf Grund von (1) führen wir die Höhenfußpunkte $au = U$, $bv = V$, $cw = W$ ein. Die Geraden (2) bezeichnen wir mit p, q, r. Dann gelten die Identitäten

$$(3) \qquad Up^c = abc, \quad p^b U = bca, \quad Up^c W = r^a, \quad p^b U q^a = V, \quad UqW = uvw.$$

Wegen $abc \neq 1$ ist nach den beiden ersten Gleichungen $U \neq p^c, p^b$. Also sind die Lote von U auf p^c und p^b eindeutig; wir setzen

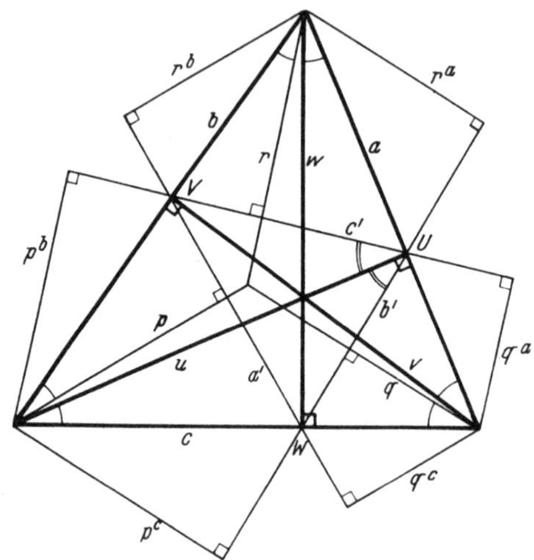

$$(U, p^c) = b', \qquad (U, p^b) = c'.$$

Für diese Lote gilt

$$c'^a = c'^{Ua} = c'^u = (U, p^b)^u$$
$$= (U^u, p^{bu}) = (U, p^{bc})$$
$$= (U, p^c) = b',$$

also

$$(4) \qquad c'^a = b'.$$

Aus der dritten Gleichung (3) folgt nach § 3, Satz 11 $W \mathrm{I}\, b'$. Aus der vierten Gleichung (3) folgt nach § 3, Satz 12 $q^a \perp c'$; also gilt $q \perp c'^a$, und nach (4) $q \perp b'$. Da somit $U, W \mathrm{I}\, b'$ und $q \perp b'$ gilt, ist nach § 3, Satz 11 $UqW = uvw$ eine Gerade, q.e.d.

Aus der vierten Gleichung (3) folgt nebenbei, nach der Ergänzung zu § 3, Satz 12, daß $V \mathrm{I}\, c'$ gilt. Die entscheidende Gleichung (4) lehrt also, daß a Winkelhalbierende im Höhenfußpunkt-Dreieck ist. Man erkennt allgemein, daß *die Seiten und die Höhen des ursprünglichen Dreiseits Winkelhalbierende im Höhenfußpunkt-Dreieck* sind.

Die Gleichung (4) kann man auf eine bemerkenswerte andere Art begründen, indem man den Begriff der Gleitspiegelungsachse aus § 3, 7 heranzieht. Nach der ersten Gleichung (3) ist abc eine Gleitspiegelung mit der Achse b', welche wegen $abc \neq 1$ eindeutig bestimmt ist. Entsprechend ist nach der zweiten Gleichung (3) bca eine Gleitspiegelung mit der Achse c'. Wegen $(bca)^a = abc$ gilt auch für die Achsen $c'^a = b'$.

Das Ergebnis unseres Beweises, nach welchem $UqW = uvw$ eine Gerade ist, lehrt nach der Ergänzung zu § 3, Satz 11 genauer, daß die Gerade uvw zu b' senkrecht ist. Es ist also abc eine Gleitspiegelung mit der Achse b', und uvw eine Spiegelung an einer zu b' senkrechten Geraden.

Ist allgemein α eine Gleitspiegelung und σ eine zu der Achse der Gleitspiegelung senkrechte Gerade, so ist nach § 3, Satz 12 $\alpha\sigma$ ein Punkt.

Es besteht dann also auch die mit $(\alpha\sigma)^2 = 1$ für beliebiges α und involutorisches σ äquivalente Beziehung

$$\alpha^\sigma = \alpha^{-1}, \tag{5}$$

die z.B. auch gilt, wenn α das Produkt zweier Geraden und σ eine Gerade ist, welche mit diesen beiden im Büschel liegt.

Wir betrachten nun allgemeiner die Relation

$$\alpha^\beta = \alpha^{-1}, \tag{6}$$

und denken uns zwei ungerade Gruppenelemente $\alpha \neq 1$ und β, für die sie gilt.

Die Achse der Gleitspiegelung $\alpha \neq 1$ bezeichnen wir mit $[\alpha]$. Offenbar ist stets $[\alpha^{-1}] = [\alpha]$ und $[\alpha^\beta] = [\alpha]^\beta$. Gilt (6), so ist $[\alpha^\beta] = [\alpha^{-1}]$ und daher $[\alpha]^\beta = [\alpha]$, also $[\alpha]$ Fixgerade von β. Nach § 3,10 gibt es für β, als ungerade Bewegung mit der Fixgeraden $[\alpha]$, nur die beiden Möglichkeiten:

1) β ist eine Gleitspiegelung mit $[\alpha]$ als Achse;

2) β ist eine zu $[\alpha]$ senkrechte Gerade.

Wie im Beweis des Lemmas aus § 1,2 erkennt man, daß Gleitspiegelungen mit derselben Achse kommutieren. Im Fall 1) ist also $\alpha^\beta = \alpha$, und daher wegen (6) $\alpha = \alpha^{-1}$, also α involutorisch, also $\alpha = [\alpha]$.

Es gilt daher die folgende allgemeine Aussage über Elemente unserer Gruppe:

Lemma von Thomsen. *Besteht für ungerade Gruppenelemente* $\alpha \neq 1$ *und* β *die Relation* (6), *so ist* α *oder* β *eine Gerade.*

Auf Grund des Lemmas läßt sich der Höhensatz nach Thomsen sehr einfach erschließen:

Zweiter Beweis des Höhensatzes. Wir machen die zusätzliche Voraussetzung: a, b, c liegen nicht im Büschel, d.h. abc ist keine Gerade.

Aus den Voraussetzungen (1) und (2) folgt

$$(abc)^{uvw} = \left(a^u (bc)^u\right)^{vw} = (acb)^{vw} = \left((ac)^v b^v\right)^w = (cab)^w = c^w (ab)^w = cba,$$

denn nach der ersten Voraussetzung (1) ist $a^u = a$ und nach der ersten Voraussetzung (2) $(bc)^u = cb$, usf. Es gilt also

$$(abc)^{uvw} = (abc)^{-1}. \tag{7}$$

Da $abc \neq 1$ und keine Gerade ist, ist nach dem Lemma uvw eine Gerade.

Dieser schöne Schluß versagt allerdings, wenn a, b, c im Büschel liegen.

3. Fußpunktsatz. Der Höhensatz ist ein Schließungssatz in Inzidenz und Senkrechtstehen. Weitere solche Sätze sind die Hjelmslevschen

Fußpunktsätze. Ihre Gültigkeit beruht auf dem Lotensatz und auf der folgenden einfachen Tatsache:

Sind a, a_1, a_2 Geraden durch einen Punkt O, so ist nach Axiom 3 $a_1 a a_2$ eine Gerade, also $a_1 a a_2 = a_2 a a_1$, und diese Gerade inzidiert nach der Ergänzung zu Axiom 3 gleichfalls mit O. Wir können also sagen: Sind a, a_1, a_2 Geraden durch O, so ist

$$a_i a a_k \tag{8}$$

für jede Permutation i, k von 1,2 dieselbe Gerade durch O. Induktiv fortschreitend erkennt man so: Sind a, a_1, a_2, a_3 Geraden durch O, so ist

$$a_i a a_k a a_l \tag{9}$$

für jede Permutation i, k, l von 1,2,3 dieselbe Gerade durch O. Sind a, a_1, a_2, a_3, a_4 Geraden durch O, so ist

$$a_i a a_k a a_l a a_m \tag{10}$$

für jede Permutation i, k, l, m von 1,2,3,4 dieselbe Gerade durch O. Usf.

Es sei nun A ein von O verschiedener, nicht zu O polarer Punkt. Die Geraden durch A sind nicht zu O polar. Ordnet man jeder Geraden durch A das von O auf sie gefällte Lot zu, so ist dies eine eineindeutige Zuordnung zwischen den Geraden durch A und den Geraden durch O. Zwei zugeordnete Geraden haben einen Schnittpunkt, welcher nicht zu O polar ist. Verschiedene Paare zugeordneter Geraden liefern dabei verschiedene Schnittpunkte. Die Menge dieser Schnittpunkte werde als *Fußpunktmenge zu O, A* bezeichnet. Drei verschiedene Punkte der Fußpunktmenge sind niemals kollinear. (Die Annahme der Kollinearität führt mit dem Lotensatz auf einen Widerspruch.) Die Verbindungsgerade von je zwei Punkten der Fußpunktmenge ist wiederum nicht zu O polar, und das von O auf sie gefällte Lot ist eindeutig bestimmt. Der Fußpunktsatz besagt nun: Fällt man von O Lote auf die Seiten eines Dreiecks, dessen Ecken der Fußpunkt-

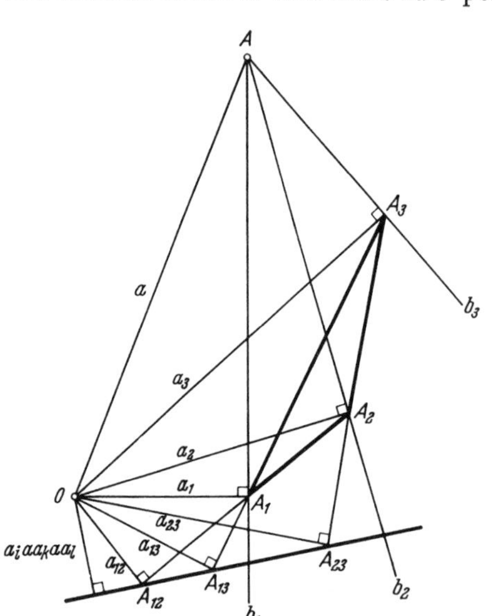

menge zu O, A angehören, so liegen die Fußpunkte auf einer Geraden. Im euklidischen Fall, in dem die Fußpunktmenge zu O, A als THALES-Kreis über dem Durchmesser O, A bekannt ist, ist dies offenbar die sogenannte SIMSONsche Gerade (vgl. § 1,5, Aufg. 4).

Satz 4 (Fußpunktsatz für drei Geraden). *Es seien O, A zwei nicht zueinander polare Punkte, und b_1, b_2, b_3 drei verschiedene Geraden durch A, welche nicht mit O inzidieren. Fällt man für $i = 1, 2, 3$ von O das Lot a_i auf b_i, mit dem Fußpunkt A_i, und dann für jede Kombination i, k von $1, 2, 3$ von O das Lot a_{ik} auf die Verbindungsgerade (A_i, A_k), mit dem Fußpunkt A_{ik}, so liegen die entstehenden Fußpunkte A_{12}, A_{13}, A_{23} auf einer Geraden*[1].

A_{12}, A_{13}, A_{23} sind voneinander verschieden. Denn nach der Vorbemerkung sind A_1, A_2, A_3 voneinander verschieden und nicht kollinear. Daher sind z.B. (A_1, A_2), (A_1, A_3) zwei verschiedene Geraden durch den Punkt A_1, welcher nicht zu O polar und wegen $b_1 \not{I} O$ auch von O verschieden ist. Als Punkte der Fußpunktmenge zu O, A_1 sind daher A_{12}, A_{13} verschieden.

Beweis von Satz 4. Es sei $(O, A) = a$ gesetzt. Dann gilt

$$(11) \qquad a_i a a_k = a_{ik} \quad \text{für jede Kombination } i, k \text{ von } 1, 2, 3$$

nach dem Lotensatz: bei gegebener Kombination i, k sind a_i, a_k Lote von O auf zwei Geraden durch A, mit den Fußpunkten A_i, A_k; daher ist die vierte Spiegelungsgerade zu a_i, $a = (O, A)$, a_k gleich dem Lot a_{ik} von O auf (A_i, A_k).

Aus (11) folgt

$$(12) \qquad a_i a a_k a a_l = a_{ik} a_i a_{il} \quad \text{für jede Permutation } i, k, l \text{ von } 1, 2, 3.$$

Man wende nun, bei gegebener Permutation i, k, l, wiederum den Lotensatz an: a_{ik}, a_{il} sind Lote von O auf zwei Geraden durch A_i, mit den Fußpunkten A_{ik}, A_{il}, und nach (12) ist die Gerade $a_i a a_k a a_l$ die vierte Spiegelungsgerade zu a_{ik}, $a_i = (O, A_i)$, a_{il}; daher ist $a_i a a_k a a_l \perp (A_{ik}, A_{il})$. Und da die Gerade (9) für jede Permutation dieselbe ist, gilt also

$$(13) \qquad a_i a a_k a a_l \perp (A_{12}, A_{13}), (A_{12}, A_{23}), (A_{13}, A_{23}).$$

Hieraus folgt, daß diese drei Verbindungsgeraden, welche zu je zweien einen Punkt gemein haben, identisch sind, da das Lot von einem Punkt A_{ik} auf die Gerade (9) eindeutig bestimmt ist.

Unter unseren Voraussetzungen gibt es also zu b_1, b_2, b_3 eine „*Fußpunktgerade*“ in bezug auf O, welche unabhängig davon ist, in welcher

[1] Unter einer Kombination verstehen wir eine Kombination verschiedener Elemente, ohne Berücksichtigung der Reihenfolge.

Reihenfolge die Geraden b_1, b_2, b_3 genommen werden. Man kann, induktiv fortschreitend, auch mehr als drei Geraden durch A eine Fußpunktgerade in bezug auf O zuordnen. Der nächste Schritt hierzu ist:

Satz 5 (Fußpunktsatz für vier Geraden). *Es seien O, A zwei nicht zueinander polare Punkte, und b_1, b_2, b_3, b_4 vier verschiedene Geraden durch A, welche nicht mit O inzidieren. Fällt man für jede Kombination i, k, l von $1,2,3,4$ von O das Lot a_{ikl} auf die Fußpunktgerade zu b_i, b_k, b_l, mit dem Fußpunkt A_{ikl}, so liegen die vier entstehenden Punkte A_{123}, $A_{124}, A_{134}, A_{234}$ auf einer Geraden.*

Die vier genannten Punkte sind paarweise verschieden. Denn nach der Vorbemerkung zu Satz 4 sind z.B. $(A_1, A_2), (A_1, A_3), (A_1, A_4)$ paarweise verschiedene Geraden. Daher sind A_{12}, A_{13}, A_{14} als Punkte der Fußpunktmenge zu O, A_1 voneinander verschieden und nicht kollinear, also $(A_{12}, A_{13}), (A_{12}, A_{14})$ zwei verschiedene Geraden durch den Punkt A_{12}, welcher nicht zu O polar und auch von O verschieden ist (denn A_{12}, A_1, A_2 sind kollinear, aber O, A_1, A_2 sind als drei verschiedene Punkte der Fußpunktmenge zu O, A nicht kollinear). Als Punkte der Fußpunktmenge zu O, A_{12} sind daher A_{123}, A_{124} verschieden.

Beweis von Satz 5. Werden a, a_i (für $i=1,2,3,4$), a_{ik} (für die Kombinationen i, k von $1,2,3,4$) wie zuvor definiert, so gilt zunächst wieder

(14) $\quad a_i a a_k = a_{ik}$ für jede Kombination i, k von $1,2,3,4$.

Ferner lehrt der vorige Beweis, daß

(15) $\quad a_i a a_k a a_l = a_{ikl}$ für jede Kombination i, k, l von $1,2,3,4$

gilt.

Aus (14) und (15) folgt

(16) $\quad a_i a a_k a a_l a a_m = a_{ikl} a_{ik} a_{ikm}$ für jede Permutation i, k, l, m von $1,2,3,4$.

Bei gegebener Permutation i, k, l, m gilt daher nach dem Lotensatz $a_i a a_k a a_l a a_m \perp (A_{ikl}, A_{ikm})$, und da die Gerade (10) für jede Permutation dieselbe ist:

$$(17) \quad \begin{cases} a_i a a_k a a_l a a_m \perp (A_{123}, A_{124}), (A_{123}, A_{134}), (A_{124}, A_{134}), \\ \qquad (A_{123}, A_{234}), (A_{124}, A_{234}), (A_{134}, A_{234}). \end{cases}$$

Hieraus folgt wie oben die Behauptung.

4. Transitivitätssatz. Wir setzen nun das Studium der Relation „a, b, c liegen im Büschel“, also der Relation

(18) $\quad abc$ ist eine Gerade

fort. Aus der Tatsache, daß die Geraden nach der Grundannahme ein invariantes System bilden, folgte bereits die Reflexivität und Symmetrie der Relation. Eine wichtige Konsequenz unseres Axiomensystems ist die Transitivität der Relation, d.h. der

Satz 6 (Transitivitätssatz). *Ist $a \neq b$ und sind abc, abd Geraden, so ist acd eine Gerade.*

Haben a,b einen Punkt V gemein, so folgt die Behauptung aus Axiom 3 und seiner Umkehrung. Denn aus den Voraussetzungen schließt man zunächst mit der Umkehrung von Axiom 3, daß $c,d \mathrm{I} V$ gilt, und dann aus $a,c,d \mathrm{I} V$ mit Axiom 3 auf die Behauptung. Ebenso gilt der Satz nach Axiom 4 und seiner Umkehrung, wenn a,b ein Lot v gemein haben.

Damit gilt der Satz bereits allgemein, wenn Axiom P vorausgesetzt wird.

Wir dürfen daher bei dem Beweis von Satz 6 die Gültigkeit von Axiom $\sim$P voraussetzen, also annehmen, daß ein von einem Punkt auf eine Gerade gefälltes Lot stets eindeutig bestimmt ist. Wir führen den Beweis durch sechsmalige Anwendung des Lotensatzes. Der Beweis besteht in einer Umkehrung des Fußpunktsatzes.

Wir bemerken zuvor noch einmal: Fällt man auf zwei verschiedene Geraden von einem Punkt, welcher nicht mit beiden Geraden inzidiert, Lote, so sind die Fußpunkte verschieden.

Beweis von Satz 6 ($\sim$P). Es darf angenommen werden, daß a,b,c,d vier verschiedene Geraden sind, da sonst die Behauptung trivial ist. Man wähle einen Punkt A, welcher mit a, aber nicht mit b inzidiert; dann inzidiert A weder mit c noch mit d. Von A fälle man auf b,c,d Lote b',c',d'. Die Fußpunkte B',C',D' sind nach der Vorbemerkung verschieden.

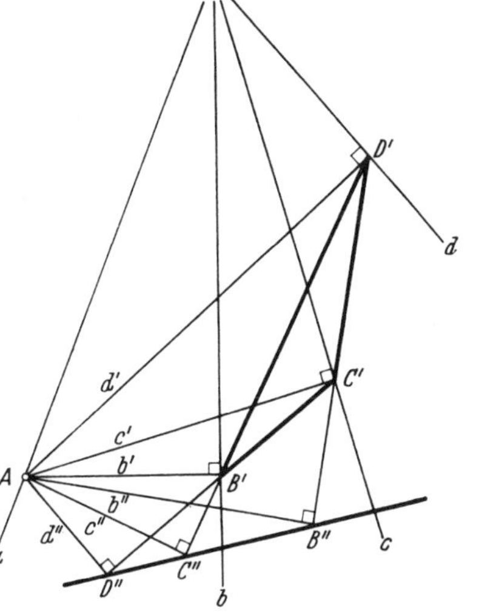

Die beiden Voraussetzungen, daß bac und bad Geraden sind, führen je auf eine Lotensatz-Figur mit A als Aufpunkt, welche lehren:

(19) $b'ac' \perp (B',C')$, $b'ad' \perp (B',D')$.

Liegen die Punkte B',C',D' auf einer Geraden, so ist nach (19) $b'ac' = b'ad'$, also $c' = d'$. Mit der Geraden $c' = d'$ inzidieren dann nicht nur A,C',D', sondern auch B'; es ist also $b' = c' = d'$, und die Geraden b,c,d haben ein gemeinsames Lot durch A. Nach der Umkehrung von Axiom 4 steht auch a auf diesem gemeinsamen Lot senkrecht, und die Behauptung ergibt sich aus Axiom 4.

Sind nun die Geraden (B',C'), (B',D'), (C',D') verschieden, so fälle man auf sie von A Lote d'',c'',b''. Die Fußpunkte D'',C'',B'' sind nach der Vorbemerkung verschieden, da sich z.B. (B',C') und (B',D') in B' schneiden, aber $A \neq B'$ ist. Diese Konstruktion ergibt drei weitere Lotensatz-Figuren mit A als Aufpunkt und B',C',D' als zweitem Büschelzentrum; sie lehren:

$$(20) \qquad d''b'c'' \perp (D'',C''), \qquad d''c'b'' \perp (D'',B''), \qquad c''d'b'' \perp (C'',B'').$$

Nach (19) gilt $b'ac' = d''$, $b'ad' = c''$. Daher gilt $d''c' = c''d'$, und in (20) $d''c'b'' = c''d'b''$. Daher ist $(D'',B'') = (C'',B'')$, und B'',C'',D'' liegen auf einer Geraden. Daher ist in (20) auch $d''b'c'' = d''c'b''$, also $b'c'' = c'b''$. Setzt man dies in die aus (19) gewonnene Gleichung $b'ad' = c''$ ein, so erhält man $c'ad' = b''$, und somit als dritte Beziehung (19)

$$c'ad' \perp (C',D').$$

Mit einer sechsten Anwendung des Lotensatzes (diesmal in umgekehrter Richtung) ergibt sich hieraus, daß cad eine Gerade ist.

5. Geradenbüschel. Das folgende System G von Eigenschaften der Geraden:

G0. *Die Geraden sind involutorische Elemente einer Gruppe; es gibt mindestens zwei Geraden.*

G1. *Eine Gerade, mit einer Geraden transformiert, ist eine Gerade.*

G2. *Für die Geraden gilt der Transitivitätssatz.*

hat wichtige Konsequenzen. Unter Voraussetzung von G0 ist dabei G1 mit der Reflexivität und Symmetrie der Relation (18) gleichwertig.

Wir denken uns zunächst in einer beliebigen Menge von Elementen $a,b,c,d,\ldots$ eine reflexive, symmetrische und transitive *dreistellige* Relation $R(a,b,c)$ gegeben. Die Relation R soll also die folgenden Eigenschaften haben:

Reflexivität: $R(a,b,c)$ gilt stets, wenn a,b,c nicht alle verschieden sind.

Symmetrie: Gilt R für eine Permutation von a,b,c, so gilt R für jede Permutation von a,b,c. (Das Bestehen der Relation R ist unabhängig davon, in welcher Reihenfolge die Argumente genommen werden.)

Transitivität: Aus $a \neq b$ und $R(a,b,c)$, $R(a,b,d)$ folgt $R(a,c,d)$.

Aus diesen Eigenschaften folgen die beiden Regeln:

(i) *Aus* $a' \neq b'$ *und* $R(a',b',a), R(a',b',b), R(a',b',c)$ *folgt* $R(a,b,c)$.

(ii) *Aus* $a \neq b$ *und* $R(a',b',a), R(a',b',b), R(a,b,c)$ *folgt* $R(a',b',c)$.

Beweis von (i). a ist von a' oder von b' verschieden. Da a',b' in den Voraussetzungen gleichwertig auftreten, darf $a \neq a'$ angenommen werden. Aus $a' \neq b'$ und $R(a',b',a)$, $R(a',b',b)$ folgt wegen der Transitivität $R(a',a,b)$, und entsprechend wegen $R(a',b',c)$ auch $R(a',a,c)$. Wegen der Symmetrie gilt also $R(a,a',b)$, $R(a,a',c)$, mithin, da $a \neq a'$ ist, wegen der Transitivität $R(a,b,c)$.

Beweis von (ii). Für $a' = b'$ folgt die Behauptung aus der Reflexivität. Da also $a' \neq b'$ angenommen werden darf, und $R(a',b',a)$, $R(a',b',b)$ gilt, gilt wegen der Transitivität $R(a', a, b)$, und wegen der Symmetrie entsprechend $R(b', a, b)$. Da somit $R(a, b, a')$, $R(a, b, b')$, $R(a, b, c)$ gilt und $a \neq b$ ist, gilt nach (i) $R(a', b', c)$.

Umgekehrt kann sowohl aus (i) als aus (ii) durch Spezialisierung das Transitivitäts-Gesetz zurückgewonnen werden; man setze hierzu in (i) $a' = c$, in (ii) $a' = a$. Unter Voraussetzung der Reflexivität und Symmetrie ist also sowohl (i) als (ii) mit der Transitivität äquivalent.

Die dreistellige reflexive, symmetrische und transitive Relation führt in der gegebenen Menge zu einer *Teilmengenbildung*, welche ähnliche Eigenschaften hat wie die bekannte Klassenbildung bei einer zweistelligen reflexiven, symmetrischen und transitiven Relation. Man definiert für $a \neq b$ die Gesamtheit der Elemente c, für die $R(a, b, c)$ gilt, als *die durch a, b bestimmte Teilmenge $M(a, b)$*. Für diese Teilmengen gilt:

1) *Für je drei Elemente derselben Teilmenge gilt die Relation R.*

2) *Gilt die Relation R für zwei verschiedene Elemente einer Teilmenge und ein drittes Element, so liegt auch das dritte in der Teilmenge.*

3) *Je zwei verschiedene Elemente einer Teilmenge bestimmen die Teilmenge.*

4) *Zwei verschiedene Teilmengen haben höchstens ein Element gemein.*

1) folgt aus (i), 2) aus (ii), 3) aus 1) und 2), 4) aus 3).

Wir legen nun das System G zugrunde und wenden die Überlegung auf die Relation (18) an. Gemäß (i) und (ii) gelten:

Satz 7. *Ist $a' \neq b'$ und sind $a'b'a$, $a'b'b$, $a'b'c$ Geraden, so ist abc eine Gerade.*

Satz 8. *Ist $a \neq b$ und sind $a'b'a$, $a'b'b$, abc Geraden, so ist $a'b'c$ eine Gerade.*

Es sei bemerkt, daß man Satz 7 noch etwas kürzer als nach dem Schema des Beweises von (i) erschließen kann: Da $a'b'a$ eine Gerade ist, ist auch $aa'b'$ eine Gerade d, also $a'b' = ad$ und wegen $a' \neq b'$ auch $a \neq d$. Da nach den beiden anderen Voraussetzungen adb, adc Geraden sind, ist nach dem Transitivitätssatz abc eine Gerade. Entsprechend kann man Satz 8 erschließen.

Die Teilmengen, die durch die Relation (18) in der Menge aller Geraden gebildet werden, nennen wir *Geradenbüschel*. Wir definieren:

Ist $a \neq b$, so heißt die Gesamtheit der Geraden c, für welche abc eine Gerade ist, *das durch a, b bestimmte Geradenbüschel $\mathsf{G}(ab)$*.

[Offenbar hängt die Gesamtheit nur von dem Produkt ab ab. Das Symbol $\mathsf{G}(ab)$ soll nur für $ab \neq 1$, also $a \neq b$ definiert sein.]

Für die Geradenbüschel gelten gemäß 1) bis 4) die vier folgenden Sätze:

Satz 7'. *Gilt $a, b, c \in \mathsf{G}(a'b')$, so ist abc eine Gerade.*

Satz 8'. *Ist $a \neq b$ und $a, b \in \mathsf{G}(a'b')$ und abc eine Gerade, so ist $c \in \mathsf{G}(a'b')$.*

Satz 7' ist der Satz von den drei Spiegelungen für ein Geradenbüschel, Satz 8' seine Umkehrung. Unter Voraussetzung von G0 und

G 1 ist sowohl dieser Satz von den drei Spiegelungen als seine Umkehrung mit dem Transitivitätsgesetz äquivalent; also sind der Satz und seine Umkehrung auch untereinander äquivalent.

Ein Geradenbüschel ist durch je zwei seiner Geraden bestimmt:

Satz 9. *Aus* $a \neq b$ *und* $a, b \in \mathsf{G}(a'b')$ *folgt* $\mathsf{G}(a'b') = \mathsf{G}(ab)$.

Zwei verschiedene Geradenbüschel haben höchstens eine Gerade gemein:

Satz 10. *Aus* $a \neq b$ *und* $a, b \in \mathsf{G}(a'b'), \mathsf{G}(a''b'')$ *folgt* $\mathsf{G}(a'b') = \mathsf{G}(a''b'')$.

Satz 9 ist eine Zusammenfassung von Satz 7′ und 8′. Satz 10 ergibt sich durch zweimalige Anwendung von Satz 9.

Zu Satz 7′ ist zu bemerken, daß die Gerade abc wiederum dem Büschel $\mathsf{G}(a'b')$ angehört:

Ergänzung zu Satz 7′. *Aus* $a, b, c \in \mathsf{G}(a'b')$ *folgt* $abc \in \mathsf{G}(a'b')$.

Beweis. Dies ist für $a = b$ trivial. Es sei also $a \neq b$. Da abc nach Satz 7′ eine Gerade ist, ist $ab \cdot abc = ab \cdot cba = c^{ba}$ eine Gerade, also $abc \in \mathsf{G}(ab)$. Und da nach Satz 9 $\mathsf{G}(ab) = \mathsf{G}(a'b')$ ist, gilt die Behauptung.

Offenbar folgen die vorstehenden Sätze allein aus dem System G.

Die Geraden, welche mit einem festen Punkt A inzidieren, bilden das Geradenbüschel $\mathsf{G}(A)$. Die Geraden, welche auf einer festen Geraden a senkrecht stehen, bilden nach Axiom 4 und seiner Umkehrung ein Geradenbüschel, das *Lotbüschel* zu a. Für das Lotbüschel zu a werden wir auch die abgekürzte Bezeichnung $\mathsf{G}(a)$ verwenden.

Ein Geradenbüschel, welches einem Büschel $\mathsf{G}(A)$ gleich ist, also zueinander senkrechte Geraden enthält, nennen wir ein *eigentliches Geradenbüschel*. Gilt Axiom P, so ist jedes Geradenbüschel eigentlich; gilt Axiom $\sim$P, so sind zumindest alle Lotbüschel uneigentliche Geradenbüschel.

Geradenbüschel bezeichnen wir mit den Buchstaben $\mathsf{A}, \mathsf{B}, \mathsf{C}, \ldots$.

Eine Gerade, welche zwei Büscheln angehört, nennen wir auch eine *Verbindung* der beiden Büschel. Nach Satz 10 haben zwei verschiedene Geradenbüschel höchstens eine Verbindung. Über die Existenz einer Verbindung gilt nach § 3, Satz 15:

Ein eigentliches Geradenbüschel ist mit jedem Geradenbüschel verbindbar.

Transformiert man alle Geraden mit einem festen Gruppenelement γ, so geht jedes Geradenbüschel A in ein Geradenbüschel, das *transformierte Geradenbüschel* A^{γ} über; dabei ist

$$\mathsf{G}(ab)^{\gamma} = \mathsf{G}(a^{\gamma} b^{\gamma}). \tag{21}$$

Die Transformation der Geradenbüschel mit γ ist eine eineindeutige Abbildung der Gesamtheit der Geradenbüschel, und insbesondere der eigentlichen Geradenbüschel auf sich.

Aufgabe. a) Ist $(ab)^2 \neq 1$, so ist $\mathsf{G}((ab)^2) = \mathsf{G}(ab)$, und aus $abcab = d$ folgt $c = d$.

b) Ist $(abc)^2 \neq 1$, so ist $(abc)^w = bac$ gleichwertig mit: Es ist $w \perp c$ und $w \in \mathsf{G}(ab)$, d.h. w Höhe auf c im Dreiseit a, b, c.

6. Winkelhalbierendensatz. Ein Satz, welcher allein aus den Tatsachen G0 bis G2 folgt, ist der Winkelhalbierendensatz für ein Dreiseit a, b, c, den wir folgendermaßen formulieren:

Satz 11 (Winkelhalbierendensatz). *Liegen a, b, c nicht im Büschel, ist $c^u = b$, $b^w = a$, und liegt v mit c, a und mit u, w im Büschel, so ist $c^v = a$.*

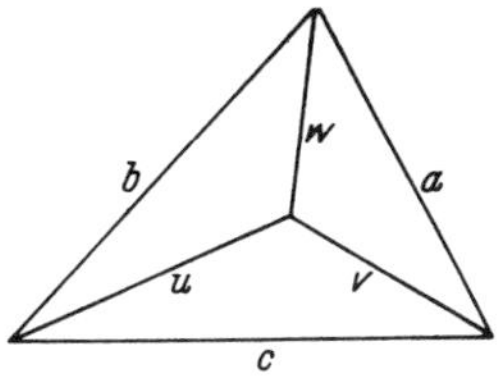

Beweis. Ersetzt man c, a durch b^u, b^w, so erhält man die folgende gleichwertige Aussage über vier Geraden b, u, v, w:

Ist $b^u b b^w$ keine Gerade und sind uvw, $b^u v b^w$ Geraden, so ist $b^u v b^w = v$.

Wir beweisen diese Aussage. Aus der ersten Voraussetzung folgt: $u \neq w$ und $b^u \neq b^w$; daher existieren die Büschel $\mathsf{G}(uw)$ und $\mathsf{G}(b^u b^w)$. Sie sind verschieden, da $b^u \notin \mathsf{G}(uw)$ gilt; denn wäre $b^u uw = ubw$ eine Gerade, so wäre $b^u b b^w = ub \cdot ubw \cdot bw = ub \cdot wbu \cdot bw = wbu \cdot b \cdot ubw = b^{ubw}$ eine Gerade.

Nun gilt

$$v,\ b^u v b^w \in \mathsf{G}(uw),\ \mathsf{G}(b^u b^w),$$

denn uvw, $b^u v b^w$ und $u \cdot b^u v b^w \cdot w = (uvw)^b$, $b^u \cdot b^u v b^w \cdot b^w = v$ sind Geraden. Daher folgt die Behauptung aus Satz 10.

Die Behauptung kann übrigens auch in der Form $(uvw)^b = uvw$ geschrieben werden; da $uvw \neq b$ ist (sonst wäre ubw eine Gerade), gilt also $uvw \perp b$.

7. Lemma von den neun Geraden. Allein aus den Tatsachen G0 bis G2 ergibt sich weiter die folgende allgemeine Aussage:

Lemma von den neun Geraden. *Sind Gruppenelemente $\alpha_1, \alpha_2, \alpha_3$ mit $\alpha_1 \neq \alpha_2$, und $\beta_1, \beta_2, \beta_3$ mit $\beta_1 \neq \beta_2$ gegeben und sind die acht Produkte $\alpha_i\beta_k$ für $i, k = 1, 2, 3$ und $(i, k) \neq (3, 3)$ Geraden, so ist auch das neunte Produkt $\alpha_3\beta_3$ eine Gerade.*

Für die Produkt-Tafel der $\alpha_i\beta_k$ besagt das Lemma: Stehen an den acht mit o bezeichneten Stellen Geraden, so steht auch an der mit * bezeichneten Stelle eine Gerade.

	$\beta_1 \neq$	β_2	β_3
α_1	o	o	o
$\neq$			
α_2	o	o	o
α_3	o	o	*

Beweis. Ist $\beta_3 = \beta_1$, so ist die Behauptung trivial. Es sei also $\beta_3 \neq \beta_1$. Es ist

$$(\alpha_1\beta_1)^{-1}(\alpha_1\beta_2) = (\alpha_2\beta_1)^{-1}(\alpha_2\beta_2) = (\alpha_3\beta_1)^{-1}(\alpha_3\beta_2), \tag{22}$$

$$(\alpha_1\beta_1)^{-1}(\alpha_1\beta_3) = (\alpha_2\beta_1)^{-1}(\alpha_2\beta_3). \tag{23}$$

Dabei stehen in den Klammern nach Voraussetzung Geraden (daher dürfen die Exponenten -1 auch weggelassen werden), und zwei miteinander multiplizierte Geraden sind stets verschieden, da $\beta_1 \neq \beta_2, \beta_3$ ist. Daher definiert das Gruppenelement (22) ein Geradenbüschel, und auch das Gruppenelement (23) ein Geradenbüschel. Diese beiden Büschel haben die beiden nach Voraussetzung verschiedenen Geraden $\alpha_1\beta_1, \alpha_2\beta_1$ gemein, und sind daher nach Satz 10 identisch. Die Gleichungen (22) und (23) lehren also, daß es ein Geradenbüschel G gibt, dem die acht Geraden der Voraussetzung angehören. Und da das Gruppenelement (23) auch gleich $(\alpha_3\beta_1)^{-1}(\alpha_3\beta_3)$ ist, ist $\alpha_3\beta_3$ als Produkt von drei Geraden aus G darstellbar, also nach Satz 7′ eine Gerade.

Nach der Ergänzung zu Satz 7′ gehört auch die Gerade $\alpha_3\beta_3$ dem Büschel G an, und daher gilt das

Korollar. *Alle neun Geraden des Lemmas gehören einem Büschel an.*

	a	c	d
1	a	c	d
ab	b^a	abc	abd
ac	c^a	a	acd

Unter Voraussetzung von G0, G1 kann man umgekehrt aus dem Lemma den Transitivitätssatz zurückgewinnen, wie die nebenstehende Produkt-Tafel zeigt (es darf $a \neq c$ angenommen werden, da der Transitivitätssatz für $a = c$ trivial ist). *Unter Voraussetzung von* G0, G1 *ist also auch das Lemma von den neun Geraden mit dem Transitivitätssatz äquivalent.*

8. Gegenpaarung. Besteht zwischen zwei Geradenpaaren a_1, b_1 und a_2, b_2 die Relation

(24) $$a_1 a_2 = b_2 b_1,$$

so sagen wir (vgl. § 3,3): die Geraden a_2, b_2 liegen spiegelbildlich in bezug auf die Geraden a_1, b_1. Die Relation (24) ist mit jeder der folgenden gleichwertig:

(25) $$a_2 a_1 = b_1 b_2, \quad b_1 a_2 = b_2 a_1, \quad a_1 b_2 = a_2 b_1.$$

Die spiegelbildliche Lage von zwei Geradenpaaren ist also eine symmetrische Beziehung zwischen den Paaren, und auch unabhängig davon, in welcher Reihenfolge die Elemente eines Paares genommen werden. Ferner ist die spiegelbildliche Lage von Geradenpaaren in einem Büschel *transitiv*, wie der folgende Hilfssatz lehrt:

Hilfssatz. *Liegen a_1, a_2, a_3 im Büschel, und gelten zwei der Gleichungen*

(26) $$a_1 a_2 = b_2 b_1, \quad a_1 a_3 = b_3 b_1, \quad a_2 a_3 = b_3 b_2,$$

so gilt auch die dritte, und $a_1, a_2, a_3, b_1, b_2, b_3$ gehören einem Büschel an.

Beweis. Da $a_1a_2a_3$ eine Gerade ist, gilt $(a_1a_2a_3)^2 = 1$ und $a_1a_2a_3 \neq 1$. Wir zerlegen den Hilfssatz in zwei Teilaussagen, die je nur von einer dieser Voraussetzungen Gebrauch machen.

a) *Ist* $(a_1a_2a_3)^2 = 1$ *und gelten etwa die beiden ersten Gleichungen* (26), *so ist*

$$a_2a_3 = a_1 \cdot a_1a_2a_3 = a_1 \cdot a_3a_2a_1 = b_3b_1 \cdot b_1b_2 = b_3b_2.$$

b) *Aus* $a_1a_2a_3 \neq 1$ *und der Gültigkeit der Gleichungen* (26) *folgt, daß* $a_1, a_2, a_3, b_1, b_2, b_3$ *einem Büschel angehören.*

Da $a_1a_2a_3 \neq 1$ ist, sind nämlich nach § 3, Satz 5 die Geraden a_i, und daher wegen der Gleichungen (26) auch die Geraden b_i nicht paarweise senkrecht; es ist also auch $b_1b_2b_3 \neq 1$. Da ferner aus den Gleichungen (26) $(a_1a_2a_3)^2 = b_2b_1 \cdot b_1b_3 \cdot b_3b_2 = 1$ und ebenso $(b_1b_2b_3)^2 = 1$ folgt, sind $a_1a_2a_3$, $b_1b_2b_3$ involutorisch, also nach § 3,7 Geraden.

Daß $a_1, a_2, a_3, b_1, b_2, b_3$ einem Büschel angehören, ist im Falle $a_1 = a_2 = a_3$ trivial, da dann auch $b_1 = b_2 = b_3$ ist; ist aber etwa $a_1 \neq a_2$, so gehören alle sechs Geraden dem Büschel $G(a_1a_2) = G(b_2b_1)$ an, da $a_1, a_2, a_3 \in G(a_1a_2)$ und $b_1, b_2, b_3 \in G(b_2b_1)$ gilt.

Eine eineindeutige involutorische Abbildung in einem Geradenbüschel, also eine Paarung der Geraden des Büschels, wird eine *Gegenpaarung* genannt, wenn je zwei Paare einander entsprechender Geraden spiegelbildlich zueinander liegen. Eine Gegenpaarung ist durch ein Paar a, b einander entsprechender Geraden bestimmt: Jeder Geraden x des Büschels entspricht dann die vierte Spiegelungsgerade

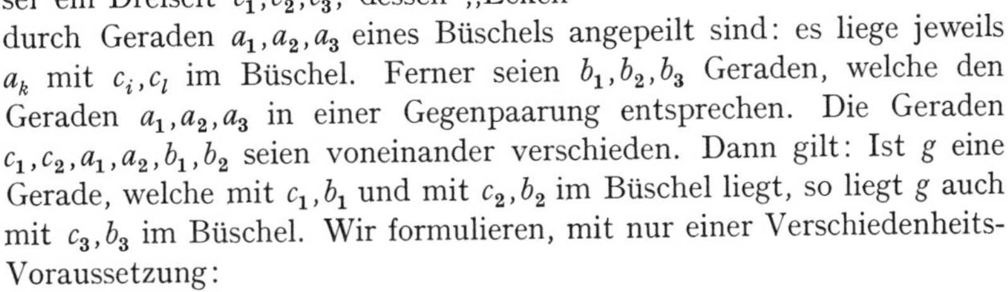

(27) $$axb = y.$$

(Eine Gegenpaarung in einem eigentlichen Geradenbüschel ist eine „Gleichwinkel-involution".)

Es gilt nun der HESSENBERGsche Gegenpaarungssatz, welcher besagt: Gegeben sei ein Dreiseit c_1, c_2, c_3, dessen „Ecken" durch Geraden a_1, a_2, a_3 eines Büschels angepeilt sind: es liege jeweils a_k mit c_i, c_l im Büschel. Ferner seien b_1, b_2, b_3 Geraden, welche den Geraden a_1, a_2, a_3 in einer Gegenpaarung entsprechen. Die Geraden $c_1, c_2, a_1, a_2, b_1, b_2$ seien voneinander verschieden. Dann gilt: Ist g eine Gerade, welche mit c_1, b_1 und mit c_2, b_2 im Büschel liegt, so liegt g auch mit c_3, b_3 im Büschel. Wir formulieren, mit nur einer Verschiedenheits-Voraussetzung:

Satz 12 (Gegenpaarungssatz). $a_1, a_2, a_3, b_1, b_2, b_3, c_1, c_2, c_3, g$ *seien Geraden, welche den folgenden Voraussetzungen genügen:*

$a_1a_2a_3$ ist eine Gerade; $a_1a_2 = b_2b_1$, $a_1a_3 = b_3b_1$;
$c_ia_kc_l$ ist eine Gerade, für jede Permutation i,k,l von $1,2,3$;
$c_1b_1 \neq c_2b_2$ (Nebenvoraussetzung);
c_1b_1g, c_2b_2g sind Geraden.

Dann ist c_3b_3g eine Gerade.

Ist die Nebenvoraussetzung nicht erfüllt, so ist die Gerade g durch die Voraussetzungen nicht eindeutig bestimmt. Wegen $a_1a_2 = b_2b_1$ ist die Nebenvoraussetzung auch mit $a_1a_2 \neq c_2c_1$ äquivalent.

Beweis[1]. Nach dem Hilfssatz (a) ist $a_2a_3 = b_3b_2$. In der Produkt-Tafel

	$b_1a_3c_2 = b_3a_1c_2$	$b_2a_3c_1 = b_3a_2c_1$	g
c_1b_1	$c_1a_3c_2$	$(b_1b_2a_3)^{c_1} = (a_2a_1a_3)^{c_1}$	c_1b_1g
c_2b_2	$(b_2b_1a_3)^{c_2} = (a_1a_2a_3)^{c_2}$	$c_2a_3c_1$	c_2b_2g
c_3b_3	$c_3a_1c_2$	$c_3a_2c_1$	c_3b_3g

sind die neun Produkte außer dem letzten nach Voraussetzung Geraden. Auf Grund der Nebenvoraussetzung ist $c_1b_1 \neq c_2b_2$ und $b_3a_1c_2 \neq b_3a_2c_1$. Daher ergibt sich die Behauptung aus dem Lemma von den neun Geraden.

Der Gegenpaarungssatz ist also ein Spezialfall des Lemmas von den neun Geraden; seine Gültigkeit beruht nur auf den Tatsachen G0 bis G2.

Ersetzt man in Satz 12 die Geraden c_1, c_2, c_3, g durch Punkte C_1, C_2, C_3, G, so erhält man einen *zum Gegenpaarungssatz analogen Satz,* welcher als absolute Fassung des euklidischen Kreisvierecksatzes aufgefaßt werden kann und in Untersuchungen von TOEPKEN und von HJELMSLEV eine Rolle spielt. Unser Beweis bleibt wörtlich gültig. Während der Gegenpaarungssatz von einem Dreiseit handelt, dessen Ecken angepeilt sind, handelt der analoge Satz von einem Dreieck, dessen Seiten durch Lote angepeilt sind. Man kann ihn unter der Annahme, daß die auftretenden Elemente $C_1, C_2, C_3, a_1, a_2, a_3, b_1, b_2, b_3$ sämtlich voneinander verschieden sind, folgendermaßen aussprechen: Gegeben seien ein Dreieck C_1, C_2, C_3 und Geraden a_1, a_2, a_3 eines Büschels derart, daß jeweils a_k zu (C_i, C_l) senkrecht ist. Ferner seien b_1, b_2, b_3 Geraden, welche den Geraden a_1, a_2, a_3 in einer Gegenpaarung entsprechen. Dann

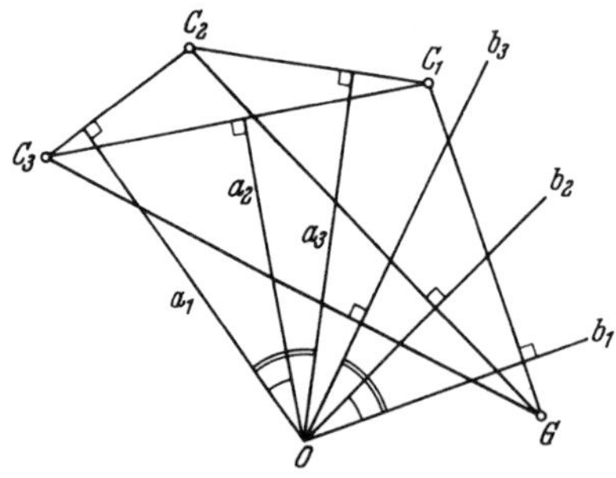

[1] Eine andere Fassung des Beweises findet man auf S. 306.

gilt: Gehen die Senkrechte von C_1 auf b_1 und die Senkrechte von C_2 auf b_2 durch einen Punkt G, so geht auch die Senkrechte von C_3 auf b_3 durch G.

Ein Beispiel für den Gegenpaarungssatz liefert der Fußpunktsatz (Satz 4):

Man bemerkt zunächst: Sind a, a_1, a_2, a_3 Geraden eines Büschels, so entsprechen sich die Geraden a_i und $a'_i = a_k a a_l$ $(i, k, l$ eine Permutation von $1, 2, 3)$ in einer Gegenpaarung:

$$a_i a_k = a_i a a_l \cdot a_l a a_k = a'_k a'_i.$$

[In dieser Gegenpaarung entsprechen sich a und die Gerade (9).]

Wir benutzen nun die Bezeichnungen von Satz 4. Nach Voraussetzung sind die Ecken A_1, A_2, A_3 des Fußpunktdreiecks durch die Geraden a_1, a_2, a_3 von O aus angepeilt. Setzen wir $(A_i, A_k) = c_l$, so ist nach dem Lotensatz $a'_l = a_{ik} \perp c_l$, also $A_{ik} = c_l a'_l$. Nach dem Gegenpaarungssatz liegen diese drei Punkte auf einer Geraden. Die „Fußpunktgerade" ist also die Gerade, welche dem Fußpunktdreieck mittels der speziellen Gegenpaarung zugeordnet wird.

Die Figur des Fußpunktsatzes liefert zugleich ein Beispiel für den zum Gegenpaarungssatz analogen Satz: Die Seiten c_i des Fußpunktdreiecks sind von O aus durch die Lote a'_i angepeilt, und die von den Eckpunkten A_i des Fußpunktdreiecks auf die Gegengeraden a_i von a'_i gefällten Lote b_i gehen durch den Punkt A.

Aufgaben. 1. a) Der Satz von der isogonalen Verwandtschaft (§ 1, 5, 9): *Ist* $ba'c = a''$, $cb'a = b''$, $ac'b = c''$ *und liegen* a', b', c' *im Büschel, so liegen auch* a'', b'', c'' *im Büschel* gilt in der absoluten Geometrie.

b) Es gilt der folgende analoge Satz (Satz von der isotomischen Verwandtschaft): *Ist* $Ba'C = a''$, $Cb'A = b''$, $Ac'B = c''$ *und liegen* a', b', c' *im Büschel, so liegen auch* a'', b'', c'' *im Büschel.*

c) Ist A, B, C ein Dreieck und sind auf seinen Seiten $(B, C), (C, A), (A, B)$ Lote a', b', c' errichtet, welche einem Büschel P angehören, das keine der Dreiecksseiten enthält, so sind die Geraden $a'' = Ba'C$, $b'' = Cb'A$, $c'' = Ac'B$, welche nach b) einem Büschel G, dem isotomischen Gegenbüschel von P, angehören, Mittelsenkrechten des „Dreiecks" $\mathsf{P}^A, \mathsf{P}^B, \mathsf{P}^C$.

G ist Bild von P hinsichtlich der isogonalen Verwandtschaft im Dreiseit $A\bar{a}$, $B\bar{b}$, $C\bar{c}$, wobei $\bar{a}, \bar{b}, \bar{c}$ die Verbindungen der Punkte A, B, C mit dem Büschel P sind.

2 (Hjelmslev). Man beweise den folgenden Satz über spiegelbildliche Lage an einem Vierseit a, b, c, d und vergegenwärtige sich seine geometrische Bedeutung: Es sei $da' = a''a$, $ab' = b''b$, $bc' = c''c$, $cd' = d''d$; dann gilt: Ist $a'b' = d'c'$, so ist $a''b'' = d''c''$.

9. Satz von Pappus-Brianchon. Der Gegenpaarungssatz, der eine metrische Spezialisierung eines bekannten projektiven Vierseitsatzes ist (vgl. § 5, 2), ist für die Begründung der ebenen metrischen Geometrie vor allem dadurch von Bedeutung, daß man, indem man ihn dreimal anwendet, den Satz von PAPPUS-BRIANCHON über ein Sechsseit, dessen Seiten abwechselnd zwei Büscheln angehören, beweisen kann. Diesen Gedankengang hat HESSENBERG zuerst in der elliptischen Geometrie verwendet. Später hat ihn dann HJELMSLEV in der absoluten Geometrie zum Beweis des Satzes von PAPPUS-PASCAL über ein Sechseck, dessen Ecken abwechselnd auf zwei Geraden liegen, benutzt. Die Sätze von PAPPUS-BRIANCHON und PAPPUS-PASCAL sind insofern gleichwertig, als jede PAPPUS-PASCAL-Figur als PAPPUS-BRIANCHON-Figur aufgefaßt werden kann, und umgekehrt (vgl. § 5,1).

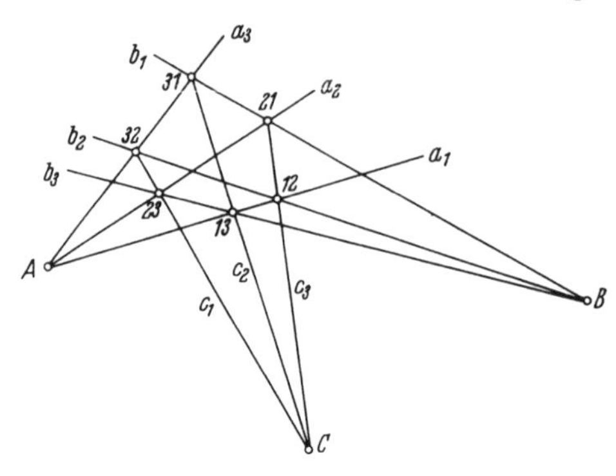

Wir beweisen den Satz von PAPPUS-BRIANCHON für den sogenannten *Realfall:* Gegeben sei ein einfaches Sechsseit samt Diagonalen (vgl. § 5,1). Gehören die Seiten abwechselnd einem von zwei Büscheln an, von denen wenigstens eines eigentlich ist, so gilt: Gehören zwei von den Diagonalen einem eigentlichen Büschel an, so gehört auch die dritte Diagonale diesem Büschel an.

Satz 13 (Satz von PAPPUS-BRIANCHON, Realfall). *Es sei $a_1, b_2, a_3, b_1, a_2, b_3$ ein einfaches Sechsseit und es seien* A, B *Büschel, für welche gilt:*

$$a_1, a_2, a_3 \in \mathsf{A}; \qquad b_1, b_2, b_3 \in \mathsf{B}; \qquad \mathsf{A} \text{ oder } \mathsf{B} \text{ eigentlich.}$$

Ferner seien c_1, c_2, c_3 Geraden mit der Eigenschaft:

$a_i b_k c_l$ ist eine Gerade, für jede Permutation i, k, l von $1, 2, 3$.

Bestehen dann für ein eigentliches Büschel C *zwei von den Beziehungen*

$$c_1, c_2, c_3 \in \mathsf{C},$$

so gilt auch die dritte.

Dieser Satz ist, von Entartungsfällen abgesehen, gleichwertig mit dem folgenden Satz über ein BRIANCHONsches Sechsseit $a_1, b_2, a_3, b_1, a_2, b_3$, dessen Ecken durch sechs Geraden c_{ik} eines eigentlichen Büschels angepeilt sind:

Satz 13a. *Es seien a_i $(i=1,2,3)$ und b_k $(k=1,2,3)$ Geraden und* A, B, C *Büschel, für welche gilt: $a_i \in \mathsf{A}, \notin \mathsf{B}, \mathsf{C}$; $b_k \in \mathsf{B}$;* B *und* C *eigentlich. Ferner seien c_{ik} $(i,k=1,2,3;\ i \neq k)$ Geraden mit $c_{ik} \in \mathsf{C}$, für welche $a_i b_k c_{ik}$ eine Gerade ist. Dann gilt: Aus je zwei der Gleichungen*

$$c_{12} = c_{21}, \qquad c_{13} = c_{31}, \qquad c_{23} = c_{32}$$

folgt die dritte.

Beweis von Satz 13a. Es seien a, b Verbindungen von C mit A, B (§ 3, Satz 15). In dem Büschel C definieren a, b eine Gegenpaarung; in ihr entspricht jeder Geraden c_{ik} eine Gerade d_{ik} des Büschels, welche durch

$$a c_{ik} = d_{ik} b$$

gegeben wird.

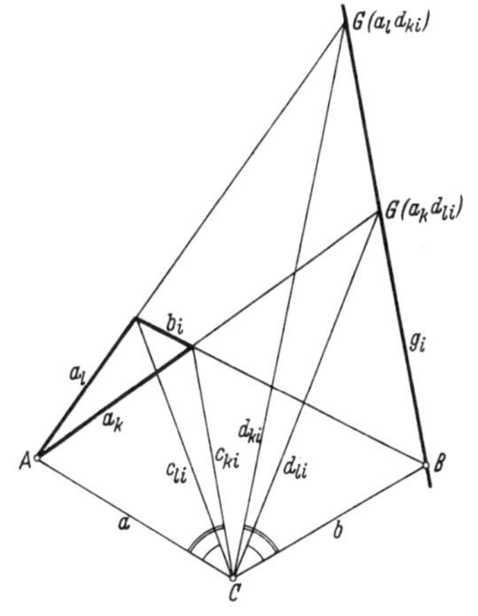

Es sei nun i, k, l eine zyklische Permutation von $1, 2, 3$. Man betrachte das Dreiseit b_i, a_k, a_l, welches durch die Geraden a, c_{li}, c_{ki} des Büschels C angepeilt ist, und die diesen in der Gegenpaarung entsprechenden Geraden b, d_{li}, d_{ki}. Der Gegenpaarungssatz lehrt: Wird die Verbindung der beiden verschiedenen Büschel $B, G(a_k d_{li})$ mit g_i bezeichnet (wegen $a_k \notin C$ ist $a_k \neq d_{li}$, und wegen $a_k \notin B$ sind die beiden Büschel verschieden; daher ist auch die Nebenvoraussetzung $b_i b \neq a_k d_{li}$ des Gegenpaarungssatzes erfüllt), so gehört g_i auch dem Büschel $G(a_l d_{ki})$ an. Es gilt also:

$$g_1 \in B, G(a_2 d_{31}), G(a_3 d_{21}),$$
$$g_2 \in B, G(a_3 d_{12}), G(a_1 d_{32}),$$
$$g_3 \in B, G(a_1 d_{23}), G(a_2 d_{13}).$$

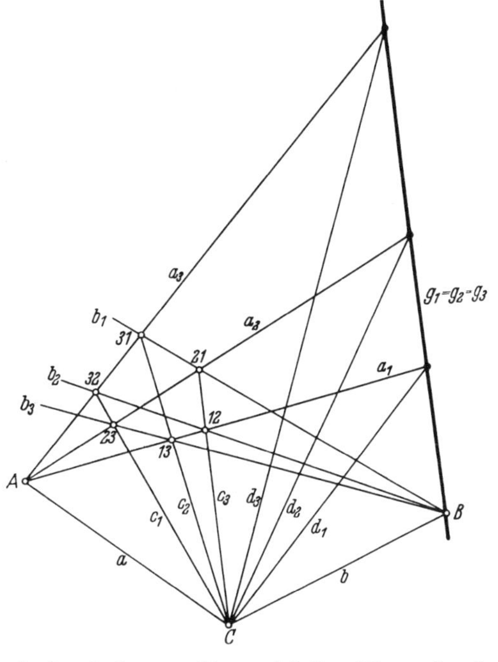

Ist nun etwa $c_{12} = c_{21}$, $c_{13} = c_{31}$, und damit $d_{12} = d_{21}$, $d_{13} = d_{31}$, so gibt es also zwei verschiedene Büschel, denen sowohl g_1 als g_2 angehört, und zwei verschiedene Büschel, denen sowohl g_1 als g_3 angehört. Daher ist $g_1 = g_2 = g_3$. Mithin gilt $g_1 \in G(a_1 d_{23})$, $G(a_1 d_{32})$, also $d_{23}, d_{32} \in C$, $G(a_1 g_1)$ (wegen $a_1 \notin B$ ist $a_1 \neq g_1$), und da $C \neq G(a_1 g_1)$ ist (wegen $a_1 \notin C$): $d_{23} = d_{32}$, und damit $c_{23} = c_{32}$.

Der Beweis besteht also darin, daß man die projektive Figur durch eine spezielle Gegenpaarung metrisch anreichert, und dann erkennt, daß die Gegenpaarung den drei Dreiseiten b_i, a_k, a_l dieselbe Gerade des

Büschels $\mathbf{B}$ zuordnet. Der Beweis ist analog zu dem HILBERTschen Beweis des affinen Satzes von PAPPUS-PASCAL in der euklidischen Ebene durch dreimalige Anwendung des Kreisvierecksatzes.

Zum Beweis von Satz 13: Es sei $\mathbf{C}$ ein eigentliches Büschel, welches etwa c_3 und c_2 enthält. Aus der Voraussetzung, daß $a_1, b_2, a_3, b_1, a_2, b_3$ ein einfaches Sechsseit ist, folgt $\mathbf{G}(a_i b_k) \neq \mathbf{G}(a_k b_i)$ (für $i \neq k$) und ferner $a_i \notin \mathbf{B}, \mathbf{C}$ und $b_k \notin \mathbf{A}, \mathbf{C}$. Daher ist c_l die eindeutige Verbindung der Büschel $\mathbf{G}(a_i b_k)$, $\mathbf{G}(a_k b_i)$, und c_{ik} kann als eindeutige Verbindung der Büschel $\mathbf{C}, \mathbf{G}(a_i b_k)$ eingeführt werden. Wegen $c_3, c_2 \in \mathbf{C}$ ist dann $c_{12} = c_{21} = c_3$, $c_{13} = c_{31} = c_2$ und nach Satz 13a $c_{23} = c_{32} = c_1$, also $c_1 \in \mathbf{C}$.

10. Seitenhalbierendensatz. Auch den Seitenhalbierendensatz für ein Dreieck kann man nach HJELMSLEV mit Hilfe des Gegenpaarungssatzes beweisen:

Satz 14 (Seitenhalbierendensatz). *A, B, C seien nicht kollinear. Es seien U, W Punkte mit $C^U = B$, $B^W = A$, und es sei v eine Gerade, welche mit B inzidiert und mit $u = (A, U)$, $w = (C, W)$ im Büschel liegt. Dann gibt es einen Punkt V mit $V \mathrm{I}\, v$ und $C^V = A$.*

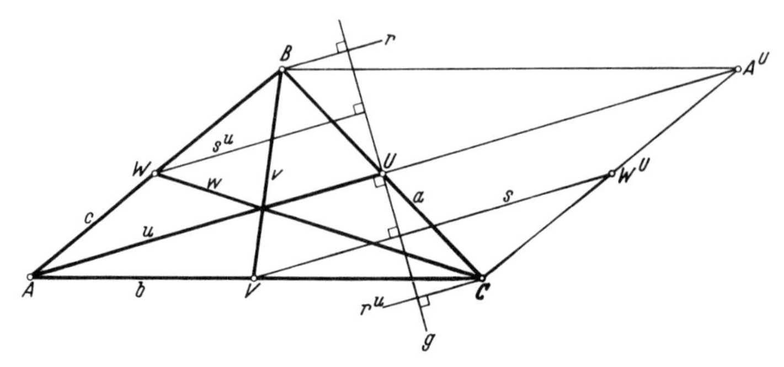

Beweis. Man spiegele das gegebene Dreieck an dem Punkt U. In dem dabei entstehenden Dreieck A, A^U, C ist U ein Mittelpunkt von A, A^U, also die Gerade $g = Uu$ eine Mittelsenkrechte von A, A^U, und ferner W^U ein Mittelpunkt von A^U, C. Man ziehe das Lot $s = (W^U, g)$. (Es ist $W^U \neq g$; denn aus $W^U = g$, d.h. $W = g^U = g$ würde $C = B^U = B^{gu} = B^{Wu} = A^u = A$ folgen.) Satz 2′ lehrt dann: Es gibt einen Punkt V, so daß

$$V \mathrm{I}\, s \quad \text{und} \quad C^V = A \tag{28}$$

gilt; es ist dann auch $V \mathrm{I}\, b$. Gilt nun auch $V \mathrm{I}\, v$?

Man ziehe das Lot $r = (B, g)$. (Es ist $B \neq g$: denn aus $B = g$ würde $B = g = g^U = B^U = C$ folgen.) Aus den drei zu g senkrechten Geraden u, r, s entstehen durch Spiegelung an u die Geraden $u, r^u = (C, g)$, $s^u = (W, g)$. (Es ist z.B. $r^u = r^{gu} = r^U = (B, g)^U = (B^U, g^U) = (C, g)$.)

Auf das Dreiseit w, $c=(A,B)$, $b=(A,C)$, dessen Ecken A,C,W durch die auf g senkrechten Geraden u,r^u,s^u angepeilt sind, wende man den Gegenpaarungssatz an:

u,r,s entsprechen den Geraden u,r^u,s^u in einer Gegenpaarung; v liegt mit w,u und auch mit c,r im Büschel; die Nebenvoraussetzung $wu \neq cr$ des Gegenpaarungssatzes ist erfüllt, da u,c,w nicht im Büschel liegen. Also gilt:

(29) bsv ist eine Gerade.

Ist nun $b \neq s$, so folgt aus $V\,\mathrm{I}\,b,s$ und (29): $V\,\mathrm{I}\,v$, und damit die Behauptung.

Ist $b=s$, so ist A zu U polar. (Ist $b=s$, so ist, da $s \perp g$ gilt, $b \perp g$; dann sind also b,u zwei verschiedene Lote von A auf g, also ist $A=g$.)

Unter Voraussetzung von Axiom $\sim$P ist daher dieser HJELMSLEVsche Beweis vollständig. In der elliptischen Geometrie (Axiom P) bedarf er einer Ergänzung.

Ist A polar zu U, aber C nicht polar zu W, so kann man in dem vorstehenden Beweis die Rollen von A,U und von C,W vertauschen.

In dem verbleibenden Fall: A *polar zu* U, *und* C *polar zu* W, d.h.

(30) $B^W | U$ und $B^U | W$, oder anders geschrieben: $B \,|\, U^W, W^U$,

liegt eine besonders symmetrische Figur vor, für die wir den Satz ohne Verwendung einer Gegenpaarung beweisen. Die Punkte U^W, W^U liegen nach (30) auf der Polaren des Punktes B; da U^W, W^U andererseits, wie man unmittelbar sieht, auf der Geraden (U,W) liegen, und da die Gerade (U,W) nicht die Polare von B ist (sonst wäre B zu U polar, also $B=B^U=C$), ist nach Axiom 2

(31) $U^W = W^U$.

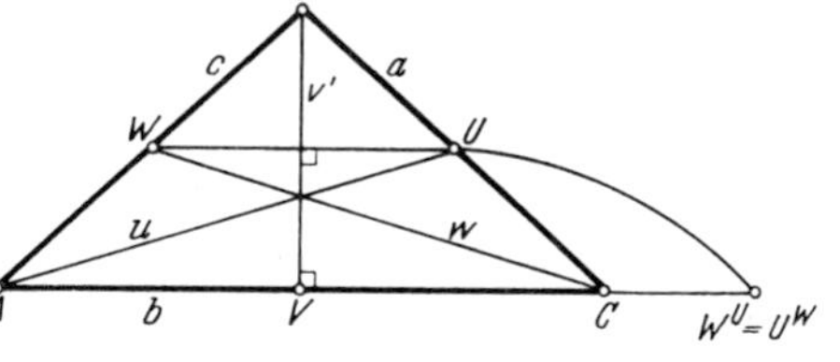

Wird die Polare dieses Punktes mit v' bezeichnet, also $U^W = W^U = v'$ gesetzt, so gilt:

(32) a) $v'\,\mathrm{I}\,B$, b) $U^{v'} = W$, c) $(B^U)^{v'} = B^W$, also $C^{v'} = A$;

und zwar ergibt sich a) aus (30), b) aus (31), c) aus (30).

Aus (32b) und (32c) folgt $(A,U)^{v'} = (A^{v'}, U^{v'}) = (C,W)$, also $u^{v'} = w$. Daher liegt v' mit u,w im Büschel, und mit (32a) ergibt sich nach § 3, Satz 15 $v'=v$. v ist also nach (32c) eine Mittelsenkrechte, und daher der Fußpunkt bv ein Mittelpunkt von C,A.

Literatur zu § 4. HESSENBERG [1], [2], [3], HJELMSLEV [1], [2], THOMSEN [3], TOEPKEN [1], [2]. Einen Beweis des Satzes von DESARGUES gibt SPERNER in [4].

§ 5. Projektive und projektiv-metrische Ebenen

Im nächsten Paragraphen soll gezeigt werden, daß jede metrische Ebene in eine sogenannte projektiv-metrische Ebene eingebettet werden kann. Zum Verständnis dieser Tatsache braucht man einige Kenntnisse aus der projektiven Geometrie. In dem vorliegenden Paragraphen stellen wir einige Begriffe und Sätze der ebenen projektiven Geometrie zusammen, und führen den Begriff der projektiv-metrischen Ebene ein.

1. Projektive Ebenen. Gegeben seien zwei Mengen von Dingen, welche *Punkte* bzw. *Geraden* genannt werden, und eine Relation: *der Punkt P und die Gerade g sind inzident.* Die Gesamtheit der Punkte und Geraden nennen wir eine *projektive Ebene*, wenn die folgenden Axiome (1 bis 3) gelten[1]:

1. Die ebenen projektiven Inzidenzaxiome. *Zu zwei Punkten gibt es eine Gerade, mit der sie inzidieren. Zu zwei Geraden gibt es einen Punkt, mit dem sie inzidieren. Zwei verschiedene Punkte inzidieren nicht zugleich mit zwei verschiedenen Geraden. Es gibt vier Punkte, von denen je drei nicht mit einer Geraden inzidieren.*

Sechs Punkte $A_1, B_2, A_3, B_1, A_2, B_3$ mögen ein *einfaches Sechseck* genannt werden, wenn niemals zwei zyklisch benachbarte Punkte mit einem der vier übrigen Punkte kollinear sind. Die Verbindungsgerade von zwei zyklisch benachbarten Punkten wird eine *Seite* des Sechsecks genannt; die Seite (A_k, B_i) heißt die *Gegenseite* der Seite (A_i, B_k).

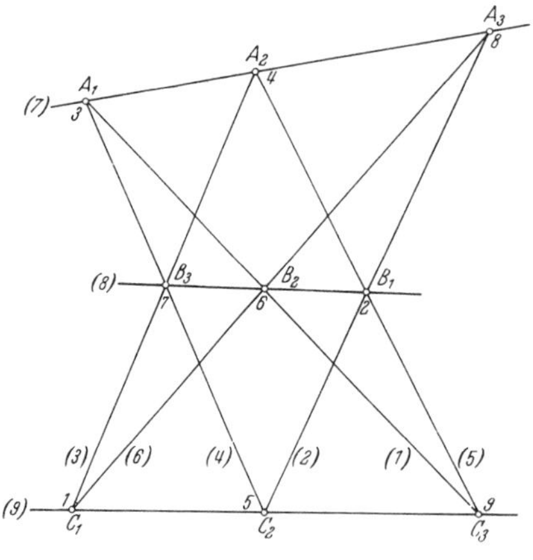

Die Seiten eines einfachen Sechsecks bilden eine zum einfachen Sechseck duale Figur, ein *einfaches Sechsseit:* Zwei zyklisch benachbarte Seiten sind niemals mit einer der vier anderen Seiten kopunktal. Die Ecken eines einfachen Sechsecks sind paarweise verschieden; dasselbe gilt für die Seiten. Insbesondere sind Gegenseiten stets verschieden, und daher die Schnittpunkte von zwei Gegenseiten, die sogenannten *Diagonalpunkte* des Sechsecks, eindeutig bestimmt.

In einem einfachen Sechseck sind Gegenpunkte A_i, B_i niemals mit einem der vier übrigen Punkte kollinear. Die entsprechende Tatsache für Seiten lehrt, daß durch einen Diagonalpunkt nur die beiden ihn definierenden Seiten gehen. Hieraus folgt, daß die Diagonalpunkte voneinander und von den Eckpunkten verschieden sind, und auch, daß die Verbindungsgeraden von zwei Diagonal-

[1] In einem Teil der neueren Literatur wird jede Gesamtheit von Punkten und Geraden, in der die ebenen projektiven Inzidenzaxiome gelten, als eine projektive Ebene bezeichnet.

punkten von den Seiten verschieden sind. Hieraus ergibt sich, daß allgemeiner die Verbindungsgerade von zwei Diagonalpunkten nicht durch einen Eckpunkt geht (denn jeder Eckpunkt ist mit wenigstens einem von je zwei verschiedenen Diagonalpunkten durch eine Seite verbunden, und eine Seite enthält nach dem Gesagten nur einen Diagonalpunkt).

2. Satz von Pappus-Pascal. *Liegen die Ecken eines einfachen Sechsecks abwechselnd auf zwei Geraden, so liegen die Schnittpunkte der Gegenseiten auf einer Geraden.*

Man bemerkt unmittelbar, daß nach der Definition des einfachen Sechsecks die beiden Trägergeraden des Sechsecks voneinander verschieden sind, und daß kein Eckpunkt in den Schnittpunkt der Trägergeraden fällt. Aus der obigen Diskussion folgt, daß die neun Punkte der Konfiguration: die sechs Ecken des Sechsecks und die drei Diagonalpunkte, und ferner die neun Geraden der Konfiguration: die sechs Seiten des Sechsecks, die beiden Trägergeraden und die resultierende „Pascal-Gerade" paarweise voneinander verschieden sind.

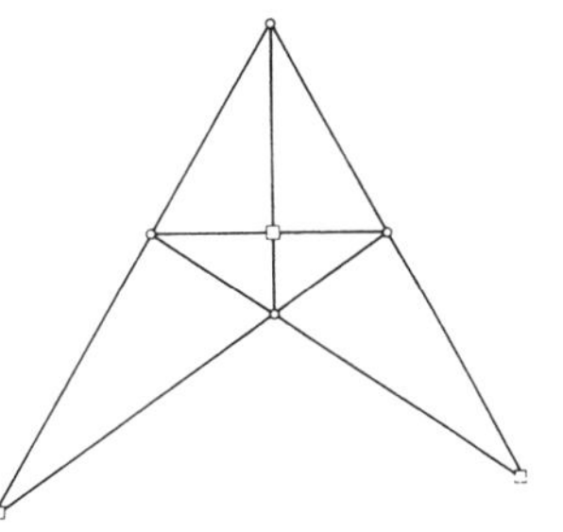

Unter einem *vollständigen Viereck* versteht man vier Punkte, von denen keine drei kollinear sind, samt ihren sechs Verbindungsgeraden. Die Punkte werden *Ecken*, die Geraden *Seiten* des vollständigen Vierecks genannt; zwei Seiten, welche keine Ecke gemein haben, werden *Gegenseiten*, und Schnittpunkte von Gegenseiten *Diagonalpunkte* genannt. Dual wird der Begriff des *vollständigen Vierseits* eingeführt.

3. Das Fano-Axiom. *Die Diagonalpunkte eines vollständigen Vierecks sind nicht kollinear.*

Der Satz von Pappus-Pascal läßt sich unter Voraussetzung der projektiven Inzidenzaxiome in verschiedener Weise äquivalent umformulieren.

Wir betrachten hierzu die Pappus-*Konfiguration*, welche aus neun verschiedenen Punkten 1, 2, ..., 9 und neun verschiedenen Geraden (1), (2), ..., (9) besteht und durch die nebenstehende Inzidenztafel definiert wird. Als gleichwertig sind alle Inzidenztafeln anzusehen, welche durch Umnumerieren der Punkte und Geraden entstehen. In der Konfiguration gehen durch jeden Punkt drei Geraden, und auf jeder Geraden liegen drei Punkte. Da die Inzidenztafel zur Hauptdiagonalen symmetrisch ist, ist die Konfiguration zu sich selbst dual. Die neun Punkte der Konfiguration lassen sich in drei Tripel so einteilen, daß je zwei Punkte desselben Tripels nicht durch eine Gerade der Konfiguration verbunden sind. Diese *Tripel unverbundener Punkte* sind bei unserer Numerierung:

	(1)	(2)	(3)	(4)	(5)	(6)	(7)	(8)	(9)
1			×			×			×
2		×			×			×	
3	×			×			×		
4			×		×		×		
5		×		×					×
6	×					×		×	
7			×	×				×	
8		×				×	×		
9	×				×				×

1, 2, 3; 4, 5, 6; 7, 8, 9. Dual hierzu lassen sich die neun Geraden der Konfiguration in drei Tripel so einteilen, daß je zwei Geraden desselben Tripels sich nicht in einem Punkt der Konfiguration schneiden. Diese *Tripel nicht geschnittener Geraden* sind bei unserer Numerierung: (1), (2), (3); (4), (5), (6); (7), (8), (9). Von den drei Geraden, die durch einen festen Punkt der Konfiguration gehen, können nicht zwei demselben Tripel angehören; daher geht durch jeden Punkt der Konfiguration genau eine Gerade aus jedem der drei Geradentripel, und entsprechend liegt auf jeder Geraden der Konfiguration genau ein Punkt aus jedem der drei Punkttripel.

Unter einem *Automorphismus der Inzidenztafel* verstehen wir ein Paar (φ, ψ) von Permutationen der Ziffern $1, 2, \ldots, 9$, für welches gilt: Ist ein Feld $i, (k)$ der Inzidenztafel von einem Kreuz besetzt, so ist auch sein Bildfeld $i\varphi, (k\psi)$ von einem Kreuz besetzt, und umgekehrt. Die Automorphismen der Inzidenztafel bilden bezüglich der durch $(\varphi_1, \psi_1) \cdot (\varphi_2, \psi_2) = (\varphi_1\varphi_2, \psi_1\psi_2)$ definierten Verknüpfung eine Gruppe. Zwei Felder der Inzidenztafel mögen *gleichberechtigt* heißen, wenn es einen Automorphismus der Inzidenztafel gibt, welcher das eine Feld in das andere überführt. Das Gleichberechtigt-Sein von Feldern ist eine Äquivalenzrelation. Es gilt nun:

(i) *In der Inzidenztafel der* PAPPUS-*Konfiguration sind alle besetzten Felder gleichberechtigt und alle leeren Felder gleichberechtigt.*

Zum Beweis werden wir zeigen: 1) Zu jeder Zeile i gibt es einen Automorphismus (φ, ψ) mit $1\varphi = i$. Hieraus folgt, daß jedes Feld mit einem Feld der ersten Zeile gleichberechtigt ist, und es bleibt dann nur zu zeigen: 2) Alle besetzten Felder der ersten Zeile sind gleichberechtigt, und 3) Alle leeren Felder der ersten Zeile sind gleichberechtigt.

Um 1), 2), 3) zu beweisen, betrachten wir die Permutationen

$$\varphi_1 = \begin{pmatrix} 1 & 2 & 3 & 4 & 5 & 6 & 7 & 8 & 9 \\ 4 & 5 & 6 & 7 & 8 & 9 & 1 & 2 & 3 \end{pmatrix}, \quad \psi_1 = \begin{pmatrix} 1 & 2 & 3 & 4 & 5 & 6 & 7 & 8 & 9 \\ 1 & 2 & 3 & 6 & 4 & 5 & 8 & 9 & 7 \end{pmatrix};$$

$$\varphi_2 = \begin{pmatrix} 1 & 2 & 3 & 4 & 5 & 6 & 7 & 8 & 9 \\ 2 & 1 & 3 & 5 & 4 & 6 & 8 & 7 & 9 \end{pmatrix}, \quad \psi_2 = \begin{pmatrix} 1 & 2 & 3 & 4 & 5 & 6 & 7 & 8 & 9 \\ 1 & 3 & 2 & 7 & 9 & 8 & 4 & 6 & 5 \end{pmatrix}.$$

Man verifiziere, daß $\alpha_1 = (\varphi_1, \psi_1)$, $\alpha_2 = (\varphi_2, \psi_2)$ Automorphismen der Inzidenztafel sind. Wegen der Symmetrie der Inzidenztafel zur Hauptdiagonalen sind daher auch $\beta_1 = (\psi_1, \varphi_1)$, $\beta_2 = (\psi_2, \varphi_2)$ Automorphismen der Inzidenztafel.

Die Automorphismen $\alpha_2, \alpha_2\beta_2, \alpha_1, \alpha_1\beta_1, \alpha_1\beta_1^2, \alpha_1^2, \alpha_1^2\beta_1, \alpha_1^2\beta_1^2$ erweisen das in 1), die Automorphismen β_1, β_1^2 das in 2), die Automorphismen $\beta_1, \beta_1^2, \beta_2, \beta_1\beta_2, \beta_1^2\beta_2$ das in 3) Behauptete.

(ii) *Bestehen zwischen neun verschiedenen Punkten und neun verschiedenen Geraden die 27 Inzidenzen der* PAPPUS-*Konfiguration, so besteht zwischen ihnen keine weitere Inzidenz.*

Zum Beweis denke man sich eine Inzidenztafel mit einem zusätzlichen 28-ten Kreuz. Da alle leeren Felder gleichberechtigt sind, genügt es, ein zusätzliches Kreuz in dem Feld 1, (1) zu betrachten. Durch das zusätzliche Kreuz entstehen zwei (achsenparallele) Rechtecke aus Kreuzen, die nur das zusätzliche Kreuz als einen gemeinsamen Eckpunkt besitzen; an den beiden Rechtecken sind insgesamt drei verschiedene Zeilen und drei verschiedene Spalten beteiligt. Ein Rechteck aus Kreuzen bedeutet eine Doppelinzidenz, die nach dem dritten projektiven Inzidenzaxiom zwischen zwei verschiedenen Punkten und zwei verschiedenen Geraden nicht bestehen kann.

(iii) *Bestehen zwischen neun verschiedenen Punkten und neun verschiedenen Geraden 26 von den 27 Inzidenzen der* PAPPUS-*Konfiguration, so kann zwischen ihnen höchstens noch die 27-te Inzidenz der* PAPPUS-*Konfiguration, aber keine andere 27-te Inzidenz bestehen.*

Von den beiden Rechtecken, die durch ein zusätzliches 28-tes Kreuz in der Inzidenztafel der PAPPUS-Konfiguration entstehen, kann nämlich durch Wegnehmen eines der ursprünglichen 27 Kreuze höchstens eins zerstört werden.

Man erkennt nun leicht, daß der Satz von PAPPUS-PASCAL äquivalent ist zu dem folgenden

Satz von der PAPPUS-Konfiguration. *Bestehen zwischen neun verschiedenen Punkten und neun verschiedenen Geraden 26 von den Inzidenzen der* PAPPUS-*Konfiguration, so besteht auch die 27-te Inzidenz.*

Zunächst sei dieser Satz aus dem Satz von PAPPUS-PASCAL zu folgern. Da nach (i) alle Inzidenzen der PAPPUS-Konfiguration gleichberechtigt sind, genügt es zu zeigen, daß die Inzidenz 9, (9) mit Hilfe des Satzes von PAPPUS-PASCAL aus den 26 übrigen Inzidenzen erschlossen werden kann. Hierzu wähle man die Gerade (9) als PASCAL-Gerade und die Geraden (7) und (8), die dem gleichen Tripel wie die Gerade (9) angehören, als Trägergeraden. Die sechs Konfigurationspunkte, die auf den Geraden (7) und (8) liegen, bilden ein Sechseck, wenn die Konfigurationsgeraden, welche nicht dem Tripel (7), (8), (9) angehören, als Seiten genommen werden; wegen (iii) ist dies ein einfaches Sechseck. Von den Schnittpunkten der Gegenseiten liegen zwei bereits nach Voraussetzung auf (9); der dritte ist der Punkt 9 und liegt dann nach dem Satz von PAPPUS-PASCAL auf (9).

Umgekehrt enthält der Satz über die PAPPUS-Konfiguration ersichtlich den Satz von PAPPUS-PASCAL als Spezialfall.

Den zum Satz von PAPPUS-PASCAL dualen Satz bezeichnen wir als

Satz von PAPPUS-BRIANCHON. *Gehen die Seiten eines einfachen Sechsseits abwechselnd durch zwei Punkte, so gehen die Verbindungsgeraden der Gegenecken des Sechsseits durch einen Punkt.*

Dieser Satz ist, wie man durch Dualisieren der vorangehenden Überlegung erkennt, gleichwertig mit dem zum Satz über die PAPPUS-Konfiguration dualen Satz, welcher aber selbst der Satz über die PAPPUS-Konfiguration ist. Man kann also in dieser Konfiguration jede fehlende 27-te Inzidenz, indem man die Konfiguration geeignet auffaßt, auch mit Hilfe des Satzes von PAPPUS-BRIANCHON erschließen. [Um etwa wieder die Inzidenz von 9 und (9) nachzuweisen, wähle man 9 als den „BRIANCHON-Punkt" und betrachte das aus Konfigurationsgeraden bestehende Sechsseit mit den Trägerpunkten 7 und 8.] Der Satz von PAPPUS-PASCAL, der Satz über die PAPPUS-Konfiguration und der Satz von PAPPUS-BRIANCHON unterscheiden sich somit nur durch die Formulierung, aber nicht in ihrem Inhalt.

Im Hinblick auf spätere Anwendung in § 6, 5 machen wir — allein unter Voraussetzung der projektiven Inzidenzaxiome — einige Bemerkungen über die Figuren, welche den Voraussetzungen des Satzes von der PAPPUS-Konfiguration genügen. Ein System von neun verschiedenen Punkten und neun verschiedenen Geraden, zwischen denen (mindestens) 26 von den 27 Inzidenzen der PAPPUS-Konfiguration bestehen, werde eine *offene* PAPPUS-*Konfiguration* genannt. Bestehen alle 27 Inzidenzen, so sagen wir, daß die Konfiguration sich *schließt*. Mit ähnlichen Schlüssen wie bei (iii) erkennt man:

(iv) *Bestehen zwischen neun verschiedenen Punkten und neun Geraden, von denen mindestens acht verschieden sind, 26 von den Inzidenzen der* PAPPUS-*Konfiguration, so sind alle neun Geraden verschieden; es liegt also eine offene* PAPPUS-*Konfiguration vor.*

Da die Inzidenztafel der PAPPUS-Konfiguration zur Hauptdiagonalen symmetrisch ist, gilt auch die duale Aussage.

In einer offenen PAPPUS-Konfiguration nennen wir die „offene" 27-te Inzidenz auch die *kritische Inzidenz*, und die an ihr beteiligten Elemente den *kritischen Punkt* und die *kritische Gerade*.

Ersetzt man in einer offenen PAPPUS-Konfiguration die kritische Gerade durch die Verbindungsgerade des kritischen Punktes mit einem der beiden Konfigurationspunkte, die nach Voraussetzung auf der kritischen Geraden liegen, so entsteht nach (iv) wieder eine offene PAPPUS-Konfiguration. Eine solche Ersetzung werde *Variation der kritischen Geraden* genannt. Dual sei *Variation des kritischen Punktes* definiert. Jede Ersetzung, welche sich durch wiederholte Ausführung solcher „*einfachen*" Variationen der Konfiguration ergibt, sei als *Variation der Konfiguration* bezeichnet. Es gilt:

(v) *Aus einer offenen* PAPPUS-*Konfiguration entsteht durch Variation wieder eine offene* PAPPUS-*Konfiguration. Wenn sich die durch Variation entstehende Konfiguration schließt, schließt sich auch die ursprüngliche Konfiguration, und umgekehrt.*

Beides gilt zunächst für einfache, und daher auch für beliebige Variationen.

Durch eine Variation des kritischen Punktes (bzw. der kritischen Geraden) einer offenen PAPPUS-Konfiguration kann man erreichen, daß in der Inzidenztafel die kritische Inzidenz mit einer von den Inzidenzen, welche in der gleichen Zeile (bzw. Spalte) stehen, die Rollen tauscht. Damit erkennt man:

(vi) *Jede Gerade g einer offenen* PAPPUS-*Konfiguration kann durch eine Folge von höchstens drei einfachen Variationen der Konfiguration, welche sämtlich g nicht ändern, zur kritischen Geraden gemacht werden.*

In einer projektiven Ebene gilt das *Dualitätsprinzip:* Ist ein Satz, der in den Grundbegriffen Punkt, Gerade, Inzident formuliert ist, aus den Axiomen der projektiven Ebene hergeleitet, und vertauscht man in ihm die Worte „Punkt" und „Gerade", so ist auch der entstehende „duale" Satz aus den Axiomen herleitbar. Denn diese Tatsache gilt für die Axiome selbst.

Unter einem *vollständigen Dreieck* versteht man drei nicht kollineare Punkte samt ihren Verbindungsgeraden. Der Begriff des vollständigen Dreiecks fällt mit dem dualen Begriff des vollständigen Dreiseits zusammen. Es seien nun zwei vollständige Dreiecke mit den Ecken A_1, A_2, A_3 und B_1, B_2, B_3 und mit den Seiten $a_1 = (A_2, A_3), \ldots, b_1 = (B_2, B_3), \ldots$ gegeben, für die (hier durch gleiche Indizes) ein Entsprechen der Ecken und damit auch der Seiten erklärt ist. Die beiden Dreiecke heißen *perspektiv in bezug auf den Punkt (das Zentrum) O,* wenn die Punkte O, A_i, B_i für jedes feste $i = 1, 2, 3$ kollinear sind; sie heißen *perspektiv in bezug auf die Gerade (die Achse) o,* wenn die Geraden o, a_i, b_i für jedes feste $i = 1, 2, 3$ kopunktal sind. Aus den projektiven Inzidenz-

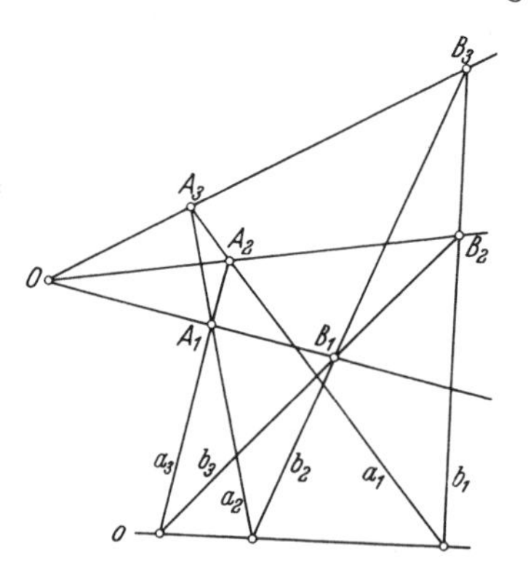

axiomen und dem Satz von PAPPUS-PASCAL folgt, wie HESSENBERG gezeigt hat, der *Satz von* DESARGUES: *Sind zwei entsprechende vollständige Dreiecke in bezug auf einen Punkt perspektiv, so sind sie auch in bezug auf eine Gerade perspektiv.* Dualisierung liefert die Umkehrung des Satzes.

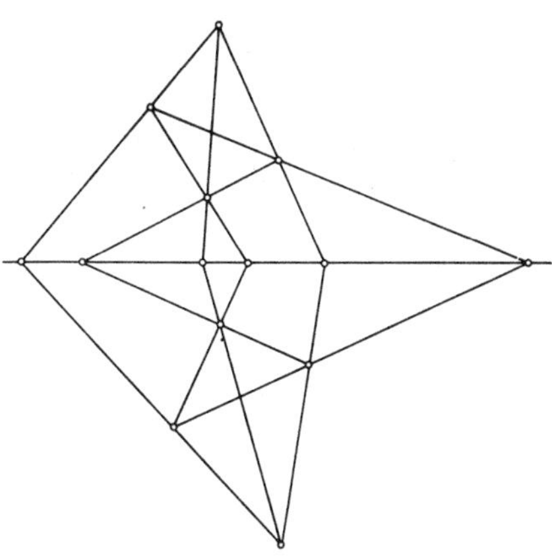

Aus dem Satz von DESARGUES folgt der *Satz vom vollständigen Viereck* (auch DESARGUESscher Viereckssatz genannt): Es seien zwei vollständige Vierecke gegeben, für die ein Entsprechen der Ecken und damit auch der Seiten erklärt ist; schneidet eine Gerade, die durch keine Ecke geht, fünf entsprechende Seiten in gleichen Punkten, so schneidet sie auch die sechsten Seiten in demselben Punkt. In einem vollständigen Viereck nennt man drei Seiten, welche durch eine Ecke gehen, ein *Sterntripel*, und drei Seiten, welche Seiten eines Teildreiecks des vollständigen Vierecks sind, ein *Dreieckstripel*; die Gegenseiten der Geraden eines Sterntripels bilden ein Dreieckstripel, und umgekehrt. Zwei Punkttripel A, B, C, D, E, F einer Geraden g heißen ein *Viereckschnitt*, wenn es ein außerhalb der Geraden g gelegenes vollständiges Viereck gibt, dessen Seiten a, b, c, d, e, f die Gerade g in den Punkten A, B, C, D, E, F schneiden, wobei a und d, b und e, c und f Gegenseiten des Vierecks sind, und a, b, c ein Sterntripel, d, e, f ein Dreieckstripel bilden. (In einem Viereckschnitt ist also die Reihenfolge der Tripel von Bedeutung.) Der Satz vom vollständigen Viereck kann dann folgendermaßen ausgesprochen werden: In einem Viereckschnitt ist jeder Punkt durch die anderen eindeutig bestimmt.

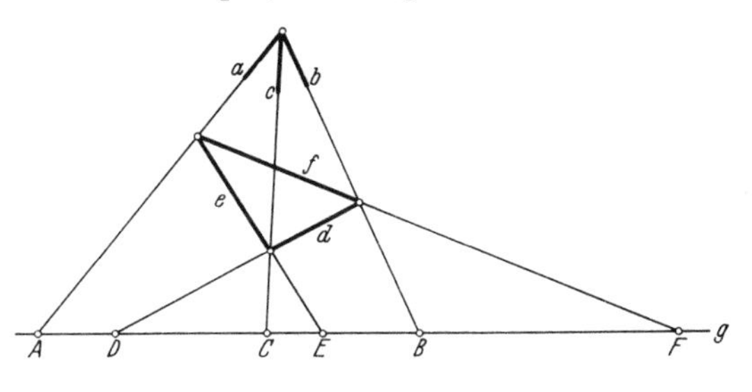

Aufgaben. 1. In einem einfachen Sechseck definieren zwei Gegenseiten einen Diagonalpunkt; die Verbindungsgerade der beiden nicht auf den Gegenseiten gelegenen Gegenecken des Sechsecks werde *die zu dem Diagonalpunkt gehörige Diagonale* genannt. Mit diesem Begriff der Zugehörigkeit von Diagonale und Diagonalpunkt läßt sich der Satz von PAPPUS-PASCAL in der folgenden selbstdualen Form aussprechen: *Inzidieren zwei Diagonalen eines einfachen Sechsecks*

mit ihrem zugehörigen Diagonalpunkt, so inzidiert auch die dritte Diagonale mit ihrem zugehörigen Diagonalpunkt (HESSENBERG).

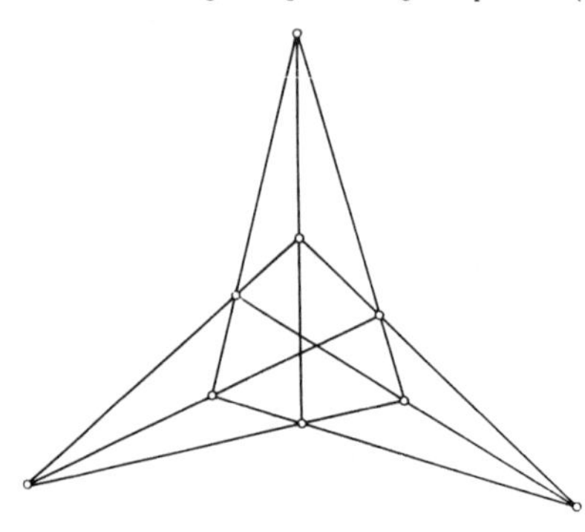

2 (WOLFF). Bestehen zwischen neun verschiedenen Punkten und neun Geraden 26 von den 27 Inzidenzen der PAPPUS-Konfiguration, so sind entweder alle Geraden voneinander verschieden oder alle Geraden gleich.

2. Projektive Geometrie der eindimensionalen Grundgebilde. In einer projektiven Ebene wird die Gesamtheit der Punkte, welche mit einer festen Geraden inzidieren, eine *Punktreihe* genannt. Dual zu dem Begriff der Punktreihe ist der Begriff des *Geradenbüschels:* Ein Geradenbüschel ist die Gesamtheit der Geraden, welche mit einem festen Punkt inzidieren. Punktreihen und Geradenbüschel nennt man *eindimensionale projektive Grundgebilde.*

Eine eineindeutige Zuordnung zwischen einer Punktreihe und einem Geradenbüschel wird *perspektiv* oder eine *Perspektivität* genannt, wenn zugeordnete Punkte und Geraden inzidieren. Die Zuordnung zwischen den Punktreihen zweier Geraden, welche entsteht, wenn die Punktreihe der einen Geraden perspektiv dem Geradenbüschel eines Punktes O, und darauf dieses Geradenbüschel perspektiv der Punktreihe der anderen Geraden zugeordnet wird, wird die *Perspektivität der beiden Punktreihen vom Zentrum O aus* genannt; daß bei eineindeutig einander zugeordneten

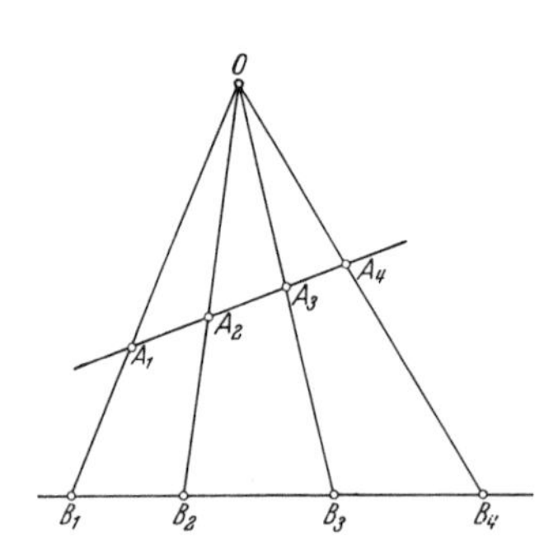

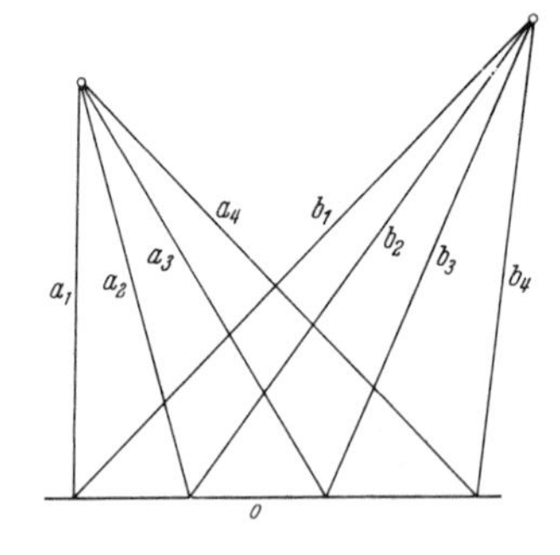

Punktreihen $[A]$ und $[B]$ die Zuordnung perspektiv vom Zentrum O aus ist, drückt man durch $[A]\overset{O}{\barwedge}[B]$ aus. In dualer Weise wird die Perspektivität zweier Geradenbüschel von einer Achse o aus erklärt. Jede eineindeutige Abbildung eines eindimensionalen projektiven Grundgebildes auf ein eindimensionales projektives Grundgebilde, welche durch eine Kette von Perspektivitäten bewirkt werden kann, wird eine *projektive*

Abbildung oder eine *Projektivität* genannt. Jede projektive Abbildung einer Punktreihe auf eine Punktreihe (derselben oder einer anderen Geraden) kann durch eine Kette von Perspektivitäten zwischen Punktreihen bewirkt werden; daß bei eineindeutig aufeinander abgebildeten Punktreihen $[A]$ und $[B]$ die Abbildung projektiv ist, drückt man durch $[A] \barwedge [B]$ aus.

Wie man leicht sieht, kann man drei gegebene verschiedene Punkte einer Geraden durch eine Kette von höchstens zwei Perspektivitäten in drei gegebene verschiedene Punkte einer anderen Geraden, und damit durch eine Kette von höchstens drei Perspektivitäten in drei gegebene

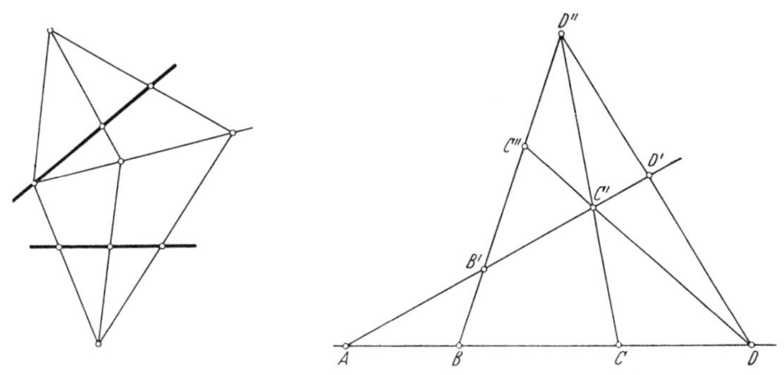

verschiedene Punkte derselben Geraden überführen. Eine andere wichtige Tatsache über die Existenz von Projektivitäten spricht der folgende *Satz von* v. Staudt aus: Zu zwei Punktepaaren einer Geraden, welche keinen Punkt gemein haben, gibt es stets eine Kette von drei Perspektivitäten, welche in jedem der Paare die beiden Punkte untereinander vertauscht. (Beweis, mit den Bezeichnungen der Figur:

$$A,B,C,D \overset{D''}{\barwedge} A,B',C',D' \overset{D}{\barwedge} B,B',C'',D'' \overset{C'}{\barwedge} B,A,D,C.)$$

Sind $A,B;C,D$ Punktepaare einer Geraden, so sagt man, daß die Punkte C,D *harmonisch* in bezug auf die Punkte A,B liegen, wenn $A,B,C;A,B,D$ einen Viereckschnitt bilden, und schreibt hierfür: Es gilt $H(A,B;C,D)$. Die Punkte A und B sind jetzt also Diagonalpunkte der betrachteten vollständigen Vierecke. Gilt $H(A,B;C,D)$, so sind die Punkte A,B,C,D paarweise verschieden; und zwar folgt $C \neq D$ aus dem Fano-Axiom, während sich die übrigen Verschiedenheiten schon aus

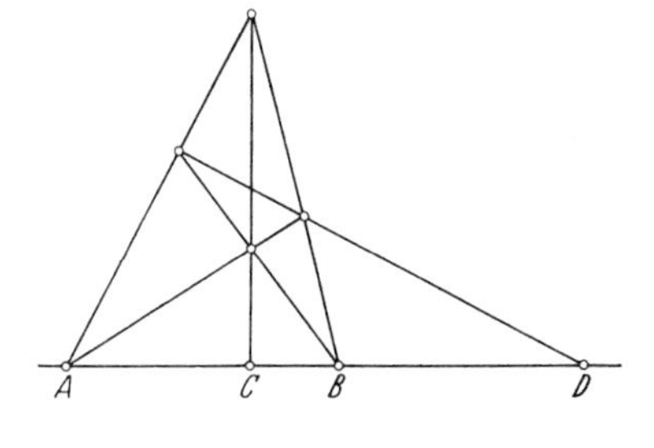

den Inzidenzaxiomen ergeben. Aus dem Satz vom vollständigen Viereck ergibt sich als Spezialfall die Eindeutigkeit des vierten harmonischen

Punktes: Aus $H(A,B;C,D)$ und $H(A,B;C,D')$ folgt $D=D'$. Die harmonische Lage von vier Punkten ist gegen Perspektivitäten invariant (dies gilt allgemein für das Viereckschnitt-Sein). Aus dem Satz von v. STAUDT folgt daher, daß man im H-Symbol die beiden Paare vertauschen darf: Aus $H(A,B;C,D)$ folgt $H(C,D;A,B)$. Ferner ersieht man bereits aus der Definition, daß man die beiden Punkte desselben Paares vertauschen darf.

In einer projektiven Ebene gilt, wie F. SCHUR gezeigt hat, der *Fundamentalsatz der projektiven Geometrie:* Auf einer Geraden gibt es nur eine Projektivität, welche drei gegebene verschiedene Punkte in drei gegebene verschiedene Punkte überführt. Die Gruppe der Projektivitäten auf einer Geraden ist also genau dreifach transitiv. Eine Folge des Fundamentalsatzes ist, daß in einem Viereckschnitt die beiden Tripel vertauscht werden dürfen.

Eine involutorische Projektivität in einem eindimensionalen Grundgebilde wird üblicherweise eine Involution genannt; präziser ist es, von einer *projektiven Involution* zu sprechen. Aus dem Satz von v. STAUDT und dem Fundamentalsatz folgt: Eine Projektivität auf einer Geraden, welche wenigstens zwei verschiedene Punkte miteinander vertauscht, ist involutorisch. Ferner gilt der *Vierecksatz von* PAPPUS: Drei verschiedene Paare $A,A^*;B,B^*;C,C^*$ von Punkten einer Geraden sind dann und nur dann entsprechende Punktepaare einer projektiven Involution, wenn $A,B,C;\ A^*,B^*,C^*$ ein Viereckschnitt ist. Aus diesem Satz folgt insbesondere: Besitzt eine projektive Involution zwei verschiedene Fixpunkte, so ist sie die eindeutig bestimmte *harmonische Involution* mit diesen Fixpunkten, d.h. jedes andere Paar Punkt-Bildpunkt liegt harmonisch in bezug auf die Fixpunkte. Zu je zwei verschiedenen Punkten gibt es stets die (projektive) harmonische Involution mit diesen Punkten als Fixpunkten. Ferner ergibt sich aus der Invarianz der harmonischen Lage gegenüber Projektivitäten und der Eindeutigkeit des vierten harmonischen Punktes, daß eine projektive Involution, welche einen Fixpunkt besitzt, notwendig einen zweiten Fixpunkt besitzt. Eine projektive Involution besitzt also entweder keinen oder genau zwei verschiedene Fixpunkte; im ersten Fall wird sie *elliptisch*, im zweiten *hyperbolisch* genannt.

Die Gruppe der Projektivitäten auf einer Geraden ist „zweispiegelig“:

Satz 1. *Jede Projektivität auf einer Geraden läßt sich als Produkt von zwei projektiven Involutionen auf der Geraden darstellen; dabei kann man etwa die erste stets als eine harmonische Involution wählen.*

Beweis (H. WIENER). Wir dürfen annehmen, daß die gegebene Projektivität π von der Identität verschieden ist. Es sei A ein beliebiger Punkt der Geraden, welcher nicht Fixpunkt von π ist. Wir betrachten die (hyperbolische) projektive Involution σ, welche den Punkt A festläßt und die Punkte $A\pi^{-1}$ und $A\pi$ untereinander vertauscht. Dann ist $\sigma\pi$ eine Projektivität, welche die beiden verschiedenen Punkte A und $A\pi$ vertauscht, also eine Involution σ', und $\pi = \sigma\sigma'$.

3. Ebene projektive Kollineationen. In einer projektiven Ebene wird eine eineindeutige Abbildung der Gesamtheit der Punkte und der Geraden je auf sich, bei welcher die Inzidenz erhalten bleibt, eine *Kollineation* genannt. Eine Kollineation heißt *projektiv*, wenn sie jedes eindimensionale Grundgebilde projektiv abbildet.

Hilfssatz. *Eine Kollineation, welche wenigstens eine Punktreihe projektiv abbildet, ist projektiv.*

Beweis. Die gegebene Kollineation $\varkappa$ bilde die Punktreihe $[C]$ der Geraden c projektiv auf die Punktreihe $[C\varkappa]$ der Geraden $c\varkappa$ ab: $[C] \overline{\wedge} [C\varkappa]$. Es sei a eine beliebige Gerade. Man wähle einen Punkt S, welcher weder auf c noch auf a liegt, und projiziere von S aus c auf a: $[C] \overset{S}{\overline{\wedge}} [A]$. Aus dieser Perspektivität folgt, da $\varkappa$ eine Kollineation ist: $[C\varkappa] \overset{S\varkappa}{\overline{\wedge}} [A\varkappa]$. Durch Zusammensetzen der drei Projektivitäten erhält man: $[A] \overline{\wedge} [A\varkappa]$. $\varkappa$ bildet also jede Punktreihe, und damit auch jedes Geradenbüschel projektiv ab.

Eine Kollineation, welche einen Punkt O geradenweise und eine Gerade o punktweise festläßt, wird eine *perspektive Kollineation* mit O als Zentrum und o als Achse genannt; eine solche Kollineation ist nach dem Hilfssatz projektiv. Eine perspektive Kollineation nennen wir eine *Homologie*, wenn Zentrum und Achse nicht inzidieren, und eine *Translation*[1], wenn Zentrum und Achse inzidieren. Sind A, A^* zwei mit dem Punkt O kollineare Punkte, welche von O verschieden sind und nicht auf der Geraden o liegen, so gibt es genau eine perspektive Kollineation mit O als Zentrum und o als Achse, welche A in A^* überführt. Die

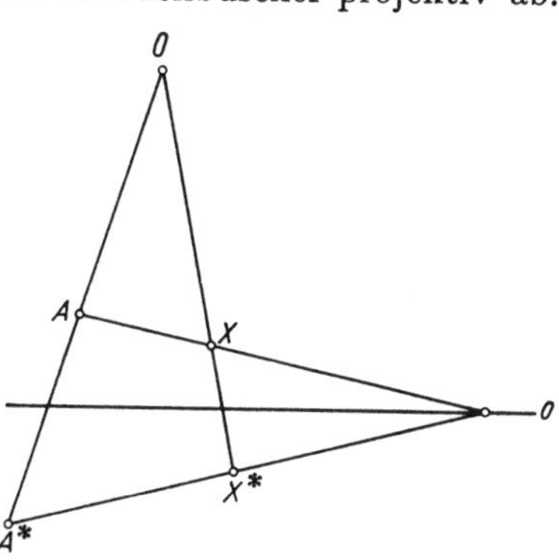

[1] O. Veblen und J. W. Young sagen *Elation*.

Eindeutigkeit folgt aus den Inzidenzaxiomen; die Existenz erkennt man mit Hilfe des Satzes von DESARGUES, der dabei auf Konfigurationen angewendet wird, in denen O als DESARGUESsches Zentrum und o als DESARGUESsche Achse auftreten (die Existenz der Translationen ergibt sich also bereits aus dem „kleinen" DESARGUESschen Satz, d.h. dem Spezialfall des DESARGUESschen Satzes, bei dem Zentrum und Achse inzidieren). Die perspektiven Kollineationen mit festem Zentrum und fester Achse bilden eine Gruppe. (Aus dem Satz von PAPPUS-PASCAL folgt, daß die Gruppe kommutativ ist.)

Durch eine Folge von endlich vielen perspektiven Kollineationen kann man ein gegebenes Viereck (vier Punkte, von denen keine drei kollinear sind) in ein gegebenes Viereck überführen. Aus dem Fundamentalsatz folgt, daß es nur eine projektive Kollineation gibt, welche dies leistet. *Die Gruppe der projektiven Kollineationen ist also die von den perspektiven Kollineationen erzeugte Gruppe.*

Eine Homologie heißt *harmonisch,* wenn jedes außerhalb von Zentrum und Achse gelegene Paar Punkt-Bildpunkt harmonisch in bezug auf Zentrum und Achse (das soll heißen in bezug auf Zentrum und Schnittpunkt der Verbindungsgeraden der beiden Punkte mit der Achse) liegt. Eine Homologie, bei der die oben genannten Punkte A, A^* harmonisch in bezug auf Zentrum und Achse gewählt sind, ist wegen der Invarianz der harmonischen Lage gegenüber Perspektivitäten, deren Perspektivitätszentren auf der Homologieachse liegen, harmonisch. Eine harmonische Homologie ist durch Zentrum und Achse eindeutig bestimmt. Sie ist involutorisch. Umgekehrt induziert jede involutorische Homologie auf jeder durch das Zentrum gehenden Geraden eine projektive Involution mit dem Zentrum und dem Schnittpunkt der Geraden mit der Achse als Fixpunkten, also die harmonische Involution mit diesen Fixpunkten; daher ist jede involutorische Homologie eine harmonische Homologie. Allgemeiner gilt in einer projektiven Ebene der für uns besonders wichtige

Satz 2. *Jede involutorische projektive Kollineation ist eine harmonische Homologie.*

Beweis. Für involutorische Kollineationen gilt, wenn Bildelemente mit * bezeichnet werden: Ist $A \neq A^*$, so ist die Verbindungsgerade (A, A^*) Fixgerade; ist $a \neq a^*$, so ist der Schnittpunkt von a und a^* Fixpunkt.

Man wähle nun einen Punkt A mit $A \neq A^*$ und eine Gerade c durch A mit $c \neq (A, A^*)$. Dann ist c nicht Fixgerade. Man wähle ferner einen Punkt $B \neq A$ auf c, welcher nicht Fixpunkt ist. (Auf c gibt es höchstens einen Fixpunkt, da c nicht Fixgerade ist.) Der Punkt B^* liegt nicht auf einer der Seiten des Dreiecks A, B, A^*. Daher sind A, B, A^*, B^* die

Eckpunkte eines vollständigen Vierecks; die Diagonalpunkte des Vierecks sind Fixpunkte. Wir bezeichnen den Schnittpunkt der Geraden (A, A^*) und (B, B^*) mit O, und die Verbindungsgerade der beiden anderen Diagonalpunkte mit o. Dann sind auch die Schnittpunkte der Geraden o mit den Geraden (A, A^*) und (B, B^*) Fixpunkte, und nach dem Fundamentalsatz bleibt o punktweise fest. Nach dem FANO-Axiom inzidiert O nicht mit o. Daher ist die gegebene projektive Kollineation eine Homologie mit O als Zentrum und o als Achse. Das Punktepaar A, A^* liegt, wie unsere Konstruktion lehrt, harmonisch in bezug auf Zentrum und Achse.

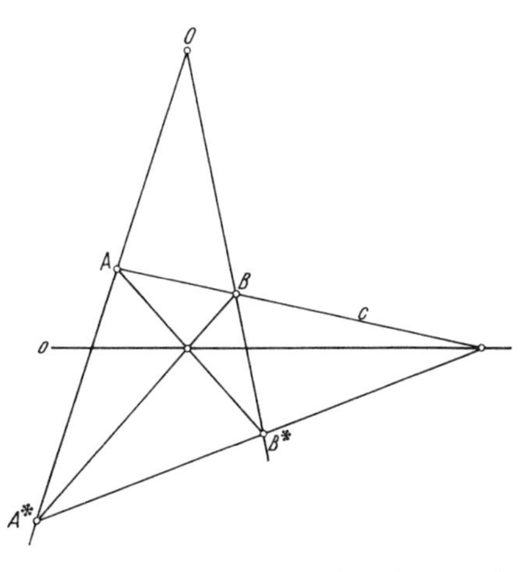

Wir beweisen nun, in mehreren Schritten, einen Satz über harmonische Homologien und Translationen mit fester Achse.

Eine von der Identität verschiedene Translation läßt keinen außerhalb der Achse gelegenen Punkt fest. Umgekehrt gilt:

(i) *Eine Kollineation, welche alle Punkte einer Geraden o und sonst keinen Punkt festläßt, ist eine Translation mit der Achse o.*

Beweis. Es sei A ein nicht auf o gelegener Punkt und A^* sein Bildpunkt. Dann ist $A \neq A^*$; die Gerade $(A, A^*) = a$ schneidet o in einem Punkt O und ist eine Fixgerade; denn es ist $(A, O)^* = (A^*, O) = (A, O)$. Es sei nun $b \neq a, o$ eine beliebige weitere Gerade durch O, und $B \neq O$ ein Punkt auf b. Dann ist (B, B^*) wiederum eine Fixgerade und von der Fixgeraden a verschieden. Der Schnittpunkt der beiden Fixgeraden ist ein Fixpunkt, muß daher auf o liegen, also gleich O sein. Daher ist $(B, B^*) = b$ und b eine Fixgerade.

(ii) *Das Produkt von zwei harmonischen Homologien mit gleicher Achse ist eine Translation mit dieser Achse.*

Beweis. Es seien σ_1, σ_2 harmonische Homologien mit der Achse o. Besitzt $\sigma_1\sigma_2$ keinen außerhalb von o gelegenen Fixpunkt, so ist $\sigma_1\sigma_2$ nach (i) eine von der Identität verschiedene Translation mit der Achse o. Besitzt $\sigma_1\sigma_2$ einen nicht auf o gelegenen Fixpunkt, so wird dieser Punkt durch σ_1 und σ_2 in gleicher Weise abgebildet; da eine harmonische Homologie durch ihre Achse und ein nicht auf der Achse gelegenes Paar Punkt-Bildpunkt eindeutig bestimmt ist, ist dann $\sigma_1 = \sigma_2$, also $\sigma_1\sigma_2$ die Identität.

(iii) *Jede Translation mit der Achse o ist als Produkt von zwei harmonischen Homologien mit der Achse o darstellbar; dabei kann etwa die erste harmonische Homologie als eine beliebige harmonische Homologie mit der Achse o gewählt werden.*

Beweis. Es sei $\tau \neq 1$ die gegebene Translation, und O ihr Zentrum. σ_1 sei eine beliebige harmonische Homologie mit der Achse o; ihr Zentrum sei O_1. Man betrachte den vierten harmonischen Punkt O_2 zu O in bezug auf die beiden verschiedenen Punkte $O_1, O_1\tau$, und die harmonische Homologie σ_2 mit dem Zentrum O_2 und der Achse o. Das Produkt $\sigma_1\sigma_2$ führt O_1 in $O_1\tau$ über, und ist andererseits nach (ii) eine Translation mit der Achse o. Da eine Translation durch ihre Achse und ein nicht auf der Achse gelegenes Paar Punkt-Bildpunkt eindeutig bestimmt ist, ist $\sigma_1\sigma_2 = \tau$.

(iv) *Das Produkt von drei harmonischen Homologien mit gleicher Achse ist eine harmonische Homologie mit dieser Achse.*

Beweis. Sind $\sigma_1, \sigma_2, \sigma_3$ harmonische Homologien mit der Achse o, so ist $\sigma_2\sigma_3$ nach (ii) eine Translation mit der Achse o, und es gibt nach (iii) eine harmonische Homologie σ_4 mit der Achse o, so daß $\sigma_2\sigma_3 = \sigma_1\sigma_4$, also $\sigma_1\sigma_2\sigma_3 = \sigma_4$ ist.

Aus (ii), (iii), (iv) ergibt sich auf Grund des Lemmas aus § 1,2:

Satz 3. *Die von den harmonischen Homologien mit gleicher Achse erzeugte Gruppe enthält die Translationen mit dieser Achse als kommutative Untergruppe vom Index 2; die Nebenklasse der Untergruppe besteht aus den harmonischen Homologien mit der gegebenen Achse.*

(v) *Das Produkt von drei harmonischen Homologien, deren Zentren und Achsen die Ecken und Seiten eines Dreiecks sind, ist die Identität.*

Beweis. Sind $\sigma_1, \sigma_2, \sigma_3$ die gegebenen harmonischen Homologien, so läßt $\sigma_1\sigma_2\sigma_3$ jeden Punkt, der auf einer der drei Achsen liegt, fest; denn ein solcher Punkt bleibt bei einer der drei harmonischen Homologien fest und wird bei den beiden anderen mit demselben Punkt vertauscht. Da also $\sigma_1\sigma_2\sigma_3$ die drei Seiten des gegebenen Dreiecks punktweise festläßt, ist $\sigma_1\sigma_2\sigma_3 = 1$.

Aufgabe. Das Produkt von zwei harmonischen Homologien ist dann und nur dann involutorisch, also selbst eine harmonische Homologie, wenn jeweils das Zentrum der einen auf der Achse der anderen liegt.

4. Korrelationen, Polaritäten. In einer projektiven Ebene heißt eine eineindeutige Abbildung der Gesamtheit der Punkte und der Geraden auf die Gesamtheit der Geraden und der Punkte, bei welcher die Inzidenz erhalten bleibt, eine *Korrelation*. Eine Korrelation heißt *projektiv*, wenn sie jedes eindimensionale Grundgebilde projektiv abbildet. Wie bei Kollineationen gilt:

Hilfssatz. *Eine Korrelation, welche wenigstens eine Punktreihe projektiv abbildet, ist projektiv.*

Eine involutorische Korrelation wird eine *Polarität* genannt. Ist eine Polarität π gegeben, so wird die Bildgerade $A\pi = a$ eines Punktes A die *Polare* von A, und der Bildpunkt $a\pi = A$ einer Geraden a der *Pol* von a genannt. Zwei Punkte werden *konjugiert* genannt, wenn jeder auf der Polaren des anderen liegt; zwei Geraden werden *konjugiert* genannt, wenn jede durch den Pol der anderen geht. Hiernach ist ein Punkt zu sich selbst konjugiert, wenn er mit seiner Polaren inzidiert, und eine Gerade zu sich selbst konjugiert, wenn sie mit ihrem Pol inzidiert.

Für eine Polarität besteht die Alternative:

1) Es gibt selbstkonjugierte Punkte und selbstkonjugierte Geraden. Ist die Polarität projektiv, so bilden dann die selbstkonjugierten Elemente nach der Definition von v. STAUDT einen *Kegelschnitt* (als Punkt- und als Geradenort), die *„Fundamentalkurve" der Polarität.*

2) Es gibt keine selbstkonjugierten Elemente.

Im ersten Fall wird die Polarität *hyperbolisch*, im zweiten Fall *elliptisch* genannt.

5. Projektiv-metrische Ebenen. Eine projektive Ebene, in der eine feste projektive Polarität gegeben ist, nennen wir eine *ordinäre projektiv-metrische Ebene.* Die gegebene Polarität wird auch die *absolute Polarität* der projektiv-metrischen Ebene genannt; konjugierte Punkte werden zueinander *polar*, konjugierte Geraden zueinander *senkrecht* genannt. Wir nennen eine ordinäre projektiv-metrische Ebene *hyperbolisch* bzw. *elliptisch*, je nachdem ihre absolute Polarität hyperbolisch oder elliptisch ist.

In einer ordinären projektiv-metrischen Ebene läßt jede harmonische Homologie σ, deren Zentrum und Achse ein nicht inzidentes Paar Pol und Polare sind, die absolute Polarität π invariant. Denn die Kollineation σ^π läßt das Zentrum von σ geradenweise und die Achse von σ punktweise fest, ist also eine Homologie, und als Transformierte einer involutorischen Kollineation involutorisch. Da eine involutorische Homologie durch Zentrum und Achse eindeutig bestimmt ist, ist somit $\sigma^\pi = \sigma$, also $\pi^\sigma = \pi$.

Die harmonischen Homologien mit nicht inzidierenden Paaren Pol und Polare als Zentrum und Achse nennen wir die *erzeugenden Spiegelungen*, und die projektiven Kollineationen, welche durch Hintereinanderausführen solcher Spiegelungen entstehen, die *Bewegungen der ordinären projektiv-metrischen Ebene.* Bei den Bewegungen bleibt die absolute Polarität erhalten. Die Bewegungen bilden eine Gruppe, die Bewegungsgruppe der ordinären projektiv-metrischen Ebene.

Unter einer *singulären projektiv-metrischen Ebene* verstehen wir eine projektive Ebene, in welcher eine Gerade als sogenannte *unendlichferne Gerade* g_∞ und auf ihr eine projektive elliptische Involution ausgezeichnet ist. Diese Involution wird als *absolute Involution* oder auch als *absolute Polarinvolution* bezeichnet. Je zwei in der absoluten Involution einander entsprechende Punkte der Geraden g_∞ werden zueinander *polar* genannt. Zwei von g_∞ verschiedene Geraden werden zueinander *senkrecht* genannt, wenn sie die Gerade g_∞ in zueinander polaren Punkten schneiden; die Gerade g_∞ soll zu allen Geraden, auch zu sich selbst, senkrecht genannt werden. Jeder Punkt der Geraden g_∞ wird als *Pol* aller Geraden bezeichnet, die durch den zu ihm polaren Punkt hindurchgehen. Für jede von g_∞ verschiedene Gerade ist damit eindeutig ein Pol erklärt, der stets auf g_∞ liegt.

In einer singulären projektiv-metrischen Ebene führt die harmonische Homologie mit einer Geraden $a \neq g_\infty$ als Achse und ihrem Pol A als Zentrum die Gerade g_∞ (als eine Gerade durch das Zentrum) in sich über und läßt die absolute Polarinvolution π invariant. Denn ist A' der Schnittpunkt der Geraden a mit g_∞, so bewirkt die gegebene harmonische Homologie auf g_∞ die harmonische Involution σ mit den Fixpunkten A, A'. σ^π ist eine projektive Involution auf g_∞, welche gleichfalls die Punkte A und A' festläßt. Daher ist auch σ^π die harmonische Involution mit den Fixpunkten A, A', also $\sigma^\pi = \sigma$, und damit $\pi^\sigma = \pi$.

Die harmonischen Homologien mit den von g_∞ verschiedenen Geraden als Achsen und ihren Polen als Zentren nennen wir die *erzeugenden Spiegelungen*, und die projektiven Kollineationen, welche durch Hintereinanderausführen solcher Spiegelungen entstehen, die *Bewegungen der singulären projektiv-metrischen Ebene*. Die Bewegungen führen die Gerade g_∞ in sich über und lassen die absolute Polarinvolution invariant. Die Bewegungen bilden eine Gruppe, die Bewegungsgruppe der singulären projektiv-metrischen Ebene.

Die Bewegungsgruppe einer singulären projektiv-metrischen Ebene enthält auch alle harmonischen Homologien mit der Achse g_∞; denn eine solche harmonische Homologie ist, wenn O ihr Zentrum ist, nach 3, (v) gleich dem Produkt der erzeugenden Spiegelungen mit zwei zueinander senkrechten Geraden durch O als Achsen und ihren Polen als Zentren. Hieraus folgt weiter auf Grund von Satz 3, daß die Bewegungsgruppe alle Translationen mit der Achse g_∞ als eine kommutative Untergruppe enthält. Die harmonischen Homologien mit der Achse g_∞ bilden offenbar einen invarianten Komplex in der Bewegungsgruppe. Daher sind die von diesen harmonischen Homologien erzeugte Gruppe, und auch die Gruppe der Translationen mit der Achse g_∞ Normalteiler der Bewegungsgruppe der singulären projektiv-metrischen Ebene.

Aufgaben. 1. Auf einer projektiven Geraden sei eine projektive Involution π gegeben. Eine Projektivität auf der Geraden, welche π invariant läßt und einen Punkt A festläßt, der nicht Fixpunkt von π ist, ist notwendig die Identität oder die harmonische Involution mit den Fixpunkten $A, A\pi$.

2. Gegeben sei eine ordinäre projektiv-metrische Ebene. Die einzigen von der Identität verschiedenen perspektiven Kollineationen, welche die absolute Polarität erhalten, sind die erzeugenden Spiegelungen. Es gibt keine von der Identität verschiedene projektive Kollineation, welche die absolute Polarität invariant und eine mit ihrem Pol inzidierende Gerade punktweise festläßt.

3. In einer projektiven Ebene sei eine Polarität gegeben. Die Polarität ist dann und nur dann projektiv, wenn für sie der Höhensatz gilt.

6. Die Rechtwinkelinvolution. Wir kehren nun zu der in § 3 und § 4 behandelten metrischen Geometrie zurück und zeigen, daß in einem eigentlichen Geradenbüschel die offenbar involutorische Abbildung jeder Geraden auf die zu ihr senkrechte Gerade, die *Rechtwinkelinvolution*, durch eine Perspektivitätenkette hergestellt werden kann.

Wir beweisen dies zunächst für die Gegenpaarungen:

Satz 4. *Jede Gegenpaarung in einem eigentlichen Geradenbüschel ist projektiv.*

Beweis. In dem Büschel mit einem Punkt O als Zentrum sei die Gegenpaarung $y = axb$ gegeben, wobei a und b feste Geraden durch O sind. Es darf $a \neq b$ angenommen werden. [Ist $a = b$, so wähle man eine Gerade c durch O, welche von a verschieden und nicht zu a senkrecht ist; dann ist $c \neq c^a$, und $y = cxc^a$ stimmt in dem Büschel mit der gegebenen Gegenpaarung überein, da $cxc^a = c \cdot xac \cdot a = c \cdot cax \cdot a = axa$ ist (vgl. auch § 4,8).]

Man wähle ein Paar $a', b' \neq a, b$ von Geraden durch O, welche sich in der Gegenpaarung entsprechen. Auf a, b, b' wähle man nicht kollineare Punkte $A, B, B' \neq O$. Es sei $v = (A, B')$, $g = (B, B')$. Ferner führen wir die Gerade $p = (B, A)$ und die Gerade q ein, welche B mit $G(a'v)$ verbindet. Die Perspektivitätenkette

$$\underset{O}{a, a'} \;\overset{v}{\barwedge}\; \underset{B}{p, q} \;\overset{a'}{\barwedge}\; \underset{A}{p, v} \;\overset{g}{\barwedge}\; \underset{O}{b, b'},$$

bei der niemals die Perspektivitätsachse den Büschelzentren angehört, führt a, a' in b, b' über.

Es sei nun x, y ein beliebiges Paar durch die Gegenpaarung zugeordneter Geraden durch O. Wir führen die Gerade u ein, welche B mit $G(xv)$ verbindet, und die Gerade w, welche A mit $G(a'u)$ verbindet. Auf die Geraden a, a', x und b, b', y, welche durch die Gegenpaarung zugeordnet sind, und das Dreiseit u, v, w, welches von den drei ersten Geraden angepeilt wird, wenden wir den Gegenpaarungssatz an (die Nebenvoraussetzung $ub \neq vb'$ ist erfüllt) und schließen: Da u, b und

v, b' mit g im Büschel liegen, liegen auch w, y mit g im Büschel. Die angegebene Perspektivitätenkette, welche unabhängig von x und y

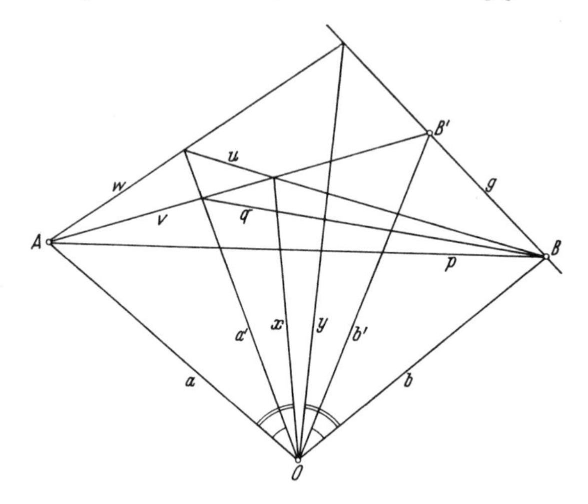

definiert wurde, führt x zunächst in u, dann u in w, dann nach dem Bewiesenen w in y, also insgesamt x in y über.

Satz 5. *Die Rechtwinkelinvolution in einem eigentlichen Geradenbüschel ist projektiv.*

Beweis. Ist O das Zentrum des gegebenen Büschels, so wird behauptet, daß die Abbildung $x^* = Ox$ projektiv ist. Man wähle zwei feste orthogonale Geraden a, a^* durch O. Dann sind die beiden Gegenpaarungen $y = axa$ und $y = a^*xa$ nach Satz 4 projektive Abbildungen in dem Geradenbüschel mit dem Zentrum O. Daher gilt dies auch für die zusammengesetzte Abbildung $x^* = a^*(axa)a = Ox$.

Der geschilderte Gedankengang ist zuerst von ARNOLD SCHMIDT verwendet worden.

Aufgabe. Es sei $\mathfrak{G}$ die Gruppe derjenigen Projektivitäten in einem eigentlichen Geradenbüschel einer metrischen Ebene, welche die Rechtwinkelinvolution invariant lassen. (Die Geraden des Büschels seien mit $a, b, c, d, \ldots, x$ bezeichnet.)

Die von der Rechtwinkelinvolution verschiedenen involutorischen Elemente aus $\mathfrak{G}$ sind die Gegenpaarungen (darstellbar in der Form $x^* = axb$); zu je zwei Geraden gibt es genau eine Gegenpaarung, welche sie vertauscht. Das Produkt von drei Gegenpaarungen ist eine Gegenpaarung. Auf die von den Gegenpaarungen erzeugte Gruppe kann daher das Lemma aus § 1,2 angewendet werden: Sie enthält als kommutative Untergruppe $\mathfrak{U}$ vom Index 2 die Produkte von zwei Gegenpaarungen (darstellbar in der Form $x^* = xab$); die Nebenklasse von $\mathfrak{U}$ ist die Menge $\mathfrak{S}$ der Gegenpaarungen. $\mathfrak{U}$ ist genau einfach transitiv, d.h. zu je zwei Geraden gibt es genau ein Element aus $\mathfrak{U}$, welches die eine in die andere überführt; die Rechtwinkelinvolution ist das einzige involutorische Element aus $\mathfrak{U}$. Die von den Gegenpaarungen erzeugte Gruppe ist gleich $\mathfrak{G}$.

In der Menge $\mathfrak{S}$ der Gegenpaarungen gibt es insbesondere die Menge $\mathfrak{S}'$ der harmonischen Involutionen mit einem Paar zueinander senkrechter Geraden als Fixgeraden (darstellbar in der Form $x^* = x^c$). Das Produkt von drei Elementen aus $\mathfrak{S}'$ ist ein Element aus $\mathfrak{S}'$. Auf die von den Elementen aus $\mathfrak{S}'$ erzeugte Gruppe $\mathfrak{G}'$ kann wieder das Lemma aus § 1,2 angewendet werden: $\mathfrak{G}'$ enthält als kommutative Untergruppe $\mathfrak{U}'$ vom Index 2 die Produkte von zwei Elementen aus $\mathfrak{S}'$ (darstellbar in der Form $x^* = x^{cd}$); die Nebenklasse von $\mathfrak{U}'$ ist $\mathfrak{S}'$. $\mathfrak{U}'$ ist die Gesamtheit der Quadrate von Elementen aus $\mathfrak{U}$. Nur die Projektivitäten aus der engeren Gruppe $\mathfrak{G}'$ lassen sich zu Bewegungen der Ebene fortsetzen.

Die beschriebenen Eigenschaften sind typisch für die Gruppen derjenigen Projektivitäten eines eindimensionalen Grundgebildes, welche eine gegebene elliptische projektive Involution invariant lassen.

Literatur zu § 5. v. STAUDT [1], [2], F. SCHUR [1], VEBLEN-YOUNG [1], LEVI [1], HESSENBERG [3], PRÜFER [1], HJELMSLEV [4], COXETER [2], LENZ [1], PICKERT [3]. Zu 6: ARNOLD SCHMIDT [1].

§ 6. Begründung der metrischen Geometrie

Das Ziel dieses Paragraphen ist, zu zeigen, daß jede metrische Ebene sich in eine projektiv-metrische Ebene einbetten läßt, und daß die durch unser Axiomensystem gegebenen Bewegungsgruppen sich als Untergruppen von Bewegungsgruppen projektiv-metrischer Ebenen darstellen lassen. Dieser Nachweis, der es ermöglicht, die allgemeinen auf CAYLEY und KLEIN zurückgehenden Gedanken der projektiven Metrik für das Studium der metrischen Ebenen nutzbar zu machen, wird die Begründung der ebenen metrischen Geometrie genannt.

Das Problem der Begründung zerfällt in zwei Teilprobleme: Die Einbettung der Gruppenebene in eine projektive Idealebene, und die Fortsetzung der Metrik der Gruppenebene zu einer projektiven Metrik in der Idealebene. Zur Lösung beider Aufgaben benutzen wir wesentlich gewisse Abbildungen, welche keine Bewegungen sind: die *Halbdrehungen.*

Die Halbdrehungen hat HJELMSLEV für die Lösung des ersten Problems in nicht-elliptischen Ebenen eingeführt, und zwar als Punktabbildungen der folgenden Art: Ist eine nichtinvolutorische Drehung um einen Punkt O gegeben und sind A, A' ein Paar Punkt-Bildpunkt, so ist die zu dieser Drehung gehörige Halbdrehung um O die Abbildung, welche dem Punkt A den Mittelpunkt A^* von A und A' zuordnet (dieser Mittelpunkt existiert als Lotfußpunkt auch unter unseren Voraussetzungen). Eine Halbdrehung ordnet so jedem Punkt einen bestimmten Bildpunkt, und auch verschiedenen Punkten verschiedene Bildpunkte zu; es ist aber im allgemeinen nicht jeder Punkt Bildpunkt. Es kann also nur mit Einschränkung von einer inversen Abbildung gesprochen werden; sieht man von der Identität

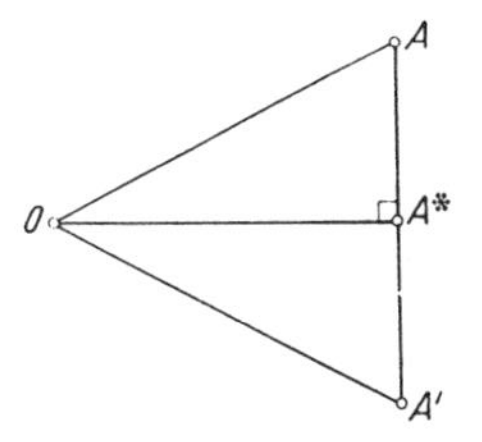

ab, so ist die inverse Abbildung nicht eine Halbdrehung, und auch das Produkt zweier Halbdrehungen um O nicht wieder eine Halbdrehung. Daß eine Halbdrehung drei Punkte einer Geraden in drei Punkte einer Geraden überführt, konnte HJELMSLEV aus dem Mittelpunktsliniensatz (§ 3, Satz 28) erschließen.

Wir definieren die Halbdrehungen, unserem Axiomensystem entsprechend, nicht als Punkt-, sondern als Geradenabbildungen. Der erste Satz, den wir zu beweisen haben, ist dann, daß bei einer Halbdrehung drei Geraden, welche in einem Büschel liegen, in drei Geraden übergehen, welche in einem Büschel liegen.

Die Theorie der Halbdrehungen wird beherrscht vom Lotensatz; in unseren Beweisen werden wir ihn allerdings durch den gleichwertigen Satz 11 aus § 3 ersetzen.

1. Halbdrehungen der Geraden. Es sei die Gruppenebene einer Bewegungsgruppe gegeben, welche dem Axiomensystem aus § 3,2 genügt. Wir setzen für diese und die folgende Nummer Axiom ~P voraus, werden dann aber leicht sehen, daß die bewiesenen Sätze auch unter Voraussetzung von Axiom P gelten.

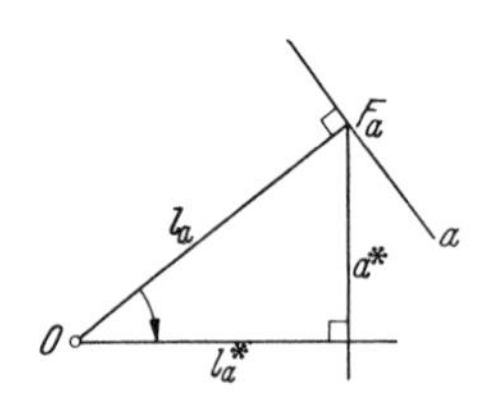

Wir wählen einen festen Punkt O. Für eine beliebige Gerade a bezeichnen wir das *Lot von O auf a*, also die Gerade (O,a), mit l_a, und den *Fußpunkt al_a* dieses Lotes mit F_a.

Definition. Gegeben sei ein nicht-involutorisches Produkt uv mit $u,v \,\mathrm{I}\, O$. Jeder Geraden a ordnen wir eine Gerade a^* durch folgende Vorschrift zu:

1) *Sei $a \,\mathrm{I}\, O$. Dann soll $aa^* = uv$ sein.*

2) *Sei $a \,\bar{\mathrm{I}}\, O$. Dann ist l_a^* nach* 1) *definiert, und es soll $a^* = (F_a, l_a^*)$ sein.*

Diese Abbildung der Gesamtheit der Geraden in sich nennen wir *die zu dem Gruppenelement uv gehörige Halbdrehung um O.*

Das Halbdrehen setzt sich nach dieser Definition aus dem Bestimmen vierter Spiegelungsgeraden durch O, und dem Ziehen und Schneiden von Senkrechten zusammen; es werden nur Paare von orthogonalen Geraden verwendet, von denen eine Gerade durch O geht.

Wird nun mit * eine beliebige Halbdrehung um O bezeichnet, so gelten die folgenden Tatsachen:

(i) *Sind $a,b \,\mathrm{I}\, O$, so ist $ab = a^*b^*$.*

Beweis. Folgt aus $aa^* = uv$, $bb^* = uv$.

Für die Geraden durch O gilt daher: Aus $a \neq b$ folgt $a^* \neq b^*$. Das Geradenbüschel mit dem Zentrum O wird also eineindeutig, unter Erhaltung der Winkel, auf sich abgebildet.

(ii) *Für jedes a gilt:* $a^* = (F_a, l_a^*)$, *und daher* $l_a^* = l_{a^*}$.

Beweis. Für $a \mathrm{I} O$ gilt nach (i) $F_a = a l_a = a^* l_a^*$; daher ist $a^* = (F_a, l_a^*)$. Wie diese Gleichung, welche für $a \,\bar{\mathrm{I}}\, O$ nach Definition 2) gilt, sagt, ist stets $l_a^* \perp a^*$, also $l_a^* = l_{a^*}$.

Rechte Winkel mit einem Schenkel durch O gehen in rechte Winkel mit einem Schenkel durch O über:

(iii) *Sei* $a \mathrm{I} O$. *Aus* $a \perp b$ *folgt* $a^* \perp b^*$, *und umgekehrt.*

Beweis. Aus $a \mathrm{I} O$ und $a \perp b$ folgt $a = l_b$, also nach (ii) $a^* = l_b^* = l_{b^*}$, also $a^* \mathrm{I} O$ und $a^* \perp b^*$. Dieser Schluß ist mit der bei (i) bemerkten Eineindeutigkeit umkehrbar.

Die Eineindeutigkeit gilt allgemein:

(iv) *Aus* $a \neq b$ *folgt* $a^* \neq b^*$.

Beweis. Zu a sei a^* konstruiert. In der folgenden umkehrenden Konstruktionskette ist jeder Schritt eindeutig ausführbar: a^*, dann l_{a^*} als Lot von O, dann $l_a^* = l_{a^*}$ nach (ii), dann l_a als Urbild von l_a^* [nach (i) eindeutig], dann F_a als Schnittpunkt von a^*, l_a mit $a^* \neq l_a$ (es ist stets $l_a^* \perp a^*$; aus $a^* = l_a$ würde daher $l_a^* \perp l_a$ folgen, und $l_a l_a^* = uv$ wäre involutorisch), dann $a = F_a l_a$.

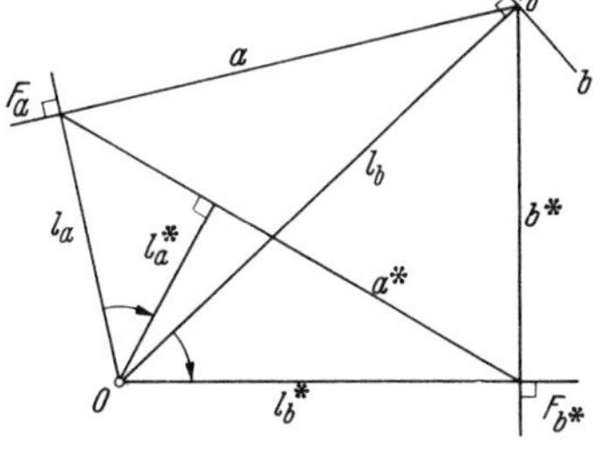

Halbdrehungen sind inzidenztreu in dem folgenden Sinne:

(v) *Aus* $a \mathrm{I} F_b$ *folgt* $a^* \mathrm{I} F_{b^*}$, *und umgekehrt.*

Beweis. Nach Definition 1) ist $l_a l_a^* = l_b l_b^*$, also nach (ii): $l_{a^*} = l_a l_b l_{b^*}$. Ist $a \mathrm{I} F_b$, so ist wegen $l_b, b^* \mathrm{I} F_b$ [dabei ist, wie unter (iv) bemerkt, $l_b \neq b^*$] nach Axiom 3 $a l_b b^* = F_a (l_a l_b l_{b^*}) F_{b^*} = F_a l_{a^*} F_{b^*}$ eine Gerade, also nach § 3, Satz 11 wegen $(F_a, l_{a^*}) = a^*$: $a^* \mathrm{I} F_{b^*}$. Der Schluß ist umkehrbar.

Aus (iii) und (v) folgt:

(vi) *Ist* $b \mathrm{I} O$, *so ist* $(F_a, b)^* = (F_{a^*}, b^*)$.

Beweis. Aus $c \mathrm{I} F_a$ und $c \perp b$ folgt nach (v) und (iii) $c^* \mathrm{I} F_{a^*}$ und $c^* \perp b^*$.

Wir beweisen nun, daß das Im-Büschel-Liegen bei Halbdrehungen erhalten bleibt:

(vii) *Sei* $b \mathrm{I} O$. *Ist* abc *eine Gerade, so ist* $a^* b^* c^*$ *eine Gerade, und umgekehrt.*

Zum Beweis bemerken wir zuvor:

1) *Sind* $a, b, c \mathrm{I} O$, *so ist* $(abc)^* = a^* b^* c^*$.

Denn aus der Gleichung $(abc)c = ab$ folgt nach (i) $(abc)^*c^* = a^*b^*$.

2) *Sei* $d\,\mathrm{I}\,O$. *Ist* $F_a dF_c$ *eine Gerade, so ist* $F_{a^*}d^*F_{c^*}$ *eine Gerade, und umgekehrt.*

Denn ist $F_a dF_c$ eine Gerade, so gilt nach § 3, Satz 11: $(F_a, d)\,\mathrm{I}\,F_c$, also nach (v) und (vi) $(F_a, d)^* = (F_{a^*}, d^*)\,\mathrm{I}\,F_{c^*}$. Daher ist nach § 3, Satz 11 $F_{a^*}d^*F_{c^*}$ eine Gerade. Der Schluß ist umkehrbar.

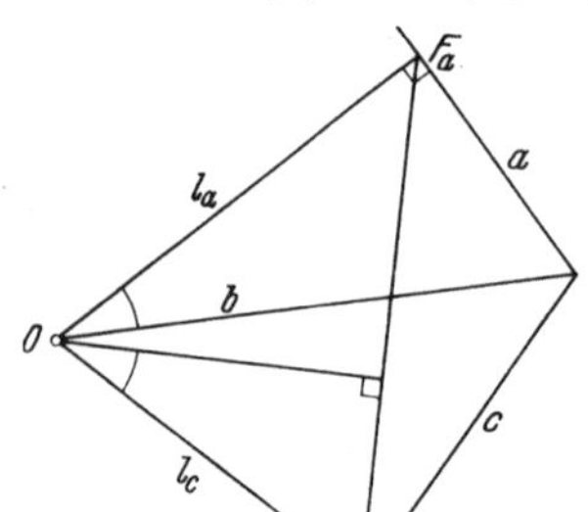

Beweis von (vii). Ist $abc = F_a(l_a b l_c)F_c$ eine Gerade, so ist nach den beiden Vorbemerkungen und (ii) $F_{a^*}(l_{a^*}b^*l_{c^*})F_{c^*} = a^*b^*c^*$ eine Gerade, und umgekehrt.

Wie man sieht, beruht der Beweis darauf, daß eine Lotensatzfigur mit O als Aufpunkt, welche das Im-Büschel-Liegen der Geraden a, b, c ausdrückt, bei einer Halbdrehung um O wieder in eine Lotensatzfigur übergeht, welche das Im-Büschel-Liegen der Geraden a^*, b^*, c^* ausdrückt.

Mit Hilfe des Transitivitätssatzes (§ 4, Satz 6) kann man sich von der Voraussetzung, daß eine der Geraden a, b, c durch O geht, befreien:

Satz 1 (Büscheltreue). *Ist * eine Halbdrehung um O, so ist abc dann und nur dann eine Gerade, wenn* $a^*b^*c^*$ *eine Gerade ist.*

Beweis. Es darf $a \neq b$ und etwa $a\,\mathrm{\bar{I}}\,O$ angenommen werden. Nach § 3, Satz 15 gibt es eine Gerade d, welche mit O inzidiert und mit a, b im Büschel liegt. Es sei nun abc eine Gerade. Da auch abd eine Gerade ist, sind nach dem Transitivitätssatz acd, abd Geraden. Wegen $d\,\mathrm{I}\,O$ sind dann nach (vii) $a^*c^*d^*$, $a^*b^*d^*$ Geraden, und daher ist wegen $a^* \neq d^*$ nach dem Transitivitätssatz $a^*b^*c^*$ eine Gerade. Der Schluß ist umkehrbar, da $a^*b^*d^*$ wegen $d\,\mathrm{I}\,O$ nach (vii) eine Gerade ist.

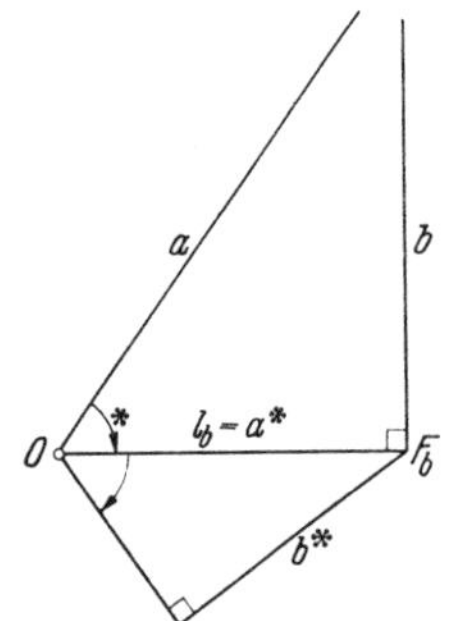

Ist a eine Gerade durch O und b eine Gerade, welche mit a nicht ein Lot durch O gemein hat, so gibt es eine Halbdrehung um O, welche a und b in Geraden mit einem gemeinsamen Punkt überführt:

(viii) *Ist* $a\,\mathrm{I}\,O$ *und b eine Gerade, welche mit a nicht ein Lot durch O gemein hat, so führt die Halbdrehung um O, welche zu dem Gruppenelement* al_b *gehört, a und b in Geraden durch den Punkt* F_b *über.*

Bemerkung. Zum Beweis von Satz 1 haben wir von dem Transitivitätssatz Gebrauch gemacht. Man kann aber, wie es Hjelmslev getan hat, den Transitivitätssatz aus den Halbdrehungssätzen (ohne Satz 1) erschließen: Hierzu sei an § 4,4 erinnert, wo wir bemerkt haben, daß der Transitivitätssatz für Geraden

a, b, c, d aus den Axiomen 3 und 4 und ihren Umkehrungen folgt, sofern die Geraden a, b einen Punkt oder ein Lot gemein haben. Man kann nun durch Halbdrehungen den allgemeinen Fall auf diese Fälle zurückführen. Man wähle einen Punkt O auf a. Haben a, b ein gemeinsames Lot durch O, so gilt der Transitivitätssatz. Anderenfalls gibt es nach (viii) eine Halbdrehung * um O, welche a, b in Geraden a^*, b^* mit einem gemeinsamen Punkt überführt. Nach (vii) sind $a^*b^*c^*$, $a^*b^*d^*$ Geraden; da es sich jetzt um Geraden mit einem gemeinsamen Punkt handelt, ist $a^*c^*d^*$ eine Gerade, und daher wiederum nach (vii) acd eine Gerade.

Wie für Drehungen um einen Punkt gilt:

Satz 2. *Halbdrehungen um denselben Punkt kommutieren: Sind* $*, {}^\circ$ *Halbdrehungen um* O, *so gilt für jedes* a: $a^{*\circ} = a^{\circ *}$.

Beweis. Nach Definition 1) ist $l_a l_a^\circ = l_a^* l_a^{*\circ}$ und $l_a l_a^* = l_a^\circ l_a^{\circ *}$. Daher gilt die Behauptung für die Gerade l_a; nach (ii) ist also $l_{a^{*\circ}} = l_{a^{\circ *}}$. Und wegen $a^* = (F_a, l_{a^*})$ ist nach (vi), (ii) $a^{*\circ} = (F_{a^\circ}, l_{a^{*\circ}}) = (F_{a^\circ}, l_{a^{\circ *}}) = a^{\circ *}$.

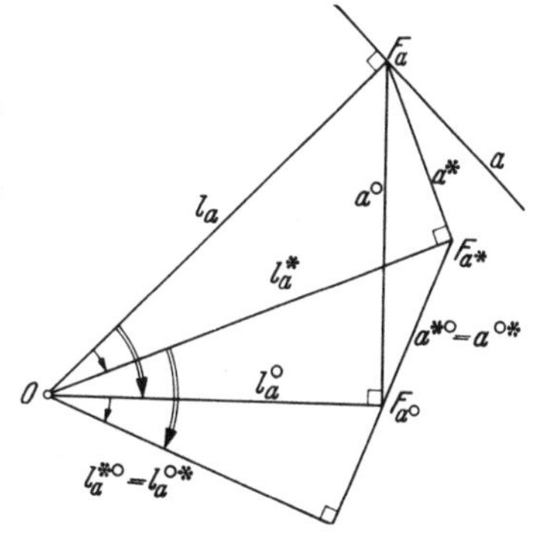

Aus der Halbdrehung um O, welche zu dem Gruppenelement uv gehört, entsteht durch Transformation mit der Spiegelung an einer beliebigen Geraden durch O (also durch Transformation mit $x' = x^c$, wobei $c\,\mathrm{I}\,O$ ist) die Halbdrehung um O, welche zu dem inversen Gruppenelement vu gehört [in unserem Kalkül gilt: Für $c\,\mathrm{I}\,O$ und beliebiges a ist $(F_{a^c}, l_{a^c}uv)^c = (F_a, l_a vu)$]. Wir nennen daher die Halbdrehung, welche zu dem inversen Gruppenelement gehört, die *gespiegelte Halbdrehung*.

Aufgabe. Bezeichnet * die Halbdrehung um O, welche zu dem Gruppenelement uv gehört, so gilt für jede Gerade a: a^* ist Mittelpunktslinie (§ 3, Satz 28) von a und a^{uv}.

2. Die durch Halbdrehungen bewirkten Büschelabbildungen. Eine Halbdrehung * um O ist nach Definition eine Abbildung der Gesamtheit der Geraden in sich. Sie bewirkt aber auf Grund von Satz 1 eine *Abbildung der Geradenbüschel:* Ist $\mathsf{G}(ab)$ ein Geradenbüschel, so definieren wir als Bild

(1) $$\mathsf{G}(ab)^* = \mathsf{G}(a^*b^*).$$

Diese Definition des Bild-Geradenbüschels ist von der Darstellung des gegebenen Büschels unabhängig. Denn aus $c, d \in \mathsf{G}(ab)$ folgt nach Satz 1 $c^*, d^* \in \mathsf{G}(a^*b^*)$, und daher folgt aus $\mathsf{G}(cd) = \mathsf{G}(ab)$ nach § 4, Satz 9 $\mathsf{G}(c^*d^*) = \mathsf{G}(a^*b^*)$. Aus der Tatsache, daß eine Gerade einem Büschel dann und nur dann angehört, wenn ihre Bildgerade dem Bildbüschel angehört, ergibt sich weiter, daß verschiedene Geradenbüschel verschiedene Bildbüschel haben.

Mit (iii) erkennt man unmittelbar, daß das Bild des Lotbüschels einer Geraden durch O wieder das Lotbüschel einer Geraden durch O ist:

(ix) *Ist* $a \mathrm{I} O$, *so ist* $\mathsf{G}(a)^* = \mathsf{G}(a^*)$.

Da bei einer Halbdrehung nicht jede Gerade Bild einer Geraden zu sein braucht, braucht die eineindeutige Abbildung der Menge der Geraden eines Büschels nicht eine Abbildung auf, sondern nur eine Abbildung in die Menge der Geraden des Bildbüschels zu sein. Es gilt aber:

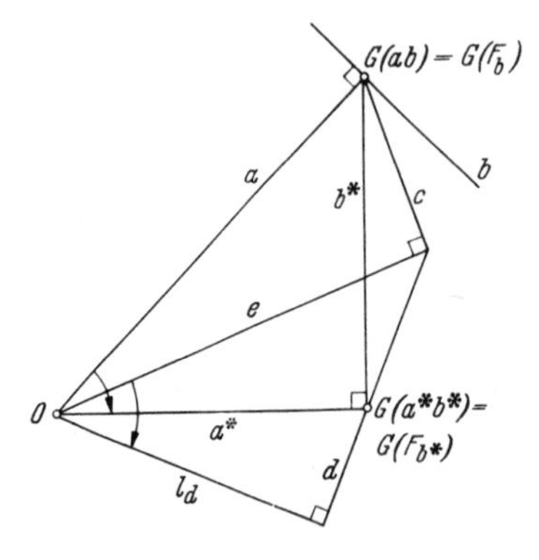

(x) *Ist* $\mathsf{G}(ab)$ *eigentlich, so ist* $\mathsf{G}(a^*b^*)$ *eigentlich, und jede Gerade aus* $\mathsf{G}(a^*b^*)$ *Bild einer Geraden aus* $\mathsf{G}(ab)$.

Beweis. Da $\mathsf{G}(ab)$ eigentlich ist, dürfen wir annehmen, daß $a \perp b$ und etwa $a \mathrm{I} O$ gilt. Dann ist $\mathsf{G}(ab) = \mathsf{G}(F_b)$, und $\mathsf{G}(a^*b^*) = \mathsf{G}(F_{b^*})$ eigentlich. Sei nun d eine beliebige Gerade mit $d \mathrm{I} F_{b^*}$. Die Gerade l_d, welche durch O geht, besitzt ein Urbild e (nämlich die Gerade aa^*l_d), für das also $e^* = l_d$ gilt. Wird $c = (F_b, e)$ gesetzt, so ist c ein Urbild von d; denn nach (vi) ist $c^* = (F_b, e)^* = (F_{b^*}, e^*) = (F_{b^*}, l_d) = d$.

Aus (x) folgern wir

(xi) *Jedes Geradenbüschel ist Bild eines Geradenbüschels.*

Beweis. Unter den Bildern der eigentlichen Büschel wähle man zwei verschiedene $\mathsf{A}^*, \mathsf{B}^*$ aus, deren Verbindung nicht dem gegebenen Büschel angehört. Die Verbindungen von $\mathsf{A}^*, \mathsf{B}^*$ mit dem gegebenen Büschel sind nach (x) Bilder a^*, b^* von Geraden a, b aus A, B. Es ist $a^* \neq b^*$. Das gegebene Büschel ist dann gleich $\mathsf{G}(a^*b^*)$ und Bild des Büschels $\mathsf{G}(ab)$.

Daher gilt

Satz 3. *Jede Halbdrehung bewirkt eine eineindeutige Abbildung der Gesamtheit der Geradenbüschel auf sich, bei der jedes eigentliche Geradenbüschel in ein eigentliches Geradenbüschel übergeht.*

Ferner gilt auf Grund von (ix) und von (viii):

Satz 4. *Bei jeder Halbdrehung um O wird die Gesamtheit der Lotbüschel der Geraden durch O auf sich abgebildet. Zu jedem Geradenbüschel, welches nicht Lotbüschel einer Geraden durch O ist, gibt es eine Halbdrehung um O, welche bewirkt, daß das Geradenbüschel in ein eigentliches Geradenbüschel übergeht.*

Der Gebrauch, der weiterhin von den Halbdrehungen gemacht wird, stützt sich auf die Sätze 3 und 4 und die Kommutativität (Satz 2).

Um sich die Art der Abbildung, die durch eine Halbdrehung vermittelt wird, zu veranschaulichen, betrachte man zunächst eine euklidische Ebene (im üblichen Sinne). Eine Halbdrehung um einen Punkt O ist hier eine Abbildung der Gesamtheit der Punkte und Geraden auf sich. Gehört die Halbdrehung zu der Drehung um den Winkel 2α, so wird das Innere des Kreises um O vom Radius r abgebildet auf das Innere des konzentrischen Kreises vom Radius $r^* = r \cos \alpha$. Die Gesamtheit der unendlichfernen Punkte, durch die man die euklidische Ebene abschließen kann, wird auf sich abgebildet. In dieser projektiven Ebene sind die Halbdrehungen um O Kollineationen mit O als Fixpunkt und der unendlichfernen Geraden als Fixgeraden.

Nun stelle man sich das Innere des Einheitskreises mit dem Mittelpunkt O als Kleinsches Modell einer hyperbolischen Ebene vor und nenne die Punkte und Geraden des Modells – d.h. die Punkte des Kreisinneren und die Geraden, die in das Kreisinnere eindringen, – eigentlich, die übrigen Punkte und Geraden der abgeschlossenen euklidischen Ebene uneigentlich. Bei einer Halbdrehung um O werden die eigentlichen Elemente in sich und die uneigentlichen Elemente, welche dem Inneren eines gewissen, den Einheitskreis konzentrisch umfassenden Kreises angehören, auf eigentliche Elemente abgebildet. Jeder uneigentliche Punkt und jede uneigentliche Gerade, mit Ausnahme der unendlichfernen Elemente, kann durch eine geeignete Halbdrehung um O in ein eigentliches Element übergeführt werden. Geht ein uneigentlicher Punkt A in einen eigentlichen Punkt A^* über, so wird die Gesamtheit der eigentlichen Geraden durch A in (nicht auf) die Gesamtheit der eigentlichen Geraden durch A^* abgebildet. Durch Halbdrehungen um einen eigentlichen Punkt $O' \neq O$ kann man auch unendlichferne Elemente in eigentliche überführen.

3. Zur Definition der Halbdrehung. Wir kehren noch einmal zu dem Begriff der Halbdrehung der Geraden zurück, wie er in 1 unter Voraussetzung von Axiom $\sim$P definiert wurde. Es sei weiterhin uv ein nicht-involutorisches Gruppenelement mit $u,v \,\mathrm{I}\, O$. In der Definition der Halbdrehung um O, welche zu dem Gruppenelement uv gehört, kann man die beiden Fälle 1) und 2) nach (ii) zusammenfassen zu der folgenden, für jede Gerade a gültigen Festsetzung:

(*) *Wird* $(O,a) = l_a$ *und* $al_a = F_a$ *gesetzt, so soll* $a^* = (F_a, l_a uv)$ *sein.*

Wir lassen nun die Voraussetzung, daß Axiom $\sim$P gilt, fallen, um die elliptische Geometrie einzubeziehen. Hierzu ist freilich zu bemerken, daß die beiden Aufgaben, für deren Lösung wir die Halbdrehungstheorie wesentlich verwenden, nämlich die Erweiterung der Gruppenebene zu einer projektiv abgeschlossenen Ebene und die Konstruktion der absoluten Polarität in der erweiterten Ebene in der elliptischen Geometrie keine Probleme darstellen, da in einer elliptischen Ebene von vornherein die projektiven Inzidenzaxiome gelten und die Polarität vorliegt (§ 3,8). Es ist uns aber daran gelegen, die Begründung der ebenen metrischen Geometrie so durchzuführen, daß der Gedankengang von einer Einteilung der Geometrien in nicht-elliptische und elliptische unabhängig ist.

Die Festsetzung (*) ist für jede Gerade $a \neq O$ sinnvoll, da dann das Lot l_a eindeutig bestimmt ist (nach Wahl von l_a ist das Lot von F_a

auf die Gerade $l_a uv$ stets eindeutig; denn da uv nicht involutorisch ist, ist stets $a \neq uv$, also $F_a = l_a a \neq l_a uv$); (*) ergibt für $a \neq O$, wie man leicht erkennt, eine Bildgerade $a^* \neq O$. Eine Gerade a mit $a = O$, die Polare von O, welche in den elliptischen Ebenen existiert, ist also gegenüber allen Halbdrehungen um O ein isoliertes Element.

Im allgemeinen Fall definieren wir die *Halbdrehung um O, welche zu dem nicht-involutorischen Gruppenelement uv mit $u, v \mathrm{I} O$ gehört*, folgendermaßen: Ist $a \neq O$, so soll die Bildgerade a^* wie früher, also etwa durch die Festsetzung (*), erklärt sein; ist $a = O$, so soll $a^* = O$ sein.

Man kann die beiden Fälle zusammenfassen durch die Festsetzung:

(**) *Ist l_a ein Lot von O auf a und wird $al_a = F_a$ gesetzt, so soll $a^* = (F_a, l_a uv)$ sein.*

In einer elliptischen Ebene ist jede Halbdrehung eine eineindeutige Abbildung der Gesamtheit der Geraden auf sich. Satz 1 bleibt gültig, wenn unter den Geraden a, b, c die Polare von O auftritt. Denn ist abc eine Gerade und etwa $a = O$, so haben b, c nach § 3, Satz 12 ein Lot durch O gemein, und diese Eigenschaft bleibt bei Halbdrehung erhalten. Auf Grund von Satz 1 kann man die Abbildung der Geradenbüschel, die in einer elliptischen Ebene sämtlich eigentlich sind, wie in 2 definieren und erhält Satz 3. Satz 2 gilt offenbar auch, wenn $a = O$ ist. Die erste Teilaussage von Satz 4 ergibt sich wie früher; die zweite ist in einer elliptischen Ebene trivial, da in ihr jedes Geradenbüschel eigentlich ist.

Vom gruppentheoretischen Standpunkt gesehen, sind die Halbdrehungen ein bemerkenswertes Verfahren, welches den Geraden Geraden zuordnet und im Unterschied zu dem Bewegen, also dem Transformieren der Geraden mit einem festen Gruppenelement, darauf beruht, daß die Geraden nur von rechts (oder nur von links) mit einem festen nicht-involutorischen Gruppenelement multipliziert werden:

Ist η ein Gruppenelement, welches eine Halbdrehung um O bestimmt (in der bisherigen Bezeichnung $\eta = uv$), so ist für jede Gerade a das Produkt $a\eta$ ein ungerades Gruppenelement und ungleich 1. Allgemein kann die durch ein ungerades Gruppenelement $\alpha \neq 1$ gegebene Bewegung als eine Gleitspiegelung aufgefaßt werden; nach § 3,7 ist ihr eine eindeutig bestimmte Gerade zugeordnet, die *Achse der Gleitspiegelung*, die wir mit $[\alpha]$ bezeichnen wollen. Schreibt man α in der Form $\alpha = Ab$, so ist die Gleitspiegelungs-Achse die Verbindung von A und b, also $[\alpha] = (A, b)$. In unserem Falle ist $a\eta = al_a \cdot l_a\eta = F_a \cdot l_a\eta$, also $[a\eta] = (F_a, l_a\eta)$. Die Definition (**) der zu dem Gruppenelement η gehörigen Halbdrehung um O kann also auch in der Form

$$a^* = [a\eta] \tag{***}$$

ausgesprochen werden.

Es ist $[\alpha]=[\alpha^{-1}]$, also $[\eta a]=[a\eta^{-1}]$; die Abbildung $a^*=[\eta a]$ ist daher die gespiegelte Halbdrehung.

4. Erweiterung der Gruppenebene zur Idealebene. Wir erweitern nun die Gruppenebene zu einer projektiven Ebene: wir führen ,,Idealpunkte" und ,,Idealgeraden" so ein, daß sie eine projektive ,,Idealebene" bilden, in der dann die ,,eigentlichen" Idealpunkte und -geraden ein getreues Abbild der Gruppenebene sind.

Die Geradenbüschel bezeichnen wir als *Idealpunkte*, und zwar die eigentlichen Geradenbüschel als *eigentliche Idealpunkte*. Den Punkten A entsprechen also eineindeutig die eigentlichen Idealpunkte $\mathsf{G}(A)$. Ist a eine Gerade, so bezeichnen wir die Gesamtheit der Idealpunkte A, für die $a\in\mathsf{A}$ gilt, [also die Gesamtheit der in der Form $\mathsf{G}(ax)$ darstellbaren Idealpunkte] als die *eigentliche Idealgerade* $\mathsf{g}(a)$. Den Geraden a entsprechen dann eineindeutig die eigentlichen Idealgeraden $\mathsf{g}(a)$, und der Inzidenzrelation $A\,\mathrm{I}\,a$ in der Gruppenebene entspricht die Relation $\mathsf{G}(A)\in\mathsf{g}(a)$. Den Idealpunkt $\mathsf{G}(a)$, also das Lotbüschel der Geraden a, nennen wir den *Pol der eigentlichen Idealgeraden* $\mathsf{g}(a)$.

Den allgemeinen Begriff der Idealgeraden definieren wir nach HJELMSLEV mit Hilfe von Halbdrehungen. Wir wählen einen festen Punkt O und verwenden die von den Halbdrehungen um O bewirkten eineindeutigen Abbildungen der Gesamtheit der Geradenbüschel, also der Idealpunkte, auf sich (Satz 3).

Ist * eine beliebige Halbdrehung um O, so gibt es zu jeder Menge a von Idealpunkten eine bestimmte Bildmenge a^* — die Menge der Bild-Idealpunkte —, und auch eine bestimmte Urbildmenge b mit $\mathsf{b}^*=\mathsf{a}$. Ist insbesondere a eine eigentliche Idealgerade, so ist auch a^* eine eigentliche Idealgerade:

(xii) *Für jedes a gilt:* $\mathsf{g}(a)^*=\mathsf{g}(a^*)$.

Beweis. $\mathsf{g}(a^*)$ ist die Gesamtheit der Idealpunkte B mit $a^*\in\mathsf{B}$, also, da nach Satz 3 jeder Idealpunkt B Bild eines Idealpunktes A ist, die Gesamtheit der Idealpunkte A^* mit $a^*\in\mathsf{A}^*$, also die Gesamtheit der A^* mit $a\in\mathsf{A}$, also $\mathsf{g}(a)^*$.

Definition[1]. Eine Menge a von Idealpunkten heißt eine *Idealgerade*, wenn es eine Halbdrehung $^\circ$ um O gibt, so daß a° eine eigentliche Idealgerade ist. Außerdem soll die Menge aller Idealpunkte $\mathsf{G}(a)$ mit $a\,\mathrm{I}\,O$, d.h. die Menge der Pole aller eigentlichen Idealgeraden, welche den Idealpunkt $\mathsf{G}(O)$ enthalten, eine Idealgerade heißen; diese Idealgerade nennen wir die *Polare* $\mathsf{g}(O)$ *des eigentlichen Idealpunktes* $\mathsf{G}(O)$.

Die Gesamtheit der Idealpunkte und Idealgeraden bezeichnen wir als *Idealebene*.

[1] Vgl. hierzu S. 307.

Der Begriff der Idealgeraden und daher auch der Begriff der Idealebene sind zunächst von der Wahl des Aufpunktes O der Halbdrehungen abhängig. Die Unabhängigkeit wird in 5 gezeigt.

Aus (xii) und dem Kommutieren der Halbdrehungen um O ergibt sich:

(xiii) *Ist * eine beliebige Halbdrehung um O und a eine Idealgerade, so ist a^* eine Idealgerade; insbesondere ist* $g(O)^* = g(O)$.

Beweis. $g(O)^* = g(O)$ ergibt sich aus Satz 4. Sei nun $a \neq g(O)$. Dann gibt es nach Definition eine Halbdrehung $^\circ$ um O, so daß a° eine eigentliche Idealgerade ist. Nach (xii) ist dann auch $a^{\circ *}$ eine eigentliche Idealgerade. Aus Satz 2 folgt, daß die Mengen $a^{\circ *}$ und $a^{* \circ}$ übereinstimmen. Da also $a^{* \circ}$ eine eigentliche Idealgerade ist, ist a^* nach der Definition der Idealgeraden eine Idealgerade.

Mit Hilfe von (xiii) beweisen wir

(xiv) *Zu zwei verschiedenen Idealgeraden a, b gibt es genau einen Idealpunkt C, welcher a und b angehört.*

Beweis. Es sei zunächst etwa $a = g(O)$. Dann ist $b \neq g(O)$, und es gibt eine Halbdrehung $^\circ$ um O, so daß b° eine eigentliche Idealgerade $g(e)$ ist, welche von $g(O)^\circ = g(O)$ verschieden ist. Aus $g(O) \neq g(e)$ folgt $O \neq e$. Wird daher $(O, e) = d$ gesetzt, so gehört der Idealpunkt $D = G(d)$, und nur er, $a^\circ = g(O)$ und b° an. Der Idealpunkt C mit $C^\circ = D$, und nur er, gehört dann a und b an.

Sind nun $a, b \neq g(O)$, so gibt es eine Halbdrehung $^\circ$ um O, so daß a° eine eigentliche Idealgerade ist, und da b° nach (xiii) eine Idealgerade und von $g(O)^\circ = g(O)$ verschieden ist, eine Halbdrehung * um O, so daß $b^{\circ *}$, und dann nach (xii) auch $a^{\circ *}$ eine eigentliche Idealgerade ist. Es ist $a^{\circ *} \neq b^{\circ *}$, und nach der Definition des Idealpunktes haben $a^{\circ *}, b^{\circ *}$ genau einen Idealpunkt D gemein. Der Idealpunkt C mit $C^{\circ *} = D$, und nur er, gehört dann a und b an.

(xv) *Zu zwei verschiedenen Idealpunkten A, B gibt es genau eine Idealgerade c, welcher A und B angehören.*

Beweis. Es braucht nur die Existenz gezeigt zu werden; die Eindeutigkeit folgt aus (xiv). Für $A, B \in g(O)$ ist nichts zu beweisen. Es sei also etwa $A \notin g(O)$. Dann gibt es nach Satz 4 eine Halbdrehung * um O, so daß A^* ein eigentlicher Idealpunkt ist. Nach § 3, Satz 15 gibt es eine eigentliche Idealgerade d mit $A^*, B^* \in d$. Die Urbildmenge c mit $c^* = d$ ist nach der Definition der Idealgeraden eine Idealgerade; für sie gilt $A, B \in c$.

Nach (xiv) und (xv) gilt, da die Existenz-Mindestforderungen nach § 3, Satz 31 erfüllt sind:

Satz 5. *In der Idealebene gelten die projektiven Inzidenzaxiome.*

Die Idealebene ist eine „minimale“ projektiv abgeschlossene Erweiterung der Gruppenebene. Da jeder eigentliche Idealpunkt mit jedem Idealpunkt bereits durch eine eigentliche Idealgerade verbindbar ist, gilt über die Verteilung der eigentlichen Elemente in der Idealebene:

Satz 6. *Jeder eigentliche Idealpunkt gehört nur eigentlichen Idealgeraden an, jede uneigentliche Idealgerade enthält nur uneigentliche Idealpunkte.*

Aus (xv) schließen wir, um den Satz (xiii) zu ergänzen: *Ist $*$ eine beliebige Halbdrehung um O und b eine Idealgerade, so ist auch die Urbildmenge von b, also die Menge a mit $\mathsf{a}^* = \mathsf{b}$, eine Idealgerade.* Wir wählen hierzu zwei Idealpunkte $\mathsf{A}, \mathsf{B} \in \mathsf{a}$ mit $\mathsf{A} \neq \mathsf{B}$. Nach (xv) gibt es eine Idealgerade c mit $\mathsf{A}, \mathsf{B} \in \mathsf{c}$, und nach (xiii) ist c^* eine Idealgerade. Es gilt $\mathsf{A}^*, \mathsf{B}^* \in \mathsf{a}^*, \mathsf{c}^*$ und $\mathsf{A}^* \neq \mathsf{B}^*$; also ist nach (xv) $\mathsf{a}^* = \mathsf{c}^*$, und daher $\mathsf{a} = \mathsf{c}$, also a eine Idealgerade.

Daher läßt sich die Aussage von Satz 3 vervollständigen: Jede Halbdrehung um O bewirkt in der Idealebene eine Kollineation. Da diese Kollineation das Büschel der Geraden durch O nach § 5,6 projektiv auf sich abbildet (die Abbildung $x^* = xuv = u(uxu)v$ des Büschels ist Produkt von zwei Gegenpaarungen), ist sie nach dem Hilfssatz aus § 5,3 projektiv. Es gilt also:

Satz 7. *Jede Halbdrehung um O bewirkt in der Idealebene eine projektive Kollineation, mit dem eigentlichen Idealpunkt $\mathsf{G}(O)$ und der Idealgeraden $\mathsf{g}(O)$ als Fixelementen.*

Diese projektiven Abbildungen nennen wir *Halbdrehungen der Idealebene.*

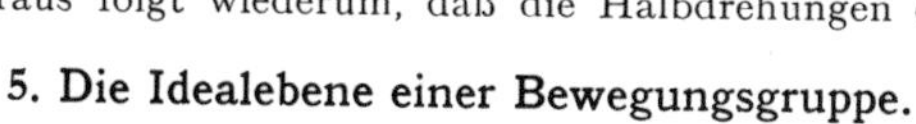

Aufgabe. In der Idealebene sei eine Halbdrehung $*$ um einen eigentlichen Idealpunkt $\mathsf{G}(O)$ gegeben, und es sei $\mathsf{g}(a)$ eine Idealgerade durch $\mathsf{G}(O)$. Die durch die Halbdrehung $*$ bewirkte Abbildung der Idealgeraden $\mathsf{g}(a)$ auf die Idealgerade $\mathsf{g}(a^*)$ ist die Perspektivität mit dem Zentrum $\mathsf{G}(a^*)$. — Hieraus folgt wiederum, daß die Halbdrehungen der Idealebene projektiv sind.

5. Die Idealebene einer Bewegungsgruppe.

Satz 8. *In der Idealebene gilt der Satz von der* Pappus-*Konfiguration.*

Es sei eine aus Idealpunkten und Idealgeraden bestehende offene Pappus-Konfiguration gegeben. Wir erinnern daran, daß wir in § 5,1 Eigenschaften der offenen Pappus-Konfigurationen untersucht haben, und verwenden Begriffe, die dort definiert, und Tatsachen, die dort bewiesen sind.

In der gegebenen offenen Pappus-Konfiguration sei der kritische Idealpunkt mit C, die kritische Idealgerade mit c bezeichnet. Es ist

$C \in c$ zu beweisen. Die beiden nach Voraussetzung mit C inzidierenden Idealgeraden der Konfiguration seien mit v_1 und v_2, die beiden nach Voraussetzung mit c inzidierenden Idealpunkte der Konfiguration mit V_1 und V_2 bezeichnet. Ferner sei daran erinnert, daß die neun Idealpunkte der Konfiguration in drei Tripel „unverbundener" Idealpunkte zerfallen[1]. Das Tripel, dem der kritische Idealpunkt angehört, sei als das *kritische Tripel* bezeichnet.

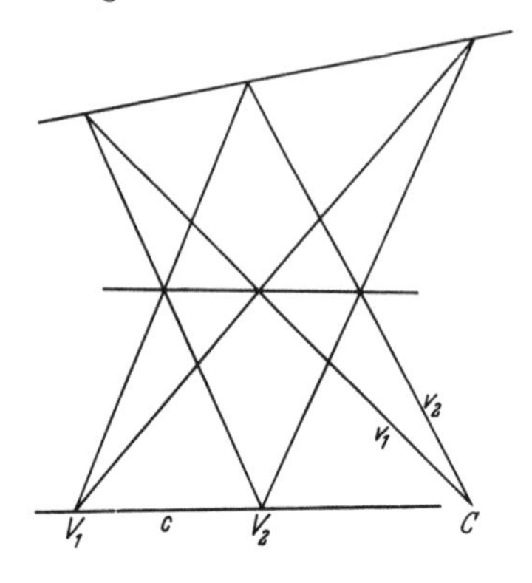

Wir führen den Beweis durch eine Fallunterscheidung. Nach § 4, Satz 13 schließt sich jede offene PAPPUS-Konfiguration, in der alle neun Idealgeraden und die drei Idealpunkte des kritischen Tripels eigentlich sind („Realfall"). Die offenen PAPPUS-Konfigurationen, die unter unseren Fall 1 a) fallen, lassen sich durch Halbdrehungen um O in Konfigurationen überführen, welche diesen Eigentlichkeits-Voraussetzungen genügen. Alle weiteren Fälle führen wir durch „Variation der Konfiguration", indem wir § 5,1, (v) verwenden, auf den Fall 1 a) zurück.

Fall 1. *Die neun Idealgeraden der Konfiguration sind von $g(O)$ verschieden.*

a) *Kein Idealpunkt des kritischen Tripels liegt auf $g(O)$.* Sind die drei Idealpunkte des kritischen Tripels und die kritische Idealgerade eigentlich, so sind nach Satz 6 alle Idealgeraden der Konfiguration eigentlich, und die Konfiguration schließt sich auf Grund von § 4, Satz 13. Sind die drei Idealpunkte des kritischen Tripels und die kritische Idealgerade nicht schon sämtlich eigentlich, so kann man sie durch eine Kette von Halbdrehungen um O in eigentliche Elemente überführen. Die entstehende Konfiguration schließt sich, und daher schließt sich auch die gegebene Konfiguration.

b) *Der kritische Idealpunkt liegt nicht auf $g(O)$, aber mindestens einer der beiden anderen Idealpunkte des kritischen Tripels liegt auf $g(O)$.* Dann liegen die sechs Idealpunkte der Konfiguration, welche nicht dem kritischen Tripel angehören, nicht auf $g(O)$. Man ersetze c durch $c' = (C, V_1)$; wegen $C \notin g(O)$ ist $c' \neq g(O)$. Es ist dann V_2 der kritische Idealpunkt und das V_2 enthaltende Tripel das kritische Tripel der variierten Konfiguration, die daher unter den Fall 1 a) fällt.

[1] Zwei Idealpunkte einer offenen PAPPUS-Konfiguration werden unverbunden genannt, wenn sie auch bei formaler Hinzunahme der kritischen Inzidenz nicht durch eine Idealgerade der Konfiguration verbunden sind.

c) *Der kritische Idealpunkt liegt auf* $g(O)$. Man ersetze den kritischen Idealpunkt C durch den Schnitt-Idealpunkt C' von c und v_1. Dann wird v_2 die kritische Idealgerade und C' der kritische Idealpunkt. Ist $C' = C$, so ist $C \in c$, wie behauptet. Ist $C' \neq C$, so liegt C' nicht auf $g(O)$, da C auf $g(O)$ liegt, aber $(C, C') = v_1 \neq g(O)$ ist, und man hat eine Konfiguration, welche unter den Fall 1 a) oder den Fall 1 b) fällt.

Fall 2. $g(O)$ *ist eine Idealgerade der Konfiguration.*

Wegen § 5,1,(vi) kann vorausgesetzt werden, daß $g(O)$ die kritische Idealgerade ist. Besteht dann die kritische Inzidenz nicht, so liefert eine Variation der kritischen Idealgeraden eine Konfiguration, welche unter den Fall 1 fällt.

Mit Satz 8 gilt auch

Satz 8'. *In der Idealebene gilt der Satz von* PAPPUS-PASCAL.

Liegen drei verschiedene Idealpunkte A_1, A_2, A_3 auf einer Idealgeraden, so gibt es ein einfaches Sechsseit aus eigentlichen Idealgeraden, dessen Ecken abwechselnd auf zwei eigentlichen Idealgeraden liegen und dessen Gegenseiten sich in A_1, A_2, A_3 schneiden. Um ein solches herzustellen, wähle man einen eigentlichen Idealpunkt B_2, auf den eigentlichen Idealgeraden (A_1, B_2), (A_3, B_2) eigentliche Idealpunkte C_3, C_1, und auf der eigentlichen Idealgeraden (C_1, C_3) einen eigentlichen Idealpunkt C_2. Die Schnitt-Idealpunkte B_1 von $(A_2, C_3), (A_3, C_2)$ und B_3 von $(A_1, C_2), (A_2, C_1)$ liegen nach dem Satz von PAPPUS-PASCAL mit B_2 auf einer Idealgeraden. Die acht konstruierten Idealgeraden sind eigentlich, da sie je mindestens einen eigentlichen Idealpunkt enthalten.

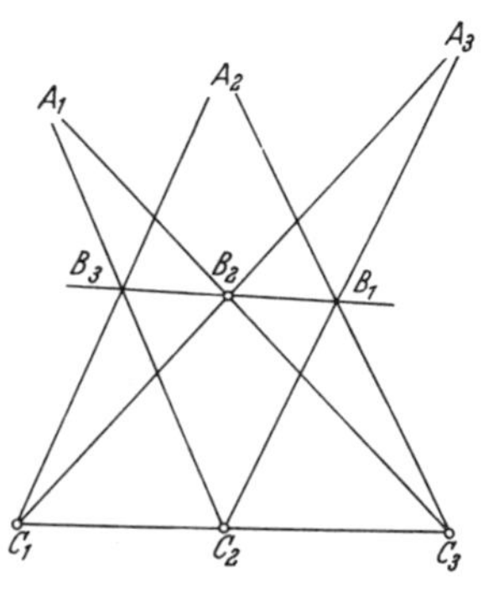

Die Aussage, daß A_1, A_2, A_3 auf einer Idealgeraden liegen, ist also nach dem Satz von PAPPUS-PASCAL äquivalent damit, daß eine PAPPUS-PASCAL-Konfiguration existiert, in der A_1, A_2, A_3 die Schnitt-Idealpunkte der Gegenseiten und die acht anderen Idealgeraden eigentlich sind. Da die letztere Aussage von dem Aufpunkt O der Halbdrehungen unabhängig ist, gilt

Satz 9. *Der Begriff der Idealgeraden, also auch der Begriff der Idealebene ist vom Aufpunkt der Halbdrehungen unabhängig.*

Zu jeder Gruppe, welche unserem Axiomensystem genügt, gibt es also eine eindeutig bestimmte Idealebene; man kann daher von *der* Idealebene einer Bewegungsgruppe sprechen.

In der Idealebene besitzt jede eigentliche Idealgerade $g(a)$ einen eindeutig bestimmten Pol $G(a)$, und ferner jeder eigentliche Idealpunkt

$\mathsf{G}(A)$ eine eindeutig bestimmte Polare $\mathsf{g}(A)$, die Gesamtheit der Pole der durch $\mathsf{G}(A)$ gehenden Idealgeraden. Die Polare $\mathsf{g}(A)$ ist zunächst eine Idealgerade, wenn A der Aufpunkt der Halbdrehungen ist, also nach Satz 9 eine Idealgerade schlechthin.

Wenn es bereits in der Gruppenebene zueinander polare Geraden und Punkte gibt, ist die Gruppenebene elliptisch. Sind a, A zueinander polar, gilt also $a = A$, so ist der Pol $\mathsf{G}(a)$ der Idealgeraden $\mathsf{g}(a)$ der Idealpunkt $\mathsf{G}(A)$, und die Polare $\mathsf{g}(A)$ des Idealpunktes $\mathsf{G}(A)$ die Idealgerade $\mathsf{g}(a)$.

Eine Bewegung

$$a^* = a^\gamma \tag{2}$$

der Gruppenebene induziert nach § 4,5 eine eineindeutige Abbildung

$$\mathsf{A}^* = \mathsf{A}^\gamma \tag{3}$$

der Gesamtheit der Idealpunkte auf sich. Zu jeder Menge a von Idealpunkten ist dann die Menge der Bild-Idealpunkte, die wir mit a^γ bezeichnen, eindeutig bestimmt. Es ist aber noch zu zeigen, daß, wenn a eine Idealgerade ist, auch a^γ eine Idealgerade ist.

Die Abbildung (3) bildet die eigentlichen Idealpunkte und Idealgeraden ebenso ab, wie die Abbildung (2) die ihnen entsprechenden Punkte und Geraden abbildet; denn auf Grund von § 4 (21) und der Definition der eigentlichen Idealgeraden gilt:

$$\text{(4)} \quad \mathsf{G}(A)^\gamma = \mathsf{G}(A^\gamma), \qquad \text{(5)} \quad \mathsf{g}(a)^\gamma = \mathsf{g}(a^\gamma).$$

Wir betrachten nun die Abbildung (3) für den Fall, daß $\gamma = c$, daß also (2) die Spiegelung der Gruppenebene an einer Geraden c ist. Wir wählen einen festen Punkt O auf c als Aufpunkt von Halbdrehungen. Es ist $\mathsf{g}(O)^c = \mathsf{g}(O)$. Und ist a eine Idealgerade mit $\mathsf{a} \neq \mathsf{g}(O)$, so gibt es eine Halbdrehung um O, welche bewirkt, daß a in eine eigentliche Idealgerade $\mathsf{g}(b)$ übergeht. Die gespiegelte Halbdrehung bewirkt dann, daß a^c in $\mathsf{g}(b)^c$, also nach (5) in die eigentliche Idealgerade $\mathsf{g}(b^c)$ übergeht; daher ist a^c eine Idealgerade.

Die Abbildung (3) mit $\gamma = c$ ist also eine Kollineation, und es gilt:

Satz 10. *Die Spiegelung der Gruppenebene an einer Geraden c induziert in der Idealebene die involutorische Homologie mit der eigentlichen Idealgeraden $\mathsf{g}(c)$ als Achse und ihrem Pol $\mathsf{G}(c)$ als Zentrum.*

Da in der Idealebene involutorische Homologien existieren, gilt das Fano-Axiom, und also auf Grund von Satz 5 und 8′ der

Satz 11. *Die Idealebene ist eine projektive Ebene.*

Da sich jede Bewegung (2) aus Geradenspiegelungen zusammensetzen läßt, ist auf Grund von Satz 10 jede Abbildung (3) in der Idealebene ein Produkt von involutorischen Homologien und daher eine projektive Kollineation:

Satz 12. *Jede Bewegung der Gruppenebene induziert in der Idealebene eine projektive Kollineation, welche die Gesamtheit der eigentlichen Idealpunkte und -geraden auf sich abbildet.*

Insbesondere gilt:

Satz 10′. *Die Spiegelung der Gruppenebene an einem Punkt C induziert in der Idealebene die involutorische Homologie mit dem eigentlichen Idealpunkt* $\mathsf{G}(C)$ *als Zentrum und seiner Polaren* $\mathsf{g}(C)$ *als Achse.*

Da sich jedes Gruppenelement γ in der Form ab oder aB darstellen läßt, läßt sich jede projektive Kollineation der Idealebene, welche aus einer Bewegung der Gruppenebene hervorgeht, als Produkt von zwei involutorischen Homologien der in Satz 10 und 10′ genannten Typen darstellen.

6. Die von den Halbdrehungen um einen Idealpunkt erzeugte Gruppe. Wir schalten eine Untersuchung über die Gruppe ein, die in der Idealebene von den Halbdrehungen um einen eigentlichen Idealpunkt erzeugt wird. Sie liefert unmittelbar gewisse projektive Kollineationen der Idealebene, und Gleichungen in der Gruppe führen auf Schließungssätze. Für die Begründung der ebenen metrischen Geometrie machen wir von den Überlegungen dieser Nummer, welche sich an Satz 7 anschließt, keinen Gebrauch.

Es sei durchweg $\mathsf{O} = \mathsf{G}(O)$ ein fester eigentlicher Idealpunkt und $\mathsf{o} = \mathsf{g}(O)$ seine Polare. Die Halbdrehung der Idealebene um O, die aus der ursprünglichen Halbdrehung der Geraden um den Punkt O, welche zu dem Gruppenelement uv gehört, hervorgegangen ist, bezeichnen wir mit H_{uv}. In der Idealebene gibt es zu der Halbdrehung H_{uv} eine inverse Kollineation H_{uv}^{-1}. Man nennt H_{uv} eine *direkte*, H_{uv}^{-1} eine *inverse Halbdrehung* um O. Nur die Identität ist sowohl direkte als inverse Halbdrehung.

In einem Produkt von direkten und inversen Halbdrehungen der Idealebene um O sind die Faktoren vertauschbar. Denn nach Satz 2 ist stets $H_1 H_2 = H_2 H_1$. Und aus dieser Gleichung ergibt sich einerseits durch Multiplikation mit H_1^{-1} von links und rechts: $H_2 H_1^{-1} = H_1^{-1} H_2$, und andererseits durch Bildung des Inversen: $H_2^{-1} H_1^{-1} = H_1^{-1} H_2^{-1}$. Es gilt also:

(xvi) *Die von den Halbdrehungen der Idealebene um einen eigentlichen Idealpunkt* O *erzeugte Gruppe* $\mathfrak{H}_{\mathsf{O}}$ *ist eine kommutative Gruppe von projektiven Kollineationen, welche* O *und seine Polare* o *fest lassen.*

Wir betrachten zunächst ein Produkt von einer direkten und einer inversen Halbdrehung:

$$H_{ac} H_{bc}^{-1} = H_{ac} H_{(cb)^{-1}}^{-1}, \tag{6}$$

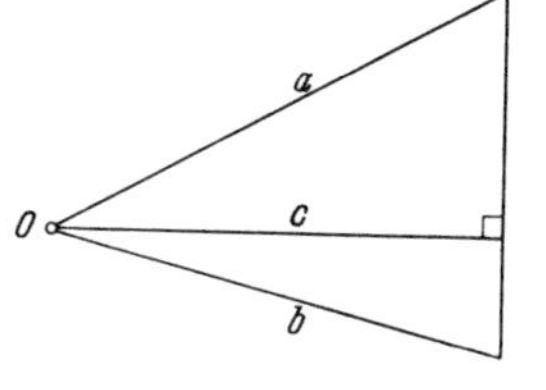

wobei a, c, b Geraden durch O mit $a, b \perp c$ seien. Ist $\mathsf{a} = \mathsf{g}(a)$, $\mathsf{b} = \mathsf{g}(b)$, $\mathsf{c} = \mathsf{g}(c)$, so schreiben wir für die Kollineation (6) abkürzend $(\mathsf{a}, \mathsf{c}, \mathsf{b})$. Ist $\mathsf{a} = \mathsf{b}$ so ist $(\mathsf{a}, \mathsf{c}, \mathsf{b})$ die Identität. Ist $\mathsf{a} \neq \mathsf{b}$ und C der Pol von c, so liegt C nicht auf a oder b und $(\mathsf{a}, \mathsf{c}, \mathsf{b})$ führt die Idealgerade a so in die Idealgerade b über, daß für jeden Idealpunkt von a die Verbindung mit seinem auf b gelegenen Bild-Idealpunkt durch C läuft (vgl. 4, Aufg.).

Aus der Existenz dieser Kollineationen und ihrer Kommutativität folgt unmittelbar, daß in der Idealebene der Satz von Pappus-Pascal für O als Schnittpunkt der Trägergeraden und o als Pascal-Gerade gilt:

Für ein Sechseck $A_1, B_2, A_3, B_1, A_2, B_3$, dessen Ecken abwechselnd auf zwei Idealgeraden a, b durch O liegen, gilt: Schneiden sich zwei Paare von Gegenseiten auf o, so schneidet sich auch das dritte Paar von Gegenseiten auf o. Die nötigen Verschiedenheiten sollen erfüllt sein.

Es sei etwa C_3 der Schnittpunkt von (A_1, B_2) und (A_2, B_1), C_2 der Schnittpunkt von (A_1, B_3) und (A_3, B_1), C_1 der Schnittpunkt von (A_2, B_3) und o. Zu zeigen ist, daß der Schnittpunkt B_2' von (A_3, C_1) und b gleich B_2 ist. Es sei wieder c_i die Idealgerade durch O, welche C_i als Pol hat $(i = 1, 2, 3)$. Das Produkt

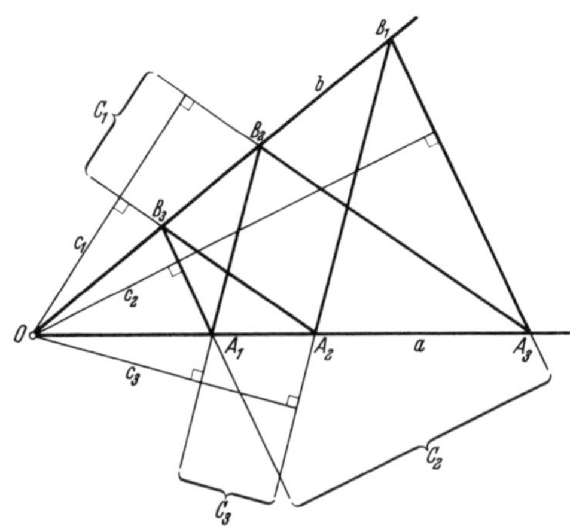

$$(7) \qquad (a, c_1, b)\,(b, c_2, a)\,(a, c_3, b)$$

führt A_2 über B_3, A_1 in B_2. Das Produkt

$$(8) \qquad (a, c_3, b)\,(b, c_2, a)\,(a, c_1, b)$$

führt A_2 über B_1, A_3 in B_2'. Da (7) und (8) wegen der Kommutativität gleich sind, ist $B_2 = B_2'$.

In dieser Weise hat Hjelmslev den affinen Satz von Pappus-Pascal in einer euklidischen Ebene bewiesen.

(xvii) *Ein Element aus $\mathfrak{H}_O$, welches eine Idealgerade durch O fest läßt, ist eine Homologie mit O als Zentrum und o als Achse.*

Beweis. Ein Produkt $\prod H_{\eta_i} H_{\zeta_i}^{-1}$ (wobei $\eta_i, \zeta_i = 1$ zugelassen sei), führt eine Idealgerade $g(a)$ durch O über in die Idealgerade $g(a')$ mit $a \prod \eta_i \zeta_i^{-1} = a'$. Ist für wenigstens eine durch O gehende Idealgerade $g(a) = g(a')$, also $a = a'$, so ist $\prod \eta_i \zeta_i^{-1} = 1$, und daher jede Idealgerade durch O gleich ihrer Bild-Idealgeraden.

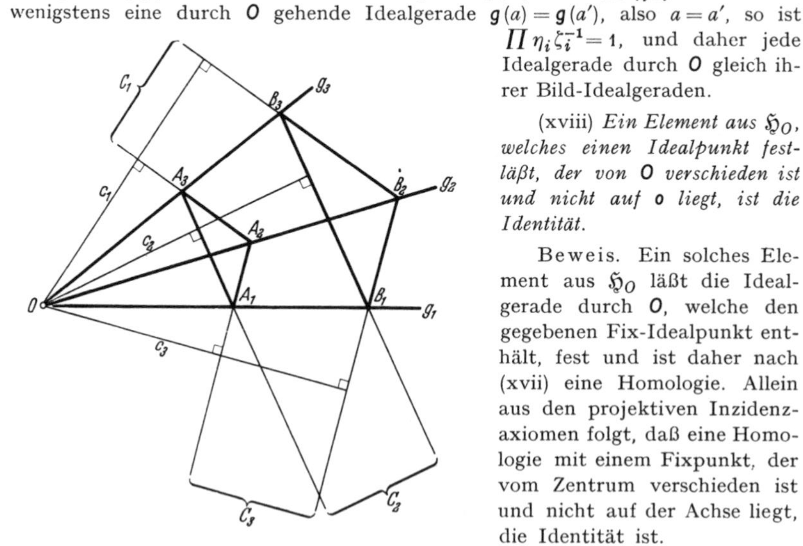

(xviii) *Ein Element aus $\mathfrak{H}_O$, welches einen Idealpunkt festläßt, der von O verschieden ist und nicht auf o liegt, ist die Identität.*

Beweis. Ein solches Element aus $\mathfrak{H}_O$ läßt die Idealgerade durch O, welche den gegebenen Fix-Idealpunkt enthält, fest und ist daher nach (xvii) eine Homologie. Allein aus den projektiven Inzidenzaxiomen folgt, daß eine Homologie mit einem Fixpunkt, der vom Zentrum verschieden ist und nicht auf der Achse liegt, die Identität ist.

Aus der Existenz der Kollineationen (6) und aus (xviii) schließt man, daß in der Idealebene der Satz von Desargues für O als Desarguessches Zentrum und o als Desarguessche Achse gilt:

Für zwei Dreiecke A_1, A_2, A_3 *und* B_1, B_2, B_3, *bei denen die Verbindungsgeraden* $g_i = (A_i, B_i)$ *entsprechender Ecken durch* O *laufen* ($i = 1, 2, 3$), *gilt: Schneiden sich zwei Paare entsprechender Seiten auf* o, *so schneidet sich auch das dritte Paar entsprechender Seiten auf* o. Wieder sollen die nötigen Verschiedenheiten gelten.

Sei C_1 der Schnittpunkt von (A_2, A_3) und (B_2, B_3), C_2 der Schnittpunkt von (A_1, A_3) und (B_1, B_3), C_3 der Schnittpunkt von (A_1, A_2) und o. Es ist zu zeigen, daß der Schnittpunkt B_2' von (B_1, C_3) und g_2 gleich B_2 ist. Wieder sei c_i die Idealgerade durch O, deren Pol C_i ist. Das Produkt

$$(g_2, c_1, g_3)(g_3, c_2, g_1)(g_1, c_3, g_2) \tag{9}$$

führt A_2 in A_2 über und ist also die Identität. Da es B_2 in B_2' überführt, ist $B_2 = B_2'$.

Es seien A, B Idealpunkte, welche von O verschieden sind und nicht auf o liegen. Wegen (xviii) gibt es höchstens ein Element aus $\mathfrak{H}_O$, welches A in B überführt. Liegen A und B nicht mit O kollinear, so kann man durch eine Kollineation (6) A in B überführen. Es mögen nun A, B auf einer Idealgeraden b durch O liegen. Wählt man dann eine Idealgerade $a \neq b$ durch O, welche nicht durch den Pol von b geht, so führt die Halbdrehung (b, a, a) den Idealpunkt A in einen Idealpunkt A' auf a über. Durch eine Kollineation (a, c, b) kann man dann A' in B überführen. Ist $a = g(a)$, $b = g(b)$, $c = g(c)$, so ist also das Produkt

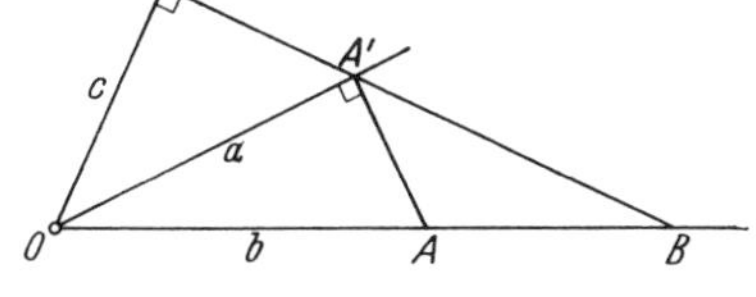

$$H_{ba} H_{ac} H_{bc}^{-1} \tag{10}$$

nach (xvii) eine Homologie mit O als Zentrum und o als Achse, welche A in B überführt. Man erkennt so:

(xix) $\mathfrak{H}_O$ *ist genau einfach transitiv auf der Menge der Idealpunkte, welche von* O *verschieden sind und nicht auf* o *liegen. Jedes Element von* $\mathfrak{H}_O$ *ist als Produkt von höchstens zwei direkten und einer inversen Halbdrehung darstellbar.*

(xx) $\mathfrak{H}_O$ *enthält die Gruppe aller Homologien mit* O *als Zentrum und* o *als Achse.*

Durch Anwendung einer Homologie, welche etwa A_3 in B_3 überführt, überzeugt man sich gleichfalls unmittelbar von der Gültigkeit des DESARGUESschen Satzes in der obigen Form.

7. Die Axiome der euklidischen und der nichteuklidischen Metrik. Nachdem wir bewiesen haben, daß die Gruppenebene jeder Bewegungsgruppe, welche unserem Axiomensystem genügt, zu einer projektiven Idealebene erweitert werden kann, ist es nun unsere Aufgabe, zu zeigen, daß die Gruppenebene in der Idealebene projektiv-metrische Relationen induziert. Durch die in der Gruppenebene gegebene Orthogonalität ist in der Idealebene zunächst für die eigentlichen Idealgeraden eine Orthogonalität erklärt, und wir konnten bereits jeder eigentlichen Idealgeraden einen Pol und jedem eigentlichen Idealpunkt eine Polare zuordnen. Die Frage, vor der wir stehen, ist, ob sich diese Relationen auf beliebige Idealgeraden und -punkte ausdehnen lassen.

Um die Frage zu beantworten, muß man auf Eigenschaften von orthogonalen Geraden der Gruppenebene zurückgehen. Wir unterscheiden nun den Fall, daß in der Gruppenebene ein Rechtseit existiert, und den Fall, daß kein Rechtseit existiert.

Wir betrachten das folgende *Axiom vom Rechtseit*, das wir auch das *Axiom der euklidischen Metrik* nennen:

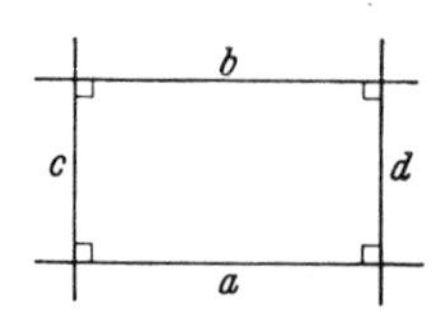

Axiom R. *Es gibt a,b,c,d mit $a,b \perp c,d$ und $a \neq b$, $c \neq d$,*

d.h. es gibt ein Rechtseit,

und seine Negation, die wir das *Axiom der nichteuklidischen Metrik* nennen:

Axiom $\sim$R. *Aus $a,b \perp c,d$ folgt $a=b$ oder $c=d$,*

d.h. zwei verschiedene Geraden haben höchstens ein gemeinsames Lot.

Eine Bewegungsgruppe (im Sinne unseres Axiomensystems) und ihre Gruppenebene nennen wir *metrisch-euklidisch* oder *metrisch-nichteuklidisch*, je nachdem in ihr das Axiom R oder das Axiom $\sim$R gilt. Durch den Zusatz „metrisch" soll betont werden, daß das Merkmal, nach dem wir die Geometrien einteilen, sich auf die Orthogonalität bezieht, also von metrischer Natur ist; über die Frage nach dem Schneiden oder Nichtschneiden der Geraden kann auf Grund der Zusatzaxiome R bzw. $\sim$R noch wenig ausgesagt werden.

Da in einer elliptischen Gruppenebene zwei verschiedene Geraden stets genau ein gemeinsames Lot haben, gilt: Aus Axiom P folgt Axiom $\sim$R. Nebenbei sei bemerkt: Aus Axiom R folgt Axiom D.

Die Axiome R und $\sim$R können als Aussagen über die „Lotgleichheit" von Geraden ausgesprochen werden. Zwei Geraden a, b mögen *lotgleich* genannt werden, wenn sie dieselben Lote haben, wenn also die Lotbüschel $G(a)$ und $G(b)$ gleich sind. Diese Relation ist reflexiv, symmetrisch und transitiv. Hinreichend für die Lotgleichheit zweier Geraden ist bereits, daß sie zwei verschiedene gemeinsame Lote besitzen. (Dies folgt schon aus Axiom 4 und seiner Umkehrung.) Axiom R ist gleichwertig mit der Aussage: Es gibt voneinander verschiedene Geraden, welche lotgleich sind. Mit Axiom $\sim$R gleichwertige Aussagen sind: Jede Gerade ist nur zu sich selbst lotgleich. Aus $G(a)=G(b)$ folgt $a=b$. Jedes Lotbüschel hat eine eindeutig bestimmte Trägergerade.

Sowohl in dem Fall der euklidischen als in dem Fall der nichteuklidischen Metrik kann man, wie sich zeigen wird, den Schlüssel zur Lösung unserer Aufgabe aus dem früher bewiesenen Analogon des Lotensatzes (§ 3, Satz 25) gewinnen; aus diesem Satz wird sich einerseits der Rechtseitsatz (Satz 13) und andererseits ein Lemma über Halbdrehungen (die „Kürzungsregel des Sterns") ergeben.

8. Metrisch-euklidische Ebenen. Wir setzen nun die Gültigkeit des Axioms der euklidischen Metrik voraus.

Aus der Existenz eines Rechtseits, wie es Axiom R fordert, folgt der allgemeine Satz, daß jedes Vierseit mit drei rechten Winkeln ein Rechtseit ist:

Satz 13 (Rechtseitsatz). *Aus $a,b \perp c$ und $a \perp d$ folgt $b \perp d$.* (R)

Wir geben für diesen wichtigen Satz zwei Beweise[1]. In beiden wird mehrfach die bereits erwähnte (von Axiom R unabhängige) Tatsache benutzt: Haben zwei Geraden zwei verschiedene gemeinsame Lote, so sind sie lotgleich, d.h. es ist jedes Lot der einen Geraden auch Lot der anderen Geraden, also gemeinsames Lot.

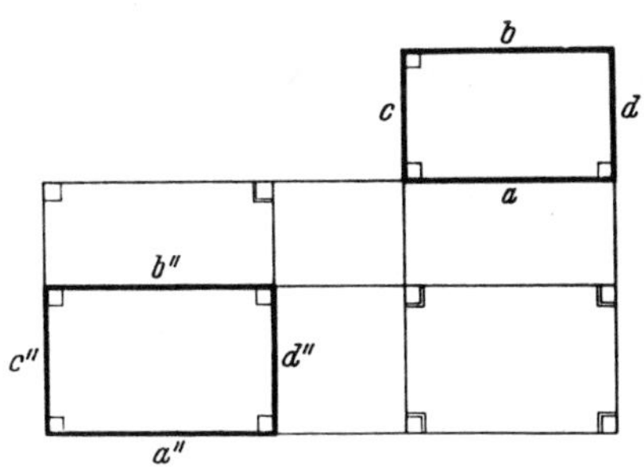

Erster Beweis von Satz 13.

Es genügt zu zeigen: Es gibt ein Rechtseit a'',b'',c'',d'' mit $a'',b'' \perp c'',d''$ und $a'' \neq b''$, $c'' \neq d''$, für welches $c'' \perp a$ ist.

Liegt nämlich ein solches Rechtseit vor, so schließt man folgendermaßen: Da c'',d'' lotgleich sind, ist $d'' \perp a$. Also sind a,a'',b'', da sie außer dem Lot c'' das Lot d'' gemein haben, lotgleich; wegen $c,d \perp a$ sind daher $c,d \perp a'',b''$. Also sind c,d, da sie die beiden gemeinsamen Lote a'',b'' haben, lotgleich; wegen $b \perp c$ ist daher $b \perp d$.

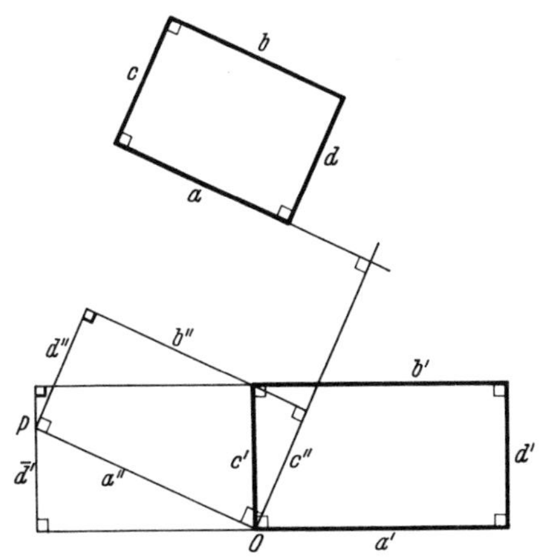

Ein Rechtseit der genannten Art läßt sich mit Hilfe von § 3, Satz 25 konstruieren: Es sei a',b',c',d' das nach Axiom R existierende Rechtseit. Von dem Eckpunkt $O = a'c'$ fälle man das Lot c'' auf a. Ist $c'' = a'$, so hat bereits das gegebene Rechtseit die gewünschte Eigenschaft. Sei nun also $c'' \neq a'$. In O errichte man auf c'' die Senkrechte a'', und wähle auf ihr einen Punkt $P \neq O$. Von ihm fälle man die Senkrechte $\bar{d}'$ auf a'; da a',b' lotgleich sind, ist auch $\bar{d}' \perp b'$. In P errichte man die Senkrechte d'' auf a'', und fälle schließlich von dem Eckpunkt $b'c'$ des gegebenen Rechtseits das Lot b'' auf c''. Dann ist nach dem zitierten Satz $b'' \perp d''$.

Zweiter Beweis von Satz 13.

Wir benutzen den unabhängig von Axiom R gültigen

Hilfssatz. *Es sei $A \neq B$. ABC ist dann und nur dann ein Punkt, wenn es durch C eine zu (A,B) lotgleiche Gerade gibt.*

Beweis des Hilfssatzes. a) Es sei $ABC = D$. Wegen $A \neq B$ ist $C \neq D$; man setze $(C,D) = g$ und betrachte die Gleichung $AB(Cg) = (Dg)$.

[1] Auf S. 306f. wird ein anderer Beweis vorgeschlagen.

Sie lehrt nach § 3, Satz 11, daß die beiden verschiedenen Geraden Cg, Dg zu (A,B) senkrecht sind; da sie trivialerweise zu g senkrecht sind, sind (A,B) und g lotgleich.

b) Es sei g eine zu (A,B) lotgleiche Gerade durch C. Die Gerade Cg ist zu g, also auch zu (A,B) senkrecht. Daher ist $AB(Cg)$ nach § 3, Satz 11 eine zu (A,B), also auch zu g senkrechte Gerade, mithin das Produkt $AB(Cg)\cdot g = ABC$ ein Punkt.

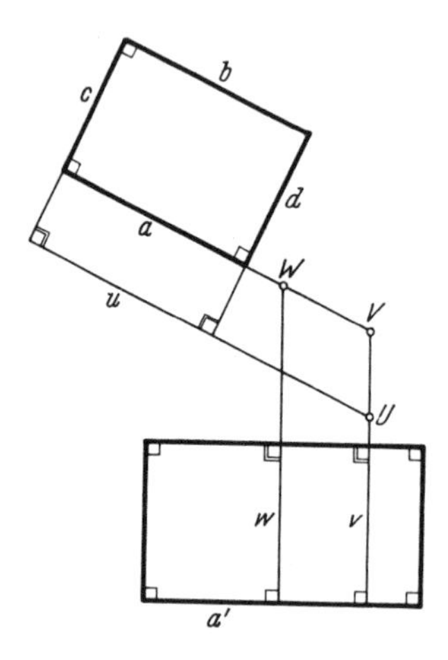

Beweis des Satzes. Man fälle von zwei verschiedenen Punkten V,W der Geraden a die Lote v,w auf eine Seite a' des nach Axiom R existierenden Rechtseits. a' kann so gewählt werden, daß $v \neq a$, also $v \neq w$ ist. Da a' zu seiner Gegenseite lotgleich ist, stehen v,w auch auf der Gegenseite senkrecht; daher sind v,w lotgleich. Wählt man einen Punkt $U \neq V$ auf v, so ist daher nach dem Hilfssatz UVW ein Punkt. Da also auch WVU ein Punkt ist, gibt es wiederum nach dem Hilfssatz eine zu a lotgleiche Gerade u durch U. Aus $c,d \perp a$ folgt $c,d \perp u$. Also sind wegen $a \neq u$ die Geraden c,d lotgleich, und wegen $b \perp c$ ist daher $b \perp d$.

Satz 13 lehrt, daß in einer metrisch-euklidischen Ebene bereits die Existenz eines gemeinsamen Lotes hinreichend für die Lotgleichheit zweier Geraden ist:

Folgerung. *Zwei Lotbüschel, welche eine Gerade gemein haben, sind gleich. Jede Gerade gehört einem und nur einem Lotbüschel an.* (R)

Die Lotbüschel sind also, wenn Axiom R gilt, elementfremde Klassen, in die die Gesamtheit aller Geraden eingeteilt ist.

In einer metrisch-euklidischen Ebene nennen wir lotgleiche Geraden a,b *parallel*, in Zeichen: $a \| b$. Man erkennt nun, daß es zu jeder Geraden durch jeden Punkt genau eine Parallele gibt. Zwei verschiedene parallele Geraden haben gewiß keinen Punkt gemein; aber auch zwei nichtparallele Geraden brauchen nicht stets einen Schnittpunkt zu haben.

Da es zu jeder Geraden (A,B) durch jeden Punkt C eine Parallele gibt, ergibt sich aus dem Hilfssatz:

Satz 14. *ABC ist stets ein Punkt.* (R)

Sind die Punkte A,B,C nicht kollinear, so ist der durch $ABC = D$ definierte Punkt der vierte Eckpunkt des durch A,B,C bestimmten Parallelogramms.

Der Hilfssatz lehrt zugleich, daß unter Voraussetzung von Axiom ~R ein Produkt ABC dann und nur dann ein Punkt ist, wenn die Punkte A, B, C kollinear sind.

Eine wichtige Besonderheit der metrisch-euklidischen Bewegungsgruppen ist, daß in ihnen der abelsche Normalteiler der Translationen existiert.

Als *Translationen* definieren wir die Gruppenelemente ab mit $a \| b$. Da nach Satz 13 die Parallelität zweier Geraden mit der Existenz eines gemeinsamen Lotes gleichwertig ist, sind dies nach § 3, Satz 20b diejenigen Gruppenelemente, welche in der Form AB darstellbar sind. Sind $AB, A'B'$ Translationen, so ist nach Satz 14 ABA' ein Punkt A'', und daher das Produkt $AB \cdot A'B' = A''B'$ eine Translation. Die Translationen bilden also eine Untergruppe der Bewegungsgruppe; aus Satz 14 folgt weiter, daß die Untergruppe kommutativ ist (vgl. das Lemma in § 1,2). Transformiert man eine Translation AB mit einem Gruppenelement γ, so entsteht die Translation $A^\gamma B^\gamma$; die Translationen bilden also einen Normalteiler.

Hiermit ist die erste Teilaussage des folgenden Satzes über die Struktur der metrisch-euklidischen Bewegungsgruppen bewiesen:

Satz 15. *In einer metrisch-euklidischen Bewegungsgruppe* $\mathfrak{G}$ *bilden die Translationen einen abelschen Normalteiler* $\mathfrak{T}$. *Ist* $\mathfrak{G}_O$ *die Untergruppe, welche von den Geraden durch einen festen Punkt O erzeugt wird, so ist* $\mathfrak{G} = \mathfrak{G}_O \mathfrak{T}$.

Zum Beweis der zweiten Teilaussage ist zu zeigen, daß jedes $\alpha \in \mathfrak{G}$ eine Zerlegung $\alpha = \alpha_0 \tau$ mit $\alpha_0 \in \mathfrak{G}_O$ und $\tau \in \mathfrak{T}$ zuläßt.

Für eine beliebige Gerade u bezeichnen wir die Parallele durch O mit u_0. Dann ist $u_0 u$ eine Translation, und zunächst für $\alpha = u$: $\alpha = u_0 \cdot (u_0 u)$ eine Zerlegung der gewünschten Art.

Ist α gerade, so ist α nach § 3, Satz 16 in der Form $\alpha = ab$ darstellbar. Dann ist

$$\alpha = a_0 \cdot (a_0 a) \cdot b_0 \cdot (b_0 b) = a_0 b_0 \cdot (a_0 a)^{b_0} (b_0 b)$$

eine Zerlegung der gewünschten Art. Ist α ungerade, so ist α nach § 3, Satz 16 und Satz 20a in der Form $\alpha = cab$ mit $c \perp a, b$ darstellbar; dabei ist also ab eine Translation. Dann ist

$$\alpha = c_0 \cdot (c_0 c)(ab)$$

eine Zerlegung der gewünschten Art.

$\mathfrak{G}$ besitzt als Untergruppe vom Index 2 die Untergruppe der geraden Bewegungen, die mit $\mathfrak{D}$ bezeichnet sei. $\mathfrak{G}_O$ besitzt als Untergruppe vom Index 2 die abelsche Gruppe $\mathfrak{D}_O$ der Drehungen um O (d.h. der Produkte von zwei Geraden durch O). Man kann zu Satz 15 hinzufügen: $\mathfrak{D} = \mathfrak{D}_O \mathfrak{T}$.

Da $\mathfrak{G}_O$ und $\mathfrak{D}_O$ mit $\mathfrak{T}$ nur das Einselement gemein haben, folgen aus den Gleichungen $\mathfrak{G} = \mathfrak{G}_O\mathfrak{T}$, $\mathfrak{D} = \mathfrak{D}_O\mathfrak{T}$ die Isomorphismen $\mathfrak{G}/\mathfrak{T} \cong \mathfrak{G}_O$, $\mathfrak{D}/\mathfrak{T} \cong \mathfrak{D}_O$. Insbesondere erkennt man, daß die „lokalen" Gruppen $\mathfrak{G}_O$, und auch $\mathfrak{D}_O$ in allen Punkten O isomorph sind.

Aufgabe. Jede der beiden folgenden Forderungen ist mit Axiom R äquivalent:

a) Ist A, B, C ein bei C rechtwinkliges Dreieck, ist C' Mittelpunkt von A, B und B' Mittelpunkt von A, C, so ist $(C', B') \perp (A, C)$.

b) Sind A, B, C drei verschiedene Punkte einer nicht mit O inzidierenden Geraden, so sind die Punkte O^A, O^B, O^C kollinear.

9. Die absolute Polar-Involution in der Idealebene einer metrisch-euklidischen Bewegungsgruppe. Auf Grund des Rechtseitsatzes 13 haben die Lotbüschel Eigenschaften, die für die metrisch-euklidischen Ebenen charakteristisch sind. Ist O ein beliebiger Punkt, so ist jedes Lotbüschel das Lotbüschel einer Geraden durch O, also die Gesamtheit der Lotbüschel die Polare von $G(O)$:

Die Gesamtheit aller Lotbüschel ist eine Idealgerade. (R)

Diese Idealgerade, die Polare aller eigentlichen Idealpunkte, nennen wir die *unendlichferne Idealgerade*, ihre Idealpunkte — die Lotbüschel — die *unendlichfernen Idealpunkte*.

Enthalten zwei Lotbüschel zwei zueinander senkrechte Geraden, so sind nach Satz 13 je zwei Geraden der beiden Lotbüschel zueinander senkrecht. Es gibt also eine „Orthogonalität der Lotbüschel"; zueinander senkrechte Lotbüschel bezeichnen wir als zueinander *polare* unendlichferne Idealpunkte. Die Polar-Beziehung ist eine elliptische Involution auf der unendlichfernen Idealgeraden; sie ist projektiv, da nach § 5, Satz 5 die Rechtwinkelinvolution in einem eigentlichen Büschel $G(O)$ projektiv ist und da zueinander senkrechte Idealgeraden, welche den eigentlichen Idealpunkt $G(O)$ enthalten [also Idealgeraden $g(a)$, $g(b)$ mit $a \perp b$ und $a, b \mathrel{I} O$], die unendlichferne Idealgerade in zueinander polaren Idealpunkten schneiden. Daher gilt:

Die Polar-Involution der unendlichfernen Idealpunkte ist eine projektive elliptische Involution auf der unendlichfernen Idealgeraden. (R)

Diese Involution definiert in der Idealebene eine singuläre projektive Metrik. Jeder unendlichferne Idealpunkt ist der Pol aller eigentlichen Idealgeraden, welche den zu ihm polaren unendlichfernen Idealpunkt enthalten. Jede Spiegelung an einer Geraden der Gruppenebene induziert also nach Satz 10 eine Spiegelung der projektiv-metrischen Idealebene, mit einer eigentlichen Idealgeraden als Achse.

Unser Ergebnis ist:

Satz 16. *Die Idealebene einer metrisch-euklidischen Bewegungsgruppe ist eine singuläre projektiv-metrische Ebene, mit der Polar-Involution der unendlichfernen Idealpunkte als absoluter Involution. Die Bewegungen der metrisch-euklidischen Gruppenebene induzieren Bewegungen der singulären projektiv-metrischen Idealebene.*

Die Translationen der Gruppenebene induzieren in der Idealebene projektive Translationen im Sinne von § 5,3, mit der unendlichfernen Idealgeraden als Achse. (Indem man eine Translation der Gruppenebene als Produkt von Spiegelungen an zwei Punkten der Gruppenebene darstellt, kann man dies aus Satz 10′ und § 5,3, (ii) entnehmen.) Die zweite Aussage von Satz 16 kann man auf Grund von Satz 6 und Satz 15 präzisieren:

Korollar. *Die von der Bewegungsgruppe der metrisch-euklidischen Gruppenebene induzierte Untergruppe der Bewegungsgruppe der singulären projektiv-metrischen Idealebene ist das Produkt von*

1) *der Gruppe, welche erzeugt wird von allen Spiegelungen der projektiv-metrischen Idealebene, deren Achsen durch einen festen eigentlichen Idealpunkt gehen;*

2) *einer Untergruppe der Gruppe aller projektiven Translationen mit der unendlichfernen Idealgeraden als Achse.*

10. Die absolute Polarität in der Idealebene einer metrisch-nichteuklidischen Bewegungsgruppe. Wir setzen jetzt die Gültigkeit des Axioms $\sim$R der nichteuklidischen Metrik voraus.

Wir wollen zeigen, daß dann in der Idealebene eine Polarität existiert, für die in Übereinstimmung mit den früheren Definitionen gilt:

der Pol einer eigentlichen Idealgeraden $\mathsf{g}(a)$ ist der Idealpunkt $\mathsf{G}(a)$,
die Polare eines eigentlichen Idealpunktes $\mathsf{G}(A)$ ist die Idealgerade $\mathsf{g}(A)$.

Wir folgen einem Gedankengang von P. Bergau. [Vgl. auch S. 307.]

Um die Polarität allgemein zu definieren, verwenden wir die Halbdrehungen der Geraden, mit einem Aufpunkt O, welcher im folgenden durchweg festgehalten wird, und die von ihnen in der Idealebene induzierten Kollineationen. Zwei orthogonale Geraden der Gruppenebene gehen bei Anwendung einer Halbdrehung im allgemeinen nicht wieder in zwei orthogonale Geraden über. Und führt die von einer Halbdrehung induzierte Kollineation eine eigentliche Idealgerade $\mathsf{g}(a)$ in eine eigentliche Idealgerade $\mathsf{g}(b)$ über, so führt sie im allgemeinen das Lotbüschel $\mathsf{G}(a)$ nicht in das Lotbüschel $\mathsf{G}(b)$ über. Jedoch besteht zwischen $\mathsf{G}(a)$ und $\mathsf{G}(b)$ ein allgemeiner Zusammenhang, der sich mit Hilfe der gespiegelten Halbdrehung formulieren läßt: Die Inverse der von der gespiegelten Halbdrehung induzierten Kollineation führt $\mathsf{G}(a)$ in $\mathsf{G}(b)$ über.

Wie bei der Einführung der Idealgeraden wollen wir in unseren Aussagen Inverse von Halbdrehungen vermeiden, und sprechen das Gesetz folgendermaßen aus: *Führt die von einer Halbdrehung induzierte*

Kollineation die eigentliche Idealgerade $\mathfrak{g}(a)$ *in die eigentliche Idealgerade* $\mathfrak{g}(b)$ *über, so führt die von der gespiegelten Halbdrehung induzierte Kollineation das Lotbüschel* $\mathsf{G}(b)$ *in das Lotbüschel* $\mathsf{G}(a)$ *über.* Werden die Bildelemente hinsichtlich einer Halbdrehung mit einem oberen Stern bezeichnet, so sollen die Bildelemente hinsichtlich der gespiegelten Halbdrehung mit einem unteren Stern bezeichnet werden. Das behauptete Gesetz läßt sich dann wie folgt ausdrücken:

Lemma. *Es sei* * *eine Halbdrehung um* O. *Aus* $a^*=b$ *folgt* $\mathsf{G}(b)_*=\mathsf{G}(a)$, *d.h. es gilt die „Kürzungsregel des Sterns":*

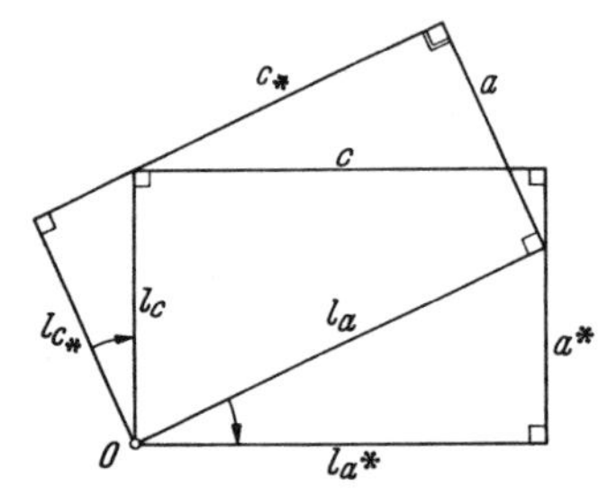

$$(11)\qquad \mathsf{G}(a^*)_*=\mathsf{G}(a).$$

Beweis. Es sei c eine beliebige Gerade mit $c \perp a^*$. Die Behauptung besagt: Es ist $c_* \perp a$.

Ist zunächst $a \,\mathrm{I}\, O$, so ist $a^*{}_*=a$; daher folgt die Behauptung aus (iii). Ferner ist die Behauptung für $a=O$ trivial.

Es sei nun $a \,\bar{\mathrm{I}}\, O$ und $a \neq O$. Dann ist auch $c \neq O$. Die eindeutig bestimmten Lote $l_a, l_{c_*}, l_c, l_{a^*}$ und die Geraden a, c_*, c, a^* erfüllen die Voraussetzungen von § 3, Satz 25; denn nach der Definition der Halbdrehungen * und $_*$ gilt:

$$l_a l_{a^*}=l_{c_*} l_c, \quad l_a \perp l_{a^*}, \quad a l_a \,\mathrm{I}\, a^*, \quad c l_c \,\mathrm{I}\, c_*.$$

Der Satz liefert die Behauptung.

Die in dem Lemma ausgesprochene Tatsache führt uns dazu, die folgende allgemeine Definition aufzustellen:

Definition. $\mathfrak{a}, \mathsf{A}$ heißt ein *Polare-Pol-Paar*, wenn es eine Halbdrehung * um O und eine Gerade a gibt, so daß

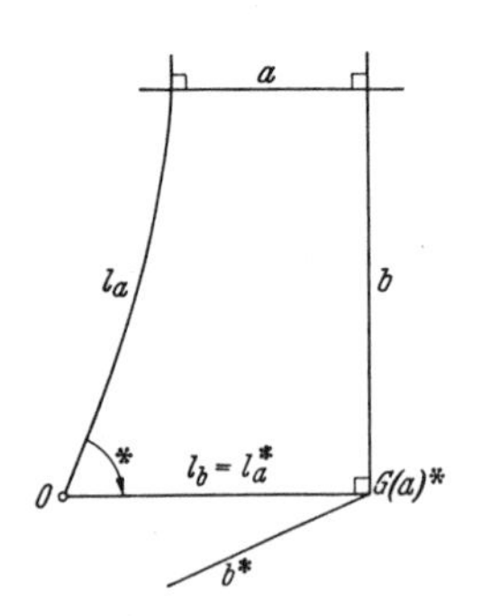

$$(12)\qquad \mathfrak{a}^*=\mathfrak{g}(a), \quad \mathsf{G}(a)_*=\mathsf{A}$$

ist. Ferner soll $\mathfrak{g}(O), \mathsf{G}(O)$ ein Polare-Pol-Paar heißen.

Es ist klar, daß nach dieser Definition jedes Paar $\mathfrak{g}(a), \mathsf{G}(a)$ ein Polare-Pol-Paar ist. Ferner gilt:

(xxi) *Jedes Paar* $\mathfrak{g}(A), \mathsf{G}(A)$ *ist ein Polare-Pol-Paar, im Sinne der Definition.*

Wir schalten, als Ergänzung zu Satz 4, zunächst eine Bemerkung über das *Eigentlich-Machen von Lotbüscheln* ein: Es sei $\mathsf{G}(a)$ ein Lotbüschel mit $a \,\bar{\mathrm{I}}\, O$ und $a \neq O$. Ist b eine beliebige Gerade aus $\mathsf{G}(a)$ mit $b \neq l_a$, so ist $b \neq O$

und wegen Axiom $\sim$R $l_a l_b$ nicht involutorisch. Die zu dem Gruppenelement $l_a l_b$ gehörige Halbdrehung führt dann das Lotbüschel $G(a)$ in das eigentliche Büschel $G(bl_b)$ über.

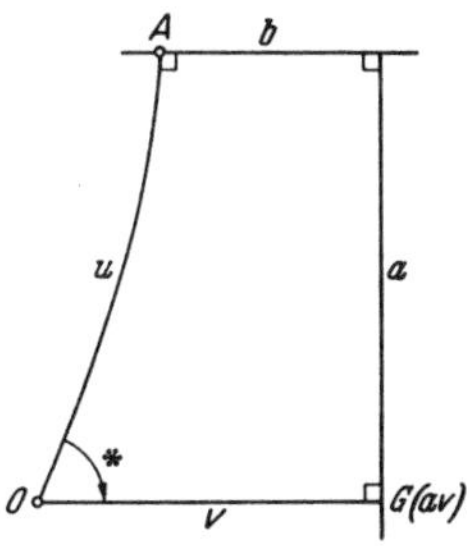

Beweis von (xxi). Gilt Axiom P, so ist der Punkt A einer Geraden a, und daher das Paar $g(A), G(A)$ einem Paar $g(a), G(a)$ gleich (vgl. 5).

Es darf also Axiom $\sim$P vorausgesetzt werden. Für $A = O$ ist die Behauptung nach Definition richtig. Sei also $A \neq O$. Es werde $(O, A) = u$, $uA = b$ gesetzt; es sei $a \neq u$ eine Senkrechte zu b, und $v = (O, a)$. Das Gruppenelement uv ist wegen Axiom $\sim$R nicht involutorisch, und definiert daher eine Halbdrehung, welche mit * bezeichnet sei. Mit der eben gemachten Ergänzung zu Satz 4 erkennt man, daß $g(A)^* = (G(u), G(b))^* = (G(u)^*, G(b)^*) = (G(v), G(av)) = g(a)$ und $G(a)_* = G(A)$ ist.

(xxii) (Eindeutigkeit) · a) *Jede Idealgerade hat höchstens einen Pol.* b) *Jeder Idealpunkt hat höchstens eine Polare.*

Beweis. Die Behauptungen sind richtig für $g(O)$ und $G(O)$, da sie bei allen durch Halbdrehungen um O induzierten Kollineationen in sich übergehen.

Es seien nun a, A und b, B Polare-Pol-Paare mit $a, b \neq g(O)$ und $A, B \neq G(O)$. Nach Definition gibt es Halbdrehungen $*, {}^\circ$ und Geraden a, b, so daß

$$(13) \qquad a^* = g(a), \quad G(a)_* = A,$$

$$(14) \qquad b^\circ = g(b), \quad G(b)_\circ = B$$

ist. Die Richtigkeit der Behauptung erkennt man, indem man die beiden Halbdrehungen hintereinander ausführt. Aus (13) und (14) folgen, unter Verwendung der Kommutativität der Halbdrehungen und des Lemmas:

$$(15\text{a}) \quad a^{*\circ} = g(a)^\circ = g(a^\circ), \qquad (15\text{b}) \quad G(a^\circ)_{*\circ} = G(a^\circ)_{\circ *} = G(a)_* = A,$$

$$(16\text{a}) \quad b^{*\circ} = b^{\circ *} = g(b)^* = g(b^*), \qquad (16\text{b}) \quad G(b^*)_{*\circ} = G(b)_\circ = B.$$

Ist nun $a = b$, so gilt nach (15a) und (16a) $g(a^\circ) = g(b^*)$, also $a^\circ = b^*$, also $G(a^\circ) = G(b^*)$, also nach (15b) und (16b) $A = B$. Dieser Schluß ist umkehrbar, da wegen Axiom $\sim$R aus $G(a^\circ) = G(b^*)$ auch umgekehrt $a^\circ = b^*$ folgt.

Folgerung. *a, A sei ein Polare-Pol-Paar und * eine Halbdrehung um O. Aus $a^* = g(a)$ folgt $G(a)_* = A$, und umgekehrt.*

(xxiii) *Sei * eine beliebige Halbdrehung um O und* $\mathsf{a}^* = \mathsf{b}$, $\mathsf{B}_* = \mathsf{A}$. *Ist* a, A *ein Polare-Pol-Paar, so ist auch* b, B *ein Polare-Pol-Paar, und umgekehrt.*

Beweis. Für $\mathsf{a} = \mathsf{g}(O)$ ist der Satz trivial. Es sei also $\mathsf{a} \neq \mathsf{g}(O)$. Dann gibt es eine Halbdrehung $^\circ$ und eine Gerade a, so daß

$$\mathsf{a}^\circ = \mathsf{g}(a) \tag{17}$$

ist. Wegen $\mathsf{a}^* = \mathsf{b}$ ist dann

$$\mathsf{b}^\circ = \mathsf{a}^{*\circ} = \mathsf{a}^{\circ *} = \mathsf{g}(a)^* = \mathsf{g}(a^*). \tag{18}$$

Ist nun a, A ein Polare-Pol-Paar, so gilt wegen (17) nach der Folgerung von (xxii) $\mathsf{G}(a)_\circ = \mathsf{A}$, und daher wegen $\mathsf{B}_* = \mathsf{A}$: $\mathsf{G}(a)_\circ = \mathsf{G}(a^*)_{*\circ} = \mathsf{G}(a^*)_{\circ *} = \mathsf{B}_*$, also $\mathsf{G}(a^*)_\circ = \mathsf{B}$; mithin ist wegen (18) b, B ein Polare-Pol-Paar.

Ist b, B ein Polare-Pol-Paar, so gilt wegen (18) nach der Folgerung von (xxii) $\mathsf{G}(a^*)_\circ = \mathsf{B}$, also wegen $\mathsf{B}_* = \mathsf{A}$: $\mathsf{G}(a^*)_{\circ *} = \mathsf{G}(a^*)_{*\circ} = \mathsf{G}(a)_\circ = \mathsf{A}$; mithin ist wegen (17) a, A ein Polare-Pol-Paar.

Mit (xxii) ergibt sich dann:

Folgerung. a, A *und* b, B *seien Polare-Pol-Paare, und * eine Halbdrehung um O. Aus* $\mathsf{a}^* = \mathsf{b}$ *folgt* $\mathsf{B}_* = \mathsf{A}$, *und umgekehrt.*

(xxiv) (Existenz) a) *Jede Idealgerade hat einen Pol.* b) *Jeder Idealpunkt hat eine Polare.*

Beweis. a) $\mathsf{g}(O)$ hat $\mathsf{G}(O)$ als Pol. Ist $\mathsf{a} \neq \mathsf{g}(O)$, so gibt es eine Halbdrehung * und eine Gerade a, so daß $\mathsf{a}^* = \mathsf{g}(a)$ ist. Dann ist $\mathsf{G}(a)_*$ ein Pol von a.

b) Ein Idealpunkt $\mathsf{A} \in \mathsf{g}(O)$ ist ein Lotbüschel $\mathsf{G}(a)$; eine Polare ist $\mathsf{g}(a)$. Ist $\mathsf{A} \notin \mathsf{g}(O)$, so gibt es nach Satz 4 eine Halbdrehung * und einen Punkt A, so daß $\mathsf{A}^* = \mathsf{G}(A)$ ist; $\mathsf{g}(A)$ ist nach (xxi) eine Polare von $\mathsf{G}(A)$, und daher $\mathsf{g}(A)_*$ nach (xxiii) eine Polare von A[1].

(xxv) (Inzidenztreue) a, A *und* b, B *seien Polare-Pol-Paare. Aus* $\mathsf{A} \in \mathsf{b}$ *folgt* $\mathsf{B} \in \mathsf{a}$.

Beweis. a) Sei $\mathsf{A} \in \mathsf{g}(O)$. Dann ist A ein Lotbüschel $\mathsf{G}(a)$ mit $a \mathrm{I} O$, also $\mathsf{a} = \mathsf{g}(a)$ [(xxii)]. Ist $\mathsf{b} = \mathsf{g}(O)$, so ist die Behauptung richtig. Ist $\mathsf{b} \neq \mathsf{g}(O)$, so gibt es eine Halbdrehung * und eine Gerade b, so daß

$$\mathsf{b}^* = \mathsf{g}(b) \tag{19}$$

ist. Dann ist $\mathsf{A}^* = \mathsf{G}(a)^* = \mathsf{G}(a^*)$, da $a \mathrm{I} O$ gilt. Aus $\mathsf{A} \in \mathsf{b}$ folgt $\mathsf{A}^* \in \mathsf{b}^*$, also $\mathsf{G}(a^*) \in \mathsf{g}(b)$, also $b \perp a^*$, also $a^* \perp b$, also $\mathsf{G}(b) \in \mathsf{g}(a^*)$, also $\mathsf{G}(b)_* \in \mathsf{g}(a^*)_*$, also, da $a^*{}_* = a$ (wegen $a \mathrm{I} O$) und daher $\mathsf{g}(a^*)_* = \mathsf{g}(a^*{}_*) = \mathsf{g}(a)$

[1] Man beachte, daß die gespiegelte Halbdrehung zu einer mit unterem Stern bezeichneten Halbdrehung die mit oberem Stern bezeichnete Halbdrehung ist.

ist:

(20) $$G(b)_* \in g(a).$$

Da nun b, B ein Polare-Pol-Paar ist, gilt wegen (19) nach der Folgerung von (xxii) $G(b)_* = B$. Ferner ist $g(a) = a$. Mithin besagt (20): $B \in a$.

b) Sei $A \notin g(O)$. Dann gibt es eine Halbdrehung * und einen Punkt A, so daß $A^* = G(A)$ ist. Aus $A \in b$ folgt $A^* \in b^*$, also $G(A) \in b^*$; daher ist b^* nach Satz 6 eine eigentliche Idealgerade $g(b)$ mit $b \mathrm{I} A$, und also $G(b) \in g(A)$, also

(21) $$G(b)_* \in g(A)_*.$$

Wie eben gilt $G(b)_* = B$. Da nach (xxi) $g(A), G(A)$ und nach Voraussetzung a, A ein Polare-Pol-Paar ist, gilt wegen $A^* = G(A)$ nach der Folgerung von (xxiii): $g(A)_* = a$. Mithin besagt (21): $B \in a$.

Die durch unsere Definition erklärte Polare-Pol-Beziehung ist auf Grund der Sätze (xxii), (xxiv), (xxv) eine involutorische Korrelation, und wir können zusammenfassend den folgenden Satz aussprechen:

Satz 17. *In der Idealebene einer metrisch-nichteuklidischen Bewegungsgruppe gibt es eine Polarität, in die sich die — bereits in der Idealebene einer beliebigen Bewegungsgruppe definierten — Pole eigentlicher Idealgeraden und Polaren eigentlicher Idealpunkte einordnen.*

Aus den allgemeinen Eigenschaften der Polarität folgt: a, A ist dann und nur dann ein Polare-Pol-Paar, wenn a die Pole von zwei verschiedenen eigentlichen Idealgeraden verbindet, welche sich in A schneiden. Die Polare-Pol-Beziehung läßt sich also allein mit dem Begriff „Pol einer eigentlichen Idealgeraden" und der Inzidenz in der Idealebene, ohne Verwendung von Halbdrehungen, beschreiben. Die von uns konstruierte Polarität ist daher insbesondere unabhängig von der Wahl des Aufpunktes der Halbdrehungen. Und es gilt:

Korollar 1. *In der Idealebene gibt es nur eine Polarität, in die sich die Pole eigentlicher Idealgeraden einordnen.*

In der Idealebene erhält man zu jedem Idealpunkt A, welcher der Idealgeraden $g(O)$ angehört, die Polare, indem man A mit $G(O)$ durch eine Idealgerade $g(b)$ verbindet und durch $G(O)$ die Idealgerade $g(a)$ zieht, für welche $a \perp b$ ist. Da die Abbildung von $g(b)$ auf $g(a)$ nach § 5, Satz 5 projektiv ist, ist also auch die Abbildung der Idealpunkte von $g(O)$ auf ihre Polaren projektiv. Daher gilt nach dem Hilfssatz aus § 5,4:

Korollar 2. *Die Polarität ist projektiv.*

Diese Polarität definiert in der Idealebene eine ordinäre projektive Metrik. Jede Spiegelung an einer Geraden der Gruppenebene induziert nach Satz 10 eine Spiegelung der projektiv-metrischen Idealebene, mit einer eigentlichen Idealgeraden als Achse.

Unser Ergebnis ist:

Satz 18. *Die Idealebene einer metrisch-nichteuklidischen Bewegungsgruppe ist eine ordinäre projektiv-metrische Ebene; ihre absolute Polarität ist durch die Orthogonalität der Gruppenebene eindeutig bestimmt. Die Bewegungen der metrisch-nichteuklidischen Gruppenebene induzieren Bewegungen der ordinären projektiv-metrischen Idealebene.*

Zum Schluß sei das Gesetz, mit dessen Hilfe wir die Polarität konstruiert haben, noch einmal als Aussage über Abbildungen der Idealebene formuliert:

Transformiert man eine Halbdrehung der Idealebene mit der absoluten Polarität, so entsteht die Inverse der gespiegelten Halbdrehung [(xxiii)].

Aufgaben. 1. Gilt Axiom R, so bleibt bei den Halbdrehungen der Geraden die Orthogonalität erhalten.

2. Man kann den Existenzsatz (xxiv) unmittelbar im Anschluß an die Definition der Polare-Pol-Beziehung beweisen. Für b) zeige man [ohne (xxi) bis (xxiii) zu benutzen]: Jeder Idealpunkt $\mathbf{A} \neq \mathbf{G}(O)$ ist Bild eines Lotbüschels: Es gibt eine Halbdrehung * um $\mathbf{G}(O)$ und eine Gerade a, so daß $\mathbf{G}(a)^* = \mathbf{A}$ ist ($\sim$R).

11. Haupt-Theorem. Für die Bewegungsgruppen $\mathfrak{G}$, $\mathfrak{S}$, welche durch unser Axiomensystem aus § 3,2 gegeben sind, gilt auf Grund der Sätze 11, 16, 18:

Die Idealebene einer Bewegungsgruppe ist eine projektiv-metrische Ebene.

Und auf Grund der Konstruktion der Gruppenebene und der Idealebene besteht zwischen der Gruppe $\mathfrak{G}, \mathfrak{S}$ und der Bewegungsgruppe der projektiv-metrischen Idealebene folgender Zusammenhang:

Jedem Element von $\mathfrak{S}$ entspricht zunächst die Spiegelung an einer Geraden der Gruppenebene, und diese bewirkt nach Satz 10 eine Spiegelung der projektiv-metrischen Idealebene, mit einer eigentlichen Idealgeraden als Achse und ihrem Pol als Zentrum; daher entspricht dem Erzeugendensystem $\mathfrak{S}$ von $\mathfrak{G}$ ein Teilsystem des vollen, in § 5,5 definierten Erzeugendensystems der Bewegungsgruppe der projektiv-metrischen Idealebene. Die abstrakte Gruppe $\mathfrak{G}$, welche ja durch die Bewegungsgruppe der Gruppenebene dargestellt wird, wird daher auch durch die von diesem Teilsystem erzeugte Untergruppe der Bewegungsgruppe der projektiv-metrischen Idealebene dargestellt.

Wir fassen das Ergebnis der Begründung der ebenen metrischen Geometrie aus unserem Axiomensystem zusammen in dem

Haupt-Theorem. *Die Bewegungsgruppen, welche dem Axiomensystem aus § 3,2 genügen, sind als Untergruppen von Bewegungsgruppen projektiv-metrischer Ebenen darstellbar.*

Kurz gefaßt besagt das Haupt-Theorem: *Bewegungsgruppen metrischer Ebenen sind Untergruppen von Bewegungsgruppen projektiv-metrischer Ebenen.*

Das Haupt-Theorem macht die durch das Axiomensystem gegebenen Bewegungsgruppen und die durch sie definierten metrischen Ebenen der Behandlung mit geläufigen algebraischen Methoden der analytischen Geometrie zugänglich — wie in Kap. III näher ausgeführt werden soll.

Aufgabe. Ist in einer projektiv-metrischen Ebene E_{pm} eine metrische Teilebene E_m gegeben und gehört jede Gerade von E_{pm}, welche wenigstens einen Punkt der Teilebene E_m enthält, der Teilebene E_m an, so ist die Ebene E_{pm} zu der projektiv-metrischen Idealebene der Ebene E_m isomorph.

12. Euklidische und elliptische Bewegungsgruppen. Von besonderem Interesse sind unter den Bewegungsgruppen, welche unserem Axiomensystem genügen, diejenigen, die sich als volle Bewegungsgruppen projektiv-metrischer Ebenen darstellen lassen.

Wir stellen genauer im Anschluß an den Gedankengang aus 11 die Frage: *Welche von den axiomatisch gegebenen Bewegungsgruppen* $\mathfrak{G}, \mathfrak{S}$ *werden erzeugendentreu durch Bewegungsgruppen projektiv-metrischer Ebenen dargestellt,* d.h. so, daß das Erzeugendensystem $\mathfrak{S}$ durch das volle Erzeugendensystem der Bewegungsgruppe der projektiv-metrischen Ebene dargestellt wird?

Eine notwendige und hinreichende Bedingung hierfür ist, wie die Überlegung aus 11 lehrt:

(*) *Die erzeugenden Spiegelungen der Bewegungsgruppe der projektiv-metrischen Idealebene haben sämtlich eigentliche Idealgeraden als Achsen.*

Es ist leicht, die Bewegungsgruppen, in deren Idealebene diese Bedingung erfüllt ist, axiomatisch zu kennzeichnen.

Nach Axiom 1 sind zwei Punkte und nach § 3, Satz 2 ein Punkt und eine Gerade stets im Sinne der Definition aus § 3,1 verbindbar; in beiden Fällen gibt es eine verbindende Gerade. Dagegen sind zwei Geraden — selbst wenn Axiom R oder Axiom $\sim$R vorausgesetzt wird —, im allgemeinen nicht verbindbar. Wir betrachten als ein neues Zusatzaxiom die Forderung, daß je zwei Geraden verbindbar sind, d.h. einen Punkt oder ein Lot gemein haben. Dies ist das *Verbindbarkeitsaxiom:*

Axiom V*. *Zu zwei Geraden* a, b *gibt es stets einen Punkt* C *mit* $a, b \mathrel{I} C$ *oder eine Gerade* c *mit* $a, b \perp c$.

Eine metrisch-euklidische Bewegungsgruppe, in der Axiom V* gilt, nennen wir eine *euklidische Bewegungsgruppe.* In einer euklidischen Gruppenebene, die durch eine solche Gruppe gegeben wird, sind die in 8 als Lotgleiche eingeführten Parallelen die einzigen Nichtschneidenden (sofern sie verschieden sind); zu jeder Geraden gibt es durch jeden nicht auf ihr liegenden Punkt genau eine Nichtschneidende (diese euklidische Forderung ist mit den Zusatzaxiomen R, V* gleichwertig), und es gelten die affinen Inzidenzaxiome. In der Idealebene einer euklidischen Bewegungsgruppe sind die unendlichfernen Idealpunkte (die Lotbüschel) die einzigen uneigentlichen Idealpunkte; die unendlichferne Idealgerade ist die einzige uneigentliche Idealgerade. Daher ist die Bedingung (*) erfüllt, und es gilt:

THEOREM 1. *Jede euklidische Bewegungsgruppe läßt sich erzeugendentreu als Bewegungsgruppe einer singulären projektiv-metrischen Ebene darstellen.*

Ferner erfüllen die elliptischen Bewegungsgruppen die Bedingung (*); in einer elliptischen Gruppenebene gelten die projektiven Inzidenzaxiome, und in der Idealebene sind alle Idealpunkte und -geraden eigentlich. Daher gilt:

THEOREM 2. *Jede elliptische Bewegungsgruppe läßt sich erzeugendentreu als Bewegungsgruppe einer elliptischen projektiv-metrischen Ebene darstellen.*

In den Theoremen 1 und 2, die sich hier als Spezialfälle aus der allgemeinen Untersuchung dieses Paragraphen ergeben, ist das Ergebnis der Begründung der euklidischen und der elliptischen Geometrie aus unseren Axiomen ausgesprochen. Die speziellen Theoreme lassen sich aber offensichtlich viel einfacher gewinnen als das Haupt-Theorem, da das Erweiterungsproblem im elliptischen Fall entfällt und im euklidischen Fall belanglos ist; insbesondere braucht man zum Beweis der beiden speziellen Theoreme keine Halbdrehungen.

Die euklidischen und die elliptischen Bewegungsgruppen sind die einzigen Bewegungsgruppen, welche unserem Axiomensystem genügen und die eingangs präzisierte Vollständigkeits-Eigenschaft besitzen. Denn für eine metrisch-euklidische Bewegungsgruppe $\mathfrak{G}, \mathfrak{S}$ besagt die Bedingung (*), daß in ihrer Idealebene die unendlichferne Idealgerade die einzige uneigentliche Idealgerade ist; dazu muß $\mathfrak{G}, \mathfrak{S}$ euklidisch sein. Damit für eine metrisch-nichteuklidische Bewegungsgruppe $\mathfrak{G}, \mathfrak{S}$ die Bedingung (*) erfüllt ist, müssen in ihrer Idealebene die Polardreiecke eigentliche Idealgeraden als Seiten haben; dann muß $\mathfrak{S}$ Tripel paarweise orthogonaler Geraden enthalten, also $\mathfrak{G}, \mathfrak{S}$ elliptisch sein.

Wir wollen nun noch zeigen, daß eine endliche Bewegungsgruppe, welche unserem Axiomensystem genügt, stets die eingangs präzisierte Vollständigkeits-Eigenschaft besitzen muß. Zunächst ist nach § 3, Satz 16 klar: Ist $\mathfrak{G}, \mathfrak{S}$ eine Bewegungsgruppe, welche unserem Axiomensystem genügt, so ist $\mathfrak{G}$ dann und nur dann endlich, wenn $\mathfrak{S}$ endlich ist. Und man beweist leicht:

Satz 19. *Eine endliche Bewegungsgruppe, welche unserem Axiomensystem genügt, kann nur euklidisch oder elliptisch sein.*

Beweis. Ist eine Bewegungsgruppe gegeben, welche weder euklidisch noch elliptisch ist, so gibt es Geraden a, b, welche keinen Punkt gemein haben und nicht lotgleich sind. Es gibt dann einen Punkt O auf a derart, daß das Lot $(O, b) = l_b$ nicht zu a senkrecht ist. Zu dem Gruppenelement al_b gehört eine Halbdrehung der Geraden, mit O als Aufpunkt. Bei dieser Halbdrehung besitzt die Gerade b kein Urbild. Also ist die Halbdrehung, welche ja eine eineindeutige Abbildung von $\mathfrak{S}$ in sich ist, eine eineindeutige Abbildung von $\mathfrak{S}$ auf eine echte Teilmenge. Daher ist $\mathfrak{S}$ unendlich.

Satz 19 läßt sich verschärfen; denn es gilt:

Satz 20. *Es gibt keine endlichen elliptischen Bewegungsgruppen.*

Zunächst eine allgemeine Bemerkung: In jeder metrischen Ebene zerfällt die Menge der Punkte in *Klassen ineinander beweglicher Punkte*, da die Relation „es gibt eine Bewegung γ mit $A^\gamma = B$" eine Äquivalenzrelation auf der Menge der Punkte ist. Zwei ineinander bewegliche Punkte besitzen einen Mittelpunkt, und lassen sich daher bereits durch eine Punktspiegelung ineinander überführen. Zu einem gegebenen Punkt A erhält man daher die Klasse $K(A)$ der in A beweglichen Punkte, indem man A an allen Punkten der Ebene spiegelt. Im nicht-elliptischen Fall sind zwei solche Spiegelpunkte A^C und $A^{C'}$ mit $C \neq C'$ stets voneinander verschieden. Im elliptischen Fall sind gewisse Spiegelpunkte A^C und $A^{C'}$ mit $C \neq C'$ einander gleich: Es ist $A^C = A^{C'} = A$ dann und nur dann, wenn entweder C, C' beide zu A polar sind oder wenn C, C' ein polares Punktepaar ist, welches den Punkt A enthält; und es ist $A^C = A^{C'} \neq A$ dann und nur dann, wenn C, C' ein mit A kollineares polares Punktepaar mit $C, C' \neq A$ ist. In einer elliptischen Ebene erhält man daher jeden von A verschiedenen Punkt aus $K(A)$ genau einmal, indem man A an je einem Punkt aus jedem mit A kollinearen polaren Punktepaar C, C' spiegelt, in welchem $C, C' \neq A$ sind. Alles dies ergibt sich aus Sätzen aus § 3,10.

Durch Betrachtung der Klassen ineinander beweglicher Punkte erhält man, wie H. Karzel bemerkt hat, einen

Beweis von Satz 20. Man denke sich eine endliche elliptische Ebene. Sie ist eine Ebene mit endlich vielen Punkten und Geraden, für die die projektiven Inzidenzaxiome gelten. Auf jeder Geraden liegen gleich viele, etwa $n+1$ Punkte $(n > 1)$. Durch jeden Punkt gehen dann auch genau $n+1$ Geraden, und die Gesamtzahl der Punkte sowie der Geraden ist $n^2 + n + 1$.

Wir zählen die Punkte aus einer Klasse $K(A)$ ab. Auf einer Geraden durch A ist die Anzahl der polaren Punktepaare C, C' mit $C, C' \neq A$ gleich $(n-1)/2$. In der Ebene ist daher die Anzahl der mit A kollinearen polaren Punktepaare C, C' mit $C, C' \neq A$ gleich $(n+1)(n-1)/2 = (n^2-1)/2$. Nach der Vorbemerkung enthält daher $K(A)$ genau $1 + (n^2-1)/2 = (n^2+1)/2$ Punkte[1].

Die Menge aller Punkte der Ebene zerfällt also in Klassen von je $(n^2+1)/2$ Punkten. Daher muß die Gesamtzahl der Punkte durch $(n^2+1)/2$ teilbar sein. Aber $[n^2+n+1]/[(n^2+1)/2] = 2 + [2n/(n^2+1)]$ ist für $n > 1$ nicht ganz. Die Annahme, es gebe eine endliche elliptische Ebene, führt so auf einen Widerspruch.

Aus den Sätzen 19 und 20 ergibt sich

THEOREM 3. *Eine endliche Bewegungsgruppe, welche dem Axiomensystem aus* § 3,2 *genügt, kann nur euklidisch sein.*

Zum Schluß sei eine Bemerkung über die metrisch-nichteuklidischen Bewegungsgruppen angefügt, in denen das Axiom V* gilt. Das Axiom V* gilt in den elliptischen Bewegungsgruppen. In einer metrisch-nichteuklidischen Bewegungsgruppe $\mathfrak{G}, \mathfrak{S}$, in der das Axiom V* gilt, braucht aber das Axiom P nicht zu gelten. Es ist nämlich möglich, daß zwei verschiedene Geraden stets entweder einen Punkt oder genau ein Lot gemein haben (diese Aussage ist mit den Axiomen $\sim$R, V*, $\sim$P gleichwertig). Man kann dann jedoch stets das Erzeugendensystem $\mathfrak{S}$ so erweitern, daß das Axiom P gilt:

Satz 21. *Ist* $\mathfrak{G}, \mathfrak{S}$ *eine metrisch-nichteuklidische Bewegungsgruppe, in der das Axiom* V* *gilt, und ist* $\mathfrak{S}'$ *die Gesamtheit der involutorischen Elemente aus* $\mathfrak{G}$, *so ist* $\mathfrak{G}, \mathfrak{S}'$ *eine elliptische Bewegungsgruppe.*

Eine Bewegungsgruppe $\mathfrak{G}, \mathfrak{S}$, welche dem Axiomensystem aus § 3,2 und den Zusatzaxiomen $\sim$R, V*, $\sim$P genügt, nennen wir eine *halbelliptische Bewegungsgruppe*. Eine halbelliptische Bewegungsgruppe läßt sich nicht erzeugendentreu als Bewegungsgruppe einer projektiv-metrischen Ebene darstellen.

Literatur zu § 6. HJELMSLEV [1], [2], F. SCHUR [1], ARNOLD SCHMIDT [1], BOCZECK [1], LINGENBERG [1]. Eine andere Herleitung des Satzes 17 gibt LINGENBERG in [1].

Note über freie Beweglichkeit.

Die Bewegungsgruppen der in § 3,3 erklärten Gruppenebenen (der metrischen Ebenen) sind im allgemeinen weder auf der Menge der Punkte noch auf der Menge der Geraden transitiv. Die klassische Forderung, daß alle Punkte und auch alle Geraden ineinander beweglich sind, wäre ein einschneidendes Zusatzaxiom, dessen Bedeutung wir jetzt

[1] Eine andere Möglichkeit, die gesuchte Anzahl der Punkte in $K(A)$ zu berechnen, ergibt sich daraus, daß diese Anzahl gleich dem Index des Normalisators von A in der elliptischen Bewegungsgruppe ist und sich daher als Quotient der Ordnungen dieser beiden Gruppen bestimmen läßt.

kurz diskutieren wollen. Wir denken uns für das Folgende eine beliebige Bewegungsgruppe gegeben, welche dem Axiomensystem aus § 3,2 genügt.

Zunächst bemerken wir: Sind zwei Punkte gegeben und gibt es eine Bewegung, welche den einen in den anderen überführt, so gibt es auch eine *gerade* Bewegung, welche dies leistet. Das gleiche gilt für zwei Geraden. Andererseits kann man fragen, ob zwei ineinander bewegliche Punkte bzw. Geraden auch stets ineinander *spiegelbar* sind, d.h. ob sie ein Mittelelement besitzen. Wir zeigen:

Satz 1. a) *Zwei ineinander bewegliche Punkte haben einen Mittelpunkt.* b) *Zwei sich schneidende, ineinander bewegliche Geraden haben eine Winkelhalbierende.*

Beweis von a). Vgl. die erste Teilaussage von § 3, Satz 28.

Beweis von b). Es seien zwei Geraden $a \neq b$ mit einem gemeinsamen Punkt C gegeben, und es gebe eine Bewegung γ mit $a^\gamma = b$; γ darf als gerade angenommen werden. Wir zeigen zunächst, daß es dann auch eine gerade Bewegung gibt, welche a in b überführt und C festläßt. Ist $C^\gamma = C$, so hat bereits γ die gewünschte Eigenschaft. Es sei nun $C^\gamma \neq C$. Wegen $C\,\mathrm{I}\,a$ gilt $C^\gamma\,\mathrm{I}\,b$; es ist also $(C, C^\gamma) = b$. Nach a) haben C, C^γ einen Mittelpunkt M. Dann hat γM die gewünschte Eigenschaft. Denn es ist $C^{\gamma M} = C$, und $(C, C^\gamma)^M = (C, C^\gamma)$, also $b^M = b$, und daher $a^{\gamma M} = b^M = b$.

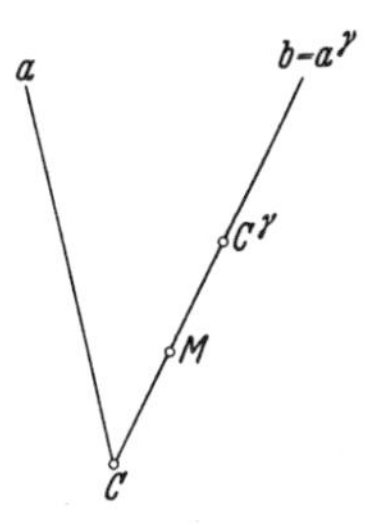

Es gibt also eine gerade Bewegung uv mit $a^{uv} = b$ und $C^{uv} = C$. Ist uv nicht involutorisch, so folgt aus $C^{uv} = C$ nach dem Lemma über Fixelemente (§ 3,10) $u, v\,\mathrm{I}\,C$; dann ist auv eine Gerade m mit $m\,\mathrm{I}\,C$, und $a^m = a^{auv} = a^{uv} = b$, also m eine Winkelhalbierende von a, b. Ist uv involutorisch, also ein Punkt M mit $a^M = b$ und $C^M = C$, so ist, da (wegen $a^C = a \neq b$) $M \neq C$ ist, MC involutorisch. Dieser Fall ist also nur möglich, wenn Axiom P gilt (§ 3, Satz 23). Es gibt dann eine Gerade m mit $M = m$; für sie gilt $a^m = b$ und $m\,\mathrm{I}\,C$, sie ist also eine Winkelhalbierende von a, b.

Wir definieren nun: Eine Bewegungsgruppe $\mathfrak{G}, \mathfrak{S}$, welche dem Axiomensystem aus § 3,2 genügt, besitzt *freie Beweglichkeit*, wenn in ihrer Gruppenebene jedes inzidente Paar Punkt, Gerade in jedes inzidente Paar Punkt, Gerade durch eine Bewegung übergeführt werden kann, wenn es also zu gegebenen Paaren A, a und B, b mit $A\,\mathrm{I}\,a$ und $B\,\mathrm{I}\,b$ stets ein $\gamma \in \mathfrak{G}$ gibt, so daß $A^\gamma = B$ und $a^\gamma = b$ ist. Gibt es eine solche Bewegung γ, so gibt es wegen der Starrheit der Bewegungen (§ 3, Satz 26) genau vier Bewegungen, die dies leisten.

Freie Beweglichkeit kann gleichwertig auch durch die Forderung definiert werden, daß jedes geordnete Paar orthogonaler Geraden in jedes geordnete Paar orthogonaler Geraden durch eine Bewegung übergeführt werden kann.

Satz 2. *Freie Beweglichkeit ist mit jeder der drei folgenden Forderungen gleichwertig:*

1) *Alle Punkte sind ineinander beweglich, und alle Geraden sind ineinander beweglich;*

2) *Je zwei Punkte haben einen Mittelpunkt, und je zwei sich schneidende Geraden haben eine Winkelhalbierende (Alle Strecken und Winkel sind halbierbar);*

3) *Jede gerade Bewegung, welche eine Fixgerade oder einen Fixpunkt besitzt, ist Quadrat.*

Beweis. Aus freier Beweglichkeit folgt trivialerweise 1), und aus 1) folgt 2) auf Grund von Satz 1. Aus 2) folgt umgekehrt freie Beweglichkeit: Sind A, a und B, b mit $A \mathrm{I} a$ und $B \mathrm{I} b$ gegeben, so gibt es nach 2) einen Mittelpunkt M von A, B, und (wegen $a^M, b \mathrm{~I~} B$) eine Winkelhalbierende m von a^M und b, mit $m \mathrm{I} B$; dann ist $A^{Mm} = B$ und $a^{Mm} = b$. Daher sind freie Beweglichkeit, 1), 2) paarweise äquivalent. Ferner erkennt man die Äquivalenz von 2) und 3), indem man das Lemma von den Fixelementen (§ 3,10), den

Hilfssatz. *Zwei Geraden a, b haben dann und nur dann eine Mittellinie, wenn die Bewegung ab ein Quadrat ist.*

und die Tatsache benutzt, daß zwei verschiedene Punkte dann und nur dann einen Mittelpunkt haben, wenn die in ihnen auf ihrer Verbindungsgeraden errichteten Lote eine Mittellinie haben.

Beweis des Hilfssatzes. Gibt es eine Gerade m mit $a^m = b$, so ist $ab = aa^m = (am)^2$. Ist umgekehrt $ab \neq 1$ ein Quadrat, so ist ab auch Quadrat einer geraden Bewegung: $ab = (uv)^2$. Die Gleichung $ab = uu^v = v^u v$ lehrt, daß die Geraden a, b, u, v einem Büschel angehören; bezeichnet man dann die Gerade auv mit m, so ist $ab = (am)^2 = aa^m$, also $b = a^m$.

Satz 3. *Die beiden Forderungen*

1′) *Je zwei Geraden haben eine Mittellinie (Je zwei Elemente aus $\mathfrak{S}$ lassen sich durch ein Element aus $\mathfrak{S}$ ineinander transformieren);*

2′) *Jede gerade Bewegung ist Quadrat*

sind untereinander gleichwertig. Aus ihnen folgt freie Beweglichkeit.

Beweis. Die Äquivalenz von 1′) und 2′) ergibt sich aus dem Hilfssatz. Aus 2′) folgt 3).

Aufgaben. 1. Die Forderungen 1′) und 2′) sind stärker als die Forderung freier Beweglichkeit. Man gebe ein Beispiel.

2. Die drei folgenden Forderungen sind untereinander gleichwertig:

1″) *Alle Geraden sind ineinander beweglich* ($\mathfrak{S}$ *ist eine Klasse konjugierter Gruppenelemente*);

2″) *Je zwei sich schneidende Geraden haben eine Winkelhalbierende (Jede Drehung um einen Punkt ist Quadrat);*

3″) *Jede gerade Bewegung ist Produkt von höchstens zwei Quadraten.*

Sie sind schwächer als die Forderung freier Beweglichkeit (ein Beispiel hierfür findet man in § 18,6).

Später werden wir die Bedeutung der Forderung freier Beweglichkeit für euklidische, elliptische und hyperbolische Bewegungsgruppen untersuchen. Man wird erkennen, daß unter Voraussetzung der Zusatzaxiome, durch die diese Bewegungsgruppen definiert werden, jeweils alle hier betrachteten Forderungen: Freie Beweglichkeit, 1), 2), 3), 1′), 2′), 1″), 2″), 3″) untereinander gleichwertig sind.

§ 7. Über das Transitivitätsgesetz für beliebige involutorische Elemente

In den metrisch-nichteuklidischen Bewegungsgruppen ist der Unterschied zwischen den Geraden- und Punktspiegelungen weniger tiefgehend als in den metrisch-euklidischen Bewegungsgruppen. In ihnen gelten daher wichtige Gesetze über die Grundrelationen aus § 3,1 für beliebige involutorische Elemente. Das folgenreichste von diesen Gesetzen ist das Transitivitätsgesetz, das überdies auch in den Bewegungsgruppen aller ordinären projektiv-metrischen Ebenen gültig ist (§ 9). Wir wollen jetzt gruppentheoretische Beziehungen zwischen Gesetzen über involutorische Gruppenelemente klären und einige gruppentheoretische Konsequenzen verfolgen, die sich zum Teil allein aus der Gültigkeit des Transitivitätsgesetzes, zum Teil in Verbindung mit anderen Gesetzen ergeben.

1. Gesetze über beliebige involutorische Elemente, welche in den metrisch-nichteuklidischen Bewegungsgruppen gelten. In jeder Bewegungsgruppe, welche unserem Axiomensystem (§ 3,2) genügt, gelten nach § 3, Satz 24 für beliebige involutorische Elemente die folgenden Gesetze:

E′ *Aus* $\sigma_1 | \sigma_2$ *und* $\sigma_2 | \sigma_3$ *und* $\sigma_3 | \sigma_1$ *folgt* $\sigma_1\sigma_2\sigma_3 = 1$.

S *Gilt* $\sigma_1, \sigma_2, \sigma_3 | \sigma$, *so ist* $\sigma_1\sigma_2\sigma_3$ *involutorisch.*

S′ *Gilt* $\sigma_1, \sigma_2, \sigma_3 | \sigma$ *und ist* $\sigma_1\sigma_2\sigma_3$ *involutorisch, so gilt* $\sigma_1\sigma_2\sigma_3 | \sigma$.

Unter Voraussetzung von Axiom $\sim$R gelten auch die Eindeutigkeit E einer Verbindung, die Umkehrung U des Satzes S von den drei Spiegelungen und das Transitivitätsgesetz T für beliebige involutorische Elemente:

Satz 1. *In jeder metrisch-nichteuklidischen Bewegungsgruppe gelten für beliebige involutorische Elemente die Gesetze:*

E *Aus* $\sigma_1, \sigma_2 | \sigma_3, \sigma_4$ *folgt* $\sigma_1 = \sigma_2$ *oder* $\sigma_3 = \sigma_4$.

U *Gilt* $\sigma_1 \neq \sigma_2$ *und* $\sigma_1, \sigma_2 | \sigma$ *und ist* $\sigma_1\sigma_2\sigma_3$ *involutorisch, so gilt* $\sigma_3 | \sigma$.

T *Ist* $\sigma_1 \neq \sigma_2$ *und sind* $\sigma_1\sigma_2\sigma_3, \sigma_1\sigma_2\sigma_4$ *involutorisch, so ist* $\sigma_1\sigma_3\sigma_4$ *involutorisch.*

Beweis. Die drei Gesetze gelten, wenn die σ_i und σ Geraden sind, und zwar E nach Axiom $\sim$R, U nach der Umkehrung von Axiom 4, T nach § 4, Satz 6. Damit gelten die Gesetze unter Voraussetzung von Axiom P allgemein.

Setzen wir Axiom $\sim$P voraus, so sind noch folgende Fälle zu betrachten:

zu E: σ_1, σ_2 sind zwei Punkte oder ein Punkt und eine Gerade. In beiden Fällen sind σ_3, σ_4 nach § 3, Satz 23 Geraden. Im ersten Fall gilt E wegen der Eindeutigkeit der Verbindungsgeraden (Axiom 2), im zweiten Fall wegen der Eindeutigkeit der Senkrechten (§ 3, Satz 3).

zu U: $\sigma_1\sigma_2\sigma_3$ ist ein Punkt. Sind dabei $\sigma_1, \sigma_2, \sigma_3$ zwei Geraden und ein Punkt, so gibt es nach § 3, Satz 12 eine Gerade g mit $\sigma_1, \sigma_2, \sigma_3 | g$, und wegen E ist $g = \sigma$, also $\sigma_3 | \sigma$. Sind $\sigma_1, \sigma_2, \sigma_3$ drei Punkte, so ist σ nach § 3, Satz 23 eine Gerade, und U gilt, wie unter § 6, Satz 14 bemerkt. Ist $\sigma_1\sigma_2\sigma_3$ eine Gerade, so gilt U nach § 3, Satz 24c.

zu T: Sind σ_1, σ_2 verbindbar, gibt es also ein involutorisches Element σ mit $\sigma_1, \sigma_2 | \sigma$, so gilt auf Grund der Voraussetzungen nach U $\sigma_3, \sigma_4 | \sigma$, und daher nach S die Behauptung. Sind σ_1, σ_2 unverbindbar, so sind sie notwendig Geraden, da zwei Punkte sowie ein Punkt und eine Gerade nach Axiom 1 und § 3, Satz 2 stets verbindbar sind. Dann ist auch σ_3 eine Gerade; denn anderenfalls wären die Faktoren des involutorischen Produkts $\sigma_1\sigma_2\sigma_3$ nach § 3, Satz 12 verbindbar. Ebenso ist σ_4 eine Gerade. Für Geraden gilt T, wie schon bemerkt.

Alle genannten Gesetze sind rein gruppentheoretische Konsequenzen des Transitivitätsgesetzes T, d.h. gilt für die involutorischen Elemente einer Gruppe das Gesetz T, so gelten für sie auch die Gesetze E', S, S', E, U. Genauer bestehen die folgenden Abhängigkeiten:

Satz 2. *In einer beliebigen Gruppe gilt: Aus* T *folgen* S *und* U. *Aus* U *folgt* E. *Aus* E *folgt* E'. *Aus* E' *folgt* S', *und umgekehrt. Aus* S *folgt* S'.

Beweis. a) In S und U tritt die Voraussetzung auf, daß $\sigma_1\sigma$ ein involutorisches Element σ_1', also σ in der Form $\sigma_1\sigma_1'$ darstellbar ist. Setzt man dies ein, so lauten S und U:

Sind $\sigma_1\sigma_1', \sigma_1\sigma_1'\sigma_2, \sigma_1\sigma_1'\sigma_3$ involutorisch, so ist $\sigma_1\sigma_2\sigma_3$ involutorisch.

Ist $\sigma_1 \neq \sigma_2$ und sind $\sigma_1\sigma_1', \sigma_1\sigma_1'\sigma_2, \sigma_1\sigma_2\sigma_3$ involutorisch, so ist $\sigma_1\sigma_1'\sigma_3$ involutorisch.

Dies sind Spezialfälle von T.

b) Es sei $\sigma_1 \neq \sigma_2$ und $\sigma_1, \sigma_2 | \sigma_3, \sigma_4$. Dann sind $\sigma_1\sigma_4, \sigma_2\sigma_4$ involutorisch; da $\sigma_1 \neq \sigma_2$ und $\sigma_1, \sigma_2 | \sigma_3$ gilt und $\sigma_1\sigma_2(\sigma_2\sigma_4)$ involutorisch ist, gilt nach U $\sigma_2\sigma_4 | \sigma_3$, d.h. $\sigma_2\sigma_3\sigma_4$ ist involutorisch. Wäre nun $\sigma_3 \neq \sigma_4$, so würde, da $\sigma_3, \sigma_4 | \sigma_2$ gilt und da $\sigma_2\sigma_3\sigma_4$ involutorisch ist, nach U folgen, daß $\sigma_2 | \sigma_2$ gilt; aber $\sigma_2\sigma_2 = 1$ ist nicht involutorisch.

c) Ist $\sigma_1\sigma_2$ involutorisch, so ist trivialerweise $\sigma_1\sigma_2$ eine Verbindung von σ_1, σ_2. Ist, wie in E' vorausgesetzt wird, auch σ_3 eine Verbindung von σ_1, σ_2, so ist nach E $\sigma_1\sigma_2 = \sigma_3$. E' ist also ein Spezialfall von E, und besagt, daß für zwei involutorische Elemente mit involutorischem Produkt dieses Produkt die einzige Verbindung ist.

d) Die in E' auftretenden Elemente $\sigma_1, \sigma_2, \sigma_3$ kommutieren nach Voraussetzung, und daher ist $\sigma_1\sigma_2\sigma_3 = \sigma_3\sigma_2\sigma_1$, und die Behauptung von E' gleichwertig mit: $\sigma_1\sigma_2\sigma_3$ ist nicht involutorisch. Die Negation von E' kann daher wie folgt ausgesprochen werden:

$\sim$E' *Es gibt $\sigma_1, \sigma_2, \sigma_3$, für die $\sigma_1\sigma_2, \sigma_2\sigma_3, \sigma_3\sigma_1, \sigma_1\sigma_2\sigma_3$ involutorisch sind.*

Die Ergänzung S' von S ist äquivalent mit: Gilt $\sigma_1, \sigma_2, \sigma_3 | \sigma$ und ist $\sigma_1\sigma_2\sigma_3$ involutorisch, so ist $\sigma_1\sigma_2\sigma_3 \neq \sigma$ (vgl. den Beweis von § 3, Satz 7). Die Negation von S' kann daher wie folgt formuliert werden:

$\sim$S' *Es gibt $\sigma_1, \sigma_2, \sigma_3$, für die $\sigma_1\sigma_2\sigma_3$ involutorisch ist und $\sigma_1, \sigma_2, \sigma_3 | \sigma_1\sigma_2\sigma_3$ gilt.*

Offensichtlich sind $\sim$E' und $\sim$S', also auch E' und S' äquivalent.

e) Für die Elemente aus $\sim$E' gilt: $\sigma_1\sigma_2, \sigma_2\sigma_3, \sigma_3\sigma_1 | \sigma_3$ und $\sigma_1\sigma_2 \cdot \sigma_2\sigma_3 \cdot \sigma_3\sigma_1 = 1$; also ist S verletzt. Das heißt: Aus $\sim$E' folgt $\sim$S, und wegen d): Aus $\sim$S' folgt $\sim$S. Daher gilt: Aus S folgt S'.

Das Verbindbarkeitsgesetz

V *Zu σ_1, σ_2 gibt es stets ein σ mit $\sigma_1, \sigma_2 | \sigma$,*

welches besagt, daß je zwei involutorische Elemente verbindbar sind, gilt in einer Bewegungsgruppe, welche unserem Axiomensystem genügt, dann und nur dann, wenn das Axiom V* gilt (§ 6,12). Auch in den metrisch-nichteuklidischen Bewegungsgruppen gilt V im allgemeinen nicht.

Es folgt weder V aus T, noch T (oder eine der in Satz 2 genannten Konsequenzen von T) aus V.

Aufgaben. 1. In der Gruppe, welche von den Spiegelungen an drei paarweise orthogonalen Ebenen des gewöhnlichen euklidischen Raumes erzeugt wird, gilt keines von den Gesetzen E', S, S', E, U, T, aber das Gesetz V.

2. In einer Gruppe gilt das Gesetz E' für die involutorischen Elemente dann und nur dann, wenn die Gruppe die folgende Eigenschaft besitzt:

Alle Untergruppen, welche nicht nur aus dem Einselement bestehen, aber außer dem Einselement nur involutorische Elemente enthalten, sind zyklisch von der Ordnung 2 oder KLEINsche Vierergruppen.

3. Spezialfälle des Transitivitätsgesetzes T, welche in den metrisch-euklidischen Bewegungsgruppen nicht gelten, sind:

Ist $a \neq b$ und sind abC, abD involutorisch, so ist aCD involutorisch.

Ist $A \neq B$ und sind ABC, ABd involutorisch, so ist ACd involutorisch.

4. Für involutorische Elemente einer beliebigen Gruppe gilt: Aus je drei von den Gleichungen

$$(\sigma_1\sigma_2\sigma_3)^2 = 1, \quad (\sigma_1\sigma_2\sigma_4)^2 = 1, \quad (\sigma_1\sigma_3\sigma_4)^2 = 1, \quad (\sigma_2\sigma_3\sigma_4)^2 = 1$$

folgt die vierte.

2. Über die axiomatische Kennzeichnung der elliptischen Bewegungsgruppen. In einer Gruppe, in welcher je zwei involutorische Elemente verbindbar sind, bestehen zwischen den Gesetzen über beliebige involutorische Elemente besonders einfache Beziehungen. Diese Beziehungen sind vornehmlich für die elliptischen Bewegungsgruppen von Interesse. In ihnen sind nach § 3, Satz 22 alle involutorischen Elemente Erzeugende (Geraden). Aus diesem Grunde wollen wir jetzt beliebige involutorische Gruppenelemente nicht, wie in der ersten Nummer dieses Paragraphen, mit $\sigma_1, \sigma_2, \ldots$, sondern mit $a, b, \ldots$ bezeichnen.

Eine elliptische Bewegungsgruppe wurde in § 3,8 definiert als eine Bewegungsgruppe im Sinne des Axiomensystems aus § 3,2, welche dem Zusatzaxiom P genügt. Da in einer solchen Gruppe Punkt- und Geradenspiegelungen gleich sind und das Erzeugendensystem aus allen involutorischen Elementen besteht (§ 3, Satz 22; vgl. hierzu die Bemerkung am Schluß dieser Nummer), vereinfacht sich das durch Axiom P erweiterte Axiomensystem. Das vereinfachte Axiomensystem, durch das die elliptischen Bewegungsgruppen definiert werden können, lautet:

Grundannahme. *Es sei eine aus ihren involutorischen Elementen erzeugbare Gruppe $\mathfrak{G}$ gegeben.*

Die involutorischen Elemente von $\mathfrak{G}$ seien mit kleinen lateinischen Buchstaben bezeichnet.

Axiom V. *Zu a, b gibt es stets ein c mit $a, b \mid c$.*

Axiom E. *Aus $a, b \mid c, d$ folgt $a = b$ oder $c = d$.*

Axiom S. *Gilt $a, b, c \mid g$, so ist abc involutorisch.*

Axiom D. *Es gibt g, h, j, für die $g \mid h$ und weder $j \mid g$ noch $j \mid h$ noch $j \mid gh$ gilt.*

Die „Zweispiegeligkeit" der elliptischen Bewegungsgruppen kann unmittelbar aus der Grundannahme und aus V und S gefolgert werden:

Satz 3. *In jeder Gruppe, in der V und S gelten, ist jedes Produkt von involutorischen Elementen als Produkt von zwei involutorischen Elementen darstellbar.*

Beweis. Offenbar gilt die Behauptung für die Produkte von n involutorischen Elementen, wenn sie für $n=1$ und $n=3$ gilt. Wir betrachten also ein Produkt abc, ohne die Verschiedenheit von a,b,c vorauszusetzen. Nach V gibt es ein u mit $a,b|u$, und ein v mit $u,c|v$. Dann ist vc und nach S auch abv involutorisch, und $abc=abv\cdot vc$.

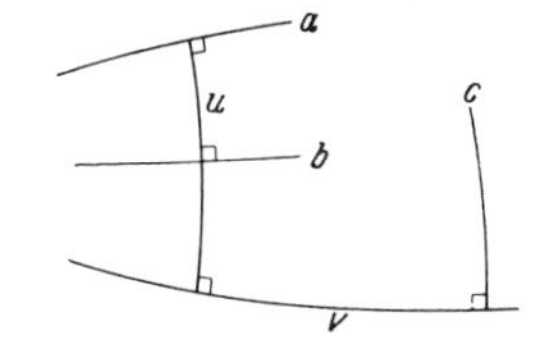

In dem vorstehenden Axiomensystem kann man die Eindeutigkeit E der Verbindung durch die Umkehrung U des Satzes S von den drei Spiegelungen ersetzen; ein weiterer einfacher Schritt ist es dann, S und U durch das Transitivitätsgesetz T zu ersetzen. Wir zeigen hierzu:

Satz 4. *In einer beliebigen Gruppe, in der* V *gilt, sind* 1) E, S, 2) S, U, 3) T *drei untereinander äquivalente Forderungen.*

Beweis. a) Aus V, E, S folgt U. Man beweist dies wie § 3, Satz 8, indem man benutzt, daß nach Satz 2 aus E die Ergänzung S' zu S folgt. Da umgekehrt nach Satz 2 E aus U folgt, sind 1) und 2) äquivalent.

b) Aus V, S, U folgt T, wie im Beweis von Satz 1. Da umgekehrt nach Satz 2 S und U aus T folgen, sind 2) und 3) äquivalent.

Ferner zeigen wir:

Satz 5. *In einer Gruppe, welche wenigstens ein involutorisches Element enthält und in der* V *und* E *gelten, ist* D *äquivalent mit*

(*) *Kein involutorisches Element ist mit allen involutorischen Elementen vertauschbar.*

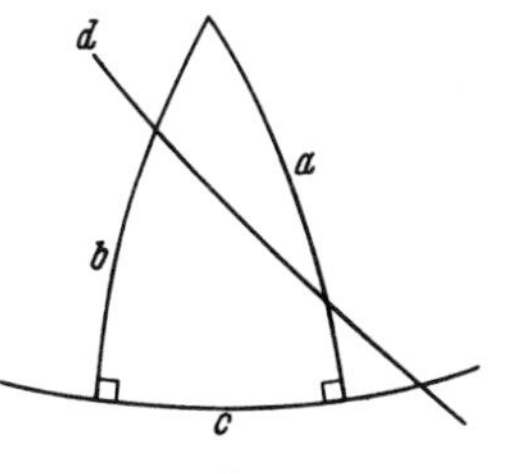

Beweis. a) Aus E', D folgt (*), wie in § 3,4, wo gezeigt wurde, daß keine Gerade mit allen Geraden kommutiert.

b) Aus V, E, (*) und der Existenz eines involutorischen Elementes a folgt D:

Aus (*) folgt, daß ein involutorisches Element $b\neq a$ mit $b\nmid a$ existiert. Nach V gibt es ein c mit $a,b|c$. Nach (*) muß ein weiteres involutorisches Element $d\neq c$ mit $d\nmid c$ existieren. Nun folgt aus E:

Gilt $d|a$ oder $d|ac$, so gilt weder $d|b$ noch $d|bc$.

Denn es ist $d\neq c$ und $c|a,b,ac,bc$; aus $d|a,b$ würde daher nach E $a=b$ folgen; aus $d|a,bc$ würde $a=bc$, also $a|b$ folgen; aus $d|ac,b$ würde $ac=b$, also $a|b$ folgen; aus $d|ac,bc$ würde $ac=bc$, also $a=b$ folgen.

Gilt also $d|a$ oder $d|ac$, so wird D von b,c,d erfüllt. Gilt aber weder $d|a$ noch $d|ac$, so wird D von a,c,d erfüllt.

Aus den Sätzen 4 und 5 ergibt sich, daß man die elliptischen Bewegungsgruppen auch durch das folgende besonders einfache Axiomensystem definieren kann:

Grundannahme. *Es sei eine aus ihren involutorischen Elementen erzeugbare Gruppe $\mathfrak{G}$ gegeben, in der kein involutorisches Element mit allen involutorischen Elementen vertauschbar ist.*

Die involutorischen Elemente von $\mathfrak{G}$ seien mit kleinen lateinischen Buchstaben bezeichnet.

Axiom T. *Ist $a \neq b$ und sind abc, abd involutorisch, so ist acd involutorisch.*

Axiom V. *Zu a,b gibt es stets ein c mit $a,b \mid c$.*

Die in die Grundannahme aufgenommene Forderung (*) besagt, daß das Zentrum von $\mathfrak{G}$ kein involutorisches Element enthält; da $\mathfrak{G}$ nach Satz 3 zweispiegelig ist, folgt hieraus, daß das Zentrum von $\mathfrak{G}$ nur aus dem Einselement besteht (vgl. die Bemerkung zu § 3, Satz 18).

Bemerkung. Wir denken uns noch einmal ein Paar $\mathfrak{G}, \mathfrak{S}$ gegeben, welches dem Axiomensystem aus § 3,2 und dem Axiom P genügt, und wollen zeigen, wie sich unmittelbar aus diesen axiomatischen Voraussetzungen der *Satz* 22 *aus* § 3 beweisen läßt, auf welchem der Übergang zu dem am Anfang dieser Nummer angegebenen Axiomensystem beruhte. Mit $a, b, \ldots$ seien jetzt wieder die Elemente von $\mathfrak{S}$, also die Geraden bezeichnet.

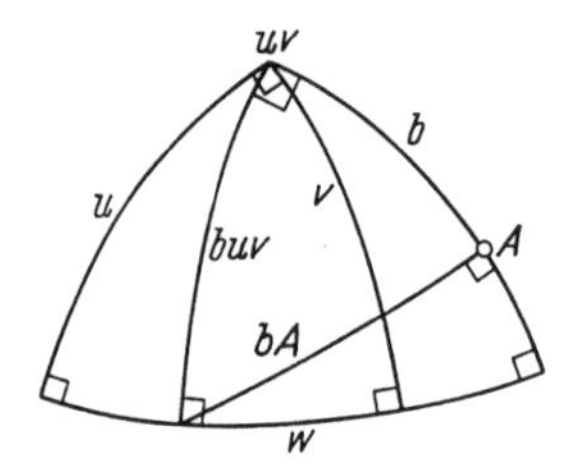

1) *Jeder Punkt A ist einer Geraden gleich:* Es sei u, v, w mit $uvw = 1$ das nach Axiom P existierende Polardreiseit. uv ist ein Punkt, und nach Axiom 1 gibt es eine Gerade b mit $b \mid uv, A$. Dann gilt $w \mid b$; und buv, bA sind nach Axiom 3 Geraden (vgl. § 3, Satz 2, Fall 1), mit $buv, bA \mid b$. In der Identität $A = buv \cdot w \cdot bA$ ist daher die rechte Seite nach Axiom 4 eine Gerade.

2) *Jede Gerade a ist einem Punkt gleich:* Es gibt eine Gerade b mit $b \mid a$ (nach Axiom D und § 3, Satz 2). Dann ist ba ein Punkt, und nach 1) gibt es eine Gerade c mit $ba = c$. Es ist also $a = bc$; da a involutorisch ist, ist bc involutorisch, also ein Punkt.

3) *Jedes Element aus $\mathfrak{G}$ ist als Produkt von zwei Geraden darstellbar:* Nach Axiom 1 gilt wegen 2) das Axiom V für Geraden. Nach Axiom 4 gilt das Axiom S für Geraden. Der Beweis von Satz 3 lehrt, daß daher jedes Produkt von drei Geraden gleich dem Produkt einer Geraden und eines Punktes, also nach 1) gleich dem Produkt zweier Geraden ist. Daraus ergibt sich die Behauptung.

4) *Jedes involutorische Element aus $\mathfrak{G}$ ist eine Gerade:* Jedes involutorische Element aus $\mathfrak{G}$ ist nach 3) gleich einem involutorischen Produkt von zwei Geraden, also ein Punkt, also nach 1) eine Gerade.

Damit sind alle Aussagen des Satzes 22 aus § 3 bewiesen.

3. Büschel von involutorischen Elementen. Es sei nun $\mathfrak{G}$ eine *beliebige Gruppe, welche mindestens zwei involutorische Elemente enthält und in der das Transitivitätsgesetz* T *für alle involutorischen Elemente gilt.* Wir bezeichnen in diesem Paragraphen weiterhin involutorische Gruppenelemente mit kleinen lateinischen Buchstaben und schreiben das Transitivitätsgesetz in der Form

T *Ist* $a \neq b$ *und sind* abc, abd *involutorisch, so ist* acd *involutorisch.*

Auf die Gruppe $\mathfrak{G}$ können wir die Überlegungen aus § 4,5 anwenden, indem wir die Eigenschaft „ist eine Gerade" durch die Eigenschaft „ist involutorisch" ersetzen:

Da wegen der Gültigkeit von T die Relation

(1) abc ist involutorisch,

welche in jeder Gruppe reflexiv und symmetrisch ist, in der Gruppe $\mathfrak{G}$ auch transitiv ist, kann man mit Hilfe dieser Relation in der Menge der involutorischen Elemente von $\mathfrak{G}$ Teilmengen bilden, die wir *Büschel von involutorischen Elementen* nennen und die die folgenden Eigenschaften haben: Für je drei Elemente eines Büschels gilt die Relation (1); ist $a \neq b$, so gibt es ein Büschel, welches a, b enthält, und jedes a, b enthaltende Büschel enthält alle c, für die (1) gilt. Je zwei verschiedene involutorische Elemente bestimmen ein Büschel. Das durch a, b mit $a \neq b$ bestimmte Büschel ist die Gesamtheit der Elemente c, für welche (1) gilt; wir bezeichnen dieses Büschel mit $J(ab)$.

Nach § 4,7 ist in einer beliebigen Gruppe das Gesetz T gleichwertig mit dem

Lemma von den neun involutorischen Elementen. *Sind Gruppenelemente* $\alpha_1, \alpha_2, \alpha_3$ *mit* $\alpha_1 \neq \alpha_2$, *und* $\beta_1, \beta_2, \beta_3$ *mit* $\beta_1 \neq \beta_2$ *gegeben, und sind die acht Produkte* $\alpha_i\beta_k$ *mit* $i, k = 1, 2, 3$ *und* $(i, k) \neq (3, 3)$ *involutorisch, so ist auch das neunte Produkt* $\alpha_3\beta_3$ *involutorisch.*

4. Zweispiegelige Gruppen, in denen das Transitivitätsgesetz gilt. Es sei nun $\mathfrak{G}$ eine *Gruppe, in der* T *gilt, und welche überdies zweispiegelig ist.* Der Klasse der zweispiegeligen Gruppen, in welchen T gilt, gehören alle metrisch-nichteuklidischen Bewegungsgruppen (§ 3, Satz 16 und § 7, Satz 1) und, wie später gezeigt wird (§ 9), die Bewegungsgruppen aller ordinären projektiv-metrischen Ebenen an.

Definiert man in $\mathfrak{G}$, für ein beliebiges Element $\alpha \neq 1$, $J(\alpha)$ als die *Menge der Elemente* c, *für die* αc *involutorisch ist,* so ist wegen der Zweispiegeligkeit die Menge $J(\alpha)$ ein Büschel $J(ab)$, und enthält dann mindestens die beiden verschiedenen Elemente a, b. (Es ist nützlich zu beachten, daß mit einem der Produkte αc, $c\alpha$, $\alpha^{-1}c$, $c\alpha^{-1}$ stets alle vier involutorisch sind.) Das Symbol $J(\alpha)$ wird nur für $\alpha \neq 1$ erklärt.

Auf Grund der Eigenschaften der Teilmengen-Bildung gilt für die Büschel $J(\alpha)$:

(i) *Aus* $u, v, w \in J(\alpha)$ *folgt* $uvw \in J(\alpha)$.

(ii) *Aus* $u \neq v$ *und* $u, v \in J(\alpha), J(\beta)$ *folgt* $J(\alpha) = J(\beta)$.

Gibt es zu einem Büschel $J(\alpha)$ ein involutorisches Element a, so daß $J(\alpha)=J(a)$ ist, so nennen wir a den *involutorischen Träger* des Büschels $J(\alpha)$. Ein involutorischer Träger eines Büschels ist eine Verbindung aller Elemente des Büschels. Wegen der Eindeutigkeit E einer Verbindung, welche nach Satz 2 aus T folgt, besitzt ein Büschel höchstens einen involutorischen Träger:

(iii) *Aus* $J(a)=J(a')$ *folgt* $a=a'$.

Ohne Satz 2 zu benutzen, kann man den Beweis folgendermaßen führen: Es sei $u\in J(a)=J(a')$. Dann ist ua involutorisch und $ua\in J(a)$, also auch $ua\in J(a')$, also uaa' involutorisch. Wäre nun $a\neq a'$, so wäre $u\in J(aa')$, und andererseits, da $a,a'\in J(u)$ gilt und da ein Büschel durch zwei seiner Elemente bestimmt ist, $J(aa')=J(u)$, also $u\in J(u)$. Das ist unmöglich.

In der Gruppe $\mathfrak{G}$ betrachten wir nun die von den Elementen eines Büschels $J(\alpha)$ erzeugte Untergruppe. Nach (i) ist das Produkt von drei Erzeugenden wieder eine Erzeugende. Daher bilden in der von den Elementen aus $J(\alpha)$ erzeugten Gruppe die Produkte von zwei Erzeugenden nach dem Lemma aus § 1,2 eine abelsche Untergruppe vom Index 2, deren Nebenklasse $J(\alpha)$ ist. Diese abelsche Untergruppe nennen wir die *Drehgruppe* $D(\alpha)$. [Auch $D(\alpha)$ wird somit nur für $\alpha\neq 1$ erklärt.] Zwischen dem Büschel $J(\alpha)$ und der Drehgruppe $D(\alpha)$ besteht also der Zusammenhang:

(iv) *Ist* $u\in J(\alpha)$, *so ist* $D(\alpha)=uJ(\alpha)=J(\alpha)u$.

Eine Drehgruppe $D(\alpha)$, d.h. die Gesamtheit aller Produkte uv mit $u,v\in J(\alpha)$, besteht aus dem Einselement und nach (ii) aus der Gesamtheit derjenigen Elemente $\beta\neq 1$ aus $\mathfrak{G}$, für die $J(\beta)=J(\alpha)$ ist, welche also dasselbe Büschel bestimmen wie α. Es ist klar, daß die Relation „α und β bestimmen dasselbe Büschel“ eine Äquivalenzrelation in der Menge der von 1 verschiedenen Elemente aus $\mathfrak{G}$ ist. Die Drehgruppen sind die um das Einselement erweiterten Klassen dieser Äquivalenzrelation.

In der Gruppe $\mathfrak{G}$ gibt es also eine Einteilung der vom Einselement verschiedenen Elemente in elementfremde Klassen mit der Eigenschaft, daß die Elemente jeder Klasse zusammen mit dem Einselement eine Untergruppe bilden. Eine solche Einteilung einer Gruppe nennt man nach J.W. Young eine *Partition*.

Zusammenfassend stellen wir fest:

Satz 6. *Es sei* $\mathfrak{G}$ *eine zweispiegelige Gruppe, in welcher* T *gilt. Die involutorischen Elemente aus* $\mathfrak{G}$ *lassen sich zu Büscheln zusammenfassen, von denen je zwei verschiedene höchstens ein Element gemein haben. Die Produkte von je zwei Elementen eines Büschels bilden eine abelsche Untergruppe von* $\mathfrak{G}$. *Diese abelschen „Drehgruppen“ bilden eine Partition von* $\mathfrak{G}$.

Die Drehgruppe $D(\alpha)$ ist die eindeutig bestimmte Drehgruppe, der das Element $\alpha \neq 1$ angehört. Enthält eine Drehgruppe $D(\alpha)$ ein involutorisches Element a, so ist $J(\alpha) = J(a)$, also a involutorischer Träger des Büschels $J(\alpha)$. *Eine Drehgruppe enthält* somit wegen (iii) *höchstens ein involutorisches Element.*

Aufgabe. Man gebe eine Gruppe an, in der die Voraussetzungen von T erfüllbar sind und in der T gilt, die aber nicht zweispiegelig ist.

5. Die Thomsen-Relation. In den Untersuchungen von Thomsen über die Bewegungsgruppen metrischer Ebenen spielt die Relation

(2) $\alpha\beta\alpha = \beta$, oder anders geschrieben $\alpha^\beta = \alpha^{-1}$

eine grundlegende Rolle. Wir nennen sie die Thomsen-Relation. Der Gebrauch, den Thomsen von dieser Relation gemacht hat, beruht darauf, daß sie in den von ihm betrachteten Bewegungsgruppen — von einem nur bei euklidischer Metrik möglichen Ausnahmefall abgesehen — zwischen zwei Gruppenelementen $\alpha \neq 1$ und β nur bestehen kann, wenn α oder β involutorisch ist (vgl. das Lemma von Thomsen in § 4,2). Thomsen hat z.B. vorgeschlagen, das Gesetz

(v) *Aus* $\alpha\beta\alpha = \beta$ *folgt* $\alpha^2 = 1$ *oder* $\beta^2 = 1$

bei der axiomatischen Kennzeichnung der hyperbolischen Bewegungsgruppen als ein Axiom zu verwenden.

Wir wollen zeigen, daß in jeder zweispiegeligen Gruppe, in welcher das Transitivitätsgesetz T gilt, das Gesetz (v) gilt und daß es, näher betrachtet, über die Quadratwurzeln eines Gruppenelementes und über das Transformieren eines Elementes in sein Inverses und in sich Auskunft gibt.

Besteht für zwei Gruppenelemente α und β die Thomsen-Relation $\alpha\beta\alpha = \beta$, so erkennt man, indem man diese Gleichung von rechts mit β multipliziert, daß die Elemente $\gamma = \alpha\beta$ und β gleiches Quadrat haben. Sind umgekehrt γ und β zwei Gruppenelemente mit gleichem Quadrat, so besteht für die Elemente $\alpha = \gamma\beta^{-1}$ und β die Thomsen-Relation. Diese Bemerkung lehrt, daß die Gültigkeit des Gesetzes (v) rein gruppentheoretisch gleichwertig ist mit der Gültigkeit des symmetrischeren Gesetzes

(vi) *Aus* $\gamma^2 = \beta^2 \neq 1$ *folgt* $(\gamma\beta^{-1})^2 = 1$,

welches besagt, daß zwei Gruppenelemente mit gleichem Quadrat $\neq 1$ sich höchstens um einen involutorischen Faktor unterscheiden können.

Die Gesetze (v) und (vi) gelten offenbar in jeder abelschen Gruppe. Sie gelten auch in jeder zweispiegeligen Gruppe, in welcher T gilt; denn in einer solchen Gruppe folgt aus $\alpha\beta\alpha = \beta$ und $\beta^2 \neq 1$, daß α und β in derselben Drehgruppe, also in einer abelschen Untergruppe liegen, und aus $\gamma^2 = \beta^2 \neq 1$, daß γ und β in derselben Drehgruppe liegen.

Es genügt, die letzte Aussage zu beweisen. Unter der Voraussetzung $\gamma^2 = \beta^2 \neq 1$ sind auch $\gamma, \beta \neq 1$, und $\gamma, \gamma^2, \beta, \beta^2$ definieren also je eine Drehgruppe. Da $\gamma^2 \in D(\gamma)$ gilt, ist $D(\gamma^2) = D(\gamma)$. Ebenso ist $D(\beta^2) = D(\beta)$. Und da nach Voraussetzung $D(\gamma^2) = D(\beta^2)$ ist, ist $D(\gamma) = D(\beta)$, q.e.d.

Da also zwei Elemente mit gleichem Quadrat $\neq 1$ in derselben Drehgruppe liegen und da eine Drehgruppe höchstens ein involutorisches Element enthält, gilt auf Grund von (vi):

Satz 7 (über Quadratwurzeln). *In einer zweispiegeligen Gruppe, in welcher* T *gilt, hat die Gleichung* $\xi^2 = \gamma^2 \neq 1$, *wenn* $D(\gamma)$ *kein involutorisches Element enthält, nur die Lösung* $\xi = \gamma$, *und wenn* $D(\gamma)$ *ein involutorisches Element* c *enthält, als einzige weitere Lösung* $\xi = c\gamma$.

In einer zweispiegeligen Gruppe, in welcher T gilt, gibt es also zu einem Gruppenelement, welches $\neq 1$ ist, keine, eine oder zwei Quadratwurzeln. Die Quadratwurzeln eines Elementes $\neq 1$ liegen in seiner Drehgruppe.

Mit dem gleichen Gedanken erhält man einen vollständigen Überblick über das Bestehen der THOMSEN-Relation in den betrachteten Gruppen:

Satz 8 (über die THOMSEN-Relation). *In einer zweispiegeligen Gruppe, in welcher* T *gilt, besteht die* THOMSEN-*Relation* (2) *für zwei Elemente* $\alpha \neq 1$ *und* β *dann und nur dann, wenn einer der beiden folgenden Fälle vorliegt:*

1) α *nicht involutorisch und* $\beta \in J(\alpha)$,

2) α *involutorisch und* $\beta \in J(\alpha)$ *oder* $\beta \in D(\alpha)$.

Beweis. Daß die Relation in den genannten Fällen gilt, ist trivial: Für die Elemente $\beta \in J(\alpha)$ gilt sie nach der Definition des J-Symbols, und ist α involutorisch, so ist die THOMSEN-Relation mit dem Kommutieren von α, β gleichwertig und gilt daher auch für $\beta \in D(\alpha)$.

Es seien nun umgekehrt $\alpha \neq 1$ und β Elemente, für welche die THOMSEN-Relation (2) gilt. Ist $\beta^2 = 1$, so ist es wiederum trivial, daß einer der Fälle 1) oder 2) vorliegt: Ist β involutorisch und $\beta \neq \alpha$, so bedeutet (2) gerade, daß $\beta \in J(\alpha)$ gilt; ist β involutorisch und $\beta = \alpha$, so ist α involutorisch und $\beta \in D(\alpha)$; ist $\beta = 1$, so ist wegen (2) α involutorisch und $\beta \in D(\alpha)$. Ist $\beta^2 \neq 1$, so folgt aus (2), wie bemerkt, daß α und β in derselben Drehgruppe liegen, also $\beta \in D(\alpha)$ gilt; da also α und β kommutieren, folgt aus (2), daß α involutorisch ist.

Mit Hilfe dieses Satzes beweisen wir den

Satz 9 (über das Kommutieren). *In einer zweispiegeligen Gruppe, in welcher* T *gilt, kommutieren zwei Gruppenelemente, welche nicht beide involutorisch sind, dann und nur dann, wenn sie in derselben Drehgruppe liegen.*

[Für zwei verschiedene involutorische Elemente a, b bedeutet das Kommutieren, daß $a|b$, also $a \in J(b)$ und $b \in J(a)$ gilt.]

Beweis des „nur dann". Es seien α, β Gruppenelemente, welche miteinander kommutieren, für die also $\alpha^\beta = \alpha$ gilt, und es sei etwa α nicht involutorisch. Da $\alpha \neq 1$ angenommen werden darf, ist zu zeigen:

(vii) *Aus* $\alpha^2 \neq 1$ *und* $\alpha^\beta = \alpha$ *folgt* $\beta \in D(\alpha)$.

Zum Beweis dieses Gesetzes wähle man ein Element $u \in J(\alpha)$. Nach der Definition des J-Symbols gilt $\alpha^u = \alpha^{-1}$, und mit $\alpha^\beta = \alpha$ ergibt sich $\alpha^{\beta u} = \alpha^{-1}$. Daher ist nach dem Satz über die THOMSEN-Relation $\beta u \in J(\alpha)$, also $\beta = \beta u \cdot u \in D(\alpha)$.

Aufgaben. 1. Es sei eine metrisch-euklidische Bewegungsgruppe gegeben. Es seien a, b, c, d Geraden, welche ein Rechtseit bilden, d.h. es sei $a, b \perp c, d$ und $a \neq b$, $c \neq d$. Die Gleitspiegelungen $\gamma = abc$, $\beta = abd$ haben beide dasselbe Quadrat wie die Translation $ab \neq 1$, und der Quotient $\gamma\beta^{-1}$ ist die Translation $cd \neq 1$; da Translationen nicht involutorisch sind, ist also für γ und β das Gesetz (vi) nicht erfüllt. Für die Translation $\alpha = \gamma\beta^{-1} = cd$ und die Gleitspiegelung $\beta = abd$ gilt die THOMSEN-Relation (2), und α und β sind beide $\neq 1$ und nicht involutorisch; für α und β ist also das Gesetz (v) nicht erfüllt.

Man zeige, daß von diesem Ausnahmefall abgesehen, die Gesetze (vi) und (v) auch in den metrisch-euklidischen Bewegungsgruppen gelten.

2. In einer metrisch-nichteuklidischen, nichtelliptischen Bewegungsgruppe gilt für ungerade Bewegungen γ, β: Aus $\gamma^2 = \beta^2 \neq 1$ folgt $\gamma = \beta$.

3. In jeder zweispiegeligen Gruppe, in welcher T gilt, gelten die folgenden Gesetze, welche dem Lemma über die involutorischen Fixelemente einer nichtinvolutorischen Bewegung aus § 3,10 und der dort genannten Folgerung über Mittelelemente entsprechen:

a) Ist $(ab)^2 \neq 1$, so hat die Transformation $x^* = x^{ab}$ (x involutorisch), wenn a, b unverbindbar sind, kein Fixelement, und wenn a, b verbindbar sind, als einziges Fixelement die nach Satz 2 eindeutig bestimmte Verbindung von a, b.

b) Ist $c^a = d$ und $c \neq d$, so hat die Gleichung $c^x = d$ (x involutorisch) dann und nur dann eine zweite Lösung, wenn c, d eine Verbindung v besitzen; ist b eine zweite Lösung, so ist $ab = v$; eine dritte Lösung gibt es nie.

4. In jeder Gruppe, in der das THOMSENsche Gesetz (v) gilt, gilt für die involutorischen Elemente das Gesetz

T′ *Ist* $(ab)^2 \neq 1$ *und sind* abc, abd *involutorisch, so ist* acd *involutorisch.*

Das Transitivitätsgesetz T braucht jedoch nicht zu gelten. In einer beliebigen Gruppe ist die Gültigkeit von T′ und S mit der Gültigkeit von T gleichwertig.

5. In einer zweispiegeligen Gruppe, in welcher T gilt, gilt: Ist α nicht involutorisch und $\alpha c \alpha = d$, so ist $c = d$.

Literatur zu § 7. Zu 2: ARNOLD SCHMIDT [1], [2]. Zum Begriff „Partition": YOUNG [1]. Zu 5: THOMSEN [3].

Note über die Algebraisierung der affinen und projektiven Ebenen

Es sei K ein Körper. Die Elemente von K seien mit großen lateinischen Buchstaben, das Nullelement mit O bezeichnet. Für jedes A aus K ist

$$X^* = X + A \tag{1}$$

eine eineindeutige Abbildung von K auf sich. Die sämtlichen Abbildungen (1) bilden eine auf K einfach transitive[1], kommutative Gruppe T_K („Translationsgruppe auf K"). Für jedes $A \neq O$ aus K ist

$$X^* = XA \tag{2}$$

eine eineindeutige Abbildung von K auf sich. Jede Abbildung (2) läßt O fest. Die sämtlichen Abbildungen (2) bilden eine auf $K - [O]$ einfach transitive, kommutative Gruppe D_K („Dilatationsgruppe auf K"). Wegen des Distributivgesetzes

$$(A + B)C = AC + BC \tag{3}$$

ist das Transformieren aller Elemente aus T_K mit einem Element aus D_K ein Automorphismus von T_K.

Wir wollen nun eine Umkehrung dieses Tatbestandes beweisen und machen hierzu die folgenden

Voraussetzungen. *Gegeben sei eine Menge K, welche wenigstens zwei Elemente enthält.* Die Elemente von K seien wieder mit großen lateinischen Buchstaben bezeichnet. *Es seien O, E zwei feste Elemente aus K. In der Gruppe der eineindeutigen Abbildungen von K auf sich*

[1] Eine Gruppe von eineindeutigen Abbildungen einer Menge auf sich nennen wir *einfach transitiv*, wenn es in ihr zu je zwei Elementen A, B der Menge genau eine Abbildung gibt, welche A in B überführt.

gebe es zwei kommutative Untergruppen T *und* D *mit folgenden Eigenschaften:*

1) T *ist einfach transitiv auf* K.

2) *Es ist* $O\delta = O$ *für alle* $\delta \in \mathsf{D}$, *und* D *ist einfach transitiv auf* $K - [O]$.

3) *Aus* $\tau \in \mathsf{T}$ *und* $\delta \in \mathsf{D}$ *folgt* $\tau^\delta \in \mathsf{T}$.

Ist A ein Element aus K, so gibt es nach 1) in T genau eine Abbildung, welche O in A überführt. Wir bezeichnen sie mit τ_{OA}. Es ist dann A darstellbar als $O\tau_{OA}$. Ist A ein Element $\neq O$ aus K, so gibt es nach 2) in D genau eine Abbildung, welche E in A überführt. Wir bezeichnen sie mit δ_{EA}. Es ist dann A darstellbar als $E\delta_{EA}$.

Indem wir diese eindeutig bestimmten Darstellungen der Elemente aus K bzw. aus $K - [O]$ verwenden, definieren wir für die Elemente aus K eine *Addition* und für die Elemente aus $K - [O]$ eine *Multiplikation:*

$$O\tau_{OA} + O\tau_{OB} = O\tau_{OA}\tau_{OB}, \tag{4}$$

$$E\delta_{EA} \cdot E\delta_{EB} = E\delta_{EA}\delta_{EB}. \tag{5}$$

Die Definition der Multiplikation ergänzen wir durch die Festsetzung:

$$AO = OA = O \qquad \text{für alle } A \in K, \tag{6}$$

und behaupten nun:

Satz. *Unter den angegebenen Voraussetzungen ist die Menge* K *hinsichtlich der Verknüpfungen* (4), (5), (6) *ein Körper mit* O *als Null- und* E *als Einselement.*

Beweis. Die durch (4) erklärte Addition ist offenbar assoziativ und kommutativ. $O = O\tau_{OO}$ ist Nullelement, da τ_{OO} die identische Abbildung von K auf sich ist. Zu $O\tau$ ist $O\tau^{-1}$ entgegengesetzt.

Die durch (5) erklärte Multiplikation ist assoziativ und kommutativ. $E = E\delta_{EE}$ ist Einselement, da δ_{EE} die identische Abbildung von K auf sich ist. Zu $E\delta$ ist $E\delta^{-1}$ invers.

Aus der Definition der Multiplikation folgt:

$$X \cdot E\delta_{EA} = X\delta_{EA} \qquad \text{für alle } X \in K. \tag{7}$$

Denn diese Formel gilt zunächst wegen (6) und 2) für $X = O$. Ist $X \neq O$, so schreibe man $X = E\delta_{EX}$ und schließe mit (5). Da jedes Element aus K in der Form $O\tau$, mit eindeutig bestimmtem $\tau \in \mathsf{T}$ dargestellt werden kann, läßt sich (7) auch als $O\tau \cdot E\delta_{EA} = O\tau\delta_{EA}$ schreiben, und da nach 2) $O = O\delta_{EA}^{-1}$ ist, gilt

$$O\tau \cdot E\delta_{EA} = O\tau^{\delta_{EA}}. \tag{8}$$

Hierbei ist die rechte Seite wegen 3) von der Form $O\tau'$ mit $\tau' \in \mathsf{T}$, welche der Definition der Addition zugrunde gelegt ist.

Wir beweisen nun das Distributivgesetz (3). Für $C=O$ gilt es auf Grund von (6). Es sei nun $C\neq O$, also $C=E\delta_{EC}$. Dann ergibt sich aus der Definition (4) der Summe und aus der Formel (8):

$$\begin{aligned}(O\tau_{OA}+O\tau_{OB})\cdot E\delta_{EC} &= O\tau_{OA}\tau_{OB}\cdot E\delta_{EC} = O\,(\tau_{OA}\tau_{OB})^{\delta_{EC}}\\ &= O\,(\tau_{OA})^{\delta_{EC}}(\tau_{OB})^{\delta_{EC}} = O\,(\tau_{OA})^{\delta_{EC}} + O\,(\tau_{OB})^{\delta_{EC}}\\ &= O\tau_{OA}\cdot E\delta_{EC} + O\tau_{OB}\cdot E\delta_{EC}.\end{aligned}$$

Damit ist unser Satz bewiesen.

Es gilt $X\tau_{OA}=X+A$ und, wenn $A\neq O$ ist, $X\delta_{EA}=XA$ für alle $X\in K$, also das

Korollar. *Es ist* $\mathsf{T}=\mathsf{T}_K$ *und* $\mathsf{D}=\mathsf{D}_K$.

Man kann unseren Satz verwenden, um eine affine Ebene zu algebraisieren. Um einige in § 5 erworbene Kenntnisse über projektive Ebenen ausnutzen zu können, definieren wir hier eine *affine Ebene* dadurch, daß wir in einer projektiven Ebene eine Gerade u als „unendlichferne" Gerade auszeichnen und nur die nicht auf u gelegenen Punkte und die von u verschiedenen Geraden betrachten. Zwei Geraden der affinen Ebene werden *parallel* genannt, wenn sie entweder identisch sind oder keinen Punkt der affinen Ebene gemein haben (wenn sie sich also in der projektiven Ebene auf u schneiden). Wir wählen zwei verschiedene Punkte O und E der affinen Ebene; ihre Verbindungsgerade g schneide die Gerade u in dem „unendlichfernen" Punkt U. Die projektiven Translationen mit der Achse u und dem Zentrum U und die Homologien mit der Achse u und dem Zentrum O mögen, als Kollineationen der affinen Ebene, *affine Translationen längs* g bzw. *Streckungen mit dem Zentrum* O genannt werden. Die affinen Translationen längs g und die Streckungen mit dem Zentrum O ergeben auf der Menge K der Punkte der affinen Geraden g zwei Gruppen von eineindeutigen Abbildungen, welche den Voraussetzungen unseres Satzes genügen. Die Verknüpfungen (4), (5), (6) definieren daher in K eine *Punktrechnung*, bei der diese Punktmenge ein Körper ist[1].

Das Korollar lehrt, daß die affinen Translationen auf g durch die Abbildungen (1) und die Streckungen mit Zentrum O auf g durch die Abbildungen (2) dargestellt werden.

Man wähle weiter in der affinen Ebene einen Punkt E' außerhalb von g und bezeichne die Verbindungsgerade von O und E' mit g'. Man kann dann den Punkten der affinen Ebene eineindeutig die Paare von Elementen aus K zuordnen: Ist ein Punkt gegeben, so ziehe man durch ihn die Parallelen zu den „Koordinatenachsen" g' und g, welche g in

---

[1] Es sei empfohlen, diese Punktrechnung mit der Hilbertschen zu vergleichen. Die Hilbertsche Bezeichnung ist „Streckenrechnung".

einem Punkt A und g' in einem Punkt B' schneiden mögen; durch B' ziehe man zu der Verbindungsgeraden von E und E' die Parallele, die g in einem Punkt B schneide. Die Elemente A, B des Körpers K seien die *Koordinaten* des gegebenen Punktes genannt. Die affine Ebene läßt sich dann darstellen als die *affine Koordinatenebene über dem Körper K* (zu diesem Begriff vgl. § 13,1).

Indem man dann in bekannter Weise homogene Koordinaten einführt, kann man die projektive Ebene, von der wir ausgingen, darstellen als die *projektive Koordinatenebene über dem Körper K* (zu diesem Begriff vgl. § 8,1).

Unsere Überlegung ist vom FANO-Axiom unabhängig. Wenn das FANO-Axiom gilt, ist der Körper K von Charakteristik $\neq 2$.

Wir wollen hier die Probleme und Methoden der Algebraisierung affiner und projektiver Ebenen nicht vollständig diskutieren, sondern verweisen auf die Literatur.

Literatur. v. STAUDT [2], HILBERT [1], VEBLEN-YOUNG [1], SCHWAN [1], [2], PASCH-DEHN [1], HESSENBERG [3], REIDEMEISTER [1], COXETER [2], HODGE-PEDOE [1], KLINGENBERG [1], PICKERT [3] (und die dort zitierte Literatur), LINGENBERG [2], ARTIN [2].

Mit dem später in § 11,4 geschilderten Verfahren kann man auch eine Punktrechnung auf der projektiven Geraden einführen. Für die Algebraisierung der projektiven Ebenen bietet es gegenüber dem oben geschilderten Verfahren den Vorteil, daß es sogleich die Darstellung aller Projektivitäten auf der Geraden durch gebrochen-lineare Transformationen liefert.

Kapitel III

Projektiv-metrische Geometrie

Die projektiv-metrischen Ebenen, die wir in § 5 im Rahmen der synthetischen projektiven Geometrie definiert haben, lassen sich auch in einfacher und natürlicher Weise algebraisch beschreiben. Dieser Zusammenhang, der es gestattet, die projektiv-metrischen Ebenen und ihre Bewegungsgruppen mit den Methoden der analytischen Geometrie zu untersuchen, soll in dem vorliegenden Kapitel dargelegt werden. Auf Grund des Haupt-Theorems eröffnet er zugleich den Weg zur Algebraisierung der metrischen Ebenen und ihrer Bewegungsgruppen. Wir werden insbesondere die projektiv-metrischen Ebenen und ihre Bewegungsgruppen in die Theorie der metrischen Vektorräume und orthogonalen Gruppen einordnen, die von E. WITT geschaffen und besonders von J. DIEUDONNÉ weiterentwickelt worden ist. Die ordinären projektiv-metrischen Ebenen und ihre Bewegungsgruppen werden wir überdies mit Hilfe hyperkomplexer Systeme darstellen.

Daneben ist ein Ziel des Kapitels, dem Standpunkt unserer Vorlesung entsprechend zu zeigen, wie man die Bewegungsgruppen der projektiv-metrischen Ebenen als abstrakte, aus involutorischen Elementen erzeugbare Gruppen durch Gesetze, denen die involutorischen Erzeugenden genügen, kennzeichnen kann.

§ 8. Projektiv-metrische Koordinatenebenen und metrische Vektorräume[1]

1. Projektive und projektiv-metrische Koordinatenebenen. Es sei K ein Körper von Charakteristik $\neq 2$. Die Tripel von Elementen aus K bezeichnen wir als Vektoren $\mathfrak{x} = (x_1, x_2, x_3)$. Eine Klasse proportionaler Vektoren $r\mathfrak{x} = r(x_1, x_2, x_3) = (rx_1, rx_2, rx_3)$, wobei $r \neq 0$ aus K ein beliebiger Proportionalitätsfaktor und $(x_1, x_2, x_3) \neq (0,0,0)$ ist, werde ein *Punkt* genannt. Zweitens fassen wir die Tripel von Elementen aus K auch als Vektoren $\mathfrak{u} = [u_1, u_2, u_3]$ auf; eine Klasse proportionaler Vektoren $r\mathfrak{u} = r[u_1, u_2, u_3] = [ru_1, ru_2, ru_3]$, wobei $r \neq 0$ aus K ein beliebiger Proportionalitätsfaktor und $[u_1, u_2, u_3] \neq [0,0,0]$ ist, werde eine *Gerade* genannt. Ein Punkt $r\mathfrak{x}$ und eine Gerade $r\mathfrak{u}$ mögen *inzident* genannt werden, wenn

$$\mathfrak{u}\mathfrak{x} = u_1x_1 + u_2x_2 + u_3x_3 = 0 \tag{1}$$

ist. Die so erklärten Punkte und Geraden bilden bei der angegebenen Definition der Inzidenz eine projektive Ebene, *die projektive Koordinatenebene über dem Körper K*.

Ist umgekehrt eine projektive Ebene gegeben, so kann man ihr, wie man aus der Note über die Algebraisierung oder aus der dort zitierten Literatur entnimmt, nach Wahl eines Bezugsdreiecks einen Körper K von Charakteristik $\neq 2$ zuordnen, und die projektive Ebene als projektive Koordinatenebene über K darstellen. Der Körper K ist von der Wahl des Bezugsdreiecks unabhängig.

Es sei nun die projektive Koordinatenebene über einem Körper K von Charakteristik $\neq 2$ gegeben.

Ihre Kollineationen sind die halblinearen Transformationen

$$rx_i^* = \sum_{k=1}^{3} c_{ik} A(x_k), \qquad ru_i^* = \sum_{k=1}^{3} C_{ik} A(u_k), \qquad (i = 1,2,3), \tag{2}$$

wobei (c_{ik}) eine Matrix mit Elementen aus K und nicht verschwindender Determinante, (C_{ik}) die Matrix der adjungierten Unterdeterminanten von (c_{ik}), und $A(x)$ ein Automorphismus von K ist. Die

[1] Wir nehmen an, daß der Begriff der projektiven Koordinatenebene und der Begriff des Vektorraumes dem Leser nicht unbekannt sein werden, und referieren hierüber nur kurz. Im Mittelpunkt dieses Paragraphen steht der Begriff des metrischen Vektorraumes.

projektiven Kollineationen sind die linearen Transformationen (2), d.h. die Transformationen (2), in denen $A(x)$ der identische Automorphismus $A(x) = x$ ist.

Die harmonische Homologie mit dem nicht inzidenten Paar Punkt $r\mathfrak{p}$, Gerade $r\mathfrak{g}$ als Zentrum und Achse wird durch

$$(3) \qquad r\mathfrak{x}^* = -\mathfrak{x} + 2\frac{\mathfrak{g}\mathfrak{x}}{\mathfrak{g}\mathfrak{p}}\mathfrak{p}, \qquad r\mathfrak{u}^* = -\mathfrak{u} + 2\frac{\mathfrak{u}\mathfrak{p}}{\mathfrak{g}\mathfrak{p}}\mathfrak{g}$$

dargestellt. Man bestätigt nämlich leicht, daß (3) eine involutorische Kollineation ist und die gewünschten Fixelemente besitzt.

Die Korrelationen sind die Transformationen

$$(4) \qquad r x_i^* = \sum_{k=1}^{3} f_{ik} A(u_k), \qquad r u_i^* = \sum_{k=1}^{3} F_{ik} A(x_k), \qquad (i = 1, 2, 3),$$

wobei (f_{ik}) eine Matrix mit Elementen aus K und nicht verschwindender Determinante, (F_{ik}) die Matrix der adjungierten Unterdeterminanten von (f_{ik}), und $A(x)$ ein Automorphismus von K ist. Die Transformation (4) ist eine Polarität, wenn $A(x) = A^{-1}(x)$ und $f_{ik} = A(f_{ki})$ ist. Die projektiven Korrelationen sind die Transformationen (4) mit $A(x) = x$, und die projektiven Polaritäten sind also die Transformationen

$$(5) \quad r x_i^* = \sum_{k=1}^{3} f_{ik} u_k, \qquad r u_i^* = \sum_{k=1}^{3} F_{ik} x_k, \qquad \text{mit } f_{ik} = f_{ki} \text{ und } |f_{ik}| \neq 0.$$

Ist eine projektive Polarität (5) gegeben, so ist die Bedingung dafür, daß zwei Geraden $r\mathfrak{u}$, $r\mathfrak{v}$ im Sinne der Polarität konjugiert sind, also die Gerade $r\mathfrak{u}$ mit dem Pol der Geraden $r\mathfrak{v}$ inzidiert:

$$(6) \qquad \sum_{i,k=1}^{3} f_{ik} u_i v_k = 0 \qquad \text{mit } f_{ik} = f_{ki} \text{ und } |f_{ik}| \neq 0,$$

also das Verschwinden einer symmetrischen bilinearen Form vom Rang 3 in den Geradenkoordinaten. Entsprechend wird das Konjugiertsein von zwei Punkten $r\mathfrak{x}$, $r\mathfrak{y}$ durch $\sum_{i,k=1}^{3} F_{ik} x_i y_k = 0$ gegeben.

Jede ordinäre projektiv-metrische Ebene läßt sich, nach Wahl eines Bezugsdreiecks, als projektive Koordinatenebene über einem Körper K von Charakteristik $\neq 2$ darstellen, in der eine projektive Polarität (5) und damit eine Orthogonalität (6) der Geraden gegeben ist. Ist die Polarität hyperbolisch, gibt es also selbst-orthogonale Geraden, also Geraden $r\mathfrak{u}$, für welche die zu der symmetrischen bilinearen Form gehörige quadratische Form verschwindet, d.h.

$$(7) \qquad \sum_{i,k=1}^{3} f_{ik} u_i u_k = 0$$

ist, so ist (7) die Gleichung des Fundamentalkegelschnittes in Geradenkoordinaten (in Punktkoordinaten hat er die Gleichung $\sum_{i,k=1}^{3} F_{ik} x_i x_k = 0$). Ist die Polarität elliptisch, so gibt es keine Gerade, für die (7) gilt.

Um eine singuläre projektiv-metrische Ebene als Koordinatenebene darzustellen, wählen wir das Bezugsdreieck so, daß die unendlichferne Gerade die Gerade $\mathfrak{r}[0,0,1]$ des Bezugsdreiecks wird. Die absolute Polarinvolution der unendlichfernen Punkte $\mathfrak{r}(x_1, x_2, 0)$ wird durch eine lineare Transformation in den Koordinaten x_1, x_2 dargestellt; diese läßt sich in folgender Gestalt schreiben:

$$(8) \qquad \begin{cases} r x_1^* = f_{21} x_1 - f_{11} x_2 \\ r x_2^* = f_{22} x_1 - f_{12} x_2 \end{cases} \quad \text{mit } f_{ik} = f_{ki} \text{ und } |f_{ik}| \neq 0$$

($f_{12} = f_{21}$ folgt daraus, daß es sich um eine Involution handelt). Zwei Punkte $\mathfrak{r}(x_1, x_2, 0)$, $\mathfrak{r}(y_1, y_2, 0)$ entsprechen sich dann und nur dann in der Involution, wenn

$$(9) \qquad f_{22} x_1 y_1 - f_{21} x_1 y_2 - f_{12} x_2 y_1 + f_{11} x_2 y_2 = 0$$

ist. Zwei Geraden $\mathfrak{r}\mathfrak{u} = \mathfrak{r}[u_1, u_2, u_3]$, $\mathfrak{r}\mathfrak{v} = \mathfrak{r}[v_1, v_2, v_3]$, welche von der unendlichfernen Geraden verschieden sind, sind dann und nur dann zueinander orthogonal, wenn für ihre unendlichfernen Punkte $\mathfrak{r}(u_2, -u_1, 0)$, $\mathfrak{r}(v_2, -v_1, 0)$ die Gleichung (9) gilt, wenn also

$$(10) \qquad \sum_{i,k=1}^{2} f_{ik} u_i v_k = 0 \qquad \text{mit } f_{ik} = f_{ki} \text{ und } |f_{ik}| \neq 0$$

ist. Die Formel (10) drückt außerdem die Tatsache aus, daß die unendlichferne Gerade $\mathfrak{r}[0,0,1]$ zu allen Geraden, auch zu sich selbst orthogonal ist. Die Orthogonalität der Geraden in der singulären projektiv-metrischen Ebene wird also wiederum durch das Verschwinden einer symmetrischen bilinearen Form in den Geradenkoordinaten dargestellt, die aber vom Rang 2 ist. Da die absolute Polarinvolution der singulären projektiv-metrischen Ebene als elliptisch vorausgesetzt wird, ist $\mathfrak{r}[0,0,1]$ die einzige selbst-orthogonale Gerade, d.h.

$$(11) \qquad \sum_{i,k=1}^{2} f_{ik} u_i u_k = 0 \qquad \text{gilt nur für } u_1 = u_2 = 0.$$

Die Koeffizientenmatrizen (f_{ik}) der symmetrischen Bilinearformen in (6) und (10) sind nur bis auf einen Proportionalitätsfaktor bestimmt.

Ist in der projektiven Koordinatenebene über einem Körper K von Charakteristik $\neq 2$ durch eine Bedingung (6) eine Orthogonalität der Geraden gegeben, so ist die Ebene eine ordinäre projektiv-metrische

Ebene, und ist in der projektiven Koordinatenebene durch eine Bedingung (10) mit (11) eine Orthogonalität der Geraden gegeben, so ist sie eine singuläre projektiv-metrische Ebene mit $r[0,0,1]$ als unendlichferner Geraden; denn man kann von (6) auf die projektive Polarität (5), und von (10) auf die projektive Involution (8) auf $r[0,0,1]$ zurückschließen.

2. Vektorräume. Unter einem *Vektorraum* über einem Körper K versteht man eine Menge V von Elementen, Vektoren genannt, in der zu je zwei Vektoren $\mathfrak{a}, \mathfrak{b}$ eindeutig ein Vektor $\mathfrak{a}+\mathfrak{b}$ und zu jedem Vektor $\mathfrak{a}$ und jedem Element c aus K eindeutig ein Vektor $c\mathfrak{a}$ so erklärt ist, daß die Vektoren hinsichtlich der Addition eine kommutative Gruppe bilden und daß die folgenden Regeln allgemein gelten:

$$1)\quad c(\mathfrak{a}+\mathfrak{b}) = c\mathfrak{a}+c\mathfrak{b}, \qquad 2)\quad (c+c')\,\mathfrak{a} = c\mathfrak{a}+c'\mathfrak{a},$$

$$3)\quad (cc')\mathfrak{a} = c(c'\mathfrak{a}), \qquad 4)\quad 1\mathfrak{a} = \mathfrak{a}.$$

Das Nullelement der additiven Gruppe wird als der *Nullvektor* $\mathfrak{o}$ bezeichnet. Jede Teilmenge von V, welche (in bezug auf die gegebenen Operationen) selbst ein Vektorraum über K ist, wird ein *Teilraum* von V genannt. Vektoren $\mathfrak{a}_1, \mathfrak{a}_2, \ldots, \mathfrak{a}_m$ heißen *linear abhängig*, wenn es Elemente $a_1, a_2, \ldots, a_m$ aus K gibt, die nicht alle gleich Null sind und für die

$$a_1\mathfrak{a}_1 + a_2\mathfrak{a}_2 + \cdots + a_m\mathfrak{a}_m = \mathfrak{o} \tag{12}$$

ist. Anderenfalls heißen $\mathfrak{a}_1, \mathfrak{a}_2, \ldots, \mathfrak{a}_m$ *linear unabhängig*.

Wir betrachten nur Vektorräume, in denen es eine endliche Maximalzahl von linear unabhängigen Vektoren gibt. Die Maximalzahl linear unabhängiger Vektoren eines Vektorraumes V wird die *Dimension* von V genannt. In einem Vektorraum der Dimension n bilden je n linear unabhängige Vektoren $\mathfrak{a}_1, \mathfrak{a}_2, \ldots, \mathfrak{a}_n$ eine *Basis*, d.h. jeder Vektor $\mathfrak{a}$ ist als Linearkombination

$$\mathfrak{a} = a_1\mathfrak{a}_1 + a_2\mathfrak{a}_2 + \cdots + a_n\mathfrak{a}_n \tag{13}$$

mit eindeutig bestimmten Komponenten $a_1, a_2, \ldots, a_n$ aus K darstellbar Aus der Existenz einer Basis erkennt man, daß jeder Vektorraum V über K von der Dimension n isomorph zu dem Vektorraum ist, dessen Elemente die n-Tupel $(a_1, a_2, \ldots, a_n)$ von Elementen aus K sind, und in dem die Addition sowie die Multiplikation mit einem Element aus K komponentenweise vorgenommen werden. Über einem gegebenen Körper K gibt es daher bis auf Isomorphie genau einen Vektorraum gegebener Dimension n, und man spricht daher von *dem* n-dimensionalen Vektorraum über K. Die eindimensionalen Teilräume (geschrieben $K\mathfrak{a}$ mit $\mathfrak{a} \neq \mathfrak{o}$) nennen wir auch *Geraden*, die zweidimensionalen auch *Ebenen*, die $(n-1)$-dimensionalen auch *Hyperebenen* des n-dimensionalen Vektorraumes.

Unter einer *linearen Transformation* des n-dimensionalen Vektorraumes V über K verstehen wir eine eineindeutige Abbildung α von V auf sich, welche den Linearitäts-Bedingungen

$$(14) \qquad (\mathfrak{a}+\mathfrak{b})\alpha = \mathfrak{a}\alpha + \mathfrak{b}\alpha, \qquad (c\mathfrak{a})\alpha = c(\mathfrak{a}\alpha)$$

genügt. Die linearen Transformationen bilden eine Gruppe, die *lineare Gruppe* des n-dimensionalen Vektorraumes.

In bezug auf eine feste Basis gehört zu jeder linearen Transformation α eine n-reihige Matrix $\mathfrak{A}$ über K mit nicht verschwindender Determinante derart, daß für jeden Vektor $\mathfrak{a}$ im Sinne der Matrizenmultiplikation $(\mathfrak{a}\alpha) = \mathfrak{A}(\mathfrak{a})$ gilt, wenn $(\mathfrak{a})$ bzw. $(\mathfrak{a}\alpha)$ das als einspaltige Matrix geschriebene Komponenten-n-Tupel des Vektors $\mathfrak{a}$ bzw. $\mathfrak{a}\alpha$ bezeichnet; diese Eigenschaft hat nämlich diejenige Matrix, deren k-te Spalte das Komponenten-n-Tupel des Bildvektors des k-ten Basisvektors ist, und nur sie. Umgekehrt definiert, bei gegebener Basis, jede n-reihige Matrix über K mit nicht verschwindender Determinante eine lineare Transformation des Vektorraumes. *Die lineare Gruppe des n-dimensionalen Vektorraumes über K ist somit darstellbar durch die Gruppe der n-reihigen Matrizen über K mit nicht verschwindender Determinante;* dabei wird ein Produkt $\alpha\beta$ von zwei linearen Transformationen durch das Produkt $\mathfrak{B}\mathfrak{A}$ der zugehörigen Matrizen dargestellt.

Es seien nun zwei Basen gegeben. Man stelle die Vektoren der zweiten Basis in der ersten Basis dar und bilde aus den entstehenden Komponenten-n-Tupeln eine Matrix, mit dem Komponenten-n-Tupel des k-ten Vektors der zweiten Basis als k-ter Spalte. Diese Matrix $\mathfrak{C}$, deren Determinante ungleich Null ist, stellt dann für jeden Vektor den Zusammenhang zwischen seinen Komponenten in den beiden Basen her: Ist $(\mathfrak{a})_1$ bzw. $(\mathfrak{a})_2$ das als einspaltige Matrix geschriebene Komponenten-n-Tupel des Vektors $\mathfrak{a}$ in der ersten bzw. der zweiten Basis, so ist im Sinne der Matrizenmultiplikation $(\mathfrak{a})_1 = \mathfrak{C}(\mathfrak{a})_2$. Ist nun eine lineare Transformation gegeben und gehören zu ihr in den beiden Basen die Matrizen $\mathfrak{A}_1$ bzw. $\mathfrak{A}_2$, so ist $\mathfrak{A}_2 = \mathfrak{C}^{-1}\mathfrak{A}_1\mathfrak{C}$. Daher ist $|\mathfrak{A}_2| = |\mathfrak{A}_1|$. Die Matrizen, welche in verschiedenen Basen zu einer gegebenen linearen Transformation gehören, haben also alle gleiche Determinante; diese basis-unabhängige Determinante wird die *Determinante der linearen Transformation* genannt.

In der projektiven Koordinatenebene über einem Körper K (von Charakteristik $\neq 2$) kann man sich auf die Verwendung von Punktkoordinaten beschränken und die Geraden als Punktreihen auffassen, also als Mengen von Punkten, welche aus allen Punkten bestehen, die sich als Linearkombinationen von zwei verschiedenen Punkten darstellen lassen. Dual hierzu kann man sich auf die Verwendung von Geradenkoordinaten beschränken und die Punkte als Geradenbüschel auffassen, also als Mengen von Geraden, welche aus allen Geraden bestehen, die sich als Linearkombinationen von zwei verschiedenen Geraden darstellen lassen. So kann man die projektive Koordinatenebene über K auf zwei Arten mit Hilfe der ein- und zweidimensionalen Teilräume des Vektorraumes der Tripel von Elementen aus K darstellen: Bei dem ersten Verfahren werden die *Punkte und Geraden* der projektiven Ebene durch die Geraden und Ebenen des Vektorraumes dargestellt, und die Inzidenz von Punkt und Gerade wird zum Enthaltensein der Teilräume; bei dem zweiten Verfahren werden die *Geraden und Punkte* der projektiven Ebene durch die Geraden und Ebenen des Vektorraumes dargestellt, und die Inzidenz von Punkt und Gerade wird zum Umfassen der Teilräume. Wir werden das zweite Verfahren bevorzugen[1]. Auf Grund von 1 erkennt man:

Satz 1. *Eine projektive Ebene läßt sich stets als die Gesamtheit der Ebenen und Geraden des dreidimensionalen Vektorraumes über einem eindeutig bestimmten Körper von Charakteristik $\neq 2$, mit dem Umfassen der Teilräume als Inzidenz, darstellen. Umgekehrt bilden die Ebenen und Geraden des dreidimensionalen Vektorraumes über jedem Körper von Charakteristik $\neq 2$ eine projektive Ebene.*

Die projektiven Kollineationen der projektiven Ebene sind in dieser Darstellung die eineindeutigen Abbildungen der Ebenen und Geraden des Vektorraumes, welche durch die linearen Transformationen des Vektorraumes bewirkt werden. Eine lineare Transformation des Vektorraumes bewirkt dann und nur dann die identische Abbildung seiner Teilräume, wenn sie alle Vektoren mit einem festen, von Null verschiedenen Element des Körpers multipliziert; diese linearen Transformationen bilden eine zu der multiplikativen Gruppe des Körpers isomorphe Gruppe und sind das Zentrum der linearen Gruppe des Vektorraumes. *Die Gruppe der projektiven Kollineationen der projektiven Ebene wird daher dargestellt durch die Faktorgruppe der linearen Gruppe des dreidimensionalen Vektorraumes nach ihrem Zentrum.*

3. Metrische Vektorräume und orthogonale Gruppen. Gegeben sei der n-dimensionale Vektorraum über einem Körper K von Charakteristik $\neq 2$. Eine Funktion $F(\mathfrak{a},\mathfrak{b})$, welche jedem geordneten Vektorpaar $\mathfrak{a},\mathfrak{b}$ ein Element aus K zuordnet, heißt eine *Bilinearform*, wenn

[1] Wir können dann nicht nur die ordinären, sondern auch die singulären projektiv-metrischen Ebenen durch dreidimensionale metrische Vektorräume darstellen (Satz 2).

die Regeln

$$(15)\qquad F(c\mathfrak{a},\mathfrak{b}) = cF(\mathfrak{a},\mathfrak{b}),\quad F(\mathfrak{a}'+\mathfrak{a}'',\mathfrak{b}) = F(\mathfrak{a}',\mathfrak{b}) + F(\mathfrak{a}'',\mathfrak{b}),$$

$$(16)\qquad F(\mathfrak{a},c\mathfrak{b}) = cF(\mathfrak{a},\mathfrak{b}),\quad F(\mathfrak{a},\mathfrak{b}'+\mathfrak{b}'') = F(\mathfrak{a},\mathfrak{b}') + F(\mathfrak{a},\mathfrak{b}'')$$

gelten; die Bilinearform heißt *symmetrisch*, wenn

$$(17)\qquad F(\mathfrak{a},\mathfrak{b}) = F(\mathfrak{b},\mathfrak{a})$$

gilt.

Wählt man eine Basis $\mathfrak{a}_1, \mathfrak{a}_2, \ldots, \mathfrak{a}_n$ des Vektorraumes und stellt man $\mathfrak{a}$ und $\mathfrak{b}$ in dieser Basis dar:

$$\mathfrak{a} = a_1\mathfrak{a}_1 + a_2\mathfrak{a}_2 + \cdots + a_n\mathfrak{a}_n, \qquad \mathfrak{b} = b_1\mathfrak{a}_1 + b_2\mathfrak{a}_2 + \cdots + b_n\mathfrak{a}_n,$$

so ist

$$F(\mathfrak{a},\mathfrak{b}) = F(a_1\mathfrak{a}_1 + a_2\mathfrak{a}_2 + \cdots + a_n\mathfrak{a}_n, b_1\mathfrak{a}_1 + b_2\mathfrak{a}_2 + \cdots + b_n\mathfrak{a}_n)$$
$$= \sum_{i,k=1}^{n} F(\mathfrak{a}_i, \mathfrak{a}_k)\, a_i b_k,$$

also, wenn $F(\mathfrak{a}_i, \mathfrak{a}_k) = f_{ik}$ gesetzt wird,

$$(18)\qquad F(\mathfrak{a},\mathfrak{b}) = \sum_{i,k=1}^{n} f_{ik} a_i b_k \qquad \text{mit } f_{ik} = f_{ki}$$

eine gewöhnliche symmetrische bilineare Funktion der Komponenten.

Bei einem Basiswechsel tritt an die Stelle der Koeffizientenmatrix $(f_{ik}) = \mathfrak{F}$ aus (18) die Matrix $\mathfrak{C}'\mathfrak{F}\mathfrak{C}$, wenn $\mathfrak{C}$ die Matrix des Basiswechsels ist (vgl. 2); dabei sei, wie üblich, mit $\mathfrak{C}'$ die Transponierte der Matrix $\mathfrak{C}$ bezeichnet. Durch die Darstellung (18) wird der Form F die Determinante $|f_{ik}| = |\mathfrak{F}|$ zugeordnet; bei einem Basiswechsel tritt an ihre Stelle eine Determinante $|\mathfrak{C}'\mathfrak{F}\mathfrak{C}| = |\mathfrak{C}|^2|\mathfrak{F}|$ mit $|\mathfrak{C}| \neq 0$. Der Form F wird also durch die Determinanten-Bildung eine Quadratklasse[1] aus K zugeordnet.

Einen Vektorraum, in welchem eine symmetrische Bilinearform F gegeben ist, nennt man einen *metrischen Vektorraum*. $F(\mathfrak{a},\mathfrak{b})$ wird auch als *Skalarprodukt* der Vektoren $\mathfrak{a}$ und $\mathfrak{b}$, und $F(\mathfrak{a},\mathfrak{a})$ als *Formwert* des Vektors $\mathfrak{a}$ bezeichnet.

In einem metrischen Vektorraum heißen zwei Vektoren $\mathfrak{a}$ und $\mathfrak{b}$ zueinander *orthogonal*, wenn

$$(19)\qquad F(\mathfrak{a},\mathfrak{b}) = 0$$

[1] Alle Elemente aus K, welche sich nur um von Null verschiedene quadratische Faktoren aus K voneinander unterscheiden, bilden eine *Quadratklasse*. Ist a ein Element aus K, so bezeichnen wir die Quadratklasse, in der a liegt, — also die Gesamtheit der Elemente c^2a, mit $c \neq 0$ aus K — mit $\{a\}$.

ist. Zwei Teilräume heißen zueinander orthogonal, wenn jeder Vektor aus dem einen Teilraum zu jedem Vektor aus dem anderen Teilraum orthogonal ist. Sind z.B. die beiden Vektoren $\mathfrak{a}, \mathfrak{b} \neq \mathfrak{o}$ zueinander orthogonal, so sind auch die beiden Geraden $K\mathfrak{a}$, $K\mathfrak{b}$ zueinander orthogonal. Die sämtlichen Vektoren, welche zu einem gegebenen Vektor orthogonal sind, bilden einen Teilraum. Die sämtlichen Vektoren, welche zu allen Vektoren eines gegebenen Teilraumes T orthogonal sind, bilden ebenfalls einen Teilraum, *den maximalen zu T orthogonalen Teilraum* $T^{\perp}$.

Ein Vektor $\mathfrak{a}$, der zu sich selbst orthogonal ist, für den also $F(\mathfrak{a}, \mathfrak{a}) = 0$ ist, wird *isotrop* genannt; einen isotropen Vektor, welcher vom Nullvektor verschieden ist, nennen wir auch *echt isotrop*.

Ist T ein Teilraum, so kann man nach den Vektoren fragen, welche in T liegen und zu allen Vektoren aus T orthogonal sind. Diese Vektoren bilden einen Teilraum — den Durchschnitt von T und $T^{\perp}$ — und sind jedenfalls sämtlich isotrop (jedoch brauchen nicht alle isotropen Vektoren aus T diesem Teilraum anzugehören). Wenn dieser Teilraum nicht nur aus dem Nullvektor besteht, wenn also der Teilraum T einen vom Nullvektor verschiedenen Vektor enthält, welcher zu allen Vektoren aus T orthogonal ist, wird T ein *isotroper Teilraum* genannt; mit T ist auch $T^{\perp}$ isotrop. Eine Gerade $K\mathfrak{a}$ ist hiernach dann und nur dann isotrop, wenn der Vektor $\mathfrak{a}$ isotrop ist.

Wir wenden die soeben für einen beliebigen Teilraum T geschilderte Begriffsbildung nun speziell auf den vollen Vektorraum an und nennen den Teilraum derjenigen Vektoren $\mathfrak{a}$, welche zu allen Vektoren des Vektorraumes orthogonal sind, für die also

$$(20) \qquad F(\mathfrak{a}, \mathfrak{b}) = 0 \qquad \text{für alle Vektoren } \mathfrak{b}$$

gilt, das *Radikal* des metrischen Vektorraumes. Jeder Vektor des Radikals ist isotrop. Gehört auch umgekehrt jeder isotrope Vektor dem Radikal an, so wird die Form F *nullteilig* genannt.

In einer Basis drückt sich die Orthogonalitätsbedingung (19) durch eine bilineare Gleichung

$$(21) \qquad \sum_{i,k=1}^{n} f_{ik} a_i b_k = 0$$

in den Komponenten der Vektoren $\mathfrak{a}$ und $\mathfrak{b}$ aus. Ist $\mathfrak{a}$ gegeben, so hat (21) als lineare Gleichung für $\mathfrak{b}$, je nachdem ob alle Koeffizienten verschwinden oder nicht, einen Lösungsraum der Dimension n oder $n-1$. Der Teilraum aller zu einem gegebenen Vektor $\mathfrak{a}$ orthogonalen Vektoren ist daher entweder der volle Raum — und dies bedeutet, daß $\mathfrak{a}$ im Radikal liegt, — oder eine Hyperebene. Insbesondere folgt, *daß für jede Gerade g, welche dem Radikal nicht angehört, der Teilraum $g^{\perp}$ eine Hyperebene ist.*

Ist d die Dimension des Radikals, so wird die Zahl $n-d$ der *Rang der Form* F genannt. Der so erklärte Rang von F stimmt mit dem Rang der Matrix (f_{ik}) überein, die sich ergibt, wenn man F in einer Basis darstellt; denn das Radikal besteht aus allen denjenigen Vektoren $\mathfrak{a}$, für die dann in der als Gleichung für $\mathfrak{b}$ aufgefaßten Gleichung (21) alle Koeffizienten verschwinden, ist also der Lösungsraum des homogenen Gleichungssystems

(22) $$\sum_{i=1}^{n} f_{ik} a_i = 0 \quad \text{für } k = 1, 2, \ldots, n,$$

und daher ist die Dimension d des Radikals gleich n minus dem Rang der Matrix (f_{ik}).

Von besonderem Interesse sind natürlich — obgleich wir uns nicht auf diesen Fall beschränken können — metrische Vektorräume, deren Radikal nur aus dem Nullvektor besteht, in denen also gilt:

(23) Ist $F(\mathfrak{a},\mathfrak{b}) = 0$ für alle Vektoren $\mathfrak{b}$, so ist $\mathfrak{a} = \mathfrak{o}$.

Dies bedeutet, daß F den Rang n hat, oder anders gesagt, daß die Determinante von F ungleich $\{0\}$ ist.

In den metrischen Vektorräumen, in denen es keine echt isotropen Vektoren gibt, gilt statt (23) die schärfere Bedingung:

(24) Ist $F(\mathfrak{a},\mathfrak{a}) = 0$, so ist $\mathfrak{a} = \mathfrak{o}$;

sie besagt, daß F vom Rang n und nullteilig ist.

Eine lineare Transformation α eines metrischen Vektorraumes heißt eine *orthogonale Transformation*, wenn sie den Wert des Skalarproduktes nicht ändert, d.h. wenn

(25) $$F(\mathfrak{a}\alpha, \mathfrak{b}\alpha) = F(\mathfrak{a},\mathfrak{b}) \quad \text{für alle Vektoren } \mathfrak{a},\mathfrak{b}$$

gilt, und wenn α die Determinante ± 1 hat[1]. Wenn das Radikal nur aus dem Nullvektor besteht, folgt die zweite Bedingung aus (25). Denn in einer Basis stellen sich dann α und F durch Matrizen $\mathfrak{A}$ und $\mathfrak{F}$ mit $|\mathfrak{F}| \neq 0$ dar, und auf Grund von (25) gilt $\mathfrak{A}'\mathfrak{F}\mathfrak{A} = \mathfrak{F}$, und damit $|\mathfrak{A}| = \pm 1$.

Auf Grund der Identität

(26) $$2F(\mathfrak{a},\mathfrak{b}) = F(\mathfrak{a}+\mathfrak{b}, \mathfrak{a}+\mathfrak{b}) - F(\mathfrak{a},\mathfrak{a}) - F(\mathfrak{b},\mathfrak{b})$$

erkennt man, daß eine lineare Transformation α, welche den Formwert jedes Vektors unverändert läßt, für die also

(27) $$F(\mathfrak{a}\alpha, \mathfrak{a}\alpha) = F(\mathfrak{a},\mathfrak{a}) \quad \text{für alle Vektoren } \mathfrak{a}$$

[1] Diese linearen Transformationen sind deutlicher als *Isometrien* zu bezeichnen, da bei ihnen nicht nur die Orthogonalität, sondern allgemein der Wert des Skalarproduktes erhalten bleibt. Man vgl. die Aufgabe in 4.

gilt, auch das Skalarprodukt zweier Vektoren nicht ändert, also (25) erfüllt.

Die orthogonalen Transformationen des n-dimensionalen metrischen Vektorraumes über K mit der metrischen Form F bilden eine Gruppe, die *orthogonale Gruppe* $O_n(K,F)$. Die orthogonalen Transformationen mit Determinante $+1$ bilden eine Untergruppe vom Index 2, die *eigentlich-orthogonale Gruppe* $O_n^+(K,F)$. Proportionale Formen definieren die gleiche orthogonale Gruppe.

Ist g eine nicht isotrope Gerade aus einem metrischen Vektorraum, so ist die lineare Transformation σ, für welche

$$(28) \qquad \text{a)}\ \mathfrak{u}\sigma = \mathfrak{u} \quad \text{für alle } \mathfrak{u} \in g, \qquad \text{b)}\ \mathfrak{u}\sigma = -\mathfrak{u} \quad \text{für alle } \mathfrak{u} \in g^{\perp}$$

gilt, ersichtlich eine involutorische orthogonale Transformation mit der Determinante $(-1)^{n-1}$. Ist $\mathfrak{g}$ ein Vektor, welcher die Gerade g repräsentiert ($g = K\mathfrak{g}$), so wird die Transformation auch durch die Formel

$$(29) \qquad \mathfrak{u}^* = -\mathfrak{u} + 2\frac{F(\mathfrak{u},\mathfrak{g})}{F(\mathfrak{g},\mathfrak{g})}\mathfrak{g}$$

dargestellt. Wir nennen sie die *Spiegelung an der (nicht isotropen) Geraden* g, und bezeichnen sie mit σ_g. Die Spiegelungen σ_g liegen, wenn n ungerade ist (insbesondere also im Fall $n=3$), in der Gruppe $O_n^+(K,F)$.

Wir fügen einige geometrische Bemerkungen über die Orthogonalität von Teilräumen in metrischen Vektorräumen der Dimension 3 an:

Ist die Form F *ternär*, d.h. vom Rang 3, so ist in dem metrischen Vektorraum der maximale orthogonale Teilraum für jede Gerade eine Ebene, und für jede Ebene eine Gerade. Es gibt also eine *Orthogonalität zwischen den Geraden und den Ebenen.* Diese Orthogonalität hat die Eigenschaften einer projektiven Polarität: Sie ist eine eineindeutige involutorische Beziehung; für alle Geraden g und Ebenen E gilt: Aus $g \subset E$ folgt $g^{\perp} \supset E^{\perp}$; in einer Basis stellt sie sich als linearer Zusammenhang zwischen den Koordinaten der Geraden und Ebenen dar (vgl. den Rückschluß am Ende von 1). Ist die Form F nullteilig, so gibt es keine isotropen Geraden und Ebenen, und keine Gerade gehört der zu ihr orthogonalen Ebene an. Ist F nicht nullteilig, so gibt es zwei Arten von Paaren Gerade-Ebene, in welchen die Gerade und die Ebene zueinander orthogonal sind: Solche, bei denen die Gerade der Ebene nicht angehört und beide Elemente nicht isotrop sind, und solche, bei denen die Gerade der Ebene angehört und beide Elemente isotrop sind.

Ist die Form F *binär*, d.h. vom Rang 2, so gibt es in dem metrischen Vektorraum ein eindimensionales Radikal; diese ausgezeichnete Gerade werde mit g_∞ bezeichnet. Es sei nun E eine Ebene, welche die Gerade g_∞ enthält. Ist a eine von g_∞ verschiedene Gerade aus E, so ist der maximale zu a orthogonale Teilraum eine Ebene, welche natürlich g_∞ enthält. Diese Ebene ist, da sie zu a und zu g_∞ orthogonal ist, zu E orthogonal, also der Teilraum $E^\perp$. Es ist $E^{\perp\perp} = E$. *Es gibt also in dem Büschel der Ebenen, die das Radikal enthalten, eine Orthogonalität, welche involutorisch ist.* Sie hat die Eigenschaften einer projektiven Involution; denn in einer Basis stellt sie sich als linearer Zusammenhang zwischen den Koordinaten dieser Ebenen dar (vgl. den Rückschluß am Ende von 1). Zwei von g_∞ verschiedene Geraden sind dann und nur dann orthogonal, wenn sie mit g_∞ orthogonale Ebenen aufspannen. Ist F überdies nullteilig, gibt es also keine isotropen Vektoren außerhalb des Radikals, so ist g_∞ die einzige isotrope Gerade, und die Ebenen, welche g_∞ enthalten, sind die einzigen isotropen Ebenen. Dann ist stets $E \neq E^\perp$, und damit die Orthogonalität der Ebenen, welche das Radikal enthalten, eine elliptische Involution.

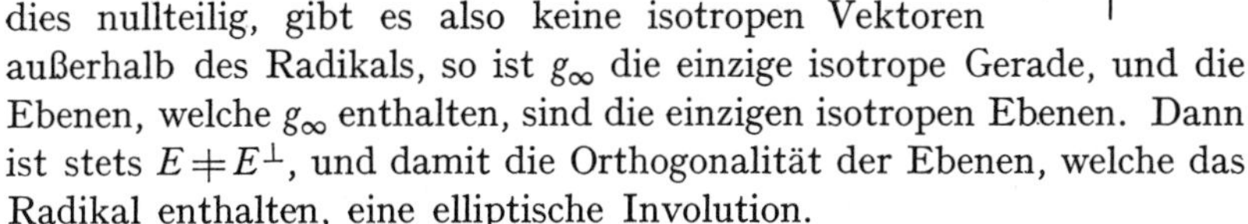

Von diesen Bemerkungen zur Geometrie der dreidimensionalen metrischen Vektorräume werden wir vor allem in § 9 Gebrauch machen.

Aufgaben. 1. Es sei ein n-dimensionaler metrischer Vektorraum gegeben, und R sein Radikal. Dann gilt für jeden Teilraum T (mit $\dim T$ sei die Dimension von T bezeichnet):

a) $\dim T^\perp = n - \dim T + \dim T \cap R$.

b) $\dim T^{\perp\perp} = \dim T + (\dim R - \dim T \cap R)$.

c) $T^{\perp\perp} \geq T$; es ist $T^{\perp\perp} = T$ dann und nur dann, wenn $T \geq R$ gilt.

2. a) Jeder metrische Vektorraum besitzt eine Orthogonalbasis. Jede Menge aufeinander senkrechter nicht isotroper Vektoren läßt sich zu einer Orthogonalbasis ergänzen.

b) Eine Orthogonalbasis eines Teilraumes T läßt sich genau dann zu einer Orthogonalbasis des Gesamtraumes ergänzen, wenn $T \cap T^\perp$ im Radikal enthalten ist.

4. Projektiv-metrische Ebenen und metrische Vektorräume. Es sei eine projektiv-metrische Ebene gegeben, und in ihr wie in 1 ein Bezugsdreieck gewählt. Man kann dann nach 1 die projektiv-metrische Ebene darstellen als projektive Koordinatenebene über einem Körper K von Charakteristik $\neq 2$, mit einer symmetrischen bilinearen Form in den Geradenkoordinaten, deren Koeffizientenmatrix nur bis auf einen Proportionalitätsfaktor bestimmt ist und deren Verschwinden die Orthogonalität der Geraden ausdrückt. Aus der Klasse proportionaler Koeffizientenmatrizen wählen wir eine feste Matrix aus. Wir denken uns die Koordinatenebene auf Geradenkoordinaten bezogen, und stellen dann, wie in 2 geschildert, ihre Geraden und Punkte durch die Geraden und Ebenen des Vektorraumes der Tripel von Elementen aus K dar. Durch die symmetrische Bilinearform mit der ausgewählten Koeffizientenmatrix wird dieser Vektorraum metrisiert.

Die projektiv-metrische Ebene läßt sich somit vermittels eines dreidimensionalen metrischen Vektorraumes darstellen, und zwar so, daß die Geraden der projektiv-metrischen Ebene und ihre Orthogonalität durch die Geraden des Vektorraumes und ihre Orthogonalität, und daß die Punkte der projektiv-metrischen Ebene durch die Ebenen des Vektorraumes dargestellt werden. Für die metrische Form F des Vektorraumes gilt dabei:

Ist die projektiv-metrische Ebene ordinär, so ist F ternär. Die absolute Polarität ist in der Darstellung die Orthogonalität der Geraden und Ebenen des Vektorraumes. Ist die projektiv-metrische Ebene elliptisch, so ist F nullteilig; ist sie hyperbolisch, so ist F nicht nullteilig.

Ist die projektiv-metrische Ebene singulär, so ist F binär und nullteilig. Die unendlichferne Gerade der projektiv-metrischen Ebene (welche ja zu allen Geraden orthogonal ist) wird dann durch das eindimensionale Radikal des Vektorraumes dargestellt. Die absolute Involution der unendlichfernen Punkte ist dabei die Orthogonalität der Ebenen des Vektorraumes, welche das Radikal enthalten.

Es ergibt sich somit die erste Teilaussage des folgenden Satzes, dessen zweite Teilaussage aus Satz 1 und den Bemerkungen am Schluß von 3 folgt:

Satz 2. *Jede projektiv-metrische Ebene läßt sich darstellen durch die Ebenen und Geraden eines dreidimensionalen metrischen Vektorraumes über einem Körper K von Charakteristik $\neq 2$ mit einer symmetrischen Bilinearform F, welche entweder binär und nullteilig oder ternär ist. Umgekehrt bilden die Ebenen und Geraden jedes solchen metrischen Vektorraumes eine projektiv-metrische Ebene.*

Wir stellen einige einander entsprechende Begriffe aus den projektiv-metrischen Ebenen und den dreidimensionalen metrischen Vektorräumen zusammen:

Projektiv-metrische Ebene	Dreidim. metrischer Vektorraum
Gerade g	Gerade g
Punkt P	Ebene P
g, P inzident	$g \subset P$
g, h orthogonal	g, h orthogonal
g selbst-orthogonal	g isotrop
Spiegelung mit der (nicht selbst-orthogonalen) Geraden g als Achse und dem Pol von g als Zentrum	Spiegelung σ_g (g nicht isotrop)

Jeder erzeugenden Spiegelung aus der Bewegungsgruppe der projektiv-metrischen Ebene entspricht, genauer gesagt, eine gewisse Klasse von („proportionalen") linearen Transformationen des metrischen Vektorraumes (vgl. 2, Ende), und die Spiegelungen σ_g bilden ein vollständiges Repräsentantensystem dieser Klassen in der Gruppe $O_3^+(K,F)$. Dem Hintereinanderausführen der Spiegelungen in der projektiv-metrischen Ebene entspricht das Hintereinanderausführen der entsprechenden Spiegelungen σ_g. Daher gilt weiter:

Satz 3. *Die folgenden Gruppen stimmen überein:*

1) *Die Bewegungsgruppen der projektiv-metrischen Ebenen;*

2) *Die von der Gesamtheit der Spiegelungen σ_g erzeugten Untergruppen der eigentlich-orthogonalen Gruppen $O_3^+(K,F)$, mit K von Charakteristik $\neq 2$ und F binär und nullteilig oder ternär.*

Das heißt: Jede Gruppe 1) ist als eine Gruppe 2) darstellbar, und jede Gruppe 2) kann als eine Gruppe 1) aufgefaßt werden.

Hiernach können wir jetzt das Ergebnis der Begründung der ebenen metrischen Geometrie aus unserem Axiomensystem algebraisch folgendermaßen aussprechen:

Haupt-Theorem, algebraische Fassung. *Jede Gruppe, welche dem Axiomensystem aus § 3,2 genügt, ist darstellbar als Untergruppe einer eigentlich-orthogonalen Gruppe $O_3^+(K,F)$, bei welcher der Körper K von Charakteristik $\neq 2$ und die symmetrische Bilinearform F entweder binär und nullteilig oder ternär ist; die Elemente des axiomatisch gegebenen Erzeugendensystems werden dabei durch gewisse Spiegelungen σ_g aus der $O_3^+(K,F)$ dargestellt, welche die darstellende Untergruppe erzeugen.*

Wenn die axiomatisch gegebene Gruppe eine euklidische oder elliptische Bewegungsgruppe ist, werden die Elemente des Erzeugendensystems durch die sämtlichen Spiegelungen σ_g aus der Gruppe $O_3^+(K,F)$ dargestellt.

Aufgabe. In einem n-dimensionalen metrischen Vektorraum, dessen Radikal nur aus dem Nullvektor besteht, werde mit $L_n(K,F)$ die Gruppe der Klassen proportionaler eineindeutiger linearer Transformationen α bezeichnet, welche das Senkrechtstehen erhalten, für die also gilt:

(*) Aus $F(\mathfrak{x},\mathfrak{y})=0$ folgt $F(\mathfrak{x}\alpha,\mathfrak{y}\alpha)=0$ und umgekehrt, für alle Vektoren $\mathfrak{x},\mathfrak{y}$.

a) (*) ist gleichwertig mit

(**) Es gibt ein Element $c\neq 0$ aus K, so daß $F(\mathfrak{x}\alpha,\mathfrak{y}\alpha)=cF(\mathfrak{x},\mathfrak{y})$ für alle Vektoren $\mathfrak{x},\mathfrak{y}$ gilt.

b) Eine lineare Transformation mit der Eigenschaft (**) ist dann und nur dann zu einer orthogonalen Transformation proportional, wenn der Faktor c ein Quadrat ist.

c) Ist n ungerade, so ist der Faktor c aus (**) stets ein Quadrat, und daher $L_n(K,F)\cong O_n^+(K,F)$.

Die Gruppe der projektiven Kollineationen einer ordinären projektiv-metrischen Ebene, welche die absolute Polarität invariant lassen, kann durch eine Gruppe $L_3(K,F)$, und dann nach c) auch durch die Gruppe $O_3^+(K,F)$ dargestellt werden.

5. Über den Satz von den drei Spiegelungen. Wir betrachten die projektive Gerade über einem Körper K von Charakteristik $\neq 2$. Die Punkte A der Geraden sind die Klassen proportionaler Paare $r(x_1, x_2)$ von Elementen aus K mit $(x_1, x_2) \neq (0,0)$. Die projektiven Abbildungen der Geraden auf sich sind die linearen Transformationen

$$(30) \qquad r x_i^* = \sum_{k=1}^{2} c_{ik} x_k \quad (i = 1,2) \qquad \text{mit } c_{ik} \in K \text{ und } |c_{ik}| \neq 0.$$

Diese *binären homogenen linearen Transformationen über* K bilden eine Gruppe, die wir mit $L_2(K)$ bezeichnen[1]. Sie wird durch die Gruppe der Klassen proportionaler zweireihiger Matrizen $r(c_{ik})$ über K mit $|c_{ik}| \neq 0$ dargestellt. Eine Klasse proportionaler Matrizen wollen wir kurz eine *homogene Matrix* nennen. Die Quadratklasse $\{|c_{ik}|\} \neq \{0\}$ nennen wir die *Determinante der homogenen Matrix* $r(c_{ik})$.

Wir stellen nun einige Tatsachen über involutorische Elemente der Gruppe $L_2(K)$ und die sie darstellenden homogenen Matrizen zusammen, welche sich durch einfaches Rechnen mit den Matrizen bestätigen lassen:

(i) *Eine zweireihige homogene Matrix $r(c_{ik})$ mit Determinante $\neq \{0\}$ ist dann und nur dann involutorisch, wenn ihre Spur $r(c_{11} + c_{22})$ gleich Null ist.*

Die involutorischen Elemente der Gruppe $L_2(K)$ werden also durch die homogenen Matrizen

$$(31) \qquad r\begin{pmatrix} c_{11} & c_{12} \\ c_{21} & -c_{11} \end{pmatrix} \qquad \text{mit} \qquad -(c_{11}^2 + c_{12}c_{21}) \neq 0$$

dargestellt; ihnen entsprechen daher eineindeutig die homogenen Tripel (Klassen proportionaler Tripel) $r(c_{11}, c_{12}, c_{21})$ über K mit $\{-(c_{11}^2 + c_{12}c_{21})\} \neq \{0\}$.

(ii) *Das Produkt von drei involutorischen homogenen Matrizen* (31) *ist dann und nur dann involutorisch, wenn die zugeordneten homogenen Tripel linear abhängig sind.*

Man erkennt dies auf Grund des Kriteriums (i), nach dem man nur festzustellen hat, wann die Spur der Produktmatrix verschwindet.

(iii) *Eine involutorische Transformation aus der Gruppe $L_2(K)$ hat dann und nur dann (zwei verschiedene) Fixpunkte, wenn sie durch eine homogene Matrix* (31) *dargestellt wird, deren Determinante gleich $\{-1\}$ ist.*

(iv) *In der Gruppe $L_2(K)$ gibt es zu je zwei verschiedenen Punkten $A = r(a_1, a_2)$, $A' = r(a_1', a_2')$ genau eine involutorische Transformation, welche sowohl A als A' fest läßt (die harmonische Involution mit den Fixpunkten A, A'); sie wird dargestellt durch die homogene Matrix*

$$(32) \qquad r\begin{pmatrix} a_1 a_2' + a_2 a_1' & -2a_1 a_1' \\ 2a_2 a_2' & -(a_1 a_2' + a_2 a_1') \end{pmatrix}.$$

Wir denken uns nun auf der projektiven Geraden eine Involution, d.h. eine eineindeutige involutorische Zuordnung in der Gesamtheit der Punkte, gegeben, die wir als „absolute" Involution betrachten. Von dieser Involution setzen wir nicht voraus, daß sie projektiv (durch eine lineare Transformation darstellbar) ist. Wir wollen aber voraussetzen, daß die Involution elliptisch ist, d.h. daß kein Punkt sich selbst entspricht. Es gibt dann nach (iv) zu jedem Punktepaar A, A' der Involution die harmonische Involution mit A, A' als Fixpunkten; bei gegebener „absoluter" Involution nennen wir diese lineare Transformation auch die *Spiegelung an A, A'*.

Wir formulieren nun den Satz, der das Ziel unserer Überlegung bildet und der die Bedeutung des Satzes von den drei Spiegelungen beleuchtet:

---

[1] Die übliche genauere Bezeichnung ist $PGL_2(K)$.

Satz 4. *Eine elliptische Involution auf der projektiven Geraden ist dann und nur dann projektiv (linear), wenn das Produkt von drei Spiegelungen an Punktepaaren der Involution stets involutorisch ist.*

Beweis. In der Menge der Spiegelungen (32) an Punktepaaren X, X' der Involution ist nach (ii) das Produkt von je drei Spiegelungen dann und nur dann involutorisch, wenn in der Menge der homogenen Tripel $r(x_1x_2' + x_2x_1', \ -2x_1x_1', 2x_2x_2')$ je drei Tripel linear abhängig sind; hiermit ist trivialerweise gleichwertig, daß in der Menge der homogenen Tripel

$$(33) \qquad r(x_1x_1', \ x_1x_2' + x_2x_1', \ x_2x_2')$$

je drei Tripel linear abhängig sind. Dies ist dann und nur dann der Fall, wenn alle Tripel (33) einer homogenen linearen Gleichung genügen, wenn es also nicht sämtlich verschwindende Elemente $f_{11}, f_{12} = f_{21}, f_{22}$ aus K gibt, so daß für alle Tripel (33)

$$(34) \qquad f_{11}x_1x_1' + f_{12}x_1x_2' + f_{21}x_2x_1' + f_{22}x_2x_2' = 0$$

ist, wenn also das Entsprechen in der Involution durch das Verschwinden einer symmetrischen bilinearen Form dargestellt wird. Hiermit ist gleichwertig, daß die gegebene Involution durch die lineare Transformation

$$(35) \qquad \begin{cases} rx_1' = f_{12}x_1 + f_{22}x_2 \\ rx_2' = -(f_{11}x_1 + f_{21}x_2) \end{cases} \quad \text{mit } f_{12} = f_{21}$$

dargestellt wird; wegen der Eineindeutigkeit der Involution gilt dabei für die Determinante der Form (34) und der linearen Transformation (35) $\{|f_{ik}|\} \neq \{0\}$ Q. e. d.

Wir nehmen nun an, daß die Bedingung unseres Satzes erfüllt ist, und betrachten ein Produkt von drei Spiegelungen an Punktepaaren der gegebenen „absoluten" Involution. Das Produkt hat, da dies für seine Faktoren gilt, die Determinante $\{-1\}$, und daher nach (iii) zwei verschiedene Fixpunkte. Da die Faktoren mit der, nach Satz 4 projektiven „absoluten" Involution vertauschbar sind (vgl. § 5, 5), gilt dies auch für das Produkt, und daher bilden die beiden Fixpunkte des Produktes ein Punktepaar der „absoluten" Involution. Das Produkt ist also nicht nur involutorisch, sondern sogar eine Spiegelung an einem Punktepaar der „absoluten" Involution. Es gilt somit:

Korollar. *Das Produkt von drei Spiegelungen an Punktepaaren einer projektiven elliptischen Involution ist stets eine Spiegelung an einem Punktepaar der Involution.*

Wir wollen nun zeigen, wie sich unsere, für ein eindimensionales projektives Grundgebilde gültige Überlegung auf einen zweidimensionalen Vektorraum überträgt. Wir denken uns den Vektorraum der Paare $\mathfrak{x} = (x_1, x_2)$ von Elementen aus dem Körper K (von Charakteristik $\neq 2$) gegeben, und betrachten jetzt nicht nur Abbildungen der eindimensionalen Teilräume des Vektorraumes, sondern Abbildungen der Vektoren selbst. Eine lineare Transformation

$$(36) \qquad x_i^* = \sum_{k=1}^{2} c_{ik}x_k \quad (i = 1, 2) \qquad \text{mit } c_{ik} \in K \text{ und } |c_{ik}| \neq 0$$

des Vektorraumes kann nur involutorisch sein, wenn ihre Determinante gleich ± 1 ist. Die einzige involutorische lineare Transformation (36) mit Determinante 1 ist die lineare Transformation, welche jeden Vektor in den entgegengesetzten überführt; ihre Matrix ist

$$(37)\qquad \begin{pmatrix} -1 & 0 \\ 0 & -1 \end{pmatrix}.$$

Die involutorischen linearen Transformationen mit Determinante -1 werden durch die Matrizen mit Spur Null und Determinante -1 dargestellt:

$$(38)\qquad \begin{pmatrix} c_{11} & c_{12} \\ c_{21} & -c_{11} \end{pmatrix} \quad \text{mit } -(c_{11}^2 + c_{12}c_{21}) = -1.$$

Das Produkt von drei Matrizen (38) ist dann und nur dann involutorisch, wenn die aus den Matrizen genommenen Tripel (c_{11}, c_{12}, c_{21}) linear abhängig sind. Zu jeder involutorischen linearen Transformation mit Determinante -1 gibt es eine Gerade a des Vektorraumes, welche vektorweise fest bleibt, und eine Gerade a', deren Vektoren je in den entgegengesetzten übergeführt werden. Umgekehrt gibt es zu gegebenen verschiedenen Geraden $a = K\mathfrak{a}$, $a' = K\mathfrak{a}'$ genau eine lineare Transformation, welche die Vektoren von a und a' in dieser Weise abbildet; sie ist involutorisch und hat die Determinante -1. Ist $\mathfrak{a} = (a_1, a_2)$, $\mathfrak{a}' = (a_1', a_2')$, so ist ihre Matrix

$$(39)\qquad \begin{vmatrix} a_1 & a_2 \\ a_1' & a_2' \end{vmatrix}^{-1} \begin{pmatrix} a_1a_2' + a_2a_1' & -2a_1a_1' \\ 2a_2a_2' & -(a_1a_2' + a_2a_1') \end{pmatrix}.$$

[Die beiden linearen Transformationen, die durch Vertauschung der Rolle von a und a' auseinander hervorgehen, unterscheiden sich offenbar um die lineare Transformation mit der Matrix (37).]

Wir denken uns nun in dem zweidimensionalen Vektorraum eine „Orthogonalität" als eine symmetrische Relation zwischen den Vektoren gegeben, welche die Eigenschaft hat, daß die zu einem Vektor $\mathfrak{a} \neq \mathfrak{o}$ orthogonalen Vektoren eine Gerade bilden. Ferner wollen wir voraussetzen, daß kein Vektor $\mathfrak{a} \neq \mathfrak{o}$ zu sich selbst orthogonal ist. Bei gegebener Orthogonalität verstehen wir unter der *Spiegelung an einer Geraden* die involutorische lineare Transformation, welche jeden Vektor der Geraden in sich und jeden zu ihr orthogonalen Vektor in den entgegengesetzten überführt. Dann gilt:

Satz 5. *In einem zweidimensionalen Vektorraum sei eine Orthogonalität mit den genannten Eigenschaften gegeben. Der Vektorraum besitzt dann und nur dann eine Metrisierung* (*im Sinne von* 3), *deren Orthogonalität die gegebene ist, wenn für die mit der gegebenen Orthogonalität erklärten Spiegelungen gilt, daß das Produkt von je dreien involutorisch ist.*

Wir zeigen zum Schluß, wie sich in einem metrischen Vektorraum ein „vierter Spiegelungsvektor" explizit angeben läßt:

Satz 6. *Sind in einem zweidimensionalen metrischen Vektorraum vier Spiegelungen an nicht isotropen Geraden a, b, c, d gegeben und gilt $\sigma_a\sigma_b\sigma_c = \sigma_d$, sind ferner $\mathfrak{a}, \mathfrak{b}, \mathfrak{c}$ Vektoren, welche die Geraden a, b, c repräsentieren* ($a = K\mathfrak{a}, \ldots$), *so ist*

$$(40)\qquad \mathfrak{d} = F(\mathfrak{b}, \mathfrak{c})\mathfrak{a} - F(\mathfrak{a}, \mathfrak{c})\mathfrak{b} + F(\mathfrak{a}, \mathfrak{b})\mathfrak{c}$$

ein Vektor, welcher die Gerade d repräsentiert, und es ist

$$(41)\qquad F(\mathfrak{d}, \mathfrak{d}) = F(\mathfrak{a}, \mathfrak{a})F(\mathfrak{b}, \mathfrak{b})F(\mathfrak{c}, \mathfrak{c}).$$

Beweis. Auf der rechten Seite von (40) ist der Summand $F(\mathfrak{b}, \mathfrak{c})\mathfrak{a}$ ein zu $\mathfrak{a}$ proportionaler, und der Summand $-F(\mathfrak{a}, \mathfrak{c})\mathfrak{b} + F(\mathfrak{a}, \mathfrak{b})\mathfrak{c}$ ein zu $\mathfrak{a}$ senkrechter Vektor. Daher ist

$$\mathfrak{d}\sigma_a = F(\mathfrak{b}, \mathfrak{c})\mathfrak{a} + F(\mathfrak{a}, \mathfrak{c})\mathfrak{b} - F(\mathfrak{a}, \mathfrak{b})\mathfrak{c}.$$

Zweimalige Wiederholung des Schlusses lehrt, daß $\mathfrak{d}\sigma_a\sigma_b\sigma_c = \mathfrak{d}$, also $\mathfrak{d}\sigma_d = \mathfrak{d}$ ist. Der Vektor $\mathfrak{d}$ gehört also der Geraden d an.

Man benutze nun die lineare Abhängigkeit der Vektoren $\mathfrak{a}, \mathfrak{b}, \mathfrak{c}$. Sowohl in dem Hauptfall, daß $\mathfrak{b}$ Linearkombination von $\mathfrak{a}$ und $\mathfrak{c}$ ist, als in dem Sonderfall, daß $\mathfrak{a}$ und $\mathfrak{c}$ proportional sind, bestätigt man durch einfache Rechnung die Gültigkeit von (41). Aus (41) folgt insbesondere, daß $F(\mathfrak{d}, \mathfrak{d}) \neq 0$, also $\mathfrak{d} \neq \mathfrak{o}$ ist; daher repräsentiert der Vektor $\mathfrak{d}$ die Gerade d.

Aufgaben. 1. Die Gruppe $L_2(K)$ ist „zweispiegelig". (Man zeige für die zweireihigen homogenen Matrizen $M, \ldots$ mit nicht verschwindender Determinante: Zu M gibt es ein M_1 mit Spur Null, so daß $M_2 = M_1 M$ Spur Null hat.)

2. In Satz 6 ist (41) gleichwertig mit der Gleichung $F^2(\mathfrak{a}, \mathfrak{b})/F(\mathfrak{a}, \mathfrak{a})F(\mathfrak{b}, \mathfrak{b}) = F^2(\mathfrak{d}, \mathfrak{c})/F(\mathfrak{d}, \mathfrak{d})F(\mathfrak{c}, \mathfrak{c})$, welche besagt, daß die Vektorpaare $\mathfrak{a}, \mathfrak{b}$ und $\mathfrak{d}, \mathfrak{c}$ gleiches „cosinus-Quadrat" haben.

3. In einem n-dimensionalen metrischen Vektorraum $(n > 1)$ seien a, b, c drei nicht isotrope, komplanare Geraden, welche durch Vektoren $\mathfrak{a}, \mathfrak{b}, \mathfrak{c}$ repräsentiert werden. Dann ist $\sigma_a\sigma_b\sigma_c$ gleich der Spiegelung an der durch den Vektor (40) repräsentierten (nicht isotropen) Geraden.

Literatur zu § 8. Zur projektiven Metrik: Cayley [1], Klein [1], [2], Veblen-Young [1], Busemann-Kelly [1], Baer [7]. Zu 1: Veblen-Young [1], Baer [7], Lenz [1]. Zu 2: Birkhoff-MacLane [1], Baer [7] (Standardwerk für das Studium eines projektiven Raumes als Verband der Teilräume eines Vektorraumes), Artin [2]. Zu 3: Witt [1], Dieudonné [1], [3], Eichler [1], Artin [2]. Zu 5: Veblen-Young [1].

§ 9. Orthogonale Gruppen

1. Überblick. Es sollen nun die eigentlich-orthogonalen Gruppen $O_3^+(K,F)$ genauer untersucht werden. Es wird dabei stets vorausgesetzt, daß der Körper K von Charakteristik $\neq 2$ und die symmetrische Bilinearform F entweder binär und nullteilig oder ternär ist. Die Gruppe $O_3^+(K,F)$ enthält die *Spiegelungen* σ_g *an den nicht isotropen Geraden* g des dreidimensionalen metrischen Vektorraumes, welche in § 8,3 definiert wurden und durch die Formel

$$(*) \qquad \sigma_g\colon\ \mathfrak{u}^* = -\mathfrak{u} + 2\frac{F(\mathfrak{u},\mathfrak{g})}{F(\mathfrak{g},\mathfrak{g})}\mathfrak{g} \qquad \text{mit } \mathfrak{g} \in g \text{ und } F(\mathfrak{g},\mathfrak{g}) \neq 0$$

dargestellt werden.

Wir werden zeigen, daß die Gruppen $O_3^+(K,F)$ *aus den Spiegelungen* (∗) *erzeugbar* sind (Satz 2,2'). Bei den weiteren Überlegungen denken wir uns die Gruppen $O_3^+(K,F)$ mit diesem festen System von involutorischen Erzeugenden gegeben.

Weiter werden wir für die Spiegelungen (∗) unsere Grundrelationen (1), (2) aus § 3,1 betrachten und zeigen, daß sie geometrischen Grundbeziehungen des metrischen Vektorraumes entsprechen (Satz 1, 1', 3, 3'):

Ein Produkt $\sigma_a\sigma_b$ ist dann und nur dann involutorisch, wenn die (nicht isotropen) Geraden a, b senkrecht sind;

Ein Produkt $\sigma_a \sigma_b \sigma_c$ *ist dann und nur dann involutorisch, wenn die (nicht isotropen) Geraden* a, b, c *komplanar sind.*

Damit ist die Möglichkeit gegeben, geometrische Sätze über den metrischen Vektorraum als Spiegelungsgesetze zu formulieren, also Gesetze über die involutorischen Erzeugenden der Gruppen $O_3^+(K,F)$ aufzustellen.

Auf Grund dieser Tatsachen und früherer Resultate gelangen wir dann zu den drei Theoremen:

THEOREM 4. *Die folgenden Gruppen stimmen als erzeugte Gruppen überein:*

(1) *Die euklidischen Bewegungsgruppen;*

(2) *Die Bewegungsgruppen der singulären projektiv-metrischen Ebenen;*

(3) *Die Gruppen* $O_3^+(K,F)$, *mit* K *von Charakteristik* $\neq 2$ *und* F *binär und nullteilig.*

THEOREM 5. *Die folgenden Gruppen stimmen als erzeugte Gruppen überein:*

(1') *Die elliptischen Bewegungsgruppen;*

(2') *Die Bewegungsgruppen der elliptischen projektiv-metrischen Ebenen;*

(3') *Die Gruppen* $O_3^+(K,F)$, *mit* K *von Charakteristik* $\neq 2$ *und* F *ternär und nullteilig.*

THEOREM 6. *Die folgenden Gruppen stimmen als erzeugte Gruppen überein:*

(2'') *Die Bewegungsgruppen der hyperbolischen projektiv-metrischen Ebenen;*

(3'') *Die Gruppen* $O_3^+(K,F)$, *mit* K *von Charakteristik* $\neq 2$ *und* F *ternär und nicht nullteilig.*

Dabei ergibt sich das Übereinstimmen der Gruppen (2) und (3), (2') und (3'), (2'') und (3'') aus der Algebraisierung der Bewegungsgruppen der projektiv-metrischen Ebenen (§ 8, Satz 3) und aus der Erzeugbarkeit der Gruppen $O_3^+(K,F)$ aus den Spiegelungen (*).

Ferner wissen wir aus der Begründung der euklidischen Geometrie, daß jede Gruppe (1) erzeugendentreu als eine Gruppe (2) darstellbar ist (§ 6, Theorem 1). Um in dem Theorem 4 den Ring der Behauptungen zu schließen, werden wir Gesetze über die involutorischen Erzeugenden der Gruppen (3) betrachten, welche dann unmittelbar erkennen lassen, daß jede Gruppe (3) eine Gruppe (1) ist. Das Übereinstimmen der Gruppen (1) und (3) besagt: *Unser Axiomensystem aus* § 3,2, *zusammen mit den Axiomen* R *und* V*, *kennzeichnet die orthogonalen Gruppen* (3) *als abstrakte, aus involutorischen Elementen erzeugte Gruppen durch Gesetze, denen die involutorischen Erzeugenden genügen.*

Entsprechend wissen wir aus der Begründung der elliptischen Geometrie, daß jede Gruppe (1′) erzeugendentreu als eine Gruppe (2′) darstellbar ist (§ 6, Theorem 2). Um in dem Theorem 5 den Ring zu schließen, werden wir wieder Gesetze über die involutorischen Erzeugenden der Gruppen (3′) betrachten, welche dann unmittelbar erkennen lassen, daß jede Gruppe (3′) eine Gruppe (1′) ist. Für die in dem Theorem 5 auftretenden Gruppen gilt überdies, daß das Erzeugendensystem aus allen involutorischen Elementen besteht. Das Übereinstimmen der Gruppen (1′) und (3′) besagt: *Unser Axiomensystem aus* § 3,2, *zusammen mit dem Axiom* P, *kennzeichnet die orthogonalen Gruppen* (3′) *als abstrakte, aus ihren involutorischen Elementen erzeugte Gruppen durch Gesetze, denen die involutorischen Elemente genügen.* Daher kennzeichnet auch das konzisere, am Ende von § 7,2 angegebene Axiomensystem die orthogonalen Gruppen (3′).

Die orthogonalen Gruppen (3″), mit der Gesamtheit aller Spiegelungen (*) als Erzeugendensystem [die Spiegelungen (*) sind auch in den Gruppen (3″) die sämtlichen involutorischen Elemente], genügen unserem Axiomensystem aus § 3,2 nicht: das Axiom 1 ist nicht erfüllt. Wir stellen aber auch für die Gruppen (3″) Gesetze über die involutorischen Elemente auf, von denen wir dann in § 11 zeigen werden, daß sie „definierende" Gesetze sind, d.h. diese Gruppen als abstrakte, aus ihren involutorischen Elementen erzeugte Gruppen kennzeichnen.

2. Ein Lemma. Bei den folgenden Untersuchungen benutzen wir ein elementares Lemma, welches allgemein in metrischen Vektorräumen über Körpern von Charakteristik $\neq 2$ gilt:

Lemma 1. *Es sei* $F(\mathfrak{a},\mathfrak{a})=F(\mathfrak{b},\mathfrak{b})$. *Dann sind die Vektoren* $\mathfrak{a}+\mathfrak{b}$ *und* $\mathfrak{a}-\mathfrak{b}$ *orthogonal. Ist* $\mathfrak{a}+\mathfrak{b}$ *nicht isotrop, so vertauscht die Spiegelung an der Geraden* $K(\mathfrak{a}+\mathfrak{b})$ *die Vektoren* $\mathfrak{a}$ *und* $\mathfrak{b}$. *Ist* $\mathfrak{a}-\mathfrak{b}$ *nicht isotrop, so vertauscht die Spiegelung an der Geraden* $K(\mathfrak{a}-\mathfrak{b})$ *die Vektoren* $\mathfrak{a}$ *und* $-\mathfrak{b}$. *Sind* $\mathfrak{a},\mathfrak{b}$ *nicht isotrop, so sind* $\mathfrak{a}+\mathfrak{b},\mathfrak{a}-\mathfrak{b}$ *nicht beide isotrop.*

Beweis. Aus $F(\mathfrak{a},\mathfrak{a})=F(\mathfrak{b},\mathfrak{b})$ folgt

$$F(\mathfrak{a}+\mathfrak{b},\mathfrak{a}-\mathfrak{b}) = F(\mathfrak{a},\mathfrak{a}) - F(\mathfrak{a},\mathfrak{b}) + F(\mathfrak{b},\mathfrak{a}) - F(\mathfrak{b},\mathfrak{b}) = 0.$$

$2\mathfrak{a}=(\mathfrak{a}+\mathfrak{b})+(\mathfrak{a}-\mathfrak{b})$ ist also eine Zerlegung von $2\mathfrak{a}$ in orthogonale Summanden.

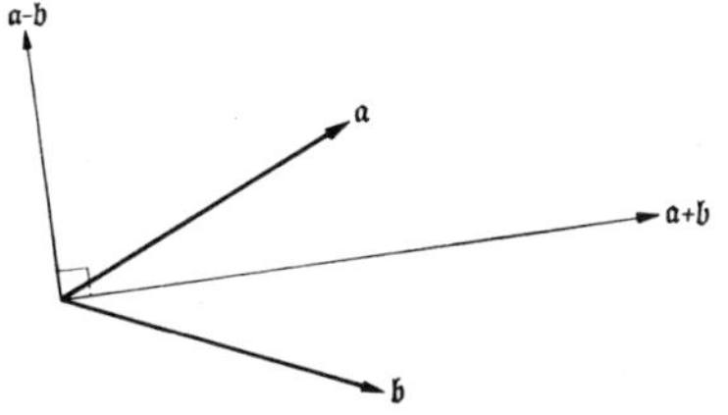

Ist $\mathfrak{a}+\mathfrak{b}$ nicht isotrop und wird $K(\mathfrak{a}+\mathfrak{b})=g$ gesetzt, so gilt

$$2\mathfrak{a}\sigma_g = (\mathfrak{a}+\mathfrak{b})\sigma_g + (\mathfrak{a}-\mathfrak{b})\sigma_g = (\mathfrak{a}+\mathfrak{b}) - (\mathfrak{a}-\mathfrak{b}) = 2\mathfrak{b}, \quad \text{also} \quad \mathfrak{a}\sigma_g = \mathfrak{b}.$$

Ist $\mathfrak{a}-\mathfrak{b}$ nicht isotrop und wird $K(\mathfrak{a}-\mathfrak{b})=h$ gesetzt, so gilt

$$2\mathfrak{a}\sigma_h = (\mathfrak{a}+\mathfrak{b})\sigma_h + (\mathfrak{a}-\mathfrak{b})\sigma_h = -(\mathfrak{a}+\mathfrak{b})+(\mathfrak{a}-\mathfrak{b}) = -2\mathfrak{b}, \quad \text{also} \quad \mathfrak{a}\sigma_h = -\mathfrak{b}.$$

Ist schließlich $F(\mathfrak{a},\mathfrak{a})=F(\mathfrak{b},\mathfrak{b})\neq 0$, so ist

$$F(\mathfrak{a}+\mathfrak{b},\mathfrak{a}+\mathfrak{b})+F(\mathfrak{a}-\mathfrak{b},\mathfrak{a}-\mathfrak{b})=2F(\mathfrak{a},\mathfrak{a})+2F(\mathfrak{b},\mathfrak{b})=4F(\mathfrak{a},\mathfrak{a})\neq 0,$$

und daher sind die Vektoren $\mathfrak{a}+\mathfrak{b}, \mathfrak{a}-\mathfrak{b}$ nicht beide isotrop.

Ist α eine orthogonale Transformation und $\mathfrak{a}$ ein nicht isotroper Vektor, so gibt es nach diesem Lemma — angewandt auf die Vektoren $\mathfrak{a}\alpha$ und $\mathfrak{a}$ — eine nicht isotrope Gerade l, so daß $\mathfrak{a}\alpha\sigma_l=\pm\mathfrak{a}$ ist.

Wir heben noch die folgende allgemeine Tatsache hervor, von der wir mehrfach Gebrauch machen werden: Ist bei einer orthogonalen Transformation α der Bildvektor $\mathfrak{a}\alpha$ eines nicht isotropen Vektors $\mathfrak{a}$ zu $\mathfrak{a}$ proportional, so ist $\mathfrak{a}\alpha=\pm\mathfrak{a}$, da ja $F(\mathfrak{a}\alpha,\mathfrak{a}\alpha)=F(\mathfrak{a},\mathfrak{a})\neq 0$ ist.

3. Die Gruppen $O_3^+(K,F)$ mit binärer nullteiliger Form[1]**.** Wir betrachten in dieser und in der nächsten Nummer einen dreidimensionalen metrischen Vektorraum mit *binärer nullteiliger Form* F, und die zugehörige Gruppe $O_3^+(K,F)$; der Körper K sei (wie immer) von Charakteristik $\neq 2$.

Zur Geometrie dieser Vektorräume vergleiche man die Bemerkungen in § 8,3. Wir bezeichnen das *eindimensionale Radikal* wieder als die Gerade g_∞, und Vektoren, welche die Gerade g_∞ repräsentieren, auch mit $\mathfrak{g}_\infty$.

Außer den Spiegelungen (*) an den nicht isotropen Geraden gibt es *Spiegelungen an dem Radikal* g_∞. Ist nämlich A eine nicht isotrope Ebene, so gibt es eine eindeutig bestimmte lineare Transformation σ, für welche

$$1)\quad \mathfrak{u}\sigma=\mathfrak{u}\quad \text{für alle } \mathfrak{u}\in g_\infty;\qquad 2)\quad \mathfrak{u}\sigma=-\mathfrak{u}\quad \text{für alle } \mathfrak{u}\in A$$

gilt; sie ist eine involutorische orthogonale Transformation mit Determinante 1. *Eine solche Spiegelung an der Geraden g_∞ ist also erst bestimmt, wenn eine nicht isotrope Ebene A als „Negativ-Gebilde" gegeben ist;* wir bezeichnen sie mit σ_A. In den Symbolen σ_g und σ_A sind g und A stets nicht isotrop.

Über die genannten Gruppen $O_3^+(K,F)$, deren Elemente wir mit $\alpha,\ldots$ bezeichnen, beweisen wir die folgenden Sätze:

Satz 1. a) *Ein Produkt $\sigma_a\sigma_b$ ist dann und nur dann involutorisch, wenn die (nicht isotropen) Geraden a,b senkrecht sind; ist dies der Fall, so ist $\sigma_a\sigma_b=\sigma_A$, mit $A=a+b$.* — b) *Ein Produkt $\sigma_A\sigma_b$ ist dann und nur dann involutorisch, wenn die (nicht isotrope) Gerade b in der (nicht isotropen) Ebene A liegt; ist dies der Fall, so ist $\sigma_A\sigma_b=\sigma_a$, wobei a die zu b senkrechte Gerade in A ist.*

---

[1] Dem Leser sei empfohlen, den einfacheren, in 5 und 6 behandelten Fall zuerst zu lesen.

Beweis. aa) Es seien a, b senkrecht, und es sei $a = K\mathfrak{a}$, $b = K\mathfrak{b}$. Dann ist $\mathfrak{a}\sigma_a\sigma_b = \mathfrak{a}\sigma_b = -\mathfrak{a}$, $\mathfrak{b}\sigma_a\sigma_b = -\mathfrak{b}\sigma_b = -\mathfrak{b}$, $\mathfrak{g}_\infty\sigma_a\sigma_b = -\mathfrak{g}_\infty\sigma_b = \mathfrak{g}_\infty$. $\sigma_a\sigma_b$ stimmt also auf einer Basis mit σ_A überein, und daher ist $\sigma_a\sigma_b = \sigma_A$.

ab) Ist umgekehrt $\sigma_a\sigma_b$ involutorisch, so ist $\mathfrak{b}\sigma_a\sigma_b = \mathfrak{b}\sigma_b\sigma_a$, also $(\mathfrak{b}\sigma_a)\sigma_b = \mathfrak{b}\sigma_a$, also $\mathfrak{b}\sigma_a$ ein Fixvektor von σ_b, also $\mathfrak{b}\sigma_a$ proportional zu $\mathfrak{b}$, also $\mathfrak{b}\sigma_a = \pm\mathfrak{b}$. $\mathfrak{b}\sigma_a = \mathfrak{b}$ ist wegen $\sigma_a \neq \sigma_b$ nicht möglich. Also ist $\mathfrak{b}\sigma_a = -\mathfrak{b}$, d.h. a senkrecht zu b.

ba) Es sei $b = K\mathfrak{b}$. Liegt b in A, so gibt es in A eine zu b senkrechte (nicht isotrope) Gerade a. Nach a) ist $\sigma_a\sigma_b = \sigma_A$, also $\sigma_A\sigma_b = \sigma_a$.

bb) Ist $\sigma_A\sigma_b$ involutorisch, so ist $\mathfrak{b}\sigma_A\sigma_b = \mathfrak{b}\sigma_b\sigma_A$, also $(\mathfrak{b}\sigma_A)\sigma_b = \mathfrak{b}\sigma_A$, also $\mathfrak{b}\sigma_A$ ein Fixvektor von σ_b, also wieder $\mathfrak{b}\sigma_A = \pm\mathfrak{b}$. Das obere Vorzeichen ist nicht möglich, da $\mathfrak{b}$ nicht isotrop ist. Also ist $\mathfrak{b}\sigma_A = -\mathfrak{b}$, d.h. b liegt in A.

Lemma 2. a) *Gilt* $\mathfrak{a}\alpha = \mathfrak{a}$ *und* $\mathfrak{b}\alpha = \mathfrak{b}$ *für zwei orthogonale, nicht isotrope Vektoren* $\mathfrak{a}, \mathfrak{b}$, *so ist* $\alpha = 1$. — b) *Gilt* $\mathfrak{a}\alpha = -\mathfrak{a}$ *und* $\mathfrak{b}\alpha = \mathfrak{b}$ *für zwei orthogonale, nicht isotrope Vektoren* $\mathfrak{a}, \mathfrak{b}$, *so ist* $\alpha = \sigma_b$, *mit* $b = K\mathfrak{b}$. — c) *Gilt* $\mathfrak{a}\alpha = -\mathfrak{a}$ *für einen nicht isotropen Vektor* $\mathfrak{a}$, *so ist* α *entweder eine Spiegelung* σ_g *mit* g *orthogonal zu* $\mathfrak{a}$, *oder eine Spiegelung* σ_E *mit* $\mathfrak{a} \in E$.

Beweis. a) α führt (wie jedes Gruppenelement) jeden Vektor $\mathfrak{g}_\infty$ in einen proportionalen Vektor über; es sei $\mathfrak{g}_\infty\alpha = r\mathfrak{g}_\infty$ mit $r \in K$. Da $\mathfrak{a}, \mathfrak{b}$ eine nicht isotrope Ebene aufspannen, bilden $\mathfrak{a}, \mathfrak{b}, \mathfrak{g}_\infty$ eine Basis; in ihr wird α durch eine Matrix mit Determinante r dargestellt. Daher muß $r = 1$ sein, und da also α die Vektoren einer Basis in sich überführt, ist $\alpha = 1$.

b) Es ist $\mathfrak{a}\alpha\sigma_b = -\mathfrak{a}\sigma_b = \mathfrak{a}$, $\mathfrak{b}\alpha\sigma_b = \mathfrak{b}\sigma_b = \mathfrak{b}$. Nach a) ist also $\alpha\sigma_b = 1$, und daher $\alpha = \sigma_b$.

c) Es sei $\mathfrak{b}$ ein nicht isotroper, zu $\mathfrak{a}$ orthogonaler Vektor. Dann sind auch $\mathfrak{b}\alpha$ und $\mathfrak{b} \pm \mathfrak{b}\alpha$ zu $\mathfrak{a}$ orthogonal. Nach Lemma 1 ist bei geeigneter Wahl des Vorzeichens $g = K(\mathfrak{b} \pm \mathfrak{b}\alpha)$ eine nicht isotrope Gerade und $\mathfrak{b}\alpha\sigma_g = \pm\mathfrak{b}$, und da g zu $\mathfrak{a}$ orthogonal ist, $\mathfrak{a}\alpha\sigma_g = -\mathfrak{a}\sigma_g = \mathfrak{a}$. Nach a) und b) ist also $\alpha\sigma_g = 1$ oder $\alpha\sigma_g = \sigma_a$ mit $a = K\mathfrak{a}$; mithin ist entweder $\alpha = \sigma_g$, oder $\alpha = \sigma_a\sigma_g$ und dann nach Satz 1a $\alpha = \sigma_E$ mit $E = a + g$.

Satz 2. *Jedes Gruppenelement* α *ist entweder in der Form* $\sigma_a\sigma_b$ *oder in der Form* $\sigma_A\sigma_b$ *darstellbar.* α *ist also als ein Produkt von höchstens drei Spiegelungen* (*) *darstellbar. Ist* α *involutorisch, so ist* α *entweder gleich einer Spiegelung* σ_A, *oder gleich einer Spiegelung* σ_a.

Beweis. Bei gegebenem α betrachte man eine nicht isotrope Ebene und ihre nicht isotrope Bildebene, und wähle einen Vektor $\mathfrak{s} \neq \mathfrak{o}$, der beiden Ebenen angehört. Dann ist $\mathfrak{s}$ nicht isotrop und $\mathfrak{s} - \mathfrak{s}\alpha$ nicht echt isotrop. Man setze, falls $\mathfrak{s} - \mathfrak{s}\alpha \neq \mathfrak{o}$ ist, $b = K(\mathfrak{s} - \mathfrak{s}\alpha)$, und falls $\mathfrak{s} - \mathfrak{s}\alpha = \mathfrak{o}$ ist, b gleich einer beliebigen nicht isotropen, zu $\mathfrak{s}$ senkrechten

Geraden. Dann gilt nach Lemma 1 $\mathfrak{s}\alpha\sigma_b = -\mathfrak{s}$. Nach Lemma 2c ist $\alpha\sigma_b$ entweder eine Spiegelung σ_a oder eine Spiegelung σ_A, also gilt entweder $\alpha = \sigma_a\sigma_b$ oder $\alpha = \sigma_A\sigma_b$.

Die weiteren Aussagen des Satzes ergeben sich nun aus Satz 1.

Jedes Gruppenelement $\sigma_a\sigma_b$ führt jeden Vektor des Radikals in sich über, und jedes Gruppenelement $\sigma_A\sigma_b$ führt jeden Vektor des Radikals in den entgegengesetzten über. Die in der Form $\sigma_a\sigma_b$ darstellbaren Gruppenelemente bilden eine Untergruppe vom Index 2, deren Nebenklasse aus den in der Form $\sigma_A\sigma_b$ darstellbaren Gruppenelementen besteht.

Lemma 3. *Führt α eine nicht isotrope Ebene A in sich über, so ist α entweder eine Spiegelung σ_h mit $h \subset A$, oder ein Produkt $\sigma_g\sigma_h$ zweier Spiegelungen mit $g, h \subset A$.*

Beweis. A enthält keinen echt isotropen Vektor. Man wähle in A zwei senkrechte Vektoren $\mathfrak{a}, \mathfrak{b} \neq \mathfrak{o}$. Nach Voraussetzung liegen auch die Vektoren $\mathfrak{a}\alpha$ und $\mathfrak{b}\alpha$ in A. Man setze, falls $\mathfrak{a} + \mathfrak{a}\alpha \neq \mathfrak{o}$ ist, $h = K(\mathfrak{a} + \mathfrak{a}\alpha)$, und falls $\mathfrak{a} + \mathfrak{a}\alpha = \mathfrak{o}$ ist, $h = K\mathfrak{b}$. Dann gilt nach Lemma 1 $\mathfrak{a}\alpha\sigma_h = \mathfrak{a}$. Der Vektor $\mathfrak{b}\alpha\sigma_h$ ist senkrecht zu $\mathfrak{a}\alpha\sigma_h = \mathfrak{a}$, und da er in A liegt, proportional zu $\mathfrak{b}$, also $\mathfrak{b}\alpha\sigma_h = \pm\mathfrak{b}$. Nach Lemma 2a,b ist daher $\alpha\sigma_h = 1$ oder $\alpha\sigma_h = \sigma_g$ mit $g = K\mathfrak{a}$, mithin ist $\alpha = \sigma_h$ oder $\alpha = \sigma_g\sigma_h$.

Lemma 4. *Führt α jeden Vektor einer isotropen Ebene A in den entgegengesetzten über, so ist α eine Spiegelung σ_g mit $g \subset A^\perp$.*

Beweis. Folgt aus Lemma 2c; da α nach Voraussetzung jeden Vektor $\mathfrak{g}_\infty$ in $-\mathfrak{g}_\infty$ überführt, kann α nicht eine Spiegelung σ_E sein.

Satz 3. *Ein Produkt $\sigma_a\sigma_b\sigma_c$ ist dann und nur dann gleich einer Spiegelung σ_d, wenn die (nicht isotropen) Geraden a, b, c komplanar sind.*

Beweis. a) a, b, c mögen einer Ebene A angehören. Ist A nicht isotrop, so führt das Produkt $\sigma_a\sigma_b\sigma_c$ die Ebene A in sich und jeden Vektor $\mathfrak{g}_\infty$ in den entgegengesetzten über, und ist daher nach Lemma 3 gleich einer Spiegelung σ_d, mit $d \subset A$. Ist A isotrop, so führt das Produkt $\sigma_a\sigma_b\sigma_c$ jeden Vektor aus $A^\perp$ in den entgegengesetzten über und ist nach Lemma 4 gleich einer Spiegelung σ_d, mit $d \subset A$.

Zum Beweis der Umkehrung[1] benutzen wir, daß für ein beliebiges Gruppenelement α gilt: (i) *Führt α alle Vektoren aus zwei verschiedenen isotropen Ebenen in sich über, so ist $\alpha = 1$.* — (ii) *Führt α zwei verschiedene nicht isotrope Ebenen und alle Vektoren $\mathfrak{g}_\infty$ in sich über, so ist $\alpha = 1$.* — (iii) *Führt α eine nicht isotrope Ebene und alle Vektoren einer isotropen Ebene in sich über, so ist $\alpha = 1$.*

(i) ist trivial. — Zu (ii): Ist $\mathfrak{g}$ ein Vektor, der die Schnittgerade der Fixebenen repräsentiert, so ist $\mathfrak{g}\alpha = \pm\mathfrak{g}$, und ist $\mathfrak{a} \neq \mathfrak{o}$ ein zu $\mathfrak{g}$ senkrechter Vektor der einen Fixebene E, so muß auch $\mathfrak{a}\alpha$ ein zu $\mathfrak{g}$ senkrechter Vektor aus E, und daher $\mathfrak{a}\alpha = \pm\mathfrak{a}$

[1] Für den Beweis des Theorems 4 wird von dieser Umkehrung kein Gebrauch gemacht.

sein. $\mathfrak{g}, \mathfrak{a}, \mathfrak{g}_\infty$ bilden eine Basis, für die $\mathfrak{g}\alpha = \pm\,\mathfrak{g}$, $\mathfrak{a}\alpha = \pm\,\mathfrak{a}$, $\mathfrak{g}_\infty\alpha = +\,\mathfrak{g}_\infty$ gilt. Liegt die Vorzeichenkombination $+++$ vor, so ist $\alpha = 1$. Die Kombinationen $+-+$, $-++$ sind nicht möglich, da α die Determinante 1 hat. Bei der Kombination $--+$ wäre $\alpha = \sigma_E$; das ist aber nicht möglich, da σ_E keine von E verschiedene, nicht isotrope Ebene in sich überführt. — Zu (iii): Ist $\mathfrak{g}$ ein Vektor, der die Schnittgerade der Fixebenen repräsentiert, so ist $\mathfrak{g}\alpha = \mathfrak{g}$. Für einen zu $\mathfrak{g}$ senkrechten Vektor $\mathfrak{a} \neq \mathfrak{o}$ aus der nicht isotropen Fixebene E ist, wie eben, $\mathfrak{a}\alpha = \pm\,\mathfrak{a}$. Für die Basis $\mathfrak{g}, \mathfrak{a}, \mathfrak{g}_\infty$ gilt also $\mathfrak{g}\alpha = +\,\mathfrak{g}$, $\mathfrak{a}\alpha = \pm\,\mathfrak{a}$, $\mathfrak{g}_\infty\alpha = +\,\mathfrak{g}_\infty$. Liegt die Vorzeichenkombination $+++$ vor, so ist $\alpha = 1$. Die Kombination $+-+$ ist nicht möglich, da α die Determinante 1 hat.

b) Sei nun $\sigma_a\sigma_b = \sigma_d\sigma_c$, und diese Transformation gleich α gesetzt. Ist $\alpha = 1$, so ist $a = b$, und a, b, c sind trivialerweise komplanar. Sei nun $\alpha \neq 1$ und $A = a + b$, $D = d + c$. Sind A, D beide isotrop, so führt $\sigma_a\sigma_b$ jeden Vektor aus $A^\perp$, $\sigma_d\sigma_c$ jeden Vektor aus $D^\perp$, also α jeden Vektor aus $A^\perp$ und $D^\perp$ in sich über; wegen $\alpha \neq 1$ ist nach (i) $A^\perp = D^\perp$, also $A = D$. Sind A, D beide nicht isotrop, so führt $\sigma_a\sigma_b$ die Ebene A, $\sigma_d\sigma_c$ die Ebene D, also α die Ebenen A und D und jeden Vektor $\mathfrak{g}_\infty$ in sich über; wegen $\alpha \neq 1$ ist nach (ii) $A = D$. Der Fall, daß etwa A nicht isotrop und D isotrop ist, ist nach (iii) unmöglich; denn dann würde $\sigma_a\sigma_b$ die Ebene A, $\sigma_d\sigma_c$ jeden Vektor aus $D^\perp$, also α eine nicht isotrope Ebene und alle Vektoren einer isotropen Ebene in sich überführen.

4. Die Gruppen $O_3^+(K,F)$ mit binärer nullteiliger Form als euklidische Bewegungsgruppen. Von dem Theorem 4 bleibt, nachdem in Satz 2 die Erzeugbarkeit der Gruppen $O_3^+(K,F)$ mit binärer nullteiliger Form aus den Spiegelungen (∗) gezeigt ist, wie wir in dem Überblick 1 ausgeführt haben, nur noch zu beweisen, daß jede Gruppe (3) eine Gruppe (1) ist:

THEOREM 4*. *Jede Gruppe $O_3^+(K,F)$, mit K von Charakteristik $\neq 2$ und F binär und nullteilig, mit den Spiegelungen (∗) als Erzeugendensystem, ist eine euklidische Bewegungsgruppe.*

Wir verifizieren nun die Behauptung dieses Theorems 4*.

Die Grundannahme unseres Axiomensystems aus § 3,2 ist für die Gruppen (3) erfüllt; das Erzeugendensystem ist offenbar invariant. Die involutorischen Produkte von zwei Erzeugenden sind nach Satz 1a die Spiegelungen σ_A.

Ferner gelten für die Spiegelungen aus den Gruppen (3) die folgenden Gesetze:

Zu σ_A, σ_B *gibt es stets ein* σ_g *mit* $\sigma_A, \sigma_B \mid \sigma_g$ (Axiom 1).

Aus $\sigma_A, \sigma_B \mid \sigma_g, \sigma_h$ *folgt* $\sigma_A = \sigma_B$ *oder* $\sigma_g = \sigma_h$ (Axiom 2).

Gilt $\sigma_a, \sigma_b, \sigma_c \mid \sigma_E$, *so gibt es ein* σ_d *mit* $\sigma_a\sigma_b\sigma_c = \sigma_d$ (Axiom 3).

Gilt $\sigma_a, \sigma_b, \sigma_c \mid \sigma_g$, *so gibt es ein* σ_d *mit* $\sigma_a\sigma_b\sigma_c = \sigma_d$ (Axiom 4).

Es gibt $\sigma_a, \sigma_b, \sigma_c, \sigma_d$ *mit* $\sigma_a, \sigma_b \mid \sigma_c, \sigma_d$ *und* $\sigma_a \neq \sigma_b$, $\sigma_c \neq \sigma_d$ (Axiom R).

Zu σ_a, σ_b *gibt es ein* σ_C *mit* $\sigma_a, \sigma_b \mid \sigma_C$ *oder ein* σ_c *mit* $\sigma_a, \sigma_b \mid \sigma_c$ (Axiom V*).

Die Gültigkeit dieser Gesetze ergibt sich leicht aus den geometrischen Eigenschaften des metrischen Vektorraumes, auf Grund der Sätze 1,3: Zu Axiom 1,2: Zu den beiden nicht isotropen Ebenen A,B gibt es eine nicht isotrope Gerade g mit $g \subset A,B$, d.h. nach Satz 1b mit $\sigma_A,\sigma_B | \sigma_g$; und sind σ_A,σ_B, also A,B verschieden, so ist g und daher auch σ_g eindeutig bestimmt. Zu Axiom 3: Die nicht isotropen Geraden a,b,c der Voraussetzung liegen nach Satz 1b in der nicht isotropen Ebene E; daher gilt die Behauptung nach Satz 3. Zu Axiom 4: Die nicht isotropen Geraden a,b,c der Voraussetzung sind nach Satz 1a zu der nicht isotropen Geraden g senkrecht; sie liegen also in der zu g senkrechten (isotropen) Ebene, und daher gilt nach Satz 3 die Behauptung. Zu Axiom R: Man wähle a,b als verschiedene, nicht isotrope Geraden einer isotropen Ebene E, und c,d als verschiedene, nicht isotrope Geraden aus $E^\perp$; dann genügen $\sigma_a,\sigma_b,\sigma_c,\sigma_d$ nach Satz 1a dem Axiom. Zu Axiom V*: Gibt es eine nicht isotrope Ebene C mit $a,b \subset C$, so gilt nach Satz 1b $\sigma_a,\sigma_b | \sigma_C$; anderenfalls liegen a,b in einer isotropen Ebene E, und für jede nicht isotrope Gerade c aus $E^\perp$ gilt nach Satz 1a $\sigma_a,\sigma_b | \sigma_c$.

5. Die Gruppen $O_3^+(K,F)$ mit ternärer nullteiliger Form. Wir wenden uns nun den dreidimensionalen metrischen Vektorräumen zu, *in denen das Radikal nur aus dem Nullvektor besteht.* Der zugrunde liegende Körper K sei wie immer von Charakteristik $\neq 2$. In diesen Räumen ist die Orthogonalität zwischen den Geraden und den Ebenen eine eineindeutige involutorische Beziehung (§ 8,3). Es gibt stets genau eine Gerade c, welche zu zwei gegebenen verschiedenen Geraden a und b orthogonal ist; dabei sind a,b,c dann und nur dann komplanar, wenn c isotrop ist.

In dieser und in der nächsten Nummer setzen wir voraus, daß die betrachtete ternäre Form F *nullteilig* ist. Dann gibt es keine echt isotropen Vektoren [§ 8, (24)] und keine isotropen Geraden und Ebenen.

Über die Gruppen $O_3^+(K,F)$ mit ternärer nullteiliger Form, deren Elemente wir wiederum mit $\alpha, \ldots$ bezeichnen, beweisen wir die folgenden Sätze:

Satz 1'. *Ein Produkt $\sigma_a\sigma_b$ ist dann und nur dann involutorisch, wenn die (nicht isotropen) Geraden a,b orthogonal sind; ist dies der Fall, so ist $\sigma_a\sigma_b=\sigma_c$, wobei c zu a und b orthogonal ist.*

Beweis. Es sei $a=K\mathfrak{a}$, $b=K\mathfrak{b}$.

a) Es seien a,b senkrecht, und es sei $c=K\mathfrak{c}$ zu a und b senkrecht. Dann ist $\mathfrak{a}\sigma_a\sigma_b=\mathfrak{a}\sigma_b=-\mathfrak{a}$, $\mathfrak{b}\sigma_a\sigma_b=-\mathfrak{b}\sigma_b=-\mathfrak{b}$, $\mathfrak{c}\sigma_a\sigma_b=-\mathfrak{c}\sigma_b=\mathfrak{c}$. $\sigma_a\sigma_b$ stimmt also auf der Basis $\mathfrak{a},\mathfrak{b},\mathfrak{c}$ mit σ_c überein. Daher ist $\sigma_a\sigma_b=\sigma_c$.

b) Es sei $\sigma_a\sigma_b$ involutorisch. Dann ist $\mathfrak{a}\sigma_b\sigma_a=\mathfrak{a}\sigma_a\sigma_b$, also $(\mathfrak{a}\sigma_b)\sigma_a=\mathfrak{a}\sigma_b$, also $\mathfrak{a}\sigma_b$ ein Fixvektor von σ_a und daher zu $\mathfrak{a}$ proportional, also $\mathfrak{a}\sigma_b=\pm\mathfrak{a}$.

$\mathfrak{a}\sigma_b = \mathfrak{a}$ ist wegen $\sigma_a \neq \sigma_b$ unmöglich. Also ist $\mathfrak{a}\sigma_b = -\mathfrak{a}$, d.h. a zu b senkrecht.

Lemma 2'. a) *Gilt* $\mathfrak{a}\alpha = \mathfrak{a}$ *und* $\mathfrak{b}\alpha = \mathfrak{b}$ *für zwei linear unabhängige Vektoren* $\mathfrak{a}, \mathfrak{b}$, *so ist* $\alpha = 1$. — b) *Gilt* $\mathfrak{a}\alpha = -\mathfrak{a}$ *für einen Vektor* $\mathfrak{a} \neq \mathfrak{o}$, *so ist* α *eine Spiegelung* σ_g, *mit* g *orthogonal zu* $\mathfrak{a}$.

Beweis. a) Sei $\mathfrak{c} \neq \mathfrak{o}$ ein zu $\mathfrak{a}$ und $\mathfrak{b}$ orthogonaler Vektor. Der Vektor $\mathfrak{c}\alpha$ ist dann auch zu $\mathfrak{a}$ und $\mathfrak{b}$ orthogonal und daher zu $\mathfrak{c}$ proportional: $\mathfrak{c}\alpha = r\mathfrak{c}$ mit $r \in K$. In der Basis $\mathfrak{a}, \mathfrak{b}, \mathfrak{c}$ wird α dann durch eine Matrix mit der Determinante r dargestellt. Daher muß $r = 1$ sein, und da also α die Vektoren einer Basis in sich überführt, ist $\alpha = 1$.

b) Es sei $\mathfrak{b} \neq \mathfrak{o}$ ein zu $\mathfrak{a}$ orthogonaler Vektor. Dann sind auch $\mathfrak{b}\alpha$ und $\mathfrak{b} + \mathfrak{b}\alpha$ zu $\mathfrak{a}$ orthogonal. Man setze, falls $\mathfrak{b} + \mathfrak{b}\alpha \neq \mathfrak{o}$ ist, $g = K(\mathfrak{b} + \mathfrak{b}\alpha)$, und falls $\mathfrak{b} + \mathfrak{b}\alpha = \mathfrak{o}$ ist, g gleich der zu $\mathfrak{a}$ und $\mathfrak{b}$ orthogonalen Geraden. Dann ist nach Lemma 1 $\mathfrak{b}\alpha\sigma_g = \mathfrak{b}$, und da g zu $\mathfrak{a}$ orthogonal ist, $\mathfrak{a}\alpha\sigma_g = -\mathfrak{a}\sigma_g = \mathfrak{a}$. Nach a) ist also $\alpha\sigma_g = 1$, mithin $\alpha = \sigma_g$.

Satz 2'. *Jedes Gruppenelement* α *ist in der Form* $\sigma_a\sigma_b$ *darstellbar. Ist* α *involutorisch, so ist* α *eine Spiegelung* σ_c.

Beweis. Es sei $\mathfrak{s}$ ein beliebiger Vektor $\neq \mathfrak{o}$. Man setze, falls $\mathfrak{s} - \mathfrak{s}\alpha \neq \mathfrak{o}$ ist, $b = K(\mathfrak{s} - \mathfrak{s}\alpha)$, und falls $\mathfrak{s} - \mathfrak{s}\alpha = \mathfrak{o}$ ist, b gleich einer beliebigen zu $\mathfrak{s}$ orthogonalen Geraden. Dann gilt nach Lemma 1 $\mathfrak{s}\alpha\sigma_b = -\mathfrak{s}$. Nach Lemma 2'b ist $\alpha\sigma_b$ eine Spiegelung σ_a, mithin $\alpha = \sigma_a\sigma_b$.

Die zweite Aussage des Satzes ergibt sich nun aus Satz 1'.

Satz 3'. *Ein Produkt* $\sigma_a\sigma_b\sigma_c$ *ist dann und nur dann involutorisch, wenn die (nicht isotropen) Geraden* a, b, c *komplanar sind.*

Beweis. a) Gehören a, b, c einer Ebene E an, so gibt es einen zu a, b, c senkrechten Vektor $\mathfrak{g} \neq \mathfrak{o}$. Jede der Spiegelungen $\sigma_a, \sigma_b, \sigma_c$, und also auch ihr Produkt, führt $\mathfrak{g}$ in $-\mathfrak{g}$ über. Daher ist nach Lemma 2'b $\sigma_a\sigma_b\sigma_c$ eine Spiegelung σ_d, mit $d < E$.

b) Sei $\sigma_a\sigma_b\sigma_c$ involutorisch, also nach Satz 2' gleich einer Spiegelung σ_d. Ist $\sigma_a = \sigma_b$, also $a = b$, so ist die Behauptung trivial. Es sei also $\sigma_a\sigma_b \neq 1$. Ferner sei $\mathfrak{g} \neq \mathfrak{o}$ ein zu a und b orthogonaler Vektor, und $\mathfrak{h} \neq \mathfrak{o}$ ein zu c und d orthogonaler Vektor. Dann gilt $\mathfrak{g}\sigma_a\sigma_b = -\mathfrak{g}\sigma_b = \mathfrak{g}$, und ebenso $\mathfrak{h}\sigma_d\sigma_c = \mathfrak{h}$. Wegen $\sigma_a\sigma_b = \sigma_d\sigma_c \neq 1$ sind nach Lemma 2'a $\mathfrak{g}$ und $\mathfrak{h}$ proportional. Also sind a, b, c, d zu $\mathfrak{g}$ senkrecht, und daher komplanar.

6. Die Gruppen $O_3^+(K,F)$ mit ternärer nullteiliger Form als elliptische Bewegungsgruppen. Von dem Theorem 5 bleibt, nachdem in Satz 2' die Erzeugbarkeit der Gruppen $O_3^+(K,F)$ mit ternärer nullteiliger Form aus den Spiegelungen (*) gezeigt ist, wie wir in dem Überblick 1 ausgeführt haben, nur noch zu beweisen, daß jede Gruppe (3') eine Gruppe (1') ist:

THEOREM 5*. *Jede Gruppe $O_3^+(K,F)$, mit K von Charakteristik $\neq 2$ und F ternär und nullteilig, (mit den Spiegelungen (*) als Erzeugendensystem) ist eine elliptische Bewegungsgruppe.*

Wir zeigen hierzu, daß jede Gruppe (3′) dem am Ende von § 7,2 angegebenen Axiomensystem der elliptischen Bewegungsgruppen genügt:

Die Grundannahme ist erfüllt: Nach Satz 2′ sind die Spiegelungen (*) die sämtlichen involutorischen Elemente der Gruppe (3′), und bilden ein Erzeugendensystem. Da F ternär ist, gibt es in dem Vektorraum keine Gerade, welche zu allen Geraden orthogonal ist [vgl. § 8, (23)]; daher gilt nach Satz 1′, daß in der Gruppe (3′) kein involutorisches Element mit allen involutorischen Elementen vertauschbar ist.

Ferner gelten für die Spiegelungen (*) aus den Gruppen (3′) die Gesetze:

T *Ist $\sigma_a \neq \sigma_b$ und sind $\sigma_a\sigma_b\sigma_c$, $\sigma_a\sigma_b\sigma_d$ involutorisch, so ist $\sigma_a\sigma_c\sigma_d$ involutorisch.*

V *Zu σ_a, σ_b gibt es stets ein σ_c mit $\sigma_a, \sigma_b \mid \sigma_c$.*

T gilt nach Satz 3′, da das entsprechende Transitivitätsgesetz für die Komplanarität der Geraden des Vektorraumes gilt (die lineare Abhängigkeit ist transitiv). V gilt nach Satz 1′, da in dem Vektorraum zu je zwei Geraden eine zu beiden orthogonale (nicht isotrope) Gerade existiert.

7. Die Gruppen $O_3^+(K,F)$ mit beliebiger ternärer Form. Die Sätze 1′, 2′, 3′ aus 5 gelten allgemein für eine Gruppe $O_3^+(K,F)$ mit ternärer Form F, also *ohne Voraussetzung der Nullteiligkeit.* Die Beweise bedürfen dann einiger Modifikationen.

Wir schicken vier Bemerkungen über die Verteilung der isotropen Vektoren in dreidimensionalen metrischen Vektorräumen mit ternärer Form F voraus:

(i) *Sind $\mathfrak{a}, \mathfrak{b}$ echt isotrop und orthogonal, so sind $\mathfrak{a}, \mathfrak{b}$ proportional.*

(ii) *Sind $\mathfrak{a}, \mathfrak{b}$ isotrop und linear unabhängig, so sind die Linearkombinationen $r\mathfrak{a} + s\mathfrak{b}$ mit $r, s \in K$ und $r, s \neq 0$ nicht isotrop.*

(iii) *Sind $\mathfrak{a}, \mathfrak{b}, \mathfrak{c}$ paarweise orthogonal, und dabei $\mathfrak{a}, \mathfrak{b}$ nicht isotrop und $\mathfrak{c} \neq \mathfrak{o}$, so ist $\mathfrak{c}$ nicht isotrop.*

(iv) *Ist $F(\mathfrak{a},\mathfrak{a}) = F(\mathfrak{b},\mathfrak{b})$ und $\mathfrak{a}+\mathfrak{b}$ isotrop, so ist $\mathfrak{a}+\mathfrak{b}$ zu $\mathfrak{a}$ und $\mathfrak{b}$ orthogonal.*

Da in den dreidimensionalen Vektorräumen, in denen das Radikal nur aus dem Nullvektor besteht, die Orthogonalität der Geraden und Ebenen eineindeutig ist, gilt über Doppel-Orthogonalitäten:

Sind $\mathfrak{a}$ und $\mathfrak{b}$ senkrecht zu $\mathfrak{c}$ und $\mathfrak{d}$, und $\mathfrak{a}, \mathfrak{b}, \mathfrak{c}, \mathfrak{d} \neq \mathfrak{o}$, so sind $\mathfrak{a}, \mathfrak{b}$ oder $\mathfrak{c}, \mathfrak{d}$ proportional.

Hieraus ergeben sich (i) und (iii). Denn die Voraussetzungen von (i) besagen, daß $\mathfrak{a}$ und $\mathfrak{b}$ zu $\mathfrak{a}$ und $\mathfrak{b}$ senkrecht sind. Und wäre unter den Voraussetzungen von

(iii) der Vektor $\mathfrak{c}$ isotrop, so wären $\mathfrak{a}$ und $\mathfrak{c}$ zu $\mathfrak{b}$ und $\mathfrak{c}$ orthogonal. Es wäre also $\mathfrak{a}$ oder $\mathfrak{b}$ zu $\mathfrak{c}$ proportional, also isotrop, im Widerspruch zur Voraussetzung.

Beweis von (ii). Die isotropen, linear unabhängigen Vektoren $\mathfrak{a}, \mathfrak{b}$ sind nach (i) nicht orthogonal; es ist also $F(\mathfrak{a}, \mathfrak{b}) \neq 0$. Wegen $F(\mathfrak{a}, \mathfrak{a}) = F(\mathfrak{b}, \mathfrak{b}) = 0$ ist andererseits $F(r\mathfrak{a} + s\mathfrak{b}, r\mathfrak{a} + s\mathfrak{b}) = 2rsF(\mathfrak{a}, \mathfrak{b})$. Also ist $r\mathfrak{a} + s\mathfrak{b}$ nicht isotrop.

Beweis von (iv). Unter der Voraussetzung $F(\mathfrak{a}, \mathfrak{a}) = F(\mathfrak{b}, \mathfrak{b})$ ist

$$\begin{aligned} F(\mathfrak{a} + \mathfrak{b}, \mathfrak{a} + \mathfrak{b}) &= 2(F(\mathfrak{a}, \mathfrak{a}) + F(\mathfrak{a}, \mathfrak{b})) = 2F(\mathfrak{a}, \mathfrak{a} + \mathfrak{b}) \\ &= 2(F(\mathfrak{b}, \mathfrak{b}) + F(\mathfrak{b}, \mathfrak{a})) = 2F(\mathfrak{b}, \mathfrak{b} + \mathfrak{a}). \end{aligned}$$

Wir geben nun die Modifikationen der Beweise aus 5 an:

Zu Satz 1′: Die Gerade c, welche zu den beiden senkrechten, nicht isotropen Geraden a und b senkrecht ist, ist nach (iii) nicht isotrop.

Zu Lemma 2′a: Der Beweis bedarf einer Ergänzung für den Fall, daß die Vektoren, die sowohl zu $\mathfrak{a}$ als zu $\mathfrak{b}$ orthogonal sind, isotrop sind. Dann wähle man einen Vektor $\mathfrak{c}$ so, daß $\mathfrak{a}, \mathfrak{b}, \mathfrak{c}$ linear unabhängig sind. Dann ist $F(\mathfrak{a}, \mathfrak{c}\alpha) = F(\mathfrak{a}, \mathfrak{c})$ und $F(\mathfrak{b}, \mathfrak{c}\alpha) = F(\mathfrak{b}, \mathfrak{c})$, also $F(\mathfrak{a}, \mathfrak{c}\alpha - \mathfrak{c}) = F(\mathfrak{b}, \mathfrak{c}\alpha - \mathfrak{c}) = 0$, also $\mathfrak{c}\alpha - \mathfrak{c}$ zu $\mathfrak{a}$ und $\mathfrak{b}$ orthogonal und daher in unserem Falle isotrop. Nach (iv), angewandt auf die Vektoren $\mathfrak{c}\alpha$ und $-\mathfrak{c}$, ist daher $\mathfrak{c}\alpha - \mathfrak{c}$ auch zu $\mathfrak{c}$ orthogonal. Der Vektor $\mathfrak{c}\alpha - \mathfrak{c}$ ist also zu den Vektoren $\mathfrak{a}, \mathfrak{b}, \mathfrak{c}$, welche eine Basis bilden, orthogonal. Da F ternär ist, muß daher $\mathfrak{c}\alpha - \mathfrak{c} = \mathfrak{o}$, also $\mathfrak{c}\alpha = \mathfrak{c}$ sein [vgl. § 8, (23)]. Daher ist $\alpha = 1$.

Beweis von Lemma 2′b. Es sei $\mathfrak{b}$ ein nicht isotroper, zu $\mathfrak{a}$ senkrechter Vektor [ein solcher existiert nach (ii)]. Dann sind auch die Vektoren $\mathfrak{b}\alpha$ und $\mathfrak{b} \pm \mathfrak{b}\alpha$ zu $\mathfrak{a}$ orthogonal. Wir unterscheiden nun zwei Fälle:

Fall 1: $\mathfrak{a}$ *nicht isotrop*. Der Vektor $\mathfrak{b} + \mathfrak{b}\alpha$ ist nicht echt isotrop. Denn wäre er echt isotrop, so wäre er nach (iv) zu $\mathfrak{b}$ orthogonal, und $\mathfrak{a}, \mathfrak{b}, \mathfrak{b} + \mathfrak{b}\alpha$ wären drei paarweise orthogonale Vektoren, von denen zwei nicht isotrop und der dritte echt isotrop wäre; das widerspricht (iii). Nun setze man, falls $\mathfrak{b} + \mathfrak{b}\alpha \neq \mathfrak{o}$ ist, $g = K(\mathfrak{b} + \mathfrak{b}\alpha)$, und falls $\mathfrak{b} + \mathfrak{b}\alpha = \mathfrak{o}$ ist, g gleich der zu $\mathfrak{a}$ und $\mathfrak{b}$ orthogonalen Geraden. Dann ist g nicht isotrop, und zwar im zweiten Falle nach (iii). Daher gilt nach Lemma 1 $\mathfrak{b}\alpha\sigma_g = \mathfrak{b}$, und da g zu $\mathfrak{a}$ senkrecht ist, $\mathfrak{a}\alpha\sigma_g = -\mathfrak{a}\sigma_g = \mathfrak{a}$. Nach Lemma 2′a ($\mathfrak{a}, \mathfrak{b}$ sind orthogonal, es ist $\mathfrak{a} \neq \mathfrak{o}$ und $\mathfrak{b}$ nicht isotrop; daher sind $\mathfrak{a}, \mathfrak{b}$ linear unabhängig) ist also $\alpha\sigma_g = 1$, mithin $\alpha = \sigma_g$.

Fall 2: $\mathfrak{a}$ *echt isotrop*. Ist $\mathfrak{b} + \mathfrak{b}\alpha$ nicht isotrop, so können wir $g = K(\mathfrak{b} + \mathfrak{b}\alpha)$ setzen und wie eben schließen, daß $\alpha = \sigma_g$ ist. Wir behaupten, daß $\mathfrak{b} + \mathfrak{b}\alpha$ notwendig nicht isotrop ist. Anderenfalls wäre nämlich nach Lemma 1 $\mathfrak{b} - \mathfrak{b}\alpha$ nicht isotrop, und für $h = K(\mathfrak{b} - \mathfrak{b}\alpha)$ würde $\mathfrak{b}\alpha\sigma_h = -\mathfrak{b}$, und weiter, da h zu $\mathfrak{a}$ orthogonal ist, $\mathfrak{a}\alpha\sigma_h = -\mathfrak{a}\sigma_h = \mathfrak{a}$ gelten. Da $\alpha\sigma_h$ den nicht isotropen Vektor $\mathfrak{b}$ in $-\mathfrak{b}$ überführt, wäre $\alpha\sigma_h$ nach Fall 1 eine Spiegelung σ_l. Es ergibt sich nun ein Widerspruch, da die Spiegelung an der nicht isotropen Geraden l den echt isotropen Vektor $\mathfrak{a}$ nicht in sich überführen kann.

Beweis von Satz 2'. Bei gegebenem α gibt es einen Vektor $\mathfrak{s} \neq \mathfrak{o}$, für den $\mathfrak{s} - \mathfrak{s}\alpha$ nicht echt isotrop ist.

Besitzt nämlich α einen Fixvektor $\neq \mathfrak{o}$, so hat dieser die gewünschte Eigenschaft. Anderenfalls ist nur für $\mathfrak{u} = \mathfrak{o}$ der Vektor $\mathfrak{u}^* = \mathfrak{u} - \mathfrak{u}\alpha$ gleich $\mathfrak{o}$. Dann ist die lineare Abbildung von $\mathfrak{u}$ auf $\mathfrak{u}^*$ eineindeutig, und da die Dimension erhalten bleibt, eine Abbildung des Vektorraumes auf (nicht in) sich; das Urbild $\mathfrak{s}$ eines beliebigen nicht isotropen Vektors $\mathfrak{s}^*$ genügt der Bedingung.

Indem man einen Vektor $\mathfrak{s}$ mit der genannten Eigenschaft verwendet, kann man wie früher schließen; man muß nur, im Falle $\mathfrak{s} - \mathfrak{s}\alpha = \mathfrak{o}$, b als eine nicht isotrope, zu $\mathfrak{s}$ orthogonale Gerade wählen, die nach (ii) existiert.

Zu Satz 3': Der Beweis bleibt wörtlich gültig.

Auf Grund dieser Sätze gelten von den in 6 bewiesenen Tatsachen die folgenden auch bei beliebiger ternärer Form:

Satz 4. *Für jede Gruppe* $O_3^+(K,F)$, *mit* K *von Charakteristik* $\neq 2$ *und* F *ternär, gilt:*

Die involutorischen Gruppenelemente sind die Spiegelungen $(*)$ *an den nicht isotropen Geraden. Jedes Gruppenelement ist als Produkt von zwei involutorischen Gruppenelementen darstellbar. Das Zentrum der Gruppe besteht nur aus dem Einselement*[1]. *Für die involutorischen Gruppenelemente gilt das Transitivitätsgesetz* T.

Aus der Zweispiegeligkeit folgt, daß jedes Element $\alpha \neq 1$ aus den Gruppen $O_3^+(K,F)$ mit ternärer Form eine „*Drehung*" mit einer eindeutig bestimmten Achse von Fixvektoren ist. Denn stellt man α in der Form $\alpha = \sigma_a \sigma_b$ dar, und ist c die zu a und b orthogonale Gerade, so führt $\sigma_a \sigma_b$ jeden Vektor von c in sich über, und weitere Fixvektoren gibt es nach Lemma 2'a nicht.

8. Gesetze über die involutorischen Elemente der Gruppe $O_3^+(K,F)$ mit ternärer, nicht nullteiliger Form. Wir betrachten nun die Gruppen $O_3^+(K,F)$ mit *ternärer, nicht nullteiliger Form* F [(3'')]. Die Gültigkeit des Theorems 6 ergibt sich wieder aus § 8, Satz 3 und aus der Tatsache, daß die Gruppen (3'') aus den Spiegelungen $(*)$ erzeugbar sind.

Wir wollen nun Gesetze über die involutorischen Elemente der Gruppen (3''), die Spiegelungen an den nicht isotropen Geraden, aufstellen. Die Gruppen (3'') unterscheiden sich von den Gruppen (3') mit ternärer nullteiliger Form vor allem dadurch, daß in ihnen zwei involutorische Elemente nicht stets verbindbar sind. Es gilt das Gesetz

---

[1] Man schließe mit der Bemerkung zu § 3, Satz 18.

$\sim$V *Es gibt* σ_a, σ_b, *welche unverbindbar sind,*

und zwar sind σ_a, σ_b nach Satz 1′ dann und nur dann unverbindbar, wenn a und b verschiedene (nicht isotrope) Geraden sind und die zu a und b senkrechte Gerade isotrop ist. Es wird nun darauf ankommen, Gesetze aufzustellen, die etwas Näheres über unverbindbare involutorische Elemente aussagen. Nach 7, (i) und (ii) gilt:

(i) *Zwei verschiedene isotrope Geraden können nicht orthogonal sein.*

(ii) *Drei verschiedene isotrope Geraden können nicht komplanar sein.*

Diese Aussagen über isotrope Geraden lassen sich zu folgenden Gesetzen über unverbindbare involutorische Elemente umformen:

UV 1 *Sind weder* σ_a, σ_b *noch* σ_c, σ_d *verbindbar, so gibt es ein* σ_g, *so daß* $\sigma_a\sigma_b\sigma_g$ *und* $\sigma_c\sigma_d\sigma_g$ *involutorisch sind.*

UV 2 *Sind weder* σ_a, σ_b *noch* σ_a, σ_c *noch* σ_a, σ_d *verbindbar, so ist* $\sigma_a\sigma_b\sigma_c$ *oder* $\sigma_a\sigma_b\sigma_d$ *oder* $\sigma_a\sigma_c\sigma_d$ *involutorisch.*

Beweis von UV 1. Nach Voraussetzung gibt es isotrope Geraden u, v, so daß u zu a und b, und v zu c und d senkrecht ist. Ist $u = v$, so sind a, b, c, d zu dieser Geraden orthogonal, also komplanar, und die Behauptung ist nach Satz 3′ erfüllt, wenn etwa $g = a$ gesetzt wird. Ist $u \neq v$, so wähle man g als eine zu u und v orthogonale Gerade. Nach (i) ist g nicht isotrop. Da a, b, g zu u, und c, d, g zu v orthogonal sind, sind sowohl a, b, g als auch c, d, g komplanar, und daher gilt nach Satz 3′ die Behauptung.

Beweis von UV 2. Nach Voraussetzung gibt es isotrope Geraden u, v, w, so daß u zu a und b, v zu a und c, und w zu a und d orthogonal ist. Die Geraden u, v, w sind, da sie zu a orthogonal sind, komplanar. Nach (ii) können sie nicht alle verschieden sein. Ist etwa $u = v$, so sind a, b, c zu dieser Geraden orthogonal, also komplanar, und nach Satz 3′ ist $\sigma_a\sigma_b\sigma_c$ involutorisch.

Wir fassen zusammen:

Satz 5. *Für die Gruppen* $O_3^+(K, F)$, *mit* K *von Charakteristik* $\neq 2$ *und* F *ternär und nicht nullteilig, gilt:*

Jedes Gruppenelement ist als Produkt von zwei involutorischen Gruppenelementen darstellbar, und für die involutorischen Gruppenelemente gelten die Gesetze T, $\sim$V, UV 1, UV 2.

Später werden wir zeigen, daß sich umgekehrt jede Gruppe mit diesen Eigenschaften als eine orthogonale Gruppe $O_3^+(K, F)$ der genannten Art darstellen läßt (§ 11).

Literatur zu § 9. Dieudonné [1], [3], Baer [6], Eichler [1], Artin [2].

§ 10. Darstellung metrischer Vektorräume und ihrer orthogonalen Gruppen mit Hilfe hyperkomplexer Systeme

Die Bewegungsgruppe einer ordinären projektiv-metrischen Ebene läßt sich nach den Theoremen 5 und 6 aus § 9 als die eigentlich-orthogonale Gruppe eines dreidimensionalen metrischen Vektorraumes mit ternärer Form F über einem Körper K darstellen, also als eine Gruppe von Automorphismen einer Gruppe von Vektoren — einer additiven Gruppe, welche die Elemente aus K als Multiplikatoren besitzt und durch die Form F „metrisiert“ ist. Man kann nun die Algebraisierung noch einen Schritt weiter treiben, indem man hyperkomplexe Systeme über K heranzieht, welche die Eigenschaft haben, daß sich die Vektorgruppe mit Hilfe der additiven Gruppe des hyperkomplexen Systems (nämlich als eine Untergruppe), und die eigentlich-orthogonale Gruppe mit Hilfe der multiplikativen Gruppe des hyperkomplexen Systems (nämlich als eine Faktorgruppe) darstellen läßt. Als solche hyperkomplexen Systeme verwenden wir Quaternionensysteme über K, und falls die Form F nicht nullteilig ist, auch die Algebra der zweireihigen Matrizen über K. Die rechnerischen Vorteile dieser algebraischen Darstellungen erkauft man allerdings durch einen gewissen Verzicht auf Invarianz.

Als ein neues Hilfsmittel ergibt sich die Norm einer eigentlich-orthogonalen Transformation, die wir zur Konstruktion von Modellen unseres Axiomensystems, also von metrischen Ebenen verwenden.

Die Überlegungen dieses Paragraphen beziehen sich auf den „*ordinären*“ Fall, d.h. auf metrische Vektorräume ohne Radikal.

1. Normierte ternäre Formen. Gegeben sei ein dreidimensionaler metrischer Vektorraum über einem Körper K von Charakteristik $\neq 2$, mit einer ternären symmetrischen Bilinearform F. Ersetzt man die Form F durch eine proportionale Form cF, mit $c \neq 0$ aus K, so ist dies eine unwesentliche Veränderung, welche auf die orthogonale Gruppe ohne Einfluß ist. Zu einer ternären Form gibt es stets eine proportionale Form, deren Determinante die Quadratklasse $\{1\}$ ist. (Wählt man c als ein Element, welches die Determinante von F repräsentiert, so ist cF eine solche Form.) Wir nennen eine ternäre Form *normiert*, wenn ihre Determinante die Quadratklasse $\{1\}$ ist.

Ist F normiert und sind $\mathfrak{e}_1, \mathfrak{e}_2, \mathfrak{e}_3$ linear unabhängige, paarweise orthogonale Vektoren, so hat F in bezug auf diese Basis Diagonalgestalt $k_1x_1y_1 + k_2x_2y_2 + k_3x_3y_3$ mit $k_i = F(\mathfrak{e}_i, \mathfrak{e}_i)$, und das Produkt $k_1k_2k_3$ ist ein Quadrat $c^2 \neq 0$ aus K. In bezug auf die Orthogonalbasis $\mathfrak{e}_1, \mathfrak{e}_2, (k_1k_2/c)\mathfrak{e}_3$ hat dann F die Gestalt

$$(1) \qquad f(\mathfrak{x}, \mathfrak{y}) = k_1x_1y_1 + k_2x_2y_2 + k_1k_2x_3y_3, \qquad \text{mit } k_1, k_2 \neq 0 \text{ aus } K.$$

Satz 1. *Jede normierte ternäre symmetrische Bilinearform hat in einer geeigneten Orthogonalbasis die Gestalt* (1).

Wird eine Orthogonalbasis zugrunde gelegt, in der die metrische Form die Gestalt (1) hat, so machen wir gelegentlich, wenn zwei Vektoren $\mathfrak{a}$ und $\mathfrak{b}$ mit den Komponenten a_1, a_2, a_3 und b_1, b_2, b_3 gegeben sind, von dem Vektor mit den Komponenten

$$(2) \qquad k_2 \begin{vmatrix} a_2 & a_3 \\ b_2 & b_3 \end{vmatrix}, \quad -k_1 \begin{vmatrix} a_1 & a_3 \\ b_1 & b_3 \end{vmatrix}, \quad \begin{vmatrix} a_1 & a_2 \\ b_1 & b_2 \end{vmatrix}$$

Gebrauch, den man als das *Vektorprodukt* $[\mathfrak{a}, \mathfrak{b}]$ bezeichnet. Es ist $[\mathfrak{a}, \mathfrak{b}] = -[\mathfrak{b}, \mathfrak{a}]$, und $[\mathfrak{a}, \mathfrak{b}] = \mathfrak{o}$ dann und nur dann, wenn $\mathfrak{a}, \mathfrak{b}$ linear abhängig sind. Sind $\mathfrak{a}, \mathfrak{b}$ linear unabhängig, so repräsentiert $[\mathfrak{a}, \mathfrak{b}]$ die eindeutig bestimmte, zu $\mathfrak{a}$ und $\mathfrak{b}$ orthogonale Gerade. Es gilt die „LAGRANGE*sche Identität*"

$$(3) \qquad f([\mathfrak{a}, \mathfrak{b}], [\mathfrak{a}, \mathfrak{b}]) = f(\mathfrak{a}, \mathfrak{a}) f(\mathfrak{b}, \mathfrak{b}) - f^2(\mathfrak{a}, \mathfrak{b}).$$

Das Vektorprodukt ist also so normiert, daß sein Formwert gleich dem Produkt der Formwerte von $\mathfrak{a}$ und $\mathfrak{b}$ ist, falls $\mathfrak{a}$ und $\mathfrak{b}$ orthogonal sind.

Sind $\mathfrak{a}, \mathfrak{b}$ und $[\mathfrak{a}, \mathfrak{b}]$ nicht isotrop, so ist die Spiegelung an der durch $[\mathfrak{a}, \mathfrak{b}]$ repräsentierten Geraden die Verbindung der Spiegelungen an den durch $\mathfrak{a}$ und $\mathfrak{b}$ repräsentierten Geraden.

Die Formwerte $F(\mathfrak{a}, \mathfrak{a})$ der Vektoren $\mathfrak{a}$, welche eine feste Gerade repräsentieren, bilden eine Quadratklasse, die als der *Formwert der Geraden* bezeichnet werden mag. Die Formwerte zweier Geraden stimmen dann und nur dann überein, wenn sich die Vektoren der beiden Geraden durch eine orthogonale Transformation ineinander überführen lassen; ist dies der Fall, so lassen sie sich sogar durch eine Spiegelung ineinander überführen (vgl. § 9, Lemma 1). Die isotropen Geraden haben den Formwert $\{0\}$. Man kann nun fragen, ob weitere spezielle Formwerte eine besondere geometrische Bedeutung haben. Eine Aussage dieser Art macht der

Satz 2. *Es sei ein dreidimensionaler metrischer Vektorraum mit normierter ternärer Form gegeben. Ist der Formwert einer Geraden g gleich $\{-1\}$, so gibt es genau zwei verschiedene isotrope Geraden, welche zu g orthogonal sind. Ist der Formwert von g gleich $\{0\}$, so ist g die einzige isotrope Gerade, welche zu g orthogonal ist. Ist der Formwert von g von $\{-1\}$ und $\{0\}$ verschieden, so gibt es keine isotrope Gerade, welche zu g orthogonal ist.*

Beweis. Es sei $\mathfrak{g}$ ein Vektor, welcher die Gerade g repräsentiert. Die isotropen, zu $\mathfrak{g}$ orthogonalen Vektoren sind die Lösungsvektoren $\mathfrak{x} = (x_1, x_2, x_3)$ des homogenen Gleichungssystems $f(\mathfrak{x}, \mathfrak{x}) = 0$, $f(\mathfrak{g}, \mathfrak{x}) = 0$. Eliminiert man in der quadratischen Gleichung $f(\mathfrak{x}, \mathfrak{x}) = 0$ eine der

Unbekannten x_1, x_2, x_3 auf Grund der linearen Gleichung $f(\mathfrak{g},\mathfrak{x})=0$, so entsteht eine homogene quadratische Gleichung in zwei Unbekannten, deren Diskriminante bis auf einen von Null verschiedenen quadratischen Faktor gleich $-f(\mathfrak{g},\mathfrak{g})$ ist. Die drei Fälle, daß $-f(\mathfrak{g},\mathfrak{g})$ ein von Null verschiedenes Quadrat, gleich Null, kein Quadrat und auch nicht Null ist, führen auf die behaupteten Aussagen über die Existenz von Lösungsvektoren.

Eine Gerade, welche zu zwei verschiedenen isotropen Geraden orthogonal ist, nennt man auch eine *Treffgerade*, und zwar aus folgendem Grund: Deutet man einen metrischen Vektorraum mit ternärer Form als projektiv-metrische Ebene, so bilden die isotropen Geraden — sofern sie existieren — einen Kegelschnitt (vgl. § 8). Die Geraden des Vektorraumes, welche zu zwei verschiedenen isotropen Geraden orthogonal sind, sind in der ebenen Deutung Geraden, welche zu zwei Geraden des Kegelschnitts orthogonal sind, also den Kegelschnitt in zwei Punkten treffen. Satz 2 lehrt, *daß die Treffgeraden die Geraden mit dem Formwert* $\{-1\}$ *sind.*

Aus Satz 2 ziehen wir einige Folgerungen.

Ist die normierte Form F nicht nullteilig, so wähle man einen isotropen Vektor $\mathfrak{e}_2 \neq \mathfrak{o}$ und eine von der Geraden $K\mathfrak{e}_2$ verschiedene, zu ihr orthogonale Gerade. Diese Gerade hat nach Satz 2 den Formwert $\{-1\}$ und enthält daher einen Vektor $\mathfrak{e}_1$ mit $F(\mathfrak{e}_1,\mathfrak{e}_1)=-1$. Zu der Geraden $K\mathfrak{e}_1$ gibt es nach Satz 2 eine orthogonale Gerade, welche isotrop, aber von der Geraden $K\mathfrak{e}_2$ verschieden und nach § 9,8, (i) auch nicht zu ihr orthogonal ist. In ihr gibt es einen Vektor $\mathfrak{e}_3$, für den $F(\mathfrak{e}_2,\mathfrak{e}_3) = -\frac{1}{2}$ ist. In bezug auf die Basis $\mathfrak{e}_1,\mathfrak{e}_2,\mathfrak{e}_3$ hat die Form F die Gestalt

$$g_0(\mathfrak{x},\mathfrak{y}) = -x_1y_1 - \tfrac{1}{2}(x_2y_3 + x_3y_2) \tag{4}$$

mit der Determinante $\frac{1}{4}$. Es ist dann $\mathfrak{e}_1, \mathfrak{e}_2+\mathfrak{e}_3, -\mathfrak{e}_2+\mathfrak{e}_3$ eine Orthogonalbasis, in welcher F die spezielle Normalgestalt (1):

$$f_0(\mathfrak{x},\mathfrak{y}) = -x_1y_1 - x_2y_2 + x_3y_3 \tag{5}$$

mit der Determinante 1 hat. Es gilt also:

Satz 3. *In einem dreidimensionalen Vektorraum hat jede normierte ternäre, nicht nullteilige symmetrische Bilinearform, auf eine geeignete Basis bezogen, die Gestalt* (4), *und auf eine geeignete Orthogonalbasis bezogen, die Gestalt* (5).

Es gibt also über jedem Körper K von Charakteristik $\neq 2$ einen, aber im wesentlichen auch nur einen dreidimensionalen metrischen Vektorraum, welcher echt isotrope Vektoren, aber kein Radikal besitzt, und genau eine eigentlich-orthogonale Gruppe $O_3^+(K,F)$ mit ternärer, nicht nullteiliger Form F.

Die *quadratische Form* $F(\mathfrak{x},\mathfrak{x})$, welche zu einer ternären, nicht nullteiligen symmetrischen Bilinearform $F(\mathfrak{x},\mathfrak{y})$ gehört, stellt alle Elemente aus K dar. Denn dies gilt offenbar bereits für den Bestandteil $-x_2x_3$ von $g_0(\mathfrak{x},\mathfrak{x})$, und auch für den Bestandteil $-x_2^2+x_3^2$ von $f_0(\mathfrak{x},\mathfrak{x})$. Es ist ja, wie die Identität

$$c = -\left(\frac{1-c}{2}\right)^2 + \left(\frac{1+c}{2}\right)^2$$

zeigt, jedes Element aus K als Differenz von zwei Quadraten aus K darstellbar.

Im nullteiligen Fall liegen die Dinge gänzlich anders. Bereits die Existenz einer nullteiligen ternären Form bedeutet eine wesentliche Forderung an den Körper K. Die zugehörige (normierte) quadratische Form stellt nach Satz 2 die Elemente der Quadratklasse $\{-1\}$ nicht dar. Diese Tatsache kann man auch folgendermaßen aussprechen:

Satz 4. *Stellt eine quadratische Form*

$$k_1x_1^2 + k_2x_2^2 + k_1k_2x_3^2 \qquad \text{mit } k_1, k_2 \neq 0 \text{ aus } K \tag{6}$$

in dem Körper K die Null nur trivial dar, so stellt auch die quadratische Form

$$x_0^2 + k_1x_1^2 + k_2x_2^2 + k_1k_2x_3^2 \tag{7}$$

in K die Null nur trivial dar.

Für diesen Satz sei noch ein anderer Beweis angegeben.

Hierzu zunächst folgende Vorbemerkung: Jede quadratische Form mit Koeffizienten aus einem Körper K stellt mit einem Element a aus K alle Elemente der Quadratklasse $\{a\}$, also mit $a \neq 0$ auch $1/a$ dar. Die von Null verschiedenen Elemente, welche durch eine quadratische Form darstellbar sind, bilden eine multiplikative Gruppe, sofern die Form die 1 darstellt und das Produkt von zwei Formwerten wieder Formwert ist. Dies gilt für jede binäre quadratische Form

$$y_1^2 + k_1y_2^2. \tag{8}$$

Daß das Produkt von zwei Formwerten wieder ein Formwert ist, zeigt die bekannte Identität

$$(a_1^2 + k_1a_2^2)(b_1^2 + k_1b_2^2) = (a_1b_1 - k_1a_2b_2)^2 + k_1(a_1b_2 + a_2b_1)^2.$$

Da die Form (6) $k_1x_1^2 + k_2(x_2^2 + k_1x_3^2)$ nach Voraussetzung die Null nur trivial darstellt, gilt jetzt: die Form (8) stellt die Null nur trivial, und $-k_1/k_2$ nicht dar; da sie k_1 darstellt, stellt sie also $-k_2$ nicht dar.

Ist nun

$$(c_0^2 + k_1c_1^2) + k_2(c_2^2 + k_1c_3^2) = 0 \tag{9}$$

eine Darstellung der Null durch die Form (7), so muß $c_2^2 + k_1c_3^2 = 0$ sein; denn anderenfalls wäre $-k_2$ Quotient von zwei durch die Form (8) darstellbaren Elementen, also selbst durch die Form (8) darstellbar. In (9) ist mit $c_2^2 + k_1c_3^2 = 0$ auch $c_0^2 + k_1c_1^2 = 0$, und daher, weil die Form (8) die Null nur trivial darstellt, $c_0 = c_1 = c_2 = c_3 = 0$.

2. Quaternionen. Es sei K ein Körper von Charakteristik $\neq 2$; k_1, k_2 seien von Null verschiedene Elemente aus K. Die (verallgemeinerten) *Quaternionen*

$$\alpha = a_0 + a_1\mathfrak{e}_1 + a_2\mathfrak{e}_2 + a_3\mathfrak{e}_3 \tag{10}$$

mit der untenstehenden assoziativen Multiplikationstabelle der Basiselemente $1, \mathfrak{e}_1, \mathfrak{e}_2, \mathfrak{e}_3$ bilden ein hyperkomplexes System über K, das *Quaternionensystem* $Q(K; k_1, k_2)$.

	1	$\mathfrak{e}_1$	$\mathfrak{e}_2$	$\mathfrak{e}_3$
1	1	$\mathfrak{e}_1$	$\mathfrak{e}_2$	$\mathfrak{e}_3$
$\mathfrak{e}_1$	$\mathfrak{e}_1$	$-k_1$	$\mathfrak{e}_3$	$-k_1\mathfrak{e}_2$
$\mathfrak{e}_2$	$\mathfrak{e}_2$	$-\mathfrak{e}_3$	$-k_2$	$k_2\mathfrak{e}_1$
$\mathfrak{e}_3$	$\mathfrak{e}_3$	$k_1\mathfrak{e}_2$	$-k_2\mathfrak{e}_1$	$-k_1k_2$

Ist $\beta = b_0 + b_1\mathfrak{e}_1 + b_2\mathfrak{e}_2 + b_3\mathfrak{e}_3$, so hat das Quaternion $\alpha\beta$ die Komponenten

$$\begin{cases} a_0b_0 - k_1a_1b_1 - k_2a_2b_2 - k_1k_2a_3b_3 \\ a_0b_1 + a_1b_0 + k_2a_2b_3 - k_2a_3b_2 \\ a_0b_2 + a_2b_0 - k_1a_1b_3 + k_1a_3b_1 \\ a_0b_3 + a_3b_0 + a_1b_2 - a_2b_1. \end{cases} \tag{11}$$

Man nennt

$$\bar{\alpha} = a_0 - a_1\mathfrak{e}_1 - a_2\mathfrak{e}_2 - a_3\mathfrak{e}_3 \tag{12}$$

das zu α *konjugierte* Quaternion. Es gilt

$$\overline{\alpha+\beta} = \bar{\alpha} + \bar{\beta}, \quad \overline{\alpha\beta} = \bar{\beta}\bar{\alpha}, \quad \bar{\bar{\alpha}} = \alpha; \tag{13}$$

die Bildung des Konjugierten ist also ein involutorischer Antiautomorphismus des Quaternionensystems.

Man bezeichnet

$$\alpha + \bar{\alpha} = 2a_0 \tag{14}$$

als die *Spur*, und

$$\alpha\bar{\alpha} = \bar{\alpha}\alpha = a_0^2 + k_1a_1^2 + k_2a_2^2 + k_1k_2a_3^2 \tag{15}$$

als die *Norm* $f(\alpha, \alpha)$ des Quaternions α. Für die Norm gilt die *Normenregel:*

$$f(\alpha\beta, \alpha\beta) = f(\alpha, \alpha)\, f(\beta, \beta); \tag{16}$$

denn es ist $\alpha\beta\overline{\alpha\beta} = \alpha\beta\bar{\beta}\bar{\alpha} = \alpha\bar{\alpha} \cdot \beta\bar{\beta}$, da $\beta\bar{\beta}$ als Element aus K mit jedem Quaternion vertauschbar ist.

Ist $f(\alpha,\alpha)=0$, so ist α Nullteiler. Ist $f(\alpha,\alpha)\neq 0$, so besitzt α ein Inverses, nämlich

$$\alpha^{-1}=\frac{\bar{\alpha}}{f(\alpha,\alpha)}. \tag{17}$$

Die Quaternionen mit nicht verschwindender Norm bilden hinsichtlich der Multiplikation eine Gruppe, *die multiplikative Gruppe des Quaternionensystems.*

Das Quaternionensystem $Q(K;k_1,k_2)$ ist, mit der quaternären Normenform

$$f(\alpha,\beta)=\tfrac{1}{2}(\alpha\bar{\beta}+\beta\bar{\alpha})=\tfrac{1}{2}(\bar{\alpha}\beta+\bar{\beta}\alpha)=a_0b_0+k_1a_1b_1+k_2a_2b_2+k_1k_2a_3b_3 \tag{18}$$

als symmetrischer Bilinearform, ein vierdimensionaler metrischer Vektorraum. $f(\alpha,\beta)$ ist die halbe Spur jedes der Produkte $\alpha\bar{\beta},\beta\bar{\alpha},\bar{\alpha}\beta,\bar{\beta}\alpha$.

Man richtet nun das Augenmerk auf den dreidimensionalen Teilraum der Quaternionen mit Spur Null, der „*reinen*" *Quaternionen*

$$a=a_1e_1+a_2e_2+a_3e_3, \tag{19}$$

mit der ternären symmetrischen Bilinearform

$$f(a,b)=-\tfrac{1}{2}(ab+ba)=k_1a_1b_1+k_2a_2b_2+k_1k_2a_3b_3. \tag{20}$$

$f(a,b)$ ist die mit -1 multiplizierte halbe Spur des Produktes ab. Die Orthogonalität zweier reiner Quaternionen a,b bedeutet, daß $ab=-ba$ ist; isotrop sind die reinen Quaternionen a, deren Norm $f(a,a)$ Null ist.

Man bezeichnet bei einem beliebigen Quaternion α üblicherweise $\frac{1}{2}(\alpha+\bar{\alpha})=a_0$, also die halbe Spur, als den *Skalarteil von* α, und das reine Quaternion $\frac{1}{2}(\alpha-\bar{\alpha})=a_1e_1+a_2e_2+a_3e_3$ als den *vektoriellen Teil von* α.

Für ein reines Quaternion a ist $f(a,a)=-a^2$: *das Quadrat eines reinen Quaternions liegt in* K. Diese Eigenschaft haben außer den reinen Quaternionen nur die Elemente aus K.

Jedes Quaternion ist als Produkt von zwei reinen Quaternionen darstellbar. Ist nämlich $\gamma=c_0+c$ gegeben, so gibt es reine Quaternionen x, für die $f(c,x)=0$ und $f(x,x)\neq 0$ ist [vgl. § 9,7, (ii) oder Satz 2 dieses Paragraphen]. Ist b ein solches, so ist γb, also auch $-\gamma b/f(b,b)=\gamma b^{-1}$ rein. Wird $\gamma b^{-1}=a$ gesetzt, so ist $\gamma=ab$.

Für zwei Quaternionen α,β mit nicht verschwindenden vektoriellen Bestandteilen gilt $\alpha\beta=\beta\alpha$ dann und nur dann, wenn die vektoriellen Bestandteile von α und β proportional sind. Mit allen Quaternionen kommutieren nur die Elemente von K.

Wir betrachten nun die eigentlich-orthogonale Gruppe $O_3^+(K,f)$ des Vektorraumes der reinen Quaternionen. Die Spiegelung an einem nicht isotropen Vektor $\mathfrak{a}$ (d.h. an der Geraden $K\mathfrak{a}$) ist nach der Spiegelungsformel (*) aus § 9:

$$\mathfrak{x}^* = -\mathfrak{x} + 2\frac{f(\mathfrak{x},\mathfrak{a})}{f(\mathfrak{a},\mathfrak{a})}\mathfrak{a} = -\mathfrak{x} + \frac{\mathfrak{x}\mathfrak{a}+\mathfrak{a}\mathfrak{x}}{\mathfrak{a}^2}\mathfrak{a} = -\mathfrak{x} + \mathfrak{x}\frac{\mathfrak{a}}{\mathfrak{a}^2}\mathfrak{a} + \frac{\mathfrak{a}}{\mathfrak{a}^2}\mathfrak{x}\mathfrak{a},$$

also

$$\mathfrak{x}^* = \mathfrak{a}^{-1}\mathfrak{x}\mathfrak{a}, \qquad \text{mit } f(\mathfrak{a},\mathfrak{a}) \neq 0. \tag{21}$$

An einem Quaternion $\mathfrak{a}$ spiegeln bedeutet also mit dem Quaternion $\mathfrak{a}$ transformieren. Die Quaternionen $c\mathfrak{a}$ mit $c \neq 0$ aus K, und nur diese, bewirken dieselbe Abbildung.

[Daß die Abbildung (21) die Spiegelung an $\mathfrak{a}$ ist, erkennt man auch unmittelbar daraus, daß sie eine lineare Transformation des Vektorraumes ist, daß $\mathfrak{a}^* = \mathfrak{a}$ ist, und daß für jeden zu $\mathfrak{a}$ orthogonalen Vektor $\mathfrak{x}$ gilt: $\mathfrak{x}^* = \mathfrak{a}^{-1}\mathfrak{x}\mathfrak{a} = \mathfrak{a}^{-1}(-\mathfrak{a}\mathfrak{x}) = -\mathfrak{x}$.]

Da jede eigentlich-orthogonale Transformation nach § 9, Satz 2′ als Produkt von zwei Spiegelungen dargestellt werden kann, läßt sie sich in der Form

$$\mathfrak{x}^* = \mathfrak{b}^{-1}\mathfrak{a}^{-1}\mathfrak{x}\mathfrak{a}\mathfrak{b}, \qquad \text{mit } f(\mathfrak{a},\mathfrak{a}), f(\mathfrak{b},\mathfrak{b}) \neq 0, \tag{22}$$

also in der Form

$$\mathfrak{x}^* = \gamma^{-1}\mathfrak{x}\gamma, \qquad \text{mit } f(\gamma,\gamma) \neq 0 \tag{23}$$

schreiben. Wieder bewirken die Quaternionen $c\gamma$ mit $c \neq 0$ aus K, und nur diese, dieselbe Abbildung. Da jedes Quaternion mit nicht verschwindender Norm als Produkt von zwei reinen Quaternionen mit nicht verschwindender Norm dargestellt werden kann, ist umgekehrt die Abbildung (23) für jedes γ mit $f(\gamma,\gamma) \neq 0$ eine eigentlich-orthogonale Transformation. *In dem Vektorraum der reinen Quaternionen sind also die eigentlich-orthogonalen Transformationen die Automorphismen, welche durch das Transformieren mit beliebigen Quaternionen nicht verschwindender Norm bewirkt werden,* und es gilt:

Satz 5. *Die eigentlich-orthogonale Gruppe $O_3^+(K,f)$ des Raumes der reinen Quaternionen aus dem Quaternionensystem $Q(K; k_1, k_2)$ ist isomorph zu der Faktorgruppe der multiplikativen Gruppe des Quaternionensystems nach ihrem Zentrum (der multiplikativen Gruppe von K).*

Die Abbildung (23) führt alle reinen Quaternionen, welche zu dem vektoriellen Bestandteil von γ proportional sind, also eine Gerade des Vektorraumes, in sich über. Diese vektorweise festbleibende Gerade ist eindeutig bestimmt, sofern die Abbildung nicht die Identität ist. Wird die Abbildung in der Form (22) geschrieben, so wird die vektorweise festbleibende Gerade, da

$$\mathfrak{a}\mathfrak{b} = \tfrac{1}{2}(\mathfrak{a}\mathfrak{b} + \mathfrak{b}\mathfrak{a}) + \tfrac{1}{2}(\mathfrak{a}\mathfrak{b} - \mathfrak{b}\mathfrak{a}) \tag{24}$$

die Zerlegung des Produktes $\mathfrak{a}\mathfrak{b}$ zweier reiner Quaternionen in den Skalarteil $-f(\mathfrak{a},\mathfrak{b})$ und den vektoriellen Bestandteil $\frac{1}{2}(\mathfrak{a}\mathfrak{b}-\mathfrak{b}\mathfrak{a})$ ist, welcher gerade das in 1 definierte Vektorprodukt $[\mathfrak{a},\mathfrak{b}]$ ist, durch das reine Quaternion $[\mathfrak{a},\mathfrak{b}]$ repräsentiert. Nebenbei ergibt sich hier die LAGRANGEsche Identität aus (24) auf Grund der Normenregel unmittelbar:

$$(25) \qquad f(\mathfrak{a},\mathfrak{a})\,f(\mathfrak{b},\mathfrak{b}) = f(\mathfrak{a}\mathfrak{b},\mathfrak{a}\mathfrak{b}) = f^2(\mathfrak{a},\mathfrak{b}) + f([\mathfrak{a},\mathfrak{b}],[\mathfrak{a},\mathfrak{b}]).$$

Ist die ternäre metrische Form (20) des Raumes der reinen Quaternionen aus dem Quaternionensystem $Q(K;k_1,k_2)$ nullteilig, so ist nach Satz 4 auch die quaternäre Normenform (18) des Quaternionensystems nullteilig. Dann ist das Quaternionensystem ein Schiefkörper, da die multiplikative Gruppe in diesem Fall aus allen von Null verschiedenen Quaternionen besteht.

Es sei nun über dem Körper K ein beliebiger dreidimensionaler metrischer Vektorraum mit ternärer Form gegeben. Man normiere die Form und wähle eine Orthogonalbasis, in der sie die Gestalt (1) erhält (Satz 1). Dann läßt sich der Vektorraum als Vektorraum der reinen Quaternionen des Quaternionensystems $Q(K;k_1,k_2)$ darstellen; die eigentlich-orthogonale Gruppe des gegebenen Vektorraumes wird dann dargestellt durch die Gruppe der Automorphismen der reinen Quaternionen, welche durch das Transformieren mit beliebigen Quaternionen nicht verschwindender Norm aus $Q(K;k_1,k_2)$ bewirkt werden. In diesem Sinne läßt sich das Gruppenpaar: Vektorgruppe und eigentlich-orthogonale Gruppe des metrischen Vektorraumes, mit Hilfe der additiven und der multiplikativen Gruppe des Quaternionensystems darstellen. Es gilt:

Satz 6. *Jede Gruppe $O_3^+(K,F)$, mit K von Charakteristik $\neq 2$ und F ternär, ist isomorph zu der Faktorgruppe der multiplikativen Gruppe eines Quaternionensystems über K nach ihrem Zentrum.*

Durch die Quaternionendarstellung werden jeder eigentlich-orthogonalen Transformation γ vier homogene Parameter rc_0, rc_1, rc_2, rc_3 aus K ($r \neq 0$ ein Proportionalitätsfaktor) zugeordnet. Ist γ von der Identität verschieden und faßt man γ als Drehung auf (§ 9, Satz 4), so sind $r(c_1,c_2,c_3)$ die Vektoren, welche die Drehachse repräsentieren, und c_0 ist der „*Drehparameter*", welcher zu dem Fixvektor (c_1,c_2,c_3) gehört; zu dem Fixvektor $r(c_1,c_2,c_3)$ gehört der Drehparameter rc_0. Für die involutorischen Drehungen ist der Drehparameter Null.

In der abelschen Untergruppe, welche aus den Drehungen mit derselben Achse besteht, setzen sich die Drehparameter, welche zu einem festen, die Achse repräsentierenden Vektor $\mathfrak{c}$ gehören, nach der Regel

$$(26) \qquad \frac{c_0 c_0' - f(\mathfrak{c},\mathfrak{c})}{c_0 + c_0'}$$

zusammen, wie die Multiplikation der entsprechenden Quaternionen lehrt. Man kann zu einer eigentlich-orthogonalen Transformation γ den Drehparameter bestimmen, indem man γ als Produkt von zwei Spiegelungen darstellt. Repräsentieren die Vektoren $\mathfrak{a}, \mathfrak{b}$ die Spiegelungsachsen, so ist nach (24) das mit -1 multiplizierte Skalarprodukt $-f(\mathfrak{a}, \mathfrak{b})$ der Drehparameter, welcher zu dem Fixvektor $[\mathfrak{a}, \mathfrak{b}]$ gehört.

Ist K der Körper der reellen Zahlen und $k_1 = k_2 = 1$, so ist die Gruppe $O_3^+(K, f_1)$ mit $f_1(\mathfrak{x}, \mathfrak{y}) = x_1 y_1 + x_2 y_2 + x_3 y_3$ die Gruppe der Drehungen des reellen euklidischen Raumes um einen festen Punkt. Repräsentiert man dann die Achse einer Drehung durch einen Einheitsvektor $\mathfrak{c}$, so ist der zugehörige Drehparameter gleich $\mp \operatorname{cotang} \frac{\vartheta}{2}$, wenn ϑ der Drehwinkel ist. Diese Gruppe stellt zugleich die Bewegungsgruppe der reellen elliptischen Ebene dar.

Aufgaben. 1. Für das Produkt zweier Quaternionen gilt

$$(a_0 + a)(b_0 + b) = a_0 b_0 - f(a, b) + a_0 b + b_0 a + [a, b].$$

2. Die volle orthogonale Gruppe $O_3(K, f)$ des Vektorraumes der reinen Quaternionen besteht aus den Abbildungen (23) und den Abbildungen $x^* = \gamma^{-1} \bar{x} \gamma$, mit $f(\gamma, \gamma) \neq 0$. Sie ist aus ihren involutorischen Elementen erzeugbar. Man stelle Gesetze über ihre involutorischen Elemente auf.

3. Die Norm einer eigentlich-orthogonalen Transformation. Durch die Quaternionen-Norm $f(\alpha, \alpha)$ wird die multiplikative Gruppe eines Quaternionensystems homomorph auf eine Untergruppe der multiplikativen Gruppe des Körpers K abgebildet; das Zentrum der Quaternionengruppe wird dabei auf die Gruppe der von Null verschiedenen Quadrate aus K abgebildet. Daher wird die Faktorgruppe der multiplikativen Gruppe des Quaternionensystems nach ihrem Zentrum auf eine Untergruppe der multiplikativen Gruppe der (von $\{0\}$ verschiedenen) Quadratklassen des Körpers K abgebildet.

Aus der Darstellung der eigentlich-orthogonalen Gruppen mit Hilfe von Quaternionen (Satz 6) ergibt sich daher:

Satz 7. *Jedem Element α der Gruppe $O_3^+(K, F)$, mit normierter ternärer Form F, entspricht eine von $\{0\}$ verschiedene Quadratklasse aus K, die Norm $F(\alpha)$. Die Norm vermittelt eine homomorphe Abbildung der Gruppe $O_3^+(K, F)$ auf eine Untergruppe der multiplikativen Gruppe der Quadratklassen von K.*

Für eine involutorische eigentlich-orthogonale Transformation, also eine Spiegelung σ_g an einer (nicht isotropen) Geraden g, ist die *Norm* $F(\sigma_g)$ der in 1 erklärte *Formwert der Geraden* g. Für eine beliebige eigentlich-orthogonale Transformation α gilt: Wird α als ein Produkt $\sigma_1 \sigma_2$ von zwei Spiegelungen dargestellt (§ 9, Satz 2'), so ist

$$F(\alpha) = F(\sigma_1) F(\sigma_2). \tag{27}$$

Der Begriff der Norm einer eigentlich-orthogonalen Transformation ist also von der Wahl des Quaternionensystems und einer Basis des Vektorraumes unabhängig.

Auf Grund von Satz 7 und § 9, Lemma 1 erkennt man: Die Norm zweier Spiegelungen ist dann und nur dann gleich, wenn die beiden Spiegelungen in der Gruppe $O_3^+(K,F)$ konjugiert (ineinander transformierbar) sind; ist dies der Fall, so gibt es sogar eine Spiegelung, welche die beiden Spiegelungen ineinander transformiert. Die Einteilung der Spiegelungen nach ihrer Norm ist also die Einteilung in die Klassen konjugierter Spiegelungen.

Der Kern des durch die Norm $F(\alpha)$ vermittelten Homomorphismus besteht aus den eigentlich-orthogonalen Transformationen, deren Norm die Klasse $\{1\}$ der von Null verschiedenen Quadrate aus K ist. Dieser Normalteiler läßt sich auch rein gruppentheoretisch charakterisieren:

Satz 8. *In der Gruppe $O_3^+(K,F)$, mit normierter ternärer Form F, bilden die Elemente, deren Norm $\{1\}$ ist, einen Normalteiler. Dieser Normalteiler besteht aus den Gruppenelementen, welche Quadrate sind. Er ist die Kommutatorgruppe der Gruppe $O_3^+(K,F)$.*

Beweis. Ist α ein Quadrat, so ist $F(\alpha)=\{1\}$. Ist umgekehrt $F(\alpha)=\{1\}$, so stelle man α als Produkt $\sigma_1\sigma_2$ von zwei Spiegelungen dar; dann ist $F(\sigma_1)F(\sigma_2)=\{1\}$, also $F(\sigma_1)=F(\sigma_2)$. Daher sind σ_1,σ_2 ineinander spiegelbar: Es gibt eine Spiegelung σ, so daß $\sigma_1^\sigma=\sigma_2$ ist. Daher ist $\alpha=\sigma_1\sigma_2=\sigma_1\sigma_1^\sigma=(\sigma_1\sigma)^2$, also α ein Quadrat.

Jeder Kommutator $\alpha\beta\alpha^{-1}\beta^{-1}$ hat offenbar die Norm $\{1\}$. Umgekehrt ist, wie eben gezeigt wurde, jedes Gruppenelement α mit $F(\alpha)=\{1\}$ in der Form $\alpha=\sigma_1\sigma\sigma_1\sigma$ darstellbar, also ein Kommutator.

Zwei in Satz 8 enthaltene Tatsachen seien hervorgehoben: In einem metrischen Vektorraum, mit normierter ternärer Form F, ist der Formwert einer Geraden dann und nur dann gleich $\{1\}$, wenn die Spiegelung an dieser Geraden ein Quadrat ist, wenn also die involutorische Drehung um diese Gerade „halbierbar" ist. In der Gruppe $O_3^+(K,F)$ ist jedes Produkt von Quadraten Quadrat.

Aufgaben. 1. Nach Satz 8 gibt es zu jedem Quaternion α, dessen Norm $f(\alpha,\alpha)$ ein von Null verschiedenes Quadrat ist, ein Quaternion β, dessen Quadrat zu α proportional ist. Man gebe ein solches Quaternion β an.

2. In jeder Gruppe ist jeder Kommutator als Produkt von Quadraten darstellbar; in jeder aus ihren involutorischen Elementen erzeugbaren Gruppe ist jedes Quadrat als Produkt von Kommutatoren darstellbar. In jeder Gruppe ist also die Kommutatorgruppe in der von den Quadraten erzeugten Untergruppe — auch sie ist Normalteiler — enthalten. In jeder aus ihren involutorischen Elementen erzeugbaren Gruppe stimmen die beiden Normalteiler überein.

3. Es gibt Gruppen $O_3^+(K,F)$, in denen kein involutorisches Element Quadrat ist; der Normalteiler aus Satz 8 enthält dann also kein involutorisches Element. Ein Beispiel: $K=K_0$ der Körper der rationalen Zahlen, F die normierte Form

$2x_1y_1 + 5x_2y_2 + 10x_3y_3$; die quadratische Form $2x_1^2 + 5x_2^2 + 10x_3^2$ stellt in K_0 die 1 nicht dar. Ferner hat $O_3^+(K,F)$ stets die gewünschte Eigenschaft, wenn -1 Quadrat in K und F ternär und nullteilig ist.

4. Zweireihige Matrizen über K. Die lineare Gruppe $L_2(K)$. Wir betrachten die Algebra aller *zweireihigen Matrizen* $\mathfrak{A}$ über einem Körper K von Charakteristik $\neq 2$. Diejenigen Matrizen, deren Spur Null ist, schreiben wir in der Gestalt

$$\mathsf{A} = \begin{pmatrix} a_1 & a_2 \\ a_3 & -a_1 \end{pmatrix}; \tag{28}$$

sie bilden einen dreidimensionalen Vektorraum. Als metrische Form dieses Vektorraumes nehmen wir diejenige symmetrische Bilinearform, deren zugehörige quadratische Form jeder Matrix A ihre Determinante $|\mathsf{A}|$ zuordnet, also die Form

$$g_0(\mathsf{A},\mathsf{B}) = -a_1b_1 - \tfrac{1}{2}(a_2b_3 + a_3b_2). \tag{29}$$

Sie ist ternär und nicht nullteilig. Isotrop sind die Matrizen A mit $|\mathsf{A}| = 0$. $g_0(\mathsf{A},\mathsf{B})$ ist die mit -1 multiplizierte halbe Spur des Produktes AB, und auch des Produktes BA. Da $-\frac{1}{2}(\mathsf{AB} + \mathsf{BA})$ gleich $g_0(\mathsf{A},\mathsf{B})$ mal der Einheitsmatrix ist, sind A und B dann und nur dann orthogonal, wenn $\mathsf{BA} = -\mathsf{AB}$ ist.

Wie in 2 stellt man fest, daß die eigentlich-orthogonalen Transformationen des Vektorraumes der Matrizen mit Spur Null die Abbildungen

$$\mathsf{X}^* = \mathfrak{A}\mathsf{X}\mathfrak{A}^{-1} \qquad \text{mit } |\mathfrak{A}| \neq 0 \tag{30}$$

sind; insbesondere ist

$$\mathsf{X}^* = \mathsf{A}\mathsf{X}\mathsf{A}^{-1} \qquad \text{mit } |\mathsf{A}| \neq 0 \tag{31}$$

die Spiegelung an A.

Daher ist die eigentlich-orthogonale Gruppe des Vektorraumes der Matrizen mit Spur Null isomorph zu der Faktorgruppe der multiplikativen Gruppe aller zweireihigen Matrizen mit nicht verschwindender Determinante nach ihrem Zentrum, welches aus den zur Einheitsmatrix proportionalen Matrizen besteht, d.h. *zu der Gruppe* $L_2(K)$.

Schreibt man die Matrix $\mathfrak{A}$ in der Gestalt

$$\mathfrak{A} = \begin{pmatrix} a_0 + a_1 & a_2 \\ a_3 & a_0 - a_1 \end{pmatrix} \tag{32}$$

und zerlegt sie: $\mathfrak{A} = a_0\mathfrak{E} + \mathsf{A}$ ($\mathfrak{E}$ Einheitsmatrix), so ist A Fixvektor der „Drehung“ (30) und, sofern nicht A die Nullmatrix ist, a_0 der zu diesem Fixvektor gehörige „Drehparameter“.

Es sei nun allgemein über dem Körper K ein dreidimensionaler metrischer Vektorraum mit ternärer, nicht nullteiliger Form F gegeben. Man normiere die Form F und wähle eine Basis, in der sie die Gestalt (4) erhält. Indem man jedem Vektor mit den Komponenten a_1, a_2, a_3 die Matrix (28) zuordnet, kann man den gegebenen Vektorraum als den Vektorraum der zweireihigen Matrizen über K mit Spur Null darstellen; die eigentlich-orthogonale Gruppe des gegebenen Vektorraumes wird dann dargestellt durch die Gruppe der Automorphismen der Matrizen mit Spur Null, welche durch das Transformieren mit beliebigen zweireihigen Matrizen über K, deren Determinante ungleich Null ist, bewirkt werden. Insbesondere ergibt sich:

Satz 9. *Die Gruppe $O_3^+(K,F)$, mit K von Charakteristik $\neq 2$ und F ternär und nicht nullteilig, ist isomorph zu der linearen Gruppe $L_2(K)$.*

Ist F normiert, so ist die Norm einer eigentlich-orthogonalen Transformation nach unserer Konstruktion gleich der Determinante des zugeordneten Elementes aus der Gruppe $L_2(K)$, — eine von $\{0\}$ verschiedene Quadratklasse aus K.

In der in 2 geschilderten Weise kann man den gegebenen Vektorraum mit nicht nullteiliger Form F und seine eigentlich-orthogonale Gruppe auch mit Hilfe der Elemente des Quaternionensystems $Q(K; -1, -1)$ darstellen, indem man die Form F normiert und von einer Orthogonalbasis ausgeht, in der sie die Gestalt (5) erhält.

Ordnet man jedem Quaternion

$$\alpha = a_0' + a_1'\mathfrak{e}_1 + a_2'\mathfrak{e}_2 + a_3'\mathfrak{e}_3 \tag{33}$$

des Quaternionensystems $Q(K; -1, -1)$ die Matrix

$$\mathfrak{A} = \begin{pmatrix} a_0' + a_1' & a_2' - a_3' \\ a_2' + a_3' & a_0' - a_1' \end{pmatrix} \tag{34}$$

zu, so wird dadurch, wie man unmittelbar bestätigt, das Quaternionensystem isomorph auf die Algebra der zweireihigen Matrizen (34) über K abgebildet; der Rechtsmultiplikation der Quaternionen entspricht dabei die Linksmultiplikation der Matrizen. (Ersetzt man die Matrix $\mathfrak{A}$ durch die transponierte Matrix $\mathfrak{A}'$, so entsprechen sich die Multiplikationen gleichsinnig.) Spur und Norm des Quaternions α sind gleich Spur und Determinante der Matrix $\mathfrak{A}$.

Hiernach werden die Vektoren des gegebenen Vektorraumes durch die Matrizen (34) mit Spur Null, also die Matrizen

$$\mathsf{A} = \begin{pmatrix} a_1' & a_2' - a_3' \\ a_2' + a_3' & -a_1' \end{pmatrix} \tag{35}$$

und die eigentlich-orthogonalen Transformationen des gegebenen Vektorraumes durch das Transformieren dieser Matrizen mit beliebigen Matrizen (34) mit nicht verschwindender Determinante dargestellt. Setzt man

$$a_0' = a_0, \quad a_1' = a_1, \quad a_2' - a_3' = a_2, \quad a_2' + a_3' = a_3, \tag{36}$$

so bedeutet das für den gegebenen Vektorraum den Übergang von der Form f_0 [(5)] zu der Form g_0 [(4), (29)] und für die Matrizen den Übergang von (35) und (34) zu (28) und (32).

Der Satz 9 kann auf Grund des Theorems 6 aus § 9 auch folgendermaßen ausgesprochen werden:

Satz 9′. *Die Bewegungsgruppe einer hyperbolischen projektiv-metrischen Ebene ist, wenn K der Koordinatenkörper der projektiven Ebene ist, isomorph zu der linearen Gruppe* $L_2(K)$.

Wir wollen noch eine Überlegung aus der ebenen projektiven Geometrie angeben, welche diesen Isomorphismus auf andere Weise einzusehen gestattet.

Die absolute Polarität der gegebenen projektiv-metrischen Ebene besitzt einen Kegelschnitt als Fundamentalkurve. Wählt man ein geeignetes Koordinatendreieck, in welchem die Eckpunkte $(0,1,0)$ und $(0,0,1)$ Punkte des Kegelschnitts sind und $(1,0,0)$ der Pol ihrer Verbindungsgerade ist (vgl. die Konstruktion der Form g_0 in 1), so hat der Kegelschnitt die Gleichung

$$x_1^2 + x_2 x_3 = 0. \tag{37}$$

Jedem Punkt $X = (x_1, x_2, x_3)$ des Kegelschnitts ordne man nun, wenn $x_3 \neq 0$ ist, durch die Vorschrift

$$x_1 : x_2 : x_3 = x : -x^2 : 1 \tag{38}$$

einen *Parameter* x zu. Für einen Punkt des Kegelschnitts mit $x_3 \neq 0$ ist also $x = x_1/x_3$. Dem Punkt $(0,1,0)$ ordne man den Parameterwert $x = \infty$ zu. Hierdurch ist eine „*Skala auf dem Kegelschnitt*" hergestellt: die Punkte des Kegelschnitts sind eindeutig durch die Elemente aus K, einschließlich des Symbols ∞, beziffert.

Man betrachte nun die eineindeutigen Abbildungen der Gesamtheit der Punkte des Kegelschnitts auf sich, welche gegeben werden durch die *gebrochen-linearen Transformationen* des Parameters x:

$$x^* = \frac{ax+b}{cx+d}, \qquad \text{mit } a,b,c,d \text{ aus } K \text{ und } ad - bc \neq 0, \tag{39}$$

mit den üblichen Festsetzungen über ∞:

für $x = \infty$ soll $x^* = \infty$ sein, falls $c = 0$ ist;

für $x = \infty$ soll $x^* = a/c$, und für $x = -d/c$ soll $x^* = \infty$ sein, falls $c \neq 0$ ist.

Die Transformationen (39) bilden eine zu der Gruppe $L_2(K)$ isomorphe Gruppe. Eine Transformation (39) ist dann und nur dann involutorisch, wenn $d = -a$ ist [vgl. § 8,5, (i)].

Wir denken uns eine *involutorische* Abbildung (39) des Kegelschnitts auf sich gegeben, und vergleichen sie mit der harmonischen Homologie, deren Zentrum der nicht auf dem Kegelschnitt gelegene Punkt $A=(a,b,c)$ und deren Achse die Polare von A ist. Die harmonische Homologie führt den Kegelschnitt in sich über. Sind X, X^* ein Paar Punkt-Bildpunkt hinsichtlich der involutorischen Abbildung (39), so sind die Punkte A, X, X^* kollinear; wie man sogleich nachrechnet, ist nämlich die aus ihren Koordinaten gebildete Determinante Null. Die involutorische Abbildung (39) und die harmonische Homologie stimmen daher auf dem Kegelschnitt überein.

Es stimmen also auf dem Kegelschnitt die involutorischen Abbildungen (39) und die erzeugenden Spiegelungen der Bewegungsgruppe der projektiv-metrischen Ebene überein, und daher auch die Produkte von involutorischen Abbildungen (39) und die Bewegungen der projektiv-metrischen Ebene. Und da auch die Gruppe der Transformationen (39) aus ihren involutorischen Elementen erzeugbar ist (§ 8,5, Aufg. 1), stimmen allgemein die Abbildungen (39) und die Bewegungen der projektiv-metrischen Ebene auf dem Kegelschnitt überein.

Da schließlich eine projektive Kollineation, welche den Kegelschnitt in sich überführt, durch die Abbildung, welche sie auf dem Kegelschnitt bewirkt, eindeutig bestimmt ist, ist durch das geschilderte Verfahren ein Isomorphismus zwischen der Gruppe der Transformationen (39) und der Bewegungsgruppe der projektiv-metrischen Ebene hergestellt.

Der Satz 9′ bringt die Tatsache zum Ausdruck, daß in einer projektiven Ebene die Gruppe der projektiven Kollineationen, welche einen Kegelschnitt in sich überführen, isomorph zu der Gruppe der Projektivitäten auf einer Geraden ist.

5. Konstruktion metrisch-nichteuklidischer Bewegungsgruppen. Wir betrachten wieder die Gruppen $O_3^+(K,F)$, mit ternärer Form F; der Körper K sei, wie immer, von Charakteristik $\neq 2$. Eine solche Gruppe genügt, mit ihren sämtlichen involutorischen Elementen [den Spiegelungen (*) aus § 9] als Erzeugendensystem, unserem Axiomensystem aus § 3,2 dann und nur dann, wenn F nullteilig ist; sie ist dann eine elliptische Bewegungsgruppe (vgl. § 9,1).

Es ist nun möglich, daß man in einer Gruppe $O_3^+(K,F)$ aus der Gesamtheit der involutorischen Elemente ein erzeugendes echtes Teilsystem so auswählen kann, daß die Gruppe $O_3^+(K,F)$ mit diesem Teilsystem als Erzeugendensystem unserem Axiomensystem genügt, und dann also eine metrisch-nichteuklidische Bewegungsgruppe bildet, welche nicht elliptisch ist.

Dies gelingt mit Hilfe der Norm (Satz 7), wie wir zeigen wollen, stets, wenn der Körper K geordnet und die Form F *indefinit* ist, wenn also die quadratische Form $F(\mathfrak{x},\mathfrak{x})$ sowohl positive als negative Elemente aus K darstellt.

Ist K geordnet und F nicht nullteilig, so ist F stets indefinit (vgl. 1). Beispiele indefiniter nullteiliger Formen sind

$$(40) \qquad x_1 y_1 - k x_2 y_2 - k x_3 y_3$$

über dem Körper der rationalen Zahlen, wenn k eine positive ganze rationale Zahl und $k \equiv 3 \pmod 4$ ist. Würde nämlich $x_1^2 - k x_2^2 - k x_3^2$ die Null im Körper der rationalen Zahlen nichttrivial darstellen, so müßte es ganze rationale Zahlen c_1, c_2, c_3 geben, welche nicht sämtlich gerade sind und für die $c_1^2 - k c_2^2 - k c_3^2 = 0$ ist. Für ganze rationale Zahlen c_1, c_2, c_3, welche nicht sämtlich gerade sind, kann aber bereits die Kongruenz $c_1^2 - k c_2^2 - k c_3^2 \equiv 0 \pmod 4$ nicht bestehen.

THEOREM 7. *Es sei K ein geordneter Körper und F eine normierte ternäre, indefinite symmetrische Bilinearform. In der Gruppe $O_3^+(K,F)$ bilden die involutorischen Elemente (Spiegelungen) mit negativer Norm ein Erzeugendensystem. Die Gruppe $O_3^+(K,F)$, mit diesem Erzeugendensystem, ist eine metrisch-nichteuklidische, nicht elliptische Bewegungsgruppe.*

Dem Beweis schicken wir zwei Bemerkungen voran. Unter den genannten Voraussetzungen über Körper und Form gilt in dem metrischen Vektorraum:

(i) *Von den Formwerten dreier verschiedener, paarweise orthogonaler Geraden ist stets einer positiv, und die beiden anderen sind negativ.*

Beweis. Werden die gegebenen Geraden durch Vektoren $\mathfrak{a}_1, \mathfrak{a}_2, \mathfrak{a}_3$ repräsentiert und bezieht man die Form F auf die Orthogonalbasis $\mathfrak{a}_1, \mathfrak{a}_2, \mathfrak{a}_3$, so hat sie Diagonalgestalt, mit den Formwerten $F(\mathfrak{a}_i, \mathfrak{a}_i)$ als Koeffizienten. Da die Form als normiert angenommen war, ist das Produkt dieser drei Formwerte ein von Null verschiedenes Quadrat, also positiv. Wären die drei Koeffizienten der Diagonalgestalt positiv, so hätte jeder von $\mathfrak{o}$ verschiedene Vektor positiven Formwert; das widerspricht der Indefinitheit von F. Daher bleibt nur die Möglichkeit, daß von den Formwerten $F(\mathfrak{a}_i, \mathfrak{a}_i)$ einer positiv ist und daß die beiden anderen negativ sind.

(ii) *Alle Geraden, welche zu einer Geraden mit positivem Formwert orthogonal sind, haben negativen Formwert.*

Beweis. Ist eine Gerade mit positivem Formwert gegeben, so gibt es unter den zu ihr orthogonalen Geraden nach Satz 2 keine isotrope, also keine Gerade mit dem Formwert $\{0\}$, und wegen (i) auch keine Gerade mit positivem Formwert.

Beweis des Theorems. Für die behauptete Erzeugbarkeit genügt es nach § 9, Satz 2′ zu zeigen, daß jede Spiegelung mit positiver Norm als Produkt von zwei Spiegelungen mit negativer Norm darstellbar ist. Es sei also σ_c eine Spiegelung mit $F(\sigma_c) > 0$. Man wähle im Vektorraum zwei Geraden a, b, welche zu der Geraden c und auch untereinander orthogonal sind. Nach (ii) haben a und b negativen Formwert. Es existieren also die Spiegelungen σ_a, σ_b, es sind $F(\sigma_a), F(\sigma_b) < 0$, und nach § 9, Satz 1′ ist $\sigma_c = \sigma_a \sigma_b$.

Das Erzeugendensystem ist invariant. Daher ist die Grundannahme unseres Axiomensystems erfüllt. Die involutorischen Produkte von zwei Erzeugenden (die ,,Punktspiegelungen" im Sinne des Axiomensystems) sind die Spiegelungen mit positiver Norm.

Es ist nun zu zeigen, daß die Axiome erfüllt sind.

Zu Axiom 1: Es seien $F(\sigma_a), F(\sigma_b) > 0$. Es gibt eine Gerade c des Vektorraumes, welche zu den Geraden a und b senkrecht ist. Nach (ii) hat c negativen Formwert. Es existiert also die Spiegelung σ_c, es ist $F(\sigma_c) < 0$, und nach § 9, Satz 1′ gilt $\sigma_a, \sigma_b \mid \sigma_c$.

Zu den Axiomen 2, $\sim$R: Die Axiome besagen, daß Verbindungen von zwei verschiedenen Spiegelungen eindeutig sind. In einem dreidimensionalen Vektorraum mit ternärer Form gibt es stets höchstens eine nicht isotrope Gerade, welche zu zwei gegebenen verschiedenen Geraden orthogonal ist; wegen § 9, Satz 1′ haben daher zwei verschiedene Spiegelungen stets höchstens eine Verbindung.

Zu den Axiomen 3, 4: Es seien $F(\sigma_a), F(\sigma_b), F(\sigma_c) < 0$ und es gelte $\sigma_a, \sigma_b, \sigma_c \mid \sigma_g$. Nach § 9, Satz 1′ liegen die Geraden a, b, c des Vektorraumes in der zu der Geraden g senkrechten Ebene. Daher ist das Produkt $\sigma_a \sigma_b \sigma_c$ nach § 9, Satz 3′ gleich einer Spiegelung σ_d; wegen Satz 7 ist $F(\sigma_a \sigma_b \sigma_c) = F(\sigma_a) F(\sigma_b) F(\sigma_c) < 0$, also auch $F(\sigma_d) < 0$.

Daß das Axiom D erfüllt ist, erkennt man ohne Schwierigkeit.

Zu Axiom $\sim$P: Eine Gleichung $\sigma_a \sigma_b \sigma_c = 1$ mit $F(\sigma_a), F(\sigma_b), F(\sigma_c) < 0$ kann nicht bestehen, da dann $F(\sigma_a \sigma_b \sigma_c) < 0$ ist, während $F(1) = \{1\}$ ist.

Damit ist das Theorem bewiesen. Die eigentlich-orthogonalen Transformationen mit positiver Norm sind die geraden Bewegungen, die mit negativer Norm die ungeraden Bewegungen.

Die Aussage, die das Theorem für den Fall einer *nicht nullteiligen Form* macht, kann wegen Satz 9 auch folgendermaßen ausgesprochen werden:

THEOREM 8. *In der Gruppe $L_2(K)$ über einem geordneten Körper K bilden die involutorischen Elemente mit negativer Determinante ein Erzeugendensystem. Die Gruppe $L_2(K)$ mit diesem Erzeugendensystem ist eine metrisch-nichteuklidische, nicht elliptische Bewegungsgruppe.*

In diesen Bewegungsgruppen gelten auch die Zusatzaxiome $\sim$V* und H, durch die wir in § 14 die *hyperbolischen Bewegungsgruppen* definieren werden.

Deutet man, für den Fall einer nicht nullteiligen Form, den metrischen Vektorraum über dem geordneten Körper als eine angeordnete projektiv-metrische Ebene, so entsprechen den Spiegelungen des Vektorraumes die harmonischen Homologien, bei denen Zentrum und Achse Pol und Polare in bezug auf den absoluten Kegelschnitt sind. Durch das Theorem werden die harmonischen Homologien in Erzeugende oder „Geradenspiegelungen" im Sinne unseres Axiomensystems, und (involutorische) Produkte von zwei Erzeugenden oder „Punktspiegelungen" eingeteilt. Eine harmonische Homologie gehört zur ersten Klasse, wenn ihre Achse innere Punkte des Kegelschnitts enthält, und zur zweiten Klasse, wenn ihr Zentrum ein innerer Punkt des Kegelschnitts ist. Nach dem Theorem gibt es also über jeder angeordneten projektiven Ebene ein „KLEIN*sches Modell*" unseres Axiomensystems.

In dem Fall einer nullteiligen Form liefert das Theorem 7 halbelliptische Bewegungsgruppen. Denn bei nullteiliger Form F ist die Gruppe $O_3^+(K,F)$, mit ihren sämtlichen involutorischen Elementen als Erzeugendensystem, nach § 9, Theorem 5* eine elliptische Bewegungsgruppe, und, wie man leicht erkennt, gilt allgemein:

Satz 10. *Ist* $\mathfrak{G},\mathfrak{S}$ *eine elliptische Bewegungsgruppe und genügt auch* $\mathfrak{G},\mathfrak{S}'$ *mit* $\mathfrak{S}'\subset\mathfrak{S}$ *dem Axiomensystem aus* § 3,2, *so ist* $\mathfrak{G},\mathfrak{S}'$ *eine halbelliptische Bewegungsgruppe.*

Literatur zu § 10. CAYLEY [1], VEBLEN-YOUNG [1], WITT [1], COXETER [1], DIEUDONNÉ [1], [3], EICHLER [1], CHEVALLEY [1], ARTIN [2]. Zu den Quaternionen auch DICKSON [1], DEURING [1].

§ 11. Die Bewegungsgruppen der hyperbolischen projektiv-metrischen Ebenen als abstrakte, aus ihren involutorischen Elementen erzeugte Gruppen (*H*-Gruppen)

Nach dem Theorem 6 (§ 9) und den Sätzen 9, 9' aus § 10 stimmen die folgenden Gruppen überein:

1) Die Bewegungsgruppen der hyperbolischen projektiv-metrischen Ebenen,

2) Die eigentlich-orthogonalen Gruppen $O_3^+(K,F)$, mit K von Charakteristik $\neq 2$ und F ternär und nicht nullteilig,

3) Die linearen Gruppen $L_2(K)$, mit K von Charakteristik $\neq 2$.

Die lineare Gruppe $L_2(K)$ kann auch als die Gruppe der gebrochen-linearen Transformationen über dem Körper K und auch als die Gruppe der projektiven Transformationen auf einer Geraden der projektiven Ebene über dem Körper K aufgefaßt werden.

Wir wissen, daß die Gruppen aus ihren involutorischen Elementen erzeugbar, genauer zweispiegelig sind, und haben einige einfache Gesetze aufgestellt, denen ihre involutorischen Elemente genügen (§ 9, Satz 5). Wir wollen nun die am Ende von § 9,1 genannte Aufgabe lösen und zeigen, daß die abstrakten Gruppen, welche all die genannten Darstellungen besitzen, sich durch diese Gesetze kennzeichnen lassen.

Bemerkung. Man kann die folgenden axiomatischen Überlegungen in den hyperbolischen projektiv-metrischen Ebenen geometrisch deuten[1]. Über die Bewegungsgruppen dieser Ebenen wissen wir, insbesondere nach § 9: Die involutorischen Elemente $a, b, c, \ldots$ sind die harmonischen Homologien, deren Zentrum und Achse ein dem absoluten Kegelschnitt nicht angehörendes Paar Pol-Polare sind. Die involutorischen Bewegungen entsprechen also eineindeutig den Geraden der projektiv-metrischen Ebene, welche nicht Tangenten des absoluten Kegelschnittes sind. Ein Produkt ab ist dann und nur dann involutorisch, wenn die Achsen von a und b zueinander orthogonal sind. Ein Produkt abc ist dann und nur dann involutorisch, wenn die Achsen von a, b, c im Büschel liegen. a und b sind dann und nur dann unverbindbar, wenn $a \neq b$ ist und wenn die Achsen von a und b sich auf dem absoluten Kegelschnitt schneiden.

1. Das Axiomensystem der *H*-Gruppen. [Vgl. hierzu S. 309.]

Grundannahme. *Es sei $\mathfrak{H}$ eine Gruppe, in der jedes Element als Produkt von zwei involutorischen Elementen darstellbar ist.*

Die involutorischen Elemente aus $\mathfrak{H}$ seien mit kleinen lateinischen Buchstaben bezeichnet.

Axiom T. *Ist $a \neq b$ und sind abc, abd involutorisch, so ist acd involutorisch.*

Axiom $\sim$V. *Es gibt a, b, welche unverbindbar sind.*

Axiom UV1. *Sind weder a, b noch c, d verbindbar, so gibt es ein v, so daß abv und cdv involutorisch sind.*

Axiom UV2. *Sind weder a, b noch a, c noch a, d verbindbar, so ist abc oder abd oder acd involutorisch.*

Dabei heißen a, b *verbindbar*, wenn ein v existiert, so daß av und bv involutorisch sind (§ 3,1).

Jede Gruppe $\mathfrak{H}$, welche diesem Axiomensystem genügt, nennen wir eine *H-Gruppe*. Es ist unser Ziel, aus jeder H-Gruppe $\mathfrak{H}$ einen Körper

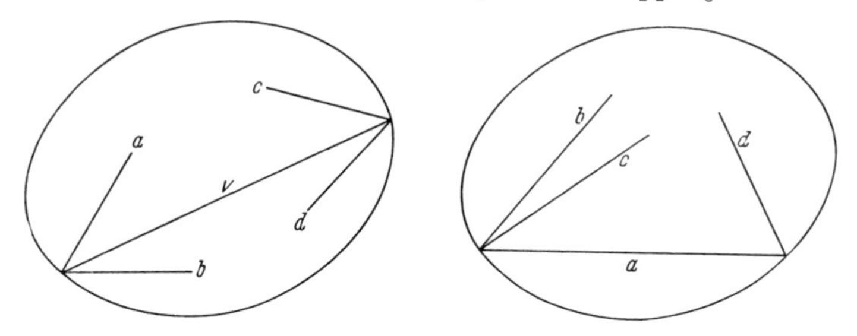

K von Charakteristik $\neq 2$ zu konstruieren, welcher die Eigenschaft hat, daß $\mathfrak{H}$ zu der Gruppe der gebrochen-linearen Transformationen über K isomorph ist.

[1] Freilich ist zunächst noch nicht bekannt, ob diese Deutung die volle Allgemeinheit des axiomatischen Ansatzes wiedergibt.

2. Büschel von involutorischen Elementen. Folgerungen aus der Grundannahme und Axiom T. Wegen der Gültigkeit des Axioms T ist die Relation

(1) abc ist involutorisch,

welche in jeder Gruppe reflexiv und symmetrisch ist, in der gegebenen Gruppe $\mathfrak{H}$ auch transitiv. Man kann daher nach § 7,3 mit Hilfe dieser Relation die involutorischen Elemente aus $\mathfrak{H}$ zu *Büscheln von involutorischen Elementen* zusammenfassen. Das durch a, b mit $a \neq b$ bestimmte Büschel, d.h. die Menge der c, für die (1) gilt, bezeichnen wir wieder mit $J(ab)$.

Beliebige Elemente aus $\mathfrak{H}$ seien mit kleinen griechischen Buchstaben bezeichnet. Definiert man, für ein beliebiges Element $\alpha \neq 1$, $J(\alpha)$ als die *Menge der c, für die αc involutorisch ist*, so ist wegen der Grundannahme die Menge $J(\alpha)$ ein Büschel $J(ab)$, und enthält dann mindestens die beiden verschiedenen Elemente a, b.

Für die Büschel gelten die Sätze (vgl. § 7,4):

Satz 1. *Aus $u, v, w \in J(\alpha)$ folgt $uvw \in J(\alpha)$.*

Satz 2. *Aus $u \neq v$ und $u, v \in J(\alpha), J(\beta)$ folgt $J(\alpha) = J(\beta)$.*

Ein Element v, für welches $v \in J(\alpha), J(\beta)$ gilt, nennen wir eine *Verbindung* der beiden Büschel $J(\alpha), J(\beta)$. Satz 2 besagt, daß zwei verschiedene Büschel höchstens eine Verbindung haben.

Neben der Relation (1) wird wieder die irreflexive, symmetrische Relation

(2) ab ist involutorisch, abgekürzt $a \mid b$,

von Wichtigkeit sein. Mit dem J-Symbol schreibt sie sich $b \in J(a)$, oder gleichwertig $a \in J(b)$. Nach der Grundannahme gibt es zu jedem a Elemente b mit $a \mid b$.

In einem Büschel $J(a)$ ist a eine Verbindung aller Elemente des Büschels. Wir nennen ein Büschel $J(\alpha)$ *ordinär*, wenn es ein a gibt, so daß $J(\alpha) = J(a)$ ist. Alle anderen Büschel werden *singulär* genannt. Der „involutorische Träger" a eines ordinären Büschels ist eindeutig bestimmt; denn nach § 7,4 (iii) gilt:

Satz 3. *Aus $J(a) = J(a')$ folgt $a = a'$.*

Je zwei verschiedene Elemente eines singulären Büschels sind unverbindbar. Denn sind zwei verschiedene Elemente a, b durch ein Element v verbindbar, so gilt $a, b \in J(v)$, und es ist nach Satz 2 das Büschel $J(ab) = J(v)$ ordinär. Es gilt also

Satz 4. *$J(ab)$ ist dann und nur dann singulär, wenn a, b unverbindbar sind.*

Jedes involutorische Element c transformiert jedes Büschel $J(\alpha)$ in ein Büschel $J(\alpha)^c = J(\alpha^c)$, und zwar ein ordinäres in ein ordinäres, ein singuläres in ein singuläres.

Jedes Büschel wird durch jedes seiner Elemente in sich transformiert: Aus $c \in J(\alpha)$ folgt $J(\alpha)^c = J(\alpha^c) = J(\alpha^{-1}) = J(\alpha)$.

Auf Grund von Satz 2 ergeben sich die beiden folgenden einfachen Tatsachen über das Transformieren von Büscheln:

(i) *Es seien $J(\alpha), J(\beta)$ verschiedene Büschel, welche eine Verbindung v besitzen. Gilt entweder $J(\alpha)^c = J(\alpha)$ und $J(\beta)^c = J(\beta)$ oder $J(\alpha)^c = J(\beta)$, so ist $v^c = v$; ist dabei $v \neq c$, so gilt $v \mid c$.*

Beweis. Nach Voraussetzung gehört sowohl v als v^c den beiden verschiedenen Büscheln $J(\alpha), J(\beta)$ an. Daher ist nach Satz 2 $v^c = v$.

(ii) *Aus $J(\alpha)^c = J(\alpha)$ und $c \notin J(\alpha)$ folgt $J(\alpha) = J(c)$.*

Beweis. Es sei s ein beliebiges Element aus $J(\alpha)$. Nach Voraussetzung ist $s \neq c$, und daher existiert das Büschel $J(sc)$; es ist von $J(\alpha)$ verschieden und wird durch c in sich transformiert. Aus (i) folgt daher, daß $s \mid c$ gilt; das Büschel $J(\alpha)$ wird also durch c elementweise in sich transformiert. Ist nun $J(\alpha) = J(ab)$, so gilt also $a, b \mid c$, also $a, b \in J(c)$, und nach Satz 2 $J(ab) = J(c)$.

Nach (ii) ist ein Büschel, welches durch ein ihm nicht angehörendes involutorisches Element in sich transformiert wird, notwendig ordinär. Es ergibt sich also die wichtige Tatsache, daß ein singuläres Büschel nur durch die ihm angehörenden involutorischen Elemente in sich transformiert wird:

Satz 5. *Für ein singuläres Büschel $J(\alpha)$ ist dann und nur dann $J(\alpha)^c = J(\alpha)$, wenn $c \in J(\alpha)$ ist.*

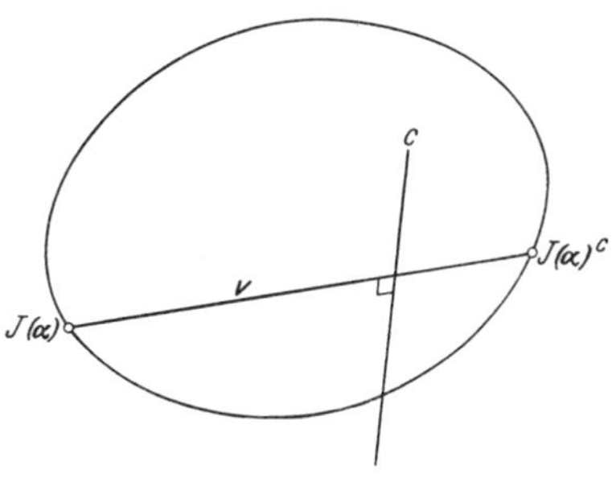

Aus Satz 5 ziehen wir die

Folgerung. *Ist $J(\alpha)$ ein singuläres Büschel, dem v angehört, und gilt $c \mid v$, so ist $J(\alpha)^c$ ein von $J(\alpha)$ verschiedenes singuläres Büschel, dem v angehört.*

Beweis. Aus den Voraussetzungen folgt $c \notin J(\alpha)$; denn aus $v, c \in J(\alpha)$ und $c \mid v$ würde folgen, daß $J(\alpha) = J(vc)$ ordinär wäre. Daher ist nach Satz 5 $J(\alpha)^c$ ein von $J(\alpha)$ verschiedenes Büschel, dem $v^c = v$ angehört.

3. Enden. Folgerungen aus den Axiomen $\sim$V, UV 1, UV 2. Die singulären Büschel nennen wir kurz *Enden*, und bezeichnen sie mit großen lateinischen Buchstaben (außer H, J, K).

Wir sprechen Satz 5 noch einmal in folgender Form aus:

Satz 5'. *Es ist $A^c = A$ dann und nur dann, wenn $c \in A$ ist.*

Aus den Axiomen $\sim$V, UV1, UV2 ergibt sich mit Hilfe des Büschelbegriffs und des Satzes 4 unmittelbar: Es gibt wenigstens ein Ende; zwei Enden sind stets verbindbar; ein involutorisches Element gehört höchstens zwei verschiedenen Enden an.

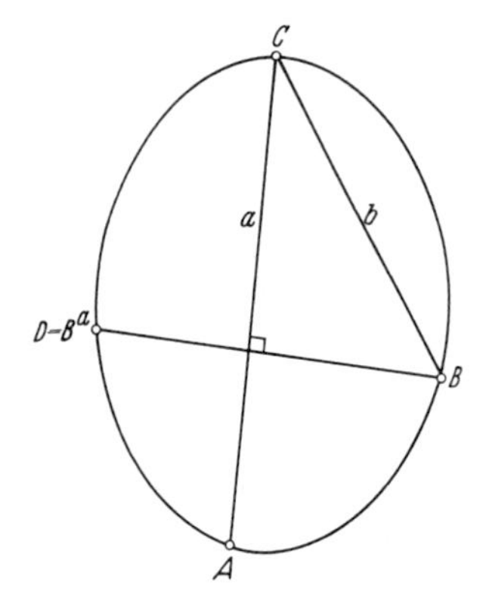

Wir beweisen nun einige Erweiterungen dieser Aussagen über die Enden:

Satz 6. *Es gibt wenigstens vier verschiedene Enden.*

Beweis. $C=J(ab)$ sei ein, auf Grund von Axiom $\sim$V existierendes Ende. Nach Satz 5, Folgerung gibt es ein Ende $A \neq C$ mit $a \in A$, und ein Ende $B \neq C$ mit $b \in B$; nach Satz 2 ist $a \notin B$, also $A \neq B$. Man betrachte nun das Ende $D=B^a$. Es ist $B^a \neq C, A, B$. Denn aus $a \notin B$ folgt erstens $a=a^a \notin B^a$, also wegen $a \in C, A$: $B^a \neq C, A$, und zweitens nach Satz 5' $B^a \neq B$.

Satz 7. *Zwei Enden sind stets verbindbar. Ist $c \notin A$, so sind das Ende A und das ordinäre Büschel $J(c)$ verbindbar.*

Beweis der zweiten Aussage. Man betrachte das Ende A^c, welches nach Satz 5' wegen $c \notin A$ von A verschieden ist, und die Verbindung v der Enden A, A^c. Nach (i) gilt $c \mid v$, d.h. $v \in J(c)$. v ist also eine Verbindung von $A, J(c)$.

Aus der Tatsache, daß nach dem Axiom UV2 ein involutorisches Element höchstens zwei verschiedenen Enden angehört, und aus der Folgerung von Satz 5 ergibt sich

Satz 8. *Gehört ein involutorisches Element einem Ende an, so genau einem zweiten.*

und ferner mit Berücksichtigung von (i)

Satz 9. *Sind A, B verschiedene Enden und ist v ihre Verbindung, so ist $A^c=B$ dann und nur dann, wenn $c \mid v$ gilt.*

Grundlegend für das folgende ist der Satz, daß es genau ein involutorisches Element gibt, welches zwei gegebene Endenpaare vertauscht:

Satz 10. *Sind $A, B \neq U, V$, so gibt es genau ein involutorisches Element s mit $A^s=B$ und $U^s=V$.*

Beweis. Ist zunächst $A=B$, $U=V$, so sind die Bedingungen für s nach Satz 5' äquivalent zu $s \in A, U$, d.h. s ist eine Verbindung von A, U. Wegen $A \neq U$ gibt es nach der ersten Aussage von Satz 7 und Satz 2 genau ein solches s.

Ist etwa $A \neq B$, $U = V$, und ist v die Verbindung von A, B, so sind die Bedingungen für s nach Satz 9 und Satz 5' äquivalent zu $s \in J(v), U$, d.h. s ist eine Verbindung von $J(v), U$. Es ist nach Satz 8 $v \notin U$. Also sind $J(v), U$ nach der zweiten Aussage von Satz 7 verbindbar, und zwar nach Satz 2 eindeutig, da das ordinäre Büschel $J(v)$ und das singuläre Büschel U gewiß voneinander verschieden sind.

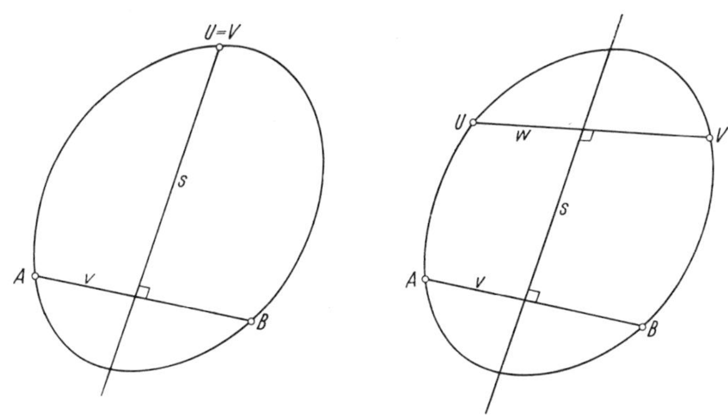

Ist $A \neq B$, $U \neq V$, ist ferner v die Verbindung von A, B und w die Verbindung von U, V, so sind die Bedingungen für s nach Satz 9 äquivalent zu $s \in J(v), J(w)$. Da v, w verschiedenen Endenpaaren angehören, ist nach Satz 8 $v \neq w$; es existiert also das Büschel $J(vw)$. $J(vw)$ ist ordinär; denn da v und w dem Büschel $J(vw)$ angehören, müßte, wenn $J(vw)$ singulär, also ein Ende wäre, nach Satz 8 $J(vw)$ gleich A oder B und gleich U oder V sein, im Widerspruch zu der vorausgesetzten Verschiedenheit von A, B, U, V. Der „involutorische Träger" des ordinären Büschels $J(vw)$ verbindet $J(v)$ und $J(w)$, und diese Verbindung ist nach Satz 2 eindeutig, da wegen $v \neq w$ nach Satz 3 auch $J(v) \neq J(w)$ ist.

4. Endenrechnung. Wir führen nun eine Endenrechnung ein. Hierzu zeichnen wir zwei verschiedene Enden O, U („*Null*" und „*Unendlich*") aus; ihre Verbindung sei o. Um die *Addition* zu definieren, verwenden wir die involutorischen Elemente, welche U in sich transformieren; nach Satz 5' sind dies genau diejenigen involutorischen Elemente, welche dem Ende U angehören. Nach Satz 10 gilt:

(3) *Jedes Ende $\neq U$ läßt sich eindeutig in der Form O^u darstellen, mit einem involutorischen Element u, für welches $U^u = U$ ist.*

Indem wir die Enden $\neq U$ in dieser Form dargestellt denken, definieren wir für zwei solche Enden O^u und O^v (es sei auch $U^v = U$) eine Summe durch

$$O^u + O^v = O^{uov}. \tag{4}$$

Die Summe O^{uov} ist hierbei wieder in der Form (3) dargestellt; denn wegen $u, o, v \in U$ gilt nach Satz 1 $uov \in U$. Daher ist auch die Summe $\neq U$. Damit ist im Bereich der Enden $\neq U$ eine stets ausführbare, eindeutige Verknüpfung erklärt. Da uov involutorisch ist (Satz 1), ist die Addition kommutativ. Ferner ist die Addition assoziativ; denn

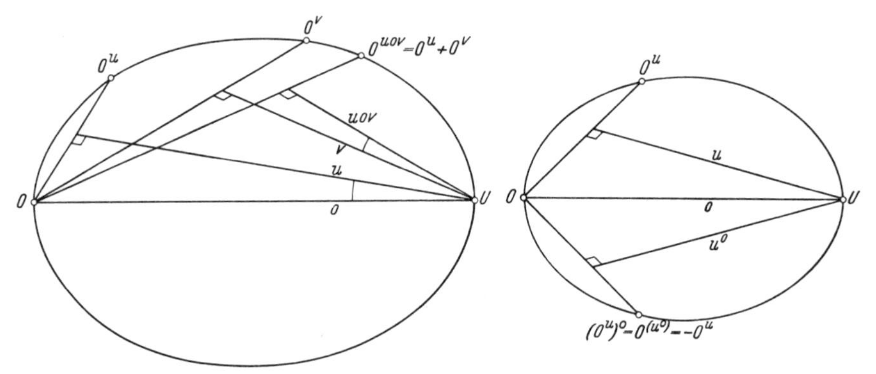

sowohl $(O^u + O^v) + O^w$ als $O^u + (O^v + O^w)$ ist gleich O^{uovow}, da $uovow$ als Produkt von Elementen aus der Gruppe $\mathfrak{H}$ von Klammersetzungen unabhängig ist. $O = O^o$ ist Nullelement. $O^{(u^o)}$ ist zu O^u entgegengesetzt. Eine Gleichung $O^u + O^u = O$ kann nur bestehen, wenn $u = o$, also $O^u = O$ ist. Denn die gleichwertige Gleichung $O^{uou} = O$ kann wegen der Eindeutigkeit der Darstellung (3) nur bestehen, wenn $uou = o$ ist; wäre hierbei $u \neq o$, so würde $u \mid o$ gelten, und U enthielte, entgegen der Definition des singulären Büschels, zwei involutorische Elemente mit involutorischem Produkt. Es gilt also:

Die Enden $\neq U$ bilden hinsichtlich der Addition eine abelsche Gruppe, in welcher $X + X = O$ nur für $X = O$ gilt.

Wir erklären nun für die Enden $\neq O, U$ eine *Multiplikation* mit Hilfe der involutorischen Elemente, welche O und U vertauschen; nach Satz 9 sind dies genau die involutorischen Elemente aus dem Büschel $J(o)$. Hierzu zeichnen wir ein drittes Ende $E \neq O, U$ („*Eins*") aus. Aus Satz 10 ergibt sich:

(5) *Jedes Ende $\neq O, U$ läßt sich eindeutig in der Form E^a darstellen, mit einem involutorischen Element a, für welches $O^a = U$ ist.*

Das involutorische Element, welches hierbei zur Darstellung des Endes E dient, sei mit e bezeichnet. (Es ist also $E^e = E$, $O^e = U$.) Für zwei in der Form (5) dargestellte Enden E^a und E^b (es sei auch $O^b = U$) definieren wir ein Produkt durch

(6) $$E^a E^b = E^{aeb}.$$

Das Produkt E^{aeb} ist hierbei wieder in der Form (5) dargestellt und $\neq O, U$. Damit ist im Bereich der Enden $\neq O, U$ eine Multiplikation als stets ausführbare, eindeutige Verknüpfung erklärt. Ebenso wie bei der Addition ergibt sich, daß die Multiplikation kommutativ und assoziativ ist. $E = E^e$ ist Einselement. $E^{(ae)}$ ist zu E^a invers. Es gilt:

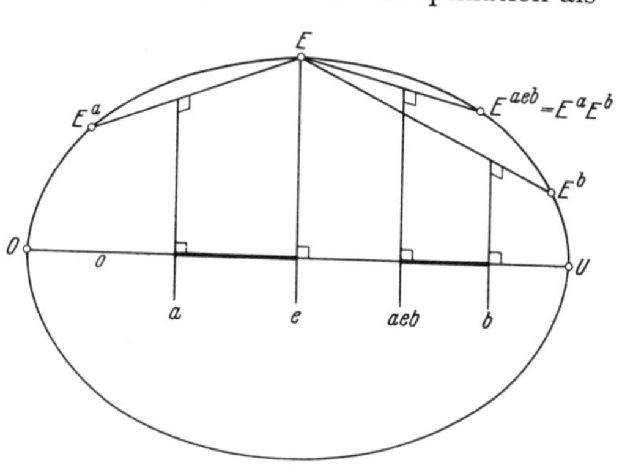

Die Enden $\neq O, U$ bilden hinsichtlich der Multiplikation eine abelsche Gruppe.

Wir definieren noch:

$$(7)\quad \begin{cases} OX = XO = O \\ \text{für jedes Ende} \\ X \neq U. \end{cases}$$

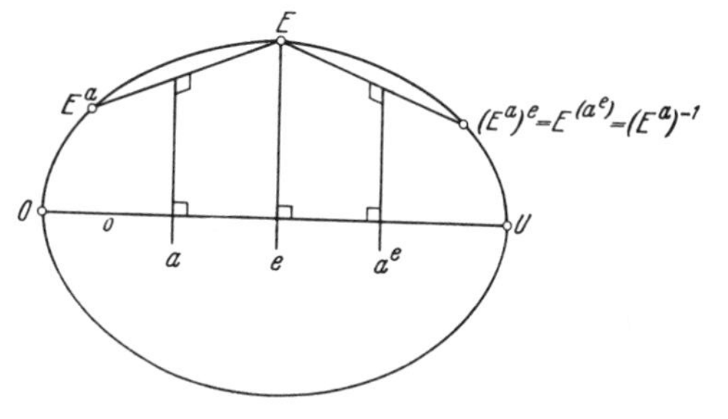

Wir wollen nun die Gültigkeit eines distributiven Gesetzes beweisen. Hierzu betrachten wir ein beliebiges Ende $\neq O, U$ und stellen es in der Form (5) als E^a dar (es sei $O^a = U$). Für jedes Ende $X \neq O, U$ gilt auf Grund der Definition (6) des Produktes $XE^a = X^{ea}$; diese Gleichung gilt nach (7) auch für $X = O$, da ja $O^{ea} = O$ ist. Daher gilt für jedes in der Form (3) dargestellte Ende O^w (es sei $U^w = U$): $O^w E^a = O^{wea}$. Diese Gleichung schreiben wir in der Form

$$(8)\qquad O^w E^a = O^{(wea)}$$

und erreichen damit, daß das rechts stehende Ende wieder in der Form (3) dargestellt ist; denn w^{ea} ist ein involutorisches Element, welches U in sich transformiert. Aus der Definition (4) der Summe, der Multiplikationsformel (8) und aus der Tatsache, daß $o^{ea} = o$ (wegen $e, a \mid o$) gilt, folgt das distributive Gesetz:

$$(O^u + O^v) E^a = O^{uov} E^a = O^{((uov)^{ea})} = O^{(u^{ea} o v^{ea})} = O^{(u^{ea})} + O^{(v^{ea})} = O^u E^a + O^v E^a.$$

Ferner ist nach (7) trivialerweise die Multiplikation mit O gegenüber der Addition distributiv.

Satz 11. *Die Enden $\neq U$ bilden hinsichtlich der eingeführten Rechenoperationen einen Körper von Charakteristik $\neq 2$, den Endenkörper K.*

Bemerkung. Man kann die Enden $\neq U$ gleichwertig zu (3) auch eindeutig in der Form

(3′) $$O^{ou}, \qquad \text{mit } U^u = U,$$

darstellen, und bei Verwendung dieser Darstellung die Summe gleichwertig mit (4) durch

(4′) $$O^{ou} + O^{ov} = O^{ouov}$$

definieren. Die Transformationen $X^* = X^{ou}$ kann man als Drehungen um das Ende Unendlich auffassen. Die Summe zweier Enden A, B ist dann durch (4′) erklärt als das Bild von O bei Hintereinanderausführen derjenigen beiden Drehungen um Unendlich, welche O in A bzw. O in B überführen. Ebenso kann man jedes Ende $\neq O, U$ gleichwertig zu (5) auch eindeutig in der Form

(5′) $$E^{ea}, \qquad \text{mit } O^a = U,$$

darstellen, und das Produkt gleichwertig mit (6) durch

(6′) $$E^{ea}E^{eb} = E^{eaeb}$$

definieren. Die Transformationen $X^* = X^{ea}$ kann man als Schiebungen längs o bezeichnen. Das Produkt zweier Enden A, B ist dann durch (6′) erklärt als das Bild von E bei Hintereinanderausführen derjenigen beiden Schiebungen längs o, welche E in A bzw. E in B überführen. Die Kommutativität der Addition und der Multiplikation folgt dann daraus, daß sowohl die Gruppe der Drehungen um Unendlich als die Gruppe der Schiebungen längs o kommutativ ist (vgl. § 7,4). Die Gültigkeit des distributiven Gesetzes beruht darauf, daß jede Schiebung längs o jede Drehung um Unendlich in eine Drehung um Unendlich transformiert und daß das Transformieren der Drehungen um Unendlich mit einer Schiebung längs o einen Automorphismus der Gruppe der Drehungen um Unendlich induziert.

Bei dieser Darstellung beruht die Konstruktion des Endenkörpers darauf, daß man zwei kommutative Gruppen hat, von denen die erste auf den Enden $\neq U$, die zweite auf den Enden $\neq O, U$ einfach transitiv ist, und daß jedes Element der zweiten Gruppe einen Automorphismus der ersten Gruppe induziert. So betrachtet, subsumiert sich die Einführung der Endenrechnung unter den Satz aus der Note über die Algebraisierung affiner und projektiver Ebenen.

Ist P_1, P_2, P_3 ein Tripel verschiedener Enden und Q_1, Q_2, Q_3 ein zweites, so gibt es nach Satz 10 involutorische Elemente s, t, so daß $P_i^{st} = Q_i$ für $i = 1, 2, 3$ gilt. Denn nimmt man etwa an, daß $P_i = Q_i$ entweder höchstens für $i = 3$ oder mindestens für $i = 1, 2$ gilt, so kann man s so wählen, daß $P_1^s = Q_2$, $P_2^s = Q_1$ ist (im Fall $P_1 = Q_1$, $P_2 = Q_2$ auf Grund von Satz 9), und darauf t so, daß $Q_2^t = Q_1$, $(P_3^s)^t = Q_3$ ist.

Aus dieser Tatsache ergibt sich, daß der Endenkörper von der Wahl der Bezugs-Enden O, E, U unabhängig ist:

Korollar. *Eine andere Wahl der Bezugs-Enden führt zu einem isomorphen Körper.*

Beweis. Ist O^*, E^*, U^* ein Tripel von Bezugs-Enden, welche bei unserer Definition der Verknüpfungen zu einem Körper K^* führt, so gibt es ein Element α aus $\mathfrak{H}$, welches O, E, U in O^*, E^*, U^* transformiert. Dann ist die eineindeutige Abbildung $X^\alpha = X^*$ der Menge der Enden auf sich ein Isomorphismus von K und K^*: Es gilt, wie man leicht bestätigt:

$$(A+B)^\alpha = A^\alpha + B^\alpha, \quad (AB)^\alpha = A^\alpha B^\alpha \quad \text{für alle } A, B \in K,$$

wenn die Verknüpfungen auf den linken Seiten in K, auf den rechten Seiten in K^* ausgeführt werden.

5. Darstellung durch gebrochen-lineare Transformationen. Wir wollen nun zeigen, daß die durch das Axiomensystem beschriebene Gruppe $\mathfrak{H}$ durch die Gruppe der gebrochen-linearen Transformationen über dem Endenkörper K darstellbar ist.

Hierzu gehen wir zunächst von der abstrakten Gruppe $\mathfrak{H}$ über zu der Gruppe $\mathfrak{H}^*$ der durch die Elemente von $\mathfrak{H}$ induzierten *Enden-Transformationen:* Jedes Element $\alpha \in \mathfrak{H}$ induziert eine eineindeutige Abbildung

$$X^* = X^\alpha \tag{9}$$

der Menge der Enden auf sich. Die Zuordnung von α zu (9) ist offenbar ein Homomorphismus von $\mathfrak{H}$ auf die Gruppe $\mathfrak{H}^*$ der induzierten Enden-Abbildungen. Wir behaupten, daß dieser Homomorphismus ein Isomorphismus ist. Hierzu ist zu zeigen, daß nur $\alpha = 1$ die identische Abbildung der Enden induziert. Wir beweisen den folgenden schärferen Satz, welcher dem Fundamentalsatz der projektiven Geometrie für ein eindimensionales Grundgebilde entspricht:

Satz 12. *Transformiert α drei verschiedene Enden je in sich, so ist $\alpha = 1$.*

Zum Beweis sei α ein beliebiges, von 1 verschiedenes Element aus $\mathfrak{H}$. A sei, falls $J(\alpha)$ singulär ist, ein beliebiges von $J(\alpha)$ verschiedenes Ende, und falls $J(\alpha) = J(c)$ ordinär ist, ein beliebiges Ende, welchem c nicht angehört. Wir behaupten, daß $A^\alpha \neq A$ ist. Es sei a die Verbindung von A und $J(\alpha)$, deren Existenz Satz 7 sicherstellt. Aus $a \in J(\alpha)$ folgt, daß α in der Form $\alpha = ab$ darstellbar ist. Es ist dann $A^\alpha = A^b$. Aus $A^b = A$ würde nach Satz 5′ $b \in A$ folgen; es würde dann $a, b \in J(\alpha), A$ mit $a \neq b$, also nach Satz 2 $J(\alpha) = A$ gelten. Dies widerspricht im ersten Fall der Annahme $J(\alpha) \neq A$ und im zweiten Fall der Voraussetzung, daß $J(\alpha)$ ordinär ist.

Ist also $J(\alpha)$ singulär, so ist $J(\alpha)$ das einzige Ende, welches durch α in sich transformiert wird; ist $J(\alpha) = J(c)$ ordinär, so kann α nur solche Enden in sich transformieren, denen c angehört, also nach Satz 8 höchstens zwei. Damit ist der Satz bewiesen.

Es ergibt sich also

Satz 13. *Die Gruppe $\mathfrak{H}$ ist isomorph zu der Gruppe $\mathfrak{H}^*$ der durch die Elemente von $\mathfrak{H}$ induzierten Enden-Transformationen.*

Es soll nun gezeigt werden, daß die Gruppe $\mathfrak{H}^*$ mit der Gruppe der Enden-Abbildungen übereinstimmt, welche durch die gebrochen-linearen Transformationen

$$(10) \quad X^* = \frac{AX+B}{CX+D} \quad \text{mit } A, B, C, D \in K \text{ und } AD - BC \neq O$$

hergestellt werden. Dabei denken wir uns die für $X \in K$, $CX + D \neq O$ gültige Vorschrift (10) durch die üblichen, in § 10,4 angegebenen Vorschriften für $X = U$ bzw. $X^* = U$ zu einer eineindeutigen Abbildung der Menge aller Enden auf sich ergänzt. Wir behaupten:

Satz 14. *Zu jedem Element* $\alpha \in \mathfrak{H}$ *gibt es Elemente*

$$(11) \qquad A, B, C, D \in K \quad \textit{mit } AD - BC \neq O,$$

so daß

$$(12) \qquad X^\alpha = \frac{AX+B}{CX+D}$$

ist, und zu Elementen (11) *gibt es stets ein Element* $\alpha \in \mathfrak{H}$, *so daß* (12) *gilt.*

Zu einem Element $\alpha \in \mathfrak{H}$ gibt es höchstens ein bis auf einen Proportionalitätsfaktor $\neq O$ bestimmtes Quadrupel (11), so daß (12) gilt, da zwei Transformationen (10) nur dann gleich sind, wenn die Koeffizienten proportional sind. Und sind zu zwei verschiedenen Elementen aus $\mathfrak{H}$ Quadrupel (11) so bestimmt, daß (12) gilt, so können die beiden Quadrupel nicht proportional sein, da, wie wir gesehen haben, verschiedene Elemente aus $\mathfrak{H}$ verschiedene Abbildungen (9) induzieren. Da ferner sowohl in der Gruppe $\mathfrak{H}^*$ als in der Gruppe der gebrochen-linearen Transformationen die Kompositionsvorschrift das Hintereinanderausführen von Abbildungen ist, ergibt sich, sobald Satz 14 bewiesen ist, daß die beiden Gruppen übereinstimmen.

Eine Transformation (10) ist dann und nur dann involutorisch, wenn die „Spur" $A + D = O$ ist [vgl. § 8,5, (i)]. Daher ist jede involutorische Transformation (10) mit $C = O$ eine Transformation

$$(13) \qquad X^* = -X + B,$$

und jede involutorische Transformation (10) mit $C \neq O$ gleich einer Transformation

$$(14) \qquad X^* = X^{-1}B' \quad \text{mit } B' \neq O,$$

transformiert mit einer Transformation (13). Denn ist $C \neq O$, so darf $C = E$ angenommen werden, und jede involutorische Transformation (10) mit $C = E$:

$$X^* = \frac{AX+B}{X-A} \quad \text{mit } A^2 + B \neq O$$

gewinnt man auch, indem man die Transformation $X^* = X^{-1}(A^2 + B)$ mit der Transformation $X^* = -X + A$ transformiert.

Wir beweisen zunächst

Satz 14*. *Zu jedem involutorischen Element* $s \in \mathfrak{H}$ *gibt es Elemente*

$$(15) \qquad A, B, C \in K \quad \textit{mit } A^2 + BC \neq O,$$

so daß

$$(16) \qquad X^s = \frac{AX + B}{CX - A}$$

ist, und zu Elementen (15) *gibt es stets ein involutorisches Element* $s \in \mathfrak{H}$, *so daß* (16) *gilt.*

Beweis von Satz 14*. Für ein involutorisches Element $s \in \mathfrak{H}$ besteht die Alternative:

1) s ist ein involutorisches Element u mit $U^u = U$;

2) s ist ein involutorisches Element a^u mit $U^u = U$ und $O^a = U$.

Denn liegt der Fall 1) nicht vor, so ist $U^s \neq U$, also U^s in der Form (3) darstellbar: $U^s = O^u$, mit $U^u = U$. Aus diesen beiden Gleichungen folgt $O^{(s^u)} = U$; setzt man also $s^u = a$, so ist $O^a = U$ und $s = a^u$.

Nun ist für ein involutorisches Element u mit $U^u = U$ nach der Definition der Addition

$$(17) \qquad X^u = -X + B$$

mit $B = O^u$ aus K, und für ein involutorisches Element a mit $O^a = U$ nach der Definition der Multiplikation

$$(18) \qquad X^a = X^{-1} B'$$

mit $B' = E^a \neq O$ aus K. Auf Grund der genannten Alternative ergibt sich hieraus die erste Teilaussage des Satzes 14*.

Umgekehrt gibt es zu jedem Element B aus K ein involutorisches Element u, so daß (17) gilt (nämlich das involutorische Element u mit $U^u = U$, $O^u = B$), und zu jedem Element $B' \neq O$ aus K ein involutorisches Element a, so daß (18) gilt (nämlich das involutorische Element a mit $O^a = U$, $E^a = B'$). Hieraus ergibt sich die zweite Teilaussage des Satzes 14*, da, wie oben bemerkt, jede involutorische Transformation (10) entweder eine Transformation (13) oder eine, mit einer Transformation (13) transformierte Transformation (14) ist.

Beweis von Satz 14. Daß es zu jedem $\alpha \in \mathfrak{H}$ Elemente (11) gibt, so daß (12) gilt, folgt aus der Grundannahme und Satz 14*. Die Umkehrung gilt, da nach Satz 14* jede involutorische Transformation (10) mit einer Abbildung $X^* = X^s$ übereinstimmt und da nach § 8,5, Aufg. 1 jede Transformation (10) als Produkt von zwei involutorischen Transformationen (10) darstellbar ist.

Wir gelangen also zu dem folgenden Resultat:

Satz 15. *Die Gruppe $\mathfrak{H}$ ist darstellbar als die Gruppe der gebrochen-linearen Transformationen über dem zu $\mathfrak{H}$ gehörigen Endenkörper; dieser ist von Charakteristik* $\neq 2$.

6. Zusammenfassung. Wir fassen das Resultat unserer Überlegung mit früher bewiesenen Tatsachen zusammen.

Nach § 9, Satz 5 und § 10, Satz 9 gilt:

Satz 16. *Die Gruppe der gebrochen-linearen Transformationen über einem Körper von Charakteristik* $\neq 2$ *ist eine H-Gruppe.*

Ohne von den Untersuchungen aus § 9 und § 10 Gebrauch zu machen, kann man die Gültigkeit des Satzes 16 durch unmittelbare Betrachtung der zweireihigen homogenen Matrizen über dem Körper K bestätigen (vgl. hierzu § 8, 5).

Die Sätze 15 und 16 lehren:

Satz 17. *Das Axiomensystem der H-Gruppen* (§ 11, 1) *kennzeichnet die Gruppe der gebrochen-linearen Transformationen über einem beliebigen Körper von Charakteristik* $\neq 2$.

Dieser Satz, das Theorem 6 (§ 9) und die Resultate aus § 10, 4 ergeben:

THEOREM 9. *Die folgenden Gruppen stimmen überein:*

1) *Die H-Gruppen;*

2) *Die Bewegungsgruppen der hyperbolischen projektiv-metrischen Ebenen;*

3) *Die Gruppen* $O_3^+(K,F)$, *mit* K *von Charakteristik* $\neq 2$ *und* F *ternär und nicht nullteilig;*

4) *Die Faktorgruppen der multiplikativen Gruppen der Quaternionensysteme* $Q(K;-1,-1)$, *mit* K *von Charakteristik* $\neq 2$, *nach ihren Zentren;*

5) *Die linearen Gruppen* $L_2(K)$, *mit* K *von Charakteristik* $\neq 2$.

Aufgabe. Es ist $L_2(K_3) \cong \mathfrak{S}_4$, wenn K_3 den Primkörper der Charakteristik 3 und $\mathfrak{S}_4$ die symmetrische Gruppe von vier Objekten bezeichnet.

7. Eine spezielle Klasse von involutorischen Elementen der *H*-Gruppen. Unter den involutorischen Elementen einer H-Gruppe $\mathfrak{H}$ heben wir diejenigen hervor, *welche singulären Büscheln (Enden) angehören.* Wir bezeichnen die Menge dieser Elemente mit $\mathfrak{T}$. Ein Element τ aus $\mathfrak{H}$ gehört dann und nur dann der Menge $\mathfrak{T}$ an, wenn τ involutorisch ist und wenn es ein involutorisches Element τ' aus $\mathfrak{H}$ gibt, so daß τ, τ' unverbindbar sind; mit τ gehört auch das Element τ' zu $\mathfrak{T}$. Nach Axiom $\sim$V ist die Menge $\mathfrak{T}$ nicht leer.

$\mathfrak{T}$ ist offenbar ein invarianter Komplex in $\mathfrak{H}$. Jedes Element aus $\mathfrak{T}$ gehört nach Satz 8 genau zwei Enden an und ist die nach Satz 2 eindeutig bestimmte Verbindung der beiden Enden. Daher ergibt sich aus Satz 10, daß je zwei Elemente aus $\mathfrak{T}$ durch ein involutorisches Element aus $\mathfrak{H}$ ineinander transformiert werden können. Daher gilt:

(i) *$\mathfrak{T}$ ist eine Klasse von konjugierten Elementen aus $\mathfrak{H}$. Je zwei Elemente aus $\mathfrak{T}$ lassen sich sogar durch ein involutorisches Element aus $\mathfrak{H}$ ineinander transformieren.*

Da man ferner nach den in 3 bewiesenen Sätzen, insbesondere nach Satz 7, jedes Büschel mit wenigstens einem Ende verbinden kann, enthält jedes Büschel $J(\alpha)$ wenigstens ein Element τ aus $\mathfrak{T}$. Es ist dann $\alpha\tau$ ein involutorisches Element σ. Man kann also die Aussage, die die Grundannahme der H-Gruppen macht, verschärfen:

(ii) *Jedes Element α aus $\mathfrak{H}$ läßt sich in der Form $\alpha = \sigma\tau$ darstellen, wobei σ involutorisch und τ aus $\mathfrak{T}$ ist.*

($\alpha = \tau^{\sigma}\sigma$ ist dann eine Darstellung mit einem Element aus $\mathfrak{T}$ als erstem Faktor.) Auf ein Element τ_1 aus $\mathfrak{T}$ angewendet, lehrt (ii):

(iii) *Zu jedem Element $\tau_1 \in \mathfrak{T}$ gibt es ein Element $\tau_2 \in \mathfrak{T}$, so daß $\tau_1 \mid \tau_2$ gilt.*

In der Bewegungsgruppe einer hyperbolischen projektiv-metrischen Ebene sind die Elemente aus $\mathfrak{T}$ diejenigen erzeugenden Spiegelungen, deren Achsen *Treffgeraden* des absoluten Kegelschnittes sind, d.h. Geraden, welche den Kegelschnitt in zwei verschiedenen Punkten treffen.

In den eigentlich-orthogonalen Gruppen 3) des Theorems 9 sind die Elemente aus $\mathfrak{T}$ die Spiegelungen an denjenigen (nicht isotropen) Geraden des metrischen Vektorraumes, welche zu isotropen Geraden orthogonal sind, also, wenn die Form F normiert wird, nach § 10, Satz 2 die Spiegelungen an den Geraden mit dem Formwert $\{-1\}$ und nach § 10,3 die Spiegelungen mit der Norm $\{-1\}$.

In den Gruppen 4) des Theorems 9 sind die Elemente aus $\mathfrak{T}$ die Klassen proportionaler reiner Quaternionen, für die die Quadratklasse der Normen $\{-1\}$ ist.

In den Gruppen $L_2(K)$ sind die Elemente von $\mathfrak{T}$ diejenigen involutorischen Elemente (Elemente mit Spur Null), deren Determinante $\{-1\}$ ist. In der Gruppe der gebrochen-linearen Transformationen über K entsprechen diesen Elementen diejenigen involutorischen Transformationen, welche zwei Elemente aus K (von denen eines auch Unendlich sein kann) fest lassen. In der Gruppe der projektiven Transformationen auf einer Geraden entsprechen ihnen die sogenannten hyperbolischen Involutionen.

Literatur zu § 11. BACHMANN [4]. Für den Fall der Charakteristik 2: KARZEL [4]. Zur Endenrechnung: v. STAUDT [2], HILBERT [2], VEBLEN-YOUNG [1], COXETER [2].

Kapitel IV

Euklidische Geometrie

In diesem Kapitel soll die euklidische Geometrie selbständig, bis zur algebraischen Kennzeichnung ihrer Bewegungsgruppen, entwickelt werden.

Im Rahmen der in Kap. II entwickelten absoluten Geometrie bildet die Geometrie mit euklidischer Metrik den „singulären" Sonderfall. Wichtige Gesetze über die Grundrelationen aus § 3,1, vor allem die Eindeutigkeit einer Verbindung (und daher auch das Transitivitätsgesetz) gelten in den metrisch-euklidischen Bewegungsgruppen nicht, wie in den metrisch-nichteuklidischen, für beliebige involutorische Elemente (vgl. § 7); so besagt die Existenz von Geraden mit mehreren gemeinsamen Loten (Axiom R) ja gerade, daß es involutorische Elemente gibt, welche mehrere Verbindungen haben. Ferner besteht in den metrisch-euklidischen Bewegungsgruppen ein scharfer, rein gruppentheoretisch faßbarer, von der Wahl des Erzeugendensystems unabhängiger Unterschied zwischen den Geraden- und Punktspiegelungen, während eine solche Unterscheidung in einer metrisch-nichteuklidischen Bewegungsgruppe im allgemeinen nicht möglich ist (vgl. § 18, Satz 1). Dementsprechend ist z.B. die Anwendbarkeit der Punkt-Geraden-Analogie bei euklidischer Metrik in besonderer Weise eingeschränkt.

Liegen also in der vertrauteren Geometrie mit euklidischer Metrik gewisse eigentümliche Schwierigkeiten, von denen die Geometrie mit nichteuklidischer Metrik frei ist, so gestattet auf der anderen Seite das für euklidische Metrik charakteristische Gesetz „*Das Produkt von drei Punktspiegelungen ist stets eine Punktspiegelung*" besondere Schlußweisen, welche, geometrisch gesprochen, Schlüsse über Parallelgleichheit sind. Weiter vereinfacht das Verbindbarkeitsaxiom V* das Beweisen in der euklidischen Geometrie.

Um die Möglichkeiten des Beweisens zu beleuchten, die ein Aufbau der euklidischen Geometrie aus dem Spiegelungsbegriff bietet, stellen wir in § 12 einen Satz der euklidischen Parallelentheorie — den affinen Satz von PAPPUS-PASCAL — in den Mittelpunkt und geben für ihn sechs Beweise. Wie man die fundamentalen metrischen Schließungssätze am Dreieck in der euklidischen Geometrie durch Spiegelungsrechnen beweisen kann, wurde bereits in § 1,5 gezeigt.

Während wir die euklidischen Bewegungsgruppen in Kap. III, dem allgemeinen Anliegen der Begründung der absoluten Geometrie entsprechend, in die orthogonalen Gruppen dreidimensionaler Vektorräume eingeordnet hatten, stellen wir jetzt, der aus der elementaren analytischen Geometrie geläufigen Auffassung entsprechend, die euklidischen

Bewegungen in einer metrisierten affinen Koordinatenebene durch explizite Formeln dar, und gelangen so wiederum zu einer algebraischen Kennzeichnung der euklidischen Bewegungsgruppen (§ 13).

§ 12. Der Satz von PAPPUS-PASCAL in der euklidischen Geometrie

1. Axiome und erste Folgerungen. Die *euklidischen Bewegungsgruppen* haben wir im Rahmen der absoluten Geometrie durch die Grundannahme und die Axiome 1 bis 4 aus § 3,2 und die Zusatzaxiome R, V* definiert (§ 6,12). Bei einem selbständigen Aufbau der euklidischen Geometrie wird man es wohl vorziehen, den Satz vom Rechtseit (§ 6, Satz 13), der unter Voraussetzung des Axiomensystems aus § 3,2 mit dem Axiom R äquivalent ist, unter die Axiome aufzunehmen. Wir denken uns daher jetzt die euklidischen Bewegungsgruppen definiert durch das Axiomensystem aus § 3,2 und die beiden Zusatzaxiome:

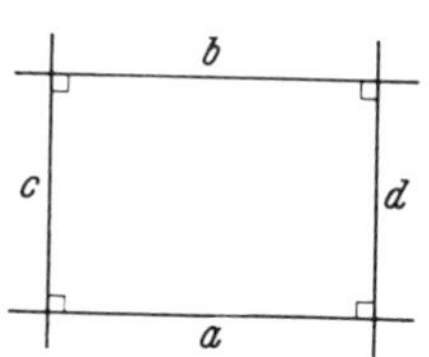

Axiom R*. *Aus* $a,b \perp c$ *und* $a \perp d$ *folgt* $b \perp d$.

Axiom V*. *Zu zwei Geraden* a,b *gibt es stets einen Punkt* C *mit* $a,b \mathrel{\mathrm{I}} C$ *oder eine Gerade* c *mit* $a,b \perp c$.

Bemerkung. Nimmt man zu dem Axiomensystem aus § 3,2 das Axiom V* hinzu, so braucht man in der Grundannahme die Invarianz des Erzeugendensystems nicht zu fordern. Denn sind Geraden a,b gegeben, so haben sie nach Axiom V* einen Punkt oder ein Lot gemein, und nach Axiom 3 bzw. 4 ist dann $aba = b^a$ eine Gerade.

Entwickelt man nun die ersten Folgerungen unseres durch die Axiome R* und V* verschärften Axiomensystems, so kann man die allgemeineren Überlegungen aus § 3,4 in einigen Punkten vereinfachen: Man beginne etwa wieder mit dem Satz vom Orthogonalenschnitt (§ 3, Satz 1) und dem Satz: Ist $P \mathrel{\mathrm{I}} g$, so ist Pg eine Gerade, und zwar eine Senkrechte auf g in P (§ 3, Satz 2, Fall 1). Aus dem Satz vom Orthogonalenschnitt folgt, daß das auf einer Geraden in einem Punkt der Geraden errichtete Lot stets eindeutig ist (§ 3, Satz 3, Fall 1). Mit Axiom R* schließt man jetzt allgemein auf die Eindeutigkeit der Senkrechten:

Aus $a,b \mathrel{\mathrm{I}} P$ *und* $a,b \perp g$ *folgt* $a = b$.

Denn die in P auf a errichtete Senkrechte h ist nach Axiom R* auch zu b senkrecht; a und b sind also in einem Punkt von h auf h errichtete Senkrechte, also gleich.

Wegen dieser Eindeutigkeit gilt Axiom V* in der schärferen Form der Alternative: Zwei verschiedene Geraden haben entweder einen Punkt oder ein Lot gemein. Insbesondere kann es nicht drei paarweise senkrechte Geraden geben; es gilt also Axiom $\sim$P, und ein Punkt kann nicht einer Geraden gleich sein. Man erkennt nun, daß man von jedem Punkt auch auf jede nicht durch ihn gehende Gerade ein Lot fällen kann (§ 3, Satz 2, Fall 2).

Wir nennen zwei Geraden a, b *parallel*, in Zeichen $a \parallel b$, wenn sie ein Lot gemein haben. Nach Axiom R* sind die Parallelen die Lotgleichen (vgl. § 6,8); die Parallelität ist daher transitiv. Aus der Existenz und Eindeutigkeit der Senkrechten schließt man, daß es durch jeden Punkt genau eine Gerade gibt, welche zu einer gegebenen Geraden parallel ist. Wegen der Alternative des verschärften Axioms V* sind für voneinander verschiedene Geraden die Begriffe Parallel und Nichtschneidend gleichbedeutend.

Es gelten daher die *affinen Inzidenzaxiome: Zu zwei Punkten gibt es stets eine Gerade, die mit ihnen inzidiert, und wenn die Punkte verschieden sind, nur eine. Zu jeder Geraden gibt es durch jeden nicht auf ihr liegenden Punkt genau eine Gerade, welche die gegebene nicht schneidet. Es gibt drei nicht kollineare Punkte.* Unter unseren Voraussetzungen gibt es auf jeder Geraden wenigstens drei verschiedene Punkte.

Was die Umkehrungen der Axiome 3 und 4 anlangt, so genügt es, die Umkehrung von Axiom 3 zu beweisen; die Umkehrung von Axiom 4 kann man, wegen der Zusatzaxiome, durch indirekten Schluß auf sie zurückführen.

Aus den Axiomen 3 und 4 und ihren Umkehrungen ergibt sich wegen der Gültigkeit von Axiom V*: Ein Produkt abc ist dann und nur dann eine Gerade, wenn die Geraden a, b, c einen Punkt oder ein Lot gemein haben. Hieraus folgt unmittelbar der Transitivitätssatz für Geraden (vgl. § 4,4).

2. Hilfssätze über parallele Geraden. Grundlegend für die besonderen Schlußweisen des Spiegelungsrechnens bei euklidischer Metrik ist der Satz

Das Produkt von drei Punkten ist stets ein Punkt,

den man, wie folgt, beweist: Sind A, B, C gegeben und $A, B \mathrel{I} a$, und wird $Aa = a'$, $Ba = b'$, $(C, a) = c'$ gesetzt, so ist nach Axiom 4 und seiner Ergänzung $a'b'c'$ eine Gerade d' mit $d' \perp a$; wird ferner $Cc' = c$ gesetzt, so ist wegen $c' \perp a, c$ nach Axiom R* auch $d' \perp c$, und daher $ABC = a'a \cdot ab' \cdot c'c = a'b'c' \cdot c = d'c$ ein Punkt D.

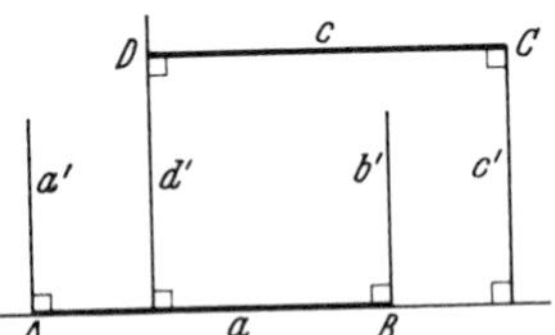

Wir betrachten nun vier Punkte, für die die Spiegelungsgleichung $AB = DC$ gilt. Ist $A \neq B$ und damit $D \neq C$, so ist, wie der vorstehende Beweis lehrt, $(A, B) \parallel (D, C)$; sind diese beiden Geraden verschieden, ist also auch

$A \neq D$ und $B \neq C$, so ist wegen $AD = BC$ auch $(A,D) \parallel (B,C)$. Wir nennen vier verschiedene, nicht kollineare Punkte A,B,C,D, für die $(A,B) \parallel (D,C)$ und $(A,D) \parallel (B,C)$ gilt, ein *Parallelogramm*, und erhalten somit das „nur dann" des folgenden Satzes:

Satz 1,1. *$AB = DC$ mit $A \neq B$ und $(A,B) \neq (D,C)$ gilt dann und nur dann, wenn A,B,C,D ein Parallelogramm ist.*

Beweis des „dann". Ist A,B,C,D ein Parallelogramm und betrachtet man den Punkt $ABC = D'$, so ist wegen $AB = D'C$ nach dem bereits Bewiesenen auch A,B,C,D' ein Parallelogramm. Da es zu drei nicht kollinearen Punkten A,B,C wegen der Eindeutigkeit der Parallelen nur einen Punkt gibt, welcher mit ihnen ein Parallelogramm bildet, ist $D' = D$, also $AB = DC$.

Mit Hilfe von Satz 1,1 und der Transitivität der Spiegelungsgleichung (Gilt $AB = EF$, so sind $AB = DC$ und $DC = EF$ äquivalent) erkennt man leicht:

Satz 1,2. *Ist $A \neq B$ und $D \neq C$ und $(A,B) = (D,C)$, so gilt $AB = DC$ dann und nur dann, wenn es Punkte E,F gibt, so daß A,B,F,E und D,C,F,E Parallelogramme sind.*

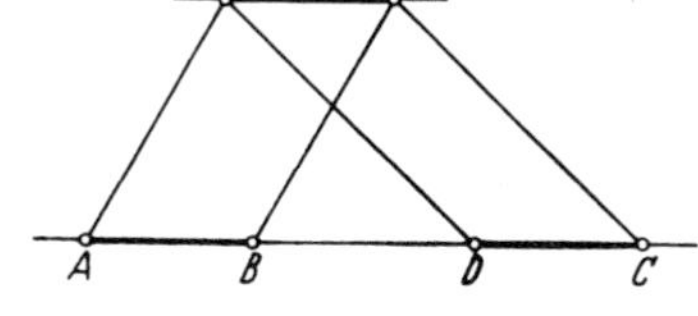

Mit einem Terminus aus der affinen Geometrie kann man die Sätze 1,1 und 1,2 unter Einschluß des trivialen Falles, daß $A = B$ und $D = C$ ist, zusammenfassen zu

Satz 1. *$AB = DC$ gilt dann und nur dann, wenn A,B und D,C parallelgleich sind.*

Durch Rechnen mit den Spiegelungsgleichungen erhält man daher Sätze über Parallelgleichheit; man vgl. die Beispiele 1), 2) in § 1,5.

Satz 2 (Invarianz der Parallelgleichheit gegen Parallelprojektion). *Aus $AB = DC$ und $A',B',C',D' \mathrm{I}\, g$ und $A,A' \mathrm{I}\, a'$; $B,B' \mathrm{I}\, b'$; $C,C' \mathrm{I}\, c'$; $D,D' \mathrm{I}\, d'$ und $a' \parallel b' \parallel c' \parallel d' \nparallel g$ folgt $A'B' = D'C'$.*

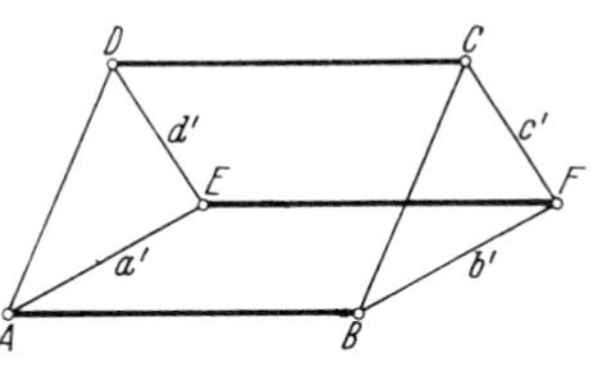

Zum Beweis benutzen wir:

Hilfssatz 1. *Aus $AB = DC$ und $d \,\mathrm{I}\, A$; $b \,\mathrm{I}\, B,C$ und $d \parallel b$ folgt $d \,\mathrm{I}\, D$.*

Hilfssatz 2. *Aus $AB = DC$ und $a' \mathrm{I} A$; $b' \mathrm{I} B$; $c' \mathrm{I} C$; $d' \mathrm{I} D$ und $a' \parallel b'$; $c' \parallel d'$ und $a' \neq d'$ und $E \,\mathrm{I}\, a',d'$; $F \,\mathrm{I}\, b',c'$ folgt $AB = EF$.*

Beweis von Hilfssatz 2. Man betrachte den Punkt $ABF = E'$. Nach Hilfssatz 1 gilt $E' \mathrm{I}\, a'$. Da nach Voraussetzung auch $DCF = E'$ ist, gilt entsprechend $E' \mathrm{I}\, d'$. Aus $E,E' \mathrm{I}\, a',d'$ folgt dann $E = E'$.

Beweis von Satz 2. Man bestimme D'', C'' durch $AD = A'D''$, $BC = B'C''$. Nach Hilfssatz 1 gilt $D'' \mathrm{I}\, d'$ und $C'' \mathrm{I}\, c'$. Wegen $A'B' = D''C''$ ergibt sich mit Hilfssatz 2 die Behauptung.

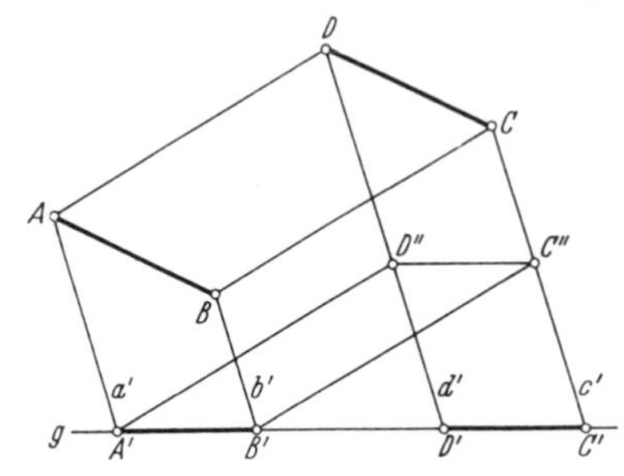

Satz 3 (Angepeilte parallelgleiche Punktepaare). *Aus* $AB = DC$ *und* $a' \mathrm{I} A$; $b' \mathrm{I} B$; $c' \mathrm{I} C$; $d' \mathrm{I} D$ *und* $a' \parallel b' \parallel c' \parallel d'$ *folgt* $a'b' = d'c'$.

Beweis. Man schneide die Parallelen a', b', c', d' mit einem gemeinsamen Lot. Für die Schnittpunkte A', B', C', D' gilt nach Satz 2 $A'B' = D'C'$, und damit auch $a'b' = d'c'$.

Satz 4. *Zwei Punkte haben stets genau einen Mittelpunkt.*

Beweis. Für den Nachweis der Existenz eines Mittelpunktes genügt es, zwei verschiedene Punkte A, B zu betrachten. Man wähle einen Punkt C außerhalb von (A, B), und bestimme D und D' durch $AC = DB$, $AC = BD'$. Es ist $D \neq D'$ (sonst wäre $AC = CA$, und dies ist wegen $A \neq C$ nach § 3, Satz 23 nicht möglich) und $DB = BD'$, also B Mittelpunkt von D, D'. Die Gerade (C, D) schneidet die Gerade (A, B) in einem Punkt M. Denn sonst wäre sie nach Axiom V* die Seite (C, D') des Parallelogramms C, A, B, D'; der Punkt D, welcher der Seite (B, D') dieses Parallelogramms angehört, kann aber wegen $D \neq D'$ nicht auch der Seite (C, D') angehören. Aus $D'B = BD$ folgt durch eine Parallelprojektion (Satz 2) $CM = MD$, und hieraus durch eine zweite Parallelprojektion $AM = MB$; also ist M Mittelpunkt von A, B.

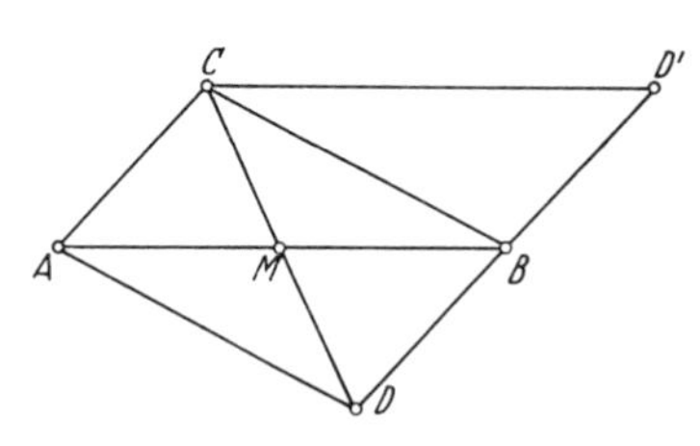

Sind M und N zwei Mittelpunkte von A, B ($A = B$ sei zugelassen), so ist $A^{MN} = A$, also $AMN = MNA = ANM$, also $MN = NM$, und daher nach § 3, Satz 23 $M = N$.

Ferner erwähnen wir den folgenden Spezialfall des Gegenpaarungssatzes (§ 4, Satz 12):

Satz 5. *Gegeben seien Punkte* A_1, A_2, A_3; B_1, B_2, B_3, *und für jede Permutation* i, k, l *von* $1, 2, 3$ *seien* A_i, B_k, A_l *kollinear. Ferner seien Geraden* a_1, a_2, a_3; b_1, b_2, b_3 *mit* $a_i \mathrm{I} A_i$ *und* $b_i \mathrm{I} B_i$ $(i = 1, 2, 3)$ *gegeben, welche sämtlich untereinander parallel sind. Gilt dann*

$$(1) \qquad a_i a_k = b_k b_i \quad \text{für } i, k = 1, 2, 3;\ i \neq k,$$

so sind B_1, B_2, B_3 *kollinear.*

Den Beweis von Satz 5 denken wir uns etwa wie den Beweis des Gegenpaarungssatzes aus § 4 durchgeführt. (Wenn die Nebenvoraussetzung des Gegenpaarungssatzes nicht erfüllt ist, ist Satz 5 trivial.) Aus Satz 5 folgern wir den zum Satz von der isogonalen Punktverwandtschaft (§ 1,5,9) analogen

Satz 6 (Isotomische Geradenverwandtschaft). *Gegeben seien Punkte* M_1, M_2, M_3; P_1, P_2, P_3; *für jede Permutation* i,k,l *von* $1,2,3$ *seien* M_k, P_i, M_l *kollinear, und es sei* $M_k P_i M_l = Q_i$ *gesetzt. Sind* P_1, P_2, P_3 *kollinear, so sind auch* Q_1, Q_2, Q_3 *kollinear.*

Beweis. Es seien $P_1, P_2, P_3 \,\mathrm{I}\, a$. Für sechs Geraden a_i, b_i $(i = 1,2,3)$ mit $a_i, b_i \parallel a$ und $a_i \,\mathrm{I}\, M_i$ und $b_i \,\mathrm{I}\, Q_i$ bestehen infolge der Definition der Punkte Q_i nach Satz 3 die Spiegelungsgleichungen $a_k a a_l = b_i$, welche paarweise miteinander multipliziert $a_i a_k = a_i a a_l \cdot a_l a a_k = b_k b_i$ ergeben. Die Punkte M_i, Q_i und die Geraden a_i, b_i $(i = 1,2,3)$ erfüllen somit die Voraussetzungen von Satz 5, und daher sind Q_1, Q_2, Q_3 kollinear.

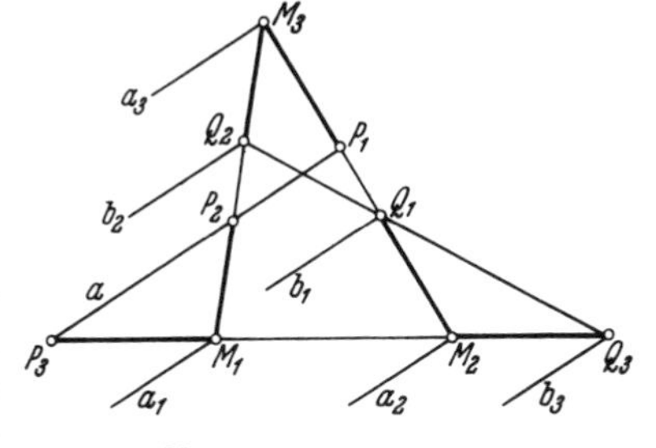

Bemerkung. Bei nichteuklidischer Metrik kann man Satz 6 analog beweisen wie den genannten Satz aus § 1: Da nach Voraussetzung $P_1P_2P_3$ involutorisch und $Q_1Q_2Q_3 = M_2P_1M_3 \cdot M_3P_2M_1 \cdot M_1P_3M_2 = (P_1P_2P_3)^{M_2}$ ist, ist auch $Q_1Q_2Q_3$ involutorisch; und da bei nichteuklidischer Metrik das Produkt von drei Punkten nur dann involutorisch ist, wenn die drei Punkte kollinear sind, sind Q_1, Q_2, Q_3 kollinear. Bei euklidischer Metrik versagt dieser einfache Beweis, da der letzte Schluß nicht gezogen werden kann.

3. Sechs Beweise des Satzes von PAPPUS-PASCAL. Wir geben nun mehrere Beweise für den *affinen Satz von* PAPPUS-PASCAL, der wie in § 1,5 formuliert sei. Wie dort sei die Sechseckseite (A_i, B_k) mit p_{ik} bezeichnet $(i,k = 1,2,3;\ i \neq k)$ und $p_{12} \parallel p_{21}$, $p_{13} \parallel p_{31}$ vorausgesetzt.

Dem ersten Beweis liegt die gleiche Tatsache zugrunde wie dem in § 1 dargestellten Beweis aus HILBERTS Grundlagen der Geometrie; der Gedanke wird hier in unmittelbarem Anschluß an unsere Axiome und ihre ersten Folgerungen durchgeführt.

Erster Beweis. Man fälle die drei Lote $h_i = (A_i, b)$ für $i = 1,2,3$; ferner fälle man die sechs Lote $h_{kl} = (A_i, p_{kl})$ und betrachte die sechs Geraden $g_{kl} = a h_{kl} h_i$ $(i,k,l$ sei eine Permutation von $1,2,3)$.

Wir behaupten zunächst:

(2) $g_{21}bg_{31},\ g_{12}bg_{32},\ g_{13}bg_{23}$ sind Geraden.

Diese Zwischenbehauptung läßt sich ohne die Parallelitäts-Voraussetzungen des Satzes beweisen:

Für eine feste Permutation i, k, l von $1, 2, 3$ bestimme man die vierten Spiegelungsgeraden

$$ag_{ki}p_{li} = g'_{ki}, \qquad p_{li}bp_{ki} = b'_i, \qquad p_{ki}g_{li}a = g'_{li}$$

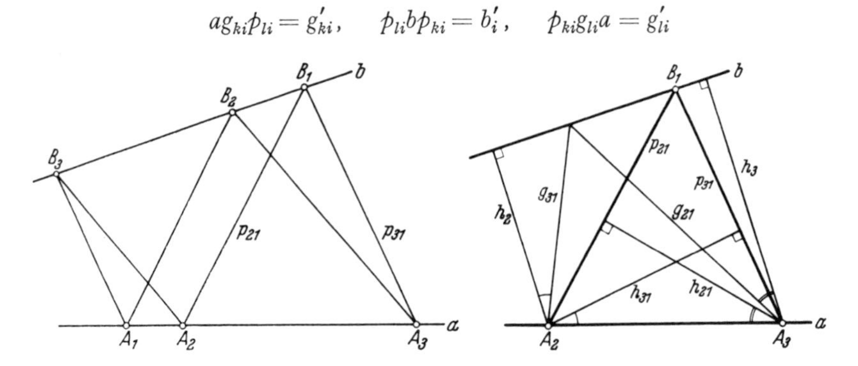

(vgl. die isogonale Punktverwandtschaft in § 1,5,9). Es ist

$$g'_{ki}b'_i = ag_{ki} \cdot bp_{ki} = h_{ki}h_l \cdot bp_{ki} = (h_l b)^{h_{ki}}(h_{ki}p_{ki}),$$

also $g'_{ki}b'_i$ gleich dem Produkt zweier Punkte, und daher $g'_{ki} \parallel b'_i$ (vgl. § 3, Satz 20b). Entsprechend erhält man $g'_{li} \parallel b'_i$. Daher ist $g'_{ki}b'_i g'_{li}$, und somit wegen $g'_{ki}b'_i g'_{li} = (g_{ki}bg_{li})^a$ auch $g_{ki}bg_{li}$ eine Gerade.

Wir nehmen nun die Parallelitäts-Voraussetzungen des Satzes hinzu, nach denen $h_{12} = h_{21}$, $h_{13} = h_{31}$ und daher $g_{12} = g_{21}$, $g_{13} = g_{31}$ ist. Es sind $g_{12}, g_{13} \neq b$ (da $g_{kl} \mathrm{I} A_i$ und $b \not\mathrm{I} A_i$) und nach Axiom V* haben g_{12} und b einen Schnittpunkt S oder ein gemeinsames Lot s; aus (2) schließt man nun mit der Umkehrung des Satzes von den drei Spiegelungen, daß $g_{23}, g_{32} \mathrm{I} S$ oder $g_{23}, g_{32} \perp s$ gilt. Da $g_{23}, g_{32} \mathrm{I} A_1$ gilt, folgt im ersten Falle nach Axiom 2 aus $S \neq A_1$ ($b \mathrm{I} S$ und $b \not\mathrm{I} A_1$), und im zweiten Falle aus der Eindeutigkeit der Senkrechten, daß $g_{23} = g_{32}$ ist, und damit die Behauptung[1].

Der Hilbertsche Beweis des affinen Satzes von Pappus-Pascal durch dreimalige Anwendung des Kreisvierecksatzes und der Hessenbergsche Beweis des Satzes von Pappus-Brianchon durch dreimalige Anwendung des Gegenpaarungssatzes (§ 4, Satz 13a) sind eng miteinander verwandt. Durch eine Punkt-Geraden-Analogie erhält man aus der Hessenbergschen Überlegung einen Beweis des affinen Satzes von Pappus-Pascal; an die Stelle des Hessenbergschen Gegen-

[1] Der „zweite Fall" ist, nebenbei bemerkt, nicht möglich.

paarungssatzes tritt dabei der in § 4,8 genannte, zu ihm analoge Gegenpaarungssatz, der eine in der absoluten Geometrie gültige Fassung des Kreisvierecksatzes darstellt:

Zweiter Beweis (TOEPKEN). Man wähle einen Punkt C, fälle die Lote $(C,a)=c$, $(C,b)=d$, $(C,p_{ik})=c_{ik}$, und bestimme in der Gegenpaarung, welche im Punkte C durch die Geraden c,d definiert wird, die Geraden d_{ik}, die den Geraden c_{ik} entsprechen, für die also $cc_{ik}=d_{ik}d$ gilt. Für eine Permutation i,k,l von $1,2,3$ betrachte man das Dreieck B_i,A_k,A_l mit den Seiten a,p_{li},p_{ki}; die Seiten sind von C aus durch die Lote c,c_{li},c_{ki} angepeilt, denen in der Gegenpaarung die Geraden d,d_{li},d_{ki} entsprechen. Bezeichnet man mit G_i den Schnittpunkt der Trägergeraden $b=(B_i,d)$ mit dem Lot (A_k,d_{li}) (dieser Schnittpunkt existiert, da sonst $d_{li}\perp b$, also $d_{li}=d$, damit $c_{li}=c$, also $p_{li}=a$ und daher $B_i \mathrm{I} a$ wäre), so geht nach dem genannten Gegenpaarungssatz auch das Lot (A_l,d_{ki}) durch G_i. Daher gilt

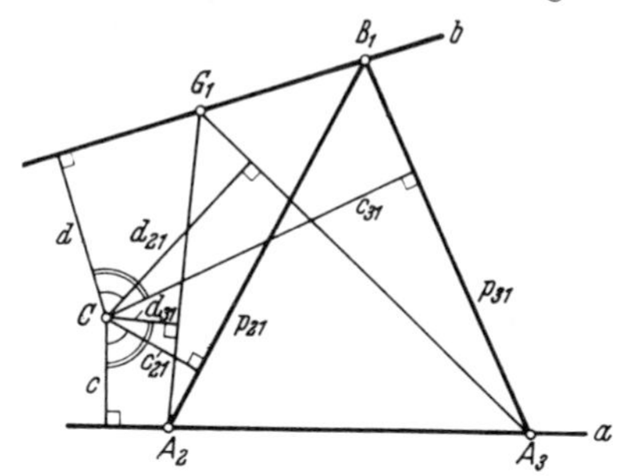

$$G_1 \mathrm{I}\, b,(A_2,d_{31}),(A_3,d_{21});\quad G_2 \mathrm{I}\, b,(A_3,d_{12}),(A_1,d_{32});\quad G_3 \mathrm{I}\, b,(A_1,d_{23}),(A_2,d_{13}).$$

Nimmt man nun die Parallelitäts-Voraussetzungen des Satzes hinzu, nach denen $c_{12}=c_{21}$, $c_{13}=c_{31}$, also $d_{12}=d_{21}$, $d_{13}=d_{31}$ ist, so ergibt sich, daß $G_1=G_2=G_3$ ist und daß dieser Punkt G auf den Loten (A_1,d_{23}) und (A_1,d_{32}) liegt. Es gilt also $d_{23},d_{32}\perp(A_1,G)$, und daher wegen $d_{23},d_{32}\,\mathrm{I}\,C$ auf Grund der Eindeutigkeit der Senkrechten $d_{23}=d_{32}$, also $c_{23}=c_{32}$, und damit die Behauptung.

In der absoluten Geometrie kann man mit diesem Gedankengang den Satz von PAPPUS-PASCAL für Konfigurationen beweisen, in denen die PASCAL-Gerade die Polare eines eigentlichen Punktes ist. Ein anderer Gedankengang, der in der absoluten Geometrie den Satz von PAPPUS-PASCAL mit einer einschränkenden Bedingung — nämlich, daß der Schnittpunkt der Trägergeraden eigentlich und die PASCAL-Gerade seine Polare ist —, in einer euklidischen Ebene aber den affinen Satz von PAPPUS-PASCAL für nicht parallele Trägergeraden allgemein liefert, ist der auf der Kommutativität der Halbdrehungen beruhende Beweis von HJELMSLEV (vgl. § 6,6). Dieser dritte Beweis kann auf die gleiche geometrische Quelle zurückverfolgt werden wie die beiden ersten Beweise. Der affine Satz von PAPPUS-PASCAL für parallele Trägergeraden — der „kleine" Satz — ist eine Aussage über Parallelgleichheit, die man durch Rechnen mit Spiegelungen unmittelbar bestätigt [vgl. § 1,5, unter 2)].

Der nächste Beweis verwendet den Höhensatz, den man mit dem in § 1, 5, unter 7) angegebenen Gedanken einfach beweisen kann, und die ersten elementaren Tatsachen über Parallelgleichheit. Der Beweis beruht darauf, daß die Höhenschnittpunkte der sechs in dem gegebenen Sechseck enthaltenen Dreiecke eine in § 1, 5, 2) erwähnte Figur aus parallelgleichen Punktepaaren bilden, die eine einfache Verallgemeinerung des kleinen affinen Satzes von PAPPUS-PASCAL ist, und deren Geschlossenheit man durch Rechnen mit Spiegelungen unmittelbar erkennt.

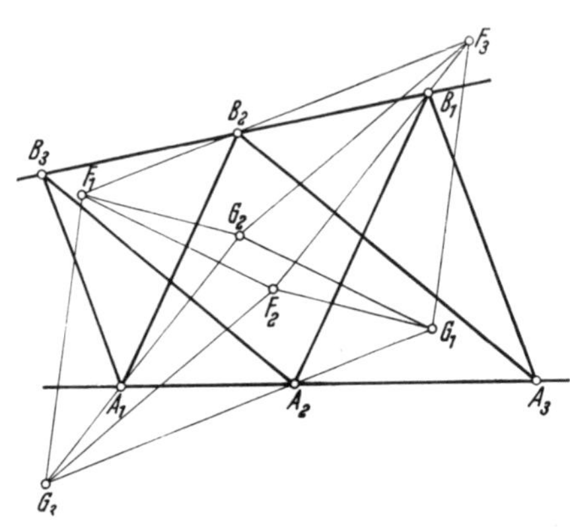

Vierter Beweis (GUSE). Wir setzen voraus, daß die Trägergeraden a, b einen Punkt O gemein haben. In den in der Figur enthaltenen Dreiecken

mit den Ecken	B_l, A_i, B_k	A_l, B_i, A_k	A_l, O, B_k
und den Seiten	p_{ik}, b, p_{il}	p_{ki}, a, p_{li}	b, p_{lk}, a

konstruiere man die Höhen

$$\begin{array}{lll} f_{ik} = (B_l, p_{ik}) & g_{ki} = (A_l, p_{ki}) & f_l = (A_l, b) \\ f_i = (A_i, b) & g_i = (B_i, a) & h_{lk} = (O, p_{lk}) \\ f_{il} = (B_k, p_{il}) & g_{li} = (A_k, p_{li}) & g_k = (B_k, a). \end{array}$$

Da in keinem der Dreiecke alle drei Seiten zusammenfallen, existieren die Höhenschnittpunkte F_i G_i H_{lk}.

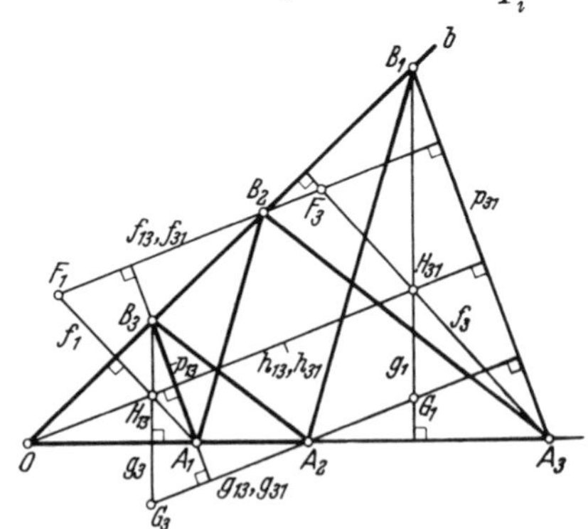

Ohne von den Parallelitäts-Voraussetzungen des Satzes Gebrauch zu machen, zeigen wir, daß $p_{ik} \parallel p_{ki}$ mit der Spiegelungsgleichung $F_iF_k = G_kG_i$ gleichwertig ist:

Mit $p_{ik} \parallel p_{ki}$ ist $f_{ik} = f_{ki}$ und $h_{ik} = h_{ki}$, und diese Geraden sind als Lote auf p_{ik}, p_{ki} parallel. Da zudem $f_i \parallel f_k$ und $f_i \neq f_{ik}$ ist, sind F_i, F_k und H_{ik}, H_{ki} parallelgleich, ist also $F_iF_k = H_{ik}H_{ki}$. Entsprechend erhält man $G_kG_i = H_{ik}H_{ki}$, und somit insgesamt $F_iF_k = G_kG_i$.

Aus $F_iF_k = G_kG_i$ schließen wir umgekehrt wegen $f_i \parallel f_k$ und $g_i \parallel g_k$ und $f_i \neq g_k$ nach Hilfssatz 2 auf $F_iF_k = H_{ik}H_{ki}$. Wir schreiben diese Gleichung in der Form $F_iH_{ik} = F_kH_{ki}$; wegen $f_{ik} \parallel h_{ik}$ und $f_{ki} \parallel h_{ki}$ folgt hieraus nach Hilfssatz 2, daß $B_lO = F_iH_{ik}$ oder $f_{ik} = f_{ki}$ ist. Im ersten Fall wäre $b \parallel f_i$, im Widerspruch zu $b \perp f_i$. Also gilt $f_{ik} = f_{ki}$, und damit $p_{ik} \parallel p_{ki}$.

Nach den Parallelitäts-Voraussetzungen des Satzes ist nun $F_2F_1 = G_1G_2$ und $F_1F_3 = G_3G_1$. Durch Multiplikation dieser Gleichungen erhält man, da $G_1G_2G_3 \cdot G_1 = G_3G_2G_1 \cdot G_1 = G_3G_2$ ist, $F_2F_3 = G_3G_2$ und damit die Behauptung.

Wie man für den Fall orthogonaler Trägergeraden den affinen Satz von PAPPUS-PASCAL in einer euklidischen Ebene mit Hilfe des Höhensatzes beweisen kann, hat bereits F. SCHUR gezeigt. In diesem Sonderfall vereinfacht sich unser Beweis.

Der affine Satz von PAPPUS-PASCAL ist unter Voraussetzung der affinen Inzidenzaxiome mit der folgenden *Umkehrung* äquivalent, bei der man die drei Parallelitäten voraussetzt und eine Kollinearität behauptet:

Gegeben seien Punkte $A_1, B_2, A_3, B_1, A_2, B_3$ *und Geraden* p_{ik}, *für die* $A_i, B_k \mathrm{I}\, p_{ik}$ *und* $p_{ik} \parallel p_{ki}$ *gilt* $(i, k = 1, 2, 3;\ i \neq k)$; *sind dann* A_1, A_2, A_3 *kollinear, so sind auch* B_1, B_2, B_3 *kollinear.*

Wir geben nun zwei Beweise für diese Umkehrung unseres Satzes. Der erste von diesen Beweisen ist besonders einfach; in ihm werden durch zwei Parallelgleichheiten die Voraussetzungen des speziellen Gegenpaarungssatzes (Satz 5) hergestellt, der dann, einmal angewendet, sogleich die behauptete Kollinearität liefert. Der andere Beweis geht von Parallelgleichheiten zwischen den Mittelpunkten von neun Punktepaaren des gegebenen Sechsecks aus, und schließt aus der gegebenen Kollinearität von drei Eckpunkten des Sechsecks auf die Kollinearität der drei anderen mit Hilfe des Satzes 6 von der isotomischen Geradenverwandtschaft an einem Dreieck.

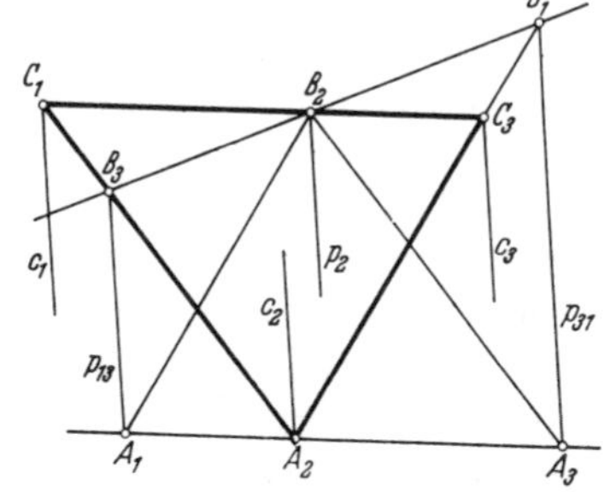

F ü n f t e r B e w e i s (GUSE). Als Hilfselemente führen wir unter willkürlicher Auszeichnung des Index 2 die vierten Spiegelungspunkte

$$(3) \qquad B_2A_3A_2 = C_1, \qquad B_2A_1A_2 = C_3$$

ein. Wegen $p_{23} \parallel p_{32}$ sind A_2, B_3, C_1 kollinear; wegen $p_{12} \parallel p_{21}$ sind A_2, C_3, B_1 kollinear; da A_1, A_2, A_3 kollinear sind, sind C_1, B_2, C_3 kollinear. Ferner führen wir die vier folgenden Parallelen zu dem Paar p_{13}, p_{31} paralleler Gegenseiten ein: $c_1 \mathrm{I}\, C_1$; $c_2 \mathrm{I}\, A_2$; $c_3 \mathrm{I}\, C_3$; $p_2 \mathrm{I}\, B_2$. Wegen (3) gilt nach Satz 3: $c_1c_2 = p_2p_{31}$, $c_2c_3 = p_{13}p_2$; hieraus folgt $c_1c_3 = p_2 \cdot p_{31}p_{13}p_2 = p_2 \cdot p_2p_{13}p_{31} = p_{13}p_{31}$. Damit erfüllen die Punkte

C_1, A_2, C_3; B_1, B_2, B_3 und die Geraden c_1, c_2, c_3; p_{31}, p_2, p_{13} die Voraussetzungen des speziellen Gegenpaarungssatzes; er lehrt, daß B_1, B_2, B_3 kollinear sind.

Sechster Beweis (GUSE). Wir führen nach Satz 4 die Mittelpunkte M_i von A_i, B_i $(i=1,2,3)$, und ferner die Mittelpunkte P_i von A_k, A_l, und die Mittelpunkte Q_i von B_k, B_l ein (i, k, l sei eine Permutation von $1,2,3$). Zieht man dann durch einen der Punkte P_i, M_k, M_l, Q_i die Parallele zu dem Paar p_{kl}, p_{lk} paralleler Gegenseiten, so ist diese Parallele nach Satz 3 Mittellinie von p_{kl}, p_{lk}; die vier Punkte liegen also auf der Mittellinie von p_{kl}, p_{lk}. Ferner folgt aus der Definition der Punkte M_i und P_i: $B_k^{M_k P_i M_l} = B_l$; es ist also $M_k P_i M_l$ Mittelpunkt von B_k, B_l, also wegen der Eindeutigkeit des Mittelpunktes $M_k P_i M_l = Q_i$. Die neun Punkte M_i, P_i, Q_i $(i=1,2,3)$ erfüllen daher die Voraussetzungen des Satzes 6. Da die Punkte P_1, P_2, P_3 als Mittelpunkte der kollinearen Punkte A_1, A_2, A_3 kollinear sind, sind daher nach Satz 6 die Punkte Q_1, Q_2, Q_3 kollinear. Die Punkte B_i lassen sich durch ihre Mittelpunkte Q_i ausdrücken; denn es ist $B_i^{Q_k Q_i Q_l} = B_i$, und daher $B_i = Q_k Q_i Q_l$ (vgl. § 3, Satz 23). Mithin folgt aus der Kollinearität der Mittelpunkte Q_1, Q_2, Q_3 die Kollinearität der Punkte B_1, B_2, B_3.

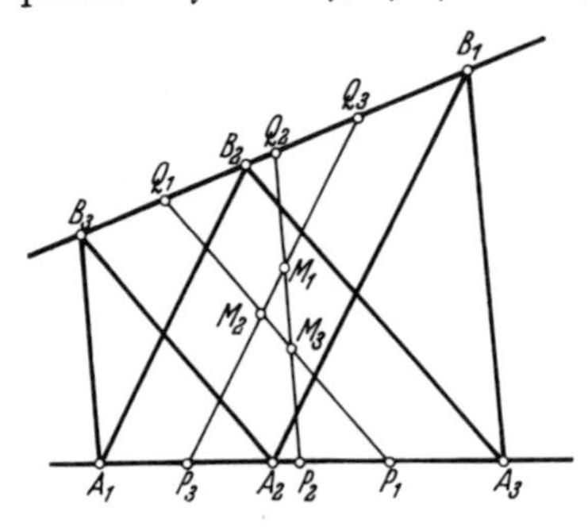

Literatur zu § 12. F. SCHUR [1], HJELMSLEV [2], TOEPKEN [1], GUSE [1]. Vergleiche auch die Literatur zu § 1.

§ 13. Algebraische Darstellung der euklidischen Bewegungsgruppen

1. Darstellung der euklidischen Bewegungsgruppen als Bewegungsgruppen euklidischer Koordinatenebenen. Wir betrachten die Gruppenebene einer euklidischen Bewegungsgruppe. In ihr gelten nach § 12 die affinen Inzidenzaxiome und der affine Satz von PAPPUS-PASCAL; ferner gilt, wie der Beweis von § 12, Satz 4 lehrt, das affine FANO-Axiom („Die Diagonalen eines Parallelogramms schneiden sich"). Nach Wahl eines Koordinatensystems (zweier sich schneidender Geraden mit Einheitspunkten) kann man mit bekannten Methoden[1], etwa durch Einführung einer Punktrechnung auf einer Geraden des Koordinatensystems, der Ebene einen Körper K von Charakteristik $\neq 2$ zuordnen, und sie als *affine Koordinatenebene über* K darstellen: Die Punkte wer-

[1] Vgl. die Note über die Algebraisierung der affinen und projektiven Ebenen und die dort genannte Literatur.

den durch die Paare (x, y) und die Geraden durch die Tripel $[u, v, w]$ von Elementen aus K dargestellt, wobei u, v nicht beide Null sind und proportionale Tripel dieselbe Gerade darstellen; die Inzidenz des Punktes (x, y) mit der Geraden $[u, v, w]$ wird durch das Bestehen der linearen Gleichung

$$ux + vy + w = 0 \tag{1}$$

ausgedrückt. In der affinen Koordinatenebene gibt es zu jedem Punkt genau eine involutorische Kollineation, welche diesen Punkt geradenweise festläßt: die Spiegelung an diesem Punkt. Sie führt jede Gerade in eine parallele über. Die Spiegelung an dem Punkt (a, b) wird durch

$$x^* = -x + 2a, \qquad y^* = -y + 2b \tag{2}$$

dargestellt. Unter einer Translation wird in einer affinen Ebene eine Kollineation verstanden, welche jede Gerade in eine parallele überführt und entweder die Identität oder fixpunktfrei ist; es gibt in der affinen Koordinatenebene genau eine Translation mit einem gegebenen Paar Punkt-Bildpunkt. Die Translation, welche den Punkt $(0,0)$ in den Punkt (a, b) überführt, wird durch

$$x^* = x + a, \qquad y^* = y + b \tag{3}$$

dargestellt. Die Gruppe der Translationen sei mit $\mathfrak{T}$ bezeichnet.

Es ist nun zu untersuchen, wie sich die *Orthogonalität* zweier Geraden ausdrückt. Wir setzen fortan voraus, daß die Koordinatenachsen zueinander orthogonal gewählt sind. Wir betrachten nun die Geraden, welche nicht achsenparallel sind, und stellen sie durch Gleichungen $y = cx + b$ mit $c \neq 0$ dar. Ein Büschel von Parallelen wird dann durch einen festen Richtungskoeffizienten $c \neq 0$ gegeben. Den Richtungskoeffizienten des orthogonalen Parallelenbüschels bezeichnen wir mit $f(c)$. Dann ist $f(c)$ eine für alle von Null verschiedenen Körperelemente definierte Funktion, deren Wert wieder ein von Null verschiedenes Körperelement ist. Da senkrechte Geraden verschieden sind, ist stets $f(c) \neq c$, und wegen der Symmetrie des Senkrechtstehens ist $f(f(c)) = c$. Man kann die Funktion $f(c)$ bestimmen, indem man einen Schließungssatz über Orthogonalität heranzieht. Wir verwenden den Höhensatz und schließen nach R. Baer: Es sei $d \neq 0, c$ gewählt; in dem Dreieck

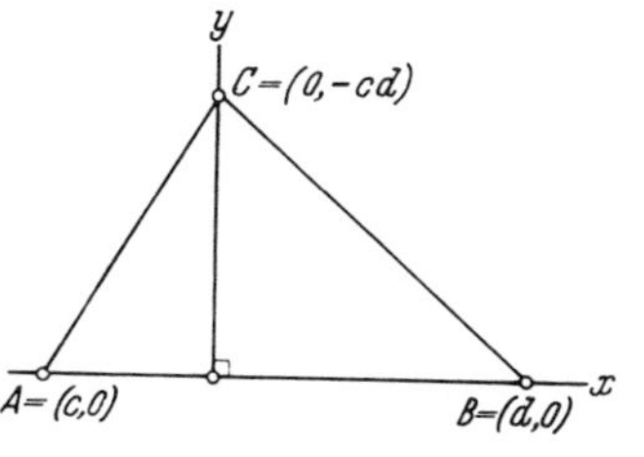

mit den Ecken $A = (c, 0)$, $B = (d, 0)$, $C = (0, -cd)$

und den Seiten (B, C): $y = c(x - d)$, (A, C): $y = d(x - c)$, (A, B): $y = 0$

sind die Höhen $y = f(c)(x - c)$, $y = f(d)(x - d)$, $x = 0$.

Da die Höhen sich in einem Punkte schneiden, müssen die beiden ersten Höhen die y-Achse $x=0$ in dem gleichen Punkte schneiden, d.h. es muß

$$f(c)c = f(d)d$$

sein. Da $d \neq 0, c$ beliebig gewählt war, ist $f(c)c$ eine universelle Konstante, ungleich Null, die wir mit $-\frac{1}{k}$ bezeichnen. k nennen wir die *Orthogonalitätskonstante.* Die zu bestimmende Funktion ist also

$$f(c) = -\frac{1}{kc}. \tag{4}$$

Da stets $f(c) \neq c$ ist, kann $-k$ nicht Quadrat in K sein. Zwei Geraden mit den Richtungskoeffizienten $c, c' \neq 0$ sind nach (4) dann und nur dann orthogonal, wenn

$$1 + kcc' = 0 \tag{5}$$

ist, und die *Orthogonalitätsbedingung für zwei beliebige Geraden* $[u, v, w]$, $[u', v', w']$ ist

$$vv' + kuu' = 0, \tag{6}$$

also das Verschwinden einer symmetrischen bilinearen Form in den Koordinaten $u, v; u', v'$ der Geraden; die Form ist nullteilig [Für $(u, v) \neq (0,0)$ ist stets $v^2 + ku^2 \neq 0$]. Der Wert der Orthogonalitätskonstanten k ist von der Wahl der Einheitspunkte auf den Koordinatenachsen abhängig; bei beliebiger Wahl der Einheitspunkte erhält man als Orthogonalitätskonstanten genau die sämtlichen Elemente der Quadratklasse $\{k\}$.

Der Fußpunkt $\overline{P}$ des von einem Punkt $P = (x, y)$ auf eine Gerade $[u, v, w]$ gefällten Lotes hat hiernach die Koordinaten

$$\left(\frac{v^2}{v^2+ku^2}x - \frac{kuv}{v^2+ku^2}y - \frac{kuw}{v^2+ku^2}, \; -\frac{uv}{v^2+ku^2}x + \frac{ku^2}{v^2+ku^2}y - \frac{vw}{v^2+ku^2}\right). \tag{7}$$

Da man den Spiegelpunkt P^* des Punktes P bezüglich der Geraden $[u, v, w]$ erhält, indem man den Punkt P an dem Punkt $\overline{P}$ spiegelt, wird die *Spiegelung an der Geraden* $[u, v, w]$ durch

$$\left\{\begin{aligned} x^* &= \frac{v^2-ku^2}{v^2+ku^2}x - \frac{2kuv}{v^2+ku^2}y - \frac{2kuw}{v^2+ku^2} \\ y^* &= -\frac{2uv}{v^2+ku^2}x - \frac{v^2-ku^2}{v^2+ku^2}y - \frac{2vw}{v^2+ku^2} \end{aligned}\right. \tag{8}$$

dargestellt.

Da die Drehungen um den Nullpunkt O des Koordinatensystems die Produkte der Spiegelung $x^* = x$, $y^* = -y$ an der x-Achse mit den Spiegelungen an den Geraden $[u, v, 0]$ sind, erhält man aus den Formeln (8) die Formeln für die Drehungen um O, indem man $w=0$ setzt und die Koeffizienten von y mit -1 multipliziert. Die euklidischen Bewegungen, welche den Punkt O festlassen — die Elemente der Untergruppe $\mathfrak{G}_O$ in der Bezeichnung von § 6,8 — werden also durch

$$(9)\qquad \left\{\begin{aligned} x^* &= \frac{v^2-ku^2}{v^2+ku^2}\,x + e\,\frac{2kuv}{v^2+ku^2}\,y \\ y^* &= -\frac{2uv}{v^2+ku^2}\,x + e\,\frac{v^2-ku^2}{v^2+ku^2}\,y \end{aligned}\right\}\quad \text{mit } e=\pm 1$$

dargestellt. Die Determinante dieser Transformation ist e. Da für eine euklidische Bewegungsgruppe $\mathfrak{G}$ die Beziehung $\mathfrak{G}=\mathfrak{G}_O\mathfrak{T}$ gilt (§ 6,8), erhält man die Darstellung einer *beliebigen euklidischen Bewegung*, indem man eine Transformation (9) mit einer Translation (3) zusammensetzt, d.h. in (9) auf der rechten Seite Elemente a bzw. b aus K addiert. Die entstehende Transformation kann man durch die Matrix

$$(10)\qquad \begin{pmatrix} \dfrac{v^2-ku^2}{v^2+ku^2} & e\,\dfrac{2kuv}{v^2+ku^2} & a \\ -\dfrac{2uv}{v^2+ku^2} & e\,\dfrac{v^2-ku^2}{v^2+ku^2} & b \\ 0 & 0 & 1 \end{pmatrix}\quad \begin{matrix} \text{mit } u,v,e,a,b\in K; \\ (u,v)\neq(0,0);\ e=\pm 1 \end{matrix}$$

repräsentieren; durch die zusätzliche Zeile 0,0,1 wird erreicht, daß dem Hintereinanderausführen von zwei Transformationen die Multiplikation der zugeordneten Matrizen (von links) entspricht. Die Matrix

$$(11)\quad S_{u,v,w}=\begin{pmatrix} \dfrac{v^2-ku^2}{v^2+ku^2} & -\dfrac{2kuv}{v^2+ku^2} & -\dfrac{2kuw}{v^2+ku^2} \\ -\dfrac{2uv}{v^2+ku^2} & -\dfrac{v^2-ku^2}{v^2+ku^2} & -\dfrac{2vw}{v^2+ku^2} \\ 0 & 0 & 1 \end{pmatrix}\quad \begin{matrix} \text{mit } u,v,w\in K; \\ (u,v)\neq(0,0) \end{matrix}$$

repräsentiert dabei die Spiegelung an der Geraden $[u,v,w]$.

Wir fassen zusammen:

THEOREM 10. *Zu einer euklidischen Bewegungsgruppe $\mathfrak{G},\mathfrak{S}$ gibt es einen Körper K von Charakteristik $\neq 2$ und ein Nichtquadrat $-k$ aus K derart, daß die Gruppe $\mathfrak{G}$ durch die Gruppe der Matrizen* (10) *und dabei das Erzeugendensystem $\mathfrak{S}$ durch die Gesamtheit der Matrizen* (11) *dargestellt wird.*

Hiervon gilt auch die Umkehrung:

Ist K ein Körper von Charakteristik $\neq 2$ und $-k$ ein Nichtquadrat aus K, so bilden die Matrizen (10) *(mit der Matrizenmultiplikation als Verknüpfung) eine euklidische Bewegungsgruppe, mit den Matrizen* (11) *als Erzeugendensystem.*

Zum Beweis der Umkehrung. Es ist

$$S_{u',v',w'}S_{u,v,w} = \begin{pmatrix} \frac{V^2-kU^2}{V^2+kU^2} & -\frac{2kUV}{V^2+kU^2} & -\frac{2kVW_1-2kUW_2}{V^2+kU^2} \\ \frac{2UV}{V^2+kU^2} & \frac{V^2-kU^2}{V^2+kU^2} & -\frac{2kUW_1+2VW_2}{V^2+kU^2} \\ 0 & 0 & 1 \end{pmatrix},$$

wobei U, W_1, W_2 die zweireihigen Unterdeterminanten der Matrix $\begin{pmatrix} u & v & w \\ u' & v' & w' \end{pmatrix}$ sind: $U = \begin{vmatrix} u & v \\ u' & v' \end{vmatrix}$, $W_1 = \begin{vmatrix} u & w \\ u' & w' \end{vmatrix}$, $W_2 = \begin{vmatrix} v & w \\ v' & w' \end{vmatrix}$, und $V = vv' + kuu'$ ist.

Weiter ist

$$S_{u'',v'',w''}S_{u',v',w'}S_{u,v,w}$$
$$= \begin{pmatrix} \frac{v'''^2-ku'''^2}{v'''^2+ku'''^2} & -\frac{2ku'''v'''}{v'''^2+ku'''^2} & -\frac{2ku'''w'''-2kv'''D}{v'''^2+ku'''^2} \\ -\frac{2u'''v'''}{v'''^2+ku'''^2} & -\frac{v'''^2-ku'''^2}{v'''^2+ku'''^2} & -\frac{2v'''w'''+2ku'''D}{v'''^2+ku'''^2} \\ 0 & 0 & 1 \end{pmatrix},$$

wobei

$$\begin{pmatrix} u''' \\ v''' \\ w''' \end{pmatrix} = \begin{pmatrix} u & u' & u'' \\ v & v' & v'' \\ w & w' & w'' \end{pmatrix} \begin{pmatrix} v'v'' + ku'u'' \\ -(vv''+kuu'') \\ vv'+kuu' \end{pmatrix} \quad \text{und} \quad D = \begin{vmatrix} u & u' & u'' \\ v & v' & v'' \\ w & w' & w'' \end{vmatrix}$$

ist. (Es sei bemerkt, daß die vorstehende Gleichung für die einspaltige Matrix mit den Elementen u''', v''', w''' vektoriell wie die Gleichung für einen „vierten Spiegelungsvektor“ aus § 8, Satz 6 geschrieben werden kann.) Ferner sei

$$S_{a,b} = \begin{pmatrix} -1 & 0 & 2a \\ 0 & -1 & 2b \\ 0 & 0 & 1 \end{pmatrix} \tag{12}$$

gesetzt. Man bestätigt nun die vier Äquivalenzen der folgenden Tabelle:

(i)	$S_{u,v,w} = S_{u',v',w'}$	$u,v,w;\ u',v',w'$ linear abhängig
(ii)	$S_{u',v',w'}S_{u,v,w}$ involutorisch	$vv' + kuu' = 0$
(iii)	$S_{u,v,w}S_{a,b}$ involutorisch	$ua + vb + w = 0$
(iv)	$S_{u'',v'',w''}S_{u',v',w'}S_{u,v,w}$ involutorisch	$u,v,w;\ u',v',w';\ u'',v'',w''$ linear abhängig.

Dabei gilt: Ist (iv) erfüllt, so ist $S_{u'',v'',w''}S_{u',v',w'}S_{u,v,w} = S_{u''',v''',w'''}$. Ist (ii) erfüllt, so ist $S_{u',v',w'}S_{u,v,w}$ diejenige Matrix $S_{a,b}$, in der a, b die

Lösung der Gleichungen

$$ux + vy + w = 0, \quad u'x + v'y + w' = 0 \quad \text{mit } vv' + kuu' = 0$$

ist; umgekehrt ist jede Matrix $S_{a,b}$ als involutorisches Produkt von zwei Matrizen (11) darstellbar, etwa $S_{a,b} = S_{0,1,-b}\, S_{1,0,-a}$. Die Matrizen (12) sind also die involutorischen Produkte von zwei Matrizen (11).

Wir betrachten nun die von den Matrizen (11) erzeugte Gruppe und fassen die Matrizen (11) als Geradenspiegelungen (Erzeugendensystem $\mathfrak{S}$) im Sinne unseres Axiomensystems auf. Die Matrizen (12) sind dann die Punktspiegelungen. Auf Grund der Äquivalenzen (i) bis (iv) und der Zusätze erkennt man ohne Mühe, daß für diese Geraden- und Punktspiegelungen die Axiome 1 bis 4, R, V* gelten. Daher ist die von den Matrizen (11) erzeugte Gruppe eine euklidische Bewegungsgruppe (die Invarianz des Erzeugendensystems braucht nicht bestätigt zu werden; vgl. § 12,1). Die Elemente der Gruppe sind die Matrizen (10). Denn jede Matrix (10) ist, wenn $e = -1$ ist, gleich $S_{a/2,b/2}\, S_{0,0}\, S_{u,v,0}$, und wenn $e = 1$ ist, gleich $S_{a/2,b/2}\, S_{0,0}\, S_{u,v,0}\, S_{0,1,0}$, also, da man die auftretenden Matrizen (12) als Produkte von Matrizen (11) schreiben kann, gleich einem Produkt von Matrizen (11).

Aufgaben. 1. Die Transformationen (9) sind die sämtlichen linearen Transformationen des Vektorraumes der Paare (x, y) von Elementen aus K, welche das „Skalarprodukt" $xx' + kyy'$ invariant lassen.

2. Folgende Gruppen stimmen überein: 1) Die Untergruppen $\mathfrak{G}_O$ der euklidischen Bewegungsgruppen; 2) Die orthogonalen Gruppen $O_2(K,F)$, mit K von Charakteristik $\neq 2$, und F binär und nullteilig.

2. Spezielle euklidische Bewegungsgruppen. Nach der Umkehrung des Theorems 10 gibt es über jedem Körper von Charakteristik $\neq 2$, in welchem nicht jedes Element Quadrat ist, wenigstens eine euklidische Bewegungsgruppe. Insbesondere gibt es *endliche* euklidische Bewegungsgruppen, und zwar über jedem endlichen Körper von Charakteristik $\neq 2$ genau eine. Die kleinste ist die über dem Primkörper der Charakteristik 3, mit $k = 1$.

Wir betrachten nun zwei *Zusatzaxiome*, durch die man den allgemeinen Begriff der euklidischen Bewegungsgruppe und damit der euklidischen Ebene spezialisieren kann.

Als erstes denken wir uns zu den Axiomen der euklidischen Bewegungsgruppe das Zusatzaxiom

Es gibt g, h mit $g^h \perp g$

hinzugenommen, welches für die Gruppenebene besagt, daß ein halbierbarer rechter Winkel existiert. Dies ist dann und nur dann der Fall, wenn es eine Punktspiegelung gibt, welche Quadrat ist (vgl. den Hilfssatz aus der Note über freie Beweglichkeit). Man könnte das Zusatzaxiom auch mit Axiom R zu der Forderung zusammenfassen, daß in der Gruppenebene ein Quadrat, d.h. ein Rechteck mit orthogonalen Diagonalen, existiert. In einer euklidischen Gruppenebene ist, wie man leicht erkennt, jeder rechte Winkel halbierbar, wenn es einen halbierbaren rechten Winkel gibt; in einer euklidischen Bewegungsgruppe ist jede Punktspiegelung Quadrat, wenn es eine Punktspiegelung gibt, welche Quadrat ist.

Wir denken uns die euklidische Gruppenebene wie in 1 nach Wahl eines rechtwinkligen Koordinatensystems als Koordinatenebene dargestellt und bezeichnen als *Einheitskreis* die Gesamtheit der Punkte, welche aus dem Einheitspunkt $(1,0)$ der x-Achse durch Spiegelung an den Geraden durch den Nullpunkt hervorgehen. Der Einheitskreis besteht aus den Punkten (x,y) mit $x^2+ky^2=1$. Das Zusatzaxiom gilt dann und nur dann, wenn der Einheitskreis die y-Achse trifft, also wenn k ein Quadrat ist. Ist dies der Fall, so kann man k zu 1 normieren, indem man einen Schnittpunkt des Einheitskreises mit der y-Achse als Einheitspunkt $(0,1)$ wählt. Es gilt also

Satz 1. *Die Punktspiegelungen sind Quadrate in genau den euklidischen Bewegungsgruppen, deren Orthogonalitätskonstante zu* 1 *normiert werden kann.*

Solche euklidischen Bewegungsgruppen gibt es genau über den Körpern, in denen -1 nicht Quadrat ist, und zwar über jedem genau eine. Wesentlich einschneidender ist das Zusatzaxiom

Sind $g, g' \mathrm{I}\, P$, *so gibt es ein* h, *so daß* $g^h = g'$ *ist,*

welches für die Gruppenebene besagt, daß jeder Winkel halbierbar ist. Da in einer euklidischen Ebene nach § 12, Satz 4 jede Strecke halbierbar ist, ist für euklidische Bewegungsgruppen dieses Zusatzaxiom mit der Forderung freier Beweglichkeit äquivalent.

Das zweite Zusatzaxiom gilt dann und nur dann, wenn der Einheitskreis der Koordinatenebene jede Gerade durch den Nullpunkt trifft. Daß der Einheitskreis die y-Achse trifft, bedeutet, daß $k=1$ und die Gleichung des Einheitskreises in der Gestalt $x^2+y^2=1$ angenommen werden darf; und daß er die Gerade $y=cx$ trifft, bedeutet, daß $1+c^2$ ein Quadrat ist. Es ergeben sich also die folgenden Bedingungen für den Koordinatenkörper K: -1 ist nicht Quadrat in K, und für jedes c aus K ist $1+c^2$ Quadrat in K. Ein solcher Körper wird *pythagoreisch* genannt. In einem pythagoreischen Körper ist wegen der zweiten Bedingung jede Summe von Quadraten Quadrat, und daher wegen der ersten -1 nicht Quadratsumme. Man erhält somit:

Satz 2. *Freie Beweglichkeit besitzen genau die euklidischen Bewegungsgruppen, deren Orthogonalitätskonstante zu* 1 *normiert werden kann und deren Körper pythagoreisch ist.*

Körper, in denen -1 nicht Quadratsumme ist, (man nennt sie *formal-reell*) sind nach E. ARTIN und O. SCHREIER anordenbar. Daher ist ein pythagoreischer Körper und dementsprechend auch eine euklidische Ebene, in welcher jeder Winkel halbierbar ist, anordenbar. Da ein pythagoreischer Körper im allgemeinen mehrere Anordnungen gestattet, gilt dies auch für die entsprechende euklidische Ebene. Es ergibt sich hier die Frage, welche geometrischen Anordnungsbeziehungen zwischen Elementen einer solchen euklidischen Ebene bei jeder der möglichen Anordnungen bestehen; z.B. liegt der Höhenfußpunkt eines rechtwinkligen Dreiecks bei jeder Anordnung zwischen den Endpunkten der Hypotenuse. Der Durchschnitt der möglichen Anordnungen ist eine „unvollständige Anordnung", wie sie O. BOTTEMA untersucht hat.

In diesem Zusammenhang sei noch auf ein Ergebnis einer mit KLINGENBERG verfaßten Arbeit hingewiesen: Jede euklidische Ebene gestattet eine schwache Anordnung, wie sie E. SPERNER in seiner Theorie der Ordnungsfunktionen studiert hat, und eine solche schwache Anordnung kann so gewählt werden, daß auch gewisse metrische Anordnungstatsachen gelten.

Aufgabe. Die euklidische Bewegungsgruppe über einem endlichen Körper von n Elementen (Charakteristik $\neq 2$) hat die Ordnung $2(n^3+n^2)$.

Literatur zu § 13. Zu 1: BAER [1], BACHMANN [2]. Zu 2: ARTIN-SCHREIER [1], BOTTEMA [1], [2], SPERNER [1], [2], [3], BACHMANN-KLINGENBERG [1].

Kapitel V

Hyperbolische Geometrie

In dem hyperbolischen Parallelenaxiom, wie es HILBERT 1903 in seiner „Neuen Begründung der BOLYAI-LOBATSCHEFSKYschen Geometrie" formuliert hat (vgl. § 2,2), wird gefordert, daß es durch einen gegebenen Punkt stets Geraden gibt, welche eine gegebene Gerade nicht schneiden, und daß es unter diesen nicht-schneidenden Geraden zwei Grenzgeraden gibt, welche die schneidenden Geraden von den nichtschneidenden trennen. Das Axiom kann in dieser Weise nur für eine Ebene ausgesprochen werden, in der eine Anordnung gegeben ist.

Um die hyperbolische Geometrie im Rahmen unseres Axiomensystems der absoluten Geometrie zu definieren, verwenden wir als Zusatzaxiome Forderungen über *Geraden, welche weder einen Punkt noch ein Lot gemein haben.* Wir fordern, daß solche Geraden existieren, und schränken zugleich die Existenz solcher Geraden durch ein „hyperbolisches Axiom" ein, indem wir fordern, daß es durch einen gegebenen Punkt höchstens zwei Geraden gibt, welche mit einer gegebenen Geraden weder einen Punkt noch ein Lot gemein haben.

Die Begründung der so definierten hyperbolischen Geometrie läßt sich, gemäß dem allgemeinen Verfahren der Begründung der absoluten Geometrie, durch Erweiterung der hyperbolischen Ebene zu einer hyperbolischen projektiv-metrischen Idealebene durchführen (mit den Schritten: Einführung der Idealgeraden, Beweis der projektiven Inzidenzaxiome und Schließungssätze in der Idealebene, Konstruktion der absoluten Polarität in der Idealebene). Die Geraden- und Punktspiegelungen der hyperbolischen Ebene induzieren dann zusammen gerade die sämtlichen Spiegelungen der hyperbolischen projektiv-metrischen Idealebene. Daher induzieren die Bewegungen der hyperbolischen Ebene die sämtlichen Bewegungen der hyperbolischen projektiv-metrischen Idealebene, und können dann mit den in § 8 bis § 10 geschilderten Methoden algebraisch dargestellt werden.

Indem man die Algebraisierung in die Problemstellung einbegreift, kann man die Aufgabe der Begründung gemäß § 10, Satz 9′ folgendermaßen formulieren:

Es ist zu zeigen, daß die axiomatisch gegebenen hyperbolischen Bewegungsgruppen durch Gruppen der gebrochen-linearen Transformationen über Körpern dargestellt werden können.

Diese Aufgabe soll im folgenden durch einen von BERGAU und von KLINGENBERG[1] durchgeführten Gedankengang gelöst werden, bei welchem von vornherein die besonderen Eigenschaften der hyperbolischen Bewegungsgruppen ausgenutzt und die genannten Schritte aus der Begründung der absoluten Geometrie vermieden werden: Wir werden zeigen, daß die in einer hyperbolischen Bewegungsgruppe enthaltenen Spiegelungen den in § 11,1 aufgestellten Axiomen einer „*H-Gruppe*" genügen, und entnehmen dann aus dem Resultat der Überlegungen aus § 11,2—5 unmittelbar, daß die hyperbolische Bewegungsgruppe sich als die Gruppe der gebrochen-linearen Transformationen des von den Enden gebildeten Körpers darstellt. Wir werden dann nur noch zu untersuchen haben, welche involutorischen gebrochen-linearen Transformationen hierbei den Geradenspiegelungen aus der hyperbolischen Bewegungsgruppe entsprechen.

Der wichtigste methodische Gedanke dieses Verfahrens, die Verwendung einer *Endenrechnung*, geht auf die genannte Arbeit von HILBERT zurück, in der HILBERT übrigens auch von Spiegelungen Gebrauch macht und den Satz von den drei Spiegelungen für Geraden eines Endes verwendet. Allerdings sind die axiomatischen Voraussetzungen, unter denen der Gedanke der Endenrechnung bei uns angewendet wird, durch den Verzicht auf freie Beweglichkeit allgemeiner als bei HILBERT.

---

[1] KLINGENBERG benutzte ein weiteres Axiom, das von BERGAU bewiesen wurde (§ 14, Satz 3).

§ 14. Hyperbolische Bewegungsgruppen

1. Die Axiome der hyperbolischen Bewegungsgruppen. Unter einer *hyperbolischen Bewegungsgruppe* verstehen wir eine Bewegungsgruppe, welche dem Axiomensystem aus § 3,2 und den beiden folgenden Zusatzaxiomen genügt:

Axiom $\sim$V*. *Es gibt a, b, welche unverbindbar sind.*

Axiom H. *Gilt* $a, b, c \mathrel{\mathrm{I}} P$ *und sind* a, g *und* b, g *und* c, g *unverbindbar, so ist* $a = b$ *oder* $a = c$ *oder* $b = c$.

Das Axiom $\sim$V* besagt, daß unverbindbare Geraden existieren. Das „*hyperbolische Axiom*" H besagt, daß es durch einen gegebenen Punkt P höchstens zwei Geraden gibt, welche mit einer gegebenen Geraden g unverbindbar sind.

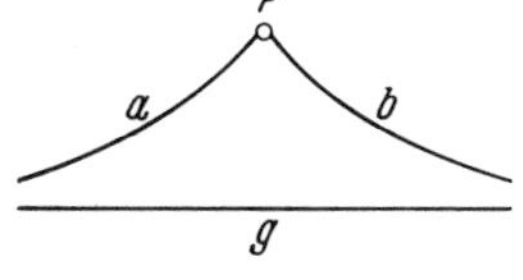

Dabei werden in einer Bewegungsgruppe, welche dem Axiomensystem aus § 3,2 genügt, zwei Geraden — in Übereinstimmung mit der allgemeinen Definition aus § 3,1 — *unverbindbar* genannt, wenn sie weder einen Punkt noch ein Lot gemein haben, wenn es also weder einen Punkt C mit $C \mathrel{\mathrm{I}} a, b$ noch eine Gerade c mit $c \perp a, b$ gibt (vgl. § 6,12).

Wie man leicht sieht, kann man das um das Zusatzaxiom $\sim$V* erweiterte Axiomensystem aus § 3,2 äquivalent, aber ein wenig kürzer formulieren, indem man die Axiome D und $\sim$V* zusammenfaßt zu dem

Axiom D*. *Es gibt* g, h, j *mit* $g \perp h$ *und* g, j *unverbindbar.*

Man kann also die hyperbolischen Bewegungsgruppen auch durch das Axiomensystem beschreiben, welches man erhält, indem man in dem Axiomensystem aus § 3,2 das Axiom D durch das stärkere Axiom D* ersetzt und das hyperbolische Axiom H hinzufügt.

Bereits aus der Gültigkeit des Zusatzaxioms $\sim$V* folgt, daß in einer hyperbolischen Bewegungsgruppe das Axiom $\sim$P gilt, daß sie also *nicht elliptisch* ist (vgl. § 3,8 oder § 6,12). In einer hyperbolischen Bewegungsgruppe gelten also auch alle Sätze, welche früher unter Voraussetzung von Axiom $\sim$P hergeleitet wurden; insbesondere gibt es in den hyperbolischen Bewegungsgruppen nach § 3, Satz 21 eine echte Einteilung in gerade und ungerade Bewegungen.

Über unverbindbare Geraden aus Bewegungsgruppen, welche dem Axiomensystem der absoluten Geometrie aus § 3,2 genügen, bemerken wir:

Unverbindbare Geraden sind notwendig verschieden.

Sind a, g unverbindbare Geraden und ist u eine zu g senkrechte Gerade, so ist a^u eine von a verschiedene Gerade, welche mit g unverbindbar ist. a^u liegt auch nicht mit a, g im Büschel; denn sonst müßten nach dem Transitivitätssatz (§ 4, Satz 6), da a, a^u, u im Büschel liegen, auch a, u, g im Büschel liegen, also a und g beide mit dem Punkt ug inzidieren.

Sind ein Punkt P und eine Gerade g gegeben und gibt es eine Gerade a durch P, welche mit g unverbindbar ist, so ist das von P auf g gefällte Lot u eindeutig bestimmt und a^u eine von a verschiedene Gerade durch P, welche mit g unverbindbar ist. Das Axiom H ist gleichwertig mit der Forderung: Gibt es durch einen Punkt P eine Gerade a, welche mit einer Geraden g unverbindbar ist, so gibt es außer der Geraden, welche durch Spiegelung von a an dem von P auf g gefällten Lot entsteht, keine weitere Gerade durch P, welche mit g unverbindbar ist.

Wichtig wird ferner die Bemerkung sein, daß unverbindbare involutorische Elemente einer Bewegungsgruppe, welche dem Axiomensystem aus § 3,2 genügt, notwendig Geraden, also unverbindbare Geraden sind (vgl. § 6,12).

Wir zeigen nun unter Benutzung der beiden Zusatzaxiome $\sim$V* und H, daß die hyperbolischen Bewegungsgruppen *metrisch-nichteuklidisch* sind:

Satz 1. *In einer hyperbolischen Bewegungsgruppe gilt das Axiom* $\sim$R.

Offenbar kann Satz 1 auch folgendermaßen ausgesprochen werden:

Satz 1'. *In einer metrisch-euklidischen Bewegungsgruppe, in welcher Axiom* $\sim$V* *gilt, gilt Axiom* H *nicht.*

Wir beweisen Satz 1' und benutzen, daß in einer metrisch-euklidischen Ebene die Spiegelbilder einer Geraden in bezug auf parallele Achsen parallel sind (Der Parallelismus von Geraden einer metrisch-euklidischen Ebene wurde in § 6,8 erklärt):

Hilfssatz. *In einer metrisch-euklidischen Bewegungsgruppe gilt: Aus* $u \| v$ *folgt* $a^u \| a^v$.

Beweis des Hilfssatzes. Nach Voraussetzung ist uv eine Translation (§ 6,8). Daher sind auch vu und $(uv)^a$ Translationen. Nach § 6, Satz 15 ist also auch $\big((uv)^a(vu)\big)^u = a^u a^v$ eine Translation.

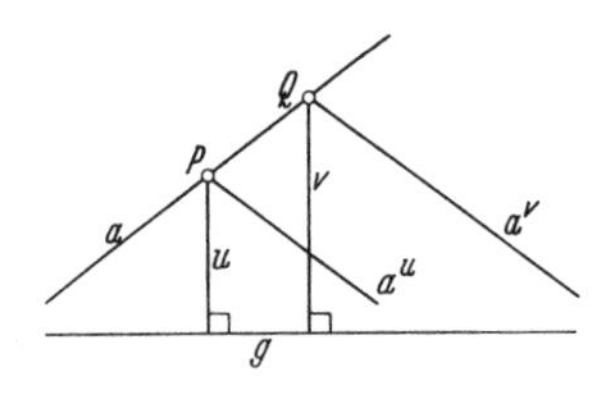

Beweis von Satz 1'. Nach Voraussetzung gibt es zwei unverbindbare Geraden a, g. Man wähle auf a zwei verschiedene Punkte P, Q und fälle die Lote $(P,g) = u$, $(Q,g) = v$. Dann ist auch a^v mit g unverbindbar; a^v ist von a, a^u verschieden und liegt nicht mit a, g im Büschel. Entscheidend ist, daß a^u, a^v, g nicht im Büschel liegen; da a^u, a^v nach dem Hilfssatz ein gemeinsames Lot l haben, würde, wenn a^u, a^v, g im Büschel lägen, nach der Umkehrung von Axiom 4 auch g zu l senkrecht sein, und a^u, a^v wären mit g verbindbar.

Man betrachte nun die Gerade b durch P, welche mit a^v, g im Büschel liegt (§ 3, Satz 15). Nach den Umkehrungen der Axiome 3 und 4 ist auch b mit g unverbindbar. Es ist $b \neq a$ und $b \neq a^u$, da weder a, a^v, g noch a^u, a^v, g im Büschel liegen. Die Existenz der Geraden b zeigt somit, daß das Axiom H nicht erfüllt ist.

2. Enden. Aus den Grundeigenschaften der Geradenbüschel (§ 4,5) folgt, daß je zwei verschiedene Geraden eines Geradenbüschels $G(ab)$, welches von zwei unverbindbaren Geraden a, b bestimmt wird, unverbindbar sind. Unter Voraussetzung des Axiomensystems aus § 3,2 und des Zusatzaxioms $\sim$V* gilt: *Jedes Geradenbüschel ist entweder ein eigentliches Geradenbüschel oder ein Lotbüschel oder ein Geradenbüschel von paarweise unverbindbaren Geraden, und es gibt Geradenbüschel aller drei Arten.*

In einer hyperbolischen Bewegungsgruppe nennen wir die Geradenbüschel von paarweise unverbindbaren Geraden *Enden.* Zwei Geraden bestimmen dann und nur dann ein Ende, wenn sie unverbindbar sind. Nach Axiom $\sim$V* gibt es wenigstens ein Ende, und aus Axiom H folgt, daß eine Gerade höchstens zwei verschiedenen Enden angehört.

Die letzte Aussage ist genauer durch folgenden Schluß zu begründen: Gibt es in einer Bewegungsgruppe, welche dem Axiomensystem aus § 3,2 genügt, eine Gerade g, welche drei verschiedenen Geradenbüscheln von paarweise unverbindbaren Geraden angehört, so gibt es durch jeden nicht auf g gelegenen Punkt P drei verschiedene Geraden, welche je mit g unverbindbar sind, nämlich die nach § 3, Satz 15 existierenden Verbindungen des Punktes P mit den drei gegebenen Geradenbüscheln; es ist dann also Axiom H nicht erfüllt.

Mit einer Bemerkung aus 1 über unverbindbare Geraden ergibt sich: Ein Ende, welchem die Gerade g angehört, geht bei der Spiegelung an jeder zu g senkrechten Geraden in ein anderes Ende über, welchem die Gerade g angehört. Das gleiche gilt übrigens für die Spiegelung an einem Punkt der Geraden g. Da eine Gerade wegen des Axioms H höchstens zwei Enden angehört, folgt hieraus:

(i) *Gehört eine Gerade einem Ende an, so genau einem zweiten.*

Ein Ende, welchem die Gerade g angehört, wird daher durch die Aufeinanderfolge der Spiegelungen an zwei zu g senkrechten Geraden in sich übergeführt. Das gleiche gilt für die Aufeinanderfolge der Spiegelungen an einem Punkt der Geraden g und an einer zu g senkrechten Geraden.

Bereits unter Voraussetzung des Axiomensystems aus § 3,2 gilt: Die Geradenbüschel, welche bei der Spiegelung an einer gegebenen Geraden c in sich übergehen, sind 1) die Geradenbüschel, denen die Gerade c angehört, und 2) das Lotbüschel von c (vgl. den Beweis des Satzes 5 aus § 11). Die Lotbüschel sind also die einzigen Geradenbüschel, welche auch bei Spiegelung an einer Geraden, die dem Geradenbüschel nicht angehört, in sich übergehen. Daher gilt:

(ii) *Geht ein Ende bei der Spiegelung an einer Geraden c in sich über, so gehört c dem Ende an.*

Bemerkung. In § 11,2 wurde der Begriff des singulären Büschels von involutorischen Elementen für eine beliebige zweispiegelige Gruppe definiert, in welcher das Transitivitätsgesetz T für beliebige involutorische Elemente gilt. Eine hyperbolische Bewegungsgruppe genügt nach § 3, Satz 16 und § 7, Satz 1 diesen gruppentheoretischen Voraussetzungen, und man kann in ihr wie in § 11,2 Büschel von beliebigen involutorischen Elementen bilden. Ein singuläres Büschel von beliebigen involutorischen Elementen, also ein Büschel von paarweise unverbindbaren involutorischen Elementen ist dann, da in einer hyperbolischen Bewegungsgruppe unverbindbare involutorische Elemente notwendig Geraden sind, doch notwendig ein Geradenbüschel von paarweise unverbindbaren Geraden, also ein Ende im Sinne der obigen Definition, und umgekehrt.

Aufgabe. Man beweise den „Satz vom asymptotischen Dreiseit": Sind drei paarweise unverbindbare, nicht im Büschel gelegene Geraden gegeben, so stehen die von einem Punkt einer der Geraden auf die beiden anderen Geraden gefällten Lote aufeinander senkrecht. (In der Idealebene ist dies dual zu der Aussage des Satzes von Seydewitz: Ist ein Dreieck einem Kegelschnitt einbeschrieben, so schneidet jede Gerade, welche zu einer Dreiecksseite konjugiert ist, die beiden anderen in konjugierten Punkten.)

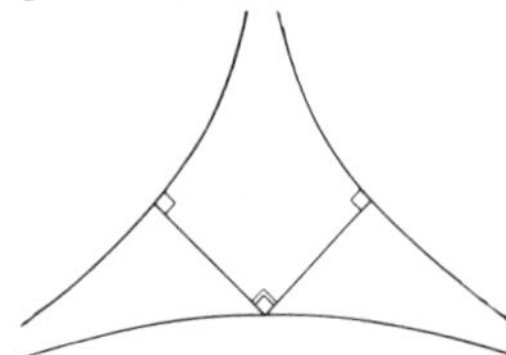

3. Das BERGAUsche Lemma vom Ende. Unser nächstes Ziel ist, zu zeigen, daß in einer hyperbolischen Bewegungsgruppe je zwei Enden verbindbar sind, d.h. eine Gerade gemein haben. Wir folgen dem Gedankengang von Bergau und verwenden ein von ihm angegebenes „*Lemma vom Ende*". Für diese und die folgende Nummer setzen wir eine hyperbolische Bewegungsgruppe als gegeben voraus.

Wir betrachten eine Figur von sechs Geraden a,b,g,d,e,f, welche den folgenden Bedingungen genügen:

(*) $a \perp g,d$; $g \neq d$; $g \perp e$; $b \,\mathrm{I}\, ge$; $b \perp f$; def ist eine Gerade.

Wir schreiben hierfür abkürzend: es gilt $[a,b,g,d,e,f]$.

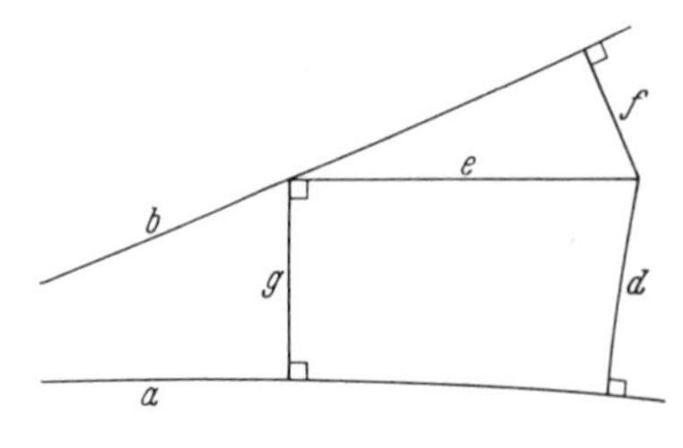

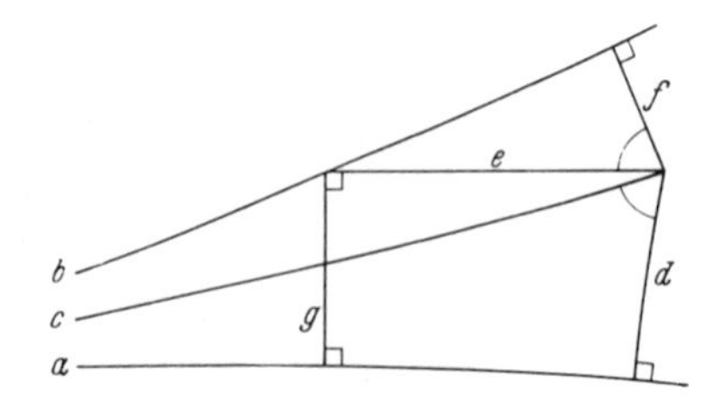

Lemma vom Ende. *Bestimmen a,b ein Ende und gilt $[a,b,g,d,e,f]$, so gehört die Gerade $c=def$ dem Ende an.*

Beweis. Da die Gerade a dem Ende $G(ab)$ angehört, gilt nach einer Bemerkung aus 2 $G(ab)^{dg}=G(ab)$, und entsprechend, da die Gerade b

dem Ende $G(ab)$ angehört, $G(ab)^{(ge)f} = G(ab)$. Wegen $dg \cdot (ge)f = c$ gilt daher $G(ab)^c = G(ab)$, also nach (ii) $c \in G(ab)$.

Erweiterung des Lemmas. *Es gelte* $[a,b,g,d,e,f]$ *und es sei* $def = c$ *gesetzt. Bestimmen zwei von den Geraden* a,b,c *ein Ende, so gehört die dritte Gerade diesem Ende an.*

Beweis. Offenbar folgt die Erweiterung aus dem Lemma, sobald die folgende Aussage bewiesen ist: Es gelte $[a,b,g,d,e,f]$ und es sei $def = c$ gesetzt. Sind a,b verbindbar, so sind a,c sowie b,c verbindbar.

Wir beweisen diese Aussage: Nach Voraussetzung gibt es ein involutorisches Element σ mit $a,b \mid \sigma$. Nach dem Satz S von den drei Spiegelungen und seiner Ergänzung S′ (§ 3, Satz 24b oder § 7,1) sind $dg\sigma = \sigma'$ und $\sigma(ge)f = \sigma''$ involutorische Elemente mit $a \mid \sigma'$ und $b \mid \sigma''$. Es ist $\sigma'\sigma'' = dg\sigma \cdot \sigma(ge)f = c$. Daher gilt $a,c \mid \sigma'$ und $b,c \mid \sigma''$.

Wir fügen zwei Bemerkungen über das Lemma vom Ende an, von denen wir jedoch für die Begründung der hyperbolischen Geometrie keinen Gebrauch machen werden:

1. Das Lemma spricht eine notwendige Bedingung dafür aus, daß zwei Geraden a,b ein Ende bestimmen. Diese Bedingung ist auch hinreichend; denn es gilt die folgende

Umkehrung des Lemmas. *Ist* $a \neq b$ *und gibt es Geraden* d,e,f,g, *so daß* $[a,b,g,d,e,f]$ *gilt und die Geraden* a, $def = c$, b *im Büschel liegen, so bestimmen* a,b *ein Ende.*

Beweis. Angenommen, a,b wären verbindbar, d.h. es gäbe ein involutorisches Element σ mit $a,b \mid \sigma$. Da nach Voraussetzung $a \neq b$ ist und a,c,b im Büschel liegen, würde nach der Umkehrung des Satzes von den drei Spiegelungen (§ 3, Satz 8 und 10) auch $c \mid \sigma$ gelten.

Nun lehrt der Beweis für die Erweiterung des Lemmas: Für die involutorischen Elemente $dg\sigma = \sigma'$ und $\sigma(ge)f = \sigma''$ gilt $a,c \mid \sigma'$ und $b,c \mid \sigma''$. Wegen $a \neq b$ ist $a \neq c$ oder $b \neq c$; daher ist wegen der Eindeutigkeit E einer Verbindung (§ 7, Satz 1) $\sigma = \sigma'$ oder $\sigma = \sigma''$, also $d = g$ oder $ge = f$. Beide Gleichungen sind unmöglich, die letzte wegen Axiom $\sim$P.

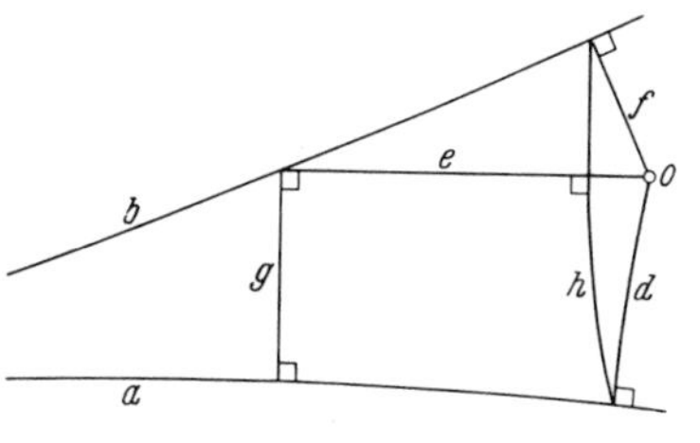

2. Die Behauptung des Lemmas, daß $a(def)b$ eine Gerade ist, ist gleichwertig mit: $(ad)e(fb)$ ist eine Gerade. Dies bedeutet nach § 3, Satz 11: Es gibt eine Gerade h, welche mit den Punkten ad und fb inzidiert und auf der Geraden e senkrecht steht. Man ersetze nun noch in (*) die Aussage, daß def eine Gerade ist, durch die schärfere: es gibt einen Punkt O, mit welchem d,e,f inzidieren.

Dann läßt sich das Lemma mit seiner Umkehrung als ein Kriterium dafür, daß zwei Geraden ein Ende bestimmen, aussprechen:

Kriterium. *Es seien a,b zwei verschiedene Geraden. Man wähle auf b einen Punkt P, fälle von ihm das Lot auf a und errichte auf diesem Lot in P die Senkrechte e. Auf e wähle man einen von P verschiedenen Punkt O. Von O fälle man die Lote auf a und b, und ziehe die Verbindungsgerade h der Fußpunkte. Es gilt: a,b bestimmen dann und nur dann ein Ende, wenn $h \perp e$ ist.*

In einer hyperbolischen Ebene nennt man die Geraden eines Endes auch untereinander *parallel*. Wir haben also dafür, daß zwei verschiedene Geraden hyperbolische Parallelen sind, ein Kriterium gewonnen, welches eine rein konfigurative Aussage über Inzidenz und Senkrechtstehen ist.

Aufgabe. Es sei eine beliebige metrisch-nichteuklidische Ebene gegeben, und auch ihre Idealebene betrachtet.

a) Ein Idealpunkt, welcher mit seiner Polaren inzidiert, ist ein Büschel von unverbindbaren Geraden, d.h. weder eigentlich noch ein Lotbüschel.

Die Definition der „Lemma-Figur" $[a,b,g,d,e,f]$ sei durch die Forderung, daß d,e,f mit einem Punkt $O \neq g$ inzidieren, verschärft. Wir sagen, daß die Lemma-Figur sich *schließt*, wenn die Geraden $a,b,def=c$ im Büschel liegen.

b) Ein Idealpunkt $\mathbf{G}(ab)$ inzidiert dann und nur dann mit seiner Polaren, wenn eine zu a und b konstruierte Lemma-Figur sich schließt. (Man benutze die zu $de=cf$ gehörige Halbdrehung um O.)

Die Polarität in der Idealebene einer metrisch-nichteuklidischen Ebene ist also dann und nur dann hyperbolisch, wenn es in der metrischen Ebene eine Lemma-Figur mit $a \neq b$ gibt, welche sich schließt.

c) Wird in einer gegebenen Lemma-Figur mit $e \neq b$ die zu $dc=ef$ gehörige Halbdrehung um O mit $*$ bezeichnet, so gilt: Die Lemma-Figur schließt sich dann und nur dann, wenn $a \in \mathbf{G}(a)^*$ ist.

Ein Idealpunkt inzidiert dann und nur dann mit seiner Polaren, wenn er, als Halbdrehungsbild eines Lotbüschels aufgefaßt (vgl. § 6, 10, Aufg. 2), die Trägergerade des Lotbüschels enthält.

d) Spricht man die Schließung der Lemma-Figur so aus, daß man die Orthogonalität der Geraden h des „Kriteriums" und der Geraden e fordert, so erkennt man, daß eine sich schließende Lemma-Figur in der Idealebene als eine Pappus-Pascal-Figur aufgefaßt werden kann [zu den Idealgeraden und Idealpunkten $\mathbf{g}(a), \mathbf{g}(b), \mathbf{g}(g), \mathbf{g}(e), \mathbf{G}(ab), \mathbf{G}(ge)$ betrachte man auch ihre Pole bzw. Polaren].

4. Verbindbarkeit der Enden. Wir behaupten nun:

Satz 2 (Existenz der Lote von Enden). *Sind ein Ende und eine Gerade gegeben, welche dem Ende nicht angehört, so gibt es eine Gerade, die dem Ende angehört und auf der gegebenen Geraden senkrecht steht.*

Beweis. Es sei $\mathbf{G}(c_1c_2)$ das gegebene Ende und h die gegebene Gerade mit $h \notin \mathbf{G}(c_1c_2)$. Auf c_1 wähle man einen Punkt O, der nicht auf h liegt. Es sei $(O,h)=d^*$ gesetzt. Durch den Punkt hd^* gibt es nach § 3, Satz 15 eine Gerade a mit $a \in \mathbf{G}(c_1c_2)$.

Ist $a = c_1$, so ist wegen $hd^* \neq O$ auch $a = d^*$, und a eine Gerade mit den in Satz 2 genannten Eigenschaften. Es darf also $a \neq c_1$ angenommen werden. Das gegebene Ende ist dann das Büschel $\mathsf{G}(ac_1)$.

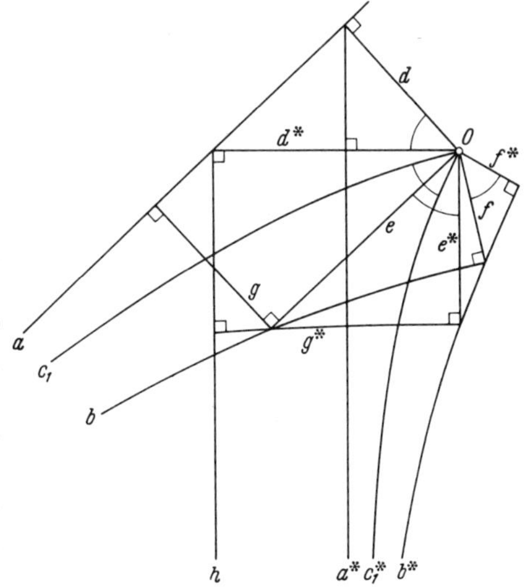

Die Gerade $(O, a) = d$ ist von d^* verschieden [sonst wäre $a = h$ und $h \in \mathsf{G}(c_1c_2)$] und nicht zu d^* senkrecht (sonst wäre $a = d^*$ und damit $a = c_1$). Zu dem Gruppenelement dd^* gehört also eine Halbdrehung um O, die wir mit * bezeichnen. Unser Ziel ist, zu zeigen: h und c_1^* haben ein gemeinsames Lot, und dieses gehört dem gegebenen Ende an. Dieses Ziel erreichen wir durch dreimalige Anwendung der Erweiterung des Lemmas vom Ende, indem wir schrittweise zeigen:

(i) *h, c_1^* sind verbindbar;*

(ii) *h, c_1^* haben ein gemeinsames Lot c;*

(iii) *c gehört dem Ende $\mathsf{G}(ac_1)$ an.*

Beweis von (i). Wir ergänzen die Geraden a, d, c_1 zu einer Lemma-Figur: Es sei g eine von d verschiedene Senkrechte zu a, und es werde $(O, g) = e$, $c_1de = f$, $(ge, f) = b$ gesetzt. Dann gilt $[a, b, g, d, e, f]$ mit $def = c_1$. Da a, c_1 ein Ende bestimmen, liegen nach der Erweiterung des Lemmas a, c_1, b im Büschel.

Wir wenden nun auf die Lemma-Figur die Halbdrehung * an und ersetzen dabei a^* durch h. Dann entsteht eine neue Lemma-Figur: es gilt $[h, b^*, g^*, d^*, e^*, f^*]$ mit $d^*e^*f^* = c_1^*$. Und zwar gelten die Beziehungen $g^* \neq d^*$, $g^* \perp e^*$, $b^* \mathrm{I}\, g^*e^*$, $b^* \perp f^*$, da die entsprechenden Beziehungen für die Geraden ohne Stern gelten. Ferner ist $h \perp d^*$, nach der Definition von d^*, und $h \perp g^*$ nach § 3, Satz 25, angewendet auf die beiden Vierseite d, e, g, a und d^*, e^*, g^*, h.

Wir zeigen nun, daß die neue Lemma-Figur die Eigenschaft hat, daß die Geraden h, c_1^*, b^* nicht im Büschel liegen. Dann liefert die Erweiterung des Lemmas die Behauptung (i).

Angenommen nämlich, h, c_1^*, b^* lägen im Büschel. Da auf Grund der ersten Lemma-Figur die Geraden a, c_1, b und daher auch die Geraden a^*, c_1^*, b^* im Büschel liegen, müßten wegen des Transitivitätssatzes (§ 4, Satz 6) auch die Geraden h, a^*, c_1^* im Büschel liegen (es ist

$c_1^* \neq b^*$, da $c_1 \neq b$ ist). Da $h, a^* \perp d^*$ und $h \neq a^*$ (wegen $d \neq d^*$) gilt, müßte wegen der Umkehrung von Axiom 4 $c_1^* \perp d^*$ sein. Dann wäre aber auch $c_1 \perp d$, und a, c_1 hätten ein gemeinsames Lot, würden also kein Ende bestimmen.

Beweis von (ii). Die Geraden h, c_1^* haben nach (i) einen Punkt oder ein Lot gemein. Wir wollen nun zeigen, daß sie keinen Punkt gemein haben. Wird nämlich mit $^\circ$ die zu dem Gruppenelement d^*d gehörige Halbdrehung um O bezeichnet, so ist $h^\circ = a$, $c_1^{*\circ} = c_1$, also $G(hc_1^*)^\circ = G(ac_1)$. Hätten nun h, c_1^* einen Punkt gemein, so wäre $G(hc_1^*)$, und daher nach § 6, Satz 3 auch $G(ac_1)$ ein eigentliches Geradenbüschel.

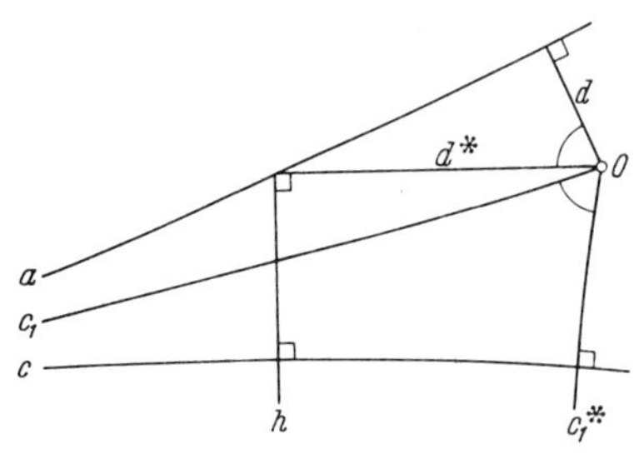

Beweis von (iii). Es gilt $[c, a, h, c_1^*, d^*, d]$ mit $c_1^* d^* d = c_1$. Nach der Erweiterung des Lemmas gehört also c dem Ende $G(ac_1)$ an.

Aus Satz 2 folgern wir

Satz 3 (Verbindbarkeit der Enden). *Je zwei Enden haben eine Gerade gemein.*

Beweis. Es seien $G(c_1c_2)$ und $G(d_1d_2)$ Enden. Gehört c_1 oder c_2 dem Ende $G(d_1d_2)$ an, so ist nichts zu beweisen. Anderenfalls gibt es nach Satz 2 für $i = 1, 2$ Geraden a_i mit $a_i \in G(d_1d_2)$ und $a_i \perp c_i$. Es ist $a_1 \neq a_2$ und $G(d_1d_2) = G(a_1a_2)$. a_1c_1 und a_2c_2 sind verschiedene Punkte. Für ihre Verbindungsgerade $(a_1c_1, a_2c_2) = h$ gilt: $h \notin G(c_1c_2)$. Nach Satz 2 gibt es eine Gerade c mit $c \in G(c_1c_2)$ und $c \perp h$. Es ist dann c_1cc_2 eine Gerade g mit $g \in G(c_1c_2)$, welche nach dem Lotensatz dem Ende $G(a_1a_2)$ angehört.

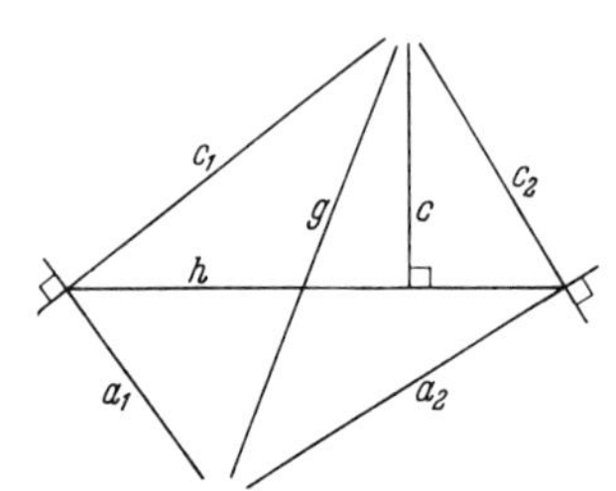

5. Hyperbolische Bewegungsgruppen und *H*-Gruppen. Wir erkennen nun:

Satz 4. *Ist $\mathfrak{G}, \mathfrak{S}$ eine hyperbolische Bewegungsgruppe, so ist $\mathfrak{G}$ eine H-Gruppe.*

Bei diesem Satz ist zu beachten, daß in einer hyperbolischen Bewegungsgruppe in der Gesamtheit der involutorischen Gruppenelemente das System $\mathfrak{S}$ der „Geraden" axiomatisch ausgezeichnet ist. Die Axiome einer *H*-Gruppe aber sind durchweg Aussagen über beliebige involutorische Gruppenelemente. Die Behauptung von Satz 4 ist: Betrachtet man die sämtlichen involutorischen Elemente einer hyperbolischen Bewegungsgruppe (sieht man also von der Unterscheidung in Geraden und

Punkte ab), so gelten für sie die Grundannahme und die Axiome T, $\sim$V, UV1, UV2, durch die die H-Gruppen in § 11,1 definiert wurden.

Beweis von Satz 4. Nach § 3, Satz 16 ist $\mathfrak{G}$ zweispiegelig und erfüllt daher die Grundannahme der H-Gruppen. Nach § 7, Satz 1 gilt für beliebige involutorische Elemente aus $\mathfrak{G}$ das Transitivitätsaxiom T. Aus Axiom $\sim$V* folgt die Gültigkeit von Axiom $\sim$V. Da unverbindbare involutorische Elemente einer hyperbolischen Bewegungsgruppe notwendig Geraden sind, folgt aus Axiom H die Gültigkeit von Axiom UV2 (vgl. den Schluß aus Axiom H am Anfang von 2), und aus Satz 3 die Gültigkeit von Axiom UV1.

Ist $\mathfrak{G}, \mathfrak{S}$ eine hyperbolische Bewegungsgruppe, so ist $\mathfrak{G}$ nicht eine beliebige H-Gruppe. In einer hyperbolischen Bewegungsgruppe gibt es ja als eine Untergruppe vom Index 2 die Untergruppe der geraden Bewegungen. Die involutorischen Elemente dieser Untergruppe sind die Punkte, und das Produkt zweier Punkte ist niemals involutorisch (§ 3, Satz 23). Daher gilt genauer:

Satz 4′. *Ist $\mathfrak{G}, \mathfrak{S}$ eine hyperbolische Bewegungsgruppe, so ist $\mathfrak{G}$ eine H-Gruppe mit einer Untergruppe $\mathfrak{U}$, welche die folgende Eigenschaft besitzt:*

(U) *$\mathfrak{U}$ ist vom Index 2 und enthält nicht zwei involutorische Elemente mit involutorischem Produkt.*

Von diesem Satz gilt auch die Umkehrung:

Satz 5. *Es sei $\mathfrak{G}$ eine H-Gruppe mit einer Untergruppe $\mathfrak{U}$, welche die Eigenschaft* (U) *besitzt. Dann ist die Menge $\mathfrak{S}$ der involutorischen Elemente aus der Nebenklasse von $\mathfrak{U}$ ein Erzeugendensystem von $\mathfrak{G}$, und $\mathfrak{G}, \mathfrak{S}$ eine hyperbolische Bewegungsgruppe.*

Wir geben für diesen Satz einen Beweis, welcher auf der axiomatischen Definition der H-Gruppe fußt und von der Algebraisierung der H-Gruppen (§ 11, Satz 15) keinen Gebrauch macht; wir zeigen rein gruppentheoretisch, daß $\mathfrak{G}, \mathfrak{S}$ das Axiomensystem der hyperbolischen Bewegungsgruppen erfüllen.

Zur Grundannahme: Ist π ein involutorisches Element aus $\mathfrak{U}$, so ist π nach der Grundannahme der H-Gruppen als Produkt von zwei involutorischen Elementen aus $\mathfrak{G}$ darstellbar: $\pi = \sigma'\sigma''$. Wegen (U) müssen σ' und σ'' in $\mathfrak{S}$ liegen. Ein involutorisches Element aus $\mathfrak{G}$ ist also, sofern es nicht schon selbst ein Element aus $\mathfrak{S}$ ist, als Produkt von zwei Elementen aus $\mathfrak{S}$ darstellbar. Daher folgt aus der Grundannahme der H-Gruppen, daß $\mathfrak{S}$ ein Erzeugendensystem von $\mathfrak{G}$ ist. $\mathfrak{S}$ ist invariant; denn da $\mathfrak{U}$ als Untergruppe vom Index 2 Normalteiler in $\mathfrak{G}$ ist, ist $\mathfrak{U}$, also auch die Nebenklasse von $\mathfrak{U}$, und daher auch die Menge $\mathfrak{S}$ der involutorischen Elemente aus der Nebenklasse ein invarianter Komplex in $\mathfrak{G}$.

Für den Nachweis der Gültigkeit des Axioms 1 und auch des Axioms D* ziehen wir die in § 11,7 eingeführte *Menge $\mathfrak{T}$ derjenigen involutorischen Elemente aus $\mathfrak{G}$* heran, *welche singulären Büscheln (Enden) angehören.* Es ist $\mathfrak{T}$ in $\mathfrak{S}$ enthalten. Denn da $\mathfrak{T}$ nach § 11,7, (i) eine Klasse von konjugierten Elementen ist, liegt $\mathfrak{T}$ entweder ganz in $\mathfrak{U}$ oder ganz in der Nebenklasse von $\mathfrak{U}$. Die erste Möglichkeit ist durch (U) ausgeschlossen, da $\mathfrak{T}$ nach § 11,7, (iii) eine Menge von involutorischen Elementen ist, welche Elemente mit involutorischem Produkt enthält.

Zu Axiom 1: Ist π ein involutorisches Element aus $\mathfrak{U}$, so gilt, wie eben bemerkt, $\pi \notin \mathfrak{T}$; ist daher ϱ ein beliebiges involutorisches Element aus $\mathfrak{G}$, so ist π nach der Definition der Menge $\mathfrak{T}$ mit ϱ verbindbar, d.h. es gibt ein involutorisches Element σ in $\mathfrak{G}$, so daß $\pi, \varrho | \sigma$ gilt. Aus $\pi \in \mathfrak{U}$ und $\pi | \sigma$ folgt auf Grund von (U) $\sigma \notin \mathfrak{U}$, also $\sigma \in \mathfrak{S}$.

Zu Axiom 2: Die Gültigkeit des Axioms folgt aus der Eindeutigkeit E einer Verbindung, welche nach § 7, Satz 2 eine Folge des Axioms T ist.

Zu Axiom 3 und 4: Es seien Elemente $\sigma_1, \sigma_2, \sigma_3 \in \mathfrak{S}$ und ein involutorisches Element $\varrho \in \mathfrak{G}$ gegeben, und es gelte $\sigma_1, \sigma_2, \sigma_3 | \varrho$. Nach dem Satz S von den drei Spiegelungen, welcher nach § 7, Satz 2 eine Folge des Axioms T ist, ist $\sigma_1\sigma_2\sigma_3$ involutorisch. Als Produkt von drei Elementen aus der Nebenklasse von $\mathfrak{U}$ liegt $\sigma_1\sigma_2\sigma_3$ in der Nebenklasse von $\mathfrak{U}$, also in $\mathfrak{S}$.

Zu Axiom D*: Nach Axiom $\sim$V gibt es unverbindbare involutorische Elemente τ_1, τ_1'; nach der Definition der Menge $\mathfrak{T}$ liegen sie in $\mathfrak{T}$. Zu τ_1 gibt es nach § 11,7, (iii) in $\mathfrak{T}$ ein Element τ_2 mit $\tau_1 | \tau_2$. τ_1, τ_2, τ_1' liegen in $\mathfrak{S}$ und genügen dem Axiom D*.

Zu Axiom H: Axiom H gilt, sogar als Aussage über beliebige involutorische Elemente, auf Grund der Axiome T und UV2. Es seien involutorische Elemente $\pi, \sigma, \sigma_1, \sigma_2, \sigma_3$ gegeben, es gelte $\pi | \sigma_i$ und es seien σ, σ_i unverbindbar, für $i = 1, 2, 3$. Nach dem Axiom UV2 ist etwa $\sigma_1\sigma_2\sigma$ involutorisch. Dann muß $\sigma_1 = \sigma_2$ sein. Denn anderenfalls müßte wegen $\sigma_1, \sigma_2 | \pi$ nach der Umkehrung U des Satzes von den drei Spiegelungen, welche nach § 7, Satz 2 eine Folgerung des Axioms T ist, $\sigma | \pi$ gelten; dann wäre π eine Verbindung von σ, σ_i.

Aufgaben. 1. Enthält eine Untergruppe vom Index 2 einer beliebigen Gruppe nicht zwei involutorische Elemente mit involutorischem Produkt, so enthält sie von je drei involutorischen Elementen, deren Produkt 1 ist, stets genau eines (und umgekehrt).

2 (Bergau). Gibt es in einer *H*-Gruppe, welche von der $\mathfrak{S}_4$ verschieden ist (vgl. § 11,6, Aufg.), eine Untergruppe vom Index 2, so ist jedes vom Einselement verschiedene Element der Untergruppe als Produkt von drei involutorischen Elementen der Untergruppe darstellbar. Daher ist in jeder hyperbolischen Bewegungsgruppe jede von der Identität verschiedene gerade Bewegung als Produkt von drei Punktspiegelungen darstellbar.

6. Forderungen, die mit dem hyperbolischen Axiom H äquivalent sind. Um die Einsicht in den Zusammenhang der Sätze der hyperbolischen Geometrie, welche in unserem Aufbau eine tragende Rolle spielten, zu vervollständigen, wollen wir nach Bergau anhangsweise zeigen, daß das Lemma vom Ende, der Satz 2 über die Existenz der Lote von Enden und der Satz 3 über die Verbindbarkeit der Enden, unter Voraussetzung der Axiome der absoluten Geometrie, je mit dem hyperbolischen Axiom H äquivalent sind.

Wir formulieren die Sätze in der Terminologie der absoluten Geometrie:

Lemma E. *Sind a,b unverbindbar und gilt $[a,b,g,d,e,f]$ und wird $def=c$ gesetzt, so ist acb eine Gerade.*

Satz 2. *Sind a,b unverbindbar und ist abc keine Gerade, so gibt es ein u, so daß abu eine Gerade und $c\perp u$ ist.*

Satz 3. *Sind weder a,b noch c,d verbindbar, so gibt es ein v, so daß abv und cdv Geraden sind.*

Für die so formulierten Sätze behaupten wir:

Satz 6. *Unter Voraussetzung des Axiomensystems aus* § 3,2 *sind Axiom* H, *Lemma* E, *Satz* 2, *Satz* 3 *untereinander äquivalent.*

Gilt Axiom V*, so sind alle diese Aussagen trivialerweise gültig, da ihre Voraussetzungen niemals erfüllt sind. Wir setzen also Axiom $\sim$V* als gültig voraus. Damit gilt auch Axiom $\sim$P; insbesondere ist das Lot von einem Punkt auf eine Gerade durchweg eindeutig.

In 1—4 wurde gezeigt: *Aus Axiom* H *folgt Lemma* E (dabei wurde benutzt: Aus Axiom H folgt Axiom $\sim$R), *aus Lemma* E (genauer aus der Erweiterung des Lemmas, welche aber aus dem Lemma folgt) *folgt Satz* 2, *aus Satz* 2 *folgt Satz* 3. Es soll nun gezeigt werden, daß auch die umgekehrten Schlüsse möglich sind.

I) *Aus Satz* 3 *folgt Satz* 2.

Der Beweis verläuft wie der Beweis der zweiten Aussage von § 11, Satz 7, angewendet auf das Geradenbüschel $\mathbf{G}(ab)$ mit $c\notin\mathbf{G}(ab)$ und das Lotbüschel $\mathbf{G}(c)$.

II) *Aus Satz* 2 *folgt Lemma* E.

Wir betrachten zunächst die folgende Teilaussage der Erweiterung des Lemmas E:

Lemma E'. *Es gelte $[a,b,g,d,e,f]$ und es sei $def=c$ gesetzt. Sind a,c unverbindbar, so ist acb eine Gerade.*

und behaupten:

Aus Lemma E' *folgt Lemma* E.

Offenbar genügt es, für die Lemma-Figur $[a,b,g,d,e,f]$ mit $def=c$ zu zeigen: Sind a,c verbindbar, so sind a,b verbindbar. Wir beweisen diese Aussage: Es sei σ ein involutorisches Element mit $a,c\,|\,\sigma$. Wegen $g,d,\sigma\,|\,a$ ist nach Axiom 4 und seiner Ergänzung (§ 3, Satz 9) oder nach § 3, Satz 12 und seiner Ergänzung $gd\sigma$ ein involutorisches Element ϱ mit $\varrho\,|\,a$. Da wegen $f(eg)\varrho=f(eg)(gd\sigma)=c\sigma$ das Produkt $f(eg)\varrho$ involutorisch ist, schließt man aus $f,eg\,|\,b$ mit § 3, Satz 11 oder Satz 12 auf $\varrho\,|\,b$. Also gilt $\varrho\,|\,a,b$.

Nach dieser Zwischenbemerkung genügt es, Lemma E' zu beweisen.

Es gelte $[a,b,g,d,e,f]$ und es sei $def=c$ gesetzt. Es seien a,c unverbindbar. Angenommen, acb wäre keine Gerade. Dann gibt es nach Satz 2 eine Gerade u, so daß acu eine Gerade und $u\perp b$ ist. Nach § 3, Satz 12 ist dann $uf(eg)$ ein Punkt

Q. Da

$$acu = a \cdot cf \cdot (eg)Q = a \cdot de \cdot (eg)Q = (ad)gQ$$

eine Gerade ist, gilt wegen $ad, g \mid a$ nach § 3, Satz 11 $Q \mathrm{I} a$. Wegen $d, g, Q \mid a$ ist dann nach § 3, Satz 12 dgQ, und wegen der Gleichung $dgQ = cu$, die aus der vorstehenden folgt, cu ein Punkt. cu wäre eine Verbindung von a, c.

III) *Aus Lemma* E *folgt Axiom* H.

Zu einem Punkt P und einer Geraden a konstruiere man folgende Figur: Man fälle das Lot $(P, a) = g$, errichte die Senkrechte $Pg = e$, wähle auf e einen Punkt $O \neq P$, und fälle die Lote $(O, a) = d$ (es wird $d \neq g$) und $(ad, e) = h$.

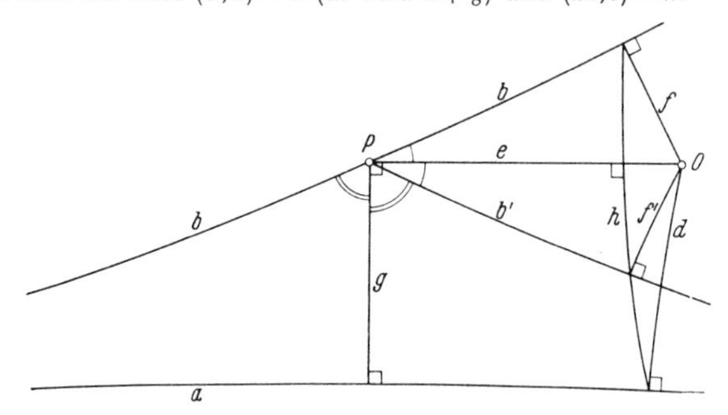

Es sei nun b eine Gerade durch P, welche mit a unverbindbar ist. Wir behaupten: Fällt man das Lot $(O, b) = f$, so liegt sein Fußpunkt fb nach dem Lemma E auf h. Nach dem Lemma ist nämlich $a(def)b$, also $(ad)e(fb)$ eine Gerade, und daher folgt die Behauptung aus § 3, Satz 11.

Es sei $b' \neq b$ eine weitere Gerade durch P, welche mit a unverbindbar ist. Wie eben gilt: Fällt man das Lot $(O, b') = f'$, so liegt sein Fußpunkt $f'b'$ auf h.

Da b, b' zwei verschiedene Geraden durch P und auf sie von dem von P verschiedenen Punkt O Lote f, f' gefällt sind, sind die Fußpunkte $fb, f'b'$ der Lote wegen Axiom 2 verschieden.

Bildet man nun in dem Punkt P die vierte Spiegelungsgerade $beb' = e'$, so ist $(fb)e'(b'f') = fef'$ eine Gerade, da $f, e, f' \mathrm{I}\, O$ gilt. Daher ist nach § 3, Satz 11 $e' \perp h$. e, e' sind also Geraden durch P, welche beide auf h senkrecht stehen. Daher ist $e = e'$, also $b' = b^e$, und damit auch $b' = b^g$.

Auf Grund des Lemmas E gilt also: Je zwei verschiedene Geraden durch P, welche beide mit a unverbindbar sind, liegen spiegelbildlich in bezug auf das von P auf a gefällte Lot. Diese Aussage ist mit Axiom H gleichwertig.

Unter Voraussetzung des Axiomensystems aus § 3,2 ist offenbar, da unverbindbare involutorische Elemente notwendig Geraden sind, der Satz 3 gleichwertig mit dem Axiom UV 1 über beliebige involutorische Elemente. Entsprechend ist das Axiom H gleichwertig mit dem Axiom UV2: Aus H folgt UV2, da unverbindbare involutorische Elemente Geraden sind, mit dem am Anfang von 2 angewendeten Schluß; aus UV2 folgt H, wie im Beweis von Satz 5, wobei nicht die allgemeine Umkehrung des Satzes von den drei Spiegelungen, sondern nur die Umkehrung von Axiom 3 anzuwenden ist.

Daher gilt zu Satz 6 das

Korollar. *Unter Voraussetzung des Axiomensystems aus* § 3,2 *sind die Axiome* UV 1 *und* UV 2 *über beliebige involutorische Elemente äquivalent.*

§ 15. Darstellung der hyperbolischen Bewegungsgruppen durch binäre lineare Gruppen

1. Darstellung der hyperbolischen Bewegungsgruppen. Es sei $\mathfrak{G}, \mathfrak{S}$ eine hyperbolische Bewegungsgruppe. Nach § 14, Satz 4 ist $\mathfrak{G}$ eine H-Gruppe. Daher lehrt § 11, 1—5: Für die Enden der hyperbolischen Bewegungsgruppe, die, wie in § 14,2 bemerkt, mit den Enden der H-Gruppe $\mathfrak{G}$ übereinstimmen, kann man eine Addition und eine Multiplikation einführen und gelangt zu einem Körper K von Charakteristik $\neq 2$, dem Endenkörper; und es gilt: $\mathfrak{G}$ ist isomorph zu der Gruppe $L_2(K)$ über dem Endenkörper K.

Nach § 14, Satz 4′ besitzt $\mathfrak{G}$, und daher auch die zu $\mathfrak{G}$ isomorphe Gruppe $L_2(K)$ eine Untergruppe mit der Eigenschaft (U), und es ist nun die Bedeutung dieser Tatsache zu untersuchen. Sie hat, wie wir zeigen wollen, zur Folge, daß der Endenkörper K geordnet ist.

Hierzu denken wir uns eine *beliebige Gruppe* $L_2(K)$ *über einem Körper* K *von Charakteristik* $\neq 2$ gegeben, *welche eine Untergruppe* $\mathfrak{U}$ *mit der Eigenschaft* (U) *enthält.* Die Elemente α der Gruppe $L_2(K)$ schreiben wir in der Form

$$\alpha = r\begin{pmatrix} a & b \\ c & d \end{pmatrix} \quad \text{mit } \Delta(\alpha) = \{ad - bc\} \neq \{0\}, \tag{1}$$

wobei kleine lateinische Buchstaben Elemente aus K bezeichnen. r ist ein Proportionalitätsfaktor $\neq 0$. Die Determinante $\Delta(\alpha)$ ist eine Quadratklasse aus K.

Wir werden von der folgenden, bereits in § 10, Satz 8 enthaltenen Tatsache Gebrauch machen:

Hilfssatz. *In jeder Gruppe* $L_2(K)$ *über einem Körper* K *von Charakteristik* $\neq 2$ *ist jedes Gruppenelement mit Determinante* $\{1\}$ *ein Quadrat.*

Beweis des Hilfssatzes. Ist α ein Element (1) mit $\Delta(\alpha) = \{1\}$, so zeigt die Identität

$$\begin{pmatrix} a \pm \sqrt{\Delta} & b \\ c & d \pm \sqrt{\Delta} \end{pmatrix}^2 = \left(a + d \pm 2\sqrt{\Delta}\right)\begin{pmatrix} a & b \\ c & d \end{pmatrix} \quad \text{mit } \Delta = ad - bc,$$

daß α ein Quadrat ist (da $\Delta \neq 0$ ist, hat von den beiden Werten $\pm\sqrt{\Delta}$ wenigstens einer die Eigenschaft, daß $a + d \pm 2\sqrt{\Delta} \neq 0$ ist).

Ordnet man jedem Element α aus der gegebenen Gruppe $L_2(K)$ seine Determinante $\Delta(\alpha)$ zu, so ist dies eine homomorphe Abbildung der Gruppe $L_2(K)$ auf die Gruppe der von $\{0\}$ verschiedenen Quadratklassen aus K (die Faktorgruppe der multiplikativen Gruppe von K nach der Untergruppe der Quadrate). Der Kern des Homomorphismus besteht aus den Gruppenelementen mit Determinante $\{1\}$, und liegt in der

Untergruppe $\mathfrak{U}$, da nach dem Hilfssatz jedes Element α mit $\Delta(\alpha)=\{1\}$ ein Quadrat in der Gruppe $L_2(K)$ ist und eine Untergruppe vom Index 2 stets alle Quadrate enthält. Daher wird durch die Abbildung $\alpha\to\Delta(\alpha)$ der Untergruppe $\mathfrak{U}$ eine Untergruppe vom Index 2 in der Quadratklassengruppe von K zugeordnet.

Wir nennen nun ein Element $u\neq 0$ aus K *positiv* bzw. *negativ*, je nachdem $\{u\}$ dieser Untergruppe vom Index 2 oder ihrer Nebenklasse angehört. *Die positiven Elemente bilden dann eine Untergruppe vom Index 2 in der multiplikativen Gruppe von K, und die negativen Elemente die Nebenklasse*; die Einteilung der von Null verschiedenen Elemente aus K in positive und negative hat also die multiplikative Eigenschaft, daß das Produkt von zwei positiven und das Produkt von zwei negativen Elementen stets positiv, und das Produkt eines positiven und eines negativen Elementes stets negativ ist.

Die Tatsache, daß $\mathfrak{U}$ nicht zwei involutorische Elemente mit involutorischem Produkt enthält, nutzen wir nun aus, um zu zeigen:

1) -1 *ist negativ*; 2) *Ist u positiv, so ist $1+u$ positiv*

Zum Nachweis von 1) betrachten wir die involutorischen Elemente

$$r\begin{pmatrix}1 & 0\\ 0 & -1\end{pmatrix},\quad r\begin{pmatrix}0 & 1\\ 1 & 0\end{pmatrix}.$$

Ihr Produkt ist involutorisch. Beide haben die Determinante $\{-1\}$. Wäre also -1 positiv, so lägen beide in $\mathfrak{U}$, und es gäbe in $\mathfrak{U}$ zwei involutorische Elemente mit involutorischem Produkt.

Zum Nachweis von 2) betrachten wir bei gegebenem $u\neq 0, -1$ die involutorischen Elemente

$$r\begin{pmatrix}0 & -u\\ 1 & 0\end{pmatrix},\quad r\begin{pmatrix}1 & u\\ 1 & -1\end{pmatrix}.$$

Ihr Produkt ist involutorisch. Die Determinanten sind $\{u\}$, $\{-(1+u)\}$. Ist u positiv, so liegt das erste Element in $\mathfrak{U}$, und da $\mathfrak{U}$ nicht zwei involutorische Elemente mit involutorischem Produkt enthält, das zweite nicht in $\mathfrak{U}$. Also ist $-(1+u)$ negativ, und daher, weil -1 nach 1) negativ und das Produkt von zwei negativen Elementen positiv ist, $1+u$ positiv.

Gelten für eine Einteilung der von Null verschiedenen Elemente eines Körpers in „positive" und „negative" die oben genannte multiplikative Eigenschaft und 1) und 2), so ist für jedes $a\neq 0$ von den beiden Elementen a, $-a$ eines positiv und das andere negativ, und ferner die Summe und das Produkt von zwei positiven Elementen stets positiv; die Einteilung ist also eine Anordnung des Körpers.

Es ist daher folgender Satz bewiesen:

Satz 1. *Enthält die Gruppe $L_2(K)$ über einem Körper K von Charakteristik $\neq 2$ eine Untergruppe $\mathfrak{U}$ mit der Eigenschaft* (U), *und bezeichnet man ein Element u aus K als positiv, wenn $\{u\}$ Determinante eines Elementes aus $\mathfrak{U}$ ist, so ist dadurch eine Anordnung von K erklärt.*

Somit führen uns Satz 4′ aus § 14 und Satz 15 aus § 11 insgesamt zu dem folgenden Ergebnis der Begründung der hyperbolischen Geometrie:

Satz 2. *Ist $\mathfrak{G}, \mathfrak{S}$ eine hyperbolische Bewegungsgruppe, so ist die Gruppe $\mathfrak{G}$ darstellbar als die Gruppe $L_2(K)$ über dem Endenkörper K. K besitzt eine Anordnung, so daß gilt: Die geraden Bewegungen werden dargestellt durch die Elemente der $L_2(K)$ mit positiver Determinante, die ungeraden Bewegungen werden dargestellt durch die Elemente mit negativer Determinante; die Elemente des Systems $\mathfrak{S}$ (die Geradenspiegelungen) werden dargestellt durch die involutorischen Elemente der $L_2(K)$ mit negativer Determinante.*

Von diesem Satz gilt die folgende Umkehrung:

Satz 3. *Jede Gruppe $L_2(K)$ über einem geordneten Körper K ist, mit den involutorischen Elementen negativer Determinante als Erzeugendensystem, eine hyperbolische Bewegungsgruppe.*

Die Gültigkeit dieses Satzes kann unmittelbar aus dem Theorem 8 (§ 10) entnommen werden. Es ist nur ergänzend zu zeigen, daß die Zusatzaxiome $\sim$V* und H erfüllt sind. Paarweise unverbindbar sind z.B. die involutorischen Elemente

$$r\begin{pmatrix}1 & b\\ 0 & -1\end{pmatrix} \tag{2}$$

(es sind die Elemente des Endes Unendlich); ihre Determinante ist $\{-1\}$. Daher gilt Axiom $\sim$V*. Daß Axiom H gilt, ergibt sich wie im Beweis von § 14, Satz 5 aus den Axiomen T und UV2, die ja in der Gruppe $L_2(K)$ gültig sind (§ 11, Satz 16).

Zweiter Beweis von Satz 3. Da die Gruppe $L_2(K)$ eine H-Gruppe ist (§ 11, Satz 16), können wir die Gültigkeit von Satz 3 aus § 14, Satz 5 erschließen. Es ist nur zu zeigen, *daß in der Gruppe $L_2(K)$ über einem geordneten Körper die Elemente mit positiver Determinante eine Untergruppe mit der Eigenschaft* (U) *bilden.* Die Elemente mit positiver Determinante bilden gewiß eine Untergruppe vom Index 2. Es bleibt für die involutorischen Elemente π, σ der gegebenen Gruppe $L_2(K)$ zu zeigen:

Gilt $\pi | \sigma$ und ist $\Delta(\pi)$ positiv, so ist $\Delta(\sigma)$ negativ.

Wir nehmen zunächst an, daß π die spezielle Gestalt

$$\pi' = r\begin{pmatrix} 0 & b' \\ 1 & 0 \end{pmatrix} \quad \text{mit } b' \neq 0$$

hat. Die Elemente σ', für die $\pi' | \sigma'$ gilt, haben dann, wie man leicht bestätigt, die Gestalt

$$\sigma' = r\begin{pmatrix} 1 & 0 \\ 0 & -1 \end{pmatrix} \quad \text{oder} \quad \sigma' = r\begin{pmatrix} a & -b' \\ 1 & -a \end{pmatrix} \quad \text{mit } -a^2 + b' \neq 0.$$

Offenbar gilt: Ist $\Delta(\pi')$ positiv, so ist $\Delta(\sigma')$ negativ.

Nach einer in § 11 vor Satz 14* gemachten Bemerkung ist jedes involutorische Element π, sofern es nicht eines von den Elementen (2) ist, die als Elemente mit Determinante $\{-1\}$ hier außer Betracht bleiben dürfen, in ein Element π' transformierbar. Bei dieser Transformation gehen die Elemente σ, für die $\pi | \sigma$ gilt, in die Elemente σ' über, für die $\pi' | \sigma'$ gilt. Und da beim Transformieren die Determinanten (als Quadratklassen) ungeändert bleiben, gilt also: Ist $\Delta(\pi)$ positiv, so ist $\Delta(\sigma)$ negativ.

Nach den Sätzen 2 und 3 stellen die Gruppen $L_2(K)$ über geordneten Körpern, mit den involutorischen Elementen negativer Determinante als Erzeugenden, genau die sämtlichen hyperbolischen Bewegungsgruppen dar.

Die Gruppe $L_2(K)$ über einem beliebigen Körper K von Charakteristik $\neq 2$ läßt sich nach § 10, Satz 9′ als die Bewegungsgruppe der hyperbolischen projektiv-metrischen Ebene auffassen, die man erhält, indem man in der projektiven Ebene über K, deren Punkte mit $r\mathfrak{a} = r(a, b, c)$ bezeichnet seien, den Kegelschnitt

$$g_0(\mathfrak{a}, \mathfrak{a}) = -(a^2 + bc) = 0 \tag{3}$$

als absoluten Kegelschnitt auszeichnet. Jedem involutorischen Element der $L_2(K)$, also jedem Element (1) mit $d = -a$, entspricht dabei die harmonische Homologie mit dem Punkt $r\mathfrak{a}$ als Zentrum und seiner Polaren als Achse. Die Determinante des involutorischen Elementes ist der Formwert $\{g_0(\mathfrak{a}, \mathfrak{a})\}$ des Zentrums.

Auf Grund von Satz 2 ist jede hyperbolische Bewegungsgruppe in dieser Weise als Bewegungsgruppe einer hyperbolischen projektiv-metrischen Ebene über einem geordneten Körper darstellbar. Dabei entsprechen den Punktspiegelungen aus der hyperbolischen Bewegungsgruppe die harmonischen Homologien, deren Zentren im Inneren des absoluten Kegelschnittes liegen, und den Geradenspiegelungen aus der hyperbolischen Bewegungsgruppe die harmonischen Homologien, deren Achsen Punkte aus dem Inneren des absoluten Kegelschnittes enthalten.

Die Punkte und die Geraden einer hyperbolischen Ebene lassen sich also stets in der projektiven Ebene über einem gewissen geordneten Körper durch die Punkte, welche im Inneren eines Kegelschnittes liegen, und durch die Geraden, welche Punkte aus dem Inneren des Kegelschnittes enthalten, repräsentieren: von jeder hyperbolischen Ebene im Sinne unseres Axiomensystems gibt es ein „KLEINsches Modell".

Umgekehrt liefert nach Satz 3 das Innere eines Kegelschnittes in der projektiven Ebene über einem beliebigen geordneten Körper eine hyperbolische Ebene im Sinne unseres Axiomensystems.

Die Körper, welche die Eigenschaft haben, daß die zugehörige Gruppe $L_2(K)$ bei geeigneter Wahl des Erzeugendensystems eine hyperbolische Bewegungsgruppe darstellt, sind genau die anordenbaren, also die formal-reellen Körper. Ist K ein solcher, so gibt es zu jeder Anordnung von K ein System involutorischer Elemente der Gruppe $L_2(K)$, welche bei dieser Anordnung negative Determinante haben. Jedes dieser Systeme ist nach Satz 3 ein Erzeugendensystem, mit dem die Gruppe $L_2(K)$ eine hyperbolische Bewegungsgruppe bildet. Die Gruppe allein bestimmt also im allgemeinen noch nicht die Einteilung der involutorischen Elemente in „Geraden" und „Punkte"; diese Einteilung kann im allgemeinen auf verschiedene Weise, je nach den verschiedenen Anordnungen von K, getroffen werden. Da es jedoch Elemente von K gibt, welche bei jeder Anordnung von K negativ bzw. bei jeder Anordnung von K positiv sind, gibt es in der Gruppe $L_2(K)$ auch involutorische Elemente, welche stets Geraden bzw. stets Punkte sind. Zum Beispiel sind die involutorischen Elemente mit der Determinante $\{-1\}$ stets Geraden, die mit der Determinante $\{1\}$ stets Punkte; faßt man die Gruppe $L_2(K)$, wie oben geschildert, als Bewegungsgruppe einer projektiv-metrischen Ebene über K auf, so entsprechen den ersteren die harmonischen Homologien, deren Achsen Treffgeraden des absoluten Kegelschnittes (3) sind, und den letzteren die harmonischen Homologien, deren Zentren Schnittpunkte von zwei orthogonalen Treffgeraden sind.

Es ist nun auf Grund von § 10, Satz 9 klar, wie sich die hyperbolischen Bewegungsgruppen durch die eigentlich-orthogonalen Gruppen mit ternärer nicht-nullteiliger Form über geordneten Körpern darstellen; an die Stelle der Determinante eines Elementes der $L_2(K)$ tritt jetzt die Norm einer eigentlich-orthogonalen Transformation.

Wir fassen unsere Ergebnisse über die Darstellungen der hyperbolischen Bewegungsgruppen zusammen:

THEOREM 11. *Die folgenden Gruppen stimmen als erzeugte Gruppen überein:*

1) *Die hyperbolischen Bewegungsgruppen* $\mathfrak{G}, \mathfrak{S}$;

2) *Die H-Gruppen mit einer Untergruppe, welche die Eigenschaft* (U) *besitzt; Erzeugende: die involutorischen Elemente aus der Nebenklasse der Untergruppe mit der Eigenschaft* (U)*;*

3) *Die linearen Gruppen* $L_2(K)$, *mit K geordnet; Erzeugende: die involutorischen Elemente mit negativer Determinante;*

4) *Die Gruppen* $O_3^+(K,F)$, *mit K geordnet und F ternär und nicht nullteilig; Erzeugende: die Spiegelungen an den Geraden des metrischen Vektorraumes, die bei normierter Form F negativen Formwert haben (die Spiegelungen mit negativer Norm);*

5) *Die Faktorgruppen der multiplikativen Gruppen der Quaternionensysteme* $Q(K;-1,-1)$, *mit K geordnet, nach ihren Zentren; Erzeugende: die Klassen proportionaler reiner Quaternionen mit negativer Norm.*

2. Hyperbolische Bewegungsgruppen, in denen jede Gerade Enden angehört. In den hyperbolischen Ebenen, die durch das Axiomensystem aus § 14,1 definiert sind, gibt es stets Geraden, zu denen man durch jeden nicht auf ihnen gelegenen Punkt zwei hyperbolische Parallelen ziehen kann. Daß wie in der klassischen hyperbolischen Geometrie jede Gerade diese Eigenschaft hat, also Enden angehört, ist eine weitergehende axiomatische Forderung, die man etwa als Verschärfung des Axioms $\sim$V* folgendermaßen aussprechen kann: Zu jeder Geraden gibt es eine mit ihr unverbindbare Gerade. Man kann die hyperbolischen Bewegungsgruppen, in denen jede Gerade Enden angehört, auch axiomatisch kennzeichnen, indem man zu dem Axiomensystem aus § 3,2 das folgende Axiom hinzufügt:

Axiom H*. *Ist* $P \not{I} g$, *so gibt es genau zwei Geraden* a,b *mit* $a,b \mathrel{I} P$, *so daß* a,g *und* b,g *unverbindbar sind.*

Es sei nun eine hyperbolische Bewegungsgruppe gegeben, in der jede Gerade Enden angehört. Da Geraden, welche Enden angehören, nach § 11,7,(i) stets ineinander transformierbar, ja sogar durch ein involutorisches Gruppenelement ineinander transformierbar sind, sind jetzt je zwei Geraden ineinander beweglich, sogar ineinander spiegelbar. Es gibt zu zwei Geraden a,b genauer stets eine Gerade c, welche a in b spiegelt, für die also $a^c=b$ gilt; denn gibt es einen Punkt C mit $a^C=b$, so haben a und b ein gemeinsames Lot v durch C, und es gilt $a^c=b$ für die in C auf v errichtete Senkrechte $c=Cv$. Je zwei Geraden haben also eine Mittellinie.

Stellt man eine hyperbolische Bewegungsgruppe, in der jede Gerade Enden angehört, als die Gruppe $L_2(K)$ über ihrem geordneten Endenkörper dar, so wird jede Gerade nach § 11,7 durch ein involutorisches Element der $L_2(K)$ dargestellt, dessen Determinante $\{-1\}$ ist. Da jede Quadratklasse $\neq \{0\}$ des Körpers K Determinante eines involutorischen Elementes der $L_2(K)$ ist, ist dann $\{-1\}$ die einzige negative, und daher $\{1\}$ die einzige positive Quadratklasse aus K. K ist also ein geordneter Körper mit genau zwei Quadratklassen $\neq \{0\}$; insbesondere ist K nur auf eine Weise anordenbar. Es ergibt sich:

Satz 4. *In einer hyperbolischen Bewegungsgruppe gehört dann und nur dann jede Gerade Enden an, wenn in dem geordneten Endenkörper jedes positive Element Quadrat ist.*

Unter Voraussetzung der Axiome der hyperbolischen Bewegungsgruppen aus § 14,1 sind die folgenden Existenzforderungen untereinander äquivalent:

1) Jede Gerade gehört Enden an;

2) Alle Geraden sind ineinander beweglich;

3) Alle Punkte sind ineinander beweglich;

4) Jede Punktspiegelung ist Quadrat (Jeder rechte Winkel ist halbierbar);

5) Jede gerade Bewegung ist Quadrat;

6) Es besteht freie Beweglichkeit.

Denn alle diese Forderungen folgen aus der ersten: Wie wir gesehen haben, folgt aus 1), daß je zwei Geraden eine Mittellinie haben; hieraus folgen alle Forderungen 2) bis 6) (vgl. die Note über freie Beweglichkeit).

Man muß sich nur noch davon überzeugen, daß keine der Forderungen 2) bis 6) schwächer ist als 1). Aus 6) folgt 2), und aus 2) folgt 1). Aus jeder der Forderungen 3), 5) folgt 4) [für den Schluß von 3) auf 4) beachte man, daß es Punktspiegelungen gibt, welche Quadrat sind; denn unter den Geraden, welche Enden angehören, gibt es Paare orthogonaler, und die Geraden eines solchen Paares sind ineinander spiegelbar]. Aus 4) folgt, mit der Darstellung durch die $L_2(K)$, daß $\{1\}$ die einzige positive Quadratklasse des geordneten Endenkörpers K ist, und damit 1), nach Satz 4.

Literatur zu Kapitel V. Hilbert [2], Bergau [1], Klingenberg [2]. Gerretsen [1] behandelt die hyperbolische Trigonometrie auf der Grundlage der Endenrechnung.

Kapitel VI

Elliptische Geometrie

Unter den speziellen Geometrien, die sich im Rahmen der absoluten Geometrie definieren lassen, ist die elliptische Geometrie durch ihre Einfachheit ausgezeichnet: In den elliptischen Ebenen stimmen Geraden- und Punktspiegelungen überein, und für diese Spiegelungen gelten die Gesetze über die Grundrelationen aus § 3,1 in ihrer reinsten und allgemeinsten Form. Die elliptischen Bewegungsgruppen lassen sich nach § 7,2 kennzeichnen als aus ihren involutorischen Elementen erzeugbare Gruppen, in denen das Transitivitätsgesetz T und das Verbindbarkeitsgesetz V gelten und in denen es kein involutorisches Zentrumselement gibt. Diese Kennzeichnung nehmen wir als axiomatische Basis.

Wir führen in diesem Kapitel die Begründung der elliptischen Geometrie nochmals für sich durch.

Das zweite Ziel des Kapitels ist, ein neues methodisches Hilfsmittel einzuführen: Während wir in der Gruppenebene nur die involutorischen Elemente einer elliptischen Bewegungsgruppe als geometrische Objekte darstellten, konstruieren wir nun eine umfassendere geometrische Struktur, einen „*Gruppenraum*", in dem die sämtlichen Gruppenelemente als Objekte auftreten. Der Gruppenraum soll dazu dienen, die Theorie der elliptischen Bewegungsgruppen, deren Gegenstand ja nicht nur die Spiegelungen, sondern auch beliebige Produkte von Spiegelungen sind, — insbesondere kann der Beweis eines Satzes über Elemente der Gruppenebene durch Einführung nicht-involutorischer Hilfselemente gelingen — in ihrem vollen Umfang geometrisch zu interpretieren.

Der Gruppenraum wird rein gruppentheoretisch aus den axiomatisch gegebenen Eigenschaften der elliptischen Bewegungsgruppe konstruiert. Diese Konstruktion geht auf REIDEMEISTER zurück, der zusammen mit PODEHL gezeigt hat, wie man auf dem Wege über die Einbettung der elliptischen Gruppenebene in den Gruppenraum die Gültigkeit der projektiven Schließungssätze für die Gruppenebene beweisen kann. REIDEMEISTER und PODEHL gingen allerdings von Axiomen einer elliptischen Ebene aus, welche nicht als Aussagen über Spiegelungen formuliert waren. Später hat ARNOLD SCHMIDT ein kurzes Axiomensystem der elliptischen Bewegungsgruppen angegeben, in welchem er neben der Gruppenmultiplikation die Verbindung von zwei verschiedenen involutorischen Elementen als zweite Grundverknüpfung verwendete, und hat von dieser Basis aus den Gruppenraum konstruiert. Im Rahmen einer umfassenden Untersuchung über die elliptischen Bewegungsgruppen hat dann BAER die Konstruktion des Gruppenraumes von Axiomen über das J-Symbol ausgehend durchgeführt.

Der Gruppenraum einer elliptischen Bewegungsgruppe verdient als *dreidimensionaler elliptischer Raum* auch selbständiges Interesse. Die Geometrie dieses Raumes ist ein reizvolles Anwendungsgebiet der gruppentheoretischen Methode. Zu seiner Förderung hat BOCZECK beigetragen.

Schließlich sei bemerkt, daß in der analytischen Theorie der geometrischen Transformationsgruppen der Gruppenraum der Bewegungsgruppen der ordinären projektiv-metrischen Ebenen wohlbekannt ist; er wird auch die STEPHANOS-CARTANsche Darstellung genannt. Auf Grund der Algebraisierung dieser Bewegungsgruppen kann man ja jeder Bewegung die Komponenten eines bis auf einen Proportionalitätsfaktor bestimmten Quaternions nicht verschwindender Norm als vier homogene Parameterwerte aus einem Körper zuordnen (§ 10,2), und damit die Bewegungen durch Punkte eines dreidimensionalen projektiven, durch die Normenform metrisierten „Parameter-Raumes" repräsentieren. (Im hyperbolischen Fall bilden die Punkte, in denen die Norm Null ist, eine quadratische Fläche vom Regulus-Typ; diese Punkte repräsentieren keine Bewegungen.)

§ 16. Begründung der elliptischen Geometrie

1. Elliptische Bewegungsgruppen und ihre Gruppenebenen. Wir erinnern zunächst an unsere Grundrelationen zwischen involutorischen Gruppenelementen $a,b,c,\ldots$: die zweistellige Relation

(1) ab ist involutorisch, abgekürzt $a|b$,

welche in jeder Gruppe symmetrisch und irreflexiv ist, und die dreistellige Relation

(2) abc ist involutorisch,

welche in jeder Gruppe reflexiv und symmetrisch ist (vgl. § 3,1).

Eine *elliptische Bewegungsgruppe* definieren wir durch das folgende Axiomensystem (§ 7,2):

Grundannahme. *Es sei* $\mathfrak{G}$ *eine aus ihren involutorischen Elementen erzeugbare Gruppe, in der kein involutorisches Element mit allen involutorischen Elementen vertauschbar ist.*

Die involutorischen Elemente aus $\mathfrak{G}$ seien mit kleinen lateinischen Buchstaben bezeichnet.

Axiom T. *Ist* $a \neq b$ *und sind* abc, abd *involutorisch, so ist* acd *involutorisch.*

Axiom V. *Zu* a,b *gibt es stets ein* c *mit* $a,b|c$.

Da die Relation (2) wegen des Axioms T in der Gruppe $\mathfrak{G}$ auch transitiv ist, kann man mit ihr in der Menge der involutorischen Elemente von $\mathfrak{G}$ Teilmengen bilden, welche die folgenden Eigenschaften haben: Zwischen je drei Elementen einer Teilmenge besteht die Relation (2), zwei verschiedene Teilmengen haben höchstens ein Element gemein. Ist $a \neq b$, so bestimmen a,b eine solche Teilmenge; sie besteht aus allen Elementen c, für welche abc involutorisch ist. Wir bezeichnen diese Menge von involutorischen Elementen mit $J(ab)$. (Vgl. § 4,5 und § 7,3.)

Wie in § 7,2 gezeigt wurde, folgt aus dem Axiomensystem, daß die Gruppe $\mathfrak{G}$ zweispiegelig ist:

Satz 1. *Jedes Element aus* $\mathfrak{G}$ *ist als Produkt von zwei involutorischen Elementen darstellbar.*

Beliebige Elemente aus $\mathfrak{G}$ seien mit kleinen griechischen Buchstaben bezeichnet. Definieren wir nun, für ein beliebiges Element $\alpha \neq 1$, $J(\alpha)$ als die *Menge der Elemente* c, *für welche* αc *involutorisch ist*, so gilt:

Satz 1'. *Jede Menge* $J(\alpha)$ *ist einer Menge* $J(ab)$ *gleich.*

Da die Menge $J(ab)$ mindestens die beiden Elemente a,b enthält, enthält jede Menge $J(\alpha)$ wenigstens zwei verschiedene Elemente; auf Grund der Eigenschaften der Teilmengen-Bildung gelten die beiden Sätze:

Satz 2. *Aus* $u, v, w \in J(\alpha)$ *folgt* $uvw \in J(\alpha)$.

Satz 3. *Aus* $u \neq v$ *und* $u, v \in J(\alpha), J(\beta)$ *folgt* $J(\alpha) = J(\beta)$.

Ferner sei daran erinnert, daß die Eindeutigkeit E einer Verbindung „*Aus* $a, b \mid c, d$ *folgt* $a = b$ *oder* $c = d$" eine Konsequenz des Axioms T ist (§ 7, Satz 2).

Die bisher angegebenen Eigenschaften haben die elliptischen Bewegungsgruppen mit allen zweispiegeligen Gruppen gemein, in denen das Axiom T gilt (vgl. § 7,4). Dagegen hängen die beiden folgenden Sätze wesentlich von Axiom V ab:

Satz 4. *Zu jeder Menge* $J(\alpha)$ *gibt es genau ein* a, *so daß* $J(\alpha) = J(a)$ *ist.*

Beweis. Nach Satz 1′ ist $J(\alpha)$ einer Menge $J(uv)$ gleich. Nach Axiom V gibt es ein a, so daß $u, v \mid a$, also $u, v \in J(a)$ gilt. Daher ist nach Satz 3 $J(uv) = J(a)$.

Die behauptete Eindeutigkeit: Aus $J(a) = J(a')$ folgt $a = a'$, ergibt sich bereits aus der Eindeutigkeit E einer Verbindung oder auch aus Satz 3 [vgl. § 7,4, (iii)].

Satz 5. *Zu* $J(\alpha), J(\beta)$ *gibt es stets ein* c *mit* $c \in J(\alpha), J(\beta)$.

Beweis. Nach Satz 4 ist $J(\alpha)$ einer Menge $J(a)$, und $J(\beta)$ einer Menge $J(b)$ gleich. Nach Axiom V gibt es ein c mit $a, b \mid c$, d.h. mit $c \in J(a), J(b)$.

Der elliptischen Bewegungsgruppe $\mathfrak{G}$ ordnen wir eine *Gruppenebene* zu, indem wir festsetzen: Jedes involutorische Element a soll ein *Punkt* der Gruppenebene heißen. Zwei Punkte a, b sollen zueinander *polar* heißen, wenn (1) gilt. Drei Punkte a, b, c sollen *kollinear* heißen, wenn (2) gilt.

Dann ist $J(ab)$ die Menge der mit den Punkten a und b kollinearen Punkte; wir nennen diese Punktmenge *die durch* a, b *bestimmte Gerade.* Nach Satz 1′ ist jede Menge $J(\alpha)$ eine Gerade. Nach Satz 3 und Satz 5 haben zwei verschiedene Geraden genau einen Punkt gemein.

Die Gerade $J(a)$ besteht aus allen zu dem Punkt a polaren Punkten, und werde die *Polare* des Punktes a genannt. Jede Gerade ist nach Satz 4 die Polare genau eines Punktes, welcher der *Pol* der Geraden genannt werde. Gehört der Punkt a der Polaren des Punktes b an, so gehört b der Polaren von a an; denn aus $a \in J(b)$ folgt $b \in J(a)$, da beide Aussagen mit $a \mid b$ gleichwertig sind. Kein Punkt gehört seiner Polaren an. Daher gibt es nicht-kollineare Punkte. Ferner enthält jede Gerade wenigstens drei verschiedene Punkte:

Satz 6. *Jede Menge* $J(\alpha)$ *enthält wenigstens drei verschiedene Elemente.*

Beweis. Nach Satz 4 ist $J(\alpha)$ einer Menge $J(a)$ gleich. Die Behauptung besagt: Die Menge der Elemente x mit $x \mid a$ enthält wenigstens drei verschiedene Elemente. Nach Satz 1 gibt es Elemente b und c, so daß $a = bc$ ist und daher $b, c \mid a$ und $b \neq c$ gilt. Wir machen nun die Annahme: $x \mid a$ gelte nur für $x = b$ und $x = c$.

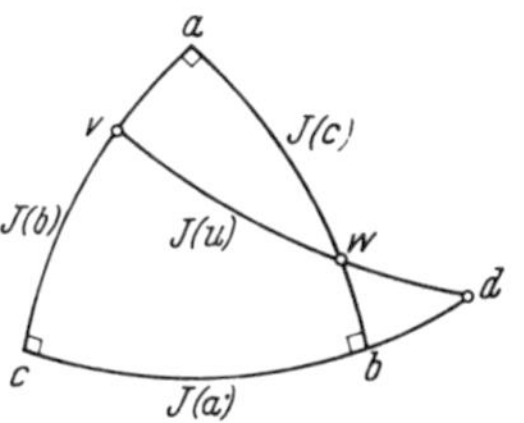

Da b nach der Grundannahme nicht mit allen involutorischen Elementen vertauschbar ist, gibt es ein Element $w \neq b$ mit $w \nmid b$. Nach Axiom V gibt es ein Element x mit $x \mid a, w$; nach unserer Annahme muß $x = c$, also $c \mid w$ gelten. Da ferner c nach der Grundannahme nicht mit allen involutorischen Elementen vertauschbar ist, gibt es ein Element $v \neq c$ mit $v \nmid c$. Wie eben erkennt man, daß wegen unserer Annahme $b \mid v$ gelten muß.

Nach Axiom V gibt es ein Element u mit $u \mid v, w$. Wegen $b \nmid w$ und $c \nmid v$ ist $u \neq b, c$. Ferner gilt $u \nmid b$ und $u \nmid c$. Gälte nämlich etwa $u \mid b$, so hätte man $u, c \mid b, w$ und $u \neq c$ und $b \neq w$; das ist wegen der Eindeutigkeit E einer Verbindung nicht möglich. Ebenso ist $u \mid c$ unmöglich.

Nach Axiom V gibt es schließlich ein Element d mit $d \mid a, u$. Wegen $b \nmid u$ und $c \nmid u$ ist $d \neq b, c$. Die Existenz eines solchen Elementes d ist ein Widerspruch gegen unsere Annahme.

Zusammenfassend können wir folgenden Satz aussprechen:

Satz 7. *In der Gruppenebene einer elliptischen Bewegungsgruppe gelten die projektiven Inzidenzaxiome. Es ist in ihr eine elliptische Polarität gegeben.*

Daß hier jedes involutorische Element a als ein Punkt, und dann jede Punktmenge $J(\alpha)$ als eine Gerade der Gruppenebene bezeichnet wird, geschieht mit Rücksicht auf die Konstruktion des Gruppenraumes in § 17. Hierfür wäre die in der Ebene gleichberechtigte, duale Deutung, bei der jedes involutorische Element a als eine Gerade, und dann jedes Geradenbüschel $J(\alpha)$ als ein Punkt der Gruppenebene bezeichnet wird, nicht zweckmäßig.

2. Der Satz von PAPPUS-PASCAL. In einer elliptischen Bewegungsgruppe gilt das

Lemma von den neun involutorischen Elementen. *Sind* $\alpha_1, \alpha_2, \alpha_3$ *mit* $\alpha_1 \neq \alpha_2$, *und* $\beta_1, \beta_2, \beta_3$ *mit* $\beta_1 \neq \beta_2$ *gegeben und sind die acht Produkte* $\alpha_i \beta_k$ *für* $i, k = 1, 2, 3$ *und* $(i, k) \neq (3, 3)$ *involutorisch, so ist auch das neunte Produkt* $\alpha_3 \beta_3$ *involutorisch.*

Beweis. Es darf $\beta_3 \neq \beta_1$ angenommen werden. Nach Voraussetzung gilt $\alpha_1 \beta_1 \neq \alpha_2 \beta_1$ und $\alpha_1 \beta_1, \alpha_2 \beta_1 \in J(\beta_1^{-1} \beta_2)$, $J(\beta_1^{-1} \beta_3)$. Daher ist nach Satz 3 $J(\beta_1^{-1} \beta_2) = J(\beta_1^{-1} \beta_3)$. Und da nach Voraussetzung $\alpha_3 \beta_1 \in J(\beta_1^{-1} \beta_2)$ gilt, ist auch $\alpha_3 \beta_1 \in J(\beta_1^{-1} \beta_3)$, also $\alpha_3 \beta_3$ involutorisch. [Man beachte für diese Schlüsse: $c \in J(\alpha)$ ist gleichwertig damit, daß $c\alpha$ involutorisch ist.]

Ferner gilt die folgende

Erweiterung von Axiom V. *Zu* $\alpha_1, \alpha_2, \alpha_3$ *gibt es stets ein* γ, *so daß* $\alpha_1 \gamma, \alpha_2 \gamma, \alpha_3 \gamma$ *involutorisch sind.*

Beweis. Es seien etwa $\alpha_1, \alpha_2 \neq \alpha_3$. Nach Satz 5 gibt es ein c mit $c \in J(\alpha_1\alpha_3^{-1}), J(\alpha_2\alpha_3^{-1})$. Man setze $\gamma = \alpha_3^{-1}c$. Ist $\alpha_1 = \alpha_2 = \alpha_3$, so kann c beliebig gewählt werden.

Die Erweiterung von Axiom V enthält Satz 5 und Axiom V als Spezialfälle (man wende die Erweiterung auf $\alpha, \beta, 1$ bzw. auf $a, b, 1$ an).

Mit dem Lemma von den neun involutorischen Elementen, welches als eine andere Fassung des Axioms T angesehen werden kann (vgl. § 4,7), und der Erweiterung des Axioms V beweisen wir nun, daß in der Gruppenebene der Satz von PAPPUS-PASCAL gilt:

Satz 8 (PAPPUS-PASCAL). *Es sei* $p_i \in J(\alpha)$, $q_k \in J(\beta)$, $p_i \notin J(\beta)$, $q_k \notin J(\alpha)$, *für* $i, k = 1, 2, 3$. *Ferner sei* $J(p_i q_k) \neq J(p_k q_i)$ *und* $r_{ik} \in J(p_i q_k), J(p_k q_i)$, *für* $i \neq k$ $(r_{ik} = r_{ki})$. *Dann gibt es ein* $J(\gamma)$ *mit* $r_{12}, r_{13}, r_{23} \in J(\gamma)$.

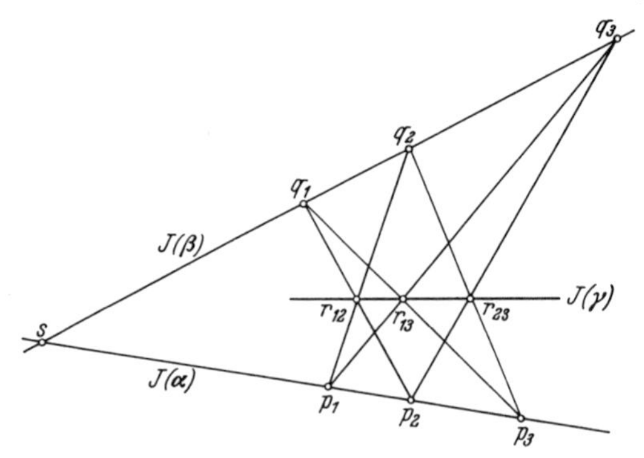

Beweis. Nach Satz 5 gibt es ein s mit $s \in J(\alpha), J(\beta)$. Man betrachte die Elemente $p_i s q_i$, für $i = 1, 2, 3$; sie sind verschieden (aus $p_i s q_i = p_k s q_k$ würde $p_i p_k s = s q_i q_k = q_k q_i s$, also $p_i q_k = p_k q_i$ folgen) und nicht involutorisch (da p_i, s, q_i nicht kollinear sind). Nach der Erweiterung von Axiom V gibt es ein γ, so daß die drei Produkte $p_i s q_i \gamma$ involutorisch sind. γ kann nicht gleich 1 sein.

Für je zwei feste Indizes $i \neq k$ gilt: In der Produkttafel

	$q_i p_k$	$\neq q_k p_i$	γ
$p_i s q_i$	$p_i s p_k$	$(s q_i q_k)^{p_i}$	$p_i s q_i \gamma$
$\neq$			
$p_k s q_k$	$(s q_k q_i)^{p_k}$	$p_k s p_i$	$p_k s q_k \gamma$
r_{ik}	$r_{ik} q_i p_k$	$r_{ik} q_k p_i$	$r_{ik}\gamma$

sind nach Voraussetzung und Konstruktion die acht von dem letzten Produkt verschiedenen Produkte involutorisch. Daher ist nach dem Lemma auch $r_{ik}\gamma$ involutorisch, q.e.d.

Jeder Beweis des PAPPUS-PASCALschen Satzes aus metrischen Tatsachen bedeutet eine metrische Anreicherung der PAPPUS-Konfiguration und muß daher auch einen metrischen Schließungssatz enthalten.

Eine solche zusätzliche metrische Tatsache erkennt man in unserem Beweis folgendermaßen: Man schneide die Trägergerade $J(\beta)$ mit der PASCAL-Geraden $J(\gamma)$. Der Schnittpunkt sei r. Auf $J(\beta)$ betrachte man die Punkte $q_i' = s q_i r$, welche den Punkten q_i in der durch die Punkte r und s bestimmten Gegenpaarung entsprechen. Ist nun t der durch $\gamma = rt$ bestimmte Punkt von $J(\gamma)$, so gilt, da die Produkte $p_i s q_i \gamma = p_i q_i' t$ involutorisch sind: Die Punkte p_i, q_i', t sind für jedes feste i kollinear, d.h. die drei Verbindungsgeraden $J(p_i q_i')$ schneiden sich in einem Punkt der PASCAL-Geraden.

Die PAPPUS-Konfiguration hat also die folgende metrische Eigenschaft: Es seien a, b, c ein Tripel nicht geschnittener Geraden der Konfiguration (vgl. § 5,1). Zu jedem Konfigurationspunkt B der Geraden b konstruiere man in bezug auf die Schnittpunkte von b mit a und c den gegengepaarten Punkt B', und verbinde B' mit demjenigen Konfigurationspunkt der Geraden a, welcher in der Konfiguration nicht mit B verbunden ist. So entstehen drei Verbindungsgeraden, die sich in einem Punkt von c schneiden.

Dualisiert ist dies gerade die metrische Eigenschaft der PAPPUS-Konfiguration, auf welcher der HESSENBERGsche Beweis des Satzes von PAPPUS-BRIANCHON beruht (§ 4,9).

3. Darstellung einer elliptischen Bewegungsgruppe als Bewegungsgruppe einer projektiv-metrischen Ebene. Ist γ ein Element aus $\mathfrak{G}$, so nennen wir die Abbildung

$$x^* = x^\gamma \tag{3}$$

der Gesamtheit der Punkte der Gruppenebene auf sich eine *Bewegung der Gruppenebene*. Die Gruppe $\mathfrak{G}^*$ der Bewegungen der Gruppenebene ist eine Darstellung der abstrakten Gruppe $\mathfrak{G}$, da das Zentrum von $\mathfrak{G}$ nur aus dem Einselement besteht (vgl. § 7,2).

Jede Bewegung (3) führt drei kollineare Punkte wieder in drei kollineare Punkte über; sie führt eine Gerade $J(\alpha)$ in die Gerade $J(\alpha)^\gamma = J(\alpha^\gamma)$ über. Sie ist also eine Kollineation. Ferner führt jede Bewegung (3) zwei zueinander polare Punkte in zwei zueinander polare Punkte über. Sie läßt also die Polarität invariant.

Die involutorische Bewegung

$$x^* = x^c \tag{4}$$

läßt den Punkt c und jeden Punkt seiner Polaren $J(c)$ fest, und ist also eine involutorische Homologie mit c als Zentrum und $J(c)$ als Achse. Sie werde auch die *Spiegelung an c und $J(c)$* genannt.

Nach Satz 1 ist jede Bewegung (3) in der Form

$$x^* = x^{ab}, \tag{5}$$

also als ein Produkt von zwei Spiegelungen darstellbar. Die Bewegung (5) besitzt für $a \neq b$ den Punkt c, für welchen $a, b \mid c$ gilt, als Fixpunkt und die Gerade $J(c)$, seine Polare, als Fixgerade. Sie kann als *Drehung* um den Punkt c aufgefaßt werden; die Bewegung (4) ist dann die involutorische Drehung um c.

Aus der Existenz involutorischer Homologien folgt, daß in der Gruppenebene auch das FANO-Axiom gültig ist. Die Gruppenebene ist also eine projektive Ebene, wie sie in § 5 definiert wurde.

Daß die Polarität der Gruppenebene projektiv ist, kann man wie in dem auf § 5,6 basierenden Beweis des Korollars 2 zu § 6, Satz 17 mit Hilfe des Gegenpaarungssatzes, welcher ja eine Folge des Lemmas von den neun involutorischen Elementen ist (§ 4,8), oder, indem man zunächst den Höhensatz beweist, mit § 5,5, Aufg. 3, oder drittens auch aus § 8, Satz 4 erschließen.

Die Gruppenebene einer elliptischen Bewegungsgruppe ist also eine elliptische projektiv-metrische Ebene. Die Bewegungen (4) sind die erzeugenden Spiegelungen der Bewegungsgruppe der projektiv-metrischen Ebene, und daher ist die Gruppe $\mathfrak{G}^*$ die Bewegungsgruppe der projektiv-metrischen Gruppenebene.

Insgesamt ergibt sich aus den Überlegungen dieses Paragraphen aufs neue das folgende Theorem, welches die Begründung der ebenen elliptischen Geometrie aus unserem Axiomensystem abschließt:

THEOREM 12. *Jede elliptische Bewegungsgruppe ist darstellbar als Bewegungsgruppe einer elliptischen projektiv-metrischen Ebene.*

§ 17. Der Gruppenraum einer elliptischen Bewegungsgruppe

1. Büschel und Drehgruppen. Die elliptischen Bewegungsgruppen gehören zu den zweispiegeligen Gruppen, in denen das Transitivitätsgesetz T gilt. In jeder zweispiegeligen Gruppe, in welcher T gilt, gibt es, wie wir in § 7,4 gesehen haben, einerseits die „*Büschel*" $J(\alpha)$ *von involutorischen Elementen,* und andererseits die „*Drehgruppen*" $D(\alpha)$, welche abelsche Untergruppen sind und eine Partition der gesamten Gruppe bilden.

Zu jedem Gruppenelement $\alpha \neq 1$ wurde die Drehgruppe $D(\alpha)$, welche α enthält, definiert als die Gesamtheit der Produkte von je zwei Elementen des Büschels $J(\alpha)$. In der von allen Elementen aus $J(\alpha)$ erzeugten Gruppe ist $D(\alpha)$ eine Untergruppe vom Index 2, mit der Nebenklasse $J(\alpha)$; zwischen $J(\alpha)$ und $D(\alpha)$ besteht also der Zusammenhang:

$$(1) \qquad \textit{Ist } u \in J(\alpha), \textit{ so ist } D(\alpha) = J(\alpha)u = uJ(\alpha).$$

Sind $\alpha, \beta \neq 1$, so sind die folgenden Aussagen untereinander äquivalent:

$$(2,1)\quad J(\alpha) = J(\beta), \qquad (2,2)\quad \beta \in D(\alpha), \qquad (2,3)\quad D(\alpha) = D(\beta).$$

Wir werden im folgenden nicht nur die Drehgruppen, sondern allgemeiner ihre *Rechtsrestklassen* $D(\alpha)\gamma$ betrachten. In der Darstellung $D(\alpha)\gamma$ einer Restklasse ist das Element γ nicht eindeutig bestimmt, und die folgenden Aussagen sind für $\gamma \neq \delta$ untereinander äquivalent:

$$(3,1)\quad D(\alpha)\gamma = D(\alpha)\delta, \qquad (3,2)\quad \delta \in D(\alpha)\gamma, \qquad (3,3)\quad D(\alpha) = D(\gamma\delta^{-1}).$$

Rechtsrestklassen verschiedener Drehgruppen können jedoch nicht gleich sein:

(4) *Aus* $D(\alpha)\gamma = D(\beta)\delta$ *folgt* $D(\alpha) = D(\beta)$.

(Sind $\mathfrak{U}, \mathfrak{V}$ Untergruppen einer beliebigen Gruppe und gilt $\mathfrak{U}\gamma = \mathfrak{V}\delta$, so ist $\mathfrak{U}\gamma\delta^{-1}$ eine Rechtsrestklasse von $\mathfrak{U}$, die wegen $\mathfrak{U}\gamma\delta^{-1} = \mathfrak{V}$ eine Untergruppe, also gleich $\mathfrak{U}$ ist; daher ist $\mathfrak{U} = \mathfrak{V}$.)

Aus (1) entnimmt man, *daß die Gesamtheit aller Komplexe* $J(\alpha)\gamma$ *mit der Gesamtheit aller Rechtsrestklassen* $D(\alpha)\gamma$ *übereinstimmt.* Die Gesamtheit der involutorischen Gruppenelemente sei fortan mit J bezeichnet. Für $\gamma \neq \delta$ sind die Aussagen

(5,1) $J(\alpha)\gamma = J(\alpha)\delta$, (5,2) $J(\alpha)\gamma \subseteq J\delta$, (5,3) $J(\alpha) = J(\gamma\delta^{-1})$

untereinander und zu den Aussagen (3) äquivalent, und es gilt

(6) *Aus* $J(\alpha)\gamma = J(\beta)\delta$ *folgt* $J(\alpha) = J(\beta)$.

In einer elliptischen Bewegungsgruppe gibt es nach § 16, Satz 4 zu jeder Menge $J(\alpha)$ genau ein involutorisches Element a, so daß $J(\alpha) = J(a)$ ist. Nach (2) liegt dann a in der Drehgruppe $D(\alpha)$, und ist *das einzige involutorische Element aus* $D(\alpha)$; es ist $D(\alpha) = D(a)$. Die Drehgruppen $D(a)$ sind also die sämtlichen Drehgruppen, und $D(a) = D(a')$ gilt nur für $a = a'$.

2. Räumliche projektive Inzidenzaxiome. Ehe wir uns dem Gegenstand dieses Paragraphen zuwenden, geben wir, zu späterem Gebrauch, die Inzidenzaxiome eines (dreidimensionalen) projektiven Raumes in der Fassung von A. WINTERNITZ an:

Gegeben seien zwei Mengen von Dingen, welche *Punkte* bzw. *Ebenen* genannt werden, und eine Relation, die *Inzidenz von Punkten und Ebenen.* Es mögen die folgenden Axiome gelten, welche wir die *räumlichen projektiven Inzidenzaxiome* nennen:

a) *Inzidieren zwei verschiedene Punkte mit zwei verschiedenen Ebenen, so inzidiert jeder Punkt, der mit den beiden Ebenen inzidiert, mit jeder Ebene, die mit den beiden Punkten inzidiert.*

b) *Zu drei Punkten gibt es stets eine Ebene, die mit ihnen inzidiert.*

b*) *Zu drei Ebenen gibt es stets einen Punkt, der mit ihnen inzidiert.*

c) (Grundfigur) *Es gibt fünf Punkte* P_1, P_2, P_3, P_4, P_5 *und fünf Ebenen* E_1, E_2, E_3, E_4, E_5 *mit der Eigenschaft, daß* P_i *dann und nur dann mit* E_k *inzidiert, wenn* i *und* k *gleich sind oder sich (zyklisch) um* 1 *unterscheiden* $[i - k \equiv 0, \pm 1 \pmod 5)]$.

Das Axiomensystem enthält mit jedem Axiom das duale [die Axiome a) und c) sind selbstdual]. Es ist jedes Axiom von den drei anderen unabhängig.

Das Axiom a) kann auch so ausgesprochen werden: *Bestehen zwischen drei Punkten und drei Ebenen acht von den neun möglichen Inzidenzen, so besteht auch die neunte, sofern die beiden Punkte und die beiden Ebenen, welche nicht in der erschlossenen Inzidenz auftreten, voneinander verschieden sind* (vgl. das nebenstehende Schema). Es spielt die Rolle eines Eindeutigkeitsaxioms.

	□ ⫲	□	□
·	×	×	×
⫲			
·	×	×	×
·	×	×	⌈×⌉

Man kann nun eine *Gerade* als die Gesamtheit der Punkte definieren, welche zugleich mit zwei verschiedenen Ebenen inzidieren. Nach Axiom a) gilt dann: Liegen zwei verschiedene Punkte einer Geraden in einer Ebene, so liegt jeder Punkt der Geraden in der Ebene. Man erkennt, daß zwei verschiedene Punkte stets genau einer Geraden angehören, daß eine Gerade und eine Ebene, welche die Gerade nicht enthält, genau einen Punkt gemein haben, daß zwei Geraden, welche einer Ebene angehören, einen Punkt gemein haben, und daß die dualen Aussagen gelten.

3. Der Gruppenraum. Der durch das Axiomensystem aus §16 gegebenen abstrakten Gruppe $\mathfrak{G}$ hatten wir eine geometrische Struktur, die Gruppenebene, zugeordnet, deren Punkte die involutorischen Elemente aus $\mathfrak{G}$ sind. Wir konnten dann die Gruppe $\mathfrak{G}$ durch die Gruppe der auf der Menge der involutorischen Elemente x aus $\mathfrak{G}$ erklärten Abbildungen

$$x^* = x^\gamma \tag{7}$$

darstellen und sie so geometrisch als Bewegungsgruppe der Gruppenebene deuten. Dies Verfahren führte zu einer wesentlichen Einsicht in die Natur der abstrakten Gruppe $\mathfrak{G}$, nämlich zu dem Theorem, daß sie als eine projektive Gruppe, genauer als Bewegungsgruppe einer elliptischen projektiv-metrischen Ebene darstellbar ist.

Es liegt nahe, zu versuchen, das geometrische Studium der abstrakten Gruppe $\mathfrak{G}$ von vornherein auf eine breitere Basis zu stellen und ihr eine umfassendere geometrische Struktur zuzuordnen, nämlich einen *„Raum", dessen „Punkte" die sämtlichen Elemente von $\mathfrak{G}$ sind* und der die Gruppenebene als Ebene der involutorischen Elemente enthält. Man wird danach streben, in diesem Raum, in dem alle Gruppenelemente als Objekte auftreten, auch *die Gruppenmultiplikation geometrisch zu deuten:* Während in der Gruppenebene nur das Transformieren (7) aller involutorischen Elemente mit einem festen Element aus $\mathfrak{G}$ unmittelbar geometrisch gedeutet wurde, soll jetzt auch das Multiplizieren aller Elemente aus $\mathfrak{G}$ mit einem festen Element, also die auf der Menge aller Elemente ξ aus $\mathfrak{G}$ erklärte Abbildung

$$\xi^* = \xi\gamma, \tag{8}$$

welche für $\gamma \neq 1$ die Menge der involutorischen Elemente aus $\mathfrak{G}$ nicht in sich überführt, geometrische Bedeutung erhalten. Die Gruppe dieser auf $\mathfrak{G}$ erklärten eineindeutigen Abbildungen (Permutationen) ist, wie ein aus den Elementen der Gruppentheorie bekannter, für jede Gruppe gültiger Satz von CAYLEY aussagt, eine Darstellung von $\mathfrak{G}$, die sogenannte kanonische Darstellung von $\mathfrak{G}$ als Permutationsgruppe. Diese Permutationsgruppe ist einfach transitiv.

In dem zu konstruierenden Raum, dessen Punkte die Gruppenelemente sein sollen, bezeichnen wir gewisse Mengen von Gruppenelementen als Ebenen. Hierbei lassen wir uns von den beiden Gesichtspunkten leiten: 1) Die Menge J der involutorischen Gruppenelemente, die Gruppenebene, soll eine Ebene des Raumes sein; 2) die Abbildungen (8), welche wir *Rechtsschiebungen* nennen, sollen Kollineationen des Raumes sein. Die Forderungen führen uns zwangsläufig auf die folgenden Definitionen der Punkte und Ebenen des *Gruppenraumes* der gegebenen elliptischen Bewegungsgruppe $\mathfrak{G}$:

Jedes Gruppenelement α nennen wir einen *Punkt* des Gruppenraumes. Jede Menge $J\beta$ nennen wir eine *Ebene* des Gruppenraumes. Der Punkt α gehört also dann und nur dann der Ebene $J\beta$ an, wenn

$$(9) \qquad \alpha\beta^{-1} \text{ involutorisch}$$

ist. *Es ist* $J\beta = J\beta'$ *nur für* $\beta = \beta'$. [Aus $J = J\beta'\beta^{-1}$ mit $\beta'\beta^{-1} \neq 1$ würde man nämlich, indem man den Durchschnitt mit J bildet, $J = J(\beta'\beta^{-1})$ erhalten; die Gruppenebene wäre eine Gerade, entgegen § 16,1.]

Jedem Punkt α ordnen wir die Ebene $J\alpha$ als *Polarebene*, und jeder Ebene $J\alpha$ den Punkt α als *Pol* zu. Diese eineindeutige involutorische Zuordnung ist wegen der Symmetrie der Relation (9) auch inzidenztreu:

Aus $\alpha \in J\beta$ *folgt* $\beta \in J\alpha$, *und umgekehrt.*

Diese Pol-Polare-Beziehung zwischen den Punkten und den Ebenen des Gruppenraumes betrachten wir weiterhin als „*absolute*" *Polarität* des Gruppenraumes. Nennt man zwei Punkte zueinander *polar*, wenn der eine auf der Polarebene des anderen liegt, und zwei Ebenen zueinander *senkrecht*, wenn die eine durch den Pol der anderen geht, so gestattet die Relation (9) die vierfache Deutung: Der Punkt α liegt auf der Ebene $J\beta$; der Punkt β liegt auf der Ebene $J\alpha$; die Punkte α und β sind zueinander polar; die Ebenen $J\alpha$ und $J\beta$ sind zueinander senkrecht. *Kein Punkt gehört seiner Polarebene an*, kein Punkt ist zu sich selbst polar, keine Ebene ist zu sich selbst senkrecht. Die Polarität bleibt offenbar bei jeder Rechtsschiebung erhalten. Die Existenz der Polarität lehrt, daß im Gruppenraum mit jeder Aussage über Punkte, Ebenen und ihre Inzidenz auch die duale Aussage gilt.

Im Gruppenraum gelten die in 2 angegebenen projektiven Inzidenzaxiome: Das Axiom a) ist, für die Elemente des Gruppenraumes ausgesprochen, offenbar gerade das Lemma von den neun involutorischen Elementen. Sowohl das Axiom b) als das Axiom b*) ist, für die Elemente des Gruppenraumes ausgesprochen, die Erweiterung des Axioms V (§ 16,2). Um die Existenz der in Axiom c) geforderten Grundfigur zu erkennen, wähle man etwa drei involutorische Elemente a,b,c mit $abc=1$ und zwei weitere involutorische Elemente $d\neq b,c$ und $e\neq a,b$ so, daß bcd und abe involutorisch sind [§ 16, Satz 6; die Punkte a,b,c bilden ein Polardreieck in der Gruppenebene, und es ist d ein Punkt der Seite $J(bc)$, e ein Punkt der Seite $J(ab)$]. Zwischen den Punkten $1,a,b,c,de$ und den Ebenen Jd, Jc, J, Jdc, Je des Gruppenraumes bestehen dann die in Axiom c) geforderten Inzidenzen und Nicht-Inzidenzen.

Somit gilt:

Satz 1. *In dem Gruppenraum einer elliptischen Bewegungsgruppe $\mathfrak{G}$ gelten die räumlichen projektiven Inzidenzaxiome. In ihm liegt eine Polarität vor, welche die Eigenschaft hat, daß kein Punkt mit seiner Polarebene inzidiert. Die zu $\mathfrak{G}$ isomorphe Gruppe der Rechtsschiebungen* (8) *ist eine Gruppe von Kollineationen, welche die Polarität erhalten.*

Man kann den Gruppenraum als einen *elliptischen Raum* bezeichnen.

Wir definieren im Gruppenraum die *Geraden* als Durchschnitte von zwei verschiedenen Ebenen. Der Durchschnitt zweier Ebenen $J\alpha, J\beta$ mit $\alpha\neq\beta$ ist die Menge $J(\alpha\beta^{-1})\beta$; denn für $\beta=1$ ist speziell $J\alpha\cap J=J(\alpha)$ — die neue Definition der Geraden der Gruppenebene stimmt also mit der früheren überein —, und für beliebiges β ist

$$J\alpha\cap J\beta=(J\alpha\beta^{-1}\cap J)\beta=J(\alpha\beta^{-1})\beta.$$

Die Geraden des Gruppenraumes sind also die Mengen $J(\alpha)\gamma$. In den verschiedenen Darstellungen $J(\alpha)\gamma$ einer festen Geraden ist nach (6) $J(\alpha)$ ein eindeutig bestimmtes „Büschel" von involutorischen Elementen, und die Willkür für γ besteht nach (5) darin, daß $J\gamma$ eine beliebige Ebene ist, welcher die Gerade angehört. *Die Gesamtheit der Geraden ist auch die Gesamtheit der Rechtsrestklassen $D(\alpha)\gamma$ der Drehgruppen.* In den Darstellungen $D(\alpha)\gamma$ einer festen Geraden ist nach (4) $D(\alpha)$ eine eindeutig bestimmte Drehgruppe, und die Willkür für γ besteht nach (3) darin, daß γ ein beliebiger Punkt der Geraden ist. Die Verbindungsgerade von zwei verschiedenen Punkten α,β ist $D(\alpha\beta^{-1})\beta$, und insbesondere, wenn β der Punkt 1 ist, die Drehgruppe $D(\alpha)$.

Die beiden Geraden $J(\alpha)\gamma$ und $D(\alpha)\gamma$ entsprechen sich in der absoluten Polarität. Da nämlich (5,2) und (3,2) äquivalent sind, gilt:

Aus $J(\alpha)\gamma\subseteq J\delta$ folgt $\delta\in D(\alpha)\gamma$, und umgekehrt,

d.h. die Punkte der Geraden $D(\alpha)\gamma$ sind die Pole der Ebenen, auf denen die Gerade $J(\alpha)\gamma$ liegt. Wir nennen daher die Geraden $J(\alpha)\gamma$ und $D(\alpha)\gamma$ zueinander *polar*. Die Polarität für Geraden ist eine eineindeutige involutorische Beziehung zwischen den Geraden des Gruppenraumes, welche offenbar bei Rechtsschiebungen erhalten bleibt.

Zu unserer Konstruktion des Gruppenraumes sei bemerkt: Die Elemente einer elliptischen Bewegungsgruppe verteilen sich auf die Drehgruppen, von denen je zwei nur das Element 1 gemein haben (Partition). Die Elemente einer Drehgruppe $D(a)$ repräsentieren Drehungen der Gruppenebene um den Punkt a (vgl. § 16,3). Im Gruppenraum werden sie als die Punkte der Geraden $D(a)$ aufgetragen; der Durchstoßpunkt a der Geraden $D(a)$ mit der Gruppenebene repräsentiert die involutorische Drehung um den Punkt a. Alle Geraden $D(a)$ stoßen in dem Punkt 1 des Gruppenraumes zusammen, welcher die Identität repräsentiert, und stehen, da der Punkt 1 der Pol der Gruppenebene J ist, auf der Gruppenebene „senkrecht". Die von den Drehgruppen gebildete Partition ist somit im Gruppenraum die Verteilung aller Punkte auf die Geraden des Geradenbündels mit dem Punkt 1 als Zentrum. In der Polarität des Gruppenraumes entspricht jeder Geraden $D(a)$ dieses Geradenbündels die Gerade $J(a)$ der Gruppenebene J, welche früher (§ 16,1) dem Punkt a, in dem die Gerade $D(a)$ die Gruppenebene trifft, als Polare zugeordnet wurde.

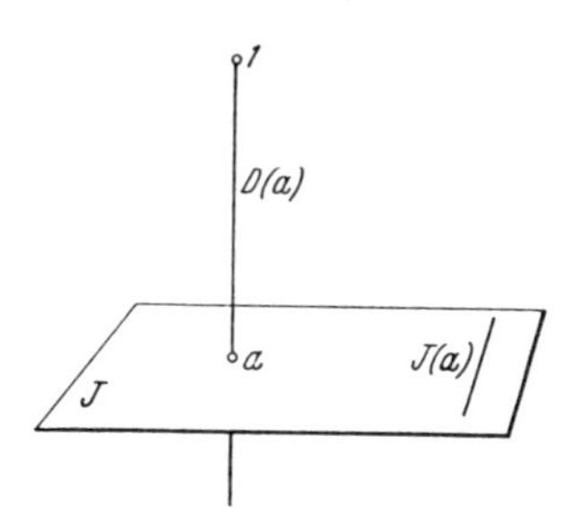

Man erkennt auch leicht, daß eine Polarität des Gruppenraumes, welche 1) in der Gruppenebene J mit der früher eingeführten polaren Zuordnung des Punktes a zu der Geraden $J(a)$ übereinstimmt und 2) bei den Rechtsschiebungen erhalten bleibt, notwendig die von uns eingeführte „absolute" Polarität ist.

Zunächst muß nämlich die Polarebene des Punktes 1 die Ebene J sein: Wird die Polarebene des Punktes 1 mit $J\varepsilon$ bezeichnet, so muß wegen 2) die Polarebene eines Punktes $a \neq \varepsilon$ die Ebene $J\varepsilon a$, und wegen 1) der Durchschnitt der Ebene $J\varepsilon a$ mit der Ebene J, d.h. die Gerade $J(\varepsilon a)$, gleich $J(a)$ sein. Aus $J(\varepsilon a) = J(a)$ folgt nach (2) $\varepsilon \in D(a)$; und da dies für alle $a \neq \varepsilon$ gelten muß, ist $\varepsilon = 1$. Da somit 1 und J notwendig zueinander polar sind, sind wegen 2) allgemein der Punkt α und die Ebene $J\alpha$ zueinander polar.

Für jedes Element γ aus $\mathfrak{G}$ ist auch

$$\xi^* = \gamma\xi \tag{10}$$

eine eineindeutige Abbildung der Gesamtheit der Punkte des Gruppenraumes auf sich. Wir nennen sie eine *Linksschiebung*. Die Linksschiebungen bilden eine Gruppe. Die Zuordnung des Gruppenelementes

γ zu der Linksschiebung (10) ist ein Anti-Isomorphismus zwischen $\mathfrak{G}$ und der Gruppe der Linksschiebungen. (Ordnet man γ die Linksschiebung $\xi^* = \gamma^{-1}\xi$ zu, so hat man einen Isomorphismus.) Mit den Beziehungen

$$(11) \qquad \beta J = J\beta, \quad \gamma J(\alpha) = J(\alpha^{\gamma^{-1}})\gamma, \quad \gamma D(\alpha) = D(\alpha^{\gamma^{-1}})\gamma,$$

welche zeigen, daß jede Ebene $J\beta$ auch in der Form βJ geschrieben werden kann, und daß auch sowohl die Gesamtheit aller Mengen $\gamma J(\alpha)$ als die Gesamtheit aller Linksrestklassen $\gamma D(\alpha)$ die Gesamtheit aller Geraden ist, erkennt man, daß auch die Linksschiebungen Kollineationen des Raumes sind, welche die Polarität erhalten.

Daher ist auch, für beliebige Elemente γ, δ aus $\mathfrak{G}$, die Abbildung

$$(12) \qquad \xi^* = \gamma\xi\delta$$

eine Kollineation, welche die Polarität erhält. Wir nennen diese Produkte von Links- und Rechtsschiebungen die *geraden Bewegungen des Gruppenraumes.*

Nur die Identität ist sowohl Links- als Rechtsschiebung. Denn gilt $\gamma\xi = \xi\delta$ für alle ξ, so sieht man zunächst, indem man $\xi = 1$ setzt, daß $\gamma = \delta$ sein muß; also muß γ im Zentrum von $\mathfrak{G}$ liegen, und ist daher nach § 16,3 gleich 1. Wegen der Assoziativität der Gruppenmultiplikation ist jede Linksschiebung mit jeder Rechtsschiebung vertauschbar.

Die Gruppe der geraden Bewegungen des Gruppenraumes ist also das direkte Produkt aus der Gruppe der Linksschiebungen und der Gruppe der Rechtsschiebungen.

Eine zu $\mathfrak{G}$ isomorphe Untergruppe bilden diejenigen geraden Bewegungen, welche den Punkt 1 fest lassen und damit die Ebene J in sich überführen. Dies sind die Abbildungen

$$(13) \qquad \xi^* = \xi^\gamma;$$

sie sind in der Ebene J die in § 16,3 betrachteten Bewegungen der Gruppenebene.

Aufgabe. $\alpha\beta^{-1}\gamma\alpha^{-1}\beta\gamma^{-1} = 1$ bedeutet, daß die drei Punkte α, β, γ kollinear sind oder ein Polardreieck bilden.

4. Rechts- und Linksparallelismus. CLIFFORDsche Flächen. Zwei Punkte und auch zwei Ebenen des Gruppenraumes lassen sich stets durch eine Rechtsschiebung und auch durch eine Linksschiebung ineinander überführen. Für die Geraden des Gruppenraumes gilt dies nicht; für sie liefern die Rechts- und Linksschiebungen zwei neue Begriffe: den Rechts- und Linksparallelismus.

Wir nennen zwei Geraden des Raumes *rechtsparallel,* wenn es eine Rechtsschiebung gibt, welche die eine in die andere überführt. Da die

Rechtsschiebungen eine Gruppe bilden, ist die Beziehung „rechtsparallel" reflexiv, symmetrisch und transitiv. Zwei Geraden $D(\alpha)\gamma$ und $D(\beta)\delta$ sind dann und nur dann rechtsparallel, wenn $D(\alpha)=D(\beta)$ ist. Jede Gerade ist insbesondere zu ihrer Polaren rechtsparallel. Die Gesamtheit aller Geraden des Raumes zerfällt in Klassen untereinander rechtsparalleler Geraden; jede solche Klasse nennen wir eine *Rechtskongruenz.* Die Geraden einer Rechtskongruenz „fasern" den Gruppenraum: *durch jeden Punkt des Raumes geht genau eine Gerade der Kongruenz,* da jedes Gruppenelement genau einer Rechtsrestklasse einer festen Drehgruppe $D(\alpha)$ angehört. Die Rechtsparallele zu der Geraden $D(\alpha)\gamma$ durch den Punkt δ ist die Gerade $D(\alpha)\delta$. Da zwei verschiedene rechtsparallele Geraden keinen Punkt gemein haben, liegen sie auch nicht in einer Ebene; sie sind windschief. Bei einer Linksschiebung $\xi^*=\alpha\xi$ mit $\alpha\neq 1$ ist jede Gerade der durch die Gerade $D(\alpha)$ repräsentierten Rechtskongruenz Fixgerade; die Geraden dieser Rechtskongruenz sind die „Bahnkurven" der Gruppe aller Linksschiebungen $\xi^*=\alpha'\xi$ mit $\alpha'\in D(\alpha)$.

In genauer Analogie zu dem Begriff „rechtsparallel" führt man mit Hilfe der Linksschiebungen den Begriff „*linksparallel*" ein, und erhält die analogen Sätze. Jede Klasse untereinander linksparalleler Geraden nennen wir eine *Linkskongruenz.* Die Linksparallele zu der Geraden $\gamma D(\beta)$ durch den Punkt δ ist die Gerade $\delta D(\beta)$.

Jede gerade Bewegung des Gruppenraumes führt rechtsparallele Geraden in rechtsparallele, und linksparallele Geraden in linksparallele über.

Wir betrachten nun die Doppelrestklassen von Drehgruppen, d.h. die Komplexe

$$D(\alpha)\gamma D(\beta). \tag{14}$$

Für eine Doppelrestklasse (14) besteht die Alternative: 1) γ transformiert $D(\alpha)$ in $D(\beta)$: $D(\alpha)^\gamma=D(\beta)$; dann ist $D(\alpha)\gamma D(\beta)=D(\alpha)\gamma D(\alpha)^\gamma$ $=D(\alpha)D(\alpha)\gamma=D(\alpha)\gamma=\gamma D(\beta)$, also die Doppelrestklasse (14) eine einfache Restklasse, d.h. eine Gerade des Gruppenraumes. 2) Es ist $D(\alpha)^\gamma\neq D(\beta)$; dann sind $D(\alpha)\gamma$ und $\gamma D(\beta)$ zwei verschiedene, in der Doppelrestklasse (14) enthaltene Restklassen, und die Doppelrestklasse ist jedenfalls nicht eine einfache Restklasse nach einer Drehgruppe.

Wir nennen die Doppelrestklassen von Drehgruppen, sofern sie nicht Geraden des Gruppenraumes sind, CLIFFORD-*Flächen.* Die CLIFFORD-Flächen sind also die Komplexe

$$D(\alpha)\gamma D(\beta) \quad \text{mit } D(\alpha)^\gamma\neq D(\beta). \tag{15}$$

Die CLIFFORD-Fläche (15) enthält alle Geraden

$$D(\alpha)\gamma\beta' \quad \text{mit } \beta'\in D(\beta), \tag{16}$$

welche eine *Schar untereinander rechtsparalleler Geraden* bilden, und alle Geraden

(17) $$\alpha'\gamma D(\beta) \quad \text{mit } \alpha' \in D(\alpha),$$

welche eine *Schar untereinander linksparalleler Geraden* bilden. *Je zwei verschiedene Geraden derselben Schar sind windschief. Aber zwei Geraden verschiedener Schar haben stets genau einen Punkt gemein:* Eine Gerade (16) und eine Gerade (17) sind voneinander verschieden, und haben den Punkt $\alpha'\gamma\beta'$ gemein; die CLIFFORD-Fläche (15) ist die Gesamtheit dieser Schnittpunkte. Je zwei Geradenpaare aus den verschiedenen Scharen bilden so ein CLIFFORD-*Parallelogramm.* Die Figur zeigt ein CLIFFORD-Parallelogramm für den Fall $\gamma = 1$.

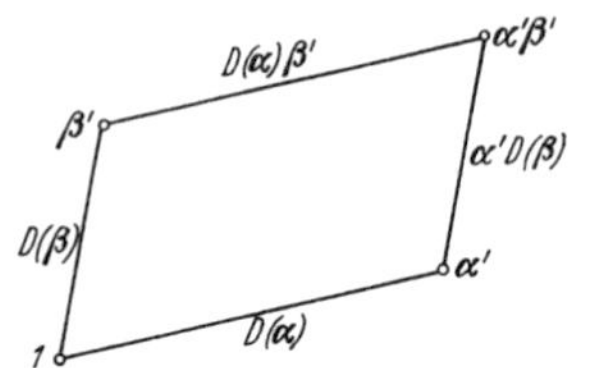

Sind zwei verschiedene Geraden des Raumes gegeben, welche einen Punkt gemein haben, so gibt es eine CLIFFORD-*Fläche, der die beiden Geraden angehören.* Wählt man nämlich eine der beiden Geraden als erste, die andere als zweite, und zieht man durch jeden Punkt der zweiten die Rechtsparallele zur ersten, und durch jeden Punkt der ersten die Linksparallele zur zweiten, so ist die Menge der Punkte aller dieser Geraden eine CLIFFORD-Fläche. Ist γ der Schnittpunkt der gegebenen Geraden und wird die erste in der Form $D(\alpha)\gamma$, die zweite in der Form $\gamma D(\beta)$ geschrieben, so ist (15) die beschriebene CLIFFORD-Fläche, und dabei (16) die Rechtsparallele zu $D(\alpha)\gamma$ durch den Punkt $\gamma\beta'$ der Geraden $\gamma D(\beta)$, und (17) die Linksparallele zu $\gamma D(\beta)$ durch den Punkt $\alpha'\gamma$ der Geraden $D(\alpha)\gamma$.

Bei jeder Linksschiebung $\xi^* = \alpha'\xi$ mit $\alpha' \in D(\alpha)$ geht die CLIFFORD-Fläche (15) in sich über: die Geraden der Rechtsschar sind Bahnkurven der Gruppe dieser Linksschiebungen. Das Entsprechende gilt für die Rechtsschiebungen $\xi^* = \xi\beta'$ mit $\beta' \in D(\beta)$. Durch Zusammensetzen solcher Links- und Rechtsschiebungen erhält man die Abbildungen

(18) $$\xi^* = \alpha'\xi\beta' \quad \text{mit } \alpha' \in D(\alpha) \quad \text{und} \quad \beta' \in D(\beta);$$

sie bilden eine Gruppe von geraden Bewegungen, welche die CLIFFORD-Fläche (15) in sich, und zwar die Rechtsschar in die Rechtsschar, die Linksschar in die Linksschar überführen.

Aufgabe. Es ist $D(\alpha)\gamma D(\beta) = J(\alpha)\gamma J(\beta)$.

5. Beweis des Satzes von PAPPUS-PASCAL aus räumlichen Tatsachen. Wir stellen nun die Frage, wie man mit Hilfe der bisher entwickelten Eigenschaften des Gruppenraumes erkennen kann, daß in jeder seiner Ebenen die *projektiven Schließungssätze* gültig sind. Daß in jeder Ebene der Satz von DESARGUES gilt, ergibt sich bekanntlich bereits aus der Gültigkeit der räumlichen projektiven Inzidenzaxiome. Dagegen gibt es Räume, in denen die räumlichen projektiven Inzidenzaxiome gelten, in deren Ebenen aber der Satz von PAPPUS-PASCAL nicht gilt. Es ergibt sich daher die Frage, welche zusätzlichen räumlichen Eigenschaften eines Raumes in Verbindung mit den projektiven Inzidenzaxiomen zur Folge haben, daß in jeder Ebene des Raumes der Satz von PAPPUS-PASCAL gilt. Eine Antwort auf diese Frage kann man aus einer klassischen Überlegung von DANDELIN entnehmen, welche lehrt: Für ein ebenes Sechseck, dem ein räumliches „Hexagramme mystique" umbeschrieben ist, gilt der PAPPUS-PASCALsche Satz auf Grund der räumlichen projektiven Inzidenzaxiome. Diese Tatsache wurde von F. SCHUR für die Begründung einer metrischen „Geometrie im Raumstück" (mit räumlichen Inzidenzaxiomen, Axiomen der Anordnung und der Bewegung, ohne Stetigkeitsaxiome) verwendet.

Um den DANDELINschen Gedanken darzustellen, setzen wir jetzt einen beliebigen Raum voraus, in dem die räumlichen projektiven Inzidenzaxiome gelten. Wir definieren:

Sechs Geraden $g_1, h_2, g_3, h_1, g_2, h_3$ bilden ein *Hexagramme mystique*, wenn jede Gerade g_i mit jeder Geraden h_k $(i, k = 1, 2, 3)$ in einer Ebene liegt, aber weder zwei von den Geraden g_1, g_2, g_3 noch zwei von den Geraden h_1, h_2, h_3 in einer Ebene liegen.

Es sei nun ein solches Hexagramme mystique gegeben. Seine Seiten sind notwendig voneinander verschieden [wäre etwa $g_i = h_k$, so lägen h_k und h_l $(l = 1, 2, 3)$ in einer Ebene], und daher liegen g_i und h_k in einer eindeutig bestimmten Ebene und haben einen eindeutig bestimmten Schnittpunkt.

Für $i \neq k$ sei E_{ik} die Ebene, welche g_i und h_k enthält. Unter der „*gegenüberliegenden Ebene*" wird die g_k und h_i enthaltende Ebene E_{ki}

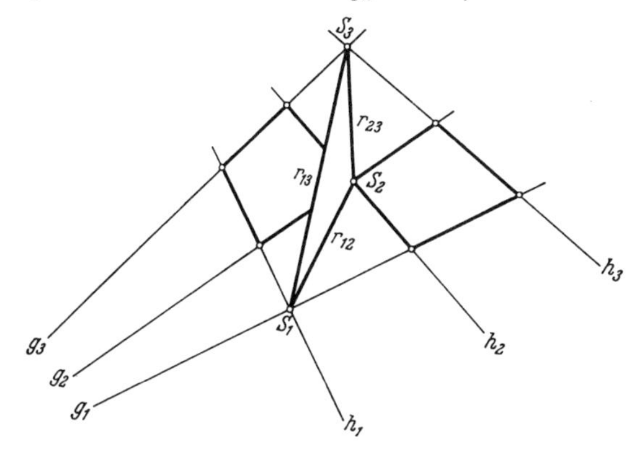

verstanden. Die beiden Ebenen E_{ik} und E_{ki} sind verschieden (anderenfalls lägen g_i und g_k in einer Ebene) und haben also eine eindeutig bestimmte Schnittgerade $r_{ik} = r_{ki}$.

Weiter sei S_i der Schnittpunkt der „*gegenüberliegenden Seiten*" $\mathfrak{g}_i, \mathfrak{h}_i$. Für $i \neq k$ sind S_i und S_k verschieden (anderenfalls hätten $\mathfrak{g}_i$ und $\mathfrak{g}_k$ einen Schnittpunkt) und liegen, da S_i den Geraden $\mathfrak{g}_i$ und $\mathfrak{h}_i$, S_k den Geraden $\mathfrak{g}_k$ und $\mathfrak{h}_k$ angehört, beide sowohl in der Ebene E_{ik} als in der Ebene E_{ki}, also auf der Schnittgeraden $\mathfrak{r}_{ik}$. Also ist $\mathfrak{r}_{ik}$ die Verbindungsgerade von S_i und S_k. Die drei Punkte S_1, S_2, S_3 können nicht kollinear sein, und bilden also ein echtes Dreieck. Es gilt somit das

Lemma über das Hexagramme mystique. *Die Schnittgeraden der gegenüberliegenden Ebenen eines Hexagramme mystique sind die Seiten des Dreiecks, dessen Eckpunkte die Schnittpunkte gegenüberliegender Seiten des Hexagrammes sind, und liegen somit in einer eindeutig bestimmten Ebene.*

Aus diesem einfachen Lemma folgt unmittelbar der

Satz von Dandelin. *In einer Ebene E eines Raumes, in dem die räumlichen projektiven Inzidenzaxiome gelten, sei ein Sechseck $P_1, Q_2, P_3, Q_1, P_2, Q_3$ von verschiedenen Punkten gegeben; die Gegenseiten (P_i, Q_k) und*

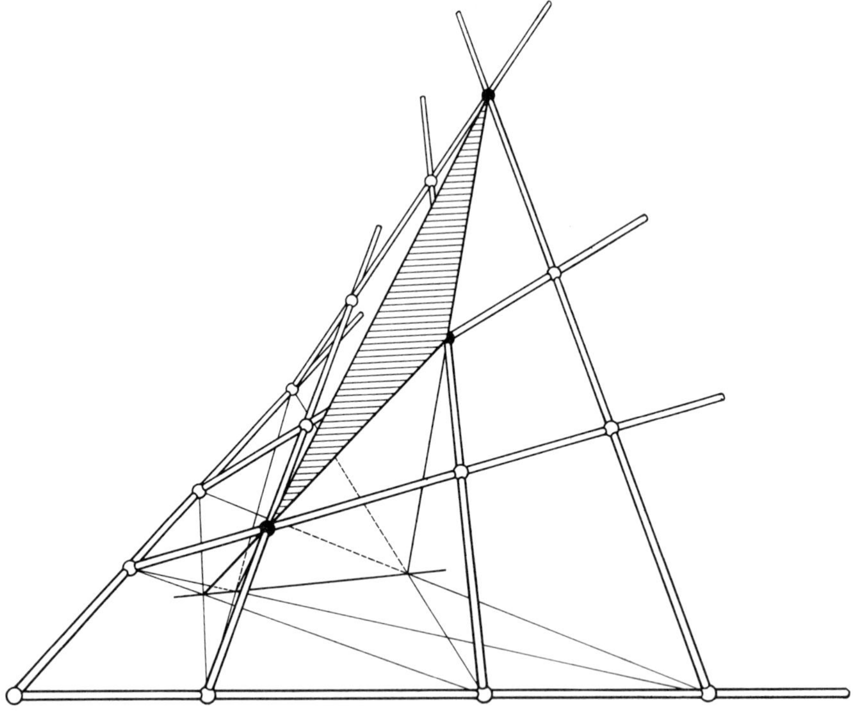

(P_k, Q_i) des Sechsecks seien verschieden und mögen sich in dem Punkt $R_{ik} = R_{ki}$ schneiden $(i \neq k)$. Dann sind die drei Punkte R_{ik} kollinear, wenn es ein Hexagramme mystique $\mathfrak{g}_1, \mathfrak{h}_2, \mathfrak{g}_3, \mathfrak{h}_1, \mathfrak{g}_2, \mathfrak{h}_3$ gibt, dessen Seiten die Punkte $P_1, Q_2, P_3, Q_1, P_2, Q_3$ enthalten, aber nicht in E liegen.

Beweis. Es sei wieder $i \neq k$. Die wie eben definierte Ebene E_{ik} ist von der Ebene E verschieden, und schneidet E in der Geraden (P_i, Q_k). Die Ebenen E_{ik} und E_{ki} schneiden also E in verschiedenen Geraden, und ihre Schnittgerade r_{ik}, welche den Punkt R_{ik} enthält, liegt daher nicht in E. Die Ebene des Dreiecks S_1, S_2, S_3, dessen Seiten nach dem Lemma die Geraden r_{ik} sind, ist also von E verschieden, und schneidet E in einer Geraden, welche die drei Punkte R_{ik} enthält.

Wir kehren nun zu dem Gruppenraum zurück, und denken uns in ihm ein Sechseck gegeben, dessen Punkte abwechselnd auf zwei verschiedenen Geraden einer Ebene liegen. Die sechs Eckpunkte sollen voneinander und von dem Schnittpunkt der Trägergeraden verschieden sein. Nach dem DANDELINschen Satz sind die Schnittpunkte der Gegenseiten des Sechsecks kollinear, wenn es ein umbeschriebenes Hexagramme mystique gibt. Wir ziehen nun durch jeden der drei Sechseckpunkte, welche auf der einen Trägergeraden liegen, die Linksparallelen zu der anderen Trägergeraden, und durch jeden der drei Sechseckpunkte, welche auf der zweiten Trägergeraden liegen, die Rechtsparallelen zu der ersten Trägergeraden. Diese sechs Geraden liegen auf einer CLIFFORD-Fläche, der die Trägergeraden angehören. (Die Ebene des Sechsecks ist „Tangentialebene" der CLIFFORD-Fläche.) Aus den Eigenschaften der Geradenscharen auf einer CLIFFORD-Fläche folgt, daß die sechs Geraden, in der Reihenfolge der Sechseckpunkte genommen, ein Hexagramme mystique bilden, welches den Forderungen des DANDELINschen Satzes genügt.

Damit ist gezeigt:

Satz 2. *In jeder Ebene des Gruppenraumes gilt der Satz von* PAPPUS-PASCAL.

Hiermit ist insbesondere ein Beweis des Satzes von PAPPUS-PASCAL für die Gruppenebene J, also des Satzes 8 aus § 16 gegeben. (Umgekehrt ergibt sich natürlich, sobald der Satz von PAPPUS-PASCAL für die Gruppenebene bewiesen ist, der Satz 2 durch Projektion oder auch durch Rechtsschiebung.) Dieser Beweis ergab sich durch Erweiterung der elliptischen Gruppenebene zum Gruppenraum: Sie gestattete, den DANDELINschen Gedanken anzuwenden, da im Gruppenraum die räumlichen projektiven Inzidenzaxiome gelten; die Existenz eines umbeschriebenen Hexagramme mystique ließ sich unmittelbar daraus entnehmen, daß im Gruppenraum CLIFFORD-Flächen existieren.

Aus diesem Beweis des Satzes von PAPPUS-PASCAL ist der in § 16,2 geführte Beweis hervorgegangen.

Zum Vergleich der beiden Beweise sei bemerkt:

Man kann in dem Satz von DANDELIN statt der Existenz eines Hexagramme mystique fordern, *daß es drei verschiedene, nicht in der Ebene E des gegebenen*

Sechsecks $P_1, Q_2, P_3, Q_1, P_2, Q_3$ gelegene Punkte S_1, S_2, S_3 mit der Eigenschaft gibt, daß jeweils für $i \neq k$ sowohl die Punkte S_i, S_k, P_i, Q_k als die Punkte S_k, S_i, P_k, Q_i komplanar sind.

Aus der Existenz solcher Punkte schließt man nämlich folgendermaßen auf die Kollinearität der Schnittpunkte R_{ik} der Gegenseiten (P_i, Q_k) und (P_k, Q_i): Gemäß der Voraussetzung mögen S_i, S_k, P_i, Q_k in einer Ebene E_{ik} und S_k, S_i, P_k, Q_i in einer Ebene E_{ki} liegen; ferner sei E^* eine Ebene, in der die Punkte S_1, S_2, S_3 liegen [Axiom b)]. Da dann die beiden verschiedenen Punkte S_i, S_k den beiden verschiedenen Ebenen E_{ik}, E_{ki} und der Ebene E^* angehören, und da der Punkt R_{ik} nach seiner Definition den beiden ersten Ebenen angehört, gehört er nach Axiom a) auch der Ebene E^* an; daher gehören die drei in den beiden verschiedenen Ebenen E und E^* gelegenen Punkte R_{ik} der Schnittgeraden von E und E^* an.

Der kurze Beweis aus § 16,2 kommt dadurch zustande, daß man die drei Produkte $p_i s q_i$ für $i = 1, 2, 3$ bildet, welche, als Punkte des Gruppenraumes aufgefaßt, die an die Punkte S_i gestellten Forderungen erfüllen, und daß man dann wie in der vorstehenden Überlegung schließt, indem man statt der projektiven Inzidenzaxiome b) und a) die Erweiterung des Axioms V und das Lemma von den neun involutorischen Elementen anwendet.

Bemerkung. Daß im Gruppenraum der Satz von PAPPUS-PASCAL gilt, kann auch aus der Tatsache gefolgert werden, daß im Gruppenraum *Nullsysteme* existieren (involutorische Korrelationen, bei denen zugeordnete Punkte und Ebenen stets inzidieren). Denn der Gruppenraum läßt sich, da in ihm die projektiven Inzidenzaxiome und damit der Satz von DESARGUES gelten, algebraisch als projektiver Raum über einem Schiefkörper darstellen, und aus der Existenz von Nullsystemen folgt dann die Kommutativität des Schiefkörpers (s. R. BAER, Linear algebra and projective geometry. New York 1952, S. 106), und damit der Satz von PAPPUS-PASCAL.

Ein Nullsystem erhält man im Gruppenraum, indem man die absolute Polarität mit einer involutorischen Rechtsschiebung (vgl. 7) zusammensetzt. Das Nullsystem wird dann durch eine Zuordnung $\xi \leftrightarrow J\xi a$, mit festem a, gegeben.

6. Die Quadrate in einer elliptischen Bewegungsgruppe. Das Beweglichkeitsaxiom. Bei der Untersuchung metrischer Eigenschaften des Gruppenraumes tritt oft die Frage auf, ob vorgelegte Gruppenelemente konjugiert sind, oder auch, ob sie sich um quadratische Faktoren unterscheiden. Die erste Frage kann als eine Verschärfung der zweiten aufgefaßt werden, da sich konjugierte Gruppenelemente stets nur um quadratische Faktoren unterscheiden: Es ist $\alpha\alpha^{\beta} = (\alpha\beta^{-1})^2\beta^2$ und $\alpha^{-1}\alpha^{\beta} = (\alpha^{-1})^2(\alpha\beta^{-1})^2\beta^2$. ($\alpha^{-1}\alpha^{\beta}$ ist der Kommutator $\alpha^{-1}\beta^{-1}\alpha\beta$, und man sieht, daß in jeder Gruppe jeder Kommutator Produkt von Quadraten ist.)

Wir wollen nun eine kurze Untersuchung über das *Konjugiertsein* und über die *Quadrate* in einer elliptischen Bewegungsgruppe $\mathfrak{G}$ einschalten und die Sätze, welche hier gelten, als Aussagen über die Bewegungen der Gruppenebene deuten. Die Quadrate aus $\mathfrak{G}$ erzeugen einen Normalteiler $\mathfrak{Q}$.

Satz 3. *Ist $b = a^{\gamma}$, so gibt es ein c, so daß $b = a^c$ ist.*

Für die Gruppenebene besagt dieser Satz: Zwei Punkte, welche sich durch eine Bewegung ineinander überführen lassen, lassen sich ineinander spiegeln, d.h. sie besitzen einen Mittelpunkt, genauer ein Paar zueinander polarer Mittelpunkte. Wegen der Polarität gilt auch die duale Aussage: Je zwei ineinander bewegliche Geraden sind ineinander spiegelbar; sie besitzen zwei zueinander senkrechte Winkelhalbierende.

Beweis. Nach § 16, Satz 5 gibt es ein Element s, so daß sa und $s\gamma$ involutorisch sind. Es ist dann $a^s = a$ und daher $a^{s\gamma} = a^\gamma = b$.

Satz 4. *a und b sind dann und nur dann konjugiert, wenn ab ein Quadrat ist.*

Ein Element aus $\mathfrak{G}$ ist also dann und nur dann Quadrat, wenn in den Darstellungen des Elements als Produkt von zwei involutorischen Faktoren die Faktoren konjugiert sind.

Beweis. Sind a und b konjugiert, so gibt es nach Satz 3 ein Element c, so daß $b = a^c$ ist; dann ist $ab = aa^c = (ac)^2$. Es sei nun umgekehrt $ab \neq 1$ ein Quadrat: $ab = rsrs$. Aus dieser Gleichung folgt $r, s \in J(ab)$; nach § 16, Satz 2 ist also ars ein involutorisches Element c, und damit $ab = acac$, also $b = a^c$.

Satz 5. *Jedes Produkt von Quadraten, also jedes Element aus $\mathfrak{Q}$, ist Quadrat.*

Beweis. Es sei ein Produkt $\alpha^2\beta^2$ gegeben. Nach § 16, Satz 5 gibt es ein Element s, so daß αs und $s\beta$ involutorisch sind. Dann ist $\alpha^2\beta^2 = s^{\alpha s} s^{s\beta}$. Auf der rechten Seite steht ein Produkt von zwei konjugierten involutorischen Elementen, also nach Satz 4 ein Quadrat.

Nach diesem Satz ist die Halbierbarkeit von Strecken und Winkeln in der Gruppenebene transitiv.

Von besonderem Interesse sind die elliptischen Bewegungsgruppen, in denen jedes Element Quadrat ist, für die also $\mathfrak{Q} = \mathfrak{G}$ ist. Nach Satz 4 ist dies dann und nur dann der Fall, wenn alle involutorischen Elemente aus $\mathfrak{G}$ konjugiert sind, wenn also das folgende Zusatzaxiom gilt:

Axiom B. *Zu a, b gibt es stets ein γ, so daß $a^\gamma = b$ ist.*

Das Axiom B besagt für die Gruppenebene, daß je zwei Punkte, und also auch je zwei Geraden ineinander beweglich sind. Wir nennen Axiom B das *Beweglichkeitsaxiom*. Es ist nach Satz 3 gleichwertig mit der Forderung

B* *Zu a, b gibt es stets ein c, so daß $a^c = b$ ist,*

welche in der Gruppenebene besagt: Je zwei Punkte haben einen Mittelpunkt, jeder Winkel ist halbierbar. Axiom B ist auch gleichwertig mit der Forderung

B** *Gilt $a \mid b$, so gibt es ein c, so daß $a^c = b$ ist,* welche besagt: Je zwei polare Punkte haben einen Mittelpunkt, jeder rechte Winkel ist halbierbar. Denn aus B** folgt B: Es seien a,b gegeben. Nach Axiom V gibt es ein Element v mit $v\,|\,a,b$. Nach B** gibt es Elemente c,c' mit $a^c = v$, $v^{c'} = b$. Es ist dann $a^{cc'} = b$.

Das Beweglichkeitsaxiom B ist in einer elliptischen Bewegungsgruppe auch mit der Forderung freier Beweglichkeit gleichwertig (vgl. die Note über Freie Beweglichkeit), und wir formulieren

Satz 6. *Freie Beweglichkeit besteht in einer elliptischen Bewegungsgruppe dann und nur dann, wenn jede Bewegung Quadrat ist.*

Wir zeigen in diesem Zusammenhang noch, daß die einzigen Bewegungen der Gruppenebene, welche einen gegebenen Punkt a fest lassen, die Drehungen um a und die Spiegelungen mit zu a polarem Zentrum sind:

Satz 7. *$a^\gamma = a$ gilt dann und nur dann, wenn $\gamma \in D(a)$ oder $\gamma \in J(a)$ ist.*

Beweis des „nur dann". Wie im Beweis von Satz 3 wähle man $s \in J(a), J(\gamma)$. Dann ist $a^{s\gamma} = a$. Für das involutorische Element $s\gamma$ gilt also entweder $s\gamma\,|\,a$ oder $s\gamma = a$. Im ersten Fall ist $s\gamma \in J(a)$, also $\gamma \in sJ(a) = D(a)$. Im zweiten Fall ist $\gamma = sa$, also involutorisch, und $\gamma \in J(a)$.

Satz 7 beantwortet auch die Frage nach den Fixpunkten einer Bewegung der elliptischen Gruppenebene (vgl. § 3,10); er ist eine Teilaussage des Satzes über die THOMSEN-Relation (§ 7, Satz 8). Aus Satz 7 folgt die „Starrheit" der Bewegungen der Gruppenebene (vgl. § 3, Satz 26).

Nach Satz 7 ist der Normalisator eines involutorischen Elementes a die von den Elementen aus $J(a)$ erzeugte Untergruppe. Da jede Drehgruppe $D(\alpha)$ genau ein involutorisches Element enthält, ergibt sich hieraus, daß die gleiche Aussage für die Drehgruppen gilt:

Satz 8. *$D(\alpha)^\gamma = D(\alpha)$ gilt dann und nur dann, wenn $\gamma \in D(\alpha)$ oder $\gamma \in J(\alpha)$ ist.*

Da jedes Gruppenelement α durch alle Elemente aus $D(\alpha)$ in sich und durch alle Elemente aus $J(\alpha)$ in α^{-1} transformiert wird, kann eine Drehgruppe nach Satz 8 nur so in sich transformiert werden, daß entweder jedes Element in sich oder jedes Element in sein Inverses übergeht.

Für den Gruppenraum besagt Satz 8 z.B., *daß zwei Geraden dann und nur dann sowohl rechts- als linksparallel sind, wenn sie entweder gleich oder zueinander polar sind.* Denn zwei rechtsparallele Geraden $D(\alpha)\gamma = \gamma D(\alpha)^\gamma$ und $D(\alpha)\delta = \delta D(\alpha)^\delta$ sind dann und nur dann auch linksparallel, wenn $D(\alpha)^\gamma = D(\alpha)^\delta$, also $D(\alpha)^{\gamma\delta^{-1}} = D(\alpha)$ ist. Nach Satz 8 ist dies dann und nur dann der Fall, wenn entweder

$\gamma\delta^{-1} \in D(\alpha)$, d.h. $D(\alpha)\gamma = D(\alpha)\delta$ ist, oder wenn
$\gamma\delta^{-1} \in J(\alpha)$, d.h. nach (1) $D(\alpha) = J(\alpha)\gamma\delta^{-1}$, also $D(\alpha)\delta = J(\alpha)\gamma$ ist.

7. Bewegungen des Gruppenraumes. Außer den geraden Bewegungen (12) gibt es noch weitere Kollineationen des Gruppenraumes, bei denen die absolute Polarität erhalten bleibt. Man kann nämlich die identische Abbildung der Gruppenebene J nicht nur zu der identischen Abbildung $\xi^* = \xi$ des Gruppenraumes, sondern auch zu der Abbildung

$$\xi^* = \xi^{-1} \tag{19}$$

fortsetzen, welche gleichfalls eine Kollineation des Gruppenraumes ist, bei der die Polarität erhalten bleibt. Die involutorische Kollineation (19), welche den Punkt 1 und seine Polarebene J punktweise fest läßt, also eine räumliche involutorische Homologie ist, nennen wir die *Punkt-Ebenen-Spiegelung an* $1, J$. Allgemein sind alle Abbildungen

$$\xi^* = \gamma\xi^{-1}\delta \tag{20}$$

Kollineationen des Gruppenraumes, bei denen die Polarität erhalten bleibt. Wir nennen sie die *ungeraden Bewegungen des Gruppenraumes.* Jede ungerade Bewegung führt rechtsparallele Geraden in linksparallele, linksparallele in rechtsparallele über. Die geraden und die ungeraden Bewegungen des Gruppenraumes bilden zusammen eine Gruppe, die wir die *Bewegungsgruppe des Gruppenraumes* nennen; in ihr bilden die geraden Bewegungen eine Untergruppe vom Index 2.

Transformiert man die Spiegelung (19) an $1, J$ mit der Rechtsschiebung (oder auch mit der Linksschiebung), welche den Punkt 1 und seine Polarebene J in den Punkt γ und seine Polarebene $J\gamma$ überführt, so erhält man die *Punkt-Ebenen-Spiegelung an* $\gamma, J\gamma$: $\xi^* = (\xi\gamma^{-1})^{-1}\gamma$ oder

$$\xi^* = \gamma\xi^{-1}\gamma. \tag{21}$$

Diese Punkt-Ebenen-Spiegelungen sind unter den ungeraden Bewegungen die einzigen involutorischen. Denn ist eine ungerade Bewegung (20) ihrer Inversen gleich, so gilt $\gamma\xi^{-1}\delta = (\gamma^{-1}\xi\delta^{-1})^{-1} = \delta\xi^{-1}\gamma$ für alle ξ, und man erkennt wie am Ende von 3, daß hierzu $\gamma = \delta$ sein muß. Eine gerade Bewegung (12) ist dann und nur dann involutorisch, wenn $\gamma^2 = \delta^2 = 1$ ist und γ, δ nicht beide gleich 1 sind, wenn die Bewegung also eine *involutorische Schiebung* $\xi^* = a\xi$ oder $\xi^* = \xi b$ oder ein Produkt $\xi^* = a\xi b$ von zwei solchen Schiebungen ist. Die involutorischen Schiebungen sind, wie alle von der Identität verschiedenen Schiebungen, fixpunktfrei, und führen auf ihren untereinander parallelen Fixgeraden jeden Punkt in den polaren über. Diese fixpunktfreien involutorischen Bewegungen, welche die Gruppe der geraden Bewegungen erzeugen, gehören zu den Merkwürdigkeiten des elliptischen Gruppenraumes.

In der Bewegungsgruppe des Gruppenraumes bilden diejenigen geraden Bewegungen (12) und ungeraden Bewegungen (20), bei denen $\gamma\delta$

in $\mathfrak{Q}$ liegt, eine Untergruppe [da mit $\gamma\delta$ und $\gamma'\delta'$ z.B. auch $\gamma'\gamma\delta\delta' = \gamma'\delta'(\gamma\delta)^{\delta'}$ in $\mathfrak{Q}$ liegt], die *engere Bewegungsgruppe des Gruppenraumes*. Unter Voraussetzung des Beweglichkeitsaxioms B ist die engere Bewegungsgruppe die volle Bewegungsgruppe des Gruppenraumes.

Wir wollen nun die engere Bewegungsgruppe näher betrachten und zunächst die *involutorischen Bewegungen aus der engeren Gruppe* bestimmen. Die Punkt-Ebenen-Spiegelungen (21) liegen in der engeren Gruppe. Ein Produkt $\xi^* = a\xi b$ von zwei involutorischen Schiebungen gehört nach Satz 4 dann und nur dann der engeren Gruppe an, wenn a und b konjugiert sind, wenn also ein Element γ existiert, so daß $b = a^\gamma$ ist. Die involutorische Bewegung

$$\xi^* = a\xi a^\gamma \tag{22}$$

läßt jeden Punkt der Geraden $J(a)\gamma$ und der polaren Geraden $D(a)\gamma$ fest: Ist $s \in J(a)$, so ist $a(s\gamma)a^\gamma = asa\gamma = s\gamma$; ist $\alpha \in D(a)$, so ist $a(\alpha\gamma)a^\gamma = a\alpha a\gamma = \alpha\gamma$. Solche involutorischen Bewegungen, die ein Paar polarer Geraden punktweise fest lassen, sind von einem wohlbekannten projektiven Typ; wir nennen (22) die *Geradenspiegelung* an $J(a)\gamma, D(a)\gamma$. Jede Geradenspiegelung ist darstellbar als Produkt von zwei Punkt-Ebenen-Spiegelungen, deren Zentren zueinander polar und deren spiegelnde Ebenen zueinander senkrecht sind: (22) ist z.B. darstellbar als Produkt der Punkt-Ebenen-Spiegelungen an $\gamma, J\gamma$ und an $a\gamma, Ja\gamma$: $a\gamma(\gamma\xi^{-1}\gamma)^{-1}a\gamma = a\xi a^\gamma$.

Neben den Punkt-Ebenen- und den Geradenspiegelungen gibt es in der engeren Gruppe im allgemeinen involutorische Schiebungen

$$\xi^* = a\xi \quad \text{und} \quad \xi^* = \xi a, \qquad \text{mit } a \in \mathfrak{Q}. \tag{23}$$

Sie existieren in der engeren Gruppe dann und nur dann, wenn die Gruppe $\mathfrak{Q}$ involutorische Elemente enthält, also gewiß in dem klassischen Fall freier Beweglichkeit (Axiom B), in dem ja jedes Element aus $\mathfrak{G}$ Quadrat ist. (Daß es elliptische Bewegungsgruppen gibt, in denen kein involutorisches Element Quadrat ist, entnimmt man aus § 10,3, Aufg. 3).

Wir fassen zusammen:

Satz 9. *Die involutorischen Bewegungen aus der engeren Bewegungsgruppe des Gruppenraumes sind: Die Punkt-Ebenen-Spiegelungen* (21), *die Geradenspiegelungen* (22), *die involutorischen Schiebungen* (23) *(letztere gibt es in der engeren Gruppe nur dann, wenn es in der zugrunde liegenden elliptischen Bewegungsgruppe involutorische Elemente gibt, welche Quadrate sind).*

Satz 10. *Die engere Bewegungsgruppe des Gruppenraumes ist die von den Punkt-Ebenen-Spiegelungen erzeugte Gruppe, die Gruppe der geraden*

Bewegungen aus der engeren Bewegungsgruppe ist die von den Geradenspiegelungen erzeugte Gruppe: In der engeren Gruppe ist jede gerade Bewegung als Produkt von zwei Geradenspiegelungen, also von vier Punkt-Ebenen-Spiegelungen, und jede ungerade Bewegung als Produkt von einer Punkt-Ebenen-Spiegelung und einer Geradenspiegelung, also von drei Punkt-Ebenen-Spiegelungen darstellbar.

Beweis. Zu zwei Gruppenelementen γ, δ gibt es nach § 16, Satz 5 stets ein Element s, so daß γs und $s\delta$ involutorische Elemente, etwa a und b sind. Liegt $\gamma\delta$, also ab in $\mathfrak{Q}$, so gibt es nach Satz 4 ein Element β, so daß $b = a^\beta$ ist; dann sind also γ, δ in der Form $\gamma = as$, $\delta = sa^\beta$ darstellbar. Daher ist jede gerade Bewegung aus der engeren Gruppe in der Form $\xi^* = as\xi sa^\beta$, d.h. als Produkt der Geradenspiegelungen an $J(s), D(s)$ und an $J(a)\beta, D(a)\beta$ darstellbar. Und jede ungerade Bewegung aus der engeren Gruppe ist in der Form $\xi^* = as\xi^{-1}sa^\beta$, d.h. als Produkt der Punkt-Ebenen-Spiegelung an s, Js und der Geradenspiegelung an $J(a)\beta, D(a)\beta$ darstellbar.

Aus Satz 10 schließen wir, daß die engere Bewegungsgruppe Normalteiler der Bewegungsgruppe des Gruppenraumes ist, da die Punkt-Ebenen-Spiegelungen ein invariantes System in der vollen Bewegungsgruppe bilden.

Jedes Produkt von zwei Punkt-Ebenen-Spiegelungen, deren spiegelnde Ebenen durch eine gegebene Gerade gehen, läßt alle Punkte dieser Geraden fest und werde als eine *Drehung* um diese Gerade bezeichnet.

Die Ebenen, welche die Gerade $J(a)\gamma$ enthalten, sind die Ebenen $J\alpha\gamma$ mit $\alpha \in D(a)$. Das Produkt der Spiegelungen an $\gamma, J\gamma$ und $\alpha\gamma, J\alpha\gamma$ ergibt die folgende *Drehung um* $J(a)\gamma$:

$$\xi^* = \alpha\xi\alpha^\gamma, \qquad \text{mit } \alpha \in D(a), \tag{24}$$

und jede Drehung um die Gerade $J(a)\gamma$ ist in dieser Form darstellbar. Die Drehungen um die Gerade $J(a)\gamma$ bilden eine zu der Drehgruppe $D(a)$ isomorphe Gruppe; die Gruppe enthält genau ein involutorisches Element, die Geradenspiegelung an $J(a)\gamma, D(a)\gamma$.

Die *Drehungen um eine Gerade* $D(a)\gamma$ sind

$$\xi^* = \alpha^{-1}\xi\alpha^\gamma, \qquad \text{mit } \alpha \in D(a). \tag{25}$$

Da der Gruppenraum dazu dienen soll, Gesetze, welche in einer elliptischen Bewegungsgruppe gelten, geometrisch zu deuten, sei bemerkt, daß der Satz über die THOMSEN-Relation (§ 7, Satz 8) mit der folgenden Aussage über den Gruppenraum gleichwertig ist: *Die Fixpunkte einer von der Identität verschiedenen Drehung* (24) *sind, wenn die Drehung nicht involutorisch ist, die Punkte der Drehachse, und wenn die*

Drehung involutorisch, d.h. die Geradenspiegelung (22) *ist, die Punkte der Drehachse und der zu ihr polaren Geraden.* (Man wende § 7, Satz 8 auf α und $\beta = \xi\gamma^{-1}$ an.)

Aufgaben. 1. Besitzt eine Bewegung des Gruppenraumes einen Fixpunkt (eine Fixebene), so gehört sie der engeren Bewegungsgruppe an. Ist die Bewegung gerade, so ist sie eine Drehung. Eine Bewegung, welche eine Fixgerade besitzt, braucht nicht stets der engeren Bewegungsgruppe anzugehören.

2. Eine gerade Bewegung $\xi^* = \alpha\xi\beta$ besitzt dann und nur dann eine Fixgerade, wenn entweder 1) α, β konjugierten Drehgruppen angehören oder 2) die Bewegung von der Gestalt $\xi^* = a\xi b$ mit nicht konjugierten a, b ist.

Die Bewegungen 1) sind die *Schraubungen*, d.h. diejenigen Bewegungen des Gruppenraumes, welche sich als Produkt einer Drehung um eine Gerade und einer Schiebung längs dieser Geraden darstellen lassen. Eine Schraubung, welche eine Rechtsschiebung als Bestandteil enthält, läßt sich auch als eine Schraubung mit einer Linksschiebung als Bestandteil darstellen. Jede Schraubung um eine Gerade ist auch eine Schraubung um die polare Gerade. Gilt Axiom B, so ist jede gerade Bewegung eine Schraubung.

3. Eine Gerade wird zu einer anderen *senkrecht* genannt, wenn sie diese Gerade und ihre Polare trifft. Hiernach sind zwei Geraden dann und nur dann zueinander senkrecht, wenn sie aneinanderstoßende Seiten eines CLIFFORD-Parallelogramms sind, dessen Gegenseiten zueinander polar sind.

Zwei Geraden sind dann und nur dann zueinander senkrecht, wenn sie voneinander verschieden und nicht zueinander polar sind, und wenn die eine durch Spiegelung an der anderen in sich übergeht. Zwei Geraden

$$(*) \qquad D(a)\gamma = \gamma D(a^\gamma) \quad \text{und} \quad D(b)\delta = \delta D(b^\delta)$$

sind also dann und nur dann zueinander senkrecht, wenn $a \mid b$ und $a^\gamma \mid b^\delta$ gilt.

Die Polare eines gemeinsamen Lotes zweier Geraden ist ebenfalls ein gemeinsames Lot der beiden Geraden. Zwei verschiedene parallele, nicht zueinander polare Geraden besitzen eine Schar untereinander paralleler gemeinsamer Lote. Zwei nicht parallele Geraden (*) besitzen dann und nur dann ein gemeinsames (polares) Lotenpaar, wenn das gemeinsame Element von $J(a)$ und $J(b)$ und das gemeinsame Element von $J(a^\gamma)$ und $J(b^\delta)$ konjugiert sind.

4. Die absolute Polarität des Gruppenraumes ist projektiv. Die Bewegungen des Gruppenraumes sind projektiv. Die Bewegungsgruppe des Gruppenraumes besteht aus den sämtlichen projektiven Kollineationen, welche die absolute Polarität invariant lassen.

8. Erzeugbarkeit von CLIFFORD-Flächen durch Rotation. Aus der Fülle der Fragen nach metrischen Eigenschaften des elliptischen Gruppenraumes greifen wir nur eine Frage als Beispiel heraus, nämlich die Frage, ob CLIFFORD-Flächen Rotationsflächen sind.

Es seien zunächst eine Rechtskongruenz und eine Linkskongruenz gegeben. Wir fragen, ob die beiden Kongruenzen eine Gerade gemein haben. Wenn sie eine Gerade gemein haben, so haben sie auch die Polare dieser Geraden, aber nach einer Folgerung aus Satz 8 keine weitere Gerade, also ein polares Geradenpaar gemein. Unsere Existenzfrage hängt nun in einer typischen Weise von einem Konjugiertsein ab. Jeder Rechts- bzw. Linkskongruenz gehört genau eine Drehgruppe an, nämlich diejenige Gerade der Kongruenz, welche den Punkt 1 enthält. Es gilt

Satz 11. *Eine Rechtskongruenz und eine Linkskongruenz haben dann und nur dann ein Paar zueinander polarer Geraden gemein, wenn die ihnen angehörenden Drehgruppen konjugiert sind.*

Beweis. Es seien $D(a)$ und $D(b)$ die Drehgruppen aus den gegebenen Kongruenzen. Ist $b = a^{\delta}$, so gehören die beiden zueinander polaren Geraden $D(a)\delta = \delta D(a^{\delta})$ und $J(a)\delta = \delta J(a^{\delta})$ beiden Kongruenzen an. Gibt es umgekehrt eine Gerade $D(a)\delta = \delta D(a^{\delta})$ der Rechtskongruenz, welche auch der Linkskongruenz angehört, also in der Form $\delta' D(b)$ darstellbar ist, so ist $\delta D(a^{\delta}) = \delta' D(b)$, also entsprechend zu (4) $a^{\delta} = b$.

Gilt Axiom B, so hat nach Satz 11 jede Rechtskongruenz mit jeder Linkskongruenz ein polares Geradenpaar gemein.

Jede CLIFFORD-Fläche läßt sich in der Form $D(a)\gamma D(b)$ mit $a^{\gamma} \neq b$ schreiben. Eine spezielle Klasse bilden die CLIFFORD-Flächen mit der Eigenschaft, daß die Rechtskongruenz, der die Rechtsschar der CLIFFORD-Fläche angehört, und die Linkskongruenz, der die Linksschar der CLIFFORD-Fläche angehört, ein polares Geradenpaar gemein haben. Es sind nach Satz 11 die CLIFFORD-Flächen, die sich in der Form

$$D(a)\gamma D(a^{\delta}) \quad \text{mit } a^{\gamma} \neq a^{\delta} \tag{26}$$

schreiben lassen. Das gemeinsame polare Geradenpaar der beiden Kongruenzen ist $D(a)\delta$, $J(a)\delta$.

Diese beiden Geraden, welche zu allen Geraden der Rechtsschar rechtsparallel und zu allen Geraden der Linksschar linksparallel sind, sind *Rotationsachsen der* CLIFFORD-*Fläche* (26): Läßt man eine Gerade aus der Rechtsschar der CLIFFORD-Fläche, etwa die Gerade $D(a)\gamma$, um die Gerade $D(a)\delta$ als Achse rotieren, so entstehen die Geraden $\alpha^{-1}(D(a)\gamma)\alpha^{\delta} = D(a)\gamma\alpha^{\delta}$, mit $\alpha \in D(a)$, also die sämtlichen Geraden der Rechtsschar. Läßt man eine Gerade der Linksschar, etwa die Gerade $\gamma D(a^{\delta})$, um die Gerade $D(a)\delta$ rotieren, so entstehen die Geraden $\alpha^{-1}(\gamma D(a^{\delta}))\alpha^{\delta} = \alpha^{-1}\gamma D(a^{\delta})$, mit $\alpha \in D(a)$, also die sämtlichen Geraden der Linksschar. Das Entsprechende gilt für die Rotation um die Gerade $J(a)\delta$ als Achse.

Wir schalten jetzt zwei Bemerkungen ein: 1) Liegen drei verschiedene Punkte einer CLIFFORD-Fläche auf einer Geraden, so gehört diese Gerade der Rechtsschar oder der Linksschar der CLIFFORD-Fläche an. Auf einer CLIFFORD-Fläche gibt es also außer den Geraden der beiden Scharen keine weitere Gerade. — 2) Jede gerade Bewegung, welche eine CLIFFORD-Fläche in sich überführt, führt die Geraden der Rechtsschar der CLIFFORD-Fläche in Geraden der Rechtsschar, und die Geraden der Linksschar in Geraden der Linksschar über.

Beweis von 1). Wir nehmen an, die gegebene Gerade gehöre keiner der beiden Scharen an, und ziehen durch einen der gegebenen Punkte die Gerade der Linksschar und durch jeden der beiden anderen Punkte die Gerade der Rechtsschar. Die vier Geraden sind dann paarweise verschieden. Da also die gegebene Gerade und die Gerade der Linksschar eine Ebene aufspannen und da beide Geraden die beiden Geraden der Rechtsschar treffen, lägen die beiden Geraden der Rechtsschar in einer Ebene; das ist unmöglich. — Beweis von 2). Eine solche Bewegung führt drei verschiedene Geraden der Rechtsschar in drei verschiedene, untereinander rechtsparallele Geraden der CLIFFORD-Fläche über; da die drei Bildgeraden nicht alle der Linksschar angehören können (nach der Folgerung von Satz 8 können drei verschiedene Geraden nicht paarweise sowohl rechts- als linksparallel sein), gehört wegen 1) mindestens eine von ihnen der Rechtsschar an, und damit auch die beiden anderen.

Nun denken wir uns eine beliebige CLIFFORD-Fläche $D(a)\gamma D(b)$ mit $a^{\gamma} \neq b$ gegeben, und nehmen an, daß sie eine Rotationsachse besitzt, d.h. daß es eine

Gerade $D(l)\delta$ gibt, so daß alle Drehungen um diese Gerade als Achse die CLIFFORD-Fläche in sich überführen. Eine Drehung um $D(l)\delta$ führt die Gerade $D(a)\gamma$ der Rechtsschar, welche durch den Punkt γ der CLIFFORD-Fläche geht, in die Gerade $\lambda^{-1}(D(a)\gamma)\lambda^{\delta}$ über $(\lambda \in D(l))$. Diese gedrehte Gerade muß nach 2) wieder eine Gerade der Rechtsschar, und zwar diejenige Gerade der Rechtsschar sein, welche durch den gedrehten Punkt $\lambda^{-1}\gamma\lambda^{\delta}$ geht. Es ist also $\lambda^{-1}(D(a)\gamma)\lambda^{\delta} = D(a)\lambda^{-1}\gamma\lambda^{\delta}$, also $\lambda^{-1}D(a) = D(a)\lambda^{-1}$ für alle $\lambda \in D(l)$. Hieraus folgt auf Grund von Satz 8, daß $D(l) = D(a)$ ist. Da bei den Drehungen auch eine Gerade der Linksschar stets in eine Gerade der Linksschar übergehen muß, ergibt sich entsprechend, daß $D(l)^{\delta} = D(b)$ ist. Die CLIFFORD-Fläche ist also von der speziellen Form (26), und die Rotationsachse ist die Gerade $D(a)\delta$, und damit eine gemeinsame Gerade der Rechtskongruenz, der die Rechtsschar der CLIFFORD-Fläche angehört, und der Linkskongruenz, der die Linksschar der CLIFFORD-Fläche angehört.

Man erkennt somit

Satz 12. *Eine* CLIFFORD-*Fläche läßt sich dann und nur dann durch Rotation einer ihrer Geraden um eine Achse erzeugen, wenn die Rechtskongruenz, der die Rechtsschar der* CLIFFORD-*Fläche angehört, und die Linkskongruenz, der die Linksschar der* CLIFFORD-*Fläche angehört, ein Paar zueinander polarer Geraden gemein haben. Die* CLIFFORD-*Fläche entsteht dann durch Rotation um jede dieser beiden Geraden und ist also in doppeltem Sinne Rotationsfläche.*

Läßt man allgemein eine Gerade um eine zu ihr rechts- (oder links-) parallele Gerade als Achse rotieren, so entsteht eine CLIFFORD-Fläche, sofern die beiden Geraden voneinander verschieden und nicht zueinander polar, d.h. sofern sie nicht sowohl rechts- als linksparallel sind. Läßt man eine Gerade um eine Achse rotieren, die zu ihr weder rechts- noch linksparallel ist, so entsteht keine CLIFFORD-Fläche; denn eine Rotationsachse einer CLIFFORD-Fläche ist, wie wir gesehen haben, stets zu den Geraden der Rechtsschar der CLIFFORD-Fläche rechtsparallel und zu den Geraden der Linksschar linksparallel und damit, da eine CLIFFORD-Fläche nur die Geraden der beiden Scharen enthält, zu jeder auf der Fläche gelegenen Geraden rechts- oder linksparallel. Es gilt also

Korollar. *Läßt man eine Gerade um eine andere rotieren, so entsteht dann und nur dann eine* CLIFFORD-*Fläche, wenn die beiden Geraden auf genau eine Art zueinander parallel sind.*

Die Gesamtheit der Punkte, welche aus einem festen Punkt durch Rotation um eine Achse hervorgehen, sei als ein *Kreis* bezeichnet, sofern der gegebene Punkt weder der Achse noch ihrer Polaren angehört. Jeder Kreis liegt in einer zu seiner Achse senkrechten Ebene (der Pol der Ebene liegt auf der Achse, die Ebene enthält die Polare der Achse). Wird eine CLIFFORD-Fläche durch Rotation um eine Achse erzeugt, so wird sie von einem System von Kreisen überdeckt; je zwei Kreise des Systems lassen sich durch eine Schiebung, welche die CLIFFORD-Fläche und auch die Rotationsachse in sich überführt, ineinander überführen und sind also, da Schiebungen Bewegungen sind, „kongruent". Jede CLIFFORD-Fläche, welche sich durch Rotation um eine Achse erzeugen läßt, wird also, da sie auch durch Rotation um die polare Gerade als Achse entsteht, von zwei Systemen je untereinander kongruenter Kreise überdeckt; zwei Kreise aus den beiden verschiedenen Systemen liegen in zueinander senkrechten Ebenen.

Gilt Axiom B, so kann man die CLIFFORD-Fläche auch erzeugen, indem man einen dieser Kreise um die zu seiner Achse polare Gerade rotieren läßt. Auf der CLIFFORD-Fläche (26) betrachte man hierzu etwa den Kreis, welcher durch Rotation des Punktes γ um die Gerade $D(a)\delta$ entsteht, also die Menge der Punkte $\alpha^{-1}\gamma\alpha^{\delta}$, mit $\alpha \in D(a)$. Durch Rotation dieses Kreises um die zu $D(a)\delta$ polare

Gerade $J(a)\delta$ entsteht die Menge aller Punkte $\alpha'\alpha^{-1}\gamma\alpha^{\delta}\alpha'^{\delta}$, mit $\alpha, \alpha' \in D(a)$. Jeder Punkt der CLIFFORD-Fläche, d. h. jeder Punkt $\alpha_1\gamma\alpha_2^{\delta}$ mit $\alpha_1, \alpha_2 \in D(a)$, gehört dieser Punktmenge an. Denn da $\alpha_1\alpha_2$ wegen des Axioms B ein Quadrat ist, gibt es ein Element $\alpha_0' \in D(a)$ mit $\alpha_0'^2 = \alpha_1\alpha_2$; setzt man dann $\alpha_0 = \alpha_1^{-1}\alpha_0'$, so ist $\alpha_0'\alpha_0^{-1}\gamma\alpha_0^{\delta}\alpha_0'^{\delta} = \alpha_1\gamma\alpha_2^{\delta}$.

Satz 13. *Unter Voraussetzung von Axiom* B *gilt: Zu jeder* CLIFFORD-*Fläche gibt es zwei zueinander polare Rotationsachsen. Man kann die* CLIFFORD-*Fläche erzeugen, indem man eine ihrer Geraden um eine der Achsen rotieren läßt. Man kann die* CLIFFORD-*Fläche auch erzeugen, indem man einen ihrer Punkte um eine der Achsen, und dann den entstandenen Kreis um die andere Achse rotieren läßt.*

Aufgaben. 1. Sind $D(\alpha)$ und $D(\beta)$ zwei feste Drehgruppen, so bilden die sämtlichen Doppelrestklassen $D(\alpha)\gamma D(\beta)$ eine Familie von CLIFFORD-Flächen, die jedoch zwei zueinander polare Geraden enthält, wenn $D(\alpha)$ und $D(\beta)$ konjugiert sind. Durch jeden Punkt des Raumes geht genau eine CLIFFORD-Fläche oder eine Gerade der Familie. Enthält die Familie Geraden, so sind sie Rotationsachsen aller CLIFFORD-Flächen der Familie.

2. Eine CLIFFORD-Fläche wird *orthogonal* genannt, wenn jede Gerade der Rechtsschar zu jeder Geraden der Linksschar senkrecht ist. Dies ist dann und nur dann der Fall, wenn die CLIFFORD-Fläche zu jeder ihrer Geraden die Polare enthält. Die orthogonalen CLIFFORD-Flächen sind die in der Form

$$(**) \qquad D(a)\gamma D(b) \quad \text{mit } a^{\gamma} \mid b$$

darstellbaren Komplexe.

Die orthogonale CLIFFORD-Fläche (**) ist die Gesamtheit der Gruppenelemente, welche a in ein Element von $J(b)$ transformieren. Sie ist die Fundamentalfläche der mit der absoluten Polarität vertauschbaren Polarität $\xi \leftrightarrow Ja\xi b$.

3. Man bestimme die Gruppe aller Bewegungen des Gruppenraumes, welche eine CLIFFORD-Fläche in sich überführen.

9. Halbdrehungen in der Gruppenebene und Schiebungen im Gruppenraum. Eine Halbdrehung in einer elliptischen Gruppenebene ist eine in der Gruppenebene erklärte Abbildung der Punkte auf die Punkte und der Geraden auf die Geraden. Wenn sich diese Abbildung auch allein in der Gruppenebene beschreiben läßt (vgl. § 6), so gehört doch zum Wesen der Halbdrehung die Multiplikation von Gruppenelementen mit einem festen nicht-involutorischen Gruppenelement. Wir wollen jetzt eine neue Definition der Halbdrehungen geben, welche diese Tatsache zum Ausdruck bringt und unmittelbar gestattet, die Halbdrehungen der Gruppenebene zu den nicht-involutorischen Schiebungen des Gruppenraumes in Beziehung zu setzen, die ja die systematische Deutung der Multiplikation der Gruppenelemente mit nicht-involutorischen Gruppenelementen darstellen.

Im folgenden bezeichne η durchweg ein nicht-involutorisches Element der elliptischen Bewegungsgruppe $\mathfrak{G}$. Ferner wollen wir, wenn ein Komplex $\mathfrak{K}$ von Elementen aus $\mathfrak{G}$ genau ein involutorisches Element enthält, dieses Element mit $[\mathfrak{K}]$ bezeichnen.

Die zu dem Element η gehörige Halbdrehung H_η definieren wir als eine Abbildung der Gesamtheit der Punkte der Gruppenebene auf sich durch

$$aH_\eta = [D(a)\eta]. \tag{27}$$

Hiermit ist die Halbdrehung als ein gruppentheoretischer Prozeß definiert, welcher jedem involutorischen Element a das involutorische Element aus einer Restklasse der Drehgruppe $D(a)$ zuordnet.

Die Zuordnung (27) setzt sich aus folgenden Schritten zusammen:

$$a \to D(a) \to D(a)\eta \to [D(a)\eta].$$

Das bedeutet im Gruppenraum: Man verbinde den Punkt a der Gruppenebene J mit dem Punkt 1 (dem Pol von J), wende auf die Verbindungsgerade $D(a)$ die Rechtsschiebung mit η an, und schneide die verschobene Gerade $D(a)\eta$ mit der Gruppenebene J. [Da η nicht involutorisch ist, liegt $D(a)\eta$ nicht in J, und hat mit J einen eindeutig bestimmten Schnittpunkt, enthält also genau ein involutorisches Element.] Daher gilt:

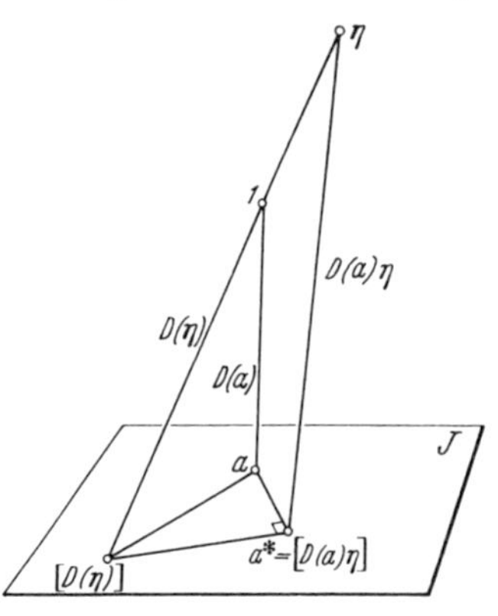

Satz 14. *Im Gruppenraum führe man das Geradenbündel mit dem Zentrum* 1 *durch die Rechtsschiebung mit η in das Geradenbündel mit dem Zentrum η über, schneide die Geraden beider Bündel mit der Gruppenebene, und ordne dem Schnittpunkt einer Geraden des ersten Bündels mit der Gruppenebene den Schnittpunkt der entsprechenden Geraden des zweiten Bündels mit der Gruppenebene zu. Die hierdurch erklärte eineindeutige Abbildung der Punkte der Gruppenebene auf sich ist die Halbdrehung H_η (als Punktabbildung).*

Die räumliche Konstruktion der Abbildung setzt z.B. in Evidenz, daß die Halbdrehungen Geraden der Gruppenebene in Geraden der Gruppenebene überführen. Man erhält die durch die Halbdrehung H_η gegebene Geradenabbildung, indem man das Ebenenbündel mit dem Zentrum 1 durch die Rechtsschiebung mit η in das Ebenenbündel mit dem Zentrum η überführt, die Ebenen beider Bündel mit der Gruppenebene schneidet, und der Schnittgeraden einer Ebene des ersten Bündels die Schnittgerade der entsprechenden Ebene des zweiten Bündels zuordnet.

Eine Ebene durch den Punkt 1 ist eine Ebene von der Form Ja; die mit η rechtsverschobene Ebene ist dann $Ja\eta$. Die Schnittgeraden von Ja und $Ja\eta$ mit der Gruppenebene sind $J(a)$ und $J(a\eta)$. *Die Halbdrehung H_η bildet also die Geraden der Gruppenebene nach der* *bemerkenswert einfachen Formel*

$$J(a)H_\eta = J(a\eta) \tag{28}$$

ab. Es ist klar, daß man diese Formel auch als Definition der Halbdrehung verwenden kann.

Indem man bei der räumlichen Konstruktion außer den Ebenen Ja und $Ja\eta$ auch ihre Pole betrachtet: den Punkt a der Gruppenebene und den mit η rechtsverschobenen Punkt $a\eta$, erkennt man, in Übereinstimmung mit (28): Das Bild der Polaren $J(a)$ eines Punktes a der Gruppenebene hinsichtlich einer Halbdrehung H_η ist die Schnittgerade der Polarebene des Punktes $a\eta$ mit der Gruppenebene.

Mit Hilfe der räumlichen Deutung der Halbdrehungen erkennt man auch die Gültigkeit des *Gesetzes über Halbdrehungen und Polarität in der Gruppenebene*:

$$J(aH_\eta) = J(a)H_{\eta^{-1}}^{-1}, \tag{29}$$

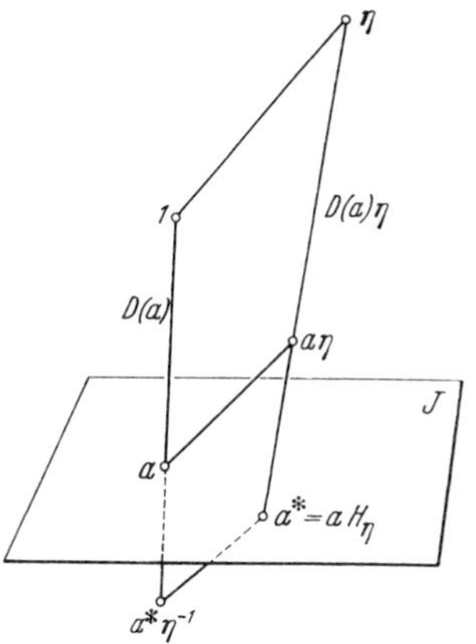

welches in § 6,10 eine grundlegende Rolle spielte.

Man konstruiere hierzu zunächst den Punkt $aH_\eta = a^*$, indem man den Punkt a der Gruppenebene mit dem Punkt 1 verbindet, auf die Verbindungsgerade die Rechtsschiebung mit η anwendet und die verschobene Gerade mit der Gruppenebene schneidet. Der Punkt $a^*\eta^{-1}$, aus welchem der Punkt a^* durch die Rechtsschiebung mit η hervorgeht, liegt auf der Verbindungsgeraden von 1 und a. Die Polarebenen der drei kollinearen Punkte 1, $a^*\eta^{-1}$, a schneiden sich in einer Geraden, d.h. die Schnittgerade der Polarebene des Punktes $a^*\eta^{-1}$ mit der Gruppenebene ist gleich der Schnittgeraden der Polarebene des Punktes a mit der Gruppenebene. Die erste Schnittgerade ist, wie oben bemerkt, das Bild der Polaren des Punktes a^* hinsichtlich der Halbdrehung $H_{\eta^{-1}}$, die zweite ist die Polare des Punktes a. Es ist also $J(a^*)H_{\eta^{-1}} = J(a)$, also

$$J(aH_\eta)H_{\eta^{-1}} = J(a), \tag{30}$$

und damit gilt (29).

Rechnerisch ergibt sich das Gesetz (29) fast unmittelbar aus (27) und (28): Nach (27) gilt $aH_\eta \in D(a)\eta$, also $(aH_\eta)\eta^{-1} \in D(a)$, d.h. $(aH_\eta)\eta^{-1}$ und a liegen in derselben Drehgruppe. Daher ist $J((aH_\eta)\eta^{-1}) = J(a)$, und da die linke Seite nach (28) gleich $J(aH_\eta)H_{\eta^{-1}}$ ist, gilt (30).

Da $[D(a)\eta] = [\eta^{-1}D(a)]$ ist [der Komplex $\eta^{-1}D(a)$ besteht genau aus den Inversen der Elemente des Komplexes $D(a)\eta$], kann man für die Beschreibung der Halbdrehung H_η in Satz 14 die Rechtsschiebung mit η durch die Linksschiebung mit η^{-1} ersetzen. Die Gleichung $J(a\eta) = J(\eta^{-1}a)$ bringt das Übereinstimmen der Geradenabbildungen zum Ausdruck.

Die Gleichung $[D(a)\eta] = [\eta^{-1}D(a)] = [D(a^\eta)\eta^{-1}]$ lehrt nach (27), daß $aH_\eta = a^\eta H_{\eta^{-1}}$, also

$$aH_\eta H_{\eta^{-1}}^{-1} = a^\eta \tag{31}$$

gilt, d.h. das Produkt der Halbdrehung H_η mit dem Inversen der Halbdrehung $H_{\eta^{-1}}$ ist die Drehung $a^* = a^\eta$ der Gruppenebene.

Aufgaben. 1. Die Halbdrehung H_η läßt sich auch folgendermaßen beschreiben: Man projiziere die Punkte der Gruppenebene von dem Punkt 1 aus auf die Ebene $J\eta^{-1}$ und wende dann die Rechtsschiebung mit η an.

2. Die Kommutativität der Halbdrehungen mit festem Aufpunkt (der Lotensatz) führt im Gruppenraum auf die Aussage, daß gewisse Sechsecke sich schließen, deren Eckpunkte abwechselnd auf zwei Geraden liegen und deren Gegenseiten paarweise in gleichem Sinne (etwa rechts-) parallel sind.

10. Deutung des Gruppenraumes in der Gruppenebene. Die Elemente einer elliptischen Bewegungsgruppe und ihre Multiplikation kann man nicht nur im Gruppenraum, sondern primitiver auch in der Gruppenebene selbst veranschaulichen. Man erhält so zugleich eine Deutung des Gruppenraumes in der Gruppenebene.

Hierbei ist es zweckmäßig, die Gruppenebene einer elliptischen Bewegungsgruppe wie früher so zu definieren, daß die involutorischen Gruppenelemente sowohl als Punkte als auch als Geraden der Gruppenebene genommen werden (vgl. § 3,8). Die Relation $a|b$ hat dann die vierfache Bedeutung: Der Punkt a inzidiert mit der Geraden b; die Gerade a inzidiert mit dem Punkt b; die Geraden a und b sind zueinander senkrecht; die Punkte a und b sind zueinander polar. Für einen Punkt a und eine Gerade b bedeutet die Relation $a = b$: a ist der Pol von b. [Die so definierte Gruppenebene ist nicht unmittelbar eine Ebene unseres Gruppenraumes; sie wird es, wenn man (für jedes involutorische Element b) die Gerade b durch die Punktmenge $J(b)$ ersetzt.]

Jedem Element der elliptischen Bewegungsgruppe entspricht eine Drehung der Gruppenebene (vgl. § 16,3). Jedermann ist gewohnt, eine Drehung in der Ebene durch einen orientierten Winkel zu repräsentieren.

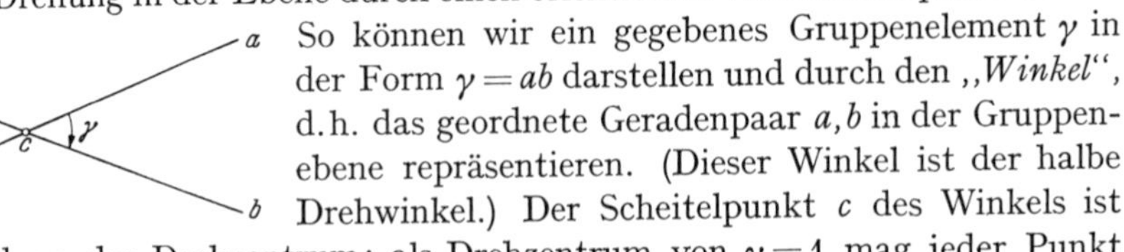

So können wir ein gegebenes Gruppenelement γ in der Form $\gamma = ab$ darstellen und durch den „*Winkel*", d.h. das geordnete Geradenpaar a, b in der Gruppenebene repräsentieren. (Dieser Winkel ist der halbe Drehwinkel.) Der Scheitelpunkt c des Winkels ist dann das Drehzentrum; als Drehzentrum von $\gamma = 1$ mag jeder Punkt der Ebene gelten. Ist $ab = a'b'$, so repräsentiert auch der Winkel a', b' das Gruppenelement γ. Es gibt also eine *Klasse „drehgleicher" Winkel*, welche γ repräsentieren. Der Satz von den drei Spiegelungen gestattet, γ so zu repräsentieren, daß der erste oder auch der zweite Schenkel des Winkels eine vorgegebene Gerade durch das Drehzentrum ist. Hierauf beruht die geometrische Veranschaulichung eines *Produktes* $\gamma\delta$, die man auch in einer Note aus dem Nachlaß von GAUSS findet: Es sei s eine Gerade durch die Drehzentren von γ und δ; man bestimme die Geraden r und t so, daß $\gamma = rs$, $\delta = st$ ist. Dann repräsentiert der Winkel r,t das Element $\gamma\delta$.

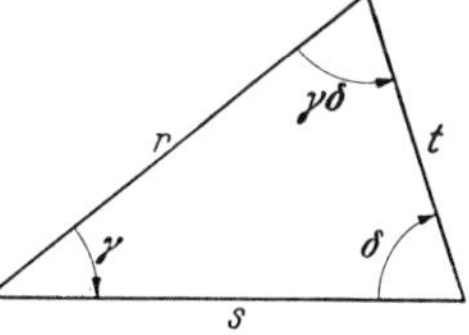

Somit lassen sich die *Punkte des Gruppenraumes* in der Gruppenebene darstellen und auch die Schiebungen des Gruppenraumes in der Gruppenebene veranschaulichen.

Eine *Gerade des Gruppenraumes* ist eine Restklasse $D(a)\gamma$ einer Drehgruppe, und in dem Spezialfall $\gamma \in D(a)$ die Drehgruppe $D(a)$, d.h. die Gesamtheit der Drehungen um den Punkt a. Man erhält $D(a)\gamma$, indem man alle Drehungen um den Punkt a mit der festen Drehung γ zusammensetzt; nach der Zusammensetzungs-Vorschrift verbinde man den Punkt a mit dem Drehzentrum von γ durch eine Gerade v [ist $\gamma \in D(a)$, so sei v irgendeine Gerade durch den Punkt a] und bestimme die Gerade g, welche der Gleichung $\gamma = vg$ genügt. Die Elemente von $D(a)\gamma$ werden dann durch die Gesamtheit der Winkel b,g repräsentiert, deren erste Schenkel b dem Geradenbüschel mit dem Punkt a als Träger angehören; in dem Spezialfall $\gamma \in D(a)$ geht auch die Gerade g durch den Punkt a.

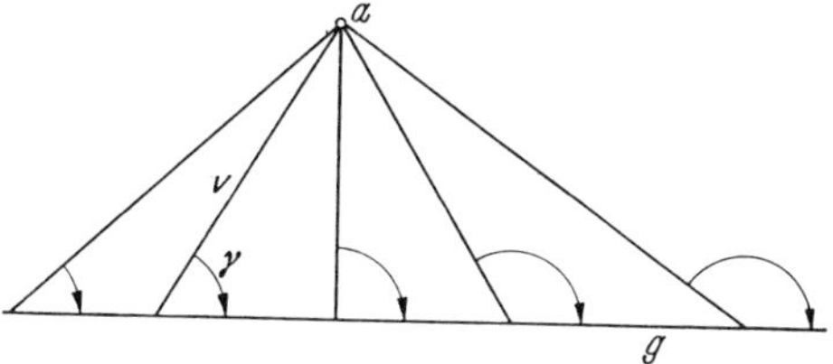

Es sei hierzu bemerkt: Wegen $v \in J(a)$ ist nach (1) $D(a)v = J(a)$, also $D(a)\gamma = J(a)g$. Aus der Darstellung $J(a)g$ einer Geraden des Gruppenraumes liest man unsere repräsentierenden Winkel unmittelbar ab. Jede Gerade des Gruppenraumes läßt sich in dieser Form, in Abhängigkeit von zwei involutorischen Gruppenelementen, schreiben. Das Element a ist stets eindeutig bestimmt, und das Element g ist eindeutig bestimmt, sofern die Gerade des Gruppenraumes nicht eine Drehgruppe ist; in diesem Fall gilt ja $D(a) = J(a)g$ für alle Elemente g aus $J(a)$.

Eine *Ebene* $J\delta$ *des Gruppenraumes* ist die Gesamtheit der Drehungen α, für welche $\alpha\delta^{-1}$ involutorisch ist, also die Gesamtheit der Drehungen α, welche mit der festen Drehung δ^{-1} zusammengesetzt einen rechten Winkel ergeben. Ist δ nicht involutorisch, so gibt es um jeden

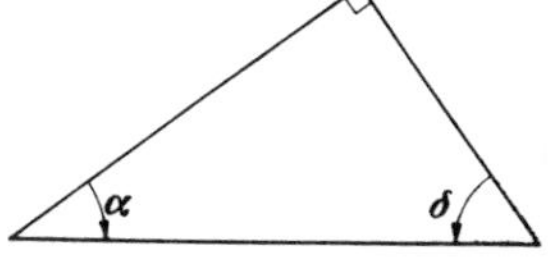

Punkt der Ebene genau eine solche Drehung α. Ist $\delta = d$ involutorisch, so werden die Elemente von $J\delta$ repräsentiert durch die Gesamtheit aller Winkel, welche die Gerade d etwa als zweiten Schenkel haben.

Die Elemente des Gruppenraumes lassen sich noch auf verschiedene andere Arten in der Gruppenebene darstellen, da jedes involutorische Gruppenelement sowohl Punkt als Gerade der Gruppenebene ist.

Die durch (27) als Punktabbildung definierte Halbdrehung $aH_\eta = a^*$ besteht darin, daß aus der Menge $D(a)\eta$ die involutorische Drehung ausgewählt wird. Man erhält sie, indem man unter den Drehungen um den Punkt a eine Drehung α so bestimmt, daß bei der Zusammensetzung der Winkel α und η ein rechter Winkel resultiert; dann ist $\alpha\eta = [D(a)\eta] = a^*$. Die Definition (27) stimmt also mit dem in § 6 besprochenen Begriff der Halbdrehung als Punktabbildung überein.

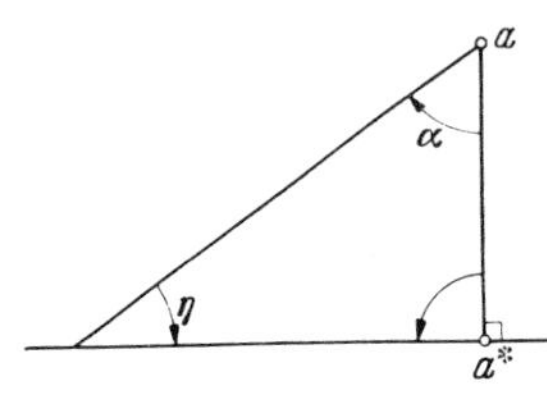

Der Satz, daß die als Punktabbildung eingeführte Halbdrehung H_η drei Punkte a_1, a_2, a_3, die mit einer Geraden b inzidieren, in drei Punkte a_1^*, a_2^*, a_3^* überführt, welche wieder mit einer Geraden inzidieren, wird in unserer Deutung durch die nebenstehende Figur wiedergegeben. Der Beweis für diesen ebenen Satz ist durch den Beweis der Formel (28) erbracht, der wesentlich auf der Tatsache beruhte, daß die Schiebungen im Gruppenraum Kollineationen sind. Die Formel (28) lehrt genauer, daß eine Gerade b bei der Halbdrehung H_η in diejenige Gerade b^* übergeht, welche der Gleichung $J(b\eta) = J(b^*)$ genügt. Man kann diese Gerade konstruieren, indem man von dem Drehzentrum von η ein Lot u auf die Gerade b fällt, und die Gerade v bestimmt, welche der Gleichung $\eta = uv$ genügt; dann ist $b\eta = (bu)v$, also wie im Beweis des Satzes 4 aus § 16 $J(b\eta) = J((bu, v))$, also nach der Eindeutigkeitsaussage dieses Satzes das von dem Punkt bu auf die Gerade v gefällte Lot (bu, v) die Gerade b^*. Die durch die Definition (28) bewirkte Abbildung der Geraden der Gruppenebene stimmt also mit der in § 6,3 definierten Halbdrehung der Geraden überein.

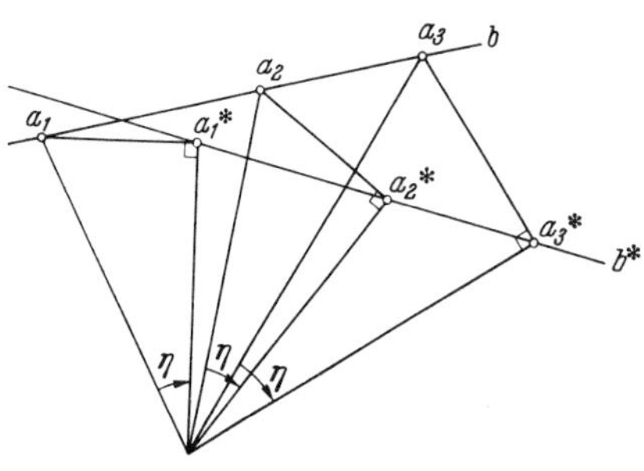

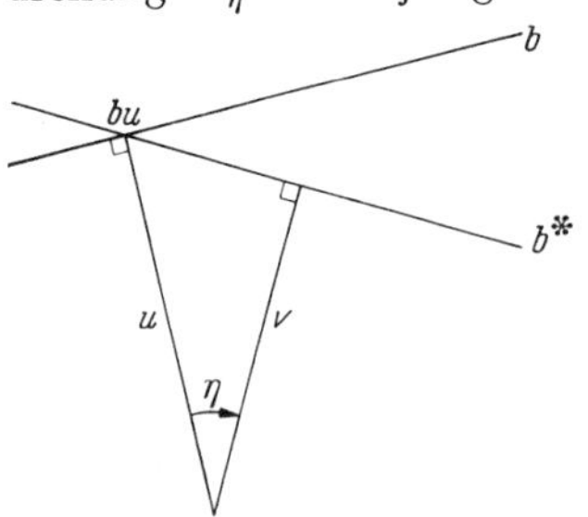

Die ebene Deutung der Gruppenelemente und ihrer Multiplikation kann zur Veranschaulichung gute Dienste leisten, ist aber an Systematik der Deutung im Gruppenraum unterlegen.

Die zweifache Deutungsmöglichkeit ergibt eine fruchtbare Wechselbeziehung zwischen der Gruppenebene und dem Gruppenraum: Man kann bekannte Sätze des Gruppenraumes in der Ebene deuten und so zu neuen Sätzen der ebenen Geometrie gelangen, und andererseits, indem man ebene Figuren im Sinne des Gruppenraumes deutet, zum Beweis ebener Sätze Gedanken des Gruppenraumes heranziehen (hierfür liefert unser Beweis des Satzes von PAPPUS-PASCAL ein Beispiel).

Aufgabe. Das assoziative Gesetz für die Zusammensetzung von Drehungen (Winkeln) führt auf eine Figur, welche die Figur des Satzes von der isogonalen Verwandtschaft (§ 1, 5, 9) als Spezialfall enthält.

11. Ein Satz von BAER. Jede elliptische Bewegungsgruppe besitzt, wie wir in 3 gezeigt haben, einen dreidimensionalen Gruppenraum, in dem die projektiven Inzidenzaxiome gelten. Wir wollen nun einen interessanten Satz von BAER beweisen, welcher besagt, daß umgekehrt die elliptischen Bewegungsgruppen die einzigen Gruppen mit projektiven Gruppenräumen von einer Dimension größer als 1 sind.

Es sei jetzt $\mathfrak{G}$ eine *beliebige* Gruppe, und J die Menge ihrer involutorischen Elemente. Wir bezeichnen wieder die Elemente von $\mathfrak{G}$ mit kleinen griechischen, die Elemente aus J mit kleinen lateinischen Buchstaben. Die Elemente α aus $\mathfrak{G}$ nennen wir die *Punkte*, und die Punktmengen $J\beta$ die *Hyperebenen* eines zunächst nicht näher fixierten „*Gruppenraumes*". (Man könnte auch „paritätisch" die Elemente von $\mathfrak{G}$ sowohl Punkte als auch Hyperebenen des Gruppenraumes nennen und festsetzen, daß der Punkt α dann und nur dann mit der Hyperebene β inzidiert, wenn $\alpha\beta^{-1}$ involutorisch ist.)

Satz 15a. *Die einzigen Gruppen, in deren Gruppenräumen die Inzidenzaxiome eines dreidimensionalen projektiven Raumes gelten, sind die elliptischen Bewegungsgruppen.*

Wir denken uns also eine beliebige Gruppe $\mathfrak{G}$ gegeben, und setzen voraus, daß für die Elemente α von $\mathfrak{G}$ als Punkte und für die Punktmengen $J\beta$ als Ebenen die in 2 angegebenen Inzidenzaxiome gelten, und zeigen, daß $\mathfrak{G}$ dem Axiomensystem der elliptischen Bewegungsgruppen aus § 16,1 genügt:

1. $\mathfrak{G}$ *ist zweispiegelig.*

Beweis. Die Ebenen, welche den Punkt 1 enthalten, sind die Ebenen Jb, mit involutorischem b. Ist α ein beliebiger Punkt, so gibt es eine Ebene, welche die beiden Punkte $1, \alpha$ enthält. Es gibt also ein b, so daß $\alpha \in Jb$ gilt; dann ist α Produkt eines involutorischen Elementes a mit b: $\alpha = ab$.

2. *Kein involutorisches Element aus $\mathfrak{G}$ ist mit allen involutorischen Elementen aus $\mathfrak{G}$ vertauschbar.*

Beweis. Angenommen, ein involutorisches Element c sei mit allen involutorischen Elementen x vertauschbar. Für jedes $x \neq c$ würde $x \in Jc$ gelten; dagegen ist $c \notin Jc$. Der Durchschnitt der beiden Ebenen J, Jc wäre also gleich J, vermindert um c, also eine „punktierte" Ebene. Das ist unmöglich.

3. *In $\mathfrak{G}$ gelten die Axiome* T *und* V.

Beweis. Da nach Voraussetzung die projektiven Inzidenzaxiome a) und b) erfüllt sind, gelten in $\mathfrak{G}$ das Lemma von den neun involutorischen Elementen und die Erweiterung des Axioms V (vgl. 3), von denen die Axiome T und V Spezialfälle sind (vgl. § 4,7 und § 16,2).

Satz 15a läßt sich wesentlich erweitern. Denn bei der angegebenen Definition des Gruppenraumes gilt:

Satz 15b. *Gelten in einem Gruppenraum die Inzidenzaxiome eines projektiven Raumes von einer Dimension größer als 1, so hat er die Dimension 3 (d.h. seine Punkte und Hyperebenen erfüllen die Inzidenzaxiome eines dreidimensionalen projektiven Raumes).*

Wir verzichten darauf, die Inzidenzaxiome eines projektiven Raumes von einer Dimension größer als 1 vollständig zu formulieren, da wir zum Beweis von Satz 15b nur wenige vertraute Folgerungen aus diesen Axiomen benutzen, nämlich die folgenden: 1) Zu zwei Punkten gibt es eine Hyperebene, in der sie liegen. (Dies gilt nicht bei Dimension 1.) 2) Der Durchschnitt aller Hyperebenen, welche zwei feste verschiedene Punkte enthalten — die Verbindungsgerade der beiden Punkte —, enthält wenigstens einen weiteren Punkt und ist durch je zwei verschiedene seiner Punkte bestimmt. Das Wort „Gerade" verwenden wir nur im Sinn von „Verbindungsgerade eines Punktepaares". 3) Eine Gerade schneidet eine Hyperebene, der sie nicht angehört, in genau einem Punkt. 4) Gibt es zwei verschiedene Hyperebenen, deren Durchschnitt eine Gerade ist, so hat der Raum die Dimension 3.

Es sei nun ein Gruppenraum gegeben, in dem die Inzidenzaxiome eines projektiven Raumes von einer Dimension größer als 1 gelten. Wir folgen einem Gedankengang von K. Becker-Berke. Wie im Beweis von Satz 15a erkennt man, daß die zugehörige Gruppe zweispiegelig ist. Wir benutzen hiervon nur, daß es drei involutorische Gruppenelemente a, b, c gibt, für die $c = ab$ gilt. Diese Elemente seien fortan festgehalten. Die *Verbindungsgerade der Punkte* $1, c$ bezeichnen wir mit $D(c)$.

Die eineindeutige involutorische Abbildung

$$\xi^* = \xi^c \tag{32}$$

bildet die Gesamtheit der Punkte auf sich, die Gesamtheit der Hyperebenen auf sich (nämlich $J\beta$ auf $J\beta^c$) und auch die Gesamtheit der Geraden (Verbindungsgeraden von Punktepaaren) auf sich ab.

Lemma. *Die Menge $F(c)$ der Fixpunkte von (32) besteht aus den Punkten von $D(c)$ und den Punkten von $J \cap Jc$.*

Wir beweisen das Lemma in mehreren Schritten:

(a) *Die in J gelegenen Punkte aus $F(c)$ sind c und die Punkte von $J \cap Jc$.*

Beweis. Für ein Element $d \neq c$ aus J besagt $d^c = d$, daß dc involutorisch ist, also $d \in Jc$ gilt.

(b) $D(c) \subseteq Ja \cap Jb \subseteq F(c)$.

Beweis. Da die beiden Punkte $1, c$ den beiden Hyperebenen Ja, Jb angehören, gilt $D(c) \subseteq Ja \cap Jb$. Ist weiter $\delta \in Ja \cap Jb$, so sind $\delta a, \delta b$ involutorisch, also $\delta^a = \delta^{-1}, \delta^b = \delta^{-1}$, und daher ist $\delta^c = \delta^{ab} = \delta$.

(c) *Aus $\delta \in F(c)$ und $\delta \notin D(c)$ folgt $\delta \in J \cap Jc$.*

Beweis. Wegen $\delta \notin D(c)$ ist $\delta \neq 1$. Da die Punkte $1, \delta$ Fixpunkte von (32) sind, ist ihre — von $D(c)$ verschiedene — Verbindungsgerade eine Fixgerade, und der eindeutig bestimmte Schnittpunkt d dieser Geraden mit der Hyperebene J, welche ja eine Fix-Hyperebene von (32) ist, ein Fixpunkt von (32). Es ist also $d \in F(c)$, und wegen 2) $d \neq c$; nach (a) folgt hieraus $d \in Jc$. Da die beiden Punkte $1, d$ der Hyperebene Jc angehören, gilt dies auch für den mit ihnen kollinearen Punkt δ. Es gilt also $\delta \in F(c)$ und $\delta \in Jc$, also $\delta^c = \delta$ und $\delta^c = \delta^{-1}$; daher ist δ involutorisch, und genauer $\delta \in J \cap Jc$.

Mit (a), (b), (c) ist das Lemma bewiesen.

Man betrachte nun (b). Der Durchschnitt $Ja \cap Jb$ der beiden Hyperebenen Ja, Jb ist „*linear*" (enthält mit je zwei verschiedenen Punkten ihre Verbindungsgerade). Eine $D(c)$ echt umfassende Teilmenge von $F(c)$ kann aber nicht linear sein; denn sie enthält nach dem Lemma einen Punkt $d \in J \cap Jc$, aber außer $1, d$ wegen des Lemmas keinen Punkt der Verbindungsgeraden von $1, d$. Daher ist $D(c) = Ja \cap Jb$. Wegen $a \notin Ja$ und $a \in Jb$ ist $Ja \neq Jb$. Es gibt also zwei verschiedene Hyperebenen, deren Durchschnitt eine Gerade ist, q.e.d.

Die Sätze 15a und 15b ergeben zusammengefaßt den

Satz 15 (Baer). *Die einzigen Gruppen, in deren Gruppenräumen die Inzidenzaxiome eines projektiven Raumes von einer Dimension größer als 1 gelten, sind die elliptischen Bewegungsgruppen (die Bewegungsgruppen elliptischer Ebenen).*

Zum Schluß fassen wir die neue Kennzeichnung der elliptischen Bewegungsgruppen mit den früher (§ 9, § 10) gewonnenen zusammen:

THEOREM 13. *Die folgenden Gruppen stimmen überein:*

1) *Die elliptischen Bewegungsgruppen;*

2) *Die Bewegungsgruppen der elliptischen projektiv-metrischen Ebenen;*

3) *Die Gruppen* $O_3^+(K,F)$, *mit* K *von Charakteristik* $\neq 2$ *und* F *ternär und nullteilig;*

4) *Die Faktorgruppen der multiplikativen Gruppen der Quaternionen-Schiefkörper* $Q(K;k_1,k_2)$, *mit* K *von Charakteristik* $\neq 2$, *nach ihren Zentren;*

5) *Die Gruppen, in deren Gruppenräumen die Inzidenzaxiome eines projektiven Raumes von einer Dimension größer als 1 gelten.*

Aufgaben. 1. Gegeben sei ein dreidimensionaler metrischer Vektorraum über einem Körper K von Charakteristik $\neq 2$ mit einer ternären nullteiligen Form F. Seine Gruppe $O_3^+(K,F)$ werde *transitiv* genannt, wenn sich je zwei eindimensionale Teilräume des Vektorraumes durch ein Element der $O_3^+(K,F)$ ineinander überführen lassen.

Ist die Gruppe $O_3^+(K,F)$ transitiv, so kann F nach Normierung durch Wahl einer geeigneten Basis auf die Normalform $f_1(\mathfrak{x},\mathfrak{y}) = x_1y_1 + x_2y_2 + x_3y_3$ gebracht werden, und K ist ein pythagoreischer Körper. Umgekehrt ist über jedem pythagoreischen Körper K die Form f_1 nullteilig und die Gruppe $O_3^+(K,f_1)$ transitiv.

2. Man stelle den Gruppenraum einer elliptischen Bewegungsgruppe und seine Bewegungsgruppe mit Hilfe von Quaternionen dar.

3. Man untersuche die Gruppenräume der H-Gruppen.

Literatur zu Kapitel VI. REIDEMEISTER [2], PODEHL-REIDEMEISTER [1], MORRIS [1], ARNOLD SCHMIDT [1], [2], BAER [6], BOCZECK [1], BECKER-BERKE [1], SCHÜTTE [5]. Zu § 17,2: WINTERNITZ [1]. Zum Begriff der Doppelrestklasse (dort Doppelmodul genannt) SPEISER [1]. Zu den CLIFFORD-Flächen vergleiche KLEIN [2], COXETER [1]. Zu § 17,5: F. SCHUR [1], PASCH-DEHN [1].

Anhang

Die euklidischen, hyperbolischen und elliptischen Bewegungsgruppen, die wir in den vorangehenden Kapiteln untersucht und algebraisch charakterisiert haben, erschöpfen nicht die Gesamtheit der Bewegungsgruppen, welche dem Axiomensystem aus § 3,2 genügen. Will man einen Überblick über die Vielfalt dieser Bewegungsgruppen (oder, anders gesagt, der metrischen Ebenen) gewinnen, so wird man von dem Haupt-Theorem ausgehen; es stellt sich dann das Umkehrproblem, in den projektiv-metrischen Bewegungsgruppen die dem Axiomensystem genügenden Untergruppen zu bestimmen. Man gelangt hier in ein Feld, in dem viele Fragen offen sind. Wir machen in § 18 einige allgemeine Bemerkungen, welche zu begrifflicher Klärung des sich eröffnenden Problemkreises beitragen mögen, und geben weitere Beispiele metrisch-nichteuklidischer Bewegungsgruppen; in § 19 diskutieren wir systematischer die Konstruktion metrisch-euklidischer Bewegungsgruppen (bzw. Ebenen).

Statt „$\mathfrak{G}, \mathfrak{S}$ ist eine dem Axiomensystem aus § 3,2 genügende Bewegungsgruppe" sagen wir im folgenden kurz: „$\mathfrak{G}, \mathfrak{S}$ *ist eine metrische Bewegungsgruppe.*"

§ 18. Über die metrischen Bewegungsgruppen

1. Über verschiedene Erzeugendensysteme derselben Gruppe. Wir beginnen mit der folgenden

Frage: $\mathfrak{G}, \mathfrak{S}$ *sei eine gegebene metrische Bewegungsgruppe. Gibt es ein System* $\mathfrak{S}' \neq \mathfrak{S}$, *so daß auch* $\mathfrak{G}, \mathfrak{S}'$ *eine metrische Bewegungsgruppe ist?*

Ist $\mathfrak{G}, \mathfrak{S}$ metrisch-euklidisch, so ist die Frage zu verneinen:

Satz 1. *Ist* $\mathfrak{G}, \mathfrak{S}$ *eine metrisch-euklidische und* $\mathfrak{G}, \mathfrak{S}'$ *eine metrische Bewegungsgruppe, so ist* $\mathfrak{S}' = \mathfrak{S}$.

Beweis. Da $\mathfrak{G}, \mathfrak{S}$ metrisch-euklidisch ist, gibt es in $\mathfrak{S}$ Paare verschiedener, mehrfach verbindbarer involutorischer Elemente (vgl. Kap. IV, Einleitung). Für die involutorischen Elemente aus $\mathfrak{G}$ gilt also nicht das Gesetz E von der Eindeutigkeit einer Verbindung. Daher ist auch $\mathfrak{G}, \mathfrak{S}'$ metrisch-euklidisch (§ 7, Satz 1). In jeder metrischen Bewegungsgruppe ist ein involutorisches Element σ, zu dem es ein anderes, mit ihm mehrfach verbindbares involutorisches Element gibt, also ein Gruppenelement σ mit der Eigenschaft:

(1) Es gibt involutorische Gruppenelemente τ, π, ϱ mit $\sigma, \tau \mid \pi, \varrho$ und $\sigma \neq \tau$ und $\pi \neq \varrho$

notwendig eine Geradenspiegelung, also ein Element des Erzeugendensystems. Da in einer metrisch-euklidischen Bewegungsgruppe $\mathfrak{G}, \mathfrak{S}$ umgekehrt jedes Element $\sigma \in \mathfrak{S}$ die Eigenschaft (1) hat, besteht in ihr das Erzeugendensystem $\mathfrak{S}$ genau aus den involutorischen Elementen aus $\mathfrak{G}$, welche die Eigenschaft (1) haben. In einer metrisch-euklidischen Bewegungsgruppe ist also das Erzeugendensystem $\mathfrak{S}$ durch die Gruppe $\mathfrak{G}$ eindeutig bestimmt. Daher ist $\mathfrak{S}' = \mathfrak{S}$.

Daß für eine metrisch-nichteuklidische Bewegungsgruppe die Antwort auf unsere Frage bejahend sein kann, zeigt das

Beispiel 1. $\mathfrak{G}$: $L_2(K)$ über einem Körper K, welcher zwei verschiedene Anordnungen besitzt; $\mathfrak{S}$ bzw. $\mathfrak{S}'$: Gesamtheit der involutorischen Elemente aus $\mathfrak{G}$, welche bei der einen bzw. der anderen Anordnung von K negative Determinante haben. Dann ist $\mathfrak{S} \neq \mathfrak{S}'$, und sowohl $\mathfrak{G}, \mathfrak{S}$ als $\mathfrak{G}, \mathfrak{S}'$ eine hyperbolische Bewegungsgruppe (§ 15, Satz 3).

Für eine hyperbolische Bewegungsgruppe, deren Endenkörper zwei verschiedene Anordnungen besitzt, ist also unsere Frage zu bejahen. Andererseits gilt:

Satz 2. *Ist* $\mathfrak{G}, \mathfrak{S}$ *eine hyperbolische und* $\mathfrak{G}, \mathfrak{S}'$ *eine metrische Bewegungsgruppe mit* $\mathfrak{S} \neq \mathfrak{S}'$, *so ist auch* $\mathfrak{G}, \mathfrak{S}'$ *hyperbolisch. Stellt man* $\mathfrak{G}$ *als Gruppe* $L_2(K)$ *dar, so gibt es zwei verschiedene Anordnungen von* K *derart, daß* $\mathfrak{S}$ *aus denjenigen involutorischen Elementen der* $L_2(K)$ *besteht, deren Determinante bei der einen Anordnung von* K *negativ ist, und daß* $\mathfrak{S}'$ *aus denjenigen involutorischen Elementen der* $L_2(K)$ *besteht, deren Determinante bei der anderen Anordnung von* K *negativ ist.*

Beweis. Da $\mathfrak{G}, \mathfrak{S}$ hyperbolisch ist, gibt es in $\mathfrak{S}$ nach Axiom $\sim$V* unverbindbare Elemente; sie genügen dem Axiom UV2. In jeder metrischen Bewegungsgruppe gehört ein involutorisches Gruppenelement σ mit der Eigenschaft:

(2) Es gibt ein involutorisches Gruppenelement τ, so daß σ, τ unverbindbar sind,

notwendig zum Erzeugendensystem. Die involutorischen Elemente der gegebenen Gruppe $\mathfrak{G}$, welche die Eigenschaft (2) haben, gehören daher sowohl zu $\mathfrak{S}$ als zu $\mathfrak{S}'$. Daher gelten die Zusatzaxiome $\sim$V* und UV2 auch für die Elemente von $\mathfrak{S}'$; also ist $\mathfrak{G}, \mathfrak{S}'$ hyperbolisch. Der zweite Teil von Satz 2 ergibt sich dann aus § 15, Satz 2.

Damit ist unsere Frage für den Fall, daß $\mathfrak{G}, \mathfrak{S}$ eine hyperbolische Bewegungsgruppe ist, vollständig beantwortet.

Ist $\mathfrak{G}, \mathfrak{S}$ eine elliptische und $\mathfrak{G}, \mathfrak{S}'$ eine metrische Bewegungsgruppe mit $\mathfrak{S}' \neq \mathfrak{S}$, so ist $\mathfrak{S}' \subset \mathfrak{S}$ und nach § 10, Satz 10 $\mathfrak{G}, \mathfrak{S}'$ eine halbelliptische Bewegungsgruppe. Die Existenz halbelliptischer Bewegungsgruppen lehrt, daß es elliptische Bewegungsgruppen gibt, für welche unsere Frage zu bejahen ist; Theorem 7 liefert hierfür das

Beispiel 2. $\mathfrak{G}$: $O_3^+(K,F)$ mit K geordnet und F ternär, nullteilig, indefinit und normiert; $\mathfrak{S}$: Gesamtheit der Spiegelungen aus $\mathfrak{G}$; $\mathfrak{S}'$: Gesamtheit der Spiegelungen aus $\mathfrak{G}$, deren Norm negativ ist. Dann ist $\mathfrak{S}' \neq \mathfrak{S}$ und $\mathfrak{G}, \mathfrak{S}$ eine elliptische und $\mathfrak{G}, \mathfrak{S}'$ eine halbelliptische Bewegungsgruppe.

Das Problem, alle halbelliptischen Bewegungsgruppen algebraisch zu kennzeichnen, ist allerdings ungelöst.

Auf die Frage, wann eine Gruppe $\mathfrak{G}$ sowohl mit einem Erzeugendensystem $\mathfrak{S}$ als auch mit einem in $\mathfrak{S}$ echt enthaltenen Erzeugendensystem $\mathfrak{S}'$ eine metrische Bewegungsgruppe bildet, antwortet

Satz 3. *Sind* $\mathfrak{G}, \mathfrak{S}$ *und* $\mathfrak{G}, \mathfrak{S}'$ *metrische Bewegungsgruppen und gilt* $\mathfrak{S}' \subset \mathfrak{S}$, *so ist* $\mathfrak{G}, \mathfrak{S}$ *eine elliptische und* $\mathfrak{G}, \mathfrak{S}'$ *eine halbelliptische Bewegungsgruppe.*

Beweis. Es sei σ_1 ein involutorisches Element mit $\sigma_1 \in \mathfrak{S}$ und $\sigma_1 \notin \mathfrak{S}'$. In $\mathfrak{G}, \mathfrak{S}'$ ist dann σ_1 eine Punktspiegelung, also darstellbar als $\sigma_1 = \sigma_2\sigma_3$ mit $\sigma_2, \sigma_3 \in \mathfrak{S}'$. Wegen $\mathfrak{S}' \subset \mathfrak{S}$ gilt $\sigma_1, \sigma_2, \sigma_3 \in \mathfrak{S}$; es gibt also in $\mathfrak{S}$

Elemente, für welche $\sigma_1\sigma_2\sigma_3 = 1$ ist; daher ist $\mathfrak{G}, \mathfrak{S}$ elliptisch. Nach § 10, Satz 10 ist dann $\mathfrak{G}, \mathfrak{S}'$ halbelliptisch.

2. Die projektiv-metrischen Bewegungsgruppen. In Kapitel III haben wir gesehen, wie man die Bewegungsgruppen der projektiv-metrischen Ebenen, als deren Erzeugendensystem wir uns stets die Gesamtheit der „erzeugenden Spiegelungen" (§ 5,5) denken, als abstrakte, aus involutorischen Elementen erzeugte Gruppen beschreiben kann:

Die Bewegungsgruppen der singulären projektiv-metrischen Ebenen sind die euklidischen Bewegungsgruppen (Theorem 4); das System der erzeugenden Spiegelungen ist dabei stets das Erzeugendensystem der euklidischen Bewegungsgruppe, also die Menge der involutorischen Gruppenelemente mit der Eigenschaft (1).

Die Bewegungsgruppen der elliptischen bzw. der hyperbolischen projektiv-metrischen Ebenen sind die elliptischen Bewegungsgruppen bzw. die H-Gruppen (Theorem 5 bzw. Theorem 9); die erzeugenden Spiegelungen sind in den beiden ordinären Fällen die sämtlichen involutorischen Gruppenelemente.

In jeder projektiv-metrischen Bewegungsgruppe $\mathfrak{G}, \mathfrak{S}$ ist das System $\mathfrak{S}$ der erzeugenden Spiegelungen durch die Gruppe $\mathfrak{G}$ eindeutig bestimmt.

3. Die vollständigen metrischen Bewegungsgruppen. Ist $\mathfrak{G}, \mathfrak{S}$ eine euklidische oder elliptische Bewegungsgruppe, so ist $\mathfrak{G}, \mathfrak{S}$ zugleich eine projektiv-metrische Bewegungsgruppe; die euklidischen und elliptischen Bewegungsgruppen sind die einzigen metrischen Bewegungsgruppen mit dieser Eigenschaft (vgl. § 6,12 und § 9,1). Ist $\mathfrak{G}, \mathfrak{S}$ eine hyperbolische oder eine halbelliptische Bewegungsgruppe, und ist $\mathfrak{S}'$ die Gesamtheit der involutorischen Elemente aus $\mathfrak{G}$, so ist $\mathfrak{S} < \mathfrak{S}'$ und $\mathfrak{G}, \mathfrak{S}'$ eine projektiv-metrische Bewegungsgruppe (§ 14,5 und § 6, Satz 21); in diesen beiden Fällen erhält man also durch Erweiterung des Erzeugendensystems eine projektiv-metrische Bewegungsgruppe.

Wir wollen eine metrische Bewegungsgruppe $\mathfrak{G}, \mathfrak{S}$ *vollständig* nennen, wenn $\mathfrak{G}$, mit einem passenden Erzeugendensystem $\mathfrak{S}'$, eine projektiv-metrische Bewegungsgruppe ist. Dann gilt:

Satz 4. *Die vollständigen metrischen Bewegungsgruppen sind die euklidischen, hyperbolischen, elliptischen und halbelliptischen Bewegungsgruppen.*

Beweis. Es bleibt zu zeigen, daß die genannten Bewegungsgruppen die einzigen vollständigen metrischen Bewegungsgruppen sind. Es sei also $\mathfrak{G}, \mathfrak{S}$ eine metrische Bewegungsgruppe, welche vollständig ist, d.h. es existiere ein System $\mathfrak{S}'$, so daß $\mathfrak{G}, \mathfrak{S}'$ eine projektiv-metrische Bewegungsgruppe, in der geschilderten abstrakten Auffassung, ist.

Ist $\mathfrak{G}, \mathfrak{S}'$ euklidisch, so ist nach Satz 1 $\mathfrak{S} = \mathfrak{S}'$, also auch $\mathfrak{G}, \mathfrak{S}$ euklidisch. Ist $\mathfrak{G}, \mathfrak{S}'$ elliptisch (mit der Gesamtheit der involutorischen

Elemente aus $\mathfrak{G}$ als Erzeugendensystem $\mathfrak{S}'$), so ist $\mathfrak{G}, \mathfrak{S}$, wenn $\mathfrak{S} = \mathfrak{S}'$ ist, elliptisch, und wenn $\mathfrak{S} < \mathfrak{S}'$ ist, nach § 10, Satz 10 halbelliptisch. Ist $\mathfrak{G}, \mathfrak{S}'$ eine H-Gruppe (mit der Gesamtheit der involutorischen Elemente aus $\mathfrak{G}$ als Erzeugendensystem $\mathfrak{S}'$), so ist $\mathfrak{G}, \mathfrak{S}$ hyperbolisch; denn mit den im Beweis der ersten Teilaussage von Satz 2 verwendeten Schlüssen erkennt man allgemein:

Satz 2'. *Ist $\mathfrak{G}, \mathfrak{S}'$ eine H-Gruppe und $\mathfrak{G}, \mathfrak{S}$ eine metrische Bewegungsgruppe, so ist $\mathfrak{G}, \mathfrak{S}$ eine hyperbolische Bewegungsgruppe.*

Ist $\mathfrak{G}, \mathfrak{S}$ eine metrische Bewegungsgruppe, so nennen wir das Erzeugendensystem $\mathfrak{S}$ *maximal in* $\mathfrak{G}$, wenn es kein $\mathfrak{S}$ echt umfassendes System $\mathfrak{S}'$ gibt, so daß auch $\mathfrak{G}, \mathfrak{S}'$ eine metrische Bewegungsgruppe ist. Nach Satz 3 sind die einzigen metrischen Bewegungsgruppen, in denen $\mathfrak{S}$ nicht maximal in $\mathfrak{G}$ ist, die halbelliptischen Bewegungsgruppen. Es gilt also:

Satz 5. *Die euklidischen, hyperbolischen und elliptischen Bewegungsgruppen sind die vollständigen metrischen Bewegungsgruppen, in denen das Erzeugendensystem maximal ist.*

4. Metrische Unter-Bewegungsgruppen. Es sei $\mathfrak{G}, \mathfrak{S}$ eine metrische oder eine projektiv-metrische Bewegungsgruppe, und $\mathfrak{S}'$ ein Teilsystem von $\mathfrak{S}$; die von $\mathfrak{S}'$ erzeugte Untergruppe von $\mathfrak{G}$ werde mit $\mathfrak{G}(\mathfrak{S}')$ bezeichnet. Wir sagen dann: *$\mathfrak{S}'$ definiert eine metrische Unter-Bewegungsgruppe von $\mathfrak{G}, \mathfrak{S}$*, wenn $\mathfrak{G}(\mathfrak{S}'), \mathfrak{S}'$ eine metrische Bewegungsgruppe ist.

Definiert ein echtes Teilsystem $\mathfrak{S}'$ von $\mathfrak{S}$ eine metrische Unter-Bewegungsgruppe von $\mathfrak{G}, \mathfrak{S}$, so ist im allgemeinen auch $\mathfrak{G}(\mathfrak{S}')$ eine echte Untergruppe von $\mathfrak{G}$. Die einzigen Fälle, in denen $\mathfrak{S}' < \mathfrak{S}$ und $\mathfrak{G}(\mathfrak{S}') = \mathfrak{G}(\mathfrak{S}) = \mathfrak{G}$ ist, sind, wie man auf Grund der Sätze 3 und 2' erkennt, die folgenden: $\mathfrak{G}, \mathfrak{S}$ ist eine elliptische und $\mathfrak{G}, \mathfrak{S}'$ eine halbelliptische Bewegungsgruppe; $\mathfrak{G}, \mathfrak{S}$ ist eine H-Gruppe und $\mathfrak{G}, \mathfrak{S}'$ eine hyperbolische Bewegungsgruppe.

Man bestätigt leicht:

Satz 6. *Definieren $\mathfrak{S}'$ und $\mathfrak{S}''$ metrische Unter-Bewegungsgruppen einer metrischen oder projektiv-metrischen Bewegungsgruppe $\mathfrak{G}, \mathfrak{S}$, und gibt es in $\mathfrak{S}' \cap \mathfrak{S}''$ drei Elemente, welche Axiom* D *genügen, so definiert auch $\mathfrak{S}' \cap \mathfrak{S}''$ eine metrische Unter-Bewegungsgruppe von $\mathfrak{G}, \mathfrak{S}$.*

Über die Gruppe $\mathfrak{G}(\mathfrak{S}' \cap \mathfrak{S}'')$ gilt hierbei:

Korollar. *Die Gesamtheit der geraden Bewegungen aus $\mathfrak{G}(\mathfrak{S}' \cap \mathfrak{S}'')$ ist gleich dem Durchschnitt der geraden Bewegungen aus $\mathfrak{G}(\mathfrak{S}')$ und der geraden Bewegungen aus $\mathfrak{G}(\mathfrak{S}'')$; die Gesamtheit der ungeraden Bewegungen aus $\mathfrak{G}(\mathfrak{S}' \cap \mathfrak{S}'')$ ist gleich dem Durchschnitt der ungeraden Bewegungen aus $\mathfrak{G}(\mathfrak{S}')$ und der ungeraden Bewegungen aus $\mathfrak{G}(\mathfrak{S}'')$.*

5. Zugehörige metrische Unter-Bewegungsgruppen. Nach dem Ergebnis des § 6 (Haupt-Theorem) kann jede metrische Bewegungsgruppe $\mathfrak{G}', \mathfrak{S}'$ als metrische Unter-Bewegungsgruppe der Bewegungsgruppe $\mathfrak{G}, \mathfrak{S}$ ihrer projektiv-metrischen Idealebene aufgefaßt werden. Hierbei sei die Menge der *Punktspiegelungen* aus der metrischen Unter-Bewegungsgruppe $\mathfrak{G}', \mathfrak{S}'$, also die Menge der involutorischen Elemente, welche in der Form $\sigma_1\sigma_2$ mit $\sigma_1, \sigma_2 \in \mathfrak{S}'$ darstellbar sind, mit $\mathfrak{P}'$ bezeichnet. In der Idealebene gilt: Durch einen eigentlichen Idealpunkt gehen nur *eigentliche* Idealgeraden (§ 6, Satz 6). Das System $\mathfrak{S}$ aller erzeugenden Spiegelungen der projektiv-metrischen Idealebene und das Teilsystem $\mathfrak{S}'$ der Spiegelungen mit eigentlichen Achsen sind daher durch die folgende Beziehung miteinander verbunden:

(Z) *Ist* $\pi \in \mathfrak{P}'$ *und* $\sigma \in \mathfrak{S}$ *und gilt* $\pi | \sigma$, *so ist* $\sigma \in \mathfrak{S}'$.

Ist allgemein eine projektiv-metrische Bewegungsgruppe $\mathfrak{G}, \mathfrak{S}$ gegeben, und ist $\mathfrak{S}'$ ein eine metrische Unter-Bewegungsgruppe definierendes Teilsystem von $\mathfrak{S}$, welches der Bedingung (Z) genügt, so sagen wir: $\mathfrak{S}'$ definiert eine metrische Unter-Bewegungsgruppe, welche zu der Bewegungsgruppe $\mathfrak{G}, \mathfrak{S}$ *gehört.*

Ist $\mathfrak{S}'$ ein solches Teilsystem, so erkennt man, daß die Bewegungsgruppe $\mathfrak{G}, \mathfrak{S}$ zu der Bewegungsgruppe der Idealebene von $\mathfrak{G}(\mathfrak{S}'), \mathfrak{S}'$ isomorph ist (man benutze § 6,11, Aufgabe). Die Zugehörigkeits-Bedingung (Z) ist also für das Verhältnis einer metrischen Bewegungsgruppe zu der projektiv-metrischen Bewegungsgruppe ihrer Idealebene charakteristisch.

Jede metrische Bewegungsgruppe gehört daher zu einer eindeutig bestimmten projektiv-metrischen Bewegungsgruppe als metrische Unter-Bewegungsgruppe. Man kann die metrischen Bewegungsgruppen danach klassifizieren, ob sie zu singulären, hyperbolischen oder elliptischen projektiv-metrischen Bewegungsgruppen gehören. Das Problem, alle metrischen Bewegungsgruppen zu bestimmen, kann in der Form gestellt werden: Man bestimme in allen projektiv-metrischen Bewegungsgruppen alle zugehörigen metrischen Unter-Bewegungsgruppen.

Es gehört nicht zu jeder projektiv-metrischen Bewegungsgruppe eine metrische Unter-Bewegungsgruppe, oder anders gesagt, es tritt nicht jede projektiv-metrische Ebene als Idealebene einer metrischen Ebene auf. Es ergibt sich daher insbesondere das Problem, *die Menge* $\boldsymbol{P}$ *derjenigen projektiv-metrischen Bewegungsgruppen* zu bestimmen, *zu denen wenigstens eine metrische Unter-Bewegungsgruppe gehört.* Alle euklidischen und alle elliptischen Bewegungsgruppen gehören der Menge $\boldsymbol{P}$ an; denn jede von diesen Bewegungsgruppen ist zugehörige metrische Unter-Bewegungsgruppe von sich selbst. Es ist aber eine offene Frage, welche H-Gruppen der Menge $\boldsymbol{P}$ angehören. Zum Beispiel gehören die endlichen H-Gruppen wegen Theorem 3 (§ 6) der Menge P nicht an. Nach dem Theorem 11 (§ 15) gehören aber alle H-Gruppen, deren Endenkörper anordenbar ist, der Menge P an.

In diesem Zusammenhang sei noch die naheliegende Frage genannt, ob jede metrische Bewegungsgruppe auch metrische Unter-Bewegungsgruppe einer euklidischen, hyperbolischen oder elliptischen Bewegungsgruppe ist. Die Frage ist zu verneinen, wenn es in der Menge P auch H-Gruppen mit nicht anordenbarem Endenkörper gibt. Jedoch wollen wir hier auf dieses Problem nicht näher eingehen.

Aufgabe. Die H-Gruppen, in deren Endenkörper jedes Element Quadrat ist, gehören P nicht an.

6. Beispiele. Durch die Durchschnittsbildung des Satzes 6 entsteht aus zwei zugehörigen metrischen Unter-Bewegungsgruppen einer gegebenen projektiv-metrischen Bewegungsgruppe wieder eine zugehörige metrische Unter-Bewegungsgruppe. Betrachten wir die Gruppe $L_2(K)$ über einem Körper K, welcher zwei verschiedene Anordnungen besitzt, so können wir diese Durchschnittsbildung auf die beiden hyperbolischen Bewegungsgruppen anwenden, welche durch die beiden Anordnungen von K gegeben werden (vgl. Beispiel 1):

Beispiel 3. $\mathfrak{G}$: $L_2(K)$ über einem Körper K, welcher zwei verschiedene Anordnungen besitzt; $\mathfrak{S}$: Gesamtheit der involutorischen Elemente aus $\mathfrak{G}$. Zugehörige metrische Unter-Bewegungsgruppe: $\mathfrak{S}^*$: Gesamtheit der Elemente aus $\mathfrak{S}$, deren Determinante bei beiden Anordnungen von K negativ ist; $\mathfrak{G}(\mathfrak{S}^*)$: Gesamtheit der Elemente aus $\mathfrak{G}$, deren Determinante entweder bei beiden Anordnungen positiv oder bei beiden Anordnungen negativ ist.

Die Durchschnittsbildung des Satzes 6 kann auf mehr als zwei Unter-Bewegungsgruppen ausgedehnt werden. So kann man in der Gruppe $L_2(K)$ über einem formal-reellen Körper K zu allen hyperbolischen Bewegungsgruppen, welche durch die möglichen Anordnungen von K gegeben werden, den Durchschnitt bilden. So ergibt sich das

Beispiel 4. $\mathfrak{G}$: $L_2(K)$ über einem formal-reellen Körper K; $\mathfrak{S}$: Gesamtheit der involutorischen Elemente aus $\mathfrak{G}$. Zugehörige metrische Unter-Bewegungsgruppe: $\mathfrak{S}^*$: Gesamtheit der Elemente aus $\mathfrak{S}$, deren Determinante das Entgegengesetzte einer Quadratsumme ist; $\mathfrak{G}(\mathfrak{S}^*)$: Gesamtheit der Elemente aus $\mathfrak{G}$, deren Determinante eine Quadratsumme oder das Entgegengesetzte einer Quadratsumme ist.

Zu $\mathfrak{S}^*$ gehören hierbei insbesondere die involutorischen Elemente mit der Determinante $\{-1\}$, deren besondere Eigenschaften wir in § 11,7 besprochen haben. Eine Spezialisierung des Beispiels 4 ist das

Beispiel 5. $\mathfrak{G}$: $L_2(K)$ über einem pythagoreischen Körper K; $\mathfrak{S}$: Gesamtheit der involutorischen Elemente aus $\mathfrak{G}$. Zugehörige metrische

Unter-Bewegungsgruppe: $\mathfrak{S}^*$: Gesamtheit der Elemente aus $\mathfrak{S}$ mit Determinante $\{-1\}$; $\mathfrak{G}(\mathfrak{S}^*)$: Gesamtheit der Elemente aus $\mathfrak{G}$, deren Determinante $\{1\}$ oder $\{-1\}$ ist.

Die metrischen Unter-Bewegungsgruppen 3, 4, 5 sind Unter-Bewegungsgruppen hyperbolischer Bewegungsgruppen. Es gelten in ihnen die Axiome der hyperbolischen Bewegungsgruppen, mit Ausnahme des Axioms H. (Axiom H gilt in 3 nicht, und in 4 und 5 nur dann, wenn K eindeutig anordenbar ist.)

Jeder pythagoreische Körper ist anordenbar, und da die euklidischen Koordinatenebenen über den geordneten pythagoreischen Körpern wohlbekannt sind — sie stellen die Ebenen dar, in denen die HILBERTschen Axiome der ebenen Verknüpfung, der Anordnung, der Kongruenz und das Euklidische Parallelenaxiom gelten, — wollen wir das Beispiel 5 in der euklidischen Koordinatenebene über einem geordneten pythagoreischen Körper K veranschaulichen. Wir denken uns den Einheitskreis $-x^2-y^2+1=0$. Eine „Treffgerade", d.h. eine Gerade, welche den Einheitskreis in zwei verschiedenen Punkten trifft, enthält Punkte des Kreisinneren; aber eine Gerade, welche Punkte des Kreisinneren enthält, braucht nicht eine Treffgerade zu sein. (Sie ist stets Treffgerade nur, wenn in K jedes positive Element Quadrat ist.) Wir betrachten nun die Punkte X mit der Eigenschaft:

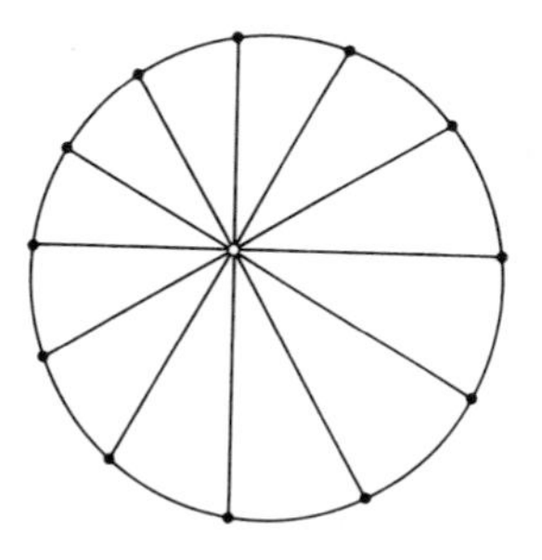

(3) Jede Gerade durch X ist Treffgerade.

Der Mittelpunkt des Einheitskreises ist ein solcher Punkt. Für $X=(x,y)$ ist (3) gleichwertig mit der Bedingung, daß $-x^2-y^2+1$ ein von Null verschiedenes Quadrat in K ist. *Die Punkte mit der Eigenschaft* (3) *und die Treffgeraden sind die Punkt-Geraden-Gesamtheit einer metrischen Ebene* $E(K)$, *welche Teilebene der vom vollen Inneren des Einheitskreises gebildeten hyperbolischen Ebene ist.*

In der metrischen Ebene $E(K)$ ist jeder Winkel halbierbar. Dagegen ist im allgemeinen nicht jede Strecke halbierbar, wie der folgende Spezialfall lehrt:

Es sei, in der HILBERTschen Bezeichnung, Ω der „kleinste" pythagoreische Teilkörper des Körpers der reellen Zahlen. Ω besteht aus allen algebraischen Zahlen, die man, von der 1 ausgehend, durch endlich häufige Anwendung der rationalen Operationen und der Operation $\sqrt{1+c^2}$ erhält. Alle Elemente aus Ω sind *totalreell*, d.h. samt ihren Konjugierten reell. Wir betrachten nun den Fall $K=\Omega$. $O=(0,0)$ und $A=(\frac{1}{2},0)$ sind Punkte der metrischen Ebene $E(\Omega)$. Die Punkte $M=(2-\sqrt{3},0)$ und $M'=(2+\sqrt{3},0)$ sind polar in bezug auf den Einheitskreis, und O,A liegen harmonisch in bezug auf M,M'. Mittelpunkt von O,A kann daher nur der im Inneren des Einheitskreises gelegene Punkt M sein. Aber M ist nicht ein Punkt von $E(\Omega)$, denn das in M auf der x-Achse errichtete Lot ist keine Treffgerade. Ein Schnittpunkt des Lotes mit dem Einheitskreis hätte nämlich die Ordinate $\sqrt{-6+4\sqrt{3}}$; aber diese Zahl ist nicht totalreell, und liegt daher nicht in Ω.

Die Bewegungsgruppe der metrischen Ebene $E(\Omega)$ *besitzt also nicht freie Beweglichkeit.* Wir bemerken noch, daß die Bewegung OA nicht Quadrat ist, obgleich beide Faktoren Quadrat sind. In einer metrischen Bewegungsgruppe braucht also ein Produkt von zwei Quadraten nicht Quadrat zu sein.

Ist eine projektiv-metrische Bewegungsgruppe $\mathfrak{G}, \mathfrak{S}$ gegeben, und ist $\mathfrak{S}'$ ein in $\mathfrak{G}$ invariantes Teilsystem von $\mathfrak{S}$, so ist $\mathfrak{G}(\mathfrak{S}')$ Normalteiler von $\mathfrak{G}$; ist dabei $\mathfrak{G}(\mathfrak{S}'), \mathfrak{S}'$ eine metrische Bewegungsgruppe, so sagen wir: $\mathfrak{S}'$ definiert eine *invariante* metrische Unter-Bewegungsgruppe von $\mathfrak{G}, \mathfrak{S}$.

Offenbar ist eine hyperbolische Bewegungsgruppe stets invariante Unter-Bewegungsgruppe der H-Gruppe, zu der sie gehört. Bildet man, wie in den Beispielen 3,4,5, in einer H-Gruppe mit formal-reellem Endenkörper nach Satz 6 Durchschnitte von (beliebig vielen) hyperbolischen Bewegungsgruppen, die je durch eine Anordnung des Endenkörpers definiert sind, so erhält man — als Durchschnitte von invarianten Unter-Bewegungsgruppen — stets wieder invariante metrische Unter-Bewegungsgruppen der gegebenen H-Gruppe.

Wir setzen uns das Ziel, alle invarianten metrischen Unter-Bewegungsgruppen von H-Gruppen zu bestimmen.

Satz 7. *Ist $\mathfrak{G}', \mathfrak{S}'$ invariante metrische Unter-Bewegungsgruppe einer H-Gruppe $\mathfrak{G}, \mathfrak{S}$, so gehört $\mathfrak{G}', \mathfrak{S}'$ zu $\mathfrak{G}, \mathfrak{S}$, und $\mathfrak{S}'$ enthält die in* § 11,7 *definierte Menge $\mathfrak{T}$ aller Elemente aus $\mathfrak{S}$, welche Enden angehören.*

Mit $\mathfrak{P}'$ bezeichnen wir wieder die Menge der *Punktspiegelungen* aus der Bewegungsgruppe $\mathfrak{G}', \mathfrak{S}'$.

Beweis von Satz 7. Man betrachte ein Element $\pi \in \mathfrak{P}'$ und ein beliebiges Element $\sigma \in \mathfrak{S}$ mit $\sigma | \pi$. Ferner wähle man ein Element $\varrho \neq \pi, \pi\sigma$ aus $\mathfrak{S}$ mit $\varrho | \sigma$. Dann ist $\pi^\varrho \neq \pi$ und $\pi^\varrho | \sigma$, also σ die Verbindung (π, π^ϱ). Wegen der Invarianz ist $\pi^\varrho \in \mathfrak{P}'$. Aus $\pi, \pi^\varrho \in \mathfrak{P}'$ folgt nach Axiom 1 $(\pi, \pi^\varrho) = \sigma \in \mathfrak{S}'$. Daher gilt die Zugehörigkeits-Bedingung:

(4) *Ist $\pi \in \mathfrak{P}'$ und $\sigma \in \mathfrak{S}$ und gilt $\sigma | \pi$, so ist $\sigma \in \mathfrak{S}'$.*

Da es zu gegebenem $\pi \in \mathfrak{P}'$ nach § 11,7 ein $\tau \in \mathfrak{T}$ mit $\tau | \pi$ gibt, gibt es nach (4) Elemente aus $\mathfrak{T}$, welche in $\mathfrak{S}'$ liegen; und da $\mathfrak{T}$ eine Klasse konjugierter Elemente aus $\mathfrak{G}$ (§ 11,7), und $\mathfrak{S}'$ invariant in $\mathfrak{G}$ ist, gilt $\mathfrak{T} \subseteq \mathfrak{S}'$.

Wir bemerken zusätzlich: Da verschiedene Elemente aus $\mathfrak{T}$, welche demselben Ende angehören, bereits in $\mathfrak{S}$ unverbindbar sind, gibt es in $\mathfrak{S}'$ unverbindbare Elemente. Daher ist $\mathfrak{G}', \mathfrak{S}'$ nicht elliptisch. Die Elemente aus $\mathfrak{T}$ liegen also nicht in $\mathfrak{P}'$.

Ist $\mathfrak{G}, \mathfrak{S}$ eine H-Gruppe mit dem Endenkörper K, so kann man, indem man $\mathfrak{G}$ als die Gruppe $L_2(K)$ darstellt, jedem Element α aus $\mathfrak{G}$ seine Determinante (Norm) $|\alpha|$ zuordnen, und damit $\mathfrak{G}$ homomorph auf die Gruppe der Quadratklassen $\neq \{0\}$ aus K abbilden. Dabei besteht $\mathfrak{T}$ aus denjenigen involutorischen Elementen τ, für welche $|\tau| = \{-1\}$ ist (§ 11,7). Ist $\mathfrak{K}$ ein Komplex aus $\mathfrak{G}$, so bezeichnen wir mit $|\mathfrak{K}|$ die Menge aller Elemente aus K, welche in den Quadratklassen $|\alpha|$ mit $\alpha \in \mathfrak{K}$ liegen.

Nun sei wieder $\mathfrak{G}', \mathfrak{S}'$ eine invariante metrische Unter-Bewegungsgruppe der H-Gruppe $\mathfrak{G}, \mathfrak{S}$. Wir versuchen, die Menge $|\mathfrak{S}'|$ zu bestimmen. Da $\mathfrak{G}', \mathfrak{S}'$ nicht elliptisch ist, bilden die geraden Bewegungen aus $\mathfrak{G}'$ eine Untergruppe $\mathfrak{G}'_{\text{ger}}$ vom Index 2 in $\mathfrak{G}'$, mit der Menge $\mathfrak{G}'_{\text{ung}}$ der ungeraden Bewegungen aus $\mathfrak{G}'$ als Nebenklasse. Indem wir ausnutzen, daß $\mathfrak{T} \subseteq \mathfrak{S}'$ gilt, zeigen wir:

(5) $$|\mathfrak{G}'_{\text{ger}}| = -|\mathfrak{G}'_{\text{ung}}| = -|\mathfrak{S}'| = |\mathfrak{P}'|.$$

Beweis. Sei $\alpha \in \mathfrak{G}'_{\text{ger}}$. Dann ist α in der Form $\alpha = \sigma_1\sigma_2$ mit $\sigma_1, \sigma_2 \in \mathfrak{S}'$ darstellbar. Nach § 11,7 ist α (wie jedes Element aus $\mathfrak{G}$) auch in der Form $\alpha = \sigma_3\tau$ mit $\sigma_3 \in \mathfrak{S}$, $\tau \in \mathfrak{T}$ darstellbar. Als involutorisches Produkt von drei Elementen aus $\mathfrak{S}'$ liegt $\sigma_1\sigma_2\tau = \sigma_3$ nach § 3, Satz 21 in $\mathfrak{S}'$. Es ist dann $|\alpha| = |\sigma_3\tau| = -|\sigma_3| \subseteq -|\mathfrak{S}'|$. Daher gilt $|\mathfrak{G}'_{\text{ger}}| \subseteq -|\mathfrak{S}'|$.

Sei weiter $\sigma \in \mathfrak{S}'$. Nach § 11,7 gibt es ein $\tau \in \mathfrak{T}$ mit $\tau|\sigma$. Dann ist $\sigma\tau \in \mathfrak{P}'$, und $-|\sigma| = |\sigma\tau| \subseteq |\mathfrak{P}'|$. Daher gilt $-|\mathfrak{S}'| \subseteq |\mathfrak{P}'|$.

Somit ist $|\mathfrak{G}'_{\text{ger}}| \subseteq -|\mathfrak{S}'| \subseteq |\mathfrak{P}'|$. In dieser Beziehung gelten sogar Gleichheitszeichen, da $\mathfrak{P}' \subseteq \mathfrak{G}'_{\text{ger}}$, also $|\mathfrak{P}'| \subseteq |\mathfrak{G}'_{\text{ger}}|$ gilt. Wählt man schließlich ein festes $\tau \in \mathfrak{T}$, so gilt: Durchläuft α alle Elemente aus $\mathfrak{G}'_{\text{ger}}$, so durchläuft $\alpha\tau$ alle Elemente aus $\mathfrak{G}'_{\text{ung}}$. Wegen $-|\alpha| = |\alpha\tau|$ ist daher $-|\mathfrak{G}'_{\text{ger}}| = |\mathfrak{G}'_{\text{ung}}|$.

Da $\mathfrak{G}'_{\text{ger}}$ eine Gruppe ist, ist $|\mathfrak{G}'_{\text{ger}}|$ multiplikativ abgeschlossen, und enthält, als Determinante der Gruppeneins, die Quadratklasse $\{1\}$. Da, wie bemerkt, kein Element aus $\mathfrak{T}$ in $\mathfrak{P}'$ liegt, ist die Quadratklasse $\{-1\}$ nicht in $|\mathfrak{P}'|$ und daher wegen (5) nicht in $|\mathfrak{G}'_{\text{ger}}|$ enthalten.

$|\mathfrak{G}'_{\text{ger}}|$ ist auch additiv abgeschlossen. Hierzu genügt es, wegen der Identität $x + y = x\big(1 + (x^{-1})^2 xy\big)$ für $x \neq 0$, zu beweisen:

(6) *Aus* $u \in |\mathfrak{G}'_{\text{ger}}|$ *folgt* $1 + u \in |\mathfrak{G}'_{\text{ger}}|$.

Beweis von (6). Es ist $\{u\} \neq \{-1\}$, also $-u$ nicht Quadrat in K.

Nach Voraussetzung und (5) gibt es ein $\pi \in \mathfrak{P}'$ mit $|\pi| = \{u\}$. π ist darstellbar in der Form $\pi = \sigma_1\sigma_2$ mit $\sigma_1 \in \mathfrak{T}$, $\sigma_2 \in \mathfrak{S}'$; dann ist $|\sigma_1| = \{-1\}$ und $|\sigma_2| = -|\sigma_1\sigma_2| = -|\pi| = -\{u\}$. Die Determinanten der $\sigma \in \mathfrak{S}$ mit $\sigma|\pi$ sind dann, wie wir unten ausführen werden, die Quadratklassen $\{-x^2 - uy^2\} = -\{x^2 + uy^2\}$ mit $x, y \in K$, nicht beide Null. Nach (4) liegen alle diese σ in $\mathfrak{S}'$. Es gibt unter ihnen ein $\sigma_0 \in \mathfrak{S}'$ mit $|\sigma_0| = -\{1 + u\}$. Daher ist $-(1+u) \in |\mathfrak{S}'|$, und nach (5) $1 + u \in |\mathfrak{G}'_{\text{ger}}|$.

Um den fehlenden Schluß auszuführen, betrachten wir über dem Körper K wie in § 10,4 den durch die Form g_0 metrisierten dreidimensionalen Vektorraum der zweireihigen („inhomogenen") Matrizen $\mathsf{R}, \mathsf{S}, \ldots$ mit Spur Null. Die involutorischen Elemente $\varrho, \sigma, \ldots$ der Gruppe $L_2(K)$, durch die wir die Elemente aus $\mathfrak{S}$ ersetzt denken, sind die „homogenen" zweireihigen Matrizen mit Spur Null und nicht verschwindender Determinante, und daher in dem Vektorraum die nicht-isotropen eindimensionalen Teilräume. Werden ϱ, σ durch Matrizen R, S des Vektorraumes repräsentiert, so gilt $\varrho | \sigma$ dann und nur dann, wenn $g_0(R, S) = 0$ ist, wenn also R, S zueinander orthogonal sind.

Man repräsentiere nun die gegebenen Elemente π, σ_1, σ_2 durch Matrizen P, S_1, S_2 mit den Determinanten $g_0(P, P) = u$, $g_0(S_1, S_1) = -1$, $g_0(S_2, S_2) = -u$, und betrachte den zweidimensionalen Teilraum T, welcher aus den Matrizen S mit $g_0(S, P) = 0$ besteht. Die Matrizen S_1, S_2 liegen wegen $\sigma_1, \sigma_2 | \pi$ in T und bilden wegen $\sigma_1 | \sigma_2$ eine Orthogonalbasis von T. Die Elemente S des Teilraumes T sind also die Matrizen $xS_1 + yS_2$ mit $x, y \in K$, und für ihre Determinanten gilt:

$$g_0(S, S) = x^2 g_0(S_1, S_1) + y^2 g_0(S_2, S_2) = -x^2 - uy^2.$$

Die involutorischen Gruppenelemente σ mit $\sigma | \pi$ werden durch diejenigen Matrizen S aus T repräsentiert, für welche $g_0(S, S) \neq 0$ ist. Die zugehörigen $|\sigma|$ sind also genau die Quadratklassen $\{-x^2 - uy^2\}$, welche von $\{0\}$ verschieden sind. Da $-u$ in K nicht Quadrat ist, ist $-x^2 - uy^2 = 0$ nur für $x = y = 0$.

$|\mathfrak{G}'_{\text{ger}}|$ ist also eine Teilmenge M von K mit den Eigenschaften:

(7) *M ist additiv und multiplikativ abgeschlossen, enthält alle Quadrate von Elementen $\neq 0$ aus K, aber nicht die Null.*

Aus der Existenz einer solchen Teilmenge folgt, daß -1 nicht Quadratsumme in K ist. Daher gilt:

Satz 8. *Nur in den H-Gruppen mit formal-reellen Endenkörpern gibt es invariante metrische Unter-Bewegungsgruppen.*

Unsere Überlegung lehrt ferner: Ist $\mathfrak{G}', \mathfrak{S}'$ eine invariante metrische Unter-Bewegungsgruppe der H-Gruppe $\mathfrak{G}, \mathfrak{S}$ mit dem Endenkörper K, so gibt es eine Teilmenge M von K mit den Eigenschaften (7) derart, daß

(8) $$|\mathfrak{G}'_{\text{ger}}| = |\mathfrak{P}'| = M, \qquad |\mathfrak{G}'_{\text{ung}}| = |\mathfrak{S}'| = -M$$

ist. Da je zwei Elemente aus $\mathfrak{S}$ mit gleicher Determinante mittels $\mathfrak{G}$ ineinander transformierbar sind, enthalten $\mathfrak{S}'$ und $\mathfrak{P}'$ dann wegen der Invarianz *alle* Elemente aus $\mathfrak{S}$, deren Determinanten in $-M$ bzw. in M liegen; $\mathfrak{G}'_{\text{ger}}$ und $\mathfrak{G}'_{\text{ung}}$ enthalten alle Elemente aus $\mathfrak{G}$, deren Determinanten in M bzw. in $-M$ liegen.

Ist umgekehrt M eine beliebige Teilmenge von K mit den Eigenschaften (7), so ist das System $\mathfrak{S}'$ aller Elemente aus $\mathfrak{S}$, deren Determinanten in $-M$ liegen, invariant in $\mathfrak{G}$, da es mit einem Element aus $\mathfrak{S}$ jeweils alle Elemente aus $\mathfrak{S}$ mit gleicher Determinante enthält, und definiert, wie zuerst KLINGENBERG gezeigt hat, eine metrische Unter-Bewegungsgruppe von $\mathfrak{G}, \mathfrak{S}$. [Man verifiziert dies jetzt mit geringer Mühe, ähnlich wie Theorem 7 und § 14, Satz 5. Für Axiom 1 beachte man: Aus $|\pi| = \{u\} \subseteq M$ und $\sigma | \pi$ folgt $|\sigma| = -\{x^2 + uy^2\} \subseteq -M$.]

Damit können wir alle invarianten metrischen Unter-Bewegungsgruppen von H-Gruppen, deren Endenkörper nach Satz 8 ohne Beschränkung der Allgemeinheit als formal-reell angenommen werden dürfen, algebraisch beschreiben:

Satz 9. *Gegeben sei eine H-Gruppe* $\mathfrak{G}, \mathfrak{S}$ *mit formal-reellem Endenkörper K, dargestellt durch die* $L_2(K)$ *und ihre involutorischen Elemente.*

Ein Teilsystem $\mathfrak{S}'$ *von* $\mathfrak{S}$ *definiert dann und nur dann eine invariante metrische Unter-Bewegungsgruppe von* $\mathfrak{G}, \mathfrak{S}$, *wenn es eine Teilmenge M von K mit den Eigenschaften* (7) *gibt, so daß* $\mathfrak{S}'$ *die Gesamtheit der Elemente aus* $\mathfrak{S}$ *ist, deren Determinanten in* $-M$ *liegen.*

Eine hyperbolische Bewegungsgruppe ergibt sich hierbei, wie wir wissen, dann und nur dann, wenn M ein *Positivbereich* des formal-reellen Körpers K ist, d.h. eine additiv und multiplikativ abgeschlossene Teilmenge von K, welche von jedem Paar $z, -z$ mit $z \neq 0$ aus K ein Element, aber nicht die Null enthält. Ein Durchschnitt von (beliebig vielen) Positivbereichen von K hat offenbar die Eigenschaften (7). Umgekehrt erkennt man aus dem Verfahren, mit dem N. Bourbaki (Algèbre, Ch. VI, § 2) und G. Pickert (Höhere Algebra, § 38) die Existenz von Positivbereichen in formal-reellen Körpern beweisen, daß sich jede Teilmenge M von K mit den Eigenschaften (7) zu einem Positivbereich von K erweitern läßt und daß sie der Durchschnitt aller sie umfassenden Positivbereiche von K ist. *Die Teilmengen eines formal-reellen Körpers K, welche die Eigenschaften* (7) *haben, sind also die Durchschnitte von Positivbereichen von K.* Daher läßt sich unser Ergebnis auch folgendermaßen in der Sprache der Bewegungsgruppen formulieren:

Satz 10. *In einer H-Gruppe sind die Systeme involutorischer Elemente, welche invariante metrische Unter-Bewegungsgruppen definieren, die Durchschnitte von Systemen involutorischer Elemente, welche zu der H-Gruppe gehörige hyperbolische Bewegungsgruppen definieren.*

Insbesondere läßt sich jede invariante metrische Unter-Bewegungsgruppe einer H-Gruppe zu einer hyperbolischen Bewegungsgruppe erweitern.

Schließlich sei hier auf die Dehnsche Konstruktion einer „Nicht-Legendreschen" Ebene hingewiesen, welche zeigt, wie man in gewissen ordinären projektiv-metrischen Bewegungsgruppen nicht-invariante metrische Unter-Bewegungsgruppen erhalten kann.

Aufgaben. 1. Eine singuläre projektiv-metrische Bewegungsgruppe enthält außer sich selbst keine invariante metrische Unter-Bewegungsgruppe.

2. Eine metrische Unter-Bewegungsgruppe $\mathfrak{G}', \mathfrak{S}'$ einer H-Gruppe $\mathfrak{G}, \mathfrak{S}$ ist dann und nur dann invariant, wenn $\mathfrak{S}'$ die Menge $\mathfrak{T}$ aller Elemente aus $\mathfrak{S}$ enthält, welche Enden angehören.

Literatur zu § 18. Hilbert [1], Dehn [1], Pasch-Dehn [1], Klingenberg [2], [5]. Zur Theorie der formal-reellen Körper: Artin-Schreier [1], Artin [1], v. d. Waerden [1], Bourbaki [1], Pickert [2].

§ 19. Metrisch-euklidische Ebenen

Wir wenden uns in diesem Paragraphen dem Problem zu, alle metrisch-euklidischen Ebenen zu bestimmen. Um die Überlegungen zu vereinfachen, wollen wir jedoch die Ebenen, in denen die rechten Winkel nicht halbierbar sind, außer Betracht lassen.

Zu jeder metrisch-euklidischen Ebene gibt es eine euklidische Ebene, in der sie als zugehörige Teilebene enthalten ist. Dabei bedeutet die Zugehörigkeit einer Teilebene:

(Z′) *Die Teilebene enthält mit einem Punkt der euklidischen Ebene alle durch ihn gehenden Geraden der euklidischen Ebene.*

Für eine euklidische Ebene und eine zugehörige metrisch-euklidische Teilebene gilt: Sind in der einen die rechten Winkel halbierbar, so auch in der anderen. Wir stellen daher unser Problem in der Form: *Man bestimme in den euklidischen Ebenen, in welchen die rechten Winkel halbierbar sind, die zugehörigen metrisch-euklidischen Teilebenen.* Ist eine solche Teilebene echte Teilebene, so gilt in ihr das Euklidische Parallelenaxiom nicht.

1. Geometrische Kennzeichnung metrisch-euklidischer Teilebenen.

Satz 1. *In einer metrischen Ebene bildet eine Menge von Punkten und Geraden dann und nur dann eine metrische Teilebene, wenn sie enthält:*

1) *drei Geraden, welche Axiom* D *genügen;*

2) *mit zwei verschiedenen Punkten ihre Verbindungsgerade;*

3) *mit zwei senkrechten Geraden ihren Schnittpunkt;*

4) *mit einem Punkt und einer Geraden eine durch den Punkt zu der Geraden gezogene Senkrechte;*

5) *mit drei kollinearen Punkten den vierten Spiegelungspunkt.*

Beweis. Es ist klar, daß die Forderungen notwendig sind. Es sei nun in einer metrischen Ebene eine Menge $\mathfrak{A}$ von Punkten und Geraden gegeben, welche den Bedingungen 1) bis 5) genügt. Man muß sich davon überzeugen, daß in $\mathfrak{A}$ die Existenzforderungen einer metrischen Ebene (Gruppenebene) erfüllt sind. Man beachte hierbei die Aufgabe 1 aus § 3,4. Eine besondere Überlegung erfordert nur der Nachweis, daß $\mathfrak{A}$ mit drei Geraden a, b, c, welche mit einem Punkt P inzidieren, die vierte Spiegelungsgerade $d = abc$ enthält: Ist $a \neq c$, so kann man d in $\mathfrak{A}$ durch eine Lotensatz-Figur konstruieren. Ist $a = c$, so betrachte man das in P auf dieser Geraden errichtete, in $\mathfrak{A}$ enthaltene Lot a', und konstruiere nun (es ist $a \neq a'$) durch eine Lotensatz-Figur in $\mathfrak{A}$ die Gerade $aba' = d'$, und dann d als die in P auf d' errichtete Senkrechte.

Sind A, A' zwei Punkte einer euklidischen Ebene, so wollen wir die Punkte, welche Schnittpunkt von zwei orthogonalen Geraden sind, von denen die eine durch A, die andere durch A' geht, die Punkte des THALES-*Kreises über dem Durchmesser* A, A' nennen.

Satz 2. *In einer euklidischen Ebene, in welcher die rechten Winkel halbierbar sind, ist eine Menge von Punkten dann und nur dann die Punktmenge einer zugehörigen metrisch-euklidischen Teilebene, wenn sie wenigstens zwei Punkte und mit je zwei Punkten A, A' alle Punkte des* THALES-*Kreises über dem Durchmesser A, A' enthält.*

Beweis. Wiederum ist die Notwendigkeit des Kriteriums offensichtlich. Es sei nun umgekehrt eine Punktmenge mit den genannten Eigenschaften gegeben. Wir behaupten, daß dann die Menge $\mathfrak{A}$ dieser Punkte und der Geraden, welche wenigstens einen Punkt der Menge enthalten, der Bedingung (Z′) und den Bedingungen 1) bis 5) aus Satz 1 genügt. Daß in $\mathfrak{A}$ die Bedingungen (Z′) und 1) bis 4) gelten, ist unmittelbar einsichtig; es bleibt die Gültigkeit von 5) nachzuweisen. Hierzu zeigen wir:

$\mathfrak{A}$ enthält mit zwei Punkten A, B ihren Mittelpunkt und den Spiegelpunkt A^B.

Den Mittelpunkt erhält man durch die folgende in $\mathfrak{A}$ ausführbare Konstruktion: Man ziehe die Verbindungsgerade g von A, B, und errichte auf ihr in A die Senkrechte h. Sodann ziehe man die beiden Winkelhalbierenden l, l' des Paares g, h, und fälle auf sie von B die Lote, mit den Fußpunkten P, P'. Man verbinde P, P', und schneide

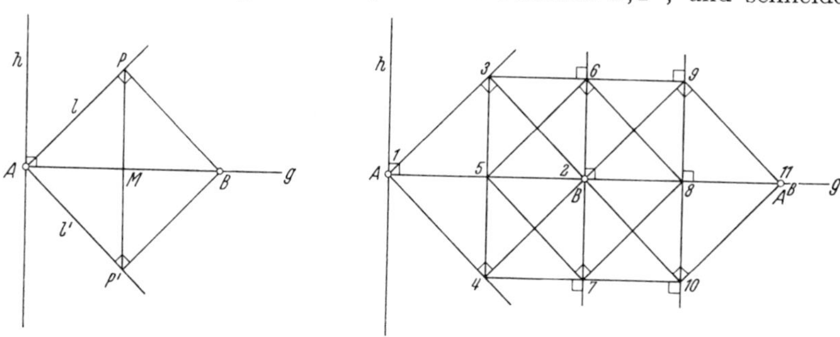

diese zu g senkrechte Verbindungsgerade mit g. Den Spiegelpunkt A^B gewinnt man, ebenso beginnend, durch eine in $\mathfrak{A}$ ausführbare Konstruktion, die man aus der obenstehenden Figur entnimmt (Die Numerierung der Punkte gibt die Reihenfolge ihrer Konstruktion an).

Sind nun A, B, C drei kollineare Punkte aus $\mathfrak{A}$, so konstruiere man den Mittelpunkt M von A, C und den Spiegelpunkt B^M; M und B^M liegen in $\mathfrak{A}$, und es ist $ABC = ABA^M = ABM \cdot AM = MBA \cdot AM = B^M$, also B^M der vierte Spiegelungspunkt zu A, B, C.

2. Algebraische Kennzeichnung metrisch-euklidischer Teilebenen. Für alles Folgende denken wir uns die euklidische Koordinatenebene mit der Orthogonalitätskonstanten 1 über einem Körper K gegeben, in welchem -1 nicht Quadrat ist (vgl. § 13). In dieser Ebene sind die rechten Winkel halbierbar.

Wir wollen die zugehörigen metrisch-euklidischen Teilebenen bestimmen, welche den Nullpunkt $O=(0,0)$ enthalten.

Eine solche Teilebene enthält die rechtwinkligen Koordinatenachsen $[0,1,0]$ und $[1,0,0]$. Bezeichnet man mit $\mathfrak{M}$ die Menge aller Abszissen von Punkten der Teilebene, so gehört ein Punkt (a,b) dann und nur dann der Teilebene an, wenn $a,b\in\mathfrak{M}$ gilt. Gehört nämlich der Punkt (a,b) der Teilebene an, so gehören als Fußpunkte der von ihm auf die Koordinatenachsen gefällten Lote die Punkte $(a,0)$ und $(0,b)$ der Teilebene an; mit dem Punkt $(0,b)$ gehört als Spiegelpunkt in bezug auf die Winkelhalbierende $[1,-1,0]$ der Koordinatenachsen auch der Punkt $(b,0)$ der Teilebene an. Mithin gilt $a,b\in\mathfrak{M}$. Die Schlußweise ist umkehrbar. Da $\mathfrak{M}$ zugleich die Menge aller Ordinaten von Punkten der Teilebene ist, wollen wir $\mathfrak{M}$ fortan die *Koordinatenmenge der Teilebene* nennen.

Es gilt nun: *Die Koordinatenmenge einer metrisch-euklidischen Teilebene, welche zu der gegebenen euklidischen Ebene gehört und den Nullpunkt enthält, ist ein vom Nullmodul verschiedener Teilmodul von K, welcher die Elemente*

$$\frac{1}{1+c^2} \quad \text{mit } c\in K \tag{1}$$

als Multiplikatoren besitzt.

Unter einem *Teilmodul von K* verstehen wir eine Untergruppe der additiven Gruppe von K. Daß ein Element $z\in K$ *Multiplikator* eines Teilmoduls $\mathfrak{M}$ von K ist, soll heißen: Aus $a\in\mathfrak{M}$ folgt $za\in\mathfrak{M}$.

Beweis. Die Teilebene enthält mit zwei Punkten $A=(a,0)$ und $B=(b,0)$ die vierten Spiegelungspunkte $AOB=C$ und $ABO=D$; es ist $C=(a+b,0)$ und $D=(a-b,0)$. Aus $a,b\in\mathfrak{M}$ folgt also $a\pm b\in\mathfrak{M}$, d.h. $\mathfrak{M}$ ist ein Modul. Fällt man nun von dem Punkt $A=(a,0)$ der Teilebene das Lot auf eine durch den Nullpunkt gehende Gerade $[c,-1,0]$, so ist der Fußpunkt ein Punkt der Teilebene; seine Abszisse ist $\frac{1}{1+c^2}a$. Daher sind die Elemente (1) Multiplikatoren von $\mathfrak{M}$.

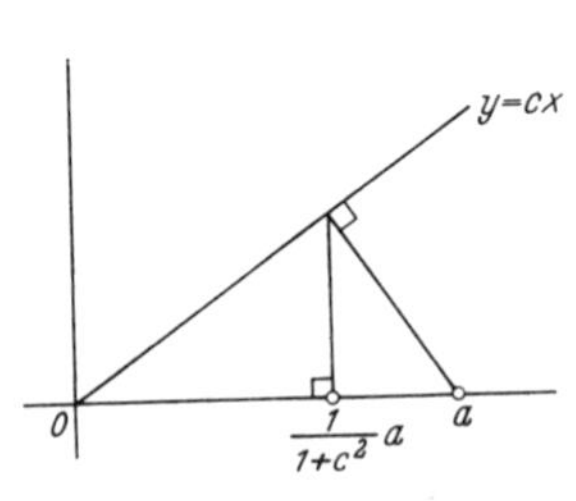

Summe, Differenz und Produkt von zwei Multiplikatoren eines Teilmoduls von K sind offenbar wiederum Multiplikatoren des Moduls. Die Multiplikatoren eines Teilmoduls von K bilden also stets einen Ring.

Ein Teilmodul von K, welcher die Elemente (1) als Multiplikatoren besitzt, besitzt daher alle Elemente *des von den Elementen* (1) *erzeugten Ringes*, den wir mit $\mathfrak{C}(K)$ bezeichnen, als Multiplikatoren. Der Ring $\mathfrak{C}(K)$ besteht aus allen endlichen Summen und Differenzen von Produkten von endlich vielen Elementen (1). Die Identität

$$(2)\qquad \begin{cases} \dfrac{2c}{1+c^2} = \dfrac{(1+c)^2-(1-c)^2}{(1+c)^2+(1-c)^2} = \dfrac{1}{1+\left(\dfrac{1-c}{1+c}\right)^2} - \dfrac{1}{1+\left(\dfrac{1+c}{1-c}\right)^2} \\ \qquad\qquad \text{für } c \neq \pm 1 \end{cases}$$

und die Tatsache, daß $\frac{1}{2}$ ein Element (1) ist, lehren, daß alle Elemente

$$(3)\qquad \frac{c}{1+c^2} \quad \text{mit } c \in K$$

dem Ring $\mathfrak{C}(K)$ angehören. Dem Ring gehören auch die homogenisierten Elemente (1) und (3) an, d.h. die Elemente

$$(4)\qquad \frac{u^2}{u^2+v^2},\ \frac{uv}{u^2+v^2} \quad \text{mit } u,v \in K \text{ und } (u,v) \neq (0,0).$$

Wir behaupten nun umgekehrt: *Ist $\mathfrak{M}$ ein vom Nullmodul verschiedener Teilmodul von K, welcher die Elemente* (1) *als Multiplikatoren besitzt, so ist die durch $\mathfrak{M}$ bestimmte Punktmenge — d.h. die Menge $\mathfrak{M}^*$ der Punkte (a,b) mit $a,b \in \mathfrak{M}$ — die Punktmenge einer metrisch-euklidischen Teilebene, welche zu der gegebenen euklidischen Ebene gehört.*

Beweis. Wir betrachten zwei Punkte $A=(a,b)$ und $A'=(a',b')$ aus $\mathfrak{M}^*$, und zwei zueinander senkrechte Geraden, von denen die eine durch A, die andere durch A' geht. Diese Geraden können in der Gestalt $[u,v,\ -(ua+vb)]$ und $[v,\ -u,\ -(va'-ub')]$ mit $(u,v) \neq (0,0)$ angenommen werden. Ihr Schnittpunkt hat die Koordinaten

$$a + \frac{v^2}{u^2+v^2}(a'-a) - \frac{uv}{u^2+v^2}(b'-b),$$

$$b - \frac{uv}{u^2+v^2}(a'-a) + \frac{u^2}{u^2+v^2}(b'-b).$$

Da $\mathfrak{M}$ ein Modul ist und die Elemente (4) Multiplikatoren von $\mathfrak{M}$ sind, liegen diese Koordinaten in $\mathfrak{M}$. Der Schnittpunkt der beiden orthogonalen Geraden ist also ein Punkt von $\mathfrak{M}^*$. Hieraus ergibt sich nach Satz 2 die Behauptung.

Wir fassen zusammen:

Satz 3. *Gegeben sei die euklidische Koordinatenebene mit der Orthogonalitätskonstanten 1 über einem Körper K, in welchem -1 nicht Quadrat ist. Die Koordinatenmengen der zugehörigen metrisch-euklidischen*

Teilebenen, welche den Nullpunkt enthalten, sind die vom Nullmodul verschiedenen Teilmoduln von K, welche die Elemente (1) *als Multiplikatoren besitzen.*

Die Koordinatenmenge bestimmt zunächst nur die Punktmenge der Teilebene. Die Geraden der Teilebene kann man bequem folgendermaßen beschreiben: Eine Gerade $[u,v,w]$ gehört dann und nur dann der Teilebene an, wenn der Fußpunkt des vom Nullpunkt auf sie gefällten Lotes der Teilebene angehört. Dieser Fußpunkt hat die Koordinaten

$$(5)\qquad -\frac{uw}{u^2+v^2}, \qquad -\frac{vw}{u^2+v^2}.$$

Korollar. *Eine Gerade $[u,v,w]$ gehört der Teilebene mit der Koordinatenmenge $\mathfrak{M}$ dann und nur dann an, wenn die Elemente* (5) *in $\mathfrak{M}$ liegen.*

Enthält die Teilebene die Punkte O und $E=(1,0)$, so enthält die Koordinatenmenge die 1, und damit die Multiplikatoren (1) und den Ring $\mathfrak{C}(K)$. Bei gegebenem Körper K ist die kleinste Koordinatenmenge dieser Art der Ring $\mathfrak{C}(K)$.

Unser Problem, in der euklidischen Koordinatenebene mit der Orthogonalitätskonstanten 1 über einem Körper K, in welchem -1 nicht Quadrat ist, die zugehörigen metrisch-euklidischen Teilebenen zu bestimmen, führt auf das algebraische Problem, für den gegebenen Körper K den Ring $\mathfrak{C}(K)$ zu bestimmen. Zu der euklidischen Ebene über K gehört dann und nur dann eine metrisch-euklidische echte Teilebene, wenn $\mathfrak{C}(K)$ ein echter Teilring von K ist.

Ist K endlich, so ist $\mathfrak{C}(K)=K$ (vgl. § 6, Theorem 3). Denn ist K endlich, so ist der Ring $\mathfrak{C}(K)$ ein Körper; und da allgemein jedes Element $c \in K$ Quotient der in $\mathfrak{C}(K)$ gelegenen Elemente (3) und (1) ist, kann $\mathfrak{C}(K)$ niemals ein echter Teilkörper von K sein. Als weiteres Beispiel betrachten wir den *Körper K_0 der rationalen Zahlen:*

Satz 4. *$\mathfrak{C}(K_0)$ besteht aus den ganzen und denjenigen gebrochenen rationalen Zahlen, deren Nenner in der gekürzten Form nur Primfaktoren $p=2,\ 4l+1$ enthält.*

Beweis. Die genannten rationalen Zahlen bilden einen Ring $\mathfrak{R}$; er kann als der von den Reziproken der Primzahlen $p=2,\ 4l+1$ erzeugte Ring aufgefaßt werden. Es gilt:

a) $\mathfrak{C}(K_0) \subseteq \mathfrak{R}$. Wir zeigen hierzu, daß jedes Element $\frac{1}{1+c^2}$ mit $c \in K_0$, also jedes erzeugende Element von $\mathfrak{C}(K_0)$ in $\mathfrak{R}$ liegt. Für $c=0$ ist dies trivial. Ist $c \neq 0$, so darf $c>0$ angenommen werden; wird dann $c=m/n$ gesetzt, wobei m,n teilerfremde positive ganze Zahlen sind, so ist

$$\frac{1}{1+c^2}=\frac{n^2}{m^2+n^2},$$

und die rechte Seite ein gekürzter Bruch. Eine Summe m^2+n^2 mit teilerfremden Summanden besitzt nach einem elementaren zahlentheoretischen Satz nur Primfaktoren der Form $p=2,\ 4l+1$.

b) $\mathfrak{R} \subseteq \mathfrak{C}(K_0)$. Es sei p eine Primzahl von der Form $2,\ 4l+1$. Nach einem bekannten zahlentheoretischen Satz ist p darstellbar als $p=m^2+n^2$, wobei m,n teilerfremde positive ganze Zahlen sind. Da dann auch m^2, n^2 teilerfremd sind, ist die 1 als Vielfachsumme von m^2 und n^2 darstellbar: $1=rm^2+sn^2$ mit ganzzahligen r,s. Damit ist

$$\frac{1}{p}=r\,\frac{m^2}{m^2+n^2}+s\,\frac{n^2}{m^2+n^2}\,.$$

Die rechte Seite liegt in $\mathfrak{C}(K_0)$. Daher liegt $1/p$, also jedes erzeugende Element von $\mathfrak{R}$ in $\mathfrak{C}(K_0)$.

Mit Satz 4 ist in der euklidischen Koordinatenebene mit der Orthogonalitätskonstanten 1 über dem rationalen Zahlkörper die kleinste zugehörige metrisch-euklidische Teilebene bestimmt, welche die Punkte O und E enthält; sie ist eine echte Teilebene, z.B. gehört ihr der Punkt $(\frac{1}{3},0)$ nicht an. Diese Teilebene ist zugleich in der gewöhnlichen reellen euklidischen Koordinatenebene die kleinste metrische Teilebene, welche die Punkte O, E und $E'=(0,1)$ enthält.

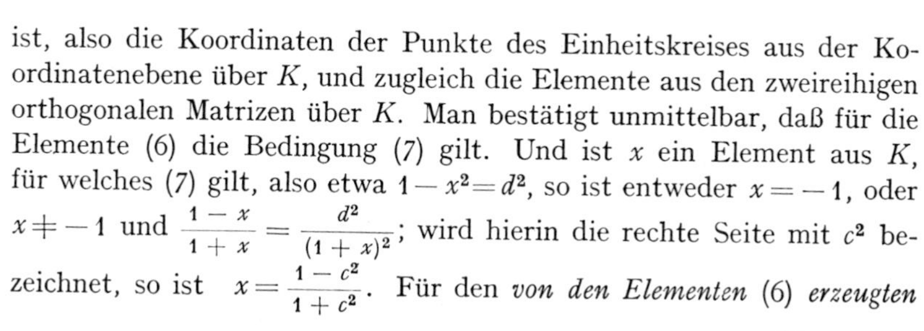

Es sei noch auf die enge Verwandtschaft der Elemente (1) mit den Elementen

$$(6)\qquad \begin{cases} \dfrac{1-c^2}{1+c^2} & \text{mit } c\in K,\\ \text{und} & -1 \end{cases}$$

aufmerksam gemacht. Dies sind die Elemente x aus K, für welche

$$(7)\qquad 1-x^2 \quad \text{ein Quadrat}$$

ist, also die Koordinaten der Punkte des Einheitskreises aus der Koordinatenebene über K, und zugleich die Elemente aus den zweireihigen orthogonalen Matrizen über K. Man bestätigt unmittelbar, daß für die Elemente (6) die Bedingung (7) gilt. Und ist x ein Element aus K, für welches (7) gilt, also etwa $1-x^2=d^2$, so ist entweder $x=-1$, oder $x\neq-1$ und $\dfrac{1-x}{1+x}=\dfrac{d^2}{(1+x)^2}$; wird hierin die rechte Seite mit c^2 bezeichnet, so ist $x=\dfrac{1-c^2}{1+c^2}$. Für den *von den Elementen* (6) *erzeugten*

Ring $\mathfrak{C}'(K)$ gilt, wie man auf Grund der Identitäten

$$(8) \qquad \frac{1-c^2}{1+c^2} = 2\frac{1}{1+c^2} - 1, \qquad \frac{1}{1+c^2} = \frac{1}{2}\left(1 + \frac{1-c^2}{1+c^2}\right)$$

erkennt: Es ist stets $\mathfrak{C}'(K) \subseteq \mathfrak{C}(K)$; und es ist $\mathfrak{C}'(K) = \mathfrak{C}(K)$ dann und nur dann, wenn $\frac{1}{2} \in \mathfrak{C}'(K)$ gilt.

Für $K = K_0$ sind die Elemente (6) die wohlbekannten Koordinaten der rationalen Punkte des Einheitskreises. Der von ihnen erzeugte Ring $\mathfrak{C}'(K_0)$ besteht aus den ganzen und denjenigen gebrochenen rationalen Zahlen, deren Nenner in der gekürzten Form nur Primfaktoren $p = 4l + 1$ enthält; er enthält die Zahl $\frac{1}{2}$ nicht. Die Punkte, deren Koordinaten dem Ring $\mathfrak{C}'(K_0)$ angehören, und ihre Verbindungsgeraden bilden ein Beispiel einer Menge von Punkten und Geraden der rationalen Koordinatenebene, welche gegen alle Spiegelungen an Punkten und Geraden der Menge und auch gegen alle Translationen um Strecken der Menge abgeschlossen, aber keine metrische Teilebene ist.

Es sei nun K ein formal-reeller Körper, und ω eine feste Anordnung von K. Bei der gegebenen Anordnung ω von K nennen wir ein Element a aus K *ganzzahlig-einschließbar*, wenn es zu a eine positive ganze Zahl m gibt, so daß $-m \leqq a \leqq m$ gilt; die ganzzahlig-einschließbaren Elemente bilden einen Ring $\mathfrak{R}_\omega(K)$. Die Anordnung ω wird *archimedisch* bzw. *nichtarchimedisch* genannt, je nachdem $\mathfrak{R}_\omega(K)$ gleich K oder echter Teilring von K ist.

Der Ring $\mathfrak{R}_\omega(K)$ *umfaßt stets den Ring* $\mathfrak{C}(K)$, *und ist daher nach Satz 3 die Koordinatenmenge einer metrisch-euklidischen Teilebene, welche zu der euklidischen Koordinatenebene mit der Orthogonalitätskonstanten* 1 *über dem Körper* K *gehört und die Punkte* O *und* E *enthält.* Die Anordnung ω des Körpers K induziert eine Anordnung in dieser euklidischen Koordinatenebene, und in der so angeordneten euklidischen Koordinatenebene bilden die Punkte der Teilebene einen offenen konvexen Bereich, in dem gleichfalls die HILBERTschen Anordnungsaxiome erfüllt sind.

Die Teilebene über dem Ring $\mathfrak{R}_\omega(K)$ ist dann und nur dann eine echte Teilebene, wenn die Anordnung ω nichtarchimedisch ist. Der Gedanke, über Körpern, welche eine nichtarchimedische Anordnung besitzen, in dieser Weise metrisch-euklidische Ebenen zu definieren, in denen das Euklidische Parallelenaxiom nicht gilt, ist von DEHN (unter der zusätzlichen Forderung freier Beweglichkeit) verwendet worden.

Ist K ein formal-reeller Körper, welcher sowohl eine nichtarchimedische Anordnung ω als auch eine archimedische Anordnung besitzt (der Körper $K_0(x)$ der rationalen Funktionen einer Unbestimmten x mit rationalen Koeffizienten ist ein Beispiel), so läßt sich die durch den echten Teilring $\mathfrak{R}_\omega(K)$ definierte metrisch-euklidische Teilebene auch in die euklidische Koordinatenebene über dem Körper der reellen Zahlen einbetten. Nach der Einbettung wird freilich die Punktmenge der Teilebene nicht mehr einen konvexen Bereich bilden.

Aufgaben. 1. Man bestimme alle Teilmoduln von K_0, welche die Elemente von $\mathfrak{C}(K_0)$ als Multiplikatoren enthalten.

2. Es sei K ein beliebiger Körper, in welchem -1 nicht Quadrat ist, und $K(x)$ der Körper der rationalen Funktionen einer Unbestimmten x mit Koeffizienten aus K. Dann ist -1 auch in $K(x)$ nicht Quadrat, und $\mathfrak{C}(K(x))$ echter Teilring von $K(x)$.

3. Metrisch-euklidische Teilebenen mit freier Beweglichkeit. Wir betrachten in einem formal-reellen Körper K die Elemente

$$(9) \qquad \frac{1}{1+\Sigma c_\nu^2} \quad \text{mit } c_\nu \in K$$

(Σ bezeichnet eine endliche Summe). Der von ihnen erzeugte Ring stimmt mit dem von den Elementen

$$(10) \qquad \frac{1-\Sigma c_\nu^2}{1+\Sigma c_\nu^2} \quad \text{mit } c_\nu \in K, \quad \text{und} \quad -1$$

erzeugten Ring überein. Man erkennt dies auf Grund der mit Σc_ν^2 statt c^2 geschriebenen Identitäten (8), indem man beachtet, daß $\frac{1}{2}$ ein Element (10) ist.

Die Elemente (9) sind die Elemente x aus K, für welche $\frac{1-x}{x}$ eine Quadratsumme ist. Da in einem formal-reellen Körper die Quadratsummen die totalpositiven Elemente, einschließlich der Null, sind, ist diese Bedingung gleichwertig mit: Es ist

$$(11) \qquad \frac{1-x}{x} \geqq 0 \quad \text{bei jeder Anordnung von } K.$$

Diese Bedingung ist gleichwertig mit: Es ist

$$(12) \qquad 0 < x \leqq 1 \quad \text{bei jeder Anordnung von } K.$$

Die Elemente (10) sind, wie eine entsprechende Umformung lehrt, die Elemente x aus K, welche der Bedingung genügen: Es ist

$$(13) \qquad -1 \leqq x \leqq 1 \quad \text{bei jeder Anordnung von } K.$$

Wir nennen ein Element a aus K *total ganzzahlig-einschließbar*, wenn es zu a eine positive ganze Zahl m gibt, so daß

$$(14) \qquad -m \leqq a \leqq m \quad \text{bei jeder Anordnung von } K$$

ist[1]. Die total ganzzahlig einschließbaren Elemente aus K bilden einen Ring. Die Elemente aus K, welche der Bedingung (13) genügen, erzeugen diesen Ring. Denn ist a ein beliebiges total ganzzahlig-einschließbares Element aus K, gibt es also eine positive ganze Zahl m, so daß (14)

[1] Vgl. hierzu S. 310.

gilt, so ist a/m ein Element, welches der Bedingung (13) genügt, also a ein natürliches Vielfaches eines Elementes, welches der Bedingung (13) genügt.

Daher ist der von den Elementen (10) erzeugte Ring der Ring der total ganzzahlig-einschließbaren Elemente aus K. Und da die Elemente (9) denselben Ring erzeugen wie die Elemente (10), gilt:

Satz 5. *In jedem formal-reellen Körper K ist der von den Elementen* (9) *erzeugte Ring der Ring der total ganzzahlig-einschließbaren Elemente aus K.*

Nun sei K ein pythagoreischer Körper, also ein formal-reeller Körper, in welchem jede Quadratsumme Quadrat ist. In ihm stimmen die Elemente (9) mit den Elementen (1) überein, und wir erhalten als Ergebnis unserer Überlegung die folgende Kennzeichnung des Ringes $\mathfrak{C}(K)$ in pythagoreischen Körpern:

Satz 6. *In einem pythagoreischen Körper K ist der Ring $\mathfrak{C}(K)$ der Ring der total ganzzahlig-einschließbaren Elemente aus K.*

In der Bewegungsgruppe einer metrisch-euklidischen Ebene besteht dann und nur dann freie Beweglichkeit, wenn in der Ebene jeder Winkel halbierbar ist. Für eine euklidische Ebene und eine zugehörige metrisch-euklidische Teilebene gilt: Sind in der einen alle Winkel halbierbar, so auch in der anderen. Das Problem, alle *metrisch-euklidischen Ebenen mit freier Beweglichkeit* zu bestimmen, kann daher in folgender Form gestellt werden: Man bestimme in den euklidischen Ebenen mit freier Beweglichkeit, oder algebraisch gesprochen, in den euklidischen Koordinatenebenen mit der Orthogonalitätskonstanten 1 über den pythagoreischen Körpern die zugehörigen metrisch-euklidischen Teilebenen. Satz 3 und Satz 6 liefern das Kriterium:

Satz 7. *In der euklidischen Koordinatenebene mit der Orthogonalitätskonstanten* 1 *über einem pythagoreischen Körper K sind die Koordinatenmengen der zugehörigen metrisch-euklidischen Teilebenen, welche die Punkte O und E enthalten, die Teilmoduln von K, welche die total ganzzahlig-einschließbaren Elemente aus K als Multiplikatoren enthalten.*

Bei gegebenem Körper K ist die kleinste Koordinatenmenge dieser Art der Ring der total ganzzahlig-einschließbaren Elemente aus K. Die Frage, ob zu der euklidischen Koordinatenebene über einem gegebenen pythagoreischen Körper K eine metrisch-euklidische echte Teilebene gehört, hängt davon ab, ob es in K Elemente gibt, welche nicht total ganzzahlig-einschließbar sind.

In dem kleinsten pythagoreischen Körper, dem Hilbertschen Körper Ω (vgl. § 18,6), ist jedes Element total ganzzahlig-einschließbar. Der von Hilbert und auch von Dehn verwendete pythagoreische Körper, dessen Elemente man von der 1 und einer Unbestimmten ausgehend durch iterierte Anwendung der rationalen Operationen und der Operation $\sqrt{1+c^2}$ erhält, ist sowohl archimedisch als nichtarchimedisch anordenbar; in ihm bilden die total ganzzahlig-einschließbaren Elemente einen echten Teilring.

In jedem pythagoreischen Körper, welcher nur auf eine Weise angeordnet werden kann, ist der Ring der total ganzzahlig-einschließbaren Elemente der Ring $\mathfrak{R}_\omega(K)$ derjenigen Elemente, welche bei der eindeutig bestimmten Anordnung ω ganzzahlig-einschließbar sind, also gleich K, wenn ω archimedisch ist, und ein echter Teilring von K, wenn ω nichtarchimedisch ist. Die pythagoreischen Körper, welche nur eine Anordnung zulassen, sind genau die formal-reellen Körper, in denen für jedes Element $a \neq 0$ entweder a oder $-a$ ein Quadrat ist. Über die Konstruktion von solchen Körpern gibt die Theorie der formal-reellen Körper Auskunft.

Aufgabe (Wolff). a) Ist K ein formal-reeller Körper, in dem jedes Element total ganzzahlig-einschließbar ist, und ist A ein formal-reeller algebraischer Erweiterungskörper von K, so ist in A jedes Element total ganzzahlig-einschließbar.

b) Der Koordinatenkörper einer euklidischen Ebene mit freier Beweglichkeit, welche eine zugehörige metrisch-euklidische Ebene echt enthält, ist stets transzendent über seinem Primkörper, dem Körper der rationalen Zahlen.

4. Metrisch-euklidische Unter-Bewegungsgruppen. Wir wollen zum Schluß das allgemeine Ergebnis dieses Paragraphen nochmals als Aussage über die metrisch-euklidischen Bewegungsgruppen formulieren. Das Problem, alle metrisch-euklidischen Bewegungsgruppen zu bestimmen, kann wiederum in der Form gestellt werden: Man bestimme in den euklidischen Bewegungsgruppen die zugehörigen metrisch-euklidischen Unter-Bewegungsgruppen.

Jede euklidische Bewegungsgruppe $\mathfrak{G}$ läßt sich, wenn O ein Punkt aus $\mathfrak{G}$ ist, nach § 6, Satz 15 als Produkt $\mathfrak{G}_O\mathfrak{T}$ schreiben, wobei $\mathfrak{G}_O$ die von den Geraden g mit $g\,\mathrm{I}\,O$ erzeugte Untergruppe von $\mathfrak{G}$ und $\mathfrak{T}$ der Normalteiler der Translationen aus $\mathfrak{G}$ ist. Ist in $\mathfrak{G}$ eine zugehörige metrisch-euklidische Unter-Bewegungsgruppe $\mathfrak{G}'$ gegeben, welche den Punkt O enthält, so läßt sich $\mathfrak{G}'$ in entsprechender Weise als Produkt $\mathfrak{G}'_O\mathfrak{T}'$ schreiben. Wegen der Zugehörigkeit ist $\mathfrak{G}'_O = \mathfrak{G}_O$. Das Problem, in einer euklidischen Bewegungsgruppe die zugehörigen metrisch-euklidischen Unter-Bewegungsgruppen zu bestimmen, reduziert sich also darauf, die Translationsgruppen dieser Unter-Bewegungsgruppen zu bestimmen (vgl. § 6, Satz 16, Korollar). Da die Translationen aus einer metrisch-euklidischen Bewegungsgruppe, welche den Punkt O enthält, die sämtlichen Produkte OP sind, wobei P ein beliebiger Punkt der Bewegungsgruppe ist, genügt es, die Punktmengen der zugehörigen metrisch-euklidischen Unter-Bewegungsgruppen zu bestimmen. Diese Aufgabe ist durch Satz 3 für den Fall, daß die rechten Winkel halbierbar sind, auf eine körpertheoretische Frage zurückgeführt.

Wir verwenden nun die Darstellung einer euklidischen Bewegungsgruppe $\mathfrak{G}$, in welcher die rechten Winkel halbierbar sind, durch die in Theorem 10 angegebene Matrizengruppe $\overline{\mathfrak{G}}$ mit $k=1$ über einem Körper K, in welchem -1 nicht Quadrat ist. Ist O der Punkt aus $\mathfrak{G}$, welcher durch die Matrix $S_{0,0}$ dargestellt wird, so wird $\mathfrak{G}_O$ durch die Gruppe $\overline{\mathfrak{G}}_O$ der Matrizen (10) aus § 13 mit $a=b=0$ und $k=1$

dargestellt. $\mathfrak{T}$ wird durch die Gruppe $\overline{\mathfrak{T}}$ der Matrizen

$$\begin{pmatrix} 1 & 0 & a \\ 0 & 1 & b \\ 0 & 0 & 1 \end{pmatrix} \tag{15}$$

mit $a, b \in K$, und insgesamt wird $\mathfrak{G} = \mathfrak{G}_O \mathfrak{T}$ durch $\overline{\mathfrak{G}} = \overline{\mathfrak{T}}\,\overline{\mathfrak{G}}_O$ dargestellt.

Ist $\mathfrak{M}$ ein Teilmodul von K, so werde die von den Translationsmatrizen (15) mit $a, b \in \mathfrak{M}$ gebildete Untergruppe mit $\overline{\mathfrak{T}}_{\mathfrak{M}}$ bezeichnet. Ferner wollen wir die vom Nullmodul verschiedenen Teilmoduln von K, welche die Elemente (1) als Multiplikatoren besitzen, als $\mathfrak{C}(K)$-*Moduln* bezeichnen. Dann gilt auf Grund von Satz 3:

THEOREM 14. *Es sei* $\overline{\mathfrak{G}}$ *die durch das Theorem* 10 *gegebene Darstellung einer euklidischen Bewegungsgruppe, in welcher die rechten Winkel halbierbar sind, als Matrizengruppe mit* $k = 1$ *über einem Körper* K, *in welchem* -1 *nicht Quadrat ist. Die zugehörigen metrisch-euklidischen Unter-Bewegungsgruppen von* $\overline{\mathfrak{G}}$, *welche* $S_{0,0}$ *enthalten, sind die Gruppen* $\overline{\mathfrak{T}}_{\mathfrak{M}}\overline{\mathfrak{G}}_O$, *wobei* $\mathfrak{M}$ *ein* $\mathfrak{C}(K)$-*Modul ist.*

Literatur zu § 19. HILBERT [1], DEHN [1], PASCH-DEHN [1], BACHMANN [2], KLINGENBERG [5]. Zu Konstruierbarkeitsfragen in euklidischen Ebenen, welche auf metrisch-euklidische Teilebenen führen: BIEBERBACH [1]. Zur Theorie der formal-reellen Körper vergleiche die Literatur zu § 18.

Literatur[1]

ABBOT, J. C.: [1] The projective theory of non-euclidean geometry. Rep. Math. Coll. Notre Dame, II. ser. **3**, 13—27 (1941); **4**, 22—30 (1943); **5/6**, 43—52 (1944).

AHRENS, J.: [1] Begründung der absoluten Geometrie des Raumes aus dem Spiegelungsbegriff. Math. Z. **71**, 154—185 (1959).

ARTIN, E.: [1] Über die Zerlegung definiter Funktionen in Quadrate. Abh. math. Sem. Univ. Hamburg **5**, 100—115 (1927).

— [2] Geometric Algebra. New York 1957.

ARTIN, E., u. O. SCHREIER: [1] Algebraische Konstruktion reeller Körper. Abh. math. Sem. Univ. Hamburg **5**, 85—99 (1927).

BACHMANN, F.: [1] Eine Begründung der absoluten Geometrie in der Ebene. Math. Ann. **113**, 424—451 (1936).

— [2] Geometrien mit euklidischer Metrik, in denen es zu jeder Geraden durch einen nicht auf ihr liegenden Punkt mehrere Nichtschneidende gibt I, II, III. Math. Z. **51**, 752—768, 769—779 (1949). Math. Nachr. **1**, 258—276 (1948).

— [3] Zur Begründung der Geometrie aus dem Spiegelungsbegriff. Math. Ann. **123**, 341—344 (1951).

— [4] Eine Kennzeichnung der Gruppe der gebrochen-linearen Transformationen. Math. Ann. **126**, 79—92 (1953).

— [5] Begründung der Geometrie aus dem Spiegelungsbegriff. Vorlesung, gehalten im WS 1952/53. Ausgearbeitet von R. LINGENBERG, photomechanisch vervielfältigt. Kiel 1954.

BACHMANN, F., u. W. KLINGENBERG: [1] Über Seiteneinteilungen in affinen und euklidischen Ebenen. Math. Ann. **123**, 288—301 (1951).

BACHMANN, F., H. WOLFF u. A. BAUR: [1] Spiegelungen. Grundzüge der Mathematik, hrsg. von H. BEHNKE, K. FLADT u. W. SÜSS, Bd. 2, 49—94. Göttingen 1960.

BAER, R.: [1] The fundamental theorems of elementary geometry. An axiomatic analysis. Trans. Amer. math. Soc. **56**, 94—129 (1944).

— [2] Null systems in projective spaces. Bull. Amer. math. Soc. **51**, 903—906 (1945).

— [3] Polarities in finite projective planes. Bull. Amer. math. Soc. **52**, 77—93 (1946).

— [4] The infinity of generalized hyperbolic planes. COURANT Anniversary Volume, p. 21—27. New York 1948.

— [5] Free mobility and orthogonality. Trans. Amer. math. Soc. **68**, 439—460 (1950).

— [6] The group of motions of a two dimensional elliptic geometry. Compositio math. **9**, 241—288 (1951).

— [7] Linear algebra and projective geometry. New York 1952.

[1] Für weitere Literatur sei auf die Literaturverzeichnisse von COXETER [1], DIEUDONNÉ [3], KLINGENBERG [5], PICKERT [3] verwiesen.

BALDUS, R., u. F. LÖBELL: [1] Nichteuklidische Geometrie (Hyperbolische Geometrie der Ebene). Berlin 1953.
BECKER-BERKE, K.: [1] Die Geometrie einer ebenen elliptischen Bewegungsgruppe. Diss. Kiel 1957.
BERGAU, P.: [1] Begründung der hyperbolischen Geometrie aus dem Spiegelungsbegriff. Diss. Kiel 1953.
BIEBERBACH, L.: [1] Theorie der geometrischen Konstruktionen. Basel u. Stuttgart 1952.
BIRKHOFF, G., and S. MACLANE: [1] A survey of modern algebra. New York 1950.
BLASCHKE, W.: [1] Vorlesungen über Differentialgeometrie, Bd. 3. Berlin 1929.
— [2] Ebene Kinematik. Hamburger Math. Einzelschr. **25** (1938).
BLASCHKE, W., u. H. R. MÜLLER: [1] Ebene Kinematik. München 1956.
BLUMENTHAL, L. M.: [1] Theory and applications of distance geometry. Oxford 1953.
BOCZECK, J.: [1] Die Geometrie der Gruppenebene und des Gruppenraumes einer elliptischen Bewegungsgruppe. Diss. Kiel 1954.
BOLDT, H.: [1] Raumgeometrie und Spiegelungslehre. Math. Z. **38**, 104—134 (1934).
BOLYAI, J.: [1] Appendix. Scientiam spatii absolute veram exhibens: a veritate aut falsitate Axiomatis XI EUCLIDEI (a priori haud unquam decidenda) independentem: adjecta ad casum falsitatis, quadratura circuli geometrica. Maros-Vasarhely 1832. Deutsche Übersetzung in F. ENGEL u. P. STÄCKEL, Urkunden zur Geschichte der nichteuklidischen Geometrie, Bd. 2, Teil 1, 2. Leipzig u. Berlin 1913.
BOTTEMA, O.: [1] De elementaire meetkunde van het platte vlak. Groningen 1938.
— [2] Eine Geometrie mit unvollständiger Anordnung. Math. Ann. **117**, 17—26 (1940).
BOURBAKI, N.: [1] Éléments de Mathématique, fasc. XIV. Algèbre, Chap. VI. Paris 1952.
BUSEMANN, H.: [1] The geometry of geodesics. New York 1955.
BUSEMANN, H., and P. J. KELLY: [1] Projective geometry and projective metrics. New York 1953.
CARTAN, E.: [1] Leçons sur la géométrie projective complexe. Paris 1931.
CASEY, J.: [1] A sequel to the first six books of the Elements of EUCLID. Dublin 1892.
CAYLEY, A.: [1] A sixth memoir upon quantics. Collected math. papers, vol. 2. Cambridge 1889.
CHEVALLEY, C. C.: [1] The algebraic theory of spinors. New York 1954.
COXETER, H. S. M.: [1] Non-euclidean geometry. 2nd ed., Toronto 1947; 3rd ed. 1957; 5th ed. 1968.
— [2] The real projective plane. Toronto and London 1949. Deutsche Übersetzung von W. BURAU, München 1955.
— [3] Regular polytopes. London 1948; 2nd ed. 1963.
COXETER, H. S. M., and W. O. J. MOSER: [1] Generators and relations for discrete groups. Ergebn. Math., N. F. **14** (1957); 3rd ed. 1972.
DEBAGGIS, H. F.: [1] Hyperbolic geometry. Rep. Math. Coll. Notre Dame, II. ser. **7**, 3—14 (1946); **8**, 68—80 (1948).
DEHN, M.: [1] Die LEGENDREschen Sätze über die Winkelsumme im Dreieck. Math. Ann. **53**, 404—439 (1900).
DEURING, M.: [1] Algebren. Ergebn. Math. **4**, 1 (1935).

DICKSON, L. E.: [1] Algebren und ihre Zahlentheorie. Zürich u. Leipzig 1927.

DIEUDONNÉ, J.: [1] Sur les groupes classiques. Paris 1948.

— [2] On the automorphisms of the classical groups. (With a supplement by L. K. HUA.) Mem. Amer. math. Soc. **2**, 1—95 (1951).

— [3] La géométrie des groupes classiques. Ergebn. Math., N. F. **5** (1955).

EICHLER, M.: [1] Quadratische Formen und orthogonale Gruppen. Berlin-Göttingen-Heidelberg 1952.

EUCLID: The thirteen books of EUCLID's Elements. Translated from the text of HEIBERG with introduction and commentary by Sir THOMAS L. HEATH. Cambridge 1926; 2nd ed. 1956.

FENCHEL, W.: [1] Om det projektivgeometriske Grundlag for den ikke-euklidiske Trigonometri. Mat. Tidsskr. B **1941**, 18—30.

FORDER, H. G.: [1] Foundations of euclidean geometry. Cambridge 1927.

— [2] Geometry. London 1950.

FREUDENTHAL, H.: [1] Zur Geschichte der Grundlagen der Geometrie. Nieuw Arch. Wiskunde (4) **5**, 105—142 (1957).

GAUSS, C. F.: [1] Werke Bd. 8 u. 10, 2. Leipzig 1900, 1923.

GENSCH, W.: [1] Über die Darstellung von reellen räumlichen Projektivitäten durch Produkte von Spiegelungen. Diss. Rostock 1935.

GERRETSEN, J. C. H.: [1] Die Begründung der Trigonometrie in der hyperbolischen Ebene. Akad. Wetensch. Amsterdam, Proc. **45**, 360—366, 479—483, 559—566 (1942).

— [2] Niet-euklidische meetkunde. Gorinchem 1949.

GRÜNWALD, J.: [1] Ein Abbildungsprinzip, welches die ebene Geometrie und Kinematik mit der räumlichen Geometrie verknüpft. S.-B. Akad. Wien, math.-nat. Kl. IIa **80**, 677—741 (1911).

GUSE, S.: [1] Beweise elementargeometrischer Sätze durch Spiegelungsrechnen. Diss. Kiel 1952.

HESSENBERG, G.: [1] Neue Begründung der Sphärik. S.-B. Berl. Math. Ges. **4**, 69—77 (1905).

— [2] Begründung der elliptischen Geometrie. Math. Ann. **61**, 173—184 (1905).

— [3] Grundlagen der Geometrie. Berlin 1930.

HILBERT, D.: [1] Grundlagen der Geometrie. 7. Aufl., Leipzig 1930; 8. Aufl., Stuttgart 1956; 11. Aufl. 1972.

— [2] Neue Begründung der BOLYAI-LOBATSCHEFSKYschen Geometrie. Math. Ann. **57**, 137—150 (1903). Als Anhang III in [1] abgedruckt.

HJELMSLEV[1], J.: [1] Neue Begründung der ebenen Geometrie. Math. Ann. **64**, 449—474 (1907).

— [2] Einleitung in die allgemeine Kongruenzlehre. Danske Vid. Selsk., mat.-fys. Medd. **8**, Nr. 11 (1929); **10**, Nr. 1 (1929); **19**, Nr. 12 (1942); **22**, Nr. 6 u. Nr. 13 (1945); **25**, Nr. 10 (1949).

— [3] Die geometrischen Konstruktionen mittels Lineals und Eichmaßes. Opuscula math. A. WIMAN dedicata. Uppsala 1930.

— [4] Grundlag for den Projektive Geometri. København 1943.

— [5] Beiträge zur nicht-eudoxischen Geometrie I, II. Danske Vid. Selsk., mat.-fys. Medd. **21**, Nr. 5 (1944).

[1] Ein ausführliches Verzeichnis der mathematischen Veröffentlichungen von J. HJELMSLEV findet man in der Gedenkrede, die J. NIELSEN am 12. 5. 1950 in der Danske Vid. Selsk. gehalten hat.

HJELMSLEV, J.: [6] Kongruenslaerens Fundamentalsaetning. Mat. Tidsskr. A **1948**, 16–21.
— [7] Om Geometriens almene Grundlag. 11. Skand. Mat. Kongress Trondheim 1949, S. 3–12. Oslo 1952.
HODGE, W. V. D., and D. PEDOE: [1] Methods of algebraic geometry, vol. 1. Cambridge 1947.
IJZEREN, J. VAN: [1] Moderne vlakke meetkunde. Zutphen 1941.
KANNENBERG, R.: [1] Grundgedanken einer Theorie der Gebilde zweiter Ordnung in Schiefkörpergeometrien. Diss. Bonn 1954.
KARZEL, H.: [1] Ein Axiomensystem der absoluten Geometrie. Arch. Math. **6**, 66–76 (1955).
— [2] Verallgemeinerte absolute Geometrien und Lotkerngeometrien. Arch. Math. **6**, 284–295 (1955).
— [3] Gruppentheoretische Begründung der absoluten Geometrie mit abgeschwächtem Dreispiegelungssatz. Habil.-Schr. Hamburg 1956.
— [4] Kennzeichnung der Gruppe der gebrochen-linearen Transformationen über einem Körper von Charakteristik 2. Abh. math. Sem. Univ. Hamburg **22**, 1–8 (1958).
— [5] Spiegelungsgeometrien mit echtem Zentrum. Arch. Math. **9**, 140–146 (1958).
— [6] Zentrumsgeometrien und elliptische Lotkerngeometrien. Arch. Math. **9**, 455–464 (1959).
— [7] Quadratische Formen von Geometrien der Charakteristik 2. Abh. math. Sem. Univ. Hamburg **23**, 144–162 (1959).
KERÉKJÁRTÓ, B.: [1] Les fondements de la géométrie, tome 1: La construction élémentaire de la géométrie euclidienne. Budapest 1955.
KIJNE, D.: [1] Plane construction field theory. Diss. Utrecht 1956.
KLEIN, F.: [1] Gesammelte mathematische Abhandlungen, Bd. 1. Berlin 1921.
— [2] Vorlesungen über nicht-euklidische Geometrie. Berlin 1928.
KLINGENBERG, W.: [1] Beziehungen zwischen einigen affinen Schließungssätzen. Abh. math. Sem. Univ. Hamburg **18**, 120–143 (1952). Vgl. auch: Abh. math. Sem. Univ. Hamburg **19**, 158–175 (1955).
— [2] Eine Begründung der ebenen hyperbolischen Geometrie. Math. Ann. **127**, 340–356 (1954).
— [3] Projektive und affine Ebenen mit Nachbarelementen. Math. Z. **60**, 384–406 (1954). Vgl. auch: Abh. math. Sem. Univ. Hamburg **20**, 97–111 (1955). Math. Ann. **132**, 180–200 (1956).
— [4] Euklidische Ebenen mit Nachbarelementen. Math. Z. **61**, 1–25 (1954).
— [5] Grundlagen der Geometrie. In C. F. GAUSS, Gedenkband, hrsg. von H. REICHARDT. Leipzig 1957.
— [6] Affine Ebenen mit Orthogonalität. Arch. Math. **8**, 199–202 (1957). Vgl. auch Arch. Math. **9**, 152–154 (1958).
KNESER, H.: [1] Aufgaben und Lösungen. J.-Ber. dtsch. Math.-Verein. **41**, 69 (kursiv) (1932).
KUROSCH, A. G.: [1] Gruppentheorie. Berlin 1953. (Aus dem Russischen übersetzt.)
LENZ, H.: [1] Zur Begründung der analytischen Geometrie. S.-B. math.-nat. Kl. Bayer. Akad. Wiss. München **1954**, 17–72.
— [2] Über die Einführung einer absoluten Polarität in die projektive und affine Geometrie des Raumes. Math. Ann. **128**, 363–372 (1954). Vgl. auch Math. Ann. **133**, 39–40 (1957).
— [3] Zur Definition der Flächen zweiter Ordnung. Math. Ann. **131**, 385–389 (1956).

LEVI, F.: [1] Geometrische Konfigurationen. Leipzig 1929.

LIEBMANN, H.: [1] Nichteuklidische Geometrie. 2. Aufl., Berlin u. Leipzig 1912; 3. Aufl., Berlin 1923.

LINGENBERG, R.: [1] Begründung der absoluten Geometrie der Ebene. Diss. Kiel 1955.

— [2] Zur Einführung von Koordinaten in einer projektiven Ebene mit Hilfe von Endomorphismen transitiver Translationsgruppen. Math. Z. **67**, 332—360 (1957).

— [3] Euklidische Pseudoebene über einer metrischen Ebene. Abh. math. Sem. Univ. Hamburg **22**, 114—130 (1958).

— [4] Über Gruppen mit einem invarianten System involutorischer Erzeugender, in dem der allgemeine Satz von den drei Spiegelungen gilt I, II. Math. Ann. **137**, 26—41, 83—106 (1959).

LINGENBERG, R., u. A. BAUR: [1] Der synthetische und der analytische Standpunkt in der Geometrie. Grundzüge der Mathematik, hrsg. von H. BEHNKE, K. FLADT u. W. SÜSS, Bd. 2, 95—137. Göttingen 1960.

LOBATSCHEWSKIJ, N. I.: [1] Zwei geometrische Abhandlungen. Deutsch von F. ENGEL, Leipzig 1898.

MENGER, K.: [1] Non-euclidean geometry of joining and intersecting. Bull. Amer. math. Soc. **44**, 821—824 (1938).

— [2] Three lectures on mathematical subjects. The RICE Institute Pamphlet **27**, Nr. 1. Houston (Texas) 1940.

— [3] New projective definition of the concepts of hyperbolic geometry. Rep. Math. Coll. Notre Dame, II. ser. **7**, 20—28 (1946).

MÖBIUS, A. F.: [1] Gesammelte Werke, Bd. 2. Leipzig 1886.

MORRIS, W. S.: [1] The geometry of the rotation group. Princeton Junior paper 1936.

NAUMANN, H.: [1] Eine affine Rechtwinkelgeometrie. Math. Ann. **131**, 17—27 (1956).

NAUMANN, H., u. K. REIDEMEISTER: [1] Über Schließungssätze der Rechtwinkelgeometrie. Abh. math. Sem. Univ. Hamburg **21**, 1—12 (1957).

NORDEN, A. P.: [1] Elementare Einführung in die LOBATSCHEWSKIsche Geometrie. Berlin 1958. (Aus dem Russischen übersetzt.)

PASCH, M., u. M. DEHN: [1] Vorlesungen über neuere Geometrie. Berlin 1926.

PICKERT, G.: [1] Elementare Behandlung des HELMHOLTZschen Raumproblems. Math. Ann. **120**, 492—501 (1949).

— [2] Einführung in die höhere Algebra. Göttingen 1951.

— [3] Projektive Ebenen. Berlin-Göttingen-Heidelberg 1955.

PODEHL, E., u. K. REIDEMEISTER: [1] Eine Begründung der ebenen elliptischen Geometrie. Abh. math. Sem. Univ. Hamburg **10**, 231—255 (1934).

PRÜFER, H.: [1] Projektive Geometrie. Leipzig 1935.

REIDEMEISTER, K.: [1] Grundlagen der Geometrie. Berlin 1930. Nachdruck 1968.

— [2] Geometria proiettiva non-euclidea. Rend. Sem. mat. Univ. Roma, Ser. III **1**, parte 2, 219—228 (1934).

ROBINSON, G. DE B.: [1] The foundations of geometry. Toronto 1946.

SCHILLING, F.: [1] Die Pseudosphäre und die nichteuklidische Geometrie. Leipzig u. Berlin 1935.

SCHMIDT, ARNOLD: [1] Die Dualität von Inzidenz und Senkrechtstehen in der absoluten Geometrie. Math. Ann. **118**, 609—625 (1943).

— [2] Über die Bewegungsgruppe der ebenen elliptischen Geometrie. J. reine angew. Math. **186**, 230—240 (1949).

SCHUR, F.: [1] Grundlagen der Geometrie. Leipzig 1909.
SCHÜTTE, K.: [1] Ein Schließungssatz für Inzidenz und Orthogonalität. Math. Ann. **129**, 424—430 (1955).
— [2] Die Winkelmetrik in der affin-orthogonalen Ebene. Math. Ann. **130**, 183—195 (1955).
— [3] Gruppentheoretisches Axiomensystem einer verallgemeinerten euklidischen Geometrie. Math. Ann. **132**, 43—62 (1956).
— [4] Schließungssätze für orthogonale Abbildungen euklidischer Ebenen. Math. Ann. **132**, 106—120 (1956).
— [5] Der projektiv erweiterte Gruppenraum der ebenen Bewegungen. Math. Ann. **134**, 62—92 (1957).
SCHWAN, W.: [1] Streckenrechnung und Gruppentheorie. Math. Z. **3**, 11—28 (1919).
— [2] Elementare Geometrie. Leipzig 1929.
SEGRE, C.: [1] Note sur les homographies binaires et leur faisceaux. J. reine angew. Math. **100**, 317—330 (1887).
SPEISER, A.: [1] Die Theorie der Gruppen von endlicher Ordnung. 2. Aufl., Berlin 1927; 4. Aufl., Basel u. Stuttgart 1956.
SPERNER, E.: [1] Die Ordnungsfunktionen einer Geometrie. Math. Ann. **121**, 107—130 (1949).
— [2] Beziehungen zwischen geometrischer und algebraischer Anordnung. S.-B. Heidelberger Akad. Wiss., math.-nat. Kl. **1949**, 413—448.
— [3] Konvexität bei Ordnungsfunktionen. Abh. math. Sem. Univ. Hamburg **16**, 140—154 (1950).
— [4] Ein gruppentheoretischer Beweis des Satzes von DESARGUES in der absoluten Axiomatik. Arch. Math. **5**, 458—468 (1954).
STAUDT, G. K. C. v.: [1] Geometrie der Lage. Nürnberg 1847.
— [2] Beiträge zur Geometrie der Lage I, II u. III. Nürnberg 1856, 1857 u. 1860.
STEPHANOS, C.: [1] Mémoire sur la représentation des homographies binaires par des points de l'espace avec application à l'étude des rotations sphériques. Math. Ann. **22**, 299—367 (1883).
SZÁSZ, P.: [1] Über die HILBERTsche Begründung der hyperbolischen Geometrie. Acta Math. Acad. Sci. Hung. **4**, 243—250 (1953); vgl. auch **9**, 29—31 (1958).
— [2] Unmittelbare Einführung WEIERSTRASSscher homogener Koordinaten in der hyperbolischen Ebene auf Grund der HILBERTschen Endenrechnung. Acta Math. Acad. Sci. Hung. **9**, 1—28 (1958).
THOMSEN, G.: [1] Über einen neuen Zweig geometrischer Axiomatik und eine neue Art von analytischer Geometrie. Math. Z. **34**, 668—720 (1932).
— [2] Zum geometrischen Spiegelungskalkül. Math. Z. **37**, 561—565 (1933).
— [3] Grundlagen der Elementargeometrie in gruppenalgebraischer Behandlung. Hamburger Math. Einzelschr. **15** (1933).
TITS, J.: [1] Généralisations des groupes projectifs basées sur leurs propriétés de transitivité. Acad. roy. Belgique, Mém. Cl. Sci. **27**, fasc. 2 (1952).
TOEPKEN, H.: [1] Zur absoluten Geometrie. Dtsch. Math. **5**, 85—94 (1941).
— [2] Über den Höhensatz in der absoluten Geometrie. Dtsch. Math. **5**, 395—401 (1941).
VEBLEN, O., and J.W. YOUNG: [1] Projective geometry, vol. 1, 2. Boston 1910, 1918.
WAERDEN, B. L. VAN DER: [1] Algebra, Bd. 1. 4. Aufl., Berlin-Göttingen-Heidelberg 1955; 7. Aufl. 1966.
— [2] Gruppen linearer Transformationen. Ergebn. Math. **4**, 2 (1935).
— [3] De logische grondslagen der euklidische meetkunde. Groningen 1937.

WIENER, H.: [1] Die Zusammensetzung zweier endlicher Schraubungen zu einer einzigen. Zur Theorie der Umwendungen. Über geometrische Analysen. Über geometrische Analysen, Fortsetzung. Über die aus zwei Spiegelungen zusammengesetzten Verwandtschaften. Über Gruppen vertauschbarer zweispiegeliger Verwandtschaften. Ber. Verh. kgl. Sächs. Ges. Wiss. Leipzig, math.-nat. Kl. **42**, 13—23, 71—87, 245—267 (1890); **43**, 424—447, 644—673 (1891); **45**, 555—598 (1893).

WINTERNITZ, A.: [1] Zur Begründung der projektiven Geometrie: Einführung idealer Elemente unabhängig von der Anordnung. Ann. of Math. **41**, 365—390 (1940).

WITT, E.: [1] Theorie der quadratischen Formen in beliebigen Körpern. J. reine angew. Math. **176**, 31—44 (1937).

YOUNG, J. W.: [1] On the partitions of a group and the resulting classification. Bull. Amer. math. Soc. **33**, 453—461 (1927).

ZASSENHAUS, H.: [1] Lehrbuch der Gruppentheorie. Hamburger Math. Einzelschr. **21** (1937). The theory of groups, 2nd ed. Göttingen 1956.

ZIMMER, H. G.: [1] Über Quadrate der affinen Rechtwinkelgeometrie. Math. Ann. **135**, 340—351 (1958).

Zusammenstellung besonderer Zeichen

α^γ das Gruppenelement $\gamma^{-1}\alpha\gamma$: § 1,3.
$\varrho\,|\,\sigma$ Strichrelation: § 3,1.
$a \perp b$ a senkrecht b: § 3,3.
$A\,\mathrm{I}\,b$ A inzident mit b: § 3,3.
(A, B) Verbindungsgerade von A, B: § 3,3.
$(A, b) = (b, A)$ Senkrechte zu b durch A: § 3,4.
$a \| b$ a parallel b: § 6,8.
$[\alpha]$ Achse der Gleitspiegelung $\alpha \neq 1$: § 4,2.
$\{a\}$ Quadratklasse von a: § 8,3.
$M \subset N$ M ist *echt* enthalten in N.
$M \subseteq N$ M ist enthalten in N.
$\sim A$ Negation von A.

Axiomentafel

1. Axiome

1, 2, 3, 4: § 3,2.

D (Axiom vom Dreiseit): § 3,2. D* (Verschärfung von D): § 14,1.

P (Axiom vom Polardreiseit): § 3,8. ~P: § 3,8.

R (Axiom der euklidischen Metrik): § 6,7. ~R (Axiom der nichteuklidischen Metrik): § 6,7. R*: § 12,1.

V* (Verbindbarkeitsaxiom für Geraden): § 6,12. ~V*: § 14,1.

V (Verbindbarkeitsaxiom für involutorische Elemente): § 7,2. ~V: § 11,1.

T (Transitivitätsaxiom): § 7,2 und § 11,1.

UV 1, UV 2 (Axiome über unverbindbare involutorische Elemente): § 11,1.

H (Hyperbolisches Axiom): § 14,1. H* (Verschärfung von H): § 15,2.

B (Beweglichkeitsaxiom), B*, B**: § 17,6.

2. Gesetze über involutorische Elemente

E (Eindeutigkeit einer Verbindung): § 7,1. E′ (Spezialisierung von E): § 7,1.

S (Satz von den drei Spiegelungen): § 7,1. S′ (Ergänzung zu S): § 7,1.

U (Umkehrung des Satzes von den drei Spiegelungen): § 7,1.

V (Verbindbarkeitsgesetz): § 7,1. ~V: § 9,8.

T (Transitivitätsgesetz): § 7,1.

UV 1, UV 2 (Gesetze über unverbindbare involutorische Elemente): § 9,8.

3. Stammbaum von Geometrien

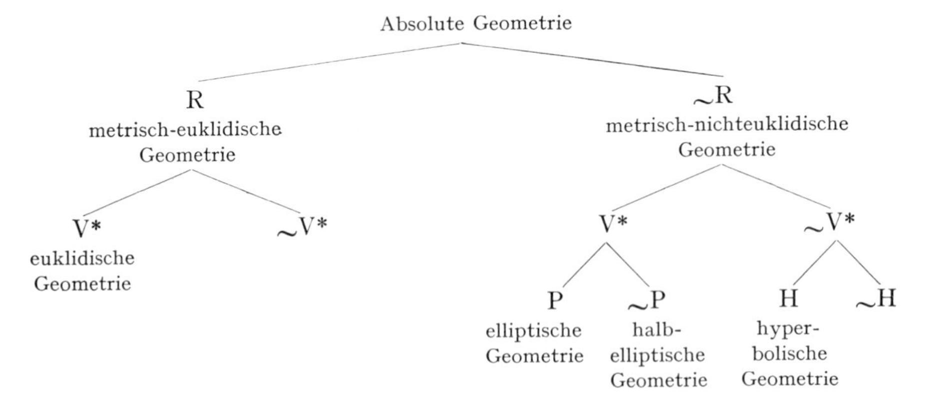

Dabei gilt unter Voraussetzung des Axiomensystems der absoluten Geometrie: *Aus* P *folgen* V* *und* ~R; *aus* H *und* ~V* *folgt* ~R; *aus* ~H *folgt* ~V*.

Anmerkungen

1. Axiomensystem der metrischen Ebenen (§ 2,3). In dem Axiomensystem der metrischen Ebenen lautet das erste Inzidenzaxiom:

(*) *Es gibt mindestens eine Gerade, und mit jeder Geraden inzidieren wenigstens drei Punkte.*

Aus (*) folgt:

(**) *Es gibt wenigstens zwei Punkte.*

Umgekehrt läßt sich, wie AHRENS bemerkt hat, das erste Inzidenzaxiom (*) im Rahmen der übrigen Axiome aus (**) beweisen. Der Beweis ist in BACHMANN-PEJAS [1*] ausgeführt; er macht keinen Gebrauch vom Satz von den drei Spiegelungen.

2. Höhensatz (§ 4, Satz 3). Den (ersten) Beweis des Höhensatzes kann man etwas geschickter fassen.

Höhensatz. *Ist* $abc \neq 1$ *und sind*

(1) au, bv, cw *Punkte,* (2) ubc, avc, abw *Geraden,*

so ist uvw *eine Gerade.*

Beweis. Wir bezeichnen die Punkte (1) mit U, V, W und die Geraden (2) mit p, q, r. Dann gelten die Identitäten

$$(3) \qquad Up = abc, \quad Up = qV^c, \quad Up = rW, \quad pqr = uvw.$$

Wegen $abc \neq 1$ ist nach der ersten Gleichung (3) $Up \neq 1$; daher ist das Lot (U, p) eindeutig bestimmt. Aus der zweiten Gleichung (3) folgt mit § 3, Satz 12 $(U,p) \mid q$; aus der dritten Gleichung (3) folgt ebenso $(U,p) \mid r$. Somit gilt $(U,p) \mid p, q, r$. Daher ist pqr nach Axiom 4 eine Gerade, also nach der letzten Gleichung (3) auch uvw eine Gerade.

Bemerkung. Der Höhensatz enthält Axiom 4 als Spezialfall (Fall $a = b = c$) und läßt sich, wie der Beweis zeigt, durch Einführung der Gleitspiegelungsachse von abc auf diesen Spezialfall zurückführen. Für den vorstehenden Beweis braucht man nicht das volle Axiomensystem aus § 3,2; es genügt das Axiomensystem des Senkrechtstehens (§ 20,4).

Literatur. BACHMANN [6*].

3. Gegenpaarungssatz (§ 4, Satz 12). Der Gegenpaarungssatz läßt sich durch einmalige Anwendung des Transitivitätssatzes (§ 4, Satz 6) beweisen[1]. Man formuliere zu diesem Zweck den Transitivitätssatz in der Form:

Ist $a \neq c$ und sind bac, cad Geraden, so ist bad eine Gerade.

Beweis des Gegenpaarungssatzes. Es ist

$$(a_1 a_2 a_3)^{c_2} = c_2 a_1 c_3 \cdot c_3 a_2 c_1 \cdot c_1 a_3 c_2.$$

Setzt man $a := (a_1 a_2 a_3)^{c_2}$, $b := c_2 a_1 c_3$, $c := c_1 a_3 c_2$, so ist also $bac = c_3 a_2 c_1$ eine Gerade, ferner $ca = c_1 a_2 a_1 c_2 = c_1 b_1 b_2 c_2 \neq 1$ und $ba = c_3 a_2 a_3 c_2 = c_3 b_3 b_2 c_2$. Setzt man $d := c_2 b_2 g$, so ist $cad = c_1 b_1 g$ eine Gerade, also nach dem Transitivitätssatz auch $bad = c_3 b_3 g$ eine Gerade.

Bemerkung. Der Gegenpaarungssatz enthält den Transitivitätssatz als Spezialfall (Fall $a_1 = a_2 = a_3 = b_1 = b_2 = b_3 = c_2$) und läßt sich, wie der vorstehende Beweis zeigt, durch Betrachtung gewisser vierter Spiegelungsgeraden auf diesen Spezialfall zurückführen.

4. Rechtseitsatz (§ 6, Satz 13). In § 6,8 ist (unter Voraussetzung des Axiomensystems aus § 3,2) gezeigt:

Wenn Axiom R *gilt, so gilt der Rechtseitsatz,*

mit anderen Worten: Wenn es ein Rechtseit gibt, so ist in jedem Vierseit mit drei rechten Winkeln auch der vierte Winkel ein rechter. Hierfür sind auf S. 111 f. zwei Beweise gegeben. Es wird jedoch der folgende auf Schütte [5] zurückgehende Gedankengang vorgeschlagen, bei dem zunächst aus Axiom R gefolgert wird, daß jedes Produkt von drei Punkten ein Punkt ist (§ 6, Satz 14).

Es gelte das Axiomensystem aus § 3,2; die Menge der Punkte (der Produkte uv mit $u|v$) sei mit $\mathfrak{P}$ bezeichnet[2].

Ist M eine Teilmenge der gegebenen Gruppe, so bezeichnen wir die Menge aller Produkte von drei Elementen aus M mit M^3.

Sei $\mathsf{G}(a) := \{x : x|a\}$ die Menge der zu a senkrechten Geraden (S. 66). Nach Axiom 4 und seiner Ergänzung (§ 3, Satz 9) gilt $\mathsf{G}(a)^3 \subseteq \mathsf{G}(a)$, also $\mathsf{G}(a)^3 = \mathsf{G}(a)$.

Zwei Geraden a, b werden *lotgleich* genannt, wenn $\mathsf{G}(a) = \mathsf{G}(b)$ ist. Wegen Axiom 4 und seiner Umkehrung (§ 3, Satz 10) gilt, wie auf S. 110 bemerkt:

(i) *Zwei Geraden, die zwei verschiedene gemeinsame Lote haben, sind lotgleich.*

---

[1] Nach wie vor seien die Geraden involutorische Elemente einer Gruppe und eine Gerade, mit einer Geraden transformiert, eine Gerade (§ 4,5).

[2] Es würde genügen, die Grundannahme aus § 3,2 und die folgenden Axiome vorauszusetzen: Axiom 1* (Existenz der Senkrechten; § 20,4), Axiom 2, Axiom 4. (Wolff [3*].)

(ii) *Es gelte* $a, b \mid a', b'$ *und* $a \neq b$, $a' \neq b'$. *Dann gelten:*

(1) *Aus* $x' \in \mathsf{G}(a)$ *und* $x \in \mathsf{G}(a')$ *folgt* $x' \mid x$,

(2) $\mathsf{G}(a)\mathsf{G}(a') = \mathfrak{P}$.

Beweis von (ii). Nach (i) ist $\mathsf{G}(a) = \mathsf{G}(b)$. Daher gilt $x' \in \mathsf{G}(a), \mathsf{G}(b)$, also $a', x' \mid a, b$ und $a \neq b$, folglich nach (i) $\mathsf{G}(a') = \mathsf{G}(x')$, also $x \in \mathsf{G}(x')$, also $x' \mid x$. Somit gilt (1) und $\mathsf{G}(a)\mathsf{G}(a') \subseteq \mathfrak{P}$. Zum Nachweis der umgekehrten Inklusion sei X ein beliebiger Punkt. Von X fälle Lote x', x auf a, a'. Nach (1) gilt $x' \mid x$. Wegen der Eindeutigkeit des Orthogonalenschnitts (§ 3, Satz 1) ist $X = x'x$, also $X \in \mathsf{G}(a)\mathsf{G}(a')$.

Nun setzen wir Axiom R voraus und beweisen unter dieser Voraussetzung die Sätze 14 und 13 aus § 6:

Satz 14. $\mathfrak{P}^3 \subseteq \mathfrak{P}$, *jedes Produkt von drei Punkten ist ein Punkt.*

Beweis. Nach Axiom R gibt es Geraden a, b, a', b', welche die Voraussetzungen von (ii) erfüllen. Nach (ii) kommutieren $\mathsf{G}(a)$, $\mathsf{G}(a')$ elementweise und es ist

$$\mathfrak{P}^3 = \big(\mathsf{G}(a)\mathsf{G}(a')\big)^3 = \mathsf{G}(a)^3\mathsf{G}(a')^3 = \mathsf{G}(a)\mathsf{G}(a') = \mathfrak{P}.$$

Satz 13 (Rechtseitsatz). *Aus* $a, b \mid c$ *und* $a \mid d$ *folgt* $b \mid d$.

Beweis. $bd = bc \cdot ca \cdot ad$ ist nach Satz 14 ein Punkt.

Literatur. SCHÜTTE [5], BACHMANN-WOLFF-BAUR [1], BACHMANN-PEJAS-WOLFF-BAUR [1*], WOLFF [3*].

5. Zur Definition der Idealgeraden und der absoluten Polarität in der Idealebene (§ 6,4 und 10). Wie in § 6,1 sei O ein Punkt, uv ein nicht-involutorisches Produkt von zwei Geraden durch O und $*$ die zu dem Gruppenelement uv gehörige *Halbdrehung der Geraden*, d. h. die Abbildung

$$a \to a^* := [auv]$$

von $\mathfrak{S}$ in $\mathfrak{S}$ (vgl. § 6,3). Sei ferner $_*$ die Halbdrehung um O, die zu dem inversen Gruppenelement vu gehört. Die beiden Halbdrehungen $*$, $_*$ kommutieren (§ 6, Satz 2); ihre Aufeinanderfolge $^*_*$ läßt jede Gerade durch O fest (gilt $a \mid O$, so ist $a^*_* = auvvu = a$) und führt jede Senkrechte einer Geraden a durch O in eine Senkrechte von a über (§ 6, (iii)). Diese Abbildungen $^*_*$ nennen wir *Kontraktionen von* $\mathfrak{S}$ *mit Zentrum* O. Auch für diese Kontraktionen gelten die Sätze 3 und 4 aus § 6.

Zur Definition der Idealgeraden kann man statt der Halbdrehungen um O eine andere abelsche Familie von Abbildungen benutzen, für die die Sätze 3 und 4 aus § 6 gelten, etwa die Halbgruppe der Produkte von Halbdrehungen um O oder die Menge der Kontraktionen mit Zentrum O.

Eine Kontraktion $\varkappa$ von $\mathfrak{S}$, mit Zentrum O, induziert in der Idealebene eine Homologie mit dem eigentlichen Idealpunkt $\mathsf{G}(O)$ als Zentrum und seiner Polaren $\mathsf{g}(O)$ als Achse. Diese durch $\varkappa$ induzierte *Kontraktion der Idealebene* werde gleichfalls mit dem Buchstaben $\varkappa$ bezeichnet. In der Idealebene ist auch $\varkappa^{-1}$ definiert.

Bei euklidischer Metrik führt eine Halbdrehung der Geraden je zwei zueinander senkrechte Geraden in zueinander senkrechte Geraden über (§ 6,10, Aufg. 1); bei nichteuklidischer Metrik gilt dies nur, wenn die Halbdrehung die Identität ist. Ein allgemeines Gesetz über Halbdrehungen und Senkrechtstehen ist jedoch:

(i) *Sind* $*, {}_*$ *Halbdrehungen der Geraden um O, welche zu zueinander inversen Gruppenelementen gehören, so gilt:*

Aus $a^* | c$ *folgt* $a | c_*$, *und umgekehrt*[1].

Beweis. $*$ gehöre zum Gruppenelement uv. Wegen § 3, Satz 12 sind untereinander äquivalent: $[auv] | c$, $auvc$ ist ein Punkt, $a | [uvc]$. Es ist $[uvc] = [cvu]$ (vgl. S. 101).

(i) liefert die Kürzungsregel des Sterns: $\mathsf{G}(a^*)_* = \mathsf{G}(a)$ (S. 116). Aus ihr folgt $\mathsf{G}(a^*_*)_* = \mathsf{G}(a_*)$ und damit $\mathsf{G}(a^*_*)^*_* = \mathsf{G}(a_*)^* = \mathsf{G}(a)$. Für eine Kontraktion $\varkappa$ gilt somit $\mathsf{G}(a\varkappa)\varkappa = \mathsf{G}(a)$, also

$$\mathsf{G}(a\varkappa) = \mathsf{G}(a)\varkappa^{-1}. \tag{11'}$$

Es gelte nun das Axiom $\sim$R der nichteuklidischen Metrik.

Man nenne die Paare $\mathsf{g}(a)$, $\mathsf{G}(a)$ *primitive Polare-Pol-Paare*. Um den hiermit gegebenen Polaritätskeim zur absoluten Polarität der Idealebene fortzusetzen, kann man statt der Halbdrehungen mit einem Zentrum $\mathsf{G}(O)$ die anschaulich einfacheren Kontraktionen mit dem Zentrum $\mathsf{G}(O)$ benutzen:

Zu einer Kontraktion $\varkappa$ mit Zentrum $\mathsf{G}(O)$ betrachte man die Abbildung

$$\mathsf{a}, \mathsf{A} \to \mathsf{a}\varkappa, \mathsf{A}\varkappa^{-1} \tag{+}$$

der Paare Idealgerade, Idealpunkt. Aus § 6, (xii) und (11′) folgt:

(ii) *Ist* $\varkappa$ *eine Kontraktion mit Zentrum* $\mathsf{G}(O)$, *so führt* (+) *jedes primitive Polare-Pol-Paar* $\mathsf{g}(a)$, $\mathsf{G}(a)$ *in das primitive Polare-Pol-Paar* $\mathsf{g}(a\varkappa)$, $\mathsf{G}(a\varkappa)$ *über.*

Definition. a, A heiße ein *Polare-Pol-Paar*, wenn es eine Kontraktion $\varkappa$ mit Zentrum $\mathsf{G}(O)$ gibt, so daß $\mathsf{a}\varkappa$, $\mathsf{A}\varkappa^{-1}$ ein primitives Polare-Pol-Paar ist. Ferner soll $\mathsf{g}(O)$, $\mathsf{G}(O)$ ein Polare-Pol-Paar heißen.

Man erkennt unmittelbar, daß jede Idealgerade a einen Pol hat: Ist $\mathsf{a} \neq \mathsf{g}(O)$, so gibt es eine Kontraktion $\varkappa$ mit Zentrum $\mathsf{G}(O)$, die a in eine eigentliche Idealgerade überführt: $\mathsf{a}\varkappa = \mathsf{g}(a)$; die zugehörige Ab-

---

[1] Y. Why Tschen [1*]: Algebraisation of plane absolute geometry (1945), Theorem 7. Dieser Arbeit liegt das Axiomensystem aus Bachmann [1] zugrunde.

bildung $(+)$ führt das Paar $\mathfrak{a}, G(a)\varkappa$ in das Paar $g(a), G(a)$ über, daher ist $G(a)\varkappa$ ein Pol von $\mathfrak{a}$.

Unter Benutzung von (ii) zeigt man, daß jede Idealgerade höchstens einen Pol, jeder Idealpunkt höchstens eine Polare hat (vgl. § 6, (xxii)), und zeigt dann:

(iii) *Für jede Kontraktion $\varkappa$ mit Zentrum $G(O)$ gilt: Ist $\mathfrak{a}$, A ein Polare-Pol-Paar, so ist $\mathfrak{a}\varkappa$, $A\varkappa^{-1}$ ein Polare-Pol-Paar, und umgekehrt.*

Wieder ist jedes Paar $g(A), G(A)$ ein Polare-Pol-Paar, im Sinne der Definition, (vgl. § 6, (xxi)) und man sieht dann, daß jeder Idealpunkt A eine Polare hat: Ist $A \notin g(O)$, so gibt es eine Kontraktion $\varkappa$ mit Zentrum $G(O)$, die A in einen eigentlichen Idealpunkt $G(A)$ überführt: $A\varkappa = G(A)$, also $G(A)\varkappa^{-1} = A$; die zugehörige Abbildung $(+)$ führt das Polare-Pol-Paar $g(A), G(A)$ in das Paar $g(A)\varkappa, A$ über, dieses ist nach (iii) ein Polare-Pol-Paar, also $g(A)\varkappa$ eine Polare von A.

Für jede Kontraktion $\varkappa$ mit Zentrum $G(O)$ und die Abbildung π, welche jeder Idealgeraden ihren Pol, jedem Idealpunkt seine Polare zuordnet, gilt dann nach (iii):

$$\varkappa\pi\varkappa = \pi \quad (\text{oder } \varkappa^{\pi} = \varkappa^{-1}).$$

Dies Transformationsgesetz benutzt man, um die Inzidenztreue der Abbildung π zu beweisen, und gelangt so zu dem Resultat, daß π eine Polarität der Idealebene ist, welche den Polaritätskeim fortsetzt.

Literatur. Bachmann [11*]. — Vgl. Tschen [1*], Lingenberg [2*], [6*], Ellers-Sperner [1*], Karzel [2*].

6. Abhängigkeit des Axioms UV2 im Axiomensystem der H-Gruppen (§ 11). In dem Axiomensystem der H-Gruppen (§ 11,1; S. 187) besagt das letzte Axiom (Axiom UV2), daß ein involutorisches Element höchstens zwei Enden angehört. Lingenberg hat in [1*] gezeigt, daß das Axiom UV2 aus der Grundannahme und den übrigen Axiomen T, $\sim$V, UV1 beweisbar ist.

Wir geben hierfür einen kürzeren Beweis, der von E. Salow stammt. In § 11 wird das kritische Axiom UV2 zum ersten Mal für Satz 8 benutzt; wir dürfen daher in unserem Beweis von UV2 den Inhalt von § 11,2 und den Satz 7 aus § 11,3 verwenden. Ein Ende ist ein Büschel, das keine Elemente u, v mit $u \mid v$ enthält. Aus Satz 7 folgt:

Lemma. *Sei A ein Ende, $c \in A$ und $c' \mid c$. Dann ist $J(c)$ das einzige Büschel, das mit A unverbindbar ist und c' enthält. Ist $b \nmid c$, so sind also $A, J(bc')$ verbindbar.* (Lingenberg [1*].)

Beweis. Jedes Büschel, das mit A unverbindbar ist, ist nach Satz 7 ein ordinäres Büschel $J(d)$ mit $d \in A$; wenn es c' enthält, gilt $c' \mid d$. Man hat dann $d, c \in A, J(c')$ und, weil $J(c')$ ordinär ist, $A \neq J(c')$, also $d = c$, $J(d) = J(c)$.

Satz 7*. *Seien A, B verschiedene Enden, sei $c \in A, B$ und $c' | c$. Dann ist $A^{c'} = B$.*

Beweis. Es ist $c' \notin A$, $c' \notin B$. Sei $A = J(bc)$. Dann gilt $b \nmid c$ [also $J(bc') \neq J(c)$] und nach dem Lemma gibt es ein $a \in B, J(bc')$. Sei $c'' := bc'a$. Es ist $a \neq c$ und $B = J(ac)$. [Wäre $a = c$, so wäre $c \in J(bc')$, also $c' \in J(bc) = A$.]

Ist $c'' = c'$, so ist $b^{c'} = a$, also $J(bc)^{c'} = J(ac)$, also $A^{c'} = B$. Wir zeigen nun, daß die Annahme $c'' \neq c'$ auf einen Widerspruch führt.

Es ist auch $c'' \notin B$ [sonst wäre $B = J(c''a) = J(bc')$, also $c' \in B$]; daher gibt es nach Satz 7 ein $s \in B, J(c'')$. Sei nun $c'' \neq c'$. Dann ist $s \notin A$ [sonst wäre $s = c$, also $c | c''$, also $c'', c' \in J(bc'), J(c)$, also $J(bc') = J(c)$]; daher gibt es nach Satz 7 ein $a'' \in A, J(s)$. Wegen $b, a'', c \in A$ ist $a' := ba''c \in A$. Es gilt $a' \nmid c$ [wegen $a', c \in A$]. Wegen $c \in B$ und $c' | c$ und $a' \nmid c$ gibt es nach dem Lemma ein $b' \in B, J(a'c')$. Wegen $c, b', a \in B$ ist $b'' := cb'a \in B$. Wie im Beweis des Satzes von der isogonalen Verwandtschaft (§ 1,5, Satz 9) ist

$$a''b''c'' = ba'c \cdot cb'a \cdot ac'b = (a'b'c')^b \text{ involutorisch.}$$

Wegen $a'', c'' | s$ und $a'' \neq c''$ ist $J(a''c'') = J(s)$ [wäre $a'' = c''$, also $ba'c = bc'a$, so wäre $ac = c'a'$, also $c' \in J(ac) = B$]. Folglich gilt $b'' \in J(s)$, also $b'' | s$; wegen $b'', s \in B$ ist dies ein Widerspruch.

Satz 7**. *Ein involutorisches Element gehört höchstens zwei Enden an.*

Beweis. c gehöre einem Ende A an. Es gibt ein c' mit $c' | c$. Jedes von A verschiedene Ende, dem c angehört, ist nach Satz 7* gleich $A^{c'}$.

7. Elliptische Geometrie (Kap. VI). Ergänzungen zu diesem Kapitel enthält die Arbeit H. LÜNEBURG [2*].

8. Zum Begriff „total ganzzahlig-einschließbar" (§ 19,3). Sei K ein formal-reeller Körper. Sei $a \in K$. Unter diesen Voraussetzungen hat W. PEJAS in [2*] bewiesen:

Satz. *Wenn es zu jeder Anordnung von K eine natürliche Zahl m mit*

$$(*) \qquad -m \leqq a \leqq m$$

gibt, so gibt es auch eine natürliche Zahl m, so daß bei allen Anordnungen von K die Ungleichung (*) gilt.

Daher ist die

Definition. a heißt *total ganzzahlig-einschließbar*, wenn a bei jeder Anordnung von K ganzzahlig-einschließbar ist,

mit der in § 19,3 verwendeten, weniger natürlichen Definition äquivalent. Bezeichnet $R_\omega(K)$ den Ring der bei der Anordnung ω ganzzahlig-einschließbaren Elemente von K (S. 292), so ist der Ring der total ganzzahlig-einschließbaren Elemente von K der Durchschnitt aller Ringe $R_\omega(K)$.

Supplement

§ 20. Ergänzungen und Hinweise auf die Literatur

Hauptgegenstand dieses Buches ist

die ebene absolute Geometrie

mit ihren drei klassischen Hauptfällen, der ebenen euklidischen, hyperbolischen und elliptischen Geometrie.

Ein Anliegen des Buches ist, im Aufbau der ebenen absoluten Geometrie den engen Zusammenhang zur Geltung zu bringen, der zwischen einer Ebene der absoluten Geometrie (einer metrischen Ebene im Sinne von § 2,3) und ihrer Bewegungsgruppe besteht (S. 28), und im Beispiel der ebenen absoluten Geometrie eine gewisse Methode zu entwickeln, die „spiegelungsgeometrische". Dementsprechend gingen wir beim Aufbau der ebenen absoluten Geometrie von einem Axiomensystem aus, das von einer involutorisch erzeugten Gruppe (1) handelt, und in dem die Axiome Aussagen über involutorische Gruppenelemente sind (§ 3,2).

Jede Ebene der absoluten Geometrie ist nach dem Haupt-Theorem in eine projektiv-metrische Ebene einbettbar. Gegenstände des Buches sind auch

die projektiv-metrischen Ebenen

und die Bewegungsgruppen dieser Ebenen, und als ein Mittel zu ihrer algebraischen Darstellung die dreidimensionalen metrischen Vektorräume V über Körpern von Charakteristik $\neq 2$, in denen $\dim \operatorname{Rad} V + \operatorname{Ind} V \leqq 1$ ist[1], und die eigentlich-orthogonalen Gruppen dieser Vektorräume, mit den Spiegelungen an nichtisotropen eindimensionalen Teilräumen als Erzeugendensystem.

Wir formulieren nun in 2 den allgemeinen Gedanken der Geometrie involutorischer Gruppenelemente und gewinnen damit einen Rahmen, in den sich nicht nur die ebene absolute und projektiv-metrische Geometrie, sondern auch Verallgemeinerungen der ebenen absoluten Geometrie einordnen, die wir im folgenden besprechen. Es sind dies:

---

[1] Rad V bezeichnet das Radikal von V (S. 148), Ind V den Wittschen Index von V. Ein Teilraum von V heißt *totalisotrop*, wenn seine sämtlichen Vektoren isotrop sind. Ind V ist nach Definition die maximale Dimension totalisotroper Teilräume von $V/\operatorname{Rad} V$; $\dim \operatorname{Rad} V + \operatorname{Ind} V$ ist die maximale Dimension totalisotroper Teilräume von V.

Die Theorie der Hjelmslev-Gruppen (4, 5),

Die Erweiterung der ebenen absoluten Geometrie um die ebene Minkowskische Geometrie (6),

Die Theorie der S-Gruppen, mit Zusatzaxiomen (7),

Die n-dimensionale absolute Geometrie (9, 10).

Das Interesse an der Geometrie involutorischer Gruppenelemente hat sich, historisch gesehen, auf Grund der beiden ersten, im Jahre 1929 erschienenen Mitteilungen von HJELMSLEVS „Allgemeiner Kongruenzlehre“ [2] entwickelt. Der axiomatische Ansatz der Allgemeinen Kongruenzlehre von HJELMSLEV (vgl. S. 26) legt es nahe, die ebene absolute Geometrie dadurch zu verallgemeinern, daß man die Existenz und Eindeutigkeit der Verbindungsgeraden durch die Existenz und Eindeutigkeit der Senkrechten (die Sätze 2 und 3 aus § 3) ersetzt und am Satz von den drei Spiegelungen festhält. Der Begriff der Hjelmslev-Gruppe wurde eingeführt, um die spiegelungsgeometrischen Methoden in dieser Allgemeinheit zu entwickeln. Damit werden insbesondere „metrische Ebenen“ über kommutativen Ringen einbezogen.

In bezug auf die drei klassischen Hauptfälle der ebenen absoluten Geometrie stellt die ebene Minkowskische Geometrie den zur Abrundung fehlenden vierten Typ dar. Projektiv abgeschlossen bilden die Minkowskischen Ebenen den bisher in diesem Buch nicht behandelten vierten Typ von projektiv-metrischen Ebenen (ihnen entsprechen die dreidimensionalen metrischen Vektorräume V mit $\dim \operatorname{Rad} V=1$, $\operatorname{Ind} V=1$).

S-Gruppen sind involutorisch erzeugte Gruppen, in denen der Transitivitätssatz gilt (§ 4,4 und 5) und jedes involutorische Dreierprodukt von Erzeugenden im Erzeugendensystem liegt. Diesen Forderungen genügen sowohl die Bewegungsgruppen der Ebenen der absoluten Geometrie als auch die Bewegungsgruppen aller vier Typen von projektiv-metrischen Ebenen. Werden die Erzeugenden als Geraden bezeichnet, so gilt in jeder S-Gruppe für die gemäß § 4,5 definierten Geradenbüschel, daß zwei verschiedene Geradenbüschel höchstens eine Verbindung haben (§ 4, Satz 10). Als Zusatzaxiome werden etwa Aussagen über die Existenz von Verbindungen verwendet.

Die n-dimensionale absolute Geometrie wird so definiert, daß sich im Fall $n=2$ unsere ebene absolute Geometrie ergibt.

Weitere Themen des Supplements sind:

Orthogonale Gruppen als involutorisch erzeugte Gruppen (8, 11),

Kinematische Räume, insbesondere der vier Typen von projektiv-metrischen Ebenen (12),

Modelle der absoluten Geometrie (13, 14),

Der Satz von der dritten Quasispiegelung (15).

In 13 behandeln wir die Frage nach allen Modellen des Axiomensystems, das aus den Axiomen der Inzidenz in der Ebene, der Anordnung und der Kongruenz aus HILBERTS „Grundlagen der Geometrie" besteht (vgl. S. 25f.).

Der letzte Abschnitt (15) führt aus dem Rahmen der Geometrie involutorisch erzeugter Gruppen heraus; er handelt von erzeugten Gruppen, in denen das Erzeugendensystem nicht mehr notwendig nur aus involutorischen Elementen besteht, etwa unitären Gruppen mit ihren Quasispiegelungen und Transvektionen als Erzeugendensystem.

1. Involutorisch erzeugte Gruppen. Das allgemeine Thema „Geometrie und Gruppen" ist in diesem Buch dadurch spezialisiert, daß die behandelten Gruppen aus involutorischen Elementen erzeugbar sind.

Ein Paar $(\mathfrak{G}, \mathfrak{S})$, bestehend aus einer Gruppe $\mathfrak{G}$ und einem Erzeugendensystem $\mathfrak{S}$ von $\mathfrak{G}$, nennen wir eine *erzeugte Gruppe* (S. 34) und, wenn $\mathfrak{S}$ aus involutorischen Elementen besteht, eine *involutorisch erzeugte Gruppe*.

Ist $\mathfrak{S}$ eine Teilmenge einer Gruppe, so bezeichnen wir die Menge aller Produkte von n Elementen aus $\mathfrak{S}$ mit $\mathfrak{S}^n$ $(n=1,2,\ldots)$.

Sei nun $(\mathfrak{G}, \mathfrak{S})$ eine involutorisch erzeugte Gruppe. Dann ist $\mathfrak{G}=\{1\} \cup \mathfrak{S} \cup \mathfrak{S}^2 \cup \mathfrak{S}^3 \cup \ldots$; trivialerweise gilt $\mathfrak{S} \subseteq \mathfrak{S}^3 \subseteq \mathfrak{S}^5 \subseteq \ldots$, $\mathfrak{S}^2 \subseteq \mathfrak{S}^4 \subseteq \mathfrak{S}^6 \subseteq \ldots$ und, wenn $\mathfrak{S} \neq \emptyset$ ist, auch $\{1\} \subseteq \mathfrak{S}^2$.

$\mathfrak{G}_{ger} := \{1\} \cup \mathfrak{S}^2 \cup \mathfrak{S}^4 \cup \ldots$ ist eine Untergruppe von $\mathfrak{G}$. Ist $\mathfrak{S} \neq \emptyset$ und setzt man $\mathfrak{G}_{ung} := \mathfrak{S} \cup \mathfrak{S}^3 \cup \mathfrak{S}^5 \cup \ldots$, so gilt (§ 3,8):

Ist $1 \notin \mathfrak{G}_{ung}$, so ist $\mathfrak{G}_{ger}$ eine Untergruppe vom Index 2 in $\mathfrak{G}$ und $\mathfrak{G}_{ung}$ die Nebenklasse. Ist $1 \in \mathfrak{G}_{ung}$, so ist $\mathfrak{G}=\mathfrak{G}_{ger}=\mathfrak{G}_{ung}$.

Für eine involutorisch erzeugte Gruppe ist die Frage von Interesse, welche Produkte von Elementen aus $\mathfrak{S}$ verkürzbar sind, insbesondere die Frage: Gibt es eine natürliche Zahl m, so daß jedes Element aus $\mathfrak{G}$ als Produkt von höchstens m Elementen aus $\mathfrak{S}$ darstellbar ist? Sei $\mathfrak{S} \neq \emptyset$. Wenn für ein n die Inklusion $\mathfrak{S}^{n+2} \subseteq \mathfrak{S}^n$ gilt, ist $\mathfrak{G}=\mathfrak{S}^n \cup \mathfrak{S}^{n+1}$, also jedes Element aus $\mathfrak{G}$ als Produkt von höchstens $n+1$ Elementen aus $\mathfrak{S}$ darstellbar. Auf den Fall $n=1$ gehen wir in Beispiel 1 ein.

Unter den *erzeugten Untergruppen* einer involutorisch erzeugten Gruppe $(\mathfrak{G}, \mathfrak{S})$ verstehen wie die Paare $(\mathfrak{G}', \mathfrak{S}')$ mit $\mathfrak{S}' \subseteq \mathfrak{S}$ und $\mathfrak{G}'=\langle\mathfrak{S}'\rangle$.

Beispiel 1: Diedergruppen. In Verallgemeinerung der in der Gruppentheorie üblichen Definition nennen wir zunächst eine Gruppe $\mathfrak{G}$ eine *Diedergruppe*, wenn $\mathfrak{G}$ ein aus involutorischen Elementen bestehendes Erzeugendensystem $\mathfrak{S}$ besitzt, für das

1) $\mathfrak{S} \neq \emptyset$, 2) $\mathfrak{S}^3 \subseteq \mathfrak{S}$

gilt; jedes aus involutorischen Elementen bestehende Erzeugendensystem $\mathfrak{S}$ von $\mathfrak{G}$, für das 1) und 2) gelten, nennen wir ein *ausgezeichnetes Erzeugendensystem* von $\mathfrak{G}$. Ist $\mathfrak{G}$ eine Diedergruppe und $\mathfrak{S}$ ein ausgezeichnetes Erzeugendensystem von $\mathfrak{G}$, so ist $\mathfrak{S}^2$ eine abelsche Untergruppe vom Index 2 in $\mathfrak{G}$ und $\mathfrak{S}$ die Nebenklasse: $\mathfrak{G}=\mathfrak{S}\cup\mathfrak{S}^2$. Auch $\mathfrak{S}^2$ kann involutorische Elemente enthalten; sie liegen dann im Zentrum von $\mathfrak{G}$. Zu jeder abelschen Gruppe $\mathfrak{A}$ gibt es eine Diedergruppe $\mathfrak{G}$ und ein ausgezeichnetes Erzeugendensystem $\mathfrak{S}$ von $\mathfrak{G}$, so daß $\mathfrak{A}=\mathfrak{S}^2$ ist (vgl. etwa Bachmann-Boczeck [1*]).

Eine involutorisch erzeugte Gruppe $(\mathfrak{G}, \mathfrak{S})$ nennen wir eine *Diedergruppe*, wenn für sie 1) und 2) gelten, wenn also $\mathfrak{G}$ Diedergruppe in dem angegebenen allgemeinen Sinne und $\mathfrak{S}$ ein ausgezeichnetes Erzeugendensystem von $\mathfrak{G}$ ist.

Beispiel 2. Sind $(\mathfrak{G}_1, \mathfrak{S}_1)$, $(\mathfrak{G}_2, \mathfrak{S}_2)$ involutorisch erzeugte Gruppen, so ist

$$(\mathfrak{G}_1\otimes\mathfrak{G}_2, \mathfrak{S}_1\circ\mathfrak{S}_2) \quad \text{mit} \quad \mathfrak{S}_1\circ\mathfrak{S}_2 := (\mathfrak{S}_1\times\{1\})\cup(\{1\}\times\mathfrak{S}_2)$$

eine involutorisch erzeugte Gruppe, die auch als *direktes Produkt* der beiden gegebenen bezeichnet wird.

Beispiel 3. Sei $(\mathfrak{G}, \mathfrak{S})$ eine involutorisch erzeugte Gruppe mit $\mathfrak{S}\neq\emptyset$ und $1\notin\mathfrak{G}_{\text{ung}}$ und sei $\mathfrak{D}$ eine abelsche Gruppe. Ferner sei φ der Homomorphismus von $\mathfrak{G}$ in die Automorphismengruppe von $\mathfrak{D}$, der jedem Element aus $\mathfrak{G}_{\text{ger}}$ den identischen Automorphismus von $\mathfrak{D}$, jedem Element aus $\mathfrak{G}_{\text{ung}}$ den Automorphismus von $\mathfrak{D}$ zuordnet, der jedes Element aus $\mathfrak{D}$ auf sein Inverses abbildet, und $\mathfrak{G}\underset{\varphi}{\times}\mathfrak{D}$ das damit definierte halbdirekte Produkt. Dann ist

$$(\mathfrak{G}^*, \mathfrak{S}^*) \quad \text{mit} \quad \mathfrak{G}^* := \mathfrak{G}\underset{\varphi}{\times}\mathfrak{D} \quad \text{und} \quad \mathfrak{S}^* := \{(s, \delta): s\in\mathfrak{S}, \delta\in\mathfrak{D}\}$$

eine involutorisch erzeugte Gruppe mit $(1, 1)\notin\mathfrak{G}^*_{\text{ung}}$.

2. Geometrie involutorischer Gruppenelemente. Den Gedanken einer Geometrie involutorischer Gruppenelemente, der wohl zuerst von Thomsen ([1]—[3]) ausgesprochen wurde und verschiedener Modifikationen fähig ist, wollen wir wie folgt formulieren:

Sei $(\mathfrak{G}, \mathfrak{S}, \mathfrak{P})$ ein Tripel, bestehend aus einer Gruppe $\mathfrak{G}$ und zwei Mengen $\mathfrak{S}$, $\mathfrak{P}$ von involutorischen Elementen von $\mathfrak{G}$, die zusammen $\mathfrak{G}$ erzeugen und invariant unter inneren Automorphismen von $\mathfrak{G}$ sind. Man nenne die Elemente $a, b, \ldots$ aus $\mathfrak{S}$ *Geraden*[1], die Elemente $A, B, \ldots$ aus $\mathfrak{P}$ *Punkte*, das Transformieren mit $a\in\mathfrak{S}$, also die Abbildung

$$x\to x^a, \qquad X\to X^a$$

[1] Statt von Geraden kann man allgemeiner von Hyperebenen sprechen.

die *Spiegelung an der Geraden a*, entsprechend das Transformieren der Geraden und Punkte mit $A \in \mathfrak{P}$ die *Spiegelung an dem Punkt A*, allgemein das Transformieren der Geraden und Punkte mit $\alpha \in \mathfrak{G}$ die durch α induzierte *Bewegung*. Jede Bewegung ist ein Produkt von Spiegelungen an Geraden und Punkten; die Bewegungen bilden eine Gruppe, die zur Gruppe der inneren Automorphismen von $\mathfrak{G}$ isomorph ist.

Die Spiegelung an der Geraden a ist involutorisch oder, wenn a im Zentrum von $\mathfrak{G}$ liegt, die Identität. Das gleiche gilt für die Spiegelung am Punkt A. Ist das Zentrum von $\mathfrak{G}$ gleich $\{1\}$, so entsprechen sich Geraden und Geradenspiegelungen, Punkte und Punktspiegelungen eineindeutig.

Es sei zugelassen, daß $\mathfrak{S} \cap \mathfrak{P} \neq \emptyset$, also eine Gerade a gleich einem Punkt A ist; a, A mögen dann zueinander *polar* heißen, es ist dann die Spiegelung an der Geraden a gleich der Spiegelung an dem Punkt A. Eine Gerade b heiße *senkrecht* zu einer Geraden a, wenn b eine von a verschiedene Fixgerade der Spiegelung an a ist; eine Gerade b heiße *inzident* mit einem Punkt A, wenn b eine Fixgerade der Spiegelung an A und nicht polar zu A ist. Das Senkrechtstehen von a, b ist dann äquivalent mit $a|b$, das Inzidieren von A, b äquivalent mit $A|b$. [Zur Definition der Strichrelation vgl. § 3,1.]

Ist $abc = d$, so ist die Aufeinanderfolge der Spiegelungen an a, an b, an c gleich der Spiegelung an d, und d wird die *vierte Spiegelungsgerade zu a, b, c* genannt.

Damit ist dem Tripel $(\mathfrak{G}, \mathfrak{S}, \mathfrak{P})$ eine geometrische Struktur zugeordnet; die Spiegelungen, allgemein die Bewegungen sind Automorphismen der Struktur.

Wir stellen die Definitionen, durch die dem Tripel $(\mathfrak{G}, \mathfrak{S}, \mathfrak{P})$ eine geometrische Struktur zugeordnet wurde, in einem Wörterbuch zusammen:

Elemente aus $\mathfrak{S}$	Geraden (bezeichnet mit $a, b, \ldots$)
$a\|b$	a, b sind senkrecht
$abc = d$	d ist vierte Spiegelungsgerade zu a, b, c
Elemente aus $\mathfrak{P}$	Punkte (bezeichnet mit $A, B, \ldots$)
$A\|b$	A, b sind inzident
$a = A$	a, A sind polar
$x \to x^a,\ X \to X^a$	Spiegelung an der Geraden a
$x \to x^A,\ X \to X^A$	Spiegelung an dem Punkt A
$x \to x^\alpha,\ X \to X^\alpha$	durch α induzierte Bewegung ($\alpha \in \mathfrak{G}$).

Auf Grund der Definitionen gilt zum Beispiel: Die Fixgeraden der Spiegelung an der Geraden a sind a und die Senkrechten von a; die Fixpunkte der Spiegelung an a sind die mit a inzidenten Punkte und, wenn es einen zu a polaren Punkt gibt, dieser dann eindeutig bestimmte Pol von a. Wenn der Pol von a existiert, inzidiert er mit allen Senkrechten von a und mit keiner weiteren Geraden.

Speziell kann eine involutorisch erzeugte Gruppe $(\mathfrak{G}, \mathfrak{S})$ mit invariantem Erzeugendensystem gegeben und $\mathfrak{P}$ durch $\mathfrak{G}$ und $\mathfrak{S}$ definiert sein; ist insbesondere $\mathfrak{P}$ die Menge der involutorischen Elemente aus $\mathfrak{S}^2$, so nennen wir die dem Tripel $(\mathfrak{G}, \mathfrak{S}, \mathfrak{P})$ zugeordnete geometrische Struktur wie in § 3,3 die *Gruppenebene von* $(\mathfrak{G}, \mathfrak{S})$.

Geometrie der Diedergruppen. Als ein einfaches Beispiel für die Geometrie involutorischer Gruppenelemente betrachten wir den Fall, daß $\mathfrak{S} = \emptyset$ und $(\mathfrak{G}, \mathfrak{P})$ eine Diedergruppe ist. Die durch Elemente der abelschen Gruppe $\mathfrak{P}^2$ induzierten Bewegungen seien *Translationen* genannt; jede Bewegung ist eine Punktspiegelung oder eine Translation. Ist $AB = DC$, also $ABCD = 1$, so nennen wir A, B und D, C *parallelgleich* und A, B, C, D ein *Parallelogramm*. Zu A, B, C gibt es stets ein D mit $ABC = D$, den vierten Spiegelungspunkt zu A, B, C, der nun auch der *vierte Parallelogrammpunkt zu* A, B, C genannt wird. Ist $A^M = B$, so heiße M ein *Mittelpunkt* von A, B.

1. *Aus* $ABCD = 1$ *und* $A^M = C$ *folgt* $B^M = D$,

geometrisch gesprochen: Ist A, B, C, D ein Parallelogramm und M Mittelpunkt von A, C, so ist M auch Mittelpunkt von B, D.

Beweis. Nach Voraussetzung ist $ABMAMD = 1$. Weil $ABM = MBA$ ist, folgt $MBAAMD = 1$, also $MBMD = 1$, also $B^M = D$.

2. *Sei* $A_1, A_2, \ldots, A_6$ *ein Sechseck und* $B_1 := A_1A_2A_3$, $B_2 := A_2A_3A_4, \ldots,$ $B_6 := A_6A_1A_2$. *Dann ist* $B_1B_4 = B_3B_6 = B_5B_2$.

Der Satz besagt: Bildet man bei einem Sechseck zu je drei konsekutiven Ecken den vierten Parallelogrammpunkt, so erhält man drei parallelgleiche Punktepaare, — die sechs vierten Parallelogrammpunkte bilden ein „Prisma“.

Beweis. Jedes der Produkte B_1B_4, B_3B_6, B_5B_2 ist gleich $A_1A_2A_3A_4A_5A_6$. Für B_1B_4 ergibt sich dies unmittelbar, für B_3B_6 und B_5B_2 mit Benutzung der Kommutativität von $\mathfrak{P}^2$.

3. *Nach Wahl eines Punktes* O *ist* $\mathfrak{P}$ *hinsichtlich der durch* $A + B := AOB$ *definierten Addition eine abelsche Gruppe mit* O *als Nullelement*; $A \to OA$ *ist ein Isomorphismus von* $\mathfrak{P}, +$ *auf* $\mathfrak{P}^2, \cdot$.

$B_1, B_2, \ldots, B_n$ heiße ein *umbeschriebenes n-Eck* zu $A_1, A_2, \ldots, A_n$, wenn $B_1^{A_1} = B_2$, $B_2^{A_2} = B_3, \ldots, B_n^{A_n} = B_1$ ist.

4. *Zu jedem n-Eck* $A_1, A_2, \ldots, A_n$ *mit ungeradem n gibt es ein umbeschriebenes n-Eck, nämlich* $A_1A_2 \ldots A_n$, $A_2 \ldots A_nA_1, \ldots, A_nA_1 \ldots A_{n-1}$.

Die Diedergruppe $(\mathfrak{G}, \mathfrak{P})$ habe nun die Eigenschaft, daß $\mathfrak{P}^2$ kein involutorisches Element enthält. Dann gilt: A ist der einzige Fixpunkt der

Spiegelung an A; zwei Punkte haben höchstens einen Mittelpunkt; wenn die durch ein $\alpha \in \mathfrak{P}^2$ induzierte Translation einen Fixpunkt hat, ist $\alpha = 1$.

5. *Aus* $B_1^{A_1} = B_2$, $B_2^{A_2} = B_3$, $B_3^{A_3} = B_4$, $B_4^{A_4} = B_1$ *folgt* $A_1 A_2 A_3 A_4 = 1$.

Dies ist der, etwa in der euklidischen Geometrie wohlbekannte Satz: In jedem Viereck bilden die Mittelpunkte der „Seiten" (konsekutiver Ecken) ein Parallelogramm, oder auch: Jedes Viereck, zu dem es ein umbeschriebenes gibt, ist ein Parallelogramm.

Beweis. Es ist $A_1 A_2 A_3 A_4 \in \mathfrak{P}^2$. Nach Voraussetzung ist $B_1^{A_1 A_2 A_3 A_4} = B_1$, die durch $A_1 A_2 A_3 A_4$ induzierte Translation hat also einen Fixpunkt. Daher ist $A_1 A_2 A_3 A_4 = 1$.

Die vorstehenden Sätze, die sich leicht vermehren lassen, bilden eine Ergänzung zu den von Punkten und Produkten von Punkten handelnden Sätzen aus § 1,5.

Struktur der Geraden und Geradenbüschel. Sei $(\mathfrak{G}, \mathfrak{S})$ eine involutorisch erzeugte Gruppe und $\mathfrak{S}$ invariant in $\mathfrak{G}$. Wie in § 4,5 sei für $ab \neq 1$ ein *Geradenbüschel* $\mathsf{G}(ab)$ definiert durch $\mathsf{G}(ab) := \{c: abc \in \mathfrak{S}\}$; für jedes $\alpha \in \mathfrak{G}$ ist $\mathsf{G}(ab)^\alpha = \mathsf{G}(a^\alpha b^\alpha)$ ein Geradenbüschel. Wir nehmen an, daß die dreistellige Relation $abc \in \mathfrak{S}$, die wegen der Invarianz von $\mathfrak{S}$ reflexiv und symmetrisch ist, auch transitiv sei, daß also der Transitivitätssatz (§ 4, Satz 6; vgl. 3) gelte. Jedes Geradenbüschel ist dann ausgezeichnetes Erzeugendensystem einer Diedergruppe (§ 4, Ergänzung zu Satz 7').

Einer involutorisch erzeugten Gruppe $(\mathfrak{G}, \mathfrak{S})$, welche den genannten Bedingungen genügt, ordnen wir ähnlich wie oben eine geometrische Struktur, die *Struktur der Geraden und Geradenbüschel von* $(\mathfrak{G}, \mathfrak{S})$, zu mittels des Wörterbuches:

Elemente von $\mathfrak{S}$	Geraden (bezeichnet mit $a, b, \ldots$)
$a \mid b$	a, b sind senkrecht
$abc \in \mathfrak{S}$	a, b, c liegen im Büschel
$\mathsf{G}(ab)$ mit $ab \neq 1$	Geradenbüschel (bezeichnet mit $\mathsf{G}, \ldots$)
$c \in \mathsf{G}$	c inzidiert mit G
$x \to x^a$, $\mathsf{G} \to \mathsf{G}^a$	Spiegelung an der Geraden a
$x \to x^\alpha$, $\mathsf{G} \to \mathsf{G}^\alpha$	durch α induzierte Bewegung ($\alpha \in \mathfrak{G}$).

In der Struktur der Geraden und Geradenbüschel gelten die Inzidenz-Aussagen: 1. Zu zwei verschiedenen Geraden gibt es ein Geradenbüschel, mit dem sie inzidieren. — 2. Zu zwei verschiedenen Geradenbüscheln gibt es höchstens eine Gerade, die mit beiden Geradenbüscheln inzidiert (§ 4, Satz 10).

Zwei Geradenbüschel, die eine Gerade gemein haben, werden *verbindbar* genannt (S. 66). Ein Geradenbüschel heiße *vollverbindbar*, wenn es mit allen Geradenbüscheln verbindbar ist.

Ein Geradenbüschel, welches zwei zueinander senkrechte Geraden enthält, möge ein *Kreuzbüschel* genannt werden.

Literatur. THOMSEN [1]—[3], BACHMANN [10*]. — Zur Geometrie der Diedergruppen: BACHMANN-BOCZECK [1*] (vgl. auch BACHMANN-SCHMIDT [1*]).

3. Axiomensystem der ebenen absoluten Geometrie. Wir wiederholen das Axiomensystem der ebenen absoluten Geometrie aus § 3,2, auf das wir uns im folgenden mehrfach beziehen.

Grundannahme. *Sei* $(\mathfrak{G}, \mathfrak{S})$ *eine involutorisch erzeugte Gruppe;* $\mathfrak{S}$ *sei invariant in* $\mathfrak{G}$.

Sei $\mathfrak{P}$ die Menge der involutorischen Elemente aus $\mathfrak{S}^2$. Elemente aus $\mathfrak{S}$ werden mit $a, b, c, \ldots$, Elemente aus $\mathfrak{P}$ mit $A, B, C, \ldots$ bezeichnet.

Axiom 1. *Zu* A, B *gibt es ein* c *mit* $A, B \mid c$.

Axiom 2. *Aus* $A, B \mid c, d$ *folgt* $A = B$ *oder* $c = d$.

Axiom 3. *Aus* $a, b, c \mid E$ *folgt* $abc \in \mathfrak{S}$.

Axiom 4. *Aus* $a, b, c \mid e$ *folgt* $abc \in \mathfrak{S}$.

Axiom D. *Es gibt* g, h, j *derart, daß* $g \mid h$ *und weder* $j \mid g$ *noch* $j \mid h$ *noch* $j \mid gh$ *gilt.*

Die involutorisch erzeugten Gruppen, die diesem Axiomensystem genügen, werden (nach dem Titel unseres Buches) kurz als *AGS-Gruppen* bezeichnet.

In der Gruppenebene einer *AGS*-Gruppe gilt auf Grund der Axiome: Je zwei Punkte haben eine Verbindungsgerade (Axiom 1); zwei verschiedene Punkte haben höchstens eine Verbindungsgerade (Axiom 2)[1]; zu drei Geraden, die einen Punkt oder ein Lot gemein haben, gibt es eine vierte Spiegelungsgerade (Axiom 3, Axiom 4); es gibt zwei zueinander senkrechte Geraden g, h und eine dritte Gerade, die weder zu g noch zu h senkrecht ist und nicht mit dem Punkt gh inzidiert (Axiom D).

Von den Sätzen, die in allen *AGS*-Gruppen gelten, heben wir die folgenden hervor, die in Verallgemeinerungen der ebenen absoluten Geometrie als Axiome verwendet werden:

Zu A, b gibt es ein c mit $A, b \mid c$ (Existenz der Senkrechten; § 3, Satz 2). — Aus $A \neq b$ und $A, b \mid c, d$ folgt $c = d$ (Eindeutigkeit der Senkrechten; § 3, Satz 3). — Aus $a \neq b$ und $abc, abd \in \mathfrak{S}$ folgt $acd \in \mathfrak{S}$ (Transitivitätssatz; § 4, Satz 6). — Aus $a \neq b$ und $abx, aby, abz \in \mathfrak{S}$ folgt $xyz \in \mathfrak{S}$ (Allgemeiner Satz von den drei Spiegelungen; § 4, Satz 7).

Der Transitivitätssatz und der allgemeine Satz von den drei Spiegelungen sind unter Voraussetzung der Grundannahme äquivalent (§ 4,5).

4. Kleine Axiome, Axiomensystem des Senkrechtstehens, Hjelmslev-Gruppen. Beim axiomatischen Aufbau der ebenen absoluten Geometrie

[1] Ein Quadrupel A, B, c, d mit $A, B \mid c, d$ und $A \neq B$ und $c \neq d$ nennen wir eine *Doppelinzidenz*. Axiom 2 besagt: Es gibt keine Doppelinzidenz.

in Kapitel II wurden bereits für die ersten Folgerungen des Axiomensystems (§ 3,4) die Grundannahme und alle Axiome aus § 3,2 benutzt. Im Hinblick auf Verallgemeinerungen der ebenen absoluten Geometrie ist es aber von Interesse, daß eine Reihe von Sätzen der ebenen absoluten Geometrie bereits aus schwächeren Axiomen herleitbar sind. Insbesondere weiß man aus HJELMSLEVs Allgemeiner Kongruenzlehre [2], daß der Spiegelungskalkül mit Erfolg auch auf gewisse geometrische Strukturen angewendet werden kann, in denen Doppelinzidenzen oder auch unverbindbare Punkte auftreten (also Axiom 2 oder Axiom 1 verletzt sind), aber Existenz und Eindeutigkeit der Senkrechten gelten (vgl. S. 26).

Wir betrachten nun unter (a)—(d) Abschwächungen des Axiomensystems aus § 3,2 mit der Eigenschaft, daß jedes folgende Axiomensystem das vorangehende impliziert, und geben jeweils einige Folgerungen der Axiomensysteme an. Unverändert gelte die Grundannahme aus § 3,2, die wir in 3 nochmals formuliert haben. Ferner sei stets $\mathfrak{P}$ die Menge der involutorischen Elemente aus $\mathfrak{S}^2$.

Es gibt Sätze, die axiomfrei, d.h. in jeder Gruppenebene gelten. Beispiele sind die in 2 gegebene Beschreibung der Fixelemente einer Geradenspiegelung und der Satz von der isogonalen Verwandtschaft (§ 1,5, Satz 9).

(a) Kleine Axiome

Als *kleine Axiome* bezeichnen wir die folgenden Spezialfälle der Axiome 2 und 3:

Kleines Axiom 2. *Aus* $A|b|c$ *folgt* $Abc=1$.

Kleines Axiom 3. *Aus* $A|b$ *folgt* $Ab \in \mathfrak{S}$.

Dabei ist $A|b|c$ eine Abkürzung für die Aussage, daß A, b, c paarweise zueinander in der Strichrelation stehen.

Ein Tripel, bestehend aus einem Punkt und zwei zueinander senkrechten Geraden durch diesen Punkt, nennen wir ein *Kreuz*. $A|b|c$ bedeutet, daß A, b, c ein Kreuz ist, und das kleine Axiom 2 besagt: Ist A, b, c ein Kreuz, so ist $\{1, A, b, c\}$ eine KLEINsche Vierergruppe.

Folgerungen des *Kleinen Axiomensystems*, d.h. der Grundannahme und der kleinen Axiome sind:

1. Satz vom Orthogonalenschnitt (§ 3, Satz 1). — 2. Satz von der errichteten Senkrechten. Gilt $A|b$, so gibt es genau eine im Punkte A auf der Geraden b errichtete Senkrechte, nämlich die Gerade Ab (§ 3, Satz 4). — 3. Satz vom Polardreiseit (§ 3, Satz 5). — 4. Die Ergänzungen zu Axiom 3 und Axiom 4 (§ 3, Satz 7 und 9).

(b) Axiomensystem des Senkrechtstehens

Wir führen die Sätze von der Existenz und Eindeutigkeit der Senkrechten (§ 3, Satz 2 und 3) als Axiome ein:

Axiom 1*. *Zu A, b gibt es ein c mit $A, b \mid c$,*

Axiom 2*. *Aus $A \neq b$ und $A, b \mid c, d$ folgt $c = d$,*

ferner die folgende Abschwächung des Axioms D:

Axiom X. *Es gibt g, h mit $g \mid h$.*

Das Axiomensystem, das aus der Grundannahme und

Axiom 1*, Axiom 2*, dem kleinen Axiom 3, Axiom 4, Axiom X

besteht, nennen wir das *Axiomensystem des Senkrechtstehens.*

Zu einem Punkt A und einer Geraden b gibt es nach Axiom 1* eine Gerade durch A, die zu b senkrecht ist; wenn A, b nicht zueinander polar sind, ist die Senkrechte durch A zu b nach Axiom 2* eindeutig bestimmt und wird mit (A, b) bezeichnet (S. 38).

Folgerungen des Axiomensystems des Senkrechtstehens sind:

1. Satz über Äquivalente von Axiom P. Es sind untereinander äquivalent. 1) Axiom P, 2) $\mathfrak{S} \cap \mathfrak{P} \neq \emptyset$, 3) $\mathfrak{S} = \mathfrak{P}$, 4) Es gibt Punkte A, B mit $A \mid B$ (vgl. § 3,8). — 2. Für jede Gerade a sind die folgenden Mengen ausgezeichnete Erzeugendensysteme von Diedergruppen: 1) $S(a) := \{c : c \mid a\}$, die Menge der zu a senkrechten Geraden, 2) $P(a) := \{C : C \mid a\}$, die Menge der mit a inzidenten Punkte, 3) $S(a) \cup P(a)$. Es ist $S(a)^2 = P(a)^2$. — 3. Satz von der Achse. Aus $Ab = A'b' \neq 1$ folgt $(A, b) = (A', b')$. — 4. Die gemischten Dreispiegelungssätze und ihre Umkehrungen (§ 3, Satz 11 und 12). — 5. Lotensatz (§ 3, Satz 13). — 6. Höhensatz (§ 4, Satz 3). — 7. Satz über die Fixelemente einer Gleitspiegelung. Die durch ein Produkt $Ab \neq 1$ induzierte Gleitspiegelung läßt stets die Gleitspiegelungsachse (A, b) fest und auch ihren Pol, sofern er existiert; wenn die Gleitspiegelung eine von der Achse (A, b) verschiedene Fixgerade oder einen von ihrem Pol verschiedenen Fixpunkt besitzt, ist $Ab = (A, b)$, also die Gleitspiegelung die Spiegelung an der Gleitspiegelungsachse, mit den bekannten Fixelementen. — 8. Es gelte Axiom ~P. Dann haben zwei Punkte A, B höchstens einen Mittelpunkt; ein Mittelpunkt von A, B liegt auf jeder Verbindungsgeraden von A, B; die durch ein Produkt AB induzierte „Translation" hat nur dann einen Fixpunkt, wenn $AB = 1$ ist.

(c) Hjelmslev-Gruppen

Eine involutorisch erzeugte Gruppe $(\mathfrak{G}, \mathfrak{S})$ nennen wir eine *Hjelmslev-Gruppe,* wenn für sie die folgenden Axiome gelten:

Axiom 1*, Axiom 2*, Axiom 3, Axiom 4, Axiom X.

Das Axiomensystem der Hjelmslev-Gruppen entsteht also aus dem Axiomensystem der ebenen absoluten Geometrie (§ 3,2) im wesentlichen dadurch, daß die Existenz und Eindeutigkeit der Verbindungsgeraden durch die Existenz und Eindeutigkeit der Senkrechten ersetzt werden; ferner wird statt des Axioms D nur das schwächere Axiom X gefordert. Die in der Grundannahme aus § 3,2 enthaltene Invarianz von $\mathfrak{S}$ in $\mathfrak{G}$ ist in Hjelmslev-Gruppen beweisbar.

In einer Hjelmslev-Gruppe gilt für jeden Punkt A: $S(A) := \{c: c|A\}$, die Menge der Geraden durch A, ist ausgezeichnetes Erzeugendensystem einer Diedergruppe.

Wir geben einfache Beispiele von Hjelmslev-Gruppen an:

Eine Hjelmslev-Gruppe mit genau einem Punkt wird ein *Stern* genannt; alle Geraden inzidieren dann mit diesem Punkt. Die Sterne sind die Diedergruppen $(\mathfrak{G}, \mathfrak{S})$ mit der Eigenschaft, daß die abelsche Gruppe $\mathfrak{S}^2$ genau ein involutorisches Element enthält.

Eine Hjelmslev-Gruppe wird ein *Gitter* genannt, wenn in ihr Axiom $\sim$P gilt und wenn durch jeden Punkt genau zwei Geraden gehen (die dann notwendig zueinander senkrecht sind). Die Gitter sind die direkten Produkte von zwei Diedergruppen $(\mathfrak{G}_i, \mathfrak{S}_i)$ mit der Eigenschaft, daß $\mathfrak{S}_i^2$ kein involutorisches Element enthält $(i=1, 2)$. Ein Gitter wird *ausgeartet* genannt, wenn $\mathfrak{S}_1$ oder $\mathfrak{S}_2$ einelementig ist.

Unter dem Zentrum einer erzeugten Gruppe $(\mathfrak{G}, \mathfrak{S})$ wird das Zentrum von $\mathfrak{G}$ verstanden. Enthält das Zentrum einer Hjelmslev-Gruppe einen Punkt oder eine Gerade, so ist die Geradenmenge $\mathfrak{S}$ die Menge der Fixgeraden einer Spiegelung. Die Hjelmslev-Gruppen mit Axiom $\sim$P, deren Zentrum einen Punkt enthält, sind die Sterne. Die Hjelmslev-Gruppen mit Axiom $\sim$P, deren Zentrum eine Gerade enthält, sind die ausgearteten Gitter. Eine Hjelmslev-Gruppe mit Axiom P, deren Zentrum ein Element aus $\mathfrak{S}=\mathfrak{P}$ enthält, wird ein *Polarstern* genannt; die Polarsterne entstehen aus den Diedergruppen $(\mathfrak{G}, \mathfrak{S})$ mit genau einem involutorischen Element in $\mathfrak{S}^2$ dadurch, daß dies involutorische Element zum Erzeugendensystem hinzugenommen wird.

Wir nennen nun einige Sätze, die in Hjelmslev-Gruppen gelten:

1. Schwacher Reduktionssatz. $\mathfrak{S}^5 \subseteq \mathfrak{S}^3$, $\mathfrak{G}_{\text{ger}} = \mathfrak{S}^4 = \mathfrak{S}\mathfrak{P}\mathfrak{S}$, $\mathfrak{G}_{\text{ung}} = \mathfrak{S}^3 = \mathfrak{P}\mathfrak{S}$. Der Reduktionssatz § 3, Satz 16 gilt in einer Hjelmslev-Gruppe genau dann, wenn je zwei Punkte wenigstens eine Verbindungsgerade haben. — 2. Jedes involutorische Gruppenelement ist ein Punkt oder eine Gerade (§ 3, Satz 17). — 3. Der Zentralisator $C(A)$ eines Punktes A ist die Diedergruppe $\langle S(A)\rangle$. Der Zentralisator $C(a)$ einer Geraden a ist die Diedergruppe $\langle S(a) \cup P(a)\rangle$. — 4. Zwei Punkte sind genau dann ineinander beweglich, wenn sie einen Mittelpunkt haben. — 5. Darstellungssatz. Für jeden Punkt O ist $\mathfrak{G} = C(O)\mathfrak{P}$; gilt Axiom $\sim$P, so ist die Darstellung eines Elements $\alpha \in \mathfrak{G}$ in der Form $\alpha = \alpha_0 A$ mit $\alpha_0 \in C(O)$, $A \in \mathfrak{P}$ eindeutig. — 6. Das Zentrum jeder Hjelmslev-Gruppe,

die weder ein Stern noch ein ausgeartetes Gitter noch ein Polarstern ist, ist $\{1\}$. — 7. In jeder Hjelmslev-Gruppe, die weder ein Stern noch ein Gitter noch ein Polarstern ist, gilt Axiom D; jede Hjelmslev-Gruppe, in der Axiom D gilt, hat Zentrum $\{1\}$ (vgl. § 3, Satz 18).

(d) Hjelmslev-Gruppen ohne Doppelinzidenzen

Die Hjelmslev-Gruppen, in denen statt des Axioms 2* von der Eindeutigkeit der Senkrechten das schärfere Axiom 2 von der Eindeutigkeit der Verbindungsgeraden gilt, nennen wir *Hjelmslev-Gruppen ohne Doppelinzidenzen*. Es sind die involutorisch erzeugten Gruppen $(\mathfrak{G}, \mathfrak{S})$, welche den folgenden Axiomen genügen:

Axiom 1*, Axiom 2, Axiom 3, Axiom 4, Axiom X.

In Hjelmslev-Gruppen ohne Doppelinzidenzen gelten:

1. Die Umkehrungen von Axiom 3 und Axiom 4 (§ 3, Satz 8 und 10). — 2. Der Transitivitätssatz (§ 4, Satz 6) und seine in § 4 angegebenen Folgerungen, die Sätze 7—10 aus § 4, das Lemma von den neun Geraden (§ 4, 7), der Gegenpaarungssatz (§ 4, Satz 12). — 3. Satz über die Fixelemente der geraden Bewegungen, unter Voraussetzung von Axiom $\sim$P[1]. Sei $ab \neq 1$. 1) $C^{ab}=C$ ist äquivalent mit $a, b | C$; 2) $c^{ab}=c$ ist, wenn ab involutorisch (ein Punkt) ist, äquivalent mit $ab | c$ und, wenn ab nicht involutorisch ist, äquivalent mit $a, b | c$ (§ 3, Satz 27). Sei nun $\alpha \in \mathfrak{G}_{ger}$ und $\alpha \neq 1$. Wenn die durch α induzierte Bewegung einen Fixpunkt oder eine Fixgerade hat, ist α in der Form $\alpha = ab$ darstellbar und a, b haben entweder einen Punkt C oder ein Lot c gemein. Im ersten Fall induziert α eine „Drehung" mit C als einzigem Fixpunkt; wenn die Drehung die Spiegelung an C ist, läßt sie die Geraden durch C (und nur diese) fest und, wenn sie nicht die Spiegelung an C ist, hat sie keine Fixgerade. Im zweiten Fall induziert α eine „Translation"; sie hat keinen Fixpunkt und ihre Fixgeraden sind c und die zu c lotgleichen Geraden[2]. — 4. Sterne, ausgeartete Gitter und Polarsterne sind Hjelmslev-Gruppen ohne Doppelinzidenzen und wieder die einzigen, deren Zentrum $\neq \{1\}$ ist. Eine Hjelmslev-Gruppe ohne Doppelinzidenzen hat genau dann Zentrum $\{1\}$, wenn für sie, an Stelle von Axiom X, das folgende Analogon von Axiom D gilt:

Axiom D$^{\cdot}$. *Es gibt g, h, Q derart, daß $g | h$ und weder $Q | g$ noch $Q | h$ noch $Q | gh$ gilt* (Wolff [3*]).

Literatur. Hjelmslev [2], Bachmann [6*], [8*], [9*], [11*], Wolff [1*], [3*].

[1] Jede ungerade Bewegung ist eine Gleitspiegelung; ihre Fixelemente sind aus (b), 7 bekannt. Gilt Axiom P, so kann jede Bewegung als Gleitspiegelung aufgefaßt werden.

[2] Ist die gegebene Hjelmslev-Gruppe ohne Doppelinzidenzen nicht singulär (vgl. 5), so ist jede Gerade nur zu sich selbst lotgleich und die betrachtete Translation hat genau eine Fixgerade.

5. Nicht-elliptische Hjelmslev-Gruppen. Der Begriff der Hjelmslev-Gruppe wurde eingeführt, um spiegelungsgeometrische Methoden in einer Form zu entwickeln, die auch auf Gruppenebenen anwendbar ist, in denen unverbundene oder mehrfach verbundene Punkte auftreten. Dabei wird am Satz von den drei Spiegelungen (Axiom 3 und 4) und an der Existenz und Eindeutigkeit der Senkrechten (Axiom 1* und 2*) festgehalten. Die Theorie der Hjelmslev-Gruppen umfaßt die ebene absolute Geometrie aus Kapitel II, ist aber, wie unten angegebene Beispiele erkennen lassen, wesentlich allgemeiner; sie umfaßt auch HJELMSLEVs Allgemeine Kongruenzlehre (vgl. S. 26; im Unterschied zu HJELMSLEV fordern wir nicht, daß alle Punkte ineinander beweglich, daß die rechten Winkel halbierbar[1], daß punktgleiche Geraden gleich sind).

Die Gruppenebenen von Hjelmslev-Gruppen werden *Hjelmslev-Ebenen* genannt.

Die Hjelmslev-Gruppen, in denen Axiom P gilt, werden *elliptisch* genannt. Die elliptischen Hjelmslev-Gruppen sind die elliptischen *AGS*-Gruppen [die im Rahmen der ebenen absoluten Geometrie (§ 3,8) definierten und in Kapitel VI ausführlich behandelten „elliptischen Bewegungsgruppen", mit der Menge aller ihrer involutorischen Elemente als Erzeugendensystem] und die Polarsterne. In ihnen gelten Axiom 1 und 2. Im elliptischen Fall ist somit die Theorie der Hjelmslev-Gruppen nicht interessant allgemeiner als die ebene absolute Geometrie. Daher soll jetzt von nicht-elliptischen Hjelmslev-Gruppen die Rede sein, d.h. von Hjelmslev-Gruppen, in denen Axiom $\sim$P gilt. Dies sind auch die Hjelmslev-Gruppen, in denen statt des Axioms 2* die „*Ausnahmslose Eindeutigkeit der Senkrechten*":

Axiom 2**. *Aus* $A, b|c, d$ *folgt* $c=d$

gilt. (HJELMSLEV hat im Grund-Axiomensystem aus [2] die Ausnahmslose Eindeutigkeit der Senkrechten gefordert und nur am Ende der letzten Mitteilung von [2] bemerkt, daß elliptische Ebenen sich einbeziehen ließen.)

Eine Hjelmslev-Gruppe $(\mathfrak{G}, \mathfrak{S})$ heißt *singulär*, wenn für die Elemente von $\mathfrak{S}$ der Rechtseitsatz gilt: Aus $a, b|c$ und $a|d$ folgt $b|d$ (§ 6, Satz 13). Eine äquivalente Forderung ist: Die Punktmenge $\mathfrak{P}$ von $(\mathfrak{G}, \mathfrak{S})$ ist ausgezeichnetes Erzeugendensystem einer Diedergruppe, es gilt $\mathfrak{P}^3 \subseteq \mathfrak{P}$. Singuläre Hjelmslev-Gruppen sind nicht elliptisch.

Bemerkung. In Hjelmslev-Gruppen folgt aus der Existenz eines Rechtseits nicht der Rechtseitsatz. Vielmehr enthält jede Hjelmslev-Gruppe, in der es Geraden gibt, die sich mehrfach schneiden, aber nicht punktgleich sind, Rechtseite. Eine solche Hjelmslev-Gruppe kann sehr

[1] Die Halbierbarkeit der rechten Winkel hat HJELMSLEV in einer Korrektur des Grund-Axiomensystems aus [2] gefordert ([2], 3. Mitt. 2).

wohl „nichteuklidisch" sein. Andererseits sind Sterne und ausgeartete Gitter singuläre Hjelmslev-Gruppen, in denen es kein Rechtseit gibt.

Beispiele nicht-elliptischer Hjelmslev-Gruppen.

1) Überlagerungen (H. v. BENDA [1*]). Man denke sich eine nicht-elliptische Hjelmslev-Ebene, lege mehrere Exemplare dieser Ebene übereinander und identifiziere übereinanderliegende Punkte (aber nicht die Geraden). Dann haben je zwei Punkte, die in der Ausgangsebene eine Verbindungsgerade haben, in jeder Schicht eine Verbindungsgerade. Übereinanderliegende Geraden sind punktgleich.

Diese anschauliche Idee kann man gruppentheoretisch realisieren, indem man zu einer nicht-elliptischen Hjelmslev-Gruppe $(\mathfrak{G}, \mathfrak{S})$ und einer abelschen Gruppe $\mathfrak{D}$, die kein involutorisches Element enthält, das in 1, Beispiel 3 beschriebene halbdirekte Produkt $(\mathfrak{G}^*, \mathfrak{S}^*)$ bildet (die Elemente von $\mathfrak{D}$ liefern die „Schichten"); $(\mathfrak{G}^*, \mathfrak{S}^*)$ ist eine nicht-elliptische Hjelmslev-Gruppe.

Sei etwa $(\mathfrak{G}, \mathfrak{S})$ ein ausgeartetes Gitter, dessen Geradenmenge aus einer Geraden a und drei Senkrechten von a besteht; es ist dann $|\mathfrak{S}|=4$, $|\mathfrak{P}|=3$, $|\mathfrak{G}|=12$. Durch Überlagerung mit einer zyklischen Gruppe der Ordnung 3 entsteht eine Hjelmslev-Gruppe $(\mathfrak{G}^*, \mathfrak{S}^*)$ mit $|\mathfrak{S}^*|=12$, $|\mathfrak{P}^*|=3$, $|\mathfrak{G}^*|=36$. In $(\mathfrak{G}^*, \mathfrak{S}^*)$ haben je zwei verschiedene Punkte drei Verbindungsgeraden.

2) E. SALOW hat in [1*], [2*] gezeigt, daß über jedem kommutativen Ring R mit 1 $(\neq 0)$ und $\frac{1}{2}$ eine singuläre Hjelmslev-Gruppe konstruiert werden kann. Wenn R außer 0, 1 kein idempotentes Element enthält, ist die gemäß S. 213 über R mit einer Einheit k gebildete involutorisch erzeugte Matrizengruppe

$$\big(G(R, k), S(R, k)\big) \tag{1}$$

eine Hjelmslev-Gruppe; im allgemeinen bildet SALOW eine „verwobene Überlagerung" von (1).

Die Theorie der Hjelmslev-Gruppen hat nach diesem Ergebnis von SALOW zumindest die Allgemeinheit der kommutativen Ringe mit 1 und $\frac{1}{2}$. KLINGENBERG ([4]) hatte den Spezialfall betrachtet, daß R ein lokaler Ring mit zusätzlichen Eigenschaften, ein sogenannter „Hjelmslev-Ring" ist. HJELMSLEV selbst hatte die euklidische Ebene über dem Ring der dualen Zahlen über einem Körper K (in dem -1 nicht Quadrat ist), d.h. dem Ring $K[x]/(x^2)$, allgemeiner über Ringen $K[x]/(x^n)$ als Beispiele verwendet.

3) Bereits die Menge der endlichen Hjelmslev-Gruppen ist wesentlich allgemeiner als die Menge der endlichen AGS-Gruppen, die nach Theorem 3 sämtlich euklidisch, also singulär sind. Es gibt zunächst weitere endliche singuläre Hjelmslev-Gruppen, nämlich trivialerweise endliche

Sterne und Gitter, auch gemäß 1) konstruierte endliche Überlagerungen von endlichen Gittern, ferner nach 2) singuläre Hjelmslev-Gruppen über endlichen kommutativen Ringen. Weiter gibt es, wiederum trivialerweise, endliche Polarsterne und damit endliche elliptische Hjelmslev-Gruppen. Daß es auch endliche nicht-singuläre, nicht-elliptische Hjelmslev-Gruppen gibt, hat zuerst R. STÖLTING bemerkt. Hierzu ein Beispiel:

Sei $\mathfrak{G}$ die Automorphismengruppe der PAPPUS-Konfiguration (§ 5,1), J die Menge ihrer involutorischen Elemente. Es ist $|\mathfrak{G}|=108$, $|J|=27$. J zerfällt in drei Klassen J_1, J_2, J_3 Konjugierter mit $|J_i|=9$. Für $i \in \{1, 2, 3\}$ ist $(\mathfrak{G}, J\setminus J_i)$ eine nicht-elliptische Hjelmslev-Gruppe mit der Punktmenge J_i. Eine von diesen drei Hjelmslev-Gruppen ist nicht-singulär, zwei sind singulär (H. KINDER [3*]).

Die endlichen Hjelmslev-Gruppen hat STÖLTING in [1*] unter Verwendung eines Satzes von GORENSTEIN wie folgt charakterisiert:

Satz 5.1 (STÖLTING). a) *Ist* $(\mathfrak{G}, \mathfrak{S})$ *eine endliche Hjelmslev-Gruppe, so hat die endliche Gruppe* $\mathfrak{G}$ *die Eigenschaften*: (i) *Die 2-Sylow-Gruppen von* $\mathfrak{G}$ *sind Diedergruppen*[1] *mit mindestens* 4 *Elementen*; (ii) *Für jede* KLEIN*sche Vierergruppe* $\mathfrak{V}$ *mit* $\mathfrak{V}\leq\mathfrak{G}$ *gilt*: *Der Zentralisator von* $\mathfrak{V}$ *ist* $\mathfrak{V}$, *der Index des Zentralisators von* $\mathfrak{V}$ *im Normalisator von* $\mathfrak{V}$ *ist* 1 *oder* 2. — b) *Jede endliche Gruppe* $\mathfrak{G}$ *mit den Eigenschaften* (i), (ii) *besitzt ein aus involutorischen Elementen bestehendes Erzeugendensystem* $\mathfrak{S}$, *so daß* $(\mathfrak{G}, \mathfrak{S})$ *eine Hjelmslev-Gruppe ist.*

Zu den Grund-Phänomenen der Hjelmslev-Ebenen gehört, daß die Fixelementmengen der geraden Bewegungen im allgemeinen nicht von so einfacher Art sind wie in den Ebenen der absoluten Geometrie. Sei $(\mathfrak{G}, \mathfrak{S})$ eine Hjelmslev-Gruppe und $F(\alpha) := \{C: C^\alpha = C\}$ die Menge der Fixpunkte der durch α induzierten Bewegung der Gruppenebene. Ist $\alpha \in \mathfrak{G}_{\text{ger}}$ und $F(\alpha) \neq \emptyset$, so wird die durch α induzierte Bewegung eine *Drehung* genannt; es ist dann $\alpha \in \mathfrak{S}^2$. Wenn es Doppelinzidenzen gibt, gibt es von der Identität verschiedene Drehungen mit mehreren Fixpunkten.

In Hjelmslev-Ebenen können noch weit merkwürdigere geometrische Phänomene auftreten; z.B. kann es „Schlängelgeraden" geben, d.h. Geraden, die mit allen Punkten eines nicht-ausgearteten Gitters inzidieren. Es gibt mancherlei Möglichkeiten, die Allgemeinheit der Hjelmslev-Gruppen durch Zusatzaxiome einzuschränken, welche einige Phänomene ausschließen und zumindest in der ebenen absoluten Geometrie erfüllt sind. Genannt sei das

Axiom K. *Gilt* $A\,|\,b, c$ *und haben* b, c *nur den Punkt* A *gemein, so haben auch die in* A *auf* b, c *errichteten Senkrechten* Ab, Ac *nur den Punkt* A *gemein* (KLINGENBERG [4], Axiom 7).

[1] Im üblichen gruppentheoretischen Sinne.

Für die Untersuchung von Hjelmslev-Gruppen sind die Fragen nach ihren Teilstrukturen, ihren homomorphen Bildern und nach ihrer Algebraisierbarkeit von Bedeutung.

Hjelmslev-Untergruppen, Flecken. Sei eine nicht-elliptische Hjelmslev-Gruppe $(\mathfrak{G}, \mathfrak{S})$ mit der Punktmenge $\mathfrak{P}$ gegeben. Für jeden Punkt A ist der Stern $(\langle S(A)\rangle, S(A)) = (C(A), S(A))$ eine Hjelmslev-Untergruppe von $(\mathfrak{G}, \mathfrak{S})$; er wird der *$A$-Stern von* $(\mathfrak{G}, \mathfrak{S})$ genannt. Eine Hjelmslev-Untergruppe $(\mathfrak{G}_0, \mathfrak{S}_0)$, mit der Punktmenge $\mathfrak{P}_0$, heißt *lokalvollständig*, wenn sie mit einem Punkt A den vollen A-Stern von $(\mathfrak{G}, \mathfrak{S})$ enthält, wenn also gilt[1]:

(LV) *Aus $A \in \mathfrak{P}_0$ und $b \in \mathfrak{S}$ und $A | b$ folgt $b \in \mathfrak{S}_0$*

[oder kürzer geschrieben: Aus $A \in \mathfrak{P}_0$ folgt $S(A) \subseteq \mathfrak{S}_0$]; eine Hjelmslev-Untergruppe mit der Punktmenge $\mathfrak{P}_0$ heißt ein *Fleck*, wenn sie lokalvollständig ist und wenn $\mathfrak{P}_0$ mit zwei Punkten ihren Mittelpunkt enthält (sofern dieser in $\mathfrak{P}$ existiert). Eine Menge $\mathscr{U}$ von Flecken nennen wir eine *Überdeckung von* $(\mathfrak{G}, \mathfrak{S})$, wenn jeder Punkt genau einem Fleck aus $\mathscr{U}$ angehört; eine Überdeckung heißt *normal*, wenn sie mit einem Fleck alle konjugierten Flecken enthält. Für eine normale Überdeckung $\mathscr{U}$ von $(\mathfrak{G}, \mathfrak{S})$ ist

$$\mathfrak{N}(\mathscr{U}) := \{\alpha \in \mathfrak{G}_{\text{ger}} : F^{\alpha} = F \text{ für alle } F \in \mathscr{U}\}$$

ein Normalteiler von $\mathfrak{G}$ und wird die *Gruppe der Überdeckung* $\mathscr{U}$ genannt.

Beispiel. Die Menge der Sterne von $(\mathfrak{G}, \mathfrak{S})$ ist eine normale Überdeckung von $(\mathfrak{G}, \mathfrak{S})$. Die Gruppe dieser *Stern-Überdeckung:*

$$\{\alpha \in \mathfrak{G}_{\text{ger}} : F(\alpha) = \mathfrak{P}\},$$

der Zentralisator von $\mathfrak{P}$ in $\mathfrak{G}_{\text{ger}}$, ist das Zentrum von $\mathfrak{G}_{\text{ger}}$.

Die Fixpunktmenge einer Drehung ist die Punktmenge eines eindeutig bestimmten Flecks. Diese Flecken werden *Hauptflecken* genannt. Induziert ab eine Drehung, so ist die Geradenmenge des Hauptflecks mit der Punktmenge $F(ab)$ das nach dem Vorbild von § 4,5 definierte $\mathfrak{S}$-*Büschel* $S(ab) := \{c : abc \in \mathfrak{S}\}$. [Wir lassen zu, daß $ab = 1$ ist; es ist $S(1) = \mathfrak{S}$.] Das Enthaltensein ist im allgemeinen eine nicht-triviale Relation auf der Menge der Hauptflecken. Für jeden Punkt A sind die Durchschnitte von Hauptflecken, die A enthalten, Flecken und bilden einen Verband $\mathscr{F}(A)$, mit $(\mathfrak{G}, \mathfrak{S})$ als größtem und dem A-Stern als kleinstem Element. Es gilt $\mathscr{F}(A) \cong \mathscr{F}(B)$ für alle A, B. Das Hjelmslevsche Reziprozitätsgesetz läßt sich als Aussage über diesen Verband formulieren: Genügt $(\mathfrak{G}, \mathfrak{S})$ dem Axiom K und einem weiteren Zusatz-

[1] (LV) ist nichts anderes als die Zugehörigkeits-Bedingung (Z) aus § 18,5; wir halten nur das Wort „lokalvollständig" für deutlicher als „zugehörig".

axiom VF und ist $|\mathfrak{P}| \geqq 2$, so gibt es einen involutorischen Antiautomorphismus des Verbandes (SALOW [1*]).

Zwei Punkte A, B heißen zueinander *fern*, wenn jede Drehung, die sowohl A als B festläßt, alle Punkte festläßt. Das Axiom VF lautet:

Axiom VF. *Zueinander ferne Punkte sind verbindbar. Auf jeder Geraden gibt es zueinander ferne Punkte.*

Morphismen von Hjelmslev-Gruppen. Für nicht-elliptische Hjelmslev-Gruppen $(\mathfrak{G}, \mathfrak{S})$, $(\mathfrak{G}', \mathfrak{S}')$ mit den Punktmengen $\mathfrak{P}$, $\mathfrak{P}'$ definieren wir: φ heißt ein *Hjelmslev-Homomorphismus* von $(\mathfrak{G}, \mathfrak{S})$ in $(\mathfrak{G}', \mathfrak{S}')$, wenn gilt:

1) φ ist ein Homomorphismus von $\mathfrak{G}$ in $\mathfrak{G}'$, 2) $\mathfrak{S}\varphi \subseteq \mathfrak{S}'$, 3) $\mathfrak{P}\varphi \subseteq \mathfrak{P}'$.

Der Kern eines Hjelmslev-Homomorphismus ist ein Normalteiler $\mathfrak{N}$ von $\mathfrak{G}$ mit den folgenden Eigenschaften:

N 1. $\mathfrak{N} \subseteq \mathfrak{G}_{\text{ger}}$, N 2. $\mathfrak{N} \cap \mathfrak{P} = \emptyset$, N 3. *Aus* $AA^{BC} \in \mathfrak{N}$ *folgt* $BC \in \mathfrak{N}$,
N 4. *Aus* $A | b, c$ *und* $(bc)^2 \in \mathfrak{N}$ *folgt* $bc \in \mathfrak{N}$ *oder* $Abc \in \mathfrak{N}$.

Ist $(\mathfrak{G}, \mathfrak{S})$ eine nicht-elliptische Hjelmslev-Gruppe mit der Punktmenge $\mathfrak{P}$ und ist $\mathfrak{N}$ ein Normalteiler von $\mathfrak{G}$ mit den Eigenschaften N 1—N 4, so ist andererseits

$$(\mathfrak{G}, \mathfrak{S})/\mathfrak{N} := (\mathfrak{G}/\mathfrak{N}, \{a\mathfrak{N} : a \in \mathfrak{S}\}) \tag{2}$$

eine Hjelmslev-Gruppe mit der Punktmenge $\{A\mathfrak{N} : A \in \mathfrak{P}\}$ und der kanonische Homomorphismus von $\mathfrak{G}$ auf $\mathfrak{G}/\mathfrak{N}$ ein Hjelmslev-Homomorphismus von $(\mathfrak{G}, \mathfrak{S})$ auf (2).

Ist φ ein Hjelmslev-Homomorphismus von $(\mathfrak{G}, \mathfrak{S})$ in $(\mathfrak{G}', \mathfrak{S}')$, so ist $(\mathfrak{G}\varphi, \mathfrak{S}\varphi)$ eine Hjelmslev-Gruppe mit der Punktmenge $\mathfrak{P}\varphi$. Das volle Urbild jedes Sterns der „Bildgruppe" $(\mathfrak{G}\varphi, \mathfrak{S}\varphi)$ ist ein Fleck von $(\mathfrak{G}, \mathfrak{S})$ und das volle Urbild der Stern-Überdeckung der Bildgruppe eine normale Überdeckung $\mathscr{U}_\varphi$ von $(\mathfrak{G}, \mathfrak{S})$; es ist Kern $\varphi \subseteq \mathfrak{N}(\mathscr{U}_\varphi)$. Die Frage nach den homomorphen Bildern einer Hjelmslev-Gruppe $(\mathfrak{G}, \mathfrak{S})$ hängt eng zusammen mit der Frage nach denjenigen normalen Überdeckungen von $(\mathfrak{G}, \mathfrak{S})$, welche zu Hjelmslev-Homomorphismen gehören (vgl. SALOW [1*]).

Bemerkung. Ist $\mathscr{U}_\varphi$ speziell die Stern-Überdeckung von $(\mathfrak{G}, \mathfrak{S})$ (liegt Kern φ in der Gruppe dieser Stern-Überdeckung), so bildet φ die Punktmenge $\mathfrak{P}$ von $(\mathfrak{G}, \mathfrak{S})$ eineindeutig ab.

Als ein Satz über die Existenz von Hjelmslev-Homomorphismen sei der folgende genannt:

Satz 5.2 (SALOW). *Sei* $(\mathfrak{G}, \mathfrak{S})$ *eine Hjelmslev-Gruppe, die den Axiomen* K *und* VF *genügt; sei* $A \in \mathfrak{P}$ *und* F *ein maximaler Fleck von* $\mathscr{F}(A) \setminus \{(\mathfrak{G}, \mathfrak{S})\}$. *Dann gibt es einen Hjelmslev-Homomorphismus* φ *von* $(\mathfrak{G}, \mathfrak{S})$ *auf eine Hjelmslev-Gruppe ohne Doppelinzidenzen, für den* $\mathsf{F} \in \mathscr{U}_\varphi$ *ist.* (SALOW [1*].)

Algebraisierung von Hjelmslev-Gruppen. KLINGENBERG hat in [4] eine Klasse von singulären Hjelmslev-Gruppen algebraisiert; er hat gezeigt, daß sich diese Hjelmslev-Gruppen als involutorisch erzeugte Gruppen (1) über Hjelmslev-Ringen darstellen lassen. Für die in dieser Arbeit behandelten singulären Hjelmslev-Gruppen $(\mathfrak{G}, \mathfrak{S})$ gilt: Die einen Punkt A enthaltenden Hauptflecken bilden eine Kette, die Vereinigung aller Hauptflecken $\neq (\mathfrak{G}, \mathfrak{S})$, welche A enthalten, ist ein Fleck F_A; es gibt einen ausgezeichneten Hjelmslev-Homomorphismus φ von $(\mathfrak{G}, \mathfrak{S})$ auf eine euklidische *AGS*-Gruppe [eine „euklidische Bewegungsgruppe" im Sinne von § 6,12 und Kapitel IV], mit der Eigenschaft, daß die Überdeckung $\mathcal{U}_\varphi$ von $(\mathfrak{G}, \mathfrak{S})$ die Menge der Flecken F_A (mit $A \in \mathfrak{P}$) ist.

Mit anderer Methode hat SALOW in [2*] einen allgemeineren Algebraisierungssatz für singuläre Hjelmslev-Gruppen bewiesen:

Satz 5.3 (SALOW). *Sei* $(\mathfrak{G}, \mathfrak{S})$ *eine singuläre Hjelmslev-Gruppe mit mehr als einem Punkt, in der die Axiome* K *und* VF *gelten. Dann gibt es einen kommutativen Ring R mit* 1 *und* $\frac{1}{2}$, *eine Einheit* $k \in R$ *und einen Hjelmslev-Homomorphismus von* $(\mathfrak{G}, \mathfrak{S})$, *mit der Gruppe der Stern-Überdeckung von* $(\mathfrak{G}, \mathfrak{S})$ *als Kern, auf eine lokalvollständige Hjelmslev-Untergruppe von* (1).

Die Frage, ob man das Problem der Algebraisierung nicht-singulärer Hjelmslev-Gruppen, in denen je zwei Punkte verbindbar sind und in denen geeignete Zusatzaxiome von der Art der Axiome K und VF gelten, durch Einführung einer singulären Pseudometrik auf einen Satz über die Algebraisierung von singulären Hjelmslev-Gruppen zurückführen kann (HJELMSLEV [2], 6. Mitt.), ist offen.

Literatur. HJELMSLEV [2], KLINGENBERG [4], BACHMANN [8*], [9*], v. BENDA [1*], SALOW [1*]—[4*], KINDER [3*], STÖLTING [1*], JOHNSEN [1*].

6. Minkowskische Gruppen. In § 5,5 wurden drei Typen von projektiv-metrischen Ebenen eingeführt: Die ordinär-hyperbolischen, die ordinär-elliptischen und die singulären. In den letzteren ist auf einer ausgezeichneten Geraden g_∞ eine projektive elliptische Involution als absolute Involution gegeben. Diese projektiv-metrischen Ebenen sind genauer als *singulär-elliptisch* zu bezeichnen, und man kann als vierten Typ von projektiv-metrischen Ebenen die *singulär-hyperbolischen* betrachten, in denen auf einer ausgezeichneten Geraden g_∞ eine projektive hyperbolische Involution als absolute Involution gegeben ist.

Die singulär-hyperbolischen projektiv-metrischen Ebenen werden *Minkowskische Ebenen* genannt. In ihnen werden Senkrechtstehen von Geraden und Spiegelungen an Geraden, die nicht zu sich selbst senkrecht sind, analog wie in den singulär-elliptischen projektiv-metrischen Ebenen erklärt (vgl. § 5,5). Die Bewegungsgruppen der Minkowskischen Ebenen, also die involutorisch erzeugten Gruppen $(\mathfrak{G}, \mathfrak{S})$, in denen $\mathfrak{S}$ die Menge der genannten Geradenspiegelungen ist, werden *Minkowskische Gruppen* genannt.

In den Minkowskischen Ebenen gibt es außer g_∞ weitere Geraden, die zu sich selbst senkrecht sind: Betrachtet man zu einer Minkowskischen Ebene die zugehörige affin-metrische Ebene mit g_∞ als unendlichferner Geraden, so gibt es in ihr zwei Parallelbüschel von selbst-orthogonalen Geraden. An einer selbst-orthogonalen Geraden kann man nicht spiegeln: einer solchen Geraden entspricht kein Element aus $\mathfrak{S}$ und damit keine Gerade der Gruppenebene. Geht man von der Minkowskischen Ebene zu ihrer Bewegungsgruppe über, so entstehen aus zwei verschiedenen, nicht auf g_∞ gelegenen Punkten einer selbst-orthogonalen Geraden unverbindbare Punkte der Gruppenebene. Die Minkowskischen Gruppen genügen daher nicht dem Axiomensystem aus § 3,2; es gilt in ihnen die

Negation von Axiom 1. *Es gibt unverbindbare Punkte.*

Sie sind aber Hjelmslev-Gruppen, ohne Doppelinzidenzen.

WOLFF hat in [3*] einen spiegelungsgeometrischen Aufbau der ebenen Minkowskischen Geometrie durchgeführt; er geht dabei von einer Hjelmslev-Gruppe ohne Doppelinzidenzen aus, in der die Negation von Axiom 1 und die folgende Einschränkung der Unverbindbarkeit gelten:

Schwaches Minkowski-Axiom. *Zu einem Punkt A gibt es auf einer Geraden b höchstens zwei Punkte, die mit A unverbindbar sind (Zu A, b, U, V, W mit $U, V, W | b$ und U, V, W paarweise verschieden gibt es ein c mit $c | A, U$ oder $c | A, V$ oder $c | A, W$).*

Sein Ergebnis ist:

Satz 6.1 (WOLFF). *Die Hjelmslev-Gruppen ohne Doppelinzidenzen, in denen die Negation von Axiom 1 und das Schwache Minkowski-Axiom gelten, sind bis auf Isomorphie die Minkowskischen Gruppen.*

Im Beweis zeigt WOLFF, daß die Hjelmslev-Gruppen dieses Satzes singulär (im Sinne von 5) sind und auch dem Verbindbarkeitsaxiom V* für Geraden (§ 6,12) genügen.

Das Schwache Minkowski-Axiom ist eine Abschwächung von Axiom 1 und gilt trivialerweise in allen *AGS*-Gruppen. Damit gewinnt WOLFF aus Satz 6.1 folgende gemeinsame Charakterisierung der *AGS*-Gruppen und der Minkowskischen Gruppen:

Satz 6.2 (WOLFF). *Die Hjelmslev-Gruppen ohne Doppelinzidenzen, in denen das Schwache Minkowski-Axiom und das Axiom* D$^\bullet$ *gelten, sind genau die AGS-Gruppen und die Minkowskischen Gruppen.*

Die projektiv-metrischen Ebenen aller vier Typen lassen sich mit Hilfe der dreidimensionalen metrischen Vektorräume $V = V_3(K, f)$ über Körpern K von Charakteristik $\neq 2$, mit einer symmetrischen Bilinearform f vom Rang 3 oder 2 beschreiben; dabei ist f wie in § 8,4 ein „Skalarprodukt", dessen Verschwinden das Senkrechtstehen der Geraden der projektiv-metrischen Ebene beschreibt. Man hat dabei folgendes Entsprechen zwischen vier Typen von metrischen Vektorräumen und den vier Typen von projektiv-metrischen Ebenen:

	$\operatorname{Ind} V = 0$	$\operatorname{Ind} V = 1$
$\dim \operatorname{Rad} V = 0$	ordinär-elliptisch (kurz: elliptisch)	ordinär-hyperbolisch (kurz: hyperbolisch)
$\dim \operatorname{Rad} V = 1$	singulär-elliptisch (kurz: euklidisch)	singulär-hyperbolisch (kurz: Minkowskisch)

Sei $O^+(V)$ die eigentlich-orthogonale Gruppe von V, $S^+(V)$ die Menge der Spiegelungen von V an nichtisotropen eindimensionalen Teilräumen (§ 8,3). In jedem der vier Fälle stimmen dann die Bewegungsgruppen der projektiv-metrischen Ebenen[1] und die involutorisch erzeugten Gruppen $(O^+(V), S^+(V))$ überein; vgl. § 9 und für den vierten, Minkowskischen Fall Wolff [3*].

Literatur. Wolff [3*], Rautenberg [1*], Rautenberg-Quaisser [1*], Schröder [1*], [2*].

7. S-Gruppen. Jeder involutorisch erzeugten Gruppe $(\mathfrak{G}, \mathfrak{S})$ mit den Eigenschaften

1) *$\mathfrak{S}$ ist invariant in $\mathfrak{G}$,*

2) *Für die Elemente aus $\mathfrak{S}$ gilt der Transitivitätssatz* (vgl. 3)

haben wir in 2 eine geometrische Struktur, die Struktur der Geraden und Geradenbüschel, zugeordnet. Einige Sätze, die in diesen Strukturen gelten, entnimmt man § 4,5–8.

Eine involutorisch erzeugte Gruppe $(\mathfrak{G}, \mathfrak{S})$ mit den Eigenschaften

1*) *Jedes involutorische Element aus $\mathfrak{S}^3$ liegt in $\mathfrak{S}$*

und 2) wird nach Lingenberg eine *S-Gruppe* genannt. Aus 1*) folgt 1); jedoch ist die Klasse der involutorisch erzeugten Gruppen mit 1), 2) wesentlich umfassender als die Klasse der S-Gruppen[2]. Die beiden Forderungen 1*), 2) lassen sich zusammenfassen zu dem

---

[1] Eine Bewegung einer projektiv-metrischen Ebene ist nach Definition ein Produkt von „erzeugenden" Spiegelungen (involutorischen Homologien mit einer nicht zu sich selbst senkrechten Geraden als Achse und ihrem Pol als Zentrum; vgl. § 5,5). Die Bewegungsgruppe der projektiv-metrischen Ebene wird dementsprechend als involutorisch erzeugte Gruppe mit diesem „Standard-Erzeugendensystem" aufgefaßt.

[2] Zum Beispiel haben alle involutorisch erzeugten Gruppen, die dem Axiomensystem der n-dimensionalen nicht-elliptischen absoluten Geometrie genügen (vgl. 9), die Eigenschaften 1), 2); sie sind aber für $n \geqq 3$ keine S-Gruppen. Auch die in 8 eingeführten involutorisch erzeugten Gruppen $(O^*(V), S(V))$ mit $\dim V = n$ haben, wenn $\dim \operatorname{Rad} V \leqq 1$ ist, die Eigenschaften 1), 2).

Axiom S. *Ist* $ab \neq 1$ *und sind* abx, aby, abz *involutorisch, so ist* $xyz \in \mathfrak{S}$ (SPERNER [4]).

Alle AGS-Gruppen sind S-Gruppen; in den AGS-Gruppen gilt folgende Aussage über die Verbindbarkeit von Geradenbüscheln:

V1. *Die Kreuzbüschel (und nur sie) sind vollverbindbar* (§ 3, Satz 15).

Die Bewegungsgruppen der vier Typen von projektiv-metrischen Ebenen (vgl. 6) sind S-Gruppen, obgleich die Bewegungsgruppen der hyperbolischen projektiv-metrischen Ebenen (die H-Gruppen mit der Menge aller ihrer involutorischen Elemente als Erzeugendensystem) und die Minkowskischen Gruppen nicht dem Axiomensystem aus § 3,2 genügen. Entsprechend sind, mit Bezeichnungen aus 6, die involutorisch erzeugten Gruppen

$$(O^+(V), S^+(V)) \quad \text{mit } \dim V = 3,\ \dim \operatorname{Rad} V \leqq 1 \tag{3}$$

über Körpern von Charakteristik $\neq 2$ S-Gruppen.

In der Theorie der S-Gruppen wird die ebene absolute Geometrie in anderer Richtung verallgemeinert als in der Theorie der Hjelmslev-Gruppen. In S-Gruppen haben zwei verschiedene Geradenbüschel höchstens eine Verbindung (S. 66); die Hjelmslev-Gruppen ohne Doppelinzidenzen sind S-Gruppen, aber Hjelmslev-Gruppen, in denen es eine Doppelinzidenz gibt, sind keine S-Gruppen. Ein gemeinsamer Zug beider Verallgemeinerungen ist, daß die Existenz unverbindbarer Punkte bzw. Kreuzbüschel zugelassen wird. Wie die Menge der endlichen Hjelmslev-Gruppen ist auch die Menge der endlichen S-Gruppen wesentlich reichhaltiger als die Menge der endlichen AGS-Gruppen.

Näher untersucht wurden S-Gruppen, welche Zusatzaxiomen genügen. Ausführlicher, als es hier geschehen kann, unterrichtet hierüber, nach dem Stand von 1965, LINGENBERGS Bericht [10*].

Als Zusatzaxiome wurden zunächst Verbindbarkeits-Aussagen verwendet, die in allen AGS-Gruppen, aber auch in weiteren S-Gruppen gelten. SPERNER, der 1954 in [4] als erster das Axiom S verwendet hat, forderte:

V2. *Jede Gerade gehört wenigstens drei vollverbindbaren Geradenbüscheln an*

und bewies auf dieser Basis für Geraden und Geradenbüschel einen Realfall des Satzes von DESARGUES[1]. KARZEL bemerkte im Anschluß an diese Arbeit, daß durch SPERNERS axiomatischen Ansatz auch

[1] Das Wort „Realfall" bedeutet hier, daß von einigen Geradenbüscheln der Konfiguration vorausgesetzt wird, daß sie vollverbindbar sind.

„Geometrien von Charakteristik 2" erfaßt werden (KARZEL [1]), und hat solche geometrischen Strukturen in weiteren Arbeiten untersucht.

ELLERS und SPERNER haben in [1*] gezeigt, wie sich die durch eine S-Gruppe mit V2 gegebene Inzidenzstruktur der Geraden und Geradenbüschel, in der, wie gesagt, ein Realfall des Satzes von DESARGUES gilt, durch Einführung von Idealgeraden in eine desarguessche projektive Ebene einbetten läßt[1]. KARZEL hat in seiner Vorlesung [2*] für S-Gruppen mit V2 einen Einbettungssatz bewiesen, der das Haupt-Theorem der ebenen absoluten Geometrie ausdehnt; er verwendet unter diesen allgemeineren Voraussetzungen den Gedanken von REIDEMEISTER, zur Begründung der ebenen metrischen Geometrie den Gruppenraum der Bewegungsgruppe heranzuziehen. LINGENBERG hat die SPERNERsche Forderung V2 abgeschwächt; er hat die Tragweite der Forderung

V3. *Es gibt ein vollverbindbares Geradenbüschel*

in Verbindung mit einem Reichhaltigkeitsaxiom, etwa dem

Axiom VS. *Es gibt vier Geraden, von denen keine drei im Büschel liegen,*

untersucht und folgenden Einbettungssatz bewiesen ([9*]):

Satz 7.1 (LINGENBERG). *Jede S-Gruppe mit Axiom* VS, *in der es ein vollverbindbares Geradenbüschel gibt, das nicht aus paarweise senkrechten Geraden besteht, ist isomorph zu einer erzeugten Untergruppe einer involutorisch erzeugten Gruppe* (3) *oder einer entsprechenden Gruppe über einem Körper von Charakteristik* 2.

In den Bewegungsgruppen der hyperbolischen projektiv-metrischen Ebenen mit quadratisch abgeschlossenem Koordinatenkörper und in den Minkowskischen Gruppen gibt es kein vollverbindbares Geradenbüschel. Eine gemeinsame Eigenschaft der Bewegungsgruppen aller vier Typen von projektiv-metrischen Ebenen ist jedoch (LINGENBERG [7*]):

V4. *Jedes Geradenbüschel ist dreiseitverbindbar.*

Zur Definition des von LINGENBERG eingeführten Begriffs der Dreiseitverbindbarkeit betrachtet man Tripel von paarweise verschiedenen, verbindbaren Geradenbüscheln. Ein Geradenbüschel G heißt *dreiseitverbindbar,* wenn für jedes solche Tripel gilt, daß G mit wenigstens einem Geradenbüschel des Tripels verbindbar ist. G heißt 1-*dreiseitverbindbar,* wenn G dreiseitverbindbar ist und wenn für wenigstens ein

[1] Die Fortsetzung der Metrik ist in dieser Arbeit nicht behandelt.

Tripel der genannten Art gilt, daß G mit nur einem Geradenbüschel des Tripels verbindbar ist (LINGENBERG [12*]).

In den Bewegungsgruppen der hyperbolischen projektiv-metrischen Ebenen ist das Lotbüschel einer Geraden, welche zwei Enden angehört, in den Minkowskischen Gruppen jedes Kreuzbüschel 1-dreiseitverbindbar. Diese involutorisch erzeugten Gruppen sind also S-Gruppen mit der Eigenschaft

V 5. *Es gibt ein 1-dreiseitverbindbares Geradenbüschel.*

Hiervon gilt, wie LINGENBERG ([12*]) bewiesen hat, auch eine Umkehrung:

Satz 7.2 (LINGENBERG). *Die S-Gruppen, in denen es ein 1-dreiseitverbindbares Geradenbüschel gibt, sind bis auf Isomorphie die involutorisch erzeugten Gruppen* (3) *mit* Ind $V=1$ *und die entsprechenden Gruppen über Körpern von Charakteristik* 2.

In der Bewegungsgruppe jeder projektiv-metrischen Ebene von einem der vier Typen gilt außer V 4 zumindest eine von den beiden Aussagen V 3, V 5. Aus LINGENBERG [7*], [12*] ergibt sich:

Satz 7.3 (LINGENBERG). *Die S-Gruppen mit Axiom* VS, *in denen jedes Geradenbüschel dreiseitverbindbar ist und in denen es ein vollverbindbares oder ein 1-dreiseitverbindbares Geradenbüschel gibt, sind bis auf Isomorphie die involutorisch erzeugten Gruppen* (3) *und die entsprechenden Gruppen über Körpern von Charakteristik* 2.

Im Rahmen unseres Buches ist hervorzuheben, daß mehrere von den LINGENBERGschen Arbeiten über S-Gruppen Beiträge zur Geometrie der H-Gruppen und damit der Gruppen $PGL_2(K)$ über Körpern K von Charakteristik $\neq 2$ enthalten. U. OTT hat die endlichen S-Gruppen $(\mathfrak{G}, \mathfrak{S})$ untersucht, die ein Polardreiseit enthalten und einem Reichhaltigkeitsaxiom genügen, und in [2*] gezeigt: Wenn nicht alle Elemente aus $\mathfrak{S}$ zueinander konjugiert sind, ist $\mathfrak{S}$ die Menge aller Involutionen aus $\mathfrak{G}$ und $\mathfrak{G}$ eine H-Gruppe.

Literatur. SPERNER [4], ELLERS-SPERNER [1*], KARZEL [1], [2], [4]–[7], [2*], [6*], LINGENBERG [4], [2*], [4*], [6*]–[12*], BOLLOW [1*], OTT [1*]–[4*], DIENST [1*], [2*].

8. Orthogonale und projektiv-orthogonale Gruppen. Sei $V=V_n(K, f)$ ein n-dimensionaler metrischer Vektorraum über einem Körper K von Charakteristik $\neq 2$, mit einer symmetrischen Bilinearform f.

Elemente von V seien mit $\mathfrak{a}, \mathfrak{b}, \ldots$ bezeichnet. $\mathfrak{a}, \mathfrak{b}$ heißen *senkrecht* (in Zeichen $\mathfrak{a} \perp \mathfrak{b}$), wenn $f(\mathfrak{a}, \mathfrak{b})=0$ ist. Für einen Teilraum T von V sei $T^{\perp} := \{\mathfrak{b} \in V: \mathfrak{a} \perp \mathfrak{b}$ für alle $\mathfrak{a} \in T\}$; $T^{\perp}$ ist ein Teilraum von V. Das *Radikal von* T wird durch $\operatorname{Rad} T := T \cap T^{\perp}$ definiert. T heißt *regulär*, wenn $\operatorname{Rad} T = O$ ist (O sei der Nullraum).

Sei $\mathfrak{a}$ nichtisotrop, also $f(\mathfrak{a},\mathfrak{a})\neq 0$. Dann ist $K\mathfrak{a}+(K\mathfrak{a})^{\perp}=V$, $K\mathfrak{a}\cap(K\mathfrak{a})^{\perp}=O$. Daher gibt es genau eine lineare Abbildung von V auf sich, die $\mathfrak{a}$ auf $-\mathfrak{a}$ abbildet und $(K\mathfrak{a})^{\perp}$ elementweise festläßt. Diese involutorische lineare Abbildung wird *Spiegelung* oder *Symmetrie längs* $\mathfrak{a}$ genannt und werde mit $\sigma_{\mathfrak{a}}$ bezeichnet; sie wird durch die Spiegelungsformel

$$\mathfrak{x}\sigma_{\mathfrak{a}}=\mathfrak{x}-2\frac{f(\mathfrak{x},\mathfrak{a})}{f(\mathfrak{a},\mathfrak{a})}\mathfrak{a}$$

beschrieben. Es ist $K\mathfrak{a}=\mathrm{Kern}(\sigma_{\mathfrak{a}}+1)=V(\sigma_{\mathfrak{a}}-1)$; daher wird $K\mathfrak{a}$ die *Bahn* von $\sigma_{\mathfrak{a}}$ genannt. Ist auch $\mathfrak{b}$ nichtisotrop, so ist $\sigma_{\mathfrak{a}}=\sigma_{\mathfrak{b}}$ gleichwertig mit $K\mathfrak{a}=K\mathfrak{b}$; eine Symmetrie $\sigma_{\mathfrak{a}}$ von V ist Spiegelung „längs" der Bahn $K\mathfrak{a}$ und „an" dem Fixraum $(K\mathfrak{a})^{\perp}$.

Die Menge der Symmetrien von V sei mit $S(V)$ bezeichnet.

Unter der *engeren orthogonalen Gruppe* $O^*(V)$ wird die Gruppe aller orthogonalen Transformationen von V[1] verstanden, die das Radikal von V elementweise festlassen. [Wenn V regulär ist, ist $O^*(V)$ die volle orthogonale Gruppe $O(V)$.] Offensichtlich gilt $S(V)\subseteq O^*(V)$ und bekanntlich wird $O^*(V)$ von $S(V)$ erzeugt: $(O^*(V), S(V))$ ist eine involutorisch erzeugte Gruppe.

Für je drei linear abhängige Vektoren wird der Vektor

$$\mathfrak{a}\times\mathfrak{b}\times\mathfrak{c}:=f(\mathfrak{b},\mathfrak{c})\mathfrak{a}-f(\mathfrak{a},\mathfrak{c})\mathfrak{b}+f(\mathfrak{a},\mathfrak{b})\mathfrak{c}$$

definiert (vgl. S. 156). Sind $\mathfrak{a},\mathfrak{b},\mathfrak{c}$ linear abhängig und nichtisotrop, so ist wegen

$$f(\mathfrak{a},\mathfrak{a})f(\mathfrak{b},\mathfrak{b})f(\mathfrak{c},\mathfrak{c})=f(\mathfrak{a}\times\mathfrak{b}\times\mathfrak{c},\ \mathfrak{a}\times\mathfrak{b}\times\mathfrak{c})$$

auch $\mathfrak{a}\times\mathfrak{b}\times\mathfrak{c}$ nichtisotrop und es gilt

$$\sigma_{\mathfrak{a}}\sigma_{\mathfrak{b}}\sigma_{\mathfrak{c}}=\sigma_{\mathfrak{a}\times\mathfrak{b}\times\mathfrak{c}}.$$

$\mathfrak{a}\times\mathfrak{b}\times\mathfrak{c}$ wird daher der *vierte Spiegelungsvektor zu* $\mathfrak{a},\mathfrak{b},\mathfrak{c}$ genannt. Es folgt, daß für die Symmetrien von V der Satz von den drei Spiegelungen in folgender Form gilt:

Sind $\mathfrak{a},\mathfrak{b},\mathfrak{c}$ *nichtisotrop und linear abhängig, so ist* $\sigma_{\mathfrak{a}}\sigma_{\mathfrak{b}}\sigma_{\mathfrak{c}}$ *eine Symmetrie.*

Ahrens, Dress und Wolff haben in [1*] das Relationenproblem für die involutorisch erzeugten Gruppen $(O^*(V), S(V))$ gelöst: Jede Relation zwischen Symmetrien ist Folgerelation von 2- und 4-stelligen Relationen dieser Art; ist $\dim\mathrm{Rad}\,V\leq 1$, so sind alle Relationen zwischen Symmetrien Folgerelationen der Relationen $\sigma_{\mathfrak{a}}\sigma_{\mathfrak{a}}=1$ und des Satzes von den drei Spiegelungen, während es bei $\dim\mathrm{Rad}\,V>1$ weitere 4-stellige Relationen zwischen Symmetrien gibt.

---

[1] Das heißt der linearen Abbildungen α von V auf sich mit $f(\mathfrak{a}\alpha,\mathfrak{b}\alpha)=f(\mathfrak{a},\mathfrak{b})$ für alle $\mathfrak{a},\mathfrak{b}\in V$.

Bemerkung. In der Arbeit von AHRENS, DRESS und WOLFF sind Sätze wie

1. Für nichtisotrope Vektoren $\mathfrak{a}$, $\mathfrak{b}$ ist $\mathfrak{a} \perp \mathfrak{b}$ gleichwertig mit $\sigma_\mathfrak{a} | \sigma_\mathfrak{b}$. — 2. Ist $\mathfrak{x}\sigma_{\mathfrak{a}_1} \ldots \sigma_{\mathfrak{a}_k} = \mathfrak{x}$, so sind $\mathfrak{a}_1, \ldots, \mathfrak{a}_k$ linear abhängig oder alle senkrecht zu $\mathfrak{x}$. — 3. Wenn $\dim \operatorname{Rad} V \leqq 1$ ist, gilt die Umkehrung des Satzes von den drei Spiegelungen: Ist $\sigma_\mathfrak{a}\sigma_\mathfrak{b}\sigma_\mathfrak{c}$ eine Symmetrie, so sind $\mathfrak{a}$, $\mathfrak{b}$, $\mathfrak{c}$ linear abhängig.

allgemein bewiesen. Daher können die Überlegungen aus § 9,3,5,7 systematischer gefaßt werden.

Für das Zentrum $Z(O^*(V))$ der engeren orthogonalen Gruppe $O^*(V)$ gilt: Ist V regulär und $\dim V \geqq 3$, so ist $Z(O^*(V)) = \{1_V, -1_V\}$; ist V nicht regulär, so ist $Z(O^*(V)) = \{1_V\}$.

Projektiv-orthogonale Gruppen. Sei $V = V_{n+1}(K, f)$ ein $(n+1)$-dimensionaler metrischer Vektorraum über einem Körper K von Charakteristik $\neq 2$ und $n \geqq 2$. Es sei $PV = PV_{n+1}(K, f)$ der *zu V gehörige n-dimensionale projektiv-metrische Raum*, das ist der projektive Raum über V — die eindimensionalen Teilräume von V als Hyperebenen aufgefaßt[1] — zusammen mit der durch f induzierten Orthogonalitätsrelation auf der Menge der Hyperebenen, bei der Hyperebenen $K\mathfrak{a}$, $K\mathfrak{b}$ nach Definition zueinander senkrecht sind, wenn $f(\mathfrak{a}, \mathfrak{b}) = 0$ ist.

Ist $\mathfrak{a}$ ein nichtisotroper Vektor aus V, so induziert die Symmetrie $\sigma_\mathfrak{a}$ von V eine involutorische Homologie $\bar{\sigma}_\mathfrak{a}$ von PV. Man nennt $\bar{\sigma}_\mathfrak{a}$ die *Spiegelung von PV an der Hyperebene $K\mathfrak{a}$*.

Die von der Menge $PS(V)$ aller dieser Hyperebenenspiegelungen erzeugte Untergruppe der Gruppe aller Kollineationen von PV wird als *(engere) projektiv-orthogonale Gruppe* $PO^*(V)$ bezeichnet. $(PO^*(V), PS(V))$ ist eine involutorisch erzeugte Gruppe.

Die Zuordnung $\sigma_\mathfrak{a} \to \bar{\sigma}_\mathfrak{a}$ bildet $S(V)$ eineindeutig auf $PS(V)$ ab und induziert einen Homomorphismus von $O^*(V)$ auf $PO^*(V)$, dessen Kern $Z(O^*(V))$ ist. $PO^*(V)$ ist also isomorph zu der Faktorgruppe $O^*(V)/Z(O^*(V))$.

Literatur. BECKEN-BÖGE [1*], [3*], O'MEARA [1*], KLOPSCH [1*], AHRENS-DRESS-WOLFF [1*], SNAPPER-TROYER [1*]. — Vgl. die Literatur zu § 9.

9. n-dimensionale absolute Geometrie. Die in Kapitel II entwickelte ebene absolute Geometrie hat KINDER in [1*] zur n-dimensionalen absoluten Geometrie verallgemeinert ($n \geqq 2$). Die „räumliche" absolute Geometrie (der Fall $n = 3$) war bereits von AHRENS in [1] behandelt.

Die *n-dimensionale absolute Geometrie* wird axiomatisch definiert, und wir geben zunächst das von KINDER aufgestellte Axiomensystem an.

[1] Vgl. S. 146 und 152, wo diese Auffassung für den Fall $n = 2$ dargelegt ist. Die n-dimensionalen Teilräume von V sind die Punkte von PV.

Grundannahme. *Sei* $(\mathfrak{G}, \mathfrak{S})$ *eine involutorisch erzeugte Gruppe*; $\mathfrak{S}$ *sei invariant in* $\mathfrak{G}$.

Sei $\mathfrak{P}$ die Menge aller involutorischen Produkte $a_1 a_2 \ldots a_n$ mit $a_1 | a_2 | \ldots | a_n$ $(a_i \in \mathfrak{S})$[1]. Zu dem Paar $(\mathfrak{G}, \mathfrak{S})$ ist damit ein Tripel $(\mathfrak{G}, \mathfrak{S}, \mathfrak{P})$ definiert, dem man wie in 2 eine geometrische Struktur zuordnet, indem man das Wort „Gerade" durch „Hyperebene" ersetzt. Die Axiome handeln nun von den Elementen aus $\mathfrak{S}$ und den Elementen aus $\mathfrak{P}$, geometrisch gesprochen den Hyperebenen und den Punkten, und den Relationen $a|b$, $abc = d$, $A|b$, $a = A$, die gemäß 2 geometrisch zu deuten sind.

Axiom 1_n^*. *Zu* $a_1, \ldots, a_{n-1}, A$ *gibt es ein* a *mit* $a | a_1, \ldots, a_{n-1}, A$.

Axiom 1_n. *Zu* $a_1, \ldots, a_{n-2}, A, B$ *mit* $a_1 | \ldots | a_{n-2} | A, B$ *gibt es ein* a *mit* $a | a_1, \ldots, a_{n-2}, A, B$.

Axiom 2_n. *Aus* $a_1 | \ldots | a_{n-2} | a, b | A, B$ *folgt* $a = b$ *oder* $A = B$.

Axiom 3_n. *Aus* $a_1 | \ldots | a_{n-2}, A | a, b, c$ *und* $a_{n-2} \neq A$ *folgt* $abc \in \mathfrak{S}$.

Axiom 4_n. *Aus* $a_1 | \ldots | a_{n-1} | a, b, c$ *folgt* $abc \in \mathfrak{S}$.

Axiom X_n. *Es gibt* $a_1, \ldots, a_n$ *mit* $a_1 | \ldots | a_n$.

Axiom D_n. *Zu* $a_1, \ldots, a_n$ *mit* $a_1 | \ldots | a_n$ *gibt es ein* a *derart, daß* $a | a_1, \ldots, a_{n-1}$ *und weder* $a = a_n$ *noch* $a | a_n$ *gilt.*

In der dem Paar $(\mathfrak{G}, \mathfrak{S})$ zugeordneten geometrischen Struktur, deren Punkte nach Definition die involutorischen Produkte von n paarweise senkrechten Hyperebenen sind, gilt auf Grund der Axiome: Zu einem Punkt A und $n-1$ Hyperebenen gibt es eine Hyperebene durch A, die zu den gegebenen Hyperebenen senkrecht ist (Existenz einer Senkrechten, Axiom 1_n^*); zu zwei Punkten A, B und $n-2$ paarweise senkrechten Hyperebenen, die mit ihnen inzidieren, gibt es eine Hyperebene durch A und B, die zu den gegebenen Hyperebenen senkrecht ist (Existenz einer Verbindung, Axiom 1_n); ist dabei $A \neq B$, so gibt es nur eine solche Hyperebene (Eindeutigkeit der Verbindung, Axiom 2_n); sind ein Punkt A und $n-2$ paarweise senkrechte Hyperebenen gegeben, von denen alle bis auf höchstens eine mit A inzidieren und auch diese nicht polar zu A ist, so gibt es zu drei Hyperebenen durch A, die zu den gegebenen senkrecht sind, eine vierte Spiegelungshyperebene (Axiom 3_n); zu drei Hyperebenen, die zu $n-1$ paarweise senkrechten Hyperebenen senkrecht sind, gibt es eine vierte Spiegelungshyperebene (Axiom 4_n); es gibt n paarweise senkrechte Hyperebenen (Axiom X_n); zu n paarweise senkrechten Hyperebenen gibt es eine weitere, die zu $n-1$ von diesen

[1] Ausdrücke wie $a_1, b_1, \ldots | a_2, b_2, \ldots | \ldots \ldots | a_m, b_m, \ldots$ mit $a_i, b_i, \ldots \in \mathfrak{S}$ und entsprechende Ausdrücke, die auch Elemente aus $\mathfrak{P}$ enthalten, sind Abkürzungen von Konjunktionen und besagen stets, daß je zwei von den in ihnen auftretenden Elementen, zwischen denen sich wenigstens ein $|$ befindet, zueinander in der Strichrelation stehen.

Hyperebenen senkrecht, aber von der n-ten verschieden und zu ihr nicht senkrecht ist (Axiom D_n).

Das Axiomensystem ist im Fall $n=2$ zu dem Axiomensystem aus § 3,2, im Fall $n=3$ zu dem Axiomensystem von AHRENS äquivalent.

Für jedes Paar $(\mathfrak{G}, \mathfrak{S})$, das dem Axiomensystem der n-dimensionalen absoluten Geometrie genügt, gilt: Das Zentrum von $\mathfrak{G}$ ist gleich $\{1\}$, also die Bewegungsgruppe der dem Paar $(\mathfrak{G}, \mathfrak{S})$ zugeordneten geometrischen Struktur, mit der Menge der Spiegelungen an den Hyperebenen als Erzeugendensystem, zu $(\mathfrak{G}, \mathfrak{S})$ isomorph.

Man kann das Axiomensystem gabeln, indem man das

Axiom P_n (vom Polarsimplex). *Es gibt* $a_1, \ldots, a_{n+1}$ *mit* $a_1 | \ldots | a_{n+1}$

oder seine Negation Axiom $\sim P_n$ hinzunimmt. Die entstehenden Axiomensysteme seien als *Axiomensystem der n-dimensionalen elliptischen Geometrie* bzw. als *Axiomensystem der n-dimensionalen nicht-elliptischen absoluten Geometrie* bezeichnet.

Für die involutorisch erzeugten Gruppen, die dem Axiomensystem der n-dimensionalen absoluten Geometrie genügen, gilt, wie KINDER bewiesen hat, ein Einbettungssatz von der Art des Haupt-Theorems der ebenen absoluten Geometrie. Was zunächst den elliptischen Fall anlangt, so gilt:

Satz 9.1 (KINDER). *Die involutorisch erzeugten Gruppen, die dem Axiomensystem der n-dimensionalen elliptischen Geometrie genügen, sind bis auf Isomorphie die involutorisch erzeugten Gruppen*

$$(PO^*(V), PS(V)) \quad \textit{mit} \dim V = n+1, \ \dim \mathrm{Rad} V = 0, \ \mathrm{Ind} V = 0$$

über Körpern von Charakteristik $\neq 2$.

Im nicht-elliptischen Fall wird die axiomatisch gegebene geometrische Struktur in einen projektiv-metrischen Idealraum eingebettet. In Verallgemeinerung der im ebenen Fall benutzten Geradenbüschel verwendet KINDER gewisse Teilmengen von $\mathfrak{S}$, die als m-Büschel bezeichnet werden ($m \in \{0, 1, 2, \ldots\}$): Die leere Menge heißt 0-*Büschel*, und zu jedem Produkt $a_1 \ldots a_m$ mit $m=1$ oder $m \geqq 2$ und $a_1 \ldots a_m \notin \mathfrak{S}^{m-2}$ ($\mathfrak{S}^0 := \{1\}$) wird ein *m-Büschel* als die Menge

$$\{c: a_1 \ldots a_m c \in \mathfrak{S}^{m-1}\}$$

definiert. Die Nützlichkeit dieses Begriffs beruht darauf, daß der

Allgemeine Satz von den k Spiegelungen: *Liegen* $c_1, \ldots, c_k$ *in einem* $(k-1)$-*Büschel, so gilt* $c_1 \ldots c_k \in \mathfrak{S}^{k-2}$

für jedes $k \geqq 2$ aus dem Axiomensystem und Axiom $\sim P_n$ beweisbar ist. Aus der Grundannahme und dem allgemeinen Satz von den k Spiegelungen folgt bereits, daß für jedes m-Büschel die in ihm enthaltenen Büschel einen Austauschverband der Länge m bilden.

Der abschließende Einbettungssatz kann wie folgt formuliert werden:

HAUPT-THEOREM der n-dimensionalen absoluten Geometrie (KINDER). *Sei* $(\mathfrak{G}, \mathfrak{S})$ *eine involutorisch erzeugte Gruppe, die dem Axiomensystem der n-dimensionalen absoluten Geometrie genügt. Dann gibt es einen Körper K von Charakteristik $\neq 2$ und einen $(n+1)$-dimensionalen metrischen Vektorraum V über K mit*

$$\dim \operatorname{Rad} V + \operatorname{Ind} V \leqq 1,$$

so daß $(\mathfrak{G}, \mathfrak{S})$ *zu einer lokalvollständigen erzeugten Untergruppe der involutorisch erzeugten Gruppe*

$$\big(PO^*(V),\ PS(V)\big)$$

isomorph ist.

Dabei heißt eine erzeugte Untergruppe von $\big(PO^*(V), PS(V)\big)$ *lokalvollständig,* wenn ihr Erzeugendensystem S der folgenden Bedingung genügt:

Sind $\bar{\sigma}_{\mathfrak{a}}, \bar{\sigma}_{\mathfrak{b}} \in S$ *und ist* $\mathfrak{a} \perp \mathfrak{b}$, *so ist jeder Vektor* $\mathfrak{c} \neq \mathfrak{o}$ *aus dem von* $\mathfrak{a}, \mathfrak{b}$ *erzeugten Teilraum* $\langle \mathfrak{a}, \mathfrak{b} \rangle$ *nichtisotrop und* $\bar{\sigma}_{\mathfrak{c}} \in S$.

Literatur. AHRENS [1], SCHERF [1*], LENZ [2*], [8*], KINDER [1*], [2*], KINDER-WOLFF [1*], NOLTE [1*], [2*], HÜBNER [1*], [2*].

10. Eigentlichkeitsbereiche und vollständige Spiegelungsgruppen metrischer Vektorräume. Wie läßt sich der Begriff der absoluten Geometrie im Rahmen der Theorie der metrischen Vektorräume und ihrer orthogonalen und projektiv-orthogonalen Gruppen charakterisieren?

Wir betrachten (i) Die involutorisch erzeugten Gruppen, die dem Axiomensystem der n-dimensionalen absoluten Geometrie genügen, und (ii) Die $(n+1)$-dimensionalen metrischen Vektorräume V über Körpern von Charakteristik $\neq 2$ und ihre Gruppen $(n \geqq 2)$.

Die involutorisch erzeugten Gruppen (i) sind nach dem Einbettungstheorem aus 9 bis auf Isomorphie diejenigen lokalvollständigen erzeugten Untergruppen (G, S) von Gruppen

$$\big(PO^*(V),\ PS(V)\big), \tag{4}$$

welche den Axiomen genügen. Es sollen nun, bei gegebenem V, gewisse Teilmengen von V (Vektormengen) angegeben werden, welche diesen erzeugten Untergruppen umkehrbar eindeutig entsprechen.

Sei V gegeben. Das Erzeugendensystem S jeder erzeugten Untergruppe (G,S) von (4) ist eine Teilmenge von $PS(V)$ und bestimmt damit eine Teilmenge von V, nämlich die Menge der (nichtisotropen) Vektoren $\mathfrak{a}$ mit $\bar{\sigma}_{\mathfrak{a}} \in S$; wir nehmen den Nullvektor hinzu und setzen

$$E(S) := \{\mathfrak{a} \in V\colon\ \mathfrak{a} = \mathfrak{o} \text{ oder } \bar{\sigma}_{\mathfrak{a}} \in S\}.$$

Umgekehrt bestimmt jede Teilmenge E von V eine Teilmenge

$$PS(E) := \{\bar{\sigma}_{\mathfrak{a}} : \mathfrak{a} \text{ nichtisotrop und } \mathfrak{a} \in E\}$$

von $PS(V)$ und damit eine erzeugte Untergruppe von (4).

Mit den so definierten Begriffen läßt sich ein im Fall $n=2$ viel benutztes „Kriterium“ (vgl. etwa BACHMANN-PEJAS [1*], DRESS [11*]) wie folgt ausdehnen:

Satz 10.1 (KINDER und KLOPSCH). a) *Ist* (G, S) *eine lokalvollständige erzeugte Untergruppe von* (4), *welche dem Axiomensystem der n-dimensionalen absoluten Geometrie genügt, so ist* $E(S)$ *eine Teilmenge* E *von* V *mit den folgenden Eigenschaften:*

E1. *Ist* $\mathfrak{a} \in E$ *und* $\mathfrak{a} \neq \mathfrak{o}$, *so ist* $\mathfrak{a}$ *nichtisotrop;*

E2. *Aus* $\mathfrak{a}, \mathfrak{b} \in E$ *und* $\mathfrak{a} \perp \mathfrak{b}$ *folgt* $\langle \mathfrak{a}, \mathfrak{b} \rangle \subseteq E$;

E3. *Sind* $\mathfrak{a}, \mathfrak{b}, \mathfrak{c} \in E$ *und linear abhängig, so ist* $\mathfrak{a} \times \mathfrak{b} \times \mathfrak{c} \in E$;

E4. *Es gibt einen n-dimensionalen Teilraum* T *mit* $T \subset E$.

b) *Ist* E *eine Teilmenge von* V *mit den Eigenschaften* E1—E4, *so ist* $(\langle PS(E) \rangle, PS(E))$ *eine lokalvollständige erzeugte Untergruppe von* (4) *und genügt dem Axiomensystem der n-dimensionalen absoluten Geometrie.* (P. KLOPSCH [1*].)

Eine Teilmenge E von V, welche die Eigenschaften E1—E4 besitzt, wird ein *Eigentlichkeitsbereich von* V genannt. Bei gegebenem Eigentlichkeitsbereich E von V nennt man auch die in E enthaltenen Teilräume von V eigentlich.

In Verbindung mit dem Haupt-Theorem aus 9 lehrt der Satz von KINDER und KLOPSCH, daß die n-dimensionale absolute Geometrie als Theorie der Eigentlichkeitsbereiche der $(n+1)$-dimensionalen metrischen Vektorräume aufgefaßt werden kann; der Satz bildet damit den Schlußstein der Algebraisierung der n-dimensionalen absoluten Geometrie, öffnet einen Zugang zum Studium von Modellen und liefert ein Resultat, das offensichtlich von grundsätzlicher Bedeutung ist: Die Frage

Was ist die absolute Geometrie?

läßt sich nicht nur durch das Axiomensystem aus 9 (im ebenen Fall durch das Axiomensystem aus § 3,2), sondern auch im Rahmen der Theorie der metrischen Vektorräume beantworten.

Auf die zu Anfang dieser Nummer gestellte Frage hat KLOPSCH eine zweite, noch prägnantere Antwort gegeben, indem er die involutorisch erzeugten Gruppen, die dem Axiomensystem der nicht-elliptischen n-dimensionalen absoluten Geometrie genügen, im Rahmen der engeren orthogonalen Gruppen $O^*(V)$ charakterisiert hat.

Hierzu seien, bei gegebenem V, die involutorischen Elemente aus $O^*(V)$ *Spiegelungen von* V genannt. Ist σ eine Spiegelung von V, so ist

$$\text{Bahn}\,\sigma := V(\sigma - 1) = \text{Kern}\,(\sigma + 1) = \{\mathfrak{a} \in V\colon \mathfrak{a}\sigma = -\mathfrak{a}\}$$

ein regulärer Teilraum $\neq O$ von V. Umgekehrt gibt es zu jedem regulären Teilraum $T \neq O$ von V genau eine Spiegelung von V, deren Bahn gleich T ist; es ist die lineare Abbildung von V auf sich, die jeden Vektor $\mathfrak{a}$ aus T auf $-\mathfrak{a}$ abbildet und $T^\perp$ elementweise festläßt. Sie wird *Spiegelung längs* T genannt. Die Spiegelungen von V mit eindimensionaler Bahn sind die Symmetrien von V.

Eine Untergruppe G von $O^*(V)$ heiße eine *Spiegelungsgruppe von* V, wenn G aus Spiegelungen von V erzeugbar ist.

Definition. Eine Spiegelungsgruppe G von V heiße *vollständig*, wenn sie den beiden folgenden Bedingungen genügt:

v1. *Ist* ϱ *eine Spiegelung aus* G *und* T *ein Teilraum von* V *mit* $O \neq T \subseteq \text{Bahn}\,\varrho$, *so gibt es eine Spiegelung* σ *aus* G *mit* $\text{Bahn}\,\sigma = T$;

v2. G *enthält eine Spiegelung mit* n*-dimensionaler Bahn*; *die Bahn keiner Spiegelung aus* G *enthält die Bahnen aller Spiegelungen aus* G.

Das Wesentliche an dieser Definition ist offenbar die Bedingung v1. Sie besagt mit anderen Worten: Enthält G die Spiegelung längs eines Teilraums, so enthält G auch Spiegelungen längs aller Teilräume $\neq O$ dieses Teilraums.

Sei $S(G)$ die Menge der Symmetrien aus G.

Satz 10.2 (Klopsch). a) *Ist* G *eine vollständige Spiegelungsgruppe von* V, *so genügt* $(G, S(G))$ *dem Axiomensystem der* n*-dimensionalen (nicht-elliptischen) absoluten Geometrie.*

b) *Genügt* $(\mathfrak{G}, \mathfrak{S})$ *dem Axiomensystem der* n*-dimensionalen nicht-elliptischen absoluten Geometrie, so gibt es einen Körper* K *von Charakteristik* $\neq 2$, *einen* $(n+1)$*-dimensionalen metrischen Vektorraum* V *über* K *und eine vollständige Spiegelungsgruppe* G *von* V, *so daß* $(\mathfrak{G}, \mathfrak{S}) \cong (G, S(G))$ *ist.* (Klopsch [2*].)

Durch den Satz von Klopsch und den Satz 9.1 über die Gruppen der n-dimensionalen elliptischen Geometrie wird der Begriff der absoluten Geometrie im Rahmen der orthogonalen und projektiv-orthogonalen Gruppen beschrieben.

11. Gruppentheoretische Kennzeichnung orthogonaler Gruppen. In mehreren von den vorangehenden Nummern wurden axiomatisch definierte Klassen von involutorisch erzeugten Gruppen $(\mathfrak{G}, \mathfrak{S})$ betrachtet; die definierenden Axiome waren Gesetze, denen die Elemente des Erzeugendensystems $\mathfrak{S}$ genügen.

Andererseits haben wir orthogonale und projektiv-orthogonale Gruppen metrischer Vektorräume als involutorisch erzeugte Gruppen aufgefaßt, und es stellt sich das folgende Charakterisierungsproblem:

Wie lassen sich etwa die orthogonalen Gruppen eines Typs als abstrakte involutorisch erzeugte Gruppen durch Gesetze („Axiome") kennzeichnen, denen die Elemente des Erzeugendensystems genügen?

Von dem Nachweis, daß ein solches System von Axiomen die orthogonalen bzw. projektiv-orthogonalen Gruppen eines bestimmten Typs metrischer Vektorräume kennzeichnet, darf man erwarten, daß er einen Einblick in die Geometrie dieser metrischen Vektorräume und ihrer Gruppen vermittelt.

Eine Lösung des Charakterisierungsproblems wird erleichtert, wenn zuvor das Längenproblem und das Relationenproblem gelöst werden. Das Längenproblem ist die Frage nach der Minimalzahl von Erzeugenden, die zur Darstellung eines gegebenen Gruppenelements notwendig sind. Das Relationenproblem ist die Frage nach einer Menge möglichst kurzer Relationen zwischen Erzeugenden mit der Eigenschaft, daß jede Relation zwischen Erzeugenden Folgerelation von Relationen dieser Menge ist (vgl. 8).

Es sei nun stets V ein metrischer Vektorraum mit $\dim V \geqq 3$ über einem Körper von Charakteristik $\neq 2$. Ferner machen wir für diese Nummer die Einschränkung: Es sollen nur metrische Vektorräume V mit

$$\dim \operatorname{Rad} V \leqq 1,$$

also nur die Fälle

$$\text{I)}\ \dim \operatorname{Rad} V = 0 \quad (V \text{ regulär}), \qquad \text{II)}\ \dim \operatorname{Rad} V = 1$$

in Betracht gezogen werden. Durch das Interesse an der elliptischen, hyperbolischen, euklidischen und Minkowskischen Geometrie sind von den Unterfällen die folgenden ausgezeichnet:

$$\begin{array}{llll} \text{I 1)} & \dim \operatorname{Rad} V = 0,\ \operatorname{Ind} V = 0, & \text{I 2)} & \dim \operatorname{Rad} V = 0,\ \operatorname{Ind} V = 1, \\ \text{II 1)} & \dim \operatorname{Rad} V = 1,\ \operatorname{Ind} V = 0, & \text{II 2)} & \dim \operatorname{Rad} V = 1,\ \operatorname{Ind} V = 1. \end{array}$$

Es sei nun zunächst $\dim V = 3$. Da $\dim \operatorname{Rad} V \leqq 1$ angenommen wird, ist V dann von einem der vier soeben aufgezählten Typen; in der projektiven Auffassung entsprechen diesen vier Möglichkeiten die vier in 6 genannten Typen von projektiv-metrischen Ebenen. Wir betrachten die (erzeugten) eigentlich-orthogonalen Gruppen

$$(5) \qquad \left(O^+(V), S^+(V)\right) \quad \text{mit } \dim V = 3.$$

Ist V regulär, so ist das Erzeugendensystem $S^+(V)$ die Menge aller involutorischen Elemente aus $O^+(V)$. Im Fall I 1) wird das Charakterisierungsproblem für die Gruppen (5) durch das Axiomensystem der „elliptischen Bewegungsgruppen" aus § 16 gelöst (vgl. Theorem 5), im Fall I 2) durch das Axiomensystem der H-Gruppen aus § 11 (Theorem 9) [In dem Axiomensystem der H-Gruppen ist das Axiom UV 2 entbehrlich; s. S. 309]. Im Fall II 1) wird das Charakterisierungsproblem für die Gruppen (5) durch das Axiomensystem der „euklidischen Bewegungsgruppen" aus § 6,12 — das Axiomensystem aus § 3,2 mit den Zusatzaxiomen R und V* — gelöst (Theorem 4), im Fall II 2) durch WOLFFS Axiomensystem für die Minkowskischen Gruppen (Satz 6.1).

LINGENBERG hat im Rahmen der S-Gruppen Axiomensysteme angegeben, welche die sämtlichen Gruppen (5) mit $\dim \mathrm{Rad} V \leqq 1$ und die entsprechenden Gruppen über Körpern von Charakteristik 2 charakterisieren. Ein solches Axiomensystem verwendet die Axiome „Jedes Geradenbüschel ist dreiseitverbindbar", „Zu jedem a gibt es ein b mit $a|b$" und VS (vgl. 7; LINGENBERG [7*]); ein anderes entnimmt man dem LINGENBERGschen Satz 7.3. Die Gruppen über Körpern von Charakteristik 2 werden ausgeschieden durch das Zusatzaxiom:

Es gibt a, b, c mit $a|b, c$ und $abc \notin \mathfrak{S}$ und a nicht im Zentrum von $\mathfrak{G}$,

das somit die Rolle des FANO-Axioms übernimmt.

Sei nun $\dim V = n$. Wir betrachten die von den Symmetrien erzeugten engeren orthogonalen Gruppen

$$(6) \qquad (O^*(V), S(V)) \quad \text{mit } \dim V = n \geqq 3,$$

und auch hier zunächst den „elliptischen" Fall I 1) $\dim \mathrm{Rad} V = 0$, $\mathrm{Ind} V = 0$. Für diesen Fall hat AHRENS in [1*] das Charakterisierungsproblem gelöst; eine Kennzeichnung der entsprechenden projektiv-orthogonalen Gruppen entnimmt man dem KINDERschen Satz 9.1. Eine gemeinsame Charakterisierung der Gruppen (6) des Falles I 1) und der entsprechenden projektiv-orthogonalen Gruppen hat KINDER in [2*] gegeben.

Für $\dim \mathrm{Rad} V = 0$ wurde von S. BECKEN-BÖGE eine Charakterisierung der Gruppen (6) gegeben, für $\dim \mathrm{Rad} V = 1$ von WOLFF (BEKKEN-BÖGE [2*], WOLFF [4*])[1].

Literatur. DIEUDONNÉ [1*], AHRENS [1*], WOLFF [3*], [4*], LINGENBERG [7*], [9*], [10*], [12*], BECKEN-BÖGE [2*], KINDER [1*], [2*].

12. Kinematische Räume. In der Geometrie involutorischer Gruppenelemente wird einer Gruppe eine geometrische Struktur zugeordnet, deren Elemente involutorische Gruppenelemente sind. Älter ist jedoch die Einsicht, daß man gewissen Gruppen einen „Raum" zuordnen kann,

[1] Die Gruppen (6) über dem Körper mit 3 Elementen werden ausgeschlossen.

Die in WOLFF [4*] behandelten involutorisch erzeugten Gruppen sind in anderer Darstellung die Bewegungsgruppen der mit einer regulären Metrik versehenen $(n-1)$-dimensionalen affinen Räume über Körpern von Charakteristik $\neq 2$.

dessen Punkte die sämtlichen Gruppenelemente sind. Als Beispiel[1] haben wir in § 17 der Bewegungsgruppe $\mathfrak{G}$ einer elliptischen Ebene ihren Gruppenraum zugeordnet und erinnern an einige Eigenschaften dieses Gruppenraums: Die Punkte sind die Elemente von $\mathfrak{G}$; die Geraden durch 1 sind die „Drehgruppen" (vgl. S. 244), also Untergruppen von $\mathfrak{G}$, die eine normale Partition von $\mathfrak{G}$ bilden; die Menge aller Geraden ist die Menge der Rechtsrestklassen dieser Untergruppen (S. 248); die Rechtsschiebungen von $\mathfrak{G}$, die Linksschiebungen von $\mathfrak{G}$ und das Invertieren in $\mathfrak{G}$ [die Abbildung, die jedem Element aus $\mathfrak{G}$ sein Inverses zuordnet] sind Kollineationen (S. 247, 249, 259); der Gruppenraum ist ein dreidimensionaler projektiver, sogar elliptischer Raum (§ 17, Satz 1).

Dem Studium von Gruppen, deren Elemente zugleich die Punkte einer geometrischen Struktur sind, haben Ellers und Karzel ([1*]) durch die Einführung des Begriffs der Inzidenzgruppe einen neuen Impuls gegeben. Wir wollen hier über die Arbeit [3*] von L. Bröcker berichten, die an diesen Begriff anknüpft.

Eine Gruppe $\mathfrak{G}$ werde eine *Inzidenzgruppe* genannt, wenn zugleich eine Inzidenzstruktur gegeben ist, deren Punkte die Elemente von $\mathfrak{G}$ sind, und wenn die Rechtsschiebungen von $\mathfrak{G}$ Kollineationen der Inzidenzstruktur sind (Karzel [3*]); dabei verlangt Bröcker für die Inzidenzstruktur: In $\mathfrak{G}$ ist ein System von Teilmengen — *„Geraden"* — so ausgezeichnet, daß zwei verschiedene Punkte genau eine Verbindungsgerade haben und daß es drei Punkte gibt, die nicht auf einer Geraden liegen. Im obigen Beispiel war die Inzidenzstruktur von $\mathfrak{G}$ ein projektiver Raum; im folgenden wird die allgemeinere Situation von Interesse sein, daß die Inzidenzstruktur von $\mathfrak{G}$ Teilstruktur eines projektiven Raumes ist.

Eine Inzidenzgruppe $\mathfrak{G}$ heißt *zweiseitig*, wenn auch die Linksschiebungen von $\mathfrak{G}$ Kollineationen sind (Karzel [3*]); eine weitere Spezialisierung des Begriffs der Inzidenzgruppe ergibt sich aus dem

Lemma. *Sei $\mathfrak{G}$ eine Inzidenzgruppe; jede Gerade aus $\mathfrak{G}$ enthalte wenigstens drei Punkte. Dann sind untereinander äquivalent*: (i) *$\mathfrak{G}$ ist zweiseitig und die Geraden durch* 1 *sind Untergruppen von $\mathfrak{G}$*; (ii) *Die Geradenmenge von $\mathfrak{G}$ ist aus einer normalen Partition von $\mathfrak{G}$ abgeleitet*; (iii) *Das Invertieren in $\mathfrak{G}$ ist eine Kollineation.*

Für die projektiv-metrischen Ebenen aller vier Typen (vgl. 6) gilt, daß sich die Gruppe $\mathfrak{G}$ ihrer geraden Bewegungen als Inzidenzgruppe auffassen läßt [in ordinären projektiv-metrischen Ebenen ist $\mathfrak{G}$ die volle Bewegungsgruppe]. Man kann nämlich jeder projektiv-metrischen Ebene eine (assoziative) Algebra A über ihrem Koordinatenkörper K so

[1] Ein anderes Beispiel sind Vektorräume und die ihnen zugeordneten affinen Räume.

zuordnen, daß der projektive Raum A^*/K^* dreidimensional, $\mathfrak{G}$ isomorph zu E/K^* und die Gruppe E/K^*, als Teilstruktur des projektiven Raumes A^*/K^*, eine Inzidenzgruppe ist. [Zur Bezeichnung: Es sei $K^* := K\backslash\{0\}$, $A^* := A\backslash\{0\}$, A^*/K^* der dem K-Vektorraum A kanonisch zugeordnete projektive Raum mit den Restklassen $\{K^*a\colon a\in A^*\}$ als Punkten, E die Einheitengruppe von A].

Geeignete Algebren sind, zumindest für den reellen Zahlkörper, aus der ebenen Kinematik bekannt; für alle ordinären projektiv-metrischen Ebenen wurden sie in § 10 behandelt.

1. Im elliptischen Fall ist A ein Quaternionenschiefkörper über K.

2. Im hyperbolischen Fall ist $\mathfrak{G}$ isomorph zu der Gruppe $PGL_2(K)$ und A die Algebra aller 2×2-Matrizen über K.

3. Im euklidischen Fall gibt es eine Erweiterung L von K vom Grad 2 mit nicht-trivialem K-Automorphismus φ und einen L-Vektorraum T, so daß A wie folgt beschrieben werden kann:

$A = L\oplus T$. $l\cdot l'$ ist die Körpermultiplikation für $l, l'\in L$. Es ist $t\cdot t' = 0$ für alle $t, t'\in T$. $l\cdot t$ ist die Skalarmultiplikation und $t\cdot l = (l\varphi)\cdot t$ für $l\in L$, $t\in T$. T ist als L-Vektorraum eindimensional.

4. Im Minkowskischen Fall wird $A = L\oplus T$ entsprechend konstruiert. Es sei aber jetzt L die Algebra vom Rang 2 über K, die durch Adjunktion eines idempotenten Elements i entsteht, und φ der durch $i\to 1-i$ vermittelte Automorphismus. T sei ein L-Modul, frei und eindimensional.

Die Menge der Punkte des projektiven Raumes A^*/K^*, welche nicht Punkte der Inzidenzgruppe E/K^* sind, ist im elliptischen Fall leer, im hyperbolischen Fall ein Hyperboloid (vgl. S. 238), im euklidischen Fall eine Gerade, im Minkowskischen Fall Vereinigung von zwei Ebenen.

Definition. Ein Paar $(\mathscr{P}, \mathfrak{G})$, bestehend aus einem desarguesschen projektiven Raum $\mathscr{P}$ von einer Dimension $\geqq 2$ und einer Inzidenzgruppe $\mathfrak{G}$, deren Inzidenzstruktur Teilstruktur von $\mathscr{P}$ und für die das Invertieren eine Kollineation ist, werde ein *kinematischer Raum* genannt.

Nach dem Gesagten gehört zu der Gruppe der geraden Bewegungen einer projektiv-metrischen Ebene ein kinematischer Raum $(\mathscr{P}, \mathfrak{G})$ mit der Eigenschaft

(*) *Jede Gerade aus $\mathscr{P}$, die nicht ganz in $\mathscr{P}\backslash\mathfrak{G}$ liegt, schneidet $\mathscr{P}\backslash\mathfrak{G}$ in höchstens zwei Punkten.*

Bröcker hat nun die kinematischen Räume mit der Eigenschaft (*) klassifiziert und gezeigt, daß sie im wesentlichen die kinematischen Räume der geraden Bewegungsgruppen der projektiv-metrischen Ebenen sind. Seine Ergebnisse sind:

Ist $(\mathscr{P}, \mathfrak{G})$ ein kinematischer Raum mit der Eigenschaft $(*)$ und enthält jede Gerade von $\mathfrak{G}$ wenigstens vier Punkte, so gibt es (von zwei leicht beschreibbaren Ausnahmen abgesehen) eine Algebra A vom Rang $\geqq 3$ über einem Körper K, in der die zweidimensionalen Teilräume, welche die Eins enthalten, Unteralgebren sind, so daß

$$(\mathscr{P}, \mathfrak{G}) \quad \text{isomorph zu} \quad (A^*/K^*, E/K^*)$$

ist [die Charakteristik von K kann auch gleich 2 sein]. Umgekehrt definiert jede solche Algebra einen kinematischen Raum mit $(*)$.

Für eine Algebra A dieser Art gibt es folgende Möglichkeiten:

a) A ist Quaternionenschiefkörper oder volle 2×2-Matrixalgebra über K.

b) A ist eine Algebra, wie sie unter 3. und 4. beschrieben wurde. Dabei ist T nicht notwendig frei und eindimensional.

c) $A = K \oplus T$. Dabei ist T eine K-Algebra mit $t^2 = 0$ für alle $t \in T$ und $c \cdot t$ die Skalarmultiplikation für $c \in K$, $t \in T$.

d) $A = L \oplus T$. Dabei ist K von Charakteristik 2, L ein Erweiterungskörper von K mit $l^2 \in K$ für alle $l \in L$, ferner T eine L-Algebra mit $t^2 = 0$ für alle $t \in T$ und $l \cdot t$ die Skalarmultiplikation für $l \in L$, $t \in T$.

Durch Zusatzbedingungen lassen sich leicht unter diesen Algebren diejenigen auszeichnen, die zu den geraden Bewegungsgruppen der projektiv-metrischen Ebenen gehören.

Mit anderer Methode hat E. M. Schröder in [3*] eine Klassifikation kinematischer Räume mit der Eigenschaft $(*)$ durchgeführt und zugehörige Algebren bestimmt; er geht dabei von einer etwas anderen Definition eines kinematischen Raums aus.

Literatur. Grünwald [1], Blaschke [2], [1*], Reidemeister [2], Podehl-Reidemeister [1], Bachmann [1], Arnold Schmidt [2], Baer [6], Schütte [5], Karzel [1*]–[6*], Ellers-Karzel [1*], [2*], [4*], Wähling [1*], Karzel-Meissner [1*], Meissner [1*], Ellers [1*], Karzel-Pieper [1*], Lüneburg [2*], Dienst-Ott [1*], Schröder [1*], [3*], Bröcker [3*].

13. Hilbert-Ebenen. Unter der Hilbertschen (ebenen) absoluten Geometrie verstehen wir die Theorie, die durch die Axiome I 1—3 der Inzidenz in der Ebene, die Axiome II der Anordnung und die Axiome III der Kongruenz aus Hilberts „Grundlagen der Geometrie" gegeben wird (vgl. S. 25). Die Modelle dieses Axiomensystems nennen wir *Hilbert-Ebenen.* W. Pejas hat die Hilbert-Ebenen algebraisch charakterisiert ([2*]); wir geben eine Darstellung seiner Resultate und halten uns, mutatis mutandis, an das Vorbild des § 19. Im Sinne unseres Buches sind die Hilbert-Ebenen die angeordneten metrischen Ebenen mit freier Beweglichkeit (Pejas [2*], S. 213); sie sind nicht elliptisch.

Ist K ein Körper von Charakteristik $\neq 2$ und $k \in K$, so verstehen wir unter der *affin-metrischen Koordinatenebene* $\mathscr{A}(K, k)$ die affine Koordinatenebene über K, in der durch das Verschwinden der Form

$$uu' + vv' + kww'$$

eine Orthogonalität von Geraden mit Koordinaten $u, v, w; u', v', w'$ gegeben ist; k wird als *metrische Konstante* bezeichnet. Im folgenden wird K geordnet sein; die Anordnung von K induziert in bekannter Weise eine Anordnung von $\mathscr{A}(K, k)$.

Aus dem Haupt-Theorem unseres Buches schließt man: Jede Hilbert-Ebene ist darstellbar als eine lokalvollständige[1], den Nullpunkt enthaltende Hilbert-Teilebene $\mathscr{H}$ einer (angeordneten) affin-metrischen Ebene $\mathscr{A}(K, k)$ über einem geordneten pythagoreischen Körper K.

$\mathscr{H}$ enthält kein Pol-Polare-Paar.

Die Punktmenge von $\mathscr{H}$ ist konvex und offen. Sie ist drehsymmetrisch in bezug auf den Nullpunkt: (x, y) ist ein Punkt von $\mathscr{H}$ genau dann, wenn $(\sqrt{x^2+y^2}, 0)$ ein Punkt von $\mathscr{H}$ ist. Daher wird die Hilbert-Teilebene $\mathscr{H}$ durch ihre Abszissenmenge

$$\{a \in K\colon (a, 0) \text{ ist ein Punkt von } \mathscr{H}\}$$

eindeutig bestimmt.

Die volle Abszissenmenge K von $\mathscr{A}(K, k)$ ist metrisiert. Durch das Verschwinden der affin spezialisierten Form

$$g(x, x') := kxx' + 1$$

ist auf K ein *Polarsein* von Elementen x, x' gegeben (bei $k=0$ gibt es keine polaren Elemente). Jedem $x \in K$ ist ein Formwert $g(x, x) = kx^2 + 1$ zugeordnet. Die aus $g(x, x')$ abgeleitete Funktion[2]

$$x \to kx^2$$

hat in zueinander polaren Elementen zueinander reziproke Werte. Daher ist

$$M_1 := \{x \in K\colon |kx^2| < 1\}$$

das größte, zur Null symmetrische Intervall, welches keine zueinander polaren Elemente enthält. Wir nennen M_1 das *Fundamentalintervall*. (Für $k=0$ ist $M_1 = K$.) Spiegelt man in $\mathscr{A}(K, k)$ den Nullpunkt an dem Punkt $(a, 0)$ mit $a \in M_1$, so entsteht der Punkt mit der Abszisse

$$a \oplus a := \frac{2a}{1 - ka^2}.$$

Satz 13.1. *Sei $\mathscr{A}(K, k)$ die (angeordnete) affin-metrische Ebene über einem geordneten pythagoreischen Körper K mit der metrischen Kon-*

---

[1] Eine Teilebene einer Ebene $\mathscr{E}$ heißt lokalvollständig, wenn sie mit einem Punkt alle Geraden von $\mathscr{E}$ enthält, die mit diesem Punkt inzidieren.

[2] $kx^2 = \left(g(0,0)\,g(x,x)/g(0,x)^2\right) - 1$ ist ein „Tangensquadrat"; vgl. Pejas [4*].

stanten k. Die Abszissenmengen der lokalvollständigen, den Nullpunkt enthaltenden Hilbert-Teilebenen von $\mathscr{A}(K, k)$ sind die nichtleeren Teilmengen M von K mit den Eigenschaften:

M0. $M \neq \{0\}$,

M1. *M ist konvex und symmetrisch zur Null: Aus $a \in M$ und $|b| \leq |a|$ folgt $b \in M$,*

M2. $M \subseteq M_1$,

M3. *Aus $a \in M$ folgt $a \oplus a \in M$,*

M4. *Für jedes $a \in M$ ist $ka^2 + 1$ ein Quadrat in K.*

Die Notwendigkeit von M4 folgt aus der Existenz des Mittelpunktes: Für jedes $a \in M$ muß die Gleichung $x \oplus x = a$ in M lösbar sein.

Es sei nun K ein beliebiger geordneter Körper und R der *Ring der ganzzahlig-einschließbaren Elemente aus K* (vgl. S. 292). R ist ein Bewertungsring von K[1]. Sei I das maximale Ideal von R, also die Menge der „unendlichkleinen" Elemente von K, und E die Einheitengruppe von R. Die Restklasse aE wird die *Größenklasse von a* genannt. Sei nun weiter ein Element $k \in K$ gegeben. Dann sind alle in M0—M4 auftretenden Begriffe definiert. Man kann dann die im Fundamentalintervall M_1 enthaltenen Teilmengen von K, welche die Eigenschaften M1, M3 haben, mit Hilfe des Rings R und seiner Ideale charakterisieren (Satz 13.2). Hierzu führen wir weitere Teilmengen von K ein.

1. M_1 enthält alle $x \in K$, für die $kx^2 \in I$ ist, und kann Elemente $x \in K$ mit $kx^2 \in E$ enthalten. Die Menge

$$G_0 := \{x \in K \colon kx^2 \in E\}$$

ist leer oder eine Größenklasse von K; sie enthält von zwei zueinander polaren Elementen beide oder keins. M_1 kann daher, wenn $G_0 \neq \emptyset$ ist, nicht alle Elemente aus G_0 enthalten.

2. Sei jetzt $k < 0$, also $M_1 = \{x \in K \colon kx^2 + 1 > 0\}$. Wenn es Elemente $a \in K$ mit $ka^2 + 1 = 0$, also selbstpolare Elemente gibt, so sind sie Randpunkte des (stets offenen) Fundamentalintervalls. Ist J ein aus unendlichkleinen Elementen bestehendes Ideal von R (also $J \subseteq I$), so wollen wir die Menge

$$U_J := \{a \in K \colon ka^2 + 1 \in J\}$$

die durch J gegebene Randzone des Fundamentalintervalls nennen. Es gilt $U_J \subseteq G_0$; auch U_J enthält von zwei zueinander polaren Elementen beide oder keins.

Satz 13.2. *Sei K ein geordneter Körper und $k \in K$. Die nichtleeren Teilmengen von K mit den Eigenschaften* M1—M3 *sind:*

(i) *Die in M_1 enthaltenen R-Moduln*

und, falls $G_0 \neq \emptyset$ und $k < 0$ ist,

[1] Zur Definition eines Bewertungsringes vgl. etwa Artin [2].

(ii) *die mit Primidealen* $J \neq R$ *von* R *gebildeten Mengen*

$$M_J := M_1 \setminus U_J = \{a \in K: \; ka^2 + 1 > 0, \notin J\};$$

die Mengen M_J *sind keine Moduln.*

Aus den Sätzen 13.1 und 13.2 folgt der PEJASsche Charakterisierungssatz:

Satz 13.3 (PEJAS). *Unter den Voraussetzungen von Satz 13.1 gilt mit den eingeführten Bezeichnungen: Die Abszissenmengen der lokalvollständigen, den Nullpunkt enthaltenden Hilbert-Teilebenen von* $\mathscr{A}(K, k)$ *sind:*

(i) *Die in* M_1 *enthaltenen R-Moduln* $M \neq (0)$ *mit der Eigenschaft, daß alle Elemente* $ka^2 + 1$ *mit* $a \in M$ *Quadrate in K sind,*
und, falls $G_0 \neq \emptyset$ *und* $k < 0$ *ist,*

(ii) *die mit Primidealen* $J \neq R$ *von* R *gebildeten Mengen* M_J *mit der Eigenschaft, daß alle Elemente* $ka^2 + 1$ *mit* $a \in M_J$ *Quadrate in K sind.*

Beispiele. 1. Sei K nichtarchimedisch geordnet (und pythagoreisch). Im Fall $k = 0$, $M = R$ erhält man DEHNS „semieuklidische" Ebene, als Teilebene der euklidischen Hilbert-Ebene $\mathscr{A}(K, 0)$; im Fall $k = 1$, $M = I$ erhält man DEHNS „Nicht-LEGENDREsche" Ebene (vgl. S. 285). — 2. Sei K ein geordneter Körper, in dem jedes positive Element Quadrat ist, und $k = -1$; dann ist $M_1 = \{x \in K: \; -1 < x < 1\}$. Wählt man für J das Nullideal, so liefert $M_{(0)} = M_1$ ein KLEINsches Modell einer hyperbolischen Hilbert-Ebene. Ist die Anordnung von K nichtarchimedisch, so liefern $M = I$ und auch M_I Hilbert-Teilebenen des KLEINschen Modells; die erste ist vom Typ (i), die zweite vom Typ (ii).

Bemerkung zu den Beispielen. Spiegelt man die semieuklidische Ebene an allen Punkten der euklidischen Hilbert-Ebene $\mathscr{A}(K, 0)$, so erhält man eine normale Überdeckung der euklidischen Hilbert-Ebene (vgl. 5). Spiegelt man eine der beiden genannten Hilbert-Teilebenen des KLEINschen Modells an allen Punkten des KLEINschen Modells, so erhält man eine normale Überdeckung des KLEINschen Modells.

Nach Satz 13.3 gibt es bei den Hilbert-Teilebenen zwei Typen von Abszissenmengen; die Mengen (i) sind Moduln, die Mengen (ii) nicht. Die Alternative, daß eine Hilbert-Ebene bei der benutzten Algebraisierung „modular" oder „nicht modular" ist, läßt sich geometrisch mit Hilfe des Lotschnittaxioms (BACHMANN [3*]) erfassen.

Lotschnittaxiom. *Auf zueinander senkrechten Geraden errichtete Senkrechte haben einen Schnittpunkt.* (Ist a senkrecht b, b senkrecht c, c senkrecht d, so haben a, d einen Punkt gemein.)

Satz 13.4. *Die Hilbert-Ebenen, in denen das Lotschnittaxiom gilt, sind modular; die Hilbert-Ebenen, in denen das Lotschnittaxiom nicht gilt, sind nicht modular.*

DEHNS semieuklidische Ebene ist eine Hilbert-Ebene mit euklidischer Metrik, die keine euklidische Ebene ist. Damit hat DEHN im Jahre 1900 gezeigt, daß die Forderung euklidischer Metrik unter Voraussetzung der HILBERTschen Axiome I 1—3, II, III nicht mit dem euklidischen Parallelenaxiom äquivalent ist. Mit der algebraischen Charakterisierung der Hilbert-Ebenen (Satz 13.3) hat man nun ein systematisches Hilfsmittel, um Fragen nach der Tragweite und der Äquivalenz von Zusatzaxiomen zu beantworten. Als Beispiele seien Aussagen über die Rolle eines weiteren klassischen Axioms, des Archimedischen, genannt[1]: Jede archimedische Hilbert-Ebene, in der das Lotschnittaxiom gilt, ist euklidisch. Jede archimedische Hilbert-Ebene ist euklidisch oder hyperbolisch oder halbelliptisch. Es gibt halbelliptische archimedische Hilbert-Ebenen (PEJAS [2*]). Jede archimedische Hilbert-Ebene, in der das Zirkelaxiom[2] gilt, ist euklidisch oder hyperbolisch.

Literatur. HILBERT [1], DEHN [1], F. SCHUR [1], PASCH-DEHN [1], PEJAS [1*], [2*], BACHMANN [3*], [4*], HESSENBERG-DILLER [1*], KLINGENBERG [3*].

14. Modelle der absoluten Geometrie. Einen Überblick über die Modelle des Axiomensystems unserer ebenen absoluten Geometrie, also die metrischen Ebenen (im Sinne von § 2,3) oder die *AGS*-Gruppen, besitzt man bisher nicht. Im Anschluß an das Haupt-Theorem kann die Frage nach allen metrischen Ebenen oder allen *AGS*-Gruppen in der Form des im Anhang (S. 274) genannten Umkehrproblems gestellt werden. Es gibt mehrere Möglichkeiten, das Umkehrproblem zu formulieren, etwa die folgenden: Man bestimme in allen dreidimensionalen metrischen Vektorräumen $V = V_3(K, f)$ über Körpern K von Charakteristik $\neq 2$ [mit $\dim \operatorname{Rad} V + \operatorname{Ind} V \leqq 1$] alle Eigentlichkeitsbereiche oder in allen projektiv-metrischen Ebenen PV alle lokalvollständigen metrischen Teilebenen oder in allen (erzeugten) eigentlich-orthogonalen Gruppen $(O^+(V), S^+(V))$ alle lokalvollständigen *AGS*-Untergruppen.

Unter zusätzlichen Voraussetzungen, die sich auf den Körper K oder die Form f oder auf die Eigentlichkeitsbereiche (bzw. die metrischen Teilebenen oder die *AGS*-Untergruppen) beziehen, ist das Problem erfolgreich behandelt worden[3]. Hierüber unterrichtet, nach dem Stand von 1964, der Bericht BACHMANN [2*]. Eine Ergänzung zu diesem Bericht

[1] Vgl. HESSENBERG-DILLER [1*].

[2] „Jede Gerade, die mit einem inneren Punkt eines Kreises inzidiert, schneidet den Kreis."

[3] Beispiele sind die algebraische Beschreibung der euklidischen, hyperbolischen und elliptischen Ebenen bzw. *AGS*-Gruppen (Theoreme 4, 5, 10, 11, 13), ferner die Bestimmung der endlichen metrischen Ebenen (§ 6,12; § 13,2), der invarianten metrischen Teilebenen von hyperbolischen projektiv-metrischen Ebenen (§ 18,6), der metrisch-euklidischen Ebenen mit halbierbaren rechten Winkeln (§ 19), der Hilbert-Ebenen (der angeordneten metrischen Ebenen mit freier Beweglichkeit, 13).

bildet ein Vortrag von DRESS ([11*], 1966), in dem der Zusammenhang betont wird, der zwischen dem Umkehrproblem und der arithmetischen Struktur des Körpers K — bewertungstheoretischen Eigenschaften und möglichen Anordnungen von K — besteht, und in dem ein Prinzip angegeben wird, nach dem sich zumindest alle soweit bekannten Eigentlichkeitsbereiche darstellen lassen.

Nachdem wir in 13 die Bestimmung der Hilbert-Ebenen ausführlicher behandelt haben, können wir weitere Ergebnisse aus dem Fragenkreis des Umkehrproblems nur kurz besprechen und müssen uns auf eine Auswahl beschränken. Wir gehen zunächst auf Fragen aus § 18 ein und werden dann unter dem Thema „Konvexe Eigentlichkeitsbereiche und konvexe metrische Ebenen" weitere Aspekte und Resultate erwähnen.

(a) Bemerkungen zu Fragen aus § 18

1. In § 18,5 ist die Frage genannt: Ist jede AGS-Gruppe bereits eine AGS-Untergruppe einer euklidischen, hyperbolischen oder elliptischen AGS-Gruppe?

Die entscheidende Frage ist: Gibt es zu einer den Nullpunkt enthaltenden, lokalvollständigen metrischen Teilebene einer hyperbolischen affin-metrischen Ebene $\mathscr{A}(K, -1)$ stets eine Anordnung ω von K, so daß bei der durch ω induzierten Anordnung von $\mathscr{A}(K, -1)$ alle Punkte der Teilebene innere Punkte des Fundamentalkegelschnitts sind?

Daß diese Frage zu verneinen ist, ist in der Arbeit BACHMANN-PEJAS [1*] gezeigt, in der die DEHNsche Konstruktion modularer Hilbert-Ebenen wie folgt ausgedehnt wird:

Satz 14.1 (BACHMANN-PEJAS)[1]. *Sei R ein Bewertungsring von K mit dem maximalen Ideal I und -1 nicht Quadrat im Restklassenkörper R/I, ferner $k \in K$ und M ein R-Untermodul $\neq (0)$ von K mit $kx^2 \in I$ für alle $x \in M$. Dann bildet die Menge der Punkte (x, y) mit $x, y \in M$ zusammen mit der Menge der Geraden durch diese Punkte eine lokalvollständige metrische Teilebene $\mathscr{E}_M$ von $\mathscr{A}(K, k)$.*

Der Satz liefert für $k = -1$ Gegenbeispiele der gewünschten Art.

2. In § 18,1 ist gesagt: „Das Problem, alle halbelliptischen Bewegungsgruppen algebraisch zu kennzeichnen, ist allerdings ungelöst".

Es sei jetzt $V = V_3(K, f)$ elliptisch[2]. Die Frage ist, wie sich die *halbelliptischen Eigentlichkeitsbereiche* von V — die Eigentlichkeitsbereiche von V, die von jeder Orthogonalbasis genau zwei Vektoren enthalten, — kennzeichnen lassen. Hierzu hat PEJAS in [3*] das Theorem 7 wie folgt ausgedehnt:

[1] DRESS [7*]. In BACHMANN-PEJAS [1*] ist $k = -1$.

[2] Es gelte $\dim \operatorname{Rad} V = 0$, $\operatorname{Ind} V = 0$, m.a.W.: Alle Vektoren aus V, außer dem Nullvektor, seien nichtisotrop.

Satz 14.2 (Pejas). *Sei $V=V_3(K, f)$ elliptisch und f normiert. Ist ω eine Halbordnung von K, gegen die f träge vom Index 2 ist, so ist*

$$E := \{\mathfrak{a} \in V\colon \mathfrak{a}=\mathfrak{o} \text{ oder } \omega(f(\mathfrak{a},\mathfrak{a}))=-1\}$$

ein halbelliptischer Eigentlichkeitsbereich von V. — Jeder halbelliptische Eigentlichkeitsbereich von V wird in dieser Weise dargestellt.

Dabei ist eine *Halbordnung* ω von K ein Homomorphismus der multiplikativen Gruppe K^* in die Gruppe $\{1, -1\}$ (Sperner [1]—[3], Bachmann-Klingenberg [1]). Die Elemente $a \in K^*$ mit $\omega(a)=-1$ heißen *negativ* bezüglich ω. Die Form f des metrischen Vektorraums $V_3(K, f)$ heißt *träge* gegen die Halbordnung ω, wenn von jeder Orthogonalbasis gleichviele Vektoren negativen Formwert bezüglich ω haben; die Anzahl der Vektoren mit negativem Formwert heißt dann der *Trägheitsindex* von f bezüglich ω.

Um die halbelliptischen Eigentlichkeitsbereiche von $V=V_3(K, f)$ zu bestimmen, hat man nach Satz 14.2 die Halbordnungen von K zu untersuchen, gegen die f träge ist. Dies Problem ist in Pejas [3*] und Dress [3*] behandelt und von Dress in [6*] für lokale und globale Körper[1] gelöst. Die halbelliptischen Eigentlichkeitsbereiche über dem Körper der rationalen Funktionen mit reellen Koeffizienten hat C. Drengenberg in [1*] bestimmt.

3. Die invarianten metrischen Teilebenen hyperbolischer projektiv-metrischer Ebenen sind nach § 18,6 Durchschnitte von hyperbolischen Teilebenen.

Es stellt sich die Frage, ob der entsprechende Satz für elliptische projektiv-metrische Ebenen gilt: Ist jede invariante, echte metrische Teilebene einer elliptischen projektiv-metrischen Ebene Durchschnitt von halbelliptischen Teilebenen?

Pejas hat in [1*] durch ein Beispiel gezeigt, daß diese Frage im allgemeinen zu verneinen ist. Sie ist jedoch nach einem Satz von Klopsch zu bejahen, wenn der zugrunde liegende Körper ein lokaler oder globaler Körper ist (Klopsch [2*]).

(b) Konvexe Eigentlichkeitsbereiche

Ein Eigentlichkeitsbereich E von $V=V_{n+1}(K, f)$ heißt *konvex in bezug auf eine Untergruppe G von K^**, wenn $E \neq V$ ist (d.h. der zu E gehörige „metrische Raum" soll nicht elliptisch sein) und die folgende Pejassche Konvexitätsbedingung erfüllt ist (vgl. Pejas [4*]):

Für das Doppelverhältnis eindimensionaler Teilräume a, b, c, d[2] jedes zweidimensionalen Teilraums von V gilt: Sind $a, b \subseteq E$ und $c, d \nsubseteq E$, so ist

$$\begin{bmatrix} a & b \\ c & d \end{bmatrix} \in G.$$

[1] Zur Definition der lokalen und globalen Körper vgl. O'Meara [1*].

[2] Baer [7], S. 71.

Ist G die Menge der bei einer Anordnung ω von K positiven Elemente, so nennt man E *ω-konvex* (anordnungskonvex). Ist G die Gruppe $1+I$ der Einseinheiten eines Bewertungsringes R von K mit dem maximalen Ideal I, so heißt E *R-konvex* (bewertungskonvex). Ist G die Einheitengruppe eines Bewertungsringes R von K mit dem maximalen Ideal I, so heißt E *I-konvex* (pseudokonvex); die R-konvexen Eigentlichkeitsbereiche sind I-konvex.

Als Beispiel eines Satzes, der für jedes $n \geqq 2$ gilt und damit eine Klasse von Modellen des Axiomensystems der n-dimensionalen absoluten Geometrie beschreibt, nennen wir eine noch nicht veröffentlichte Charakterisierung aller R-konvexen Eigentlichkeitsbereiche:

Satz 14.3 (PEJAS und KLOPSCH). *Sei $V = V_{n+1}(K, f)$ und R ein Bewertungsring von K mit dem maximalen Ideal I. Sei P ein n-dimensionaler Teilraum von V, in dem alle Vektoren $\neq \mathfrak{o}$ nichtisotrop sind, und $\mathfrak{e} \neq \mathfrak{o}$ aus $P^{\perp}$, ferner M ein R-Untermodul $\neq (0)$ von K mit den Eigenschaften:*

1) *Aus $\mathfrak{a} \perp \mathfrak{b}$ und $f(\mathfrak{a}+\mathfrak{b}, \mathfrak{a}+\mathfrak{b}) \in M$ folgt $f(\mathfrak{a}, \mathfrak{a}), f(\mathfrak{b}, \mathfrak{b}) \in M$ für alle $\mathfrak{a}, \mathfrak{b} \in P$,*

2) *$f(\mathfrak{e}, \mathfrak{e}) M \subseteq I$.*

Dann ist

$$E := \{\mathfrak{a} + s\mathfrak{e} : \mathfrak{a} \in P,\ s \in K,\ s^2 \in f(\mathfrak{a}, \mathfrak{a}) M\}$$

ein R-konvexer Eigentlichkeitsbereich von V. — Jeder R-konvexe Eigentlichkeitsbereich von V wird in dieser Weise dargestellt.

Ist V „euklidisch" ($\dim \operatorname{Rad} V = 1$, $\operatorname{Ind} V = 0$), ω eine Anordnung von K und R_ω der Ring der bei ω ganzzahlig-einschließbaren Elemente von K (S. 292), so sind die ω-konvexen Eigentlichkeitsbereiche von V die R_ω-konvexen Eigentlichkeitsbereiche von V. Daher werden durch Satz 14.3 auch die anordnungskonvexen „metrisch-euklidischen" Eigentlichkeitsbereiche beschrieben.

(c) Konvexe metrische Ebenen

Wir kehren zum Fall $n=2$ zurück. Zu einer lokalvollständigen metrischen Teilebene von $PV = PV_3(K, f)$ gehört ein Eigentlichkeitsbereich E von V; die Teilebene wird anordnungs-, bewertungs- bzw. pseudokonvex genannt, wenn das Entsprechende für E zutrifft. Eine lokalvollständige metrische Teilebene ist genau dann anordnungskonvex, wenn sie angeordnet ist, d.h. wenn für ihre Punkte eine Zwischen-Relation gegeben ist, die den HILBERTschen Anordnungsaxiomen genügt. PEJAS hat in [4*] die angeordneten metrischen Ebenen mit nichteuklidischer Metrik beschrieben und auch eine Beschreibung der bewertungskonvexen metrisch-nichteuklidischen Ebenen gegeben[1]. Die

[1] Satz 14.3 ist eine Erweiterung dieses Resultats, in der Sprache der Eigentlichkeitsbereiche.

metrischen Ebenen aus Satz 14.1 sind R-konvex. Alle R-konvexen metrischen Ebenen sind *Lotschnittebenen*, d. h. nicht-elliptische metrische Ebenen, in denen das Lotschnittaxiom gilt.

DRESS hat systematisch die projektiv-metrischen Homomorphismen φ einer projektiv-metrischen Ebene PV in eine projektiv-metrische Ebene und den Zusammenhang zwischen den metrischen Teilebenen von PV und den metrischen Teilebenen der Bildebene von PV untersucht ([2*], [8*]). Das volle φ-Urbild einer metrischen Teilebene der Bildebene ist eine metrische Teilebene von PV („Homomorphieprinzip"). Zu einem Bewertungsring R von K mit dem maximalen Ideal I gibt es einen projektiv-metrischen Homomorphismus von PV in eine metrisierte projektive Ebene über dem Restklassenkörper R/I (dessen Charakteristik freilich gleich 2 sein kann). Mit dem Homomorphieprinzip lassen sich nach DRESS [2*], [11*] alle pseudokonvexen metrischen Teilebenen von PV beschreiben. Ferner hat DRESS in [9*] gezeigt: Wenn K nicht formalreell und so bewertet ist, daß das HENSELsche Lemma zumindest für Polynome zweiten Grades gilt, sind alle lokalvollständigen metrischen Teilebenen von PV pseudokonvex. Mit diesem Ergebnis hat DRESS das Umkehrproblem für lokale Körper gelöst ([9*]).

(d) Durchschnitte von konvexen metrischen Ebenen

Jede metrische Ebene, in der je zwei Geraden ineinander beweglich sind, ist, wie J. DILLER in [2*] gezeigt hat, als Durchschnitt von angeordneten metrischen Ebenen darstellbar.

Für die Lotschnittebenen hat DRESS in [10*] bewiesen: Ist $\mathscr{E}$ eine lokalvollständige Lotschnitt-Teilebene von PV und gilt eine in vielen Fällen von selbst erfüllte zusätzliche „Endlichkeitsbedingung", so ist $\mathscr{E}$ Durchschnitt von arithmetisch konvexen metrischen Teilebenen von PV; dabei sind arithmetisch konvexe Teilebenen gewisse pseudokonvexe Teilebenen. Die erheblichen Rechnungen, mit denen dies Resultat gewonnen wurde, und das Ergebnis vereinfachen sich, wenn vorausgesetzt wird, daß halbierbare rechte Winkel existieren:

Satz 14.4 (DRESS). *Jede Lotschnittebene, die einen Punkt enthält, in dem die rechten Winkel halbierbar sind, kann als eine den Nullpunkt enthaltende, lokalvollständige metrische Teilebene einer affin-metrischen Ebene $\mathscr{A}(K, k)$ aufgefaßt werden und ist als solche ein Durchschnitt von metrischen Teilebenen $\mathscr{E}_M$ im Sinne von Satz* 14.1. (DRESS [7*].)

Für globale Körper, insbesondere den Körper der rationalen Zahlen, ist das Umkehrproblem noch ungelöst. Jedoch wird von DRESS für diese Körper die Gültigkeit eines „Lokal-Global-Prinzips für metrische Ebenen" vermutet (DRESS [10*], [11*]). Diese von DRESS für Lotschnittebenen in [10*] bewiesene Vermutung wurde von KLOPSCH in

[2*] für die invarianten metrischen Teilebenen projektiv-metrischer Ebenen bewiesen (vgl. auch DRESS [6*]).

Literatur. BACHMANN-PEJAS [1*], PEJAS [1*]—[5*], DRESS [1*]—[12*], DILLER [1*], [2*], BACHMANN [2*], [3*], [5*], DILLER-DRESS [1*], GOLDENBAUM [1*], GRENZDÖRFFER [1*], BOLLOW-MANNZEN [1*], DRENGENBERG [1*], KLOPSCH [1*], [2*], DILLER-GRENZDÖRFFER [1*]. — Vgl. auch die Literatur zu § 18, § 19 und § 20,9,13.

15. Der Satz von der dritten Quasispiegelung[1]. In einer Ebene, in der die projektiven Inzidenzaxiome gelten, sei eine Menge S von perspektiven Kollineationen $\neq 1$ gegeben. Die Menge der perspektiven Kollineationen aus S, welche die Gerade a als Achse haben, sei mit $S(a)$ bezeichnet. Die Menge S habe die Eigenschaft:

(∗) $\{1\} \cup S(a)$ *ist eine Gruppe, für jede Gerade* a.

Jedes Element aus S gehört genau einer dieser Gruppen an.

Es sei G die von S erzeugte Gruppe projektiver Kollineationen. Da jedes Element aus der Gruppe $\{1\} \cup S(a)$ die Gerade a punktweise festläßt, ist diese Gruppe eine Untergruppe der „punktweisen Standuntergruppe" der Geraden a in G.

Ein Beispiel. Gegeben sei eine projektiv-metrische Ebene von einem der vier in 6 genannten Typen. Sei (G, S) ihre Bewegungsgruppe, mit dem Standard-Erzeugendensystem S (vgl. 6). Ist a eine Gerade, die nicht zu sich selbst senkrecht ist, so besteht $S(a)$ aus genau einem Element, der Spiegelung an a; ist a zu sich selbst senkrecht, so ist $S(a) = \emptyset$. S hat die Eigenschaft (∗). In der Bewegungsgruppe (G, S) gilt der Satz von den drei Spiegelungen und damit die Aussage: Sind a, b, c Geraden durch einen Punkt O und ist $\alpha \in S(a)$, $\beta \in S(b)$, $\gamma \in S(c)$, so gibt es eine Gerade d durch O mit $\alpha\beta\gamma \in S(d)$.

In der oben geschilderten allgemeinen Situation ist die Frage von Interesse, ob für die erzeugte Gruppe (G, S) der folgende Satz gilt:

Satz von der dritten Quasispiegelung. *Es seien a, b, c Geraden durch einen Punkt O mit $a \neq b$. Es sei $\alpha \in S(a)$, $\beta \in S(b)$ und $c\alpha\beta \neq c$. Dann gibt es ein $\gamma \in S(c)$ und eine Gerade d durch O mit $\alpha\beta\gamma \in S(d)$.*

In der Bewegungsgruppe (G, S) einer projektiv-metrischen Ebene gilt der Satz von der dritten Quasispiegelung; er ist hier nur eine Umformulierung des Satzes von den drei Spiegelungen, mit der zusätzlichen Voraussetzung, daß $\alpha\beta$ nicht involutorisch ist. Der Satz von der dritten Quasispiegelung gilt auch in den Bewegungsgruppen von lokalvollständigen metrischen Teilebenen, wenn O auf Punkte der Teilebene eingeschränkt wird.

[1] Von MARTIN GÖTZKY.

Um ein weiteres Beispiel zu gewinnen, zeichnen wir in einer projektiven MOUFANG-Ebene[1] mit FANO-Axiom eine Gerade als unendlichferne Gerade aus und erhalten so eine affine MOUFANG-Ebene $\mathscr{A}$.

Es sei S die Menge aller Schrägspiegelungen und Scherungen $\neq 1$ von $\mathscr{A}$[2], ferner $G = \langle S \rangle$ und S' die Menge aller perspektiven Kollineationen $\neq 1$ aus G, deren Achse eine Gerade von $\mathscr{A}$ und deren Zentrum ein unendlichferner Punkt ist. Offenbar gilt $S \subseteq S'$ und daher auch $G = \langle S' \rangle$. S und S' haben die Eigenschaft $(*)$.

Mit diesen Bezeichnungen gilt nach GÖTZKY [7*]:

In $\mathscr{A}$ gilt der Satz von DESARGUES *genau dann, wenn für (G, S') der Satz von der dritten Quasispiegelung gilt. — In $\mathscr{A}$ gilt der Satz von* PAPPUS *genau dann, wenn für (G, S) der Satz von der dritten Quasispiegelung gilt.*

Bemerkung. Wenn in $\mathscr{A}$ der Satz von PAPPUS gilt, ist G die Gruppe der Affinitäten, die durch lineare Abbildungen mit Determinante ± 1 induziert werden. Vgl. hierzu etwa VEBLEN-YOUNG [1], ARTIN [2].

Wir führen nun *unitäre Vektorräume* $V_n(K, f, \iota)$ ein: Es sei V_n ein n-dimensionaler Linksvektorraum über einem Schiefkörper K von Charakteristik $\neq 2$, ι ein Antiautomorphismus von K mit $\iota^2 = 1$ und f eine *ι-hermitesche Form*, d.h. eine Funktion, die jedem geordneten Vektorpaar $\mathfrak{a}, \mathfrak{b}$ ein Element aus K zuordnet und folgenden Regeln genügt:

$$f(s\mathfrak{a}, \mathfrak{b}) = s f(\mathfrak{a}, \mathfrak{b}) \text{ für } s \in K, \quad f(\mathfrak{a}' + \mathfrak{a}'', \mathfrak{b}) = f(\mathfrak{a}', \mathfrak{b}) + f(\mathfrak{a}'', \mathfrak{b}),$$
$$f(\mathfrak{a}, \mathfrak{b})\,\iota = f(\mathfrak{b}, \mathfrak{a}).$$

[Ist $\iota = 1$, so ist K kommutativ und f eine symmetrische Bilinearform, also $V_n(K, f, \iota)$ ein metrischer Vektorraum.]

Sei nun ein unitärer Vektorraum $V = V_n(K, f, \iota)$ gegeben. Vektoren $\mathfrak{a}, \mathfrak{b}$ aus V werden zueinander *senkrecht* genannt, wenn $f(\mathfrak{a}, \mathfrak{b}) = 0$ ist. Ist T ein Teilraum von V, so bezeichne $T^\perp$ die Menge der Vektoren, die zu allen Vektoren aus T senkrecht sind. Das *Radikal von V* wird durch $\operatorname{Rad} V := V^\perp$ definiert.

Die linearen Abbildungen α von V auf sich mit

$$f(\mathfrak{a}\alpha, \mathfrak{b}\alpha) = f(\mathfrak{a}, \mathfrak{b}) \quad \text{für alle Vektoren } \mathfrak{a}, \mathfrak{b}, \tag{7}$$

welche das Radikal von V vektorweise festlassen, bilden eine Gruppe, die *engere unitäre Gruppe* $U^*(V)$. Für jeden Vektor $\mathfrak{a} \notin \operatorname{Rad} V$ und jedes $s \neq 0$ aus K wird durch die Formel

$$\mathfrak{x}\sigma(s, \mathfrak{a}) := \mathfrak{x} - f(\mathfrak{x}, \mathfrak{a}) \cdot s \cdot \mathfrak{a} \tag{8}$$

---

[1] PICKERT [3], LINGENBERG [13*].

[2] Vgl. VEBLEN-YOUNG [1], II § 52. In Theorem 49, Corollary 2 ist dort der Satz von der dritten Quasispiegelung für die Menge S_0 der Schrägspiegelungen einer affinen Ebene, in der das FANO-Axiom und der Satz von PAPPUS gelten, ausgesprochen. [S_0 hat nicht die Eigenschaft $(*)$.]

eine lineare Abbildung $\sigma(s, \mathfrak{a})$ von V definiert, die jeden zu $\mathfrak{a}$ senkrechten Vektor festläßt; sie erfüllt (7) genau dann, wenn

$$s^{-1}\iota + s^{-1} = f(\mathfrak{a}, \mathfrak{a}) \tag{9}$$

ist. Eine lineare Abbildung $\sigma(s, \mathfrak{a})$, für die (9) gilt, heißt eine (unitäre) *Quasispiegelung*, wenn $\mathfrak{a}$ nichtisotrop ist, und eine (unitäre) *Transvektion*, wenn $\mathfrak{a}$ isotrop ist. Die Menge $S(V)$ dieser Quasispiegelungen und Transvektionen ist ein Erzeugendensystem von $U^*(V)$. (GÖTZKY [3*].)

Für jeden nicht im Radikal von V enthaltenen eindimensionalen Teilraum $K\mathfrak{a}$ von V bildet die Teilmenge

$$S(K\mathfrak{a}) := \{\sigma(s, \mathfrak{a}) : s^{-1}\iota + s^{-1} = f(\mathfrak{a}, \mathfrak{a})\}$$

der Menge $S(V)$ zusammen mit der Identität eine Gruppe.

Satz 15.1 (GÖTZKY). *Es sei ein unitärer Vektorraum $V = V_n(K, f, \iota)$ gegeben. In der (erzeugten) engeren unitären Gruppe $(U^*(V), S(V))$ gilt für die nicht im Radikal von V enthaltenen eindimensionalen Teilräume von V:*

Ist $K\mathfrak{a} \neq K\mathfrak{b}$ und $K\mathfrak{c} \subseteq K\mathfrak{a} + K\mathfrak{b}$, ferner $\alpha \in S(K\mathfrak{a})$, $\beta \in S(K\mathfrak{b})$ und $(K\mathfrak{c})\alpha\beta \neq K\mathfrak{c}$, so gibt es ein $\gamma \in S(K\mathfrak{c})$ und einen eindimensionalen Teilraum $K\mathfrak{d} \subseteq K\mathfrak{a} + K\mathfrak{b}$ mit $\alpha\beta\gamma \in S(K\mathfrak{d})$. (GÖTZKY [1*], [2*].)

Sei jetzt $n = 3$. Dann gehört zu V eine desarguessche projektive Ebene mit den eindimensionalen Teilräumen von V als Geraden (vgl. § 8,4). Führt man in Analogie zu der in 8 für den orthogonalen Fall definierten erzeugten (engeren) projektiv-orthogonalen Gruppe die erzeugte (engere) projektiv-unitäre Gruppe $(PU^*(V), PS(V))$ ein[1], so folgt aus Satz 15.1, daß für diese der Satz von der dritten Quasispiegelung gilt.

Sei nun wieder ein n-dimensionaler unitärer Vektorraum $V = V_n(K, f, \iota)$ gegeben. Satz 15.1 wird auch als Satz von der dritten Quasispiegelung für die erzeugte Gruppe $(U^*(V), S(V))$ bezeichnet.

Eine unitäre Quasispiegelung $\sigma(s, \mathfrak{a})$ heißt *Spiegelung längs* $K\mathfrak{a}$, wenn sie involutorisch ist, oder, was hiermit äquivalent ist, wenn $s\iota = s$ ist. Ist $\mathfrak{a}$ nichtisotrop, so gibt es genau eine Spiegelung längs $K\mathfrak{a}$; sie führt jeden Vektor aus $K\mathfrak{a}$ in den Entgegengesetzten und jeden Vektor aus $(K\mathfrak{a})^{\perp}$ in sich über (vgl. 8).

Satz 15.2 (BACHMANN und GÖTZKY). *Ein unitärer Vektorraum $V_n(K, f, \iota)$ mit $n - \dim \operatorname{Rad} V \geqq 2$ ist dann und nur dann ein metrischer Vektorraum, wenn in ihm der Satz von den drei Spiegelungen gilt.* (GÖTZKY [1*].)

---

[1] $PS(V)$ sei die Menge der perspektiven Kollineationen, die durch die Quasispiegelungen und Transvektionen aus $S(V)$ in der zu V gehörigen desarguesschen projektiven Ebene induziert werden.

Dabei wird unter dem Satz von den drei Spiegelungen die folgende Aussage verstanden: Das Produkt von Spiegelungen $\sigma(u, \mathfrak{a})$, $\sigma(v, \mathfrak{b})$, $\sigma(w, \mathfrak{c})$ ist eine Spiegelung $\sigma(s, \mathfrak{d})$, wenn $\mathfrak{a}, \mathfrak{b}, \mathfrak{c}$ linear abhängig sind.

Für die erzeugten engeren unitären Gruppen $(U^*(V), S(V))$ ergeben sich aus Satz 15.1 — dem „Satz von der dritten Quasispiegelung" für diese Gruppen — gewisse 4-stellige „zweidimensionale" Relationen für die Elemente des Erzeugendensystems $S(V)$, die im Fall $\dim \operatorname{Rad} V = 0$ zusammen mit den „eindimensionalen" Relationen ein vollständiges Relationensystem bilden (Becken-Böge [3*], Götzky [4*]). Allgemein gilt:

Satz 15.3 (Relationensatz). *Sei V ein unitärer Vektorraum. Alle Relationen von $(U^*(V), S(V))$ sind Folgerelationen von: 2-stelligen eindimensionalen, oder 3-stelligen ein- oder zweidimensionalen, oder 4-stelligen zwei- oder dreidimensionalen Relationen.* (Für $\iota = 1$: Ahrens-Dress-Wolff [1*]; für $\iota \neq 1$: Götzky [4*].)

[Eine k-stellige Relation $\sigma(s_1, \mathfrak{a}_1)\sigma(s_2, \mathfrak{a}_2) \ldots \sigma(s_k, \mathfrak{a}_k) = 1$ heißt *m-dimensional*, wenn $\dim(K\mathfrak{a}_1 + K\mathfrak{a}_2 + \cdots + K\mathfrak{a}_k) = m$ ist.]

In 11 wurden gruppentheoretische Charakterisierungen von involutorisch erzeugten orthogonalen Gruppen besprochen. In ähnlicher Weise hat Götzky in [2*], [5*] und [8*] erzeugte engere unitäre Gruppen und U. Spengler in [1*] engere symplektische Gruppen, mit ihren Transvektionen als Erzeugendensystem, charakterisiert.

Literatur. Veblen-Young [1], Baer [7], Kannenberg [1], Dieudonné [3], [1*], Pickert [3], Schütte [3], Artin [2], Götzky [1*]—[8*], Klotzek [1*], [2*], Becken-Böge [1*], [3*], Ewald [1*], Lingenberg [13*], Ahrens-Dress-Wolff [1*], Hoyer [1*], Coxeter [4*]. — Zum Längenproblem für unitäre Gruppen: Scherk [1*], Dieudonné [3], [1*], Götzky [3*], [4*]. — Zum Relationen- und Längenproblem für symplektische Gruppen: Spengler [1*].

Neuere Literatur[1]

AHRENS, J.: [1*] Eine Kennzeichnung der orthogonalen Gruppen vom Index Null. Arch. Math. **11**, 116—126 (1960).

AHRENS, J., A. DRESS u. H. WOLFF: [1*] Relationen zwischen Symmetrien in orthogonalen Gruppen. J. reine angew. Math. **234**, 1—11 (1969).

ARNOLD, H. J.: [1*] Die Geometrie der Ringe im Rahmen allgemeiner affiner Strukturen. Hamburger Math. Einzelschr. N.F. **4**, 1971.

BACHMANN, F.: [1*] Axiomatischer Aufbau der ebenen absoluten Geometrie. The axiomatic method, p. 114—126. Amsterdam 1959.

— [2*] Modelle der ebenen absoluten Geometrie. J.-Ber. dtsch. Math.-Verein. **66**, 152—170 (1964). — Abgedruckt in: Geometrie, hrsg. v. K. STRUBECKER. Darmstadt 1972. — Russische Übersetzung in [7*].

— [3*] Zur Parallelenfrage. Abh. math. Sem. Univ. Hamburg **27**, 173—192 (1964).

— [4*] Sur la question des parallèles. Celebrazioni archimedee del secolo XX (Siracusa 1964), 147—152. Gubbio 1965.

— [5*] Eine Konstruierbarkeitsfrage für hyperbolische Ebenen. Math. Z. **87**, 27—31 (1965).

— [6*] Der Höhensatz in der Geometrie involutorischer Gruppenelemente. Canad. J. Math. **19**, 895—903 (1967).

— [7*] Aufbau der Geometrie aus dem Spiegelungsbegriff (Berlin usw. 1959). Russische Übersetzung Moskau 1969. Enthält ein Vorwort des Herausgebers I. M. JAGLOM und den Bericht [2*].

— [8*] Hjelmslev planes. Atti del Convegno di Geometria Combinatoria e sue Applicazioni, 43—56. Perugia 1971.

— [9*] Hjelmslev-Gruppen. Mathematisches Seminar Kiel 1970/71.

— [10*] Geometry of reflections. Atti del Convegno „Storia, pedagogia e filosofia della Scienza", 1—8. Roma 1973.

— [11*] Absolute Geometrie und Spiegelungen. Vorlesungsausarbeitung Kiel 1972.

BACHMANN, F., u. J. BOCZECK: [1*] Punkte, Vektoren, Spiegelungen. Grundzüge der Mathematik, hrsg. v. H. BEHNKE usw., IIA, 30—65. Göttingen 1967.

BACHMANN, F., u. W. PEJAS: [1*] Metrische Teilebenen hyperbolischer projektiv-metrischer Ebenen. Math. Ann. **140**, 1—8 (1960).

BACHMANN, F., W. PEJAS, H. WOLFF u. A. BAUR: [1*] Absolute Geometrie. Grundzüge der Mathematik, hrsg. v. H. BEHNKE usw., IIA, 138—186. Göttingen 1967.

BACHMANN, F., u. E. SCHMIDT: [1*] *n*-Ecke. Mannheim 1970. Russische Übersetzung Moskau 1973. Englische Übersetzung Toronto, in Vorbereitung.

BACHMANN, F., u. H. WOLFF: [1*] Über die Parallelenfrage. MNU **17**, 145—150 (1964).

[1] Außer seit 1959 erschienenen Publikationen enthält dies Verzeichnis einige wenige Ergänzungen zu dem alten Literaturverzeichnis (S. 297—303). Nicht aufgenommen wurde, mit Ausnahme des Vortrages BAER [1*], die Literatur zur affinen und projektiven HJELMSLEV-Geometrie. Über Untersuchungen zu diesem Thema unterrichtet, nach dem Stand von 1967, P. DEMBOWSKI in seinem Ergebnis-Bericht [1*]; ein Verzeichnis der Literatur führt Herr B. ARTMANN.

BAER, R.: [1*] Hjelmslevsche Geometrie. Algebraical and topological foundations of geometry, p. 1—4. Oxford 1962.

BECKEN-BÖGE, S.: [1*] Spiegelungsrelationen in orthogonalen Gruppen. J. reine angew. Math. **210**, 205—215 (1962).

— [2*] Eine Kennzeichnung der orthogonalen Gruppen über Körpern der Charakteristik $\neq 2$. Abh. math. Sem. Univ. Hamburg **26**, 211—229 (1963).

— [3*] Definierende Relationen zwischen Erzeugenden der klassischen Gruppen. Abh. math. Sem. Univ. Hamburg **30**, 165—178 (1967).

BENDA, H. v.: [1*] Hjelmslev-Gruppen und Homomorphismen. Diss. Kiel 1971.

BENZ, W.: [1*] Über Möbiusebenen. Ein Bericht. J.-Ber. dtsch. Math.-Verein. **63**, 1—27 (1960).

— [2*] Die Galoisgruppen als Gruppen von Inversionen. Math. Ann. **178**, 169—172 (1968).

BENZ, W., u. H. MÄURER: [1*] Über die Grundlagen der Laguerre-Geometrie. Ein Bericht. J.-Ber. dtsch. Math.-Verein. **67**, 14—42 (1964).

BLASCHKE, W.: [1*] Kinematik und Quaternionen. Berlin 1960.

BOLLOW-MANNZEN, A.: [1*] Modelle der absoluten Geometrie des Raumes. Diss. Kiel 1967.

BOLLOW, B.: [1*] Modelle der metrisch-euklidischen Geometrie. Diss. Darmstadt 1967. Arch. Math. **20**, 94—106, 202—213 (1969).

BORSUK, K., and W. SZMIELEW: [1*] Foundations of geometry. Euclidean and Bolyai-Lobachevskian geometry; Projective geometry. Amsterdam 1960.

BOURBAKI: [1*] Éléments de mathématique, Fasc. XXXIV. Groupes et algèbres de Lie, Chap. IV, V, VI. Paris 1968.

BRÖCKER, L.: [1*] Zur Struktur orthogonaler Gruppen über bewerteten Körpern. Diss. Kiel 1968.

— [2*] Orthogonale Gruppen über diskret bewerteten vollständigen Körpern. Abh. math. Sem. Univ. Hamburg **34**, 238—251 (1970).

— [3*] Zwei Kapitel aus der Theorie der Inzidenzgruppen. I. Kinematische Räume. II. Zweiseitige projektive Inzidenzgruppen und Schiefkörper. Habil.-Schr. Kiel 1971. — Teil I: Geom. Ded. **1**, 241—268 (1973).

— [4*] Über eine Klasse pythagoreischer Körper. Erscheint in Arch. Math.

CHOQUET, G.: [1*] L'enseignement de la géométrie. Paris 1964. Englische Ausgabe Boston 1969.

COXETER, H. S. M.: [1*] Introduction to geometry, 2nd ed. New York 1969. Übersetzung: Unvergängliche Geometrie. Basel 1963.

— [2*] Projective geometry. New York 1964.

— [3*] The inversive plane and hyperbolic space. Abh. math. Sem. Univ. Hamburg **29**, 217—242 (1966).

— [4*] Products of shears in an affine Pappian plane. Rend. Mat., Ser. VI, **3**, 161—166 (1970).

CRONHEIM, A.: [1*] T-groups and their geometry. Illinois J. Math. **9**, 1—30 (1965).

DELESSERT, A.: [1*] Une construction de la géométrie élémentaire fondée sur la notion de réflexion. Monographies de L'Enseignement mathématique **13**. Genève 1964.

DEMBOWSKI, P.: [1*] Finite geometries. Ergebn. Math. **44**, Berlin usw. 1968.

DICUONZO, V.: [1*] Spazi metrici generalizzati, costruiti mediante gruppi dotati di un sistema di generatori involutori, nel quale valga il teorema delle tre simmetrie. Rend. Mat. **22**, 282—294 (1963). — Vgl. auch Rend. Mat. **23**, 394—400 (1964); **24**, 11—16 (1965); **25**, 593—603 (1967); **26**, 99—106 (1967).

DIENST, K. J.: [1*] Projektiv-metrische Homomorphismen von metrischen Ebenen mit dreiseitverbindbaren Punkten. Diss. Darmstadt 1969.

DIENST, K. J.: [2*] Bewegungsgruppen projektiv-metrischer Ebenen von Char. 2. J. reine angew. Math. **250**, 130—140 (1971).

DIENST, K. J., u. U. OTT: [1*] Spezielle nichtkommutative Pappussche affine zweiseitige Inzidenzgruppen. Arch. Math. **23**, 329—336 (1972).

DIEUDONNÉ, J.: [1*] La géométrie des groupes classiques. Ergebn. Math. **5**, 2. Aufl. Berlin usw. 1963.

DILLER, J.: [1*] Metrische Ebenen mit freier Beweglichkeit. Diss. Kiel 1963.

— [2*] Eine algebraische Beschreibung der metrischen Ebenen mit ineinander beweglichen Geraden. Abh. math. Sem. Univ. Hamburg **34**, 184—202 (1970).

DILLER, J., u. A. DRESS: [1*] Zur Galoistheorie pythagoreischer Körper. Arch. Math. **16**, 148—152 (1965).

DILLER, J., u. J. GRENZDÖRFFER: [1*] *G*-Hüllen metrischer Teilräume. Math. Ann. **200**, 151—164 (1973). — Vgl. auch TU München Bericht 7112, 9—19 (1972).

DRENGENBERG, C.: [1*] Halbelliptische Ebenen. Diss. Kiel 1968.

DRESS, A.: [1*] Konstruktion metrischer Ebenen. Diss. Kiel 1962.

— [2*] Metrische Ebenen und projektive Homomorphismen. Math. Z. **85**, 116—140 (1964).

— [3*] Trägheitsstrukturen quadratischer Formen. Math. Ann. **157**, 326—331 (1964).

— [4*] Eine geometrische Charakterisierung Desarguesscher Ebenen mit bewertetem Koordinatenkörper. Abh. math. Sem. Univ. Hamburg **27**, 199—205 (1964).

— [5*] Eine Bemerkung über Teilringe globaler Körper. Abh. math. Sem. Univ. Hamburg **28**, 133—138 (1965).

— [6*] Träge Formen über globalen Körpern. J. reine angew. Math. **217**, 133—142 (1965).

— [7*] Lotschnittebenen mit halbierbarem rechten Winkel. Arch. Math. **16**, 388—392 (1965).

— [8*] Der $\mathfrak{p}$-adische Abschluß metrischer Ebenen. Math. Z. **87**, 146—159 (1965).

— [9*] Metrische Ebenen über quadratisch perfekten Körpern. Math. Z. **92**, 19—29 (1966).

— [10*] Lotschnittebenen. Ein Beitrag zum Problem der algebraischen Beschreibung metrischer Ebenen. J. reine angew. Math. **224**, 90—112 (1966).

— [11*] Zur arithmetischen Theorie der metrischen Ebenen. Abh. math. Sem. Univ. Hamburg **31**, 141—148 (1967).

— [12*] Über Homomorphismen, die von Bewertungen induziert werden. Abh. math. Sem. Univ. Hamburg **32**, 52—54 (1968).

ELLERS, E.: [1*] Eine Bemerkung über zweiseitige Inzidenzgruppen. Abh. math. Sem. Univ. Hamburg **33**, 1—3 (1969).

— [2*] Koprodukte von Bewegungsgruppen. Abh. math. Sem. Univ. Hamburg **34**, 1—10 (1970).

ELLERS, E., u. H. KARZEL: [1*] Involutorische Geometrien. Abh. math. Sem. Univ. Hamburg **25**, 93—104 (1961).

— [2*] Kennzeichnung elliptischer Gruppenräume. Abh. math. Sem. Univ. Hamburg **26**, 55—77 (1963).

— [3*] Die klassische euklidische und hyperbolische Geometrie. Grundzüge der Mathematik, hrsg. v. H. BEHNKE usw., IIA, 187—213. Göttingen 1967.

— [4*] Involutory incidence spaces. J. Geometry **1**, 117—126 (1971).

ELLERS, E., u. E. SPERNER: [1*] Einbettung eines desarguesschen Ebenenkeims in eine projektive Ebene. Abh. math. Sem. Univ. Hamburg **25**, 206—230 (1962).

EWALD, G.: [1*] Eine gruppentheoretische Begründung der ebenen äquiaffinen Geometrie. Arch. Math. **18**, 100—106 (1967).
— [2*] Geometry: An introduction. Belmont 1971.

FINKE, G.: [1*] Längengruppen in angeordneten Ebenen mit freier Beweglichkeit. Erscheint in Abh. math. Sem. Univ. Hamburg. — Vgl. auch Abh. math. Sem. Univ. Hamburg **37**, 68—78 (1972).

GÖTZKY, M.: [1*] Eine Kennzeichnung der orthogonalen Gruppen unter den unitären Gruppen. Arch. Math. **15**, 261—265 (1964).
— [2*] Eine Kennzeichnung der unitären Gruppen über einem Schiefkörper der Charakteristik $\neq 2$. Diss. Kiel 1965.
— [3*] Über die Erzeugenden der engeren unitären Gruppen. Arch. Math. **19**, 383—389 (1968).
— [4*] Unverkürzbare Produkte und Relationen in unitären Gruppen. Math. Z. **104**, 1—15 (1968).
— [5*] Aufbau der unitär-minkowskischen Geometrie mit Hilfe von Quasispiegelungen. Habil.-Schr. Kiel 1970.
— [6*] Products of reflections in an affine Moufang plane. Canad. J. Math. **22**, 666—673 (1970).
— [7*] Mittelpunktsabbildungen in affinen Ebenen. Abh. math. Sem. Univ. Hamburg **37**, 133—146 (1972).
— [8*] Über ein gruppentheoretisches Axiomensystem für die ebene unitär-hyperbolische Geometrie. Erscheint in Abh. math. Sem. Univ. Hamburg.

GOLDENBAUM, D.: [1*] Konstruktionsbereiche in metrischen Ebenen. Diss. Kiel 1966.

GORENSTEIN, D.: [1*] Finite groups. New York 1968.

GRAUMANN, G.: [1*] Projektive Abschließbarkeit von Inzidenzstrukturen mit Eigentlichkeitsbereich. Diss. Hannover 1969.

GRENZDÖRFFER, J.: [1*] Konvexer Abschluß metrischer Ebenen. Diss. Kiel 1966.

GUGGENHEIMER, H. W.: [1*] Plane geometry and its groups. San Francisco 1967.

HENKIN, L.: [1*] Symmetric euclidean relations. Indagationes Math. **24**, 549—553 (1962).

HESSENBERG, G., u. J. DILLER: [1*] Grundlagen der Geometrie. Berlin 1967.

HOYER, W.: [1*] Zur Geometrie der unitären Gruppen. Diss. Darmstadt 1969.

HÜBNER, G.: [1*] Verallgemeinerte absolute Räume. Diss. Hamburg 1969.
— [2*] Klassifikation n-dimensionaler absoluter Geometrien. Abh. math. Sem. Univ. Hamburg **33**, 165—182 (1969).

JAGLOM, I. M.: [1*] Geometrische Abbildungen I, II. Moskau 1955, 1956. [Russisch.] — Geometric transformations. New York 1962.

JAGLOM, I. M., B. A. ROSENFELD u. E. U. JASINSKAJA: [1*] Projektive Metriken. Usp. mat. Nauk **19**, 51—113 (1964). [Russisch.] Englische Übersetzung in Russian mathematical surveys.

JEGER, M.: [1*] Über die gruppenalgebraische Struktur der Elementargeometrie. Elem. Math. **19**, 1—8, 29—35 (1964).

JEGER, M., u. E. RUOFF: [1*] Zur Spiegelungsgeometrie der Möbiusgruppe. Math.-Phys. Semesterber. **17**, 196—220 (1970).

JOHNSEN, K.: [1*] Endliche Gruppen mit nicht-elliptischer Spiegelungsgeometrie. Erscheint in Geom. Ded.

JUNKERS, W.: [1*] Mehrwertige Ordnungsfunktionen. Hamburger Math. Einzelschr. N.F. **3**, 1971.

KARZEL, H.: [1*] Verallgemeinerte elliptische Geometrien und ihre Gruppenräume. Abh. math. Sem. Univ. Hamburg **24**, 167—188 (1960).

KARZEL, H.: [2*] Gruppentheoretische Begründung metrischer Geometrien. Vorlesungsausarbeitung Hamburg 1962/63.
— [3*] Bericht über projektive Inzidenzgruppen. J.-Ber. dtsch. Math.-Verein. **67**, 58—92 (1964).
— [4*] Zweiseitige Inzidenzgruppen. Abh. math. Sem. Univ. Hamburg **29**, 118—136 (1965).
— [5*] Inzidenzgruppen. Vorlesungsausarbeitung Hamburg 1964/65.
— [6*] Spiegelungsgruppen und absolute Gruppenräume. Abh. math. Sem. Univ. Hamburg **35**, 141—163 (1971).

KARZEL, H., u. H. MEISSNER: [1*] Geschlitzte Inzidenzgruppen und normale Fastmoduln. Abh. math. Sem. Univ. Hamburg **31**, 69—88 (1967).

KARZEL, H., u. I. PIEPER: [1*] Bericht über geschlitzte Inzidenzgruppen. J.-Ber. dtsch. Math.-Verein. **72**, 70—114 (1970).

KINDER, H.: [1*] Begründung der n-dimensionalen absoluten Geometrie aus dem Spiegelungsbegriff. Diss. Kiel 1965.
— [2*] Elliptische Geometrie endlicher Dimension. Arch. Math. **21**, 515—527 (1970).
— [3*] Die Automorphismengruppe der Pappus-Konfiguration. Erscheint in Geom. Ded.

KINDER, H., u. H. WOLFF: [1*] Orthokomplementäre modulare Verbände und elliptische Räume. Abh. math. Sem. Univ. Hamburg **34**, 252—265 (1970).

KLINGENBERG, W.: [1*] Projektive Geometrien mit Homomorphismus. Math. Ann. **132**, 180—200 (1956).
— [2*] Orthogonale Gruppen über lokalen Ringen. Amer. J. Math. **83**, 281—320 (1961). — Vgl. auch Bull. Amer. Math. Soc. **67**, 291—297 (1961).
— [3*] Grundlagen der Geometrie. Mannheim 1971. (Neudruck von KLINGENBERG [5].)

KLOPSCH, P.: [1*] Invariante, von Spiegelungen erzeugte Untergruppen projektivmetrischer Bewegungsgruppen. Diss. Kiel 1968.
— [2*] Invariante, von Spiegelungen erzeugte Untergruppen orthogonaler Gruppen. Geom. Ded. **1**, 85—99 (1972).

KLOTZEK, B.: [1*] Äquiaffine Spiegelungsgeometrie. Diss. Potsdam 1965.
— [2*] Die affinen Räume einer Dimension $\geqq 3$ mit FANO-Axiom im Aufbau der Geometrie aus dem Spiegelungsbegriff. Math. Nachr. **50**, 245—303 (1971).

KNESER, M.: [1*] WITTS Satz über quadratische Formen und die Erzeugung orthogonaler Gruppen durch Spiegelungen. Math.-Phys. Semesterber. **17**, 33—45 (1970).

LEISSNER, W.: [1*] Büschelhomogene Lie-Ebenen. J. reine angew. Math. **246**, 76—116 (1971).

LENZ, H.: [1*] Zur Axiomatik der absoluten Geometrie der Ebene. Arch. Math. **12**, 370—373 (1961).
— [2*] Halbdrehungen im Raum. Math. Z. **78**, 410—419; **79**, 460 (1962).
— [3*] Inzidenzräume mit Orthogonalität. Math. Ann. **146**, 369—374 (1962).
— [4*] Vorlesungen über projektive Geometrie. Leipzig 1965.
— [5*] Zur Axiomatik der ebenen euklidischen Geometrie. Elem. Math. **21**, 121—132 (1966).
— [6*] Nichteuklidische Geometrie. Mannheim 1967.
— [7*] Grundlagen der Elementarmathematik, 2. Aufl. Berlin 1967.
— [8*] Zur Axiomatik der absoluten Geometrie des Raumes. Arch. Math. **19**, 205—213 (1968).
— [9*] Grundlagen der Geometrie. Überblicke Math. **1**, 63—86. Mannheim 1968.

LEVI, H.: [1*] Plane geometries in terms of projections. Proc. Amer. Math. Soc. **16**, 503—511 (1965).
— [2*] Topics in geometry. Boston 1968.

LINGENBERG, R.: [1*] Zur Kennzeichnung der Gruppe der gebrochen-linearen Transformationen über einem Körper von Charakteristik $\neq 2$. Arch. Math. **10**, 344—347 (1959).
— [2*] Einbettung projektiv-metrischer Teilstrukturen in projektiv-metrische Ebenen. Math. Z. **74**, 367—386 (1960).
— [3*] Einführung in die Nichteuklidische Geometrie. Vorlesungsausarbeitung Hannover 1960.
— [4*] Die orthogonalen Gruppen $O_3(K, Q)$ über Körpern von Charakteristik 2. Math. Nachr. **21**, 371—380 (1960).
— [5*] Kennzeichnung von Translationsebenen. Praxis der Math. **2**, 117—121 (1960); s. auch **3**, 169—174.
— [6*] Konstruktion der metrischen Form in der absoluten Geometrie. Arch. Math. **12**, 470—476 (1961).
— [7*] Kennzeichnung der ternären orthogonalen Gruppen. J. reine angew. Math. **209**, 105—143 (1962).
— [8*] Verallgemeinerte metrische Ebenen und orthogonale Gruppen. Algebraical and topological foundations of geometry, p. 109—122. Oxford 1962.
— [9*] Über Gruppen mit einem invarianten System involutorischer Erzeugender, in dem der allgemeine Satz von den drei Spiegelungen gilt. III, IV. Math. Ann. **142**, 184—224 (1961); **158**, 297—325 (1965).
— [10*] Metrische Geometrie der Ebene und S-Gruppen. J.-Ber. dtsch. Math.-Verein. **69**, 9—50 (1966).
— [11*] Absolute Geometrie der Ebene. Math.-Phys. Semesterber. **14**, 68—78 (1967).
— [12*] Metrische Ebenen mit dreiseitverbindbaren Punkten. Math. Z. **100**, 314—372 (1967).
— [13*] Grundlagen der Geometrie I. Mannheim 1969.
— [14*] Hyperbolisch-metrische Ebenen mit freier Beweglichkeit. Preprint, Darmstadt 1972.

LÖBELL, F.: [1*] Der Hjelmslevsche Mittelliniensatz und verwandte Sätze. Mh. Math. **65**, 249—251 (1961).

LÜNEBURG, H.: [1*] Gruppentheoretische Methoden in der Geometrie. Ein Bericht. J.-Ber. dtsch. Math.-Verein. **70**, 16—51 (1967).
— [2*] Einige methodische Bemerkungen zur Theorie der elliptischen Ebenen. Abh. math. Sem. Univ. Hamburg **34**, 59—72 (1969).

MACLANE, S.: [1*] Metric postulates for plane geometry. Amer. Math. Monthly **66**, 543—555 (1959).

MÄURER, H.: [1*] Ein spiegelungsgeometrischer Aufbau der Laguerre-Geometrie. Math. Z. **87**, 78—100, 263—282 (1965).
— [2*] Laguerre- und Blaschke-Modell der ebenen Laguerre-Geometrie. Math. Ann. **164**, 124—132 (1966).
— [3*] Spiegelungen an Halbovoiden. Arch. Math. **21**, 411—415 (1970).
— [4*] Ovoidale Möbius-Geometrien mit Inversionen. Arch. Math. **22**, 310—318 (1971).

MARASIGAN, J. A.: [1*] Kennzeichnung metrischer Ebenen durch Beweglichkeitsaxiome. Diss. Darmstadt 1971.

MEISSNER, H.: [1*] Geschlitzte Gruppenräuem. Abh. math. Sem. Univ. Hamburg **32**, 160—185 (1968).

MEYER, K. H.: [1*] Transvektionsrelationen in metrischen Vektorräumen der Charakteristik 2. J. reine angew. Math. **233**, 189—199 (1968).

MÜLLER, H.: [1*] Zur Begründung der ebenen absoluten Geometrie aus Bewegungsaxiomen. Diss. München 1966.

MURTHA, J. A., and E. R. WILLARD: [1*] Linear algebra and geometry. New York 1969.

NEERUP, P. O.: [1*] The axiomatic foundation of geometry by F. BACHMANN. [Danish.] Nordisk Mat. Tidskr. **7**, 97—110, 145—156 (1959).

NOLTE, W.: [1*] Zur Begründung der absoluten Geometrie des Raumes. Math. Z. **94**, 32—60 (1966).

— [2*] Metrische Räume mit dreiseitverbindbaren Teilräumen. Habil.-Schr. Darmstadt 1971.

O'MEARA, O. T.: [1*] Introduction to quadratic forms. Berlin usw. 1963.

OTT, U.: [1*] Gruppentheoretische Kennzeichnung Pappusscher affiner Ebenen von Charakteristik $\neq 2$. Diss. Darmstadt 1969. J. reine angew. Math. **248**, 172—185 (1971).

— [2*] Über eine Klasse endlicher absoluter Geometrien. J. Geometry **1**, 41—68 (1971).

— [3*] Über zwei Klassen endlicher S-Gruppen. Habil.-Schr. Darmstadt 1972. Erscheint in J. reine angew. Math.

— [4*] Die endlichen Polardreiseitgeometrien. Preprint, Darmstadt 1972.

PEJAS, W.: [1*] Metrische Teilebenen projektiv-metrischer Ebenen. Diss. Kiel 1960.

— [2*] Die Modelle des Hilbertschen Axiomensystems der absoluten Geometrie. Math. Ann. **143**, 212—235 (1961).

— [3*] Trägheitssatz und halbelliptische Bewegungsgruppen. Math. Ann. **147**, 110—119 (1962).

— [4*] Eine algebraische Beschreibung der angeordneten Ebenen mit nichteuklidischer Metrik. Math. Z. **83**, 434—457 (1964).

— [5*] Eine Klasse von Untergruppen orthogonaler Gruppen über bewerteten Körpern. Abh. math. Sem. Univ. Hamburg **34**, 73—89 (1969).

PERRON, O.: [1*] Nichteuklidische Elementargeometrie der Ebene. Stuttgart 1962.

— [2*] Spiegelungen in der hyperbolischen Ebene. Math. Ann. **166**, 8—18 (1966).

PETKANTSCHIN, B.: [1*] Axiomatischer Aufbau der zweidimensionalen möbiusschen Geometrie. Annuaire Univ. Sofia, Fac. Phys.-Math. **36**, 219—325 (1940). [Bulgarisch mit deutscher Zusammenfassung.]

PIMENOV, R. I.: [1*] Zu den Grundlagen der Geometrie. Dokl. mat. nauk. **155**, 44—46 (1964). [Russisch.] Engl. Übersetzung in Sov. math. **5**, 349—351 (1964). — Vgl. auch Lit. mat. St. **5**, 457—486 (1965).

— [2*] Gruppentheoretische Beschreibung dreier euklidischer Ebenen. Sib. math. J. **8**, 49—55 (1967). [Russisch.]

POLLAK, B.: [1*] On the structure of local orthogonal groups. Amer. J. Math. **88**, 763—780 (1966).

QUAISSER, E.: [1*] Metrische Relationen in affinen Ebenen. Math. Nachr. **48**, 1—31 (1970).

RAUTENBERG, W.: [1*] Euklidische und minkowskische Orthogonalitätsrelationen. Fund. Math. **64**, 189—196 (1969).

RAUTENBERG, W., u. E. QUAISSER: [1*] Orthogonalitätsrelationen in der affinen Geometrie. Z. f. math. Logik und Grundlagen d. Math. **15**, 19—24 (1969).

RIGBY, J. F.: [1*] Axioms for absolute geometry. Canad. J. Math. **20**, 158—181 (1968).

Room, T. G.: [1*] A background to geometry. Cambridge 1967.
Rosenfeld, B. A.: [1*] Nichteuklidische Räume. Moskau 1969. [Russisch.]
Salow, E.: [1*] Beiträge zur Theorie der Hjelmslev-Gruppen. I. Homomorphismen. II. Singuläre Hjelmslev-Gruppen. Diss. Kiel 1971.
— [2*] Singuläre Hjelmslev-Gruppen. Erscheint in Geom. Ded.
— [3*] Fixpunktmengen von Drehungen in Hjelmslev-Gruppen. Erscheint in Abh. math. Sem. Univ. Hamburg.
— [4*] Ketten homogener Fleck-Überdeckungen in Prä-Hjelmslev-Gruppen. Erscheint in Abh. math. Sem. Univ. Hamburg.
Scherf, H.: [1*] Begründung der hyperbolischen Geometrie des Raumes. Diss. Kiel 1961.
Scherk, P.: [1*] On the decomposition of orthogonalities into symmetries. Proc. Amer. Math. Soc. **1**, 481—491 (1950).
Schneider, E.: [1*] Spiegelungsgeometrie auf der Oberstufe. MNU **16**, 388—395, 442—447 (1964).
Schröder, E. M.: [1*] Darstellung der Gruppenräume Minkowskischer Ebenen. Arch. Math. **21**, 308—316 (1970). — Vgl. Diss. Hamburg 1968.
— [2*] Projektive Ebenen mit Pappusschen Geradenpaaren. Arch. Math. **19**, 325—329 (1968).
— [3*] Kennzeichnung und Darstellung kinematischer Räume metrischer Ebenen. Erscheint in Abh. math. Sem. Univ. Hamburg.
Segre, B.: [1*] Lectures on modern geometry. Rom 1961.
Sembenotti, L., e E. Morgantini: [1*] Sulla costruzione gruppale della geometria ellittica della stella. Periodico di Mat., Ser. IV, **40**, 72—93, 147—162, 193—230, 257—286 (1962).
Sherk, F. A.: [1*] Finite incidence structures with orthogonality. Canad. J. Math. **19**, 1078—1083 (1967).
Smith, J. T.: [1*] Orthogonal geometries I, II. — Generalized metric geometries of arbitrary dimension. — Metric geometries of arbitrary dimension. Erscheinen in Geom. Ded. — I: Geom. Ded. **1**, 221—235 (1973).
Snapper, E., and R. J. Troyer: [1*] Metric affine geometry. New York 1971.
Spengler, U.: [1*] Symplektische Geometrie. Diss. Kiel 1971.
Stölting, R.: [1*] Endliche Hjelmslev-Gruppen und Erweiterungen von Hjelmslev-Gruppen. Diss. Kiel 1973.
Strambach, K.: [1*] Reichhaltige Untergruppen geometrischer Gruppen. Math. Z. **93**, 243—264 (1966).
— [2*] Über die Zerlegungsgleichheit von Polygonen bezüglich Untergruppen nichteuklidischer Bewegungsgruppen. Math. Z. **93**, 276—288 (1966).
Strubecker, K.: [1*] Casi limiti di geometrie non-euclidee. Rend. Sem. Mat. Torino **21**, 141—212 (1962). — Deutsch: Geometrie und Kinematik des elliptischen, quasielliptischen und isotropen Raumes. In Geometrie, hrsg. v. K. Strubecker. Darmstadt 1972.
Szmielew, W.: [1*] A new analytic approach to hyperbolic geometry. Fund. Math. **50**, 129—158 (1961).
Tschen, Y. Why: [1*] Algebraisation of plane absolute geometry. Amer. J. Math. **67**, 363—388 (1945).
Wähling, H.: [1*] Darstellung zweiseitiger Inzidenzgruppen durch Divisionsalgebren. Abh. math. Sem. Univ. Hamburg **30**, 220—240 (1967).
Wolff, H.: [1*] Metrische Ebenen mit unverbindbaren Punkten. Diss. Kiel 1960.
— [2*] Zur Axiomatik der absoluten Geometrie. Tagungsberichte Oberwolfach 1964.
— [3*] Minkowskische und absolute Geometrie. Math. Ann. **171**, 144—193 (1967).
— [4*] Euklidische Geometrie mit beliebigem Index. Die Geometrie der regulären metrischen Vektorräume. Habil.-Schr. Kiel 1969.

Namen- und Sachverzeichnis

Kursiv gesetzte Seitenzahlen weisen auf Stellen hin, an denen Stichworte definiert sind.

Die Grundlehren der mathematischen Wissenschaften in Einzeldarstellungen mit besonderer Berücksichtigung der Anwendungsgebiete

Eine Auswahl

---

127. Hermes: Enumerability, Decidability, Computability. DM 39,—; US $14.50
128. Braun/Koecher: Jordan-Algebren. DM 58,—; US $21.50
129. Nikodým: The Mathematical Apparatus for Quantum Theories. DM 144,—; US $53.30
130. Morrey jr.: Multiple Integrals in the Calculus of Variations. DM 78,—; US $28.90
131. Hirzebruch: Topological Methods in Algebraic Geometry. DM 38,—; US$14.10
132. Kato: Perturbation Theory for Linear Operators. DM 79,20; US $29.30
133. Haupt/Künneth: Geometrische Ordnungen. DM 76,—; US $28.20
134. Huppert: Endliche Gruppen I. DM 156,—; US $57.80
135. Handbook for Automatic Computation. Vol. 1/Part a: Rutishauser: Description of ALGOL 60. DM 58,—; US $21.50
136. Greub: Multilinear Algebra. DM 32,—; US $11.90
137. Handbook for Automatic Computation. Vol. 1/Part b: Grau/Hill/Langmaack: Translation of ALGOL 60. DM 64,—; US $23.70
138. Hahn: Stability of Motion. DM 72,—; US $26.70
139. Mathematische Hilfsmittel des Ingenieurs. 1. Teil. DM 88,—; US $32.60
140. Mathematische Hilfsmittel des Ingenieurs. 2. Teil. DM 136,—; US $50.40
141. Mathematische Hilfsmittel des Ingenieurs. 3. Teil. DM 98,—; US $36.30
142. Mathematische Hilfsmittel des Ingenieurs. 4. Teil. DM 124,—; US $45.90
143. Schur/Grunsky: Vorlesungen über Invariantentheorie. DM 40,—; US $14.80
144. Weil: Basic Number Theory. DM 48,—; US $17.80
145. Butzer/Berens: Semi-Groups of Operators and Approximation. DM 56,—; US $20.80
146. Treves: Locally Convex Spaces and Linear Partial Differential Equations. DM 36,—; US $13.40
147. Lamotke: Semisimpliziale algebraische Topologie. DM 56,—; US $20.80
148. Chandrasekharan: Introduction to Analytic Number Theory. DM 28,—; US $10.40
149. Sario/Oikawa: Capacity Functions. DM 96,—; US $35.60
150. Iosifescu/Theodorescu: Random Processes and Learning. DM 68,—; US $25.20
151. Mandl: Analytical Treatment of One-dimensional Markov Processes. DM 36,—; US $13.40
152. Hewitt/Ross: Abstract Harmonic Analysis. Vol. 2: Structure and Analysis for Compact Groups. Analysis on Locally Compact Abelian Groups. DM 140,—; US $51.80
153. Federer: Geometric Measure Theory. DM 118,—; US $43.70
154. Singer: Bases in Banach Spaces I. DM 112,—; US $41.50
155. Müller: Foundations of the Mathematical Theory of Electromagnetic Waves. DM 58,—; US $21.50
156. van der Waerden: Mathematical Statistics. DM 68,—; US $25.20
157. Prohorov/Rozanov: Probability Theory. DM 68,—; US $25.20
159. Köthe: Topological Vector Spaces I. DM 78,—; US $28.90
160. Agrest/Maksimov: Theory of Incomplete Cylindrical Functions and Their Applications. DM 84,60; US $31.30
161. Bhatia/Szegö: Stability Theory of Dynamical Systems. DM 58,—; US $21.50
162. Nevanlinna: Analytic Functions. DM 76,—; US $28.20

163. Stoer/Witzgall: Convexity and Optimization in Finite Dimensions I. DM 54,—; US $20.00
164. Sario/Nakai: Classification Theory of Riemann Surfaces. DM 98,—; US $36.30
165. Mitrinović/Vasić: Analytic Inequalities. DM 88,—; US $32.60
166. Grothendieck/Dieudonné: Eléments de Géométrie Algébrique I. DM 84,—; US $31.10
167. Chandrasekharan: Arithmetical Functions. DM 58,—; US $21.50
168. Palamodov: Linear Differential Operators with Constant Coefficients. DM 98,—; US $36.30
170. Lions: Optimal Control Systems Governed by Partial Differential Equations. DM 78,—; US $28.90
171. Singer: Best Approximation in Normed Linear Spaces by Elements of Linear Subspaces. DM 60,—; US $22.20
172. Bühlmann: Mathematical Methods in Risk Theory. DM 52,—; US $19.30
173. F. Maeda/S. Maeda: Theory of Symmetric Lattices. DM 48,—; US $17.80
174. Stiefel/Scheifele: Linear and Regular Celestial Mechanics. Perturbed Two-body Motion—Numerical Methods—Canonical Theory. DM 68,—; US $25.20
175. Larsen: An Introduction of the Theory of Multipliers. DM 84,—; US $31.10
176. Grauert/Remmert: Analytische Stellenalgebren. DM 64,—; US $23.70
177. Flügge: Practical Quantum Mechanics I. DM 70,—; US $25.90
178. Flügge: Practical Quantum Mechanics II. DM 60—; US $22.20
179. Giraud: Cohomologie non abélienne. DM 109,—; US $40.40
180. Landkoff: Foundations of Modern Potential Theory. DM 88,—; US $32.60
181. Lions/Magenes: Non-Homogeneous Boundary Value Problems and Applications I. DM 78,—; US $28.90
182. Lions/Magenes: Non-Homogeneous Boundary Value Problems and Applications II. DM 58,—; US $21.50
183. Lions/Magenes: Non-Homogeneous Boundary Value Problems and Applications III. DM 78,—; US $28.90
184. Rosenblatt: Markov Processes. Structure and Asymptotic Behavior. DM 68,—; US $25.20
185. Rubinowicz: Sommerfeldsche Polynommethode. DM 56,—; US $20.80
186. Wilkinson/Reinsch: Handbook for Automatic Computation II, Linear Algebra. DM 72,—; US $26.70
187. Siegel/Moser: Lectures on Celestial Mechanics. DM 78,—; US $28.90
188. Warner: Harmonic Analysis on Semi-Simple Lie Groups I. DM 98,—; US $36.30
189. Warner: Harmonic Analysis on Semi-Simple Lie Groups II. DM 98,—; US $36.30
190. Faith: Algebra: Rings, Modules, and Categories I. DM 54,—; US $19.95
191. Faith: Algebra: Rings, Modules, and Categories II. In preparation
192. Maltsev: Algebraic Systems. DM 88,—; US $32.60
193. Pólya/Szegö: Problems and Theorems in Analysis. Vol. 1. DM 98,—; US $36.30
194. Igusa: Theta Functions. DM 64,—; US $23.70
195. Berberian: Baer *-Rings. DM 76,—; US $28.20
196. Athreya/Ney: Branching Processes. DM 76,—; US $28.20
197. Benz: Vorlesungen über Geometrie der Algebren. DM 88,—; US $32.60
198. Gaal: Linear Analysis and Representation Theory. DM 124,—; US $45.90
200. Dold: Lectures on Algebraic Topology. DM 68,—; US $25.20